环境影响评价工程师职业基础

沈洪艳　著

中国石化出版社

内 容 提 要

本书立足我国对环境影响评价工程师职业素质的基本要求，结合历年的环境影响评价工程师考试情况，按照考试大纲要求、学习要点，安排环境保护法律法规体系、环境影响评价技术导则与标准、环境影响评价技术方法、案例分析四个科目的内容。内容具有系统性和层次性，以便读者从整体上把握全书，并能正确应用。

本书可用作环境影响评价技术人员和管理人员的学习和考试用书，也可用作高等院校环境类专业本科生和研究生教科书或作为非环境类专业选修、培训教材，同时对环境保护行政主管部门和各级企事业单位环境保护管理人员、技术人员及相关人员的工作也有参考价值。

图书在版编目(CIP)数据

环境影响评价工程师职业基础/沈洪艳著.
—北京:中国石化出版社,2013.8
ISBN 978-7-5114-2306-1

Ⅰ.①环… Ⅱ.①沈… Ⅲ.①环境影响-评价-工程师-资格考试-自学参考资料 Ⅳ.①X820.3

中国版本图书馆 CIP 数据核字(2013)第 178623 号

中国石化出版社出版发行

地址:北京市东城区安定门外大街 58 号
邮编:100011　电话:(010)84271850
读者服务部电话:(010)84289974
http://www.sinopec-press.com
E-mail:press@sinopec.com
北京科信印刷有限公司印刷
全国各地新华书店经销

*

787×1092 毫米 16 开本 29 印张 726 千字
2013 年 9 月第 1 版　2013 年 9 月第 1 次印刷
定价:65.00 元

前　言

环境影响评价是环境科学体系中一门基础性的学科和环境管理过程中一项基本法律制度。我国从2003年9月1日起正式实施《中华人民共和国环境影响评价法》，2004年我国推出注册环境影响评价工程师制度。为更好地适应我国环境影响评价领域迅速发展的需要，本书作者在自己多年从事环境影响评价技术服务工作、教学与科研的基础上，从环境影响评价工程师职业素质要求并适应环境影响评价实际应用的角度出发，安排全书的体系和内容。

本书从环境影响评价工程师考试四个科目(法律法规体系、技术导则与标准、技术方法、案例分析)的考试要求和考试内容入手，坚持理论与实践相结合、科学性与实用性相结合的原则，力求结构严谨、内容全面与新颖、文字简洁易懂。全书共分四篇，第一篇，环境法律法规体系(第一章～第五章)，包括我国的环境法律法规体系、环境影响评价中常用的《中华人民共和国环境保护法》、《中华人民共和国环境影响评价法》、《建设项目环境保护管理条例》及配套的部门规章、规范性文件、环境影响评价的相关法律法规、环境政策与产业政策等；第二篇，技术导则与标准(第一章～第四章)，包括我国的环境标准体系、环境影响评价技术导则、环境质量标准与污染物排放标准三部分；第三篇，技术方法(第一章～第十章)，主要从工程分析、环境现状调查与评价、环境影响识别与评价因子的筛选、环境影响预测与评价、环境保护措施、环境容量与污染物排放总量控制、清洁生产、环境风险分析、环境影响的经济损益分析、建设项目竣工环境保护验收监测与调查十个方面进行全面的分析和阐述；第四篇，案例分析(第一章～第二章)，主要从案例分析考试大纲重点考核内容、案例分析实例两个方面反映案例分析历年的考核要点。

作者对环境保护法律条文、导则与标准的介绍与剖析力求简洁和深入浅出，对环境影响评价技术方法和案例的介绍力求理论和实践相结合，注重实用性和共性；内容编排上注意层次性和系统性，以便读者从整体上把握全书，并能正确应用。

本书在撰写过程中，参考了国内外的一些相关论著，得到很多启发，在此深致谢意。

本书由沈洪艳著。在本书的撰写过程中，杨雷、张国霞、武晨虹、吴志刚、杨杰频、白婧等同学做了一些资料收集和整理工作，在此表示感谢。

本书试图系统地、全面地、准确地论述有关环境影响评价的诸问题，但由于我国环境影响评价正处在迅速发展和不断变革之中，环境影响评价所涉及的内容又十分广泛，由于水平有限，书中不当之处，甚至错误之处，恳请读者指正。

沈洪艳

目　录

第一篇　法律法规体系

第二篇　技术导则与标准

第三篇 环境影响评价技术方法

第四篇　案例分析

第一篇　法律法规体系

学习提要：环境法律法规是从事环境影响评价人员必须掌握和熟悉的法律常识。本篇归纳和整理了从事环境影响评价工作必备的法律法规知识，环境影响评价中涉及的主要环境政策和产业政策，强调了其中的重点内容。本篇根据2005～2012年全国环境影响评价工程师职业资格考试大纲编写，内容包括：考试大纲要求、学习要点。

截止2012年，环评工程师职业资格考试已经进行了8年，本书著者将8年来的考试大纲汇总并总结如下，见表1－1。

表1－1　2005～2012年环境影响评价工程师职业资格考试大纲总结

科目	考试内容	2005年	2006年	2007年	2008年	2009年	2010年	2011年	2012年
环境影响评价相关法律法规	（一）环境保护法律法规体系	√	√	√	√	√	√	√	√
	（二）《中华人民共和国环境保护法》	√	√	√	√	√	√	√	√
	（三）《中华人民共和国环境影响评价法》、《建设项目环境保护管理条例》及配套的部门规章、规范性文件	√	√	√	√	√	√	√	√
	《规划环境影响评价条例》及配套的部门规章、规范性文件	√					√	√	√
	（四）环境影响评价相关法律法规		√	√	√	√	√	√	√
	（五）环境政策与产业政策	√	√	√	√	√	√	√	√
环境影响评价技术导则与标准	（一）环境标准体系	√	√	√	√	√	√	√	√
	（二）环境影响评价技术导则	√	√	√	√	√	√	√	√
	（三）环境质量标准	√	√	√	√	√	√	√	√
	（四）污染物排放标准	√	√	√	√	√	√	√	√
环境影响评价技术方法	（一）工程分析	√	√	√	√	√	√	√	√
	（二）环境影响识别与评价因子的筛选	√	√	√	√	√	√	√	√
	（三）环境现状调查与评价	√	√	√	√	√	√	√	√
	（四）环境影响预测与评价	√	√	√	√	√	√	√	√
	（五）环境保护措施	√	√	√	√	√	√	√	√
	（六）环境容量	√	√	√	√	√	√	√	√
	污染物排放总量控制				√	√	√	√	√
	（七）清洁生产				√	√	√	√	√
	（八）环境风险分析				√	√	√	√	√
	（九）环境影响的经济损益分析	√	√	√	√	√	√	√	√
	（十）建设项目竣工环境保护验收监测与调查	√	√	√	√	√	√	√	√

续表

科目	考试内容	2005 年	2006 年	2007 年	2008 年	2009 年	2010 年	2011 年	2012 年
环境影响评价案例分析	(一)法律法规、相关政策运用	√	√	√					
	(二)相关法律法规运用和政策、规划的符合性分析				√	√	√	√	√
	(三)项目分析	√	√	√	√	√	√	√	√
	(四)环境现状调查与评价	√	√	√	√	√	√	√	√
	(五)环境影响评价基本方案的确定	√							
	(六)环境影响识别、预测与评价	√	√	√	√	√	√	√	√
	(七)环境风险评价				√	√	√	√	√
	(八)环境保护措施分析	√	√	√	√	√	√	√	√
	(九)环境可行性分析		√	√	√	√	√	√	√
	(十)建设项目竣工环境保护验收监测与调查	√	√	√	√	√	√	√	√
	(十一)规划环境影响评价		√	√	√	√	√	√	√
	(十二)结论分析	√							

表 1－2　2005～2012 年环境影响评价相关法律法规

项目	考试内容	2005 年	2006 年	2007 年	2008 年	2009 年	2010 年	2011 年	2012 年
一、环境保护法律法规体系	(1)熟悉我国环境保护法律法规体系的构成	√	√	√	√	√	√	√	√
	(2)了解我国环境保护法律法规体系中各层次之间的相互关系	√	√	√	√	√	√	√	√
二、《中华人民共和国环境保护法》	(1)掌握环境的含义	√	√	√	√	√	√	√	√
	(2)了解本法的适用范围	√	√	√	√	√	√	√	√
	(3)掌握建设项目环境影响报告书的有关规定	√	√	√	√	√	√	√	√
	(4)熟悉保护自然生态系统区域、野生动植物自然分布区域、水源涵养区域、自然遗迹、人文遗迹、古树名木的有关规定	√	√	√	√	√	√	√	√
	(5)掌握加强农业环境保护的有关规定		√	√	√	√	√	√	√
	(6)掌握产生环境污染和公害的单位必须采取有效措施防治污染和公害的有关规定	√	√	√	√	√	√	√	√

续表

项目	考试内容	2005年	2006年	2007年	2008年	2009年	2010年	2011年	2012年
二、《中华人民共和国环境保护法》	(7)掌握新建和技术改造的工业企业防治污染和公害的有关规定	√	√	√	√	√	√	√	√
	(8)掌握建设项目防治污染设施"三同时"的有关规定	√	√	√	√	√	√	√	√
	(9)熟悉因发生事故或者其他突发性事件，造成或者可能造成污染事故的单位应当加强防范的有关规定		√	√	√	√	√	√	√
	(10)熟悉违反建设和使用污染防治设施的有关规定应承担的法律责任		√	√	√	√	√	√	√
	(11)掌握开发利用自然资源必须采取措施保护生态环境的有关规定		√	√					
	(12)掌握在风景名胜区、自然保护区和其他需要特别保护的区域内不得建设污染环境的工业生产设施其他设施的有关规定	√	√	√					
	(13)熟悉禁止引进不符合我国环境保护规定要求的技术和设备的有关规定		√	√					
三、《中华人民共和国环境影响评价法》、《建设项目环境保护管理条例》、《规划环境影响评价条例》及配套的部门规章、规范性文件	(一)环境影响评价的定义及原则								
	(1)了解《中华人民共和国环境影响评价法》的立法目的		√	√	√	√	√	√	√
	(2)掌握环境影响评价的法律定义	√	√	√	√	√	√	√	√
	(3)掌握环境影响评价的原则		√	√	√	√	√	√	√
	(二)规划的环境影响评价								
	(1)熟悉需进行环境影响评价的规划的类别、范围及评价要求	√	√	√	√	√	√	√	√
	(2)掌握对规划进行环境影响评价应当分析、预测和评估的内容						√	√	√
	(3)掌握规划有关环境影响篇章或者说明以及专项规划环境影响报告书的主要内容	√	√	√	√	√	√	√	√
	(4)了解规划环境影响评价文件质量责任主体的有关规定						√	√	√
	(5)熟悉规划环境影响评价公众参与的有关规定	√	√	√	√	√	√	√	√
	(6)了解需要进行环境影响评价的规划草案报送的有关规定	√	√	√	√	√	√	√	√
	(7)熟悉专项规划环境影响报告书的审查程序和审查时限	√	√	√	√	√	√	√	√
	(8)熟悉专项规划环境影响报告书审查意见应当包括的内容						√	√	√
	(9)熟悉审查小组应当提出对专项规划环境影响报告书进行修改并重新审查或者不予通过环境影响报告书意见的情形						√	√	√
	(10)熟悉专项规划环境影响报告书结论及审查意见采纳的有关规定	√	√	√	√	√	√	√	√

续表

项目	考试内容	2005年	2006年	2007年	2008年	2009年	2010年	2011年	2012年
	(11)掌握规划环境影响跟踪评价的相关规定	√	√	√	√	√	√	√	√
	(12)了解规划编制机关以及规划环境影响评价技术机构在规划环境影响评价中应承担的法律责任	√	√	√	√	√	√	√	√
	(13)了解规划环境影响评价与项目环境影响评价的联动机制						√	√	√
	(14)熟悉推进重点领域规划环境影响评价的要求						√	√	√
	(三)建设项目的环境影响评价								
	1. 建设项目环境影响评价分类管理								
	(1)掌握建设项目环境影响评价分类管理的有关法律规定	√	√	√	√	√	√	√	√
三、《中华人民共和国环境影响评价法》、《建设项目环境保护管理条例》、《规划环境影响评价条例》及配套的部门规章、规范性文件	(2)掌握环境影响评价分类管理中类别确定的原则规定	√	√	√	√	√	√	√	√
	(3)掌握建设项目环境影响评价分类管理中环境敏感区的规定	√	√	√	√	√	√	√	√
	2. 建设项目环境影响评价文件的编制与报批								
	(1)掌握建设项目环境影响报告书内容的有关法律规定	√	√	√	√	√	√	√	√
	(2)掌握环境影响报告表和环境影响登记表的内容和填报要求	√	√	√	√	√	√	√	√
	(3)掌握建设项目环境影响评价公众参与的有关规定	√	√	√	√	√	√	√	√
	(4)熟悉建设项目环境影响评价文件报批的有关规定及审批时限	√	√	√	√	√	√	√	√
	(5)掌握建设项目环境影响评价文件重新报批和重新审核的有关规定	√	√	√	√	√	√	√	√
	(6)了解建设项目环境影响评价应当避免与规划环境影响评价相重复的有关规定	√	√	√	√	√			
	3. 建设项目环境影响评价分级审批								
	(1)了解国务院环境保护行政主管部门负责审批的环境影响评价文件的范围	√	√	√	√	√	√	√	√
	(2)了解省级环境保护行政主管部门提出建设项目环境影响评价分级审批建议的原则	√	√	√	√	√	√	√	√
	4. 建设项目环境影响评价的实施								
	(1)掌握建设项目实施环境保护对策措施的有关规定	√	√	√	√	√	√	√	√
	(2)熟悉建设项目环境影响后评价的有关规定	√	√	√	√	√	√	√	√
	(3)掌握建设单位未依法执行环境影响评价制度擅自开工建设应承担的法律责任		√	√	√	√	√	√	√

续表

项目	考试内容	2005年	2006年	2007年	2008年	2009年	2010年	2011年	2012年
三、《中华人民共和国环境影响评价法》、《建设项目环境保护管理条例》、《规划环境影响评价条例》及配套的部门规章、规范性文件	5. 建设项目环境影响评价机构资质管理								
	（1）掌握建设项目环境影响评价机构资质管理的有关法律规定	√	√	√	√	√	√	√	√
	（2）掌握建设项目环境影响评价资质等级和评价范围划分的有关规定	√	√	√	√	√	√	√	√
	（3）了解建设项目环境影响评价机构资质条件的有关规定	√	√	√	√	√	√	√	√
	（4）熟悉建设项目环境影响评价机构的管理、考核与监督的有关规定	√	√	√	√	√	√	√	√
	（5）熟悉建设项目环境影响评价机构应承担的法律责任	√	√	√	√	√	√	√	√
	（6）熟悉建设项目环境影响评价机构违反资质管理有关规定应受的处罚	√	√	√	√	√	√	√	√
	6. 建设项目环境影响评价行为准则								
	熟悉承担建设项目环境影响评价工作的机构及其环境影响评价技术人员的行为准则		√	√	√	√	√	√	√
	7. 编制区域性开发建设规划时进行环境影响评价的规定								
	掌握编制区域性开发建设规划时进行环境影响评价的有关规定	√	√				√	√	
	（四）建设项目竣工环境保护验收								
	（1）掌握建设项目竣工环境保护验收的范围	√	√	√	√	√	√	√	√
	（2）熟悉建设单位申请竣工环境保护验收的时限及延期验收的有关规定	√	√	√	√	√	√	√	√
	（3）掌握对建设项目竣工环境保护验收实施分类管理的规定	√	√	√	√	√	√	√	√
	（4）了解申请建设项目竣工环境保护验收应提交的材料	√	√	√	√	√	√	√	√
	（5）掌握建设项目竣工环境保护验收的条件	√	√	√	√	√	√	√	√
	（6）熟悉建设项目试生产环境保护的有关规定				√	√	√	√	√
	（7）熟悉建设单位未按有关规定申请环境保护设施竣工验收应受的处罚				√	√	√	√	√
	（8）熟悉建设项目需配套建设的环境保护设施未建成、未经验收或验收不合格，主体工程正式投入生产或者使用的，建设单位应受的处罚				√	√	√	√	√
	（9）熟悉承担建设项目竣工环境保护验收监测或调查工作的单位及其人员的行为准则				√	√	√	√	√

续表

项目	考试内容	2005年	2006年	2007年	2008年	2009年	2010年	2011年	2012年
三、《中华人民共和国环境影响评价法》、《建设项目环境保护管理条例》、《规划环境影响评价条例》及配套的部门规章、规范性文件	（五）环境影响评价工程师职业资格制度								
	（1）熟悉环境影响评价工程师登记的有关规定	√	√	√	√	√	√	√	√
	（2）掌握环境影响评价工程师的职责	√	√	√	√	√	√	√	√
	（3）掌握环境影响评价工程师违反有关规定应受的处罚		√	√	√	√	√	√	√
	（4）了解环境影响评价工程师继续教育的有关规定				√	√	√	√	√
	（六）环境影响评价从业人员职业道德规范								
	了解环境影响评价从业人员职业道德规范的主要内容							√	
四、环境影响评价相关法律法规	（一）《中华人民共和国大气污染防治法》(2000年9月1日施行)								
	（1）熟悉大气污染物总量控制区的有关规定	√	√	√	√	√	√	√	√
	（2）熟悉企业应当优先采用清洁生产工艺，减少大气污染物产生的有关规定		√	√	√	√	√	√	√
	（3）掌握防治燃煤产生大气污染的有关规定	√	√	√	√	√	√	√	√
	（4）了解不得制造、销售或者进口污染物排放超过规定排放标准的机动车船的有关规定		√	√	√	√	√	√	√
	（5）掌握防治废气、粉尘和恶臭污染的有关规定		√	√	√	√	√	√	√
	（6）大气质量公报	√	√	√	√				
	（7）掌握国家对落后生产工艺和设备实行淘汰制度的规定	√	√	√	√				
	（二）《中华人民共和国水污染防治法》(1984年，1996年，2008年修正，2008年6月1日实施)								
	（1）了解本法的适用范围	√	√	√	√	√	√	√	√
	（2）熟悉水污染防治原则的有关规定					√	√	√	√
	（3）掌握排放水污染物不得超过国家或者地方规定的水污染物排放标准和水污染物排放总量控制指标的规定					√	√	√	√
	（4）掌握新建、扩建、改建直接或间接向水体排放污染物的建设项目和其他水上设施环境影响评价的有关规定		√	√	√	√	√	√	√

续表

项目	考试内容	2005年	2006年	2007年	2008年	2009年	2010年	2011年	2012年
四、环境影响评价相关法律法规	(5)熟悉国家对重点水污染物排放实施总量控制制度的有关规定					√	√	√	√
	(6)掌握禁止私设暗管或者采取其他规避监管的方式排放水污染物的有关规定					√	√	√	√
	(7)掌握水污染防治措施的有关规定					√	√	√	√
	(8)掌握饮用水源和其他特殊水体保护的有关规定					√	√	√	√
	(9)了解生产、储存危险化学品的企业事业单位应当采取措施，防止在处理安全生产事故过程中产生的可能严重污染水体的消防废水、废液直接排入水体的规定					√	√	√	√
	(10)熟悉建设项目环境影响评价及防治水污染设施“三同时”的有关规定，了解新建排污口设置的有关规定，了解向地表水体排放废水、污水及倾倒废渣、城市垃圾等废弃物的有关规定，了解船舶污染物排放的有关规定	√							
	(11)掌握生活饮用水地表水源保护区的划分及生活饮用水地表水源保护区内禁止的行为，了解防止地下水污染的有关规定	√	√	√	√				
	(三)《中华人民共和国水污染防治法实施细则》(2000年3月20日施行)								
	掌握生活饮用水地表水源保护区适用标准的有关规定	√	√	√	√	√	√	√	√
	(四)《中华人民共和国环境噪声污染防治法》(1996年通过，1997年3月1日施行)								
	(1)掌握环境噪声、环境噪声污染、噪声排放、噪声敏感建筑物和噪声敏感建筑物集中区域的含义	√	√	√	√	√	√	√	√
	(2)了解地方各级人民政府在制定城乡建设规划时，防止或减轻环境噪声污染的有关规定	√	√	√	√	√	√	√	√
	(3)熟悉城市规划部门在确定建设布局时，合理划定建筑物与交通干线的防噪声距离的有关规定	√	√	√	√	√	√	√	√
	(4)掌握在噪声敏感建筑物集中区域内，造成严重环境噪声污染的企业事业单位应该遵守的有关规定	√	√	√	√	√	√	√	√

续表

项目	考试内容	2005 年	2006 年	2007 年	2008 年	2009 年	2010 年	2011 年	2012 年
四、环境影响评价相关法律法规	(5)熟悉在城市范围内向周围生活环境排放工业噪声，应当符合国家规定的工业企业厂界噪声排放标准的规定	√	√	√	√	√	√	√	√
	(6)熟悉产生环境噪声污染的工业企业，应当采取有效措施减轻对周围生活环境影响的规定	√	√	√	√	√	√	√	√
	(7)熟悉在城市市区范围内向周围生活环境排放建筑施工噪声，应当符合国家规定的建筑施工场界环境噪声标准的规定	√	√	√	√	√	√	√	√
	(8)掌握在城市市区噪声敏感建筑物集中区域内，禁止夜间进行产生环境噪声污染的建筑施工作业的有关规定	√	√	√	√	√	√	√	√
	(9)掌握交通运输噪声污染防治的有关规定				√	√	√	√	√
	(10)熟悉社会生活噪声污染防治的有关规定				√	√	√	√	√
	(11)了解可能产生环境噪声污染的建设项目环境影响评价及环境噪声污染防治设施的有关规定；了解建设经过已有的噪声敏感建筑物集中区域的高速公路和城市高架、轻轨道路，在已有的城市交通干线两侧建设噪声敏感建筑物，穿越城市居民区、文教区的铁路，民用航空器等交通运输噪声污染防治的有关规定	√	√	√					
	(12)掌握新建营业性文化娱乐场所边界噪声，必须符合国家规定的环境噪声排放标准的规定		√	√					
	(五)《中华人民共和国固体废物污染环境防治法》(1995 年通过，2004 年修订，2005 年 4 月 1 日施行)								
	(1)掌握固体废物、工业固体废物、生活垃圾、危险废物、贮存、处置、利用的含义		√	√	√	√	√	√	√
	(2)了解本法的适用范围	√	√	√	√	√	√	√	√
	(3)掌握固体废物污染防治原则	√	√	√	√	√	√	√	√
	(4)掌握固体废物贮存、处置设施、场所的有关规定	√	√	√	√	√	√	√	√

续表

项目	考试内容	2005年	2006年	2007年	2008年	2009年	2010年	2011年	2012年
四、环境影响评价相关法律法规	(5)掌握企业事业单位应当对其产生的工业固体废物加以利用、安全分类存放或采取无害化处置措施的有关规定		√	√	√	√	√	√	√
	(6)掌握矿业固体废物贮存设施停止使用后应当按照有关环境保护规定进行封场的有关规定		√	√	√	√	√	√	√
	(7)掌握建设、关闭生活垃圾处置设施、场所的有关规定		√	√	√	√	√	√	√
	(8)了解制定危险废物管理计划的有关规定		√	√	√	√	√	√	√
	(9)了解组织编制危险废物集中处置设施、场所建设规划及组织建设危险废物集中处置设施、场所的有关规定	√	√	√	√	√	√	√	√
	(10)掌握产生危险废物的单位必须按照国家规定处置危险废物的有关规定	√	√	√	√	√	√	√	√
	(11)掌握分类收集、贮存危险废物的有关规定	√	√	√	√	√	√	√	√
	(12)了解禁止过境转移危险废物的规定	√	√	√	√	√	√	√	√
	(六)《中华人民共和国海洋环境保护法》(2000年4月1日施行)								
	(1)了解本法的适用范围	√	√	√	√	√	√	√	√
	(2)了解海洋环境污染损害、内水、滨海湿地、海洋功能区划的含义				√	√	√	√	√
	(3)了解海洋生态保护的有关规定				√	√	√	√	√
	(4)掌握入海排污口设置的有关规定	√	√	√	√	√	√	√	√
	(5)掌握禁止、严格限制或严格控制向海域排放废液或废水的有关规定		√	√	√	√	√	√	√
	(6)掌握须采取有效措施处理并符合国家有关标准后，方能向海域排放污水或废水的规定	√	√	√	√	√	√	√	√
	(7)熟悉防治海岸工程建设项目对海洋环境的污染损害的有关规定	√	√	√	√	√	√	√	√
	(8)熟悉保护海洋生态系统、珍稀海洋动物天然集中分布区、海洋生物生存区及海洋自然历史遗迹和自然景观的有关规定	√	√	√					
	(七)《中华人民共和国放射性污染防治法》(2003年10月1日施行)								
	(1)了解本法的适用范围	√	√	√	√	√	√	√	√
	(2)了解核设施选址、建造、运营、退役前进行环境影响评价的有关规定	√	√	√	√	√	√	√	√

续表

项目	考试内容	2005 年	2006 年	2007 年	2008 年	2009 年	2010 年	2011 年	2012 年
四、环境影响评价相关法律法规	(3)了解开发利用或关闭铀(钍)矿前进行环境影响评价的有关规定	√	√	√	√	√	√	√	√
	(4)了解产生放射性废液的单位排放或处理、贮存放射性废液的有关规定		√	√	√	√	√	√	√
	(5)了解放射性固体废物的处置方式及编制处置设施选址规划的有关规定	√	√	√	√	√	√	√	√
	(6)掌握产生放射性固体废物的单位处理处置放射性固体废物的有关规定		√	√	√	√	√	√	√
	(八)《中华人民共和国清洁生产促进法》(2003 年 1 月 1 日施行)								
	(1)了解清洁生产的法律定义				√	√	√	√	√
	(2)了解国家对浪费资源和严重污染环境的落后生产技术、工艺、设备和产品实行强制淘汰制度的规定	√	√	√	√	√	√	√	√
	(3)熟悉企业在进行技术改造时应采取的清洁生产措施	√	√	√	√	√	√	√	√
	(4)了解农业生产者应采取的清洁生产措施				√	√	√	√	√
	(5)了解餐饮、娱乐、宾馆等服务性企业应采取的清洁生产措施				√	√	√	√	√
	(6)了解建筑工程应采取的清洁生产措施				√	√	√	√	√
	(九)《中华人民共和国循环经济促进法》(2009 年 1 月 1 日施行)								
	(1)了解循环经济、减量化、再利用、资源化的法律定义					√	√	√	√
	(2)了解发展循环经济应遵循的原则					√	√	√	√
	(3)熟悉企业事业单位应采取措施降低资源消耗，减少废物的产生量和排放量，提高废物的再利用和资源化水平的规定					√	√	√	√
	(4)熟悉新建、改建、扩建建设项目必须符合本行政区域主要污染物排放、建设用地和用水总量控制指标的要求					√	√	√	√
	(5)熟悉减量化、再利用和资源化的有关规定					√	√	√	√
	(十)《中华人民共和国水法》(2002 年 10 月 1 日施行)								
	(1)熟悉水资源开发利用的有关规定	√	√	√	√	√	√	√	√
	(2)熟悉建立饮用水水源保护区制度的有关规定				√	√	√	√	√
	(3)掌握设置、新建、改建或者扩大排污口的有关规定				√	√	√	√	√

续表

项目	考试内容	2005年	2006年	2007年	2008年	2009年	2010年	2011年	2012年
四、环境影响评价相关法律法规	(4)熟悉河道管理范围内禁止行为的有关规定	√	√	√	√	√	√	√	√
	(5)了解禁止围湖造地、围垦河道的规定		√	√	√	√	√	√	√
	(6)了解工业用水应增加循环用水次数，提高水的重复利用率的规定		√	√	√	√	√	√	√
	(7)熟悉开发、利用水资源应满足或考虑生活用水，农业、工业、生态环境用水及航运等需要的规定		√	√					
	(8)了解跨流域调水应统筹兼顾调出和调入流域的用水需要，防止对生态环境造成破坏的规定		√	√					
	(9)了解在水资源不足的地区应当对城市规模和建设耗水量大的工业、农业和服务业项目加以限制的规定		√	√					
	(十一)《中华人民共和国节约能源法》(2008年4月1日施行)								
	(1)熟悉能源和节能的法律定义		√	√	√	√	√	√	√
	(2)了解国家节能政策的有关规定		√	√	√	√	√	√	√
	(3)熟悉国家对落后的耗能过高的用能产品、设备实行淘汰制度的规定		√	√	√	√	√	√	√
	(4)熟悉禁止生产、进口、销售及使用国家明令淘汰或者不符合强制性能源效率标准的用能产品、设备、生产工艺的规定				√	√	√	√	√
	(5)了解工业节能的有关规定				√	√	√	√	√
	(6)了解国家鼓励发展的节能技术	√	√	√					
	(7)掌握禁止新建技术落后、耗能过高、严重浪费能源的工业项目的规定		√	√					
	(十二)《中华人民共和国防沙治沙法》(2002年1月1日施行)								
	(1)了解土地沙化的法律定义		√	√	√	√	√	√	√
	(2)了解在沙化土地范围内从事开发建设活动须进行环境影响评价的规定	√	√	√	√	√	√	√	√
	(3)掌握沙化土地封禁保护区范围内禁止行为的有关规定	√	√	√	√	√	√	√	√
	(4)了解已经沙化的土地范围内的铁路、公路、河流、水渠两侧和城镇、村庄、厂矿、水库周围，实行单位治理责任制的有关规定		√	√	√	√	√	√	√

续表

项目	考试内容	2005 年	2006 年	2007 年	2008 年	2009 年	2010 年	2011 年	2012 年
四、环境影响评价相关法律法规	（十三）《中华人民共和国草原法》(2003 年 3 月 1 日施行)								
	(1)了解编制草原保护、建设、利用规划应当遵循的原则及应当包括的内容	√	√	√	√	√	√	√	√
	(2)掌握基本草原保护制度的有关规定	√	√	√	√	√	√	√	√
	(3)熟悉禁止开垦草原的有关规定	√	√	√	√	√	√	√	√
	（十四）《中华人民共和国文物保护法》(2007 年 12 月 29 日施行)								
	(1)了解在文物保护单位的保护范围及建设控制地带内不得进行的活动的有关规定	√	√	√	√	√	√	√	√
	(2)熟悉建设工程选址中保护不可移动文物的有关规定	√	√	√	√	√	√	√	√
	（十五）《中华人民共和国森林法》(1985 年施行，1998 年修正)								
	(1)熟悉森林的分类		√	√	√	√	√	√	√
	(2)掌握进行勘查、开采矿藏和各项建设工程占用或者征用林地的有关规定	√	√	√	√	√	√	√	√
	(3)掌握禁止毁林开垦、开采等行为的有关规定	√	√	√	√	√	√	√	√
	(4)熟悉采伐森林和林木必须遵守的规定		√	√	√	√	√	√	√
	（十六）《中华人民共和国渔业法》(1986 年通过，2000 年 10 月 3 日修正)								
	(1)了解本法的适用范围	√	√	√	√	√	√	√	√
	(2)熟悉在鱼、虾、蟹洄游通道建闸、筑坝，对渔业资源有严重影响的，应当建造过鱼设施或者采取其他补救措施的规定	√	√	√	√	√	√	√	√
	（十七）《中华人民共和国矿产资源法》(1986 年施行，1996 年修正)								
	(1)熟悉非经国务院授权的有关主管部门同意，不得开采矿产资源的地区	√	√	√	√	√	√	√	√
	(2)了解关闭矿山的有关规定		√	√	√	√	√	√	√
	(3)了解矿产资源开采的有关规定	√	√	√	√	√	√	√	√
	（十八）《中华人民共和国土地管理法》(1999 年 1 月 1 日施行)								
	(1)了解土地用途管制制度的有关规定	√	√	√	√	√	√	√	√
	(2)熟悉保护耕地和占用耕地补偿制度的有关规定		√	√	√	√	√	√	√

续表

项目	考试内容	2005 年	2006 年	2007 年	2008 年	2009 年	2010 年	2011 年	2012 年
四、环境影响评价相关法律法规	(3)掌握基本农田保护制度的有关规定	√	√	√	√	√	√	√	√
	(4)了解建设占用土地的有关规定	√	√	√	√	√	√	√	√
	(5)了解由国务院批准的征用土地的范围		√	√	√	√	√	√	√
	(十九)《中华人民共和国水土保持法》(2011 年 3 月 1 日起施行)								
	(1)熟悉生产建设项目(活动)开办(实施)前、实施过程中和结束后应采取的水土流失预防和治理措施	√						√	√
	(2)了解铁路、公路等建设项目环境影响报告书有关水土保持方案的规定	√	√	√	√	√	√		√
	(3)熟悉开办矿山企业、电力企业和其他企业必须采取防止水土流失措施的有关规定		√	√	√	√	√		√
	(4)掌握在山区、丘陵区、风沙区内的建设项目编制水土保持方案的有关规定		√	√	√	√	√		√
	(二十)《中华人民共和国野生动物保护法》(1989 年 3 月 1 日施行)								
	(1)了解本法的适用范围	√	√	√	√	√	√	√	√
	(2)熟悉野生动物保护的有关规定	√	√	√	√	√	√	√	√
	(二十一)《中华人民共和国防洪法》(1998 年 1 月 1 日施行)								
	(1)了解建设跨河、穿河、穿堤、临河工程设施防洪的有关规定	√	√	√	√	√	√	√	√
	(2)了解防洪区、洪泛区、蓄滞洪区和防洪保护区的法律定义	√	√	√	√	√	√	√	√
	(二十二)《中华人民共和国城乡规划法》(2008 年 1 月 1 日施行)								
	(1)了解城乡规划和规划区的法律定义	√	√	√	√	√	√	√	√
	(2)了解编制省域城镇体系规划、城市总体规划、镇总体规划以及乡规划、村庄规划的有关规定		√	√	√	√	√	√	√
	(3)熟悉城市新区开发、建设和旧城区改建的有关规定	√	√	√	√	√	√	√	√
	(4)熟悉城乡建设和发展依法保护和合理利用风景名胜资源的有关规定				√	√	√	√	√
	(5)熟悉禁止擅自改变城乡规划确定用途的用地种类				√	√	√	√	√
	(6)了解城市规划实施过程中有关建设项目的规定	√							

续表

项目	考试内容	2005 年	2006 年	2007 年	2008 年	2009 年	2010 年	2011 年	2012 年
	(二十三)《中华人民共和国河道管理条例》(1988 年 6 月 1 日施行)								
	(1)了解本条例的适用范围	√	√	√	√	√	√	√	√
	(2)掌握修建桥梁、码头和其他设施须按照防洪和航运的标准、要求进行的有关规定		√	√	√	√	√	√	√
	(3)掌握城镇建设和发展不得占用河道滩地的规定		√	√	√	√	√	√	√
	(4)了解河道整治与建设的有关规定	√						√	
	(二十四)《中华人民共和国自然保护区条例》(1994 年 10 月 9 日施行)								
	(1)掌握自然保护区的功能区划分及保护要求	√	√	√	√	√	√	√	√
	(2)掌握自然保护区内禁止行为的有关规定	√	√	√	√	√	√	√	√
	(3)掌握内部未分区的自然保护区按照核心区和缓冲区管理的规定	√	√	√	√	√	√	√	√
	(二十五)《风景名胜区条例》(2006 年 12 月 1 日施行)								
四、环境影响评价相关法律法规	熟悉风景名胜区保护的有关规定	√	√	√	√	√	√	√	√
	(二十六)《基本农田保护条例》(1999 年 1 月 1 日施行)								
	(1)了解基本农田和基本农田保护区的法律定义	√	√	√	√	√	√	√	√
	(2)了解基本农田保护区的划定	√	√	√	√	√	√	√	
	(3)掌握与建设项目有关的基本农田保护措施	√							
	(二十七)《医疗废物管理条例》(2003 年 6 月 16 日施行)								
	熟悉医疗废物集中贮存、处置设施选址的有关规定	√	√	√	√	√	√	√	√
	(二十八)《危险化学品安全管理条例》(2011 年 12 月 1 日施行)								
	熟悉危险化学品生产装置和贮存设施与有关场所、区域的距离必须符合国家标准或规定的有关规定	√	√	√	√	√	√	√	√
	(二十九)《中华人民共和国防治海岸工程建设项目污染损害海洋环境管理条例》(2008 年 1 月 1 日施行)								
	(1)熟悉海岸工程建设项目的法律定义及范围	√	√	√	√	√	√	√	√

续表

项目	考试内容	2005年	2006年	2007年	2008年	2009年	2010年	2011年	2012年
	(2)熟悉建设各类海岸工程建设项目应采取的环境保护措施	√	√	√			√	√	√
	(3)掌握禁止兴建的海岸工程建设项目的有关规定	√	√	√			√	√	√
四、环境影响评价相关法律法规	(三十)《防治海洋工程建设项目污染损害海洋环境管理条例》(2006年11月1日施行)								
	(1)熟悉海洋工程建设项目的法律定义					√	√	√	√
	(2)掌握严格控制围填海工程的有关规定				√	√	√	√	√
	(3)了解海洋工程拆除、弃置或者改作他用的环境保护有关规定				√	√	√	√	√
	(4)熟悉海洋工程污染物排放管理的有关规定				√	√	√	√	√
五、环境政策与产业政策	(一)国务院关于落实科学发展观加强环境保护的决定(国发[2005]39号)								
	(1)了解用科学发展观统领环境保护工作的基本原则		√	√	√	√	√	√	√
	(2)熟悉经济社会发展必须与环境保护相协调的有关要求		√	√	√	√	√	√	√
	(3)了解需切实解决的突出环境问题		√	√	√	√	√	√	√
	(4)了解加强环境监管制度的有关要求		√	√	√	√	√	√	√
	(二)节能减排综合性工作方案(国发[2011]26号)								
	(1)掌握国家节能减排的主要目标				√	√	√	√	√
	(2)熟悉控制高能耗、高污染行业过快增长的主要措施				√	√	√	√	√
	(3)了解"十一五"时期淘汰落后生产能力的主要行业和内容								√
	(三)全国生态环境保护纲要(2000年11月1日)								
	(1)熟悉重要生态功能区的类型和生态功能保护区的级别	√	√	√	√	√	√	√	√
	(2)熟悉对生态功能保护区采取的保护措施	√	√	√	√	√	√	√	√
	(3)了解各类资源开发利用的生态环境保护要求			√	√	√	√	√	√
	(四)国家重点生态功能保护区规划纲要(环发[2007]165号)								
	(1)熟悉重点生态功能保护区规划的指导思想、原则及目标							√	√
	(2)了解重点生态功能保护区规划的主要任务							√	√

续表

项目	考试内容	2005 年	2006 年	2007 年	2008 年	2009 年	2010 年	2011 年	2012 年
五、环境政策与产业政策	(3)熟悉生态功能保护区的划分	√							
	(4)熟悉对生态功能保护区采取的保护措施	√	√	√	√	√	√		
	(5)熟悉重要生态功能区的类型和生态功能保护区的级别		√	√	√	√	√		
	(6)了解各类资源开发利用的生态环境保护要求		√	√	√	√	√		
	(五)全国生态脆弱区保护规划纲要(环发[2008]92 号)								
	(1)熟悉生态脆弱区保护规划的指导思想、原则及目标						√	√	√
	(2)了解生态脆弱区保护规划的总体任务和具体任务						√	√	√
	(六)产业结构调整的相关规定(国发[2005]40 号)								
	(1)熟悉产业结构调整的方向和重点		√	√	√	√	√	√	√
	(2)了解《促进产业结构调整暂行规定》施行后废止的相关产业目录		√	√	√	√	√	√	√
	(3)了解推进产能过剩行业结构调整的总体要求和原则				√	√	√	√	√
	(4)熟悉推进产能过剩行业结构调整的重点措施				√	√	√	√	√
	(5)掌握《产业结构调整指导目录》的分类		√	√	√	√	√	√	√
	(七)工业产业调整和振兴规划								
	(1)了解汽车产业、钢铁产业、纺织工业、装备制造业、船舶工业、电子信息产业、轻工业、石化产业、有色金属产业和物流业调整和振兴的规划目标						√	√	√
	(2)了解钢铁产业、石化产业、有色金属产业调整和振兴的主要任务						√	√	√
	(八)关于抑制部分行业产能过剩和重复建设引导产业健康发展的若干意见(国发[2009]38 号)								
	(1)了解当前产能过剩、重复建设问题较为突出的产业和行业						√	√	√
	(2)了解抑制产能过剩和重复建设的政策导向						√	√	√
	(3)了解抑制产能过剩和重复建设的环境监管措施						√	√	√
	(九)环境保护部关于贯彻落实抑制部分行业产能过剩和重复建设引导产业健康发展的通知(环发[2009]127 号)								

续表

项目	考试内容	2005 年	2006 年	2007 年	2008 年	2009 年	2010 年	2011 年	2012 年
五、环境政策与产业政策	(1)熟悉提高环境保护准入门槛，严格建设项目环境影响评价管理的有关要求					√	√	√	
	(2)熟悉加强环境监管，严格落实环境保护“三同时”制度的有关要求	√					√	√	√
	(十)外商投资产业指导目录(发展改革委令第 12 号)								
	掌握外商投资产业指导目录的分类			√		√	√	√	√
	(十一)废弃危险化学品污染环境防治办法(国家环境保护总局令第 27 号)								
	(1)熟悉废弃危险化学品的含义				√	√	√	√	√
	(2)了解本办法的适用范围				√	√	√	√	√
	(3)熟悉危险化学品的生产、储存、使用单位转产、停产、停业或者解散的环境保护有关规定				√	√	√	√	√
	(4)了解总体原则	√	√	√	√				
	(5)了解危险废物的处置方式和要求	√	√	√	√				
	(6)了解特殊危险废物的污染防治要求	√	√	√	√				
	(十二)国家危险废物名录(发展改革委令第 1 号)								
	(1)了解列入本名录的危险废物类别	√	√	√	√	√	√	√	√
	(2)了解列入本名录危险废物范围的原则规定					√	√	√	√
	(十三)两控区环境政策								
	了解我国酸雨控制区和二氧化硫污染控制区的污染控制要求	√	√	√	√				
	(十四)燃煤二氧化硫排放污染防治技术政策(环发[2002]26 号)								
	(1)了解总体原则	√	√	√	√				
	(2)了解能源合理利用的有关规定	√	√	√	√				
	(3)了解电厂锅炉、工业锅炉和窑炉脱硫的有关规定	√	√	√	√				
	(十五)城市污水处理及污染防治技术政策								
	(1)了解城市污水处理技术原理	√	√	√	√				
	(2)了解城市污水收集系统的有关要求	√	√	√	√				

续表

项目	考试内容	2005 年	2006 年	2007 年	2008 年	2009 年	2010 年	2011 年	2012 年
五、环境政策与产业政策	(3)了解污水处理工艺选择的原则和工艺选择的主要技术经济指标	√	√	√	√				
	(4)了解污水处理工艺技术和污泥处理的有关技术和要求	√	√	√	√				
	(十六)城市生活垃圾处理及污染防治技术政策								
	(1)了解城市生活垃圾处理及污染防治技术政策中城市生活垃圾处理的原则	√	√	√	√				
	(2)了解城市生活垃圾处理及污染防治技术政策中垃圾处理设施的环境影响评价要求	√							
	(3)熟悉城市生活垃圾卫生填埋和焚烧处理的有关要求		√	√	√				
	(十七)有关发展热电联产的产业政策								
	(1)了解发展热电联产有关规定中热电比和热效率要求的原则	√	√	√	√				
	(2)熟悉热电厂、热力网、粉煤灰综合利用项目应同时审批、同步建设、同步验收投入使用的规定		√	√	√				
	(十八)钢铁、电解铝、水泥行业产业政策								
	(1)了解国家关于制止钢铁、电解铝、水泥行业盲目投资的有关规定	√	√	√					
	(2)了解国家关于从严控制铁合金生产能力切实制止低水平重复建设的有关规定	√							
	(十九)淘汰落后生产能力、工艺和产品的目录及工商投资领域制止重复建设目录和禁止外商投资产业指导目录								
	了解目录的基本内容及用途	√							
	(二十)资源综合利用目录								
	了解目录的基本内容与贯彻落实要求	√	√	√	√				
	(二十一)饮食娱乐服务企业环境管理政策								
	了解在县以上城镇兴办饮食、娱乐、服务企业的环境保护要求	√	√	√	√				
	(二十二)企业投资项目核准暂行办法								
	了解项目申报单位向项目核准机关报送申请报告时须提交环境影响评价文件的有关规定	√	√	√					

续表

项目	考试内容	2005年	2006年	2007年	2008年	2009年	2010年	2011年	2012年
五、环境政策与产业政策	(二十三)钢铁产业发展政策								
	(1)了解国家钢铁产业布局调整的原则要求		√	√	√				
	(2)了解钢铁工业装备水平和技术经济指标准入条件		√	√	√				
	(二十四)电石、铁合金、焦化行业准入条件								
	(1)了解电石行业准入条件		√	√					
	(2)了解铁合金行业准入条件		√	√					
	(3)了解焦化行业准入条件		√	√					
	(二十五)矿山生态环境保护与污染防治技术政策								
	(1)了解矿产资源开发应遵循的技术原则		√	√	√				
	(2)熟悉禁止、限制矿产资源开发的有关规定		√	√	√				
	(3)熟悉废弃地复垦的有关要求		√	√	√				
	(二十六)水泥工业产业发展政策								
	(1)了解水泥工业产业政策目标				√				
	(2)熟悉水泥工业产业发展重点				√				
	(二十七)煤炭产业政策								
	(1)了解煤炭产业布局的原则				√				
	(2)了解煤炭产业准入条件				√				
	(3)熟悉煤炭产业节约利用与环境保护的有关要求				√				
	(二十八)天然气利用政策								
	了解天然气利用领域和顺序				√				

第一章　环境法律法规体系

一、我国环境保护法律法规体系的构成

从1973年至今，中国已经制定了为数众多的环境保护法律文件，其表现形式多种多样，内容和任务各不相同，其制定机关以及法律效力也不尽一致。从整体看，它们共同构成了一个相互联系、比较协调的环境保护法律体系。

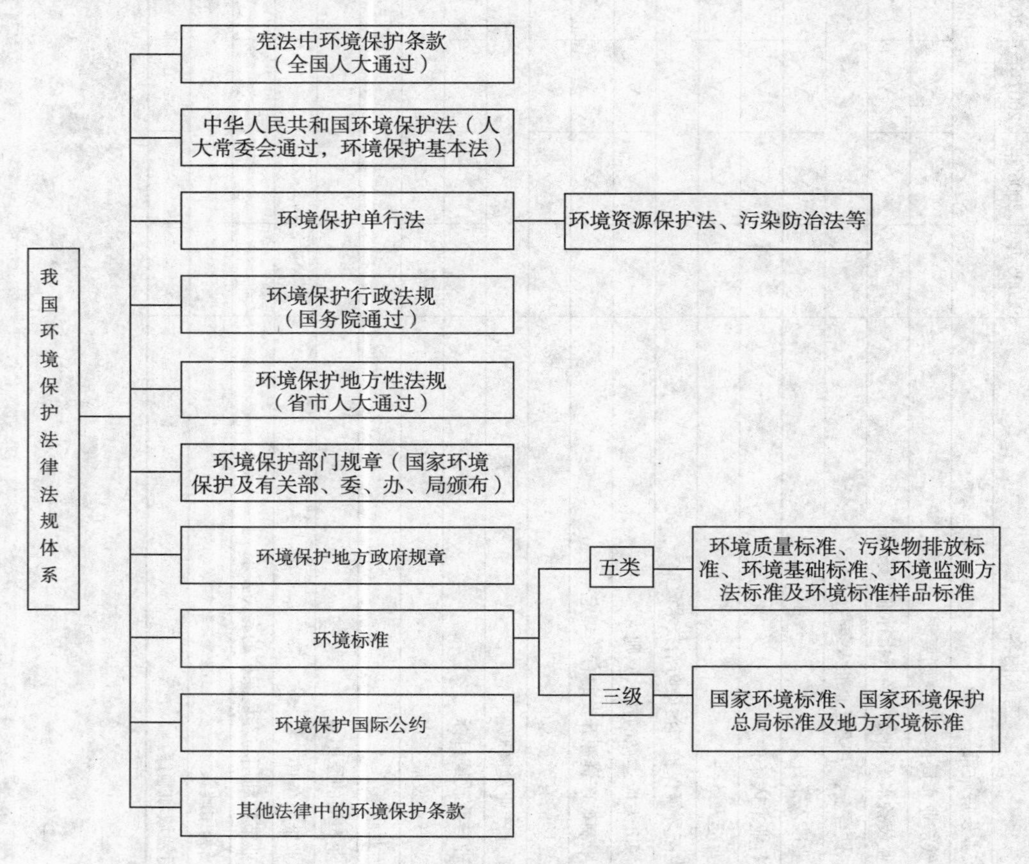

图1－1　中国环境保护法律法规体系构成

我国环境法律法规的效力关系见表1－3。

表1－3　我国环境法律法规的效力关系

层次	法规类别	法规举例	颁布程序
1	宪法	《中华人民共和国宪法》	全国人民代表大会全体会议通过，国家主席令公布

续表

层次	法规类别	法规举例	颁布程序
2	基本法律	《中华人民共和国刑法》 《中华人民共和国民法通则》 《中华人民共和国环境保护法》	全国人民代表大会全体会议或常务委员会通过，国家主席令公布
3	专门法律	《中华人民共和国固体废物污染环境防治法》 《中华人民共和国大气污染防治法》 《中华人民共和国水污染防治法》	全国人民代表大会常务委员会通过，国家主席令公布
4	国务院法规	《城市市容和环境卫生管理条例》 《医疗废物管理条例》	国务院令公布
5	部门规章	《城市生活垃圾管理办法》 《城市放射性废物管理办法》	国家部委令公布
6	国务院文件	《资源综合利用目录》	国务院文件公布
	部门文件	《关于企业所得税若干优惠政策的通知》	国家部委文件公布

我国环保法律法规的适用范围见表1－4。

表1－4 我国环保法律法规的适用范围

层次	批准或颁布法规的机构	法规适用范围
1	全国人大及其常务委员会	全国，部分行业
2	国务院	全国，部分行业
3	中央各部委	全国，特定的行业
4	地方人大	全国，部分行业
5	地方政府	全国，部分行业
6	地方政府组成部门	地方特定的行业

要点：根据法律法规的名称可以判断其属于何种类型，尤其是环保行政法规与环保部门规章的区别，要注意环境标准也是我国环保法律法规体系的一部分。

二、我国环境保护法律法规体系中各层次之间的相互关系

我国环境保护法律法规体系中各层次的关系见图1－2。

由图可见，宪法关于环境保护的规定，在我国环境保护法律法规体系中处于最高的地位，是环境保护法的基础，是各种环境保护法律、法规、规章制定的依据。

环境保护基本法在环境保护法律法规体系中，除宪法外占有核心地位，有“环境宪法”之称。

环境保护单行法是针对特定的环境保护对象、领域或特定的环境管理制度而进行专门调整的立法，是宪法和环境保护基本法的具体化，是实施环境管理、处理环境纠纷的直接法律依据。地位和效力仅次于环境保护基本法。

环境保护行政法规是国务院依照宪法和法律的授权，按照法定程序颁布或通过的关于环境保护方面的行政法规，其效力低于环境保护基本法和环境保护单行法，可以起到解释法律、规定环境执法的行政程序等作用，在一定程度上弥补环境保护基本法和单行法的不足。

环境保护部门规章是由环境保护行政主管部门以及其他有关行政机关依照《立法法》授权制定的关于环境保护的行政规章，效力低于环境保护行政法规。

环境保护地方性法规及规章位阶较低，其内容不得与法律、行政法规相抵触。

环境标准为各项环境保护法律法规的实施提供依据。

环境保护国际公约与我国环境法有不同规定的，优先适用国际公约的规定，但我国声明保留的条款除外。

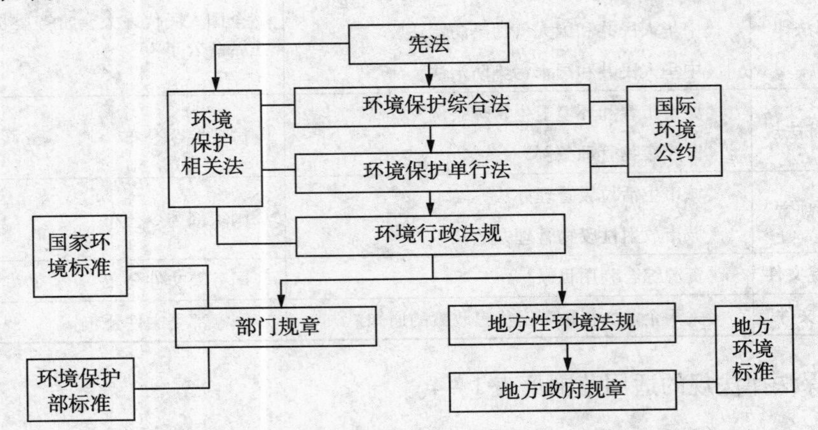

图 1－2　我国环境保护法律法规体系中各层次之间的相互关系

要点：根据具体环境法律法规名称，判断其处于法律法规中的层次。

习题：

1. 熟悉我国环境保护法律法规体系的构成。

2. 了解我国环境保护法律法规体系中各层次之间的相互关系。

第二章 《中华人民共和国环境保护法》

一、环境的含义

第二条 本法所称环境，是指影响人类生存和发展的各种天然的和经过人工改造的自然因素的总体，包括大气、水、海洋、土地、矿藏、森林、草原、野生生物、自然遗迹、人文遗迹、自然保护区、风景名胜区、城市和乡村等。

要点：各种天然的和经过人工改造的自然因素的总体有哪些?

二、本法的适用范围

第三条 本法适用于中华人民共和国领域和中华人民共和国管辖的其他海域。

要点：适用范围包括领域和海域两部分。

三、建设项目环境影响评价的有关规定

第十三条 建设污染环境的项目，必须遵守国家有关建设项目环境保护管理的规定。

建设项目的环境影响报告书，必须对建设项目产生的污染和对环境的影响做出评价，规定防治措施，经项目主管部门预审并依照规定的程序报环境保护行政主管部门批准。环境影响报告书经批准后，计划部门方可批准建设项目设计任务书。

要点：关注不同部门的审批顺序。

四、保护自然生态系统区域、野生动植物自然分布区域、水源涵养区域、自然遗迹、人文遗迹、生态环境及农业环境等的有关规定

第十七条 各级人民政府对具有代表性的各种类型的自然生态系统区域，珍稀、濒危的野生动植物自然分布区域，重要的水源涵养区域，具有重大科学文化价值的地质构造，著名溶洞和化石分布区、冰川、火山、温泉等自然遗迹，以及人文遗迹、古树名木，应当采取措施加以保护，严禁破坏。

第十九条 开发利用自然资源，必须采取措施保护生态环境。

要点：需要加以保护的具体区域有哪些?

五、加强农业环境保护的有关规定

第二十条 各级人民政府应当加强对农业环境的保护，防治土壤污染、土地沙化、盐渍化、贫瘠化、沼泽化、地面沉降和防治植被破坏、水土流失、水源枯竭、种源灭绝以及其他

生态失调现象的发生和发展，推广植物病虫害的综合防治，合理使用化肥、农药及植物生长激素。

要点：农业环境保护有哪些方面？

六、产生环境污染和公害的单位必须采取有效措施防治污染和公害的有关规定

第二十四条　产生环境污染和其他公害的单位，必须把环境保护工作纳入计划，建立环境保护责任制度；采取有效措施，防治在生产建设或者其他活动中生产的废气、废水、废渣、粉尘、恶臭气体、放射性物质以及噪声、振动、电磁波辐射等对环境的污染和危害。

要点：现有工业企业产生的污染类型有哪些？

七、新建和技术改造的企业防治污染和公害的有关规定

第二十五条　新建工业企业和现有工业企业的技术改造，应当采用资源利用率高、污染物排放量少的设备和工艺，采用经济合理的废弃物综合利用技术和污染物处理技术。

要点：新建、技改企业在设备、工艺、污染物处理、废弃物利用方面的环保要求。

八、建设项目防治污染设施的“三同时”规定

第二十六条　建设项目中防治污染的设施，必须与主体工程同时设计、同时施工、同时投产使用。防治污染的设施必须经原审批环境影响报告书的环境保护行政主管部门验收合格后，该建设项目方可投入生产或者使用。防治污染的设施不得擅自拆除或者闲置，确有必要拆除或者闲置的，必须征得所在地的环境保护行政主管部门同意。

第三十六条　建设项目的防治污染设施没有建成或者没有达到国家规定的要求，投入生产或者使用的，由批准该建设项目的环境影响报告书的环境保护行政主管部门责令停止生产或者使用，可以并处罚款。

要点：“三同时”的具体含义及对污染防治设施的具体要求。

九、因发生事故或者其他突发性事件，造成或者可能造成污染事故的单位应当加强防范的有关规定

第三十一条　因发生事故或者其他突然性事件，造成或者可能造成污染事故的单位，必须立即采取措施处理，及时通报可能受到污染危害的单位和居民，并向当地环境保护行政主管部门和有关部门报告，接受调查处理。可能发生重大污染事故的企业事业单位，应当采取措施，加强防范。

第三十二条　县级以上地方人民政府环境保护行政主管部门，在环境受到严重污染威胁居民生命财产安全时，必须立即向当地人民政府报告，由人民政府采取有效措施，解除或者减轻危害。

要点：关注环境报告制度的报告人、报告对象以及解决措施。

十、违反建设和使用污染防治设施的有关规定应承担的法律责任

要点：违反建设和使用污染防治设施的有关规定应受的处罚分为两类，具体见表1－5。

表1－5　违反建设和使用污染防治设施的有关规定应承担的法律责任

条款	规定	处罚形式
三十六条	建设项目的防治污染设施没有建成或者没有达到国家规定的要求，投入生产或者使用的	责令停止生产或者使用，可以并处罚款
三十七条	未经环境保护行政主管部门同意，擅自拆除或者闲置防治污染的设施，污染物排放超过规定的排放标准的	责令重新安装使用，并处罚款

十一、开发利用自然资源必须采取措施保护生态环境的有关规定

第十九条　开发利用自然资源，必须采取措施保护生态环境。

十二、在风景名胜区、自然保护区和其他需要特别保护的区域内不得建设污染环境的工业生产设施及其他设施的有关规定

第十八条　在国务院、国务院有关主管部门和省、自治区、直辖市人民政府划定的风景名胜区、自然保护区和其他需要特别保护的区域内，不得建设污染环境的工业生产设施；建设其他设施，其污染物排放不得超过规定的排放标准。已经建成的设施，其污染物排放超过规定的排放标准的，限期治理。

要点：工业生产设施不能建，其他设施排放不能超标，已有的设施，排放超标的，限期治理。

十三、禁止引进不符合我国环境保护规定要求的技术和设备的有关规定

第三十条　禁止引进不符合我国环境保护规定要求的技术和设备。

第三章 《中华人民共和国环境影响评价法》、《建设项目环境保护管理条例》及配套的部门规章、规范性文件

一、《中华人民共和国环境影响评价法》(2002年10月28日通过，2003年9月1日起施行)

(一)立法目的

第一条 为了实施可持续发展战略，预防因规划和建设项目实施后对环境造成不良影响，促进经济、社会和环境的协调发展，制定本法。

(二)环境影响评价的定义

第二条 本法所称环境影响评价，是指对规划和建设项目实施后可能造成的环境影响进行分析、预测和评估，提出预防或者减轻不良环境影响的对策和措施，进行跟踪监测的方法与制度。

要点：环评对象包括规划和建设项目，环境影响评价的具体工作包括分析、预测和评估，目的是提出预防或者减轻不良环境影响的对策和措施。

(三)环境影响评价的原则

第四条 环境影响评价必须客观、公开、公正，综合考虑规划或者建设项目实施后对各种环境因素及其所构成的生态系统可能造成的影响，为决策提供科学依据。

要点：环评原则为客观、公开、公正。

二、规划的环境影响评价

(一)需进行环境影响评价的规划的类别、范围及要求[《环境影响评价法》第七~九条，《关于印发〈编制环境影响报告书的规划的具体范围(试行)〉和〈编制环境影响篇章或说明的规划的具体范围(试行)〉的通知》(环发[2004] 98号]

第七条 国务院有关部门、设区的市级以上地方人民政府及其有关部门，对其组织编制的土地利用的有关规划，区域、流域、海域的建设、开发利用规划，应当在规划编制过程中组织进行环境影响评价，编写该规划有关环境影响的篇章或者说明。

规划有关环境影响的篇章或者说明，应当对规划实施后可能造成的环境影响作出分析、预测和评估，提出预防或者减轻不良环境影响的对策和措施，作为规划草案的组成部分一并报送规划审批机关。

未编写有关环境影响的篇章或者说明的规划草案，审批机关不予审批。

第八条 国务院有关部门、设区的市级以上地方人民政府及其有关部门，对其组织编制的工业、农业、畜牧业、林业、能源、水利、交通、城市建设、旅游、自然资源开发的有关

专项规划(以下简称专项规划)，应当在该专项规划草案上报审批前，组织进行环境影响评价，并向审批该专项规划的机关提出环境影响报告书。

前款所列专项规划中的指导性规划，按照本法第七条的规定进行环境影响评价。

第九条　依照本法第七条、第八条的规定进行环境影响评价的规划的具体范围，由国务院环境保护行政主管部门会同国务院有关部门规定，报国务院批准。

编制环境影响报告书的规划的具体范围(试行)见表1－6。编制环境影响篇章或说明的规划的具体范围(试行)见表1－7。

表1－6　编制环境影响报告书的规划的具体范围(试行)

序号	专项规划名称	专项规划的具体范围
一	工业的有关专项规划	省级及设区的市级工业各行业规划 全国工业有关行业发展规划
二	农业的有关专项规划	1. 设区的市级以上种植业发展规划 2. 省级及设区的市级渔业发展规划 3. 省级及设区的市级乡镇企业发展规划
		1. 设区的市级以上农业发展规划 2. 全国乡镇企业发展规划 3. 全国渔业发展规划
三	畜牧业的有关专项规划	1. 省级及设区的市级畜牧业发展规划 2. 省级及设区的市级草原建设、利用规划
		1. 全国畜牧业发展规划 2. 全国草原建设、利用规划
四	能源的有关专项规划	1. 油(气)田总体开发方案 2. 设区的市级以上流域水电规划
		1. 设区的市级以上能源重点专项规划 2. 设区的市级以上电力发展规划(流域水电规划除外) 3. 设区的市级以上煤炭发展规划 4. 油(气)发展规划
五	水利的有关专项规划	1. 流域、区域涉及江河、湖泊开发利用的水资源开发利用综合规划和供水、水力发电等专业规划 2. 设区的市级以上跨流域调水规划 3. 设区的市级以上地下水资源开发利用规划
六	交通的有关专项规划	1. 流域(区域)、省级内河航运规划 2. 国道网、省道网及设区的市级交通规划 3. 主要港口和地区性重要港口总体规划 4. 城际铁路网建设规划 5. 集装箱中心站布点规划 6. 地方铁路建设规划
七	城市建设的有关专项规划	直辖市及设区的市级城市专项规划
八	旅游的有关专项规划	省及设区的市级旅游区的发展总体规划
九	自然资源开发的有关专项规划	1. 矿产资源：设区的市级以上矿产资源开发利用规划 2. 土地资源：设区市级以上土地开发整理规划 3. 海洋资源：设区的市级以上海洋自然资源开发利用规划 4. 气候资源：气候资源开发利用规划

表1-7　编制环境影响篇章或说明的规划的具体范围(试行)

序号	规划名称	具体范围
一	土地利用的有关规划	设区的市级以上土地利用总体规划
二	区域的建设、开发利用规划	国家经济区规划
三	流域的建设、开发利用规划	1. 全国水资源战略规划 2. 全国防洪规划 3. 设区的市级以上防洪、治涝、灌溉规划
四	海域的建设、开发利用规划	设区的市级以上海域建设、开发利用规划
五	工业指导性专项规划	全国工业有关行业发展规划
六	农业指导性专项规划	1. 设区的市级以上农业发展规划 2. 全国乡镇企业发展规划 3. 全国渔业发展规划
七	畜牧业指导性专项规划	1. 全国畜牧业发展规划 2. 全国草原建设、利用规划
八	林业指导性专项规划	1. 设区的市级以上商品林造林规划(暂行) 2. 设区的市级以上森林公园开发建设规划
九	能源指导性专项规划	1. 设区的市级以上能源重点专项规划 2. 设区的市级以上电力发展规划(流域水电规划除外) 3. 设区的市级以上煤炭发展规划 4. 油(气)发展规划
十	交通指导性专项规划	1. 全国铁路建设规划 2. 港口布局规划 3. 民用机场总体规划
十一	城市建设指导性专项规划	1. 直辖市及设区的市级城市总体规划(暂行) 2. 设区的市级以上城镇体系规划 3. 设区的市级以上风景名胜区总体规划
十二	旅游指导性专项规划	全国旅游区的总体发展规划
十三	自然资源开发指导性专项规划	设区的市级以上矿产资源勘查规划

要点：“一地三域”规划编写环境影响的篇章或说明，十个专项规划编写环境影响报告书，上述环评文件必须与规划草案同时报送规划审批机关。

(二)对规划进行环境影响评价应当分析、预测和评估的内容(《规划环境影响评价条例》第八条)

第八条　(1)规划实施可能对相关区域、流域、海域生态系统产生的整体影响；(2)规划实施可能对环境和人群健康产生的长远影响；(3)规划实施的经济效益、社会效益与环境效益之间以及当前利益与长远利益之间的关系。

(三)规划有关环境影响篇章或者说明以及专项规划环境影响报告书的主要内容(《规划环境影响评价条例》第十一条,《环境影响评价法》第七、十条)

表 1－8　环境影响篇章或者说明（报告书）的主要内容

法律法规	环评文件类型	主要内容	具体内容
《规划环境影响评价条例》第十一条；《环境影响评价法》第七条	环境影响的篇章或者说明	规划实施对环境可能造成影响的分析、预测和评估	资源环境承载能力分析、不良环境影响的分析和预测以及与相关规划的环境协调性分析
		预防或者减轻不良环境影响的对策和措施	预防或者减轻不良环境影响的政策、管理或者技术等措施
		环境影响评价结论	规划草案的环境合理性和可行性，预防或者减轻不良环境影响的对策和措施的合理性和有效性，以及规划草案的调整建议
《环境影响评价法》第十条	专项规划的环境影响报告书	实施该规划对环境可能造成影响的分析、预测和评估，预防或者减轻不良环境影响的对策和措施，环境影响评价的结论	

（四）规划环境影响评价文件质量责任主体的有关规定（《规划环境影响评价条例》第十二条）

第十二条　环境影响篇章或者说明、环境影响报告书（以下称环境影响评价文件），由规划编制机关编制或者组织规划环境影响评价技术机构编制。规划编制机关应当对环境影响评价文件的质量负责。

要点：规划环评文件质量的责任主体是规划编制机关。

（五）规划环境影响评价的公众参与要求（《环境影响评价法》第五、十一条）

第五条　国家鼓励有关单位、专家和公众以适当方式参与环境影响评价。

第十一条　专项规划的编制机关对可能造成不良环境影响并直接涉及公众环境权益的规划，应当在该规划草案报送审批前，举行论证会、听证会，或者采取其他形式，征求有关单位、专家和公众对环境影响报告书草案的意见。但是，国家规定需要保密的情形除外。

编制机关应当认真考虑有关单位、专家和公众对环境影响报告书草案的意见，并应当在报送审查的环境影响报告书中附具对意见采纳或者不采纳的说明。

要点：公众参与的主体是有关单位、专家和公众。公众参与形式为听证会、论证会、其他形式。公众参与的时机是规划草案上报审批前。报告书中必须附具公众意见以及是否采纳的说明。

（六）规划环境影响报告书的报批时限（《环境影响评价法》第十二条）

第十二条　专项规划的编制机关在报批规划草案时，应当将环境影响报告书一并附送审批机关审查；未附送环境影响报告书的，审批机关不予审批。

（七）专项规划环境影响报告书的审查程序和审查时限（《环境影响评价法》第十三条，《专项规划环境影响报告书审查办法》（国家环境保护总局 18 号令）第四条、第五条）

第十三条　设区的市级以上人民政府在审批专项规划草案，作出决策前，应当先由人民政府指定的环境保护行政主管部门或者其他部门召集有关部门代表和专家组成审查小组，对环境影响报告书进行审查。审查小组应当提出书面审查意见。

由省级以上人民政府有关部门负责审批的专项规划，其环境影响报告书的审查办法，由国务院环境保护行政主管部门会同国务院有关部门制定。

第四条　专项规划编制机关在报批专项规划草案时，应依法将环境影响报告书一并附送审批机关；专项规划的审批机关在作出审批专项规划草案的决定前，应当将专项规划环境影响报告书送同级环境保护行政主管部门，由同级环境保护行政主管部门会同专项规划的审批机关对环境影响报告书进行审查。

第五条　环境保护行政主管部门应当自收到专项规划环境影响报告书之日起 30 日内，会同专项规划审批机关召集有关部门代表和专家组成审查小组，对专项规划环境影响报告书进行审查；审查小组应当提出书面审查意见。

要点：规划环境影响报告书审批时限为收到报告书之日起 30 日内。

(八)专项规划环境影响报告书审查意见应当包括的内容(《规划环境影响评价条例》第十九条)

第十九条　第二款

审查意见应当包括下列内容：

(1)基础资料、数据的真实性；

(2)评价方法的适当性；

(3)环境影响分析、预测和评估的可靠性；

(4)预防或者减轻不良环境影响的对策和措施的合理性和有效性；

(5)公众意见采纳与不采纳情况及其理由的说明的合理性；

(6)环境影响评价结论的科学性。

要点：规划环境影响报告书的审查意见包括：基础资料与数据、评价方法、预测与评估、对象与措施、公众意见、环评结论六个方面。

(九)审查小组应当提出对专项规划环境影响报告书进行修改并重新审查或者不予通过环境影响报告书意见的情形(《规划环境影响评价条例》第二十、二十一条)

第二十条　有下列情形之一的，审查小组应当提出对环境影响报告书进行修改并重新审查的意见：

(1)基础资料、数据失实的；

(2)评价方法选择不当的；

(3)对不良环境影响的分析、预测和评估不准确、不深入，需要进一步论证的；

(4)预防或者减轻不良环境影响的对策和措施存在严重缺陷的；

(5)环境影响评价结论不明确、不合理或者错误的；

(6)未附具对公众意见采纳与不采纳情况及其理由的说明，或者不采纳公众意见的理由明显不合理的；

(7)内容存在其他重大缺陷或者遗漏的。

第二十一条　有下列情形之一的，审查小组应当提出不予通过环境影响报告书的意见：

(1)依据现有知识水平和技术条件，对规划实施可能产生的不良环境影响的程度或者范围不能作出科学判断的；

(2)规划实施可能造成重大不良环境影响，并且无法提出切实可行的预防或者减轻对策和措施的。

(十)专项规划环境影响报告书结论及审查意见采纳的有关规定(《环境影响评价法》第十四条)

第十四条　设区的市级以上人民政府或者省级以上人民政府有关部门在审批专项规划草

案时，应当将环境影响报告书结论以及审查意见作为决策的重要依据。在审批中未采纳环境影响报告书结论以及审查意见的，应当作出说明，并存档备查。

（十一）规划的环境影响跟踪评价的有关规定(《环境影响评价法》第十五条)

第十五条　对环境有重大影响的规划实施后，编制机关应当及时组织环境影响的跟踪评价，并将评价结果报告审批机关；发现有明显不良环境影响的，应当及时提出改进措施。

要点：跟踪评价在规划实施后，由规划编制机关组织，提出改进措施、评价结果提交审批机关。

（十二）规划编制机关和审查机关在规划环境影响评价中的法律责任(《环境影响评价法》第二十九、三十条)

第二十九条　规划编制机关组织环境影响评价时弄虚作假或者有失职行为，造成环境影响评价严重失实的，对直接负责的主管人员和其他直接责任人员，由上级机关或者监察机关依法给予行政处分。

第三十条　规划审批机关对依法应当编写有关环境影响的篇章或者说明而未编写的规划草案，依法应当附送环境影响报告书而未附送的专项规划草案，违法予以批准的，对直接负责的主管人员和其他直接责任人员，由上级机关或者监察机关依法给予行政处分。

要点：规划编制机关和审批机关在规划环境评价中违反规定后承担的法律责任为：由上级机关或者监察机关依法给予行政处分。

（十三）规划环境影响评价与项目环境影响评价的联动机制(《环评法》第十八条，《规划环境影响评价条例》第十四、二十三条，环发[2009]　96号关于学习贯彻《规划环境影响评价条例》加强规划环境影响评价工作的通知)

第十八条　建设项目的环境影响评价，应当避免与规划的环境影响评价相重复。

作为一项整体建设项目的规划，按照建设项目进行环境影响评价，不进行规划的环境影响评价。

已经进行了环境影响评价的规划所包含的具体建设项目，其环境影响评价内容建设单位可以简化。

第十四条　对已经批准的规划在实施范围、适用期限、规模、结构和布局等方面进行重大调整或者修订的，规划编制机关应当依照本条例的规定重新或者补充进行环境影响评价。

第二十三条　已经进行环境影响评价的规划包含具体建设项目的，规划的环境影响评价结论应当作为建设项目环境影响评价的重要依据，建设项目环境影响评价的内容可以根据规划环境影响评价的分析论证情况予以简化。

按照《条例》规定，将规划环评结论作为规划所包含建设项目环评的重要依据，建立规划环评与项目环评的联动机制。未进行环境影响评价的规划所包含的建设项目，不予受理其环境影响评价文件。已经批准的规划在实施范围、适用期限、规模、结构和布局等方面进行重大调整或者修订的，应当重新或者补充进行环境影响评价，未开展环评的，不予受理其规划中建设项目的环境影响评价文件。已经开展了环境影响评价的规划，其包含的建设项目环境影响评价的内容可以根据规划环境影响评价的分析论证情况予以适当简化，简化的具体内容以及需要进一步深入评价的内容都应在审查意见中明确。

要点：建设项目与规划环评不重复。已有规划环评，规划中有建设项目的，建设项目环评简化。已有建设项目环评，不再进行规划环评。未进行环境影响评价的规划所包含的建设项目，不予受理其环境影响评价文件。已经批准的规划在实施范围、适用期限、规模、结构和布局等方面进行重大调整或者修订的，应当重新或者补充进行环境影响评价。

（十四）推进重点领域规划环境影响评价的要求（环发[2009]96号文，关于学习贯彻《规划环境影响评价条例》加强规划环境影响评价工作的通知）

切实加强区域、流域、海域规划环评，把区域、流域、海域生态系统的整体性、长期性环境影响作为评价的关键点。努力提高城市规划环评质量，把规划环评早期介入城市总体规划及有关建设规划编制，实现与规划的全过程互动作为切入点。不断强化矿产资源开发规划环评的实效性，把保障资源开发区域的生态服务功能作为落脚点。认真做好交通及重要基础设施规划环评，把协调好规划布局与重要生态环境敏感区的关系作为着力点。严格规范各类开发区及工业园区规划环评，把园区布局、产业结构和重要环保基础设施建设方案的环境合理性作为评价工作的重中之重。当前，要进一步加强对钢铁、水泥等产能过剩行业规划的环境影响评价。将区域产业规划环评作为受理审批区域内高耗能项目环评文件的前提，避免出现产能过剩、重复建设引发新的区域性环境问题。

要点：规划环境影响评价推进的重点领域有：区域、流域、海域规划环评，城市规划环评，矿产资源开发规划环评，交通及重要基础设施规划环评，开发区及工业园区规划环评，钢铁、水泥等产能过剩行业规划的环境影响评价。

三、建设项目的环境影响评价

（一）建设项目环境影响评价分类管理

1. 关于建设项目环境影响评价分类管理的法律规定（《环境影响评价法》第十六条，《建设项目环境保护管理条例》第七条，内容同表1-9，略）

第十六条　国家根据建设项目对环境的影响程度，对建设项目的环境影响评价实行分类管理。

建设单位应当按照下列规定组织编制环境影响报告书、环境影响报告表或者填报环境影响登记表（以下统称环境影响评价文件），见表1-9。

表1-9　建设项目环境影响评价分类管理的法律规定

环境影响	环境影响评价形式	环境评价要求
可能造成重大环境影响	编制环境影响报告书	对产生的环境影响进行全面评价
可能造成轻度环境影响	编制环境影响报告表	对产生的环境影响进行分析或者专项评价
对环境影响很小	填报环境影响登记表	不需要进行环境影响评价

建设项目的环境影响评价分类管理名录，由国务院环境保护行政主管部门制定并公布。

要点：不同环境影响所对应的环评形式及要求。

2. 对环境造成重大影响、轻度影响、影响很小的建设项目具体划分[《建设项目环境保护分类管理名录》(2008.10.1起施行)]

对环境造成重大影响、轻度影响、影响很小的建设项目具体划分见表1-10。

表 1－10　对环境造成重大影响、轻度影响、影响很小的建设项目具体划分

环境影响	详细说明	环境影响评价形式	环境评价要求
（一）建设项目对环境可能造成重大影响	1. 原料、产品或生产过程中涉及的污染物种类多、数量大或毒性大、难以在环境中降解的建设项目 2. 可能造成生态系统结构重大变化、重要生态功能改变、或生物多样性明显减少的建设项目 3. 可能对脆弱生态系统产生较大影响或可能引发和加剧自然灾害的建设项目 4. 容易引起跨行政区环境影响纠纷的建设项目 5. 所有流域开发、开发区建设、城市新区建设和旧区改建等区域性开发活动或建设项目	环境影响报告书	对建设项目产生的污染和对环境的影响进行全面、详细的评价
（二）建设项目对环境可能造成轻度影响	1. 污染因素单一，而且污染物种类少、产生量小或毒性较低的建设项目 2. 对地形、地貌、水文、土壤、生物多样性等有一定影响，但不改变生态系统结构和功能的建设项目 3. 基本不对环境敏感区造成影响的小型建设项目	环境影响报告表	对建设项目产生的污染和对环境的影响进行分析或者专项评价
（三）建设项目对环境影响很小	1. 基本不产生废水、废气、废渣、粉尘、恶臭、噪声、震动、热污染、放射性、电磁波等对环境产生不利影响的建设项目 2. 基本不改变地形、地貌、水文、土壤、生物多样性等，不改变生态系统结构和功能的建设项目 3. 不对环境敏感区造成影响的小型建设项目	环境影响登记表	不需要进行环境影响评价

要点：对环境造成重大影响、轻度影响、影响很小的建设项目具体划分。

3. 在分类管理中环境敏感区的含义（《建设项目环境保护分类管理名录》）

在分类管理中环境敏感区的含义见表 1－11。

表 1－11　在分类管理中环境敏感区的含义

环境敏感区分类	含　义
需特殊保护地区	国家或地方法律法规确定的或县以上人民政府划定的需特殊保护的地区，如水源保护区、风景名胜、自然保护区、森林公园、国家重点保护文物、历史文化保护地（区）、水土流失重点预防保护区、基本农田保护区
生态敏感与脆弱区	水土流失重点治理及重点监督区、天然湿地、珍稀动植物栖息地或特殊生态环境、天然林、热带雨林、红树林、珊瑚礁、产卵场、渔场等重要生态系统
社会关注区	文教区、疗养地、医院等区域以及具有历史、科学、民族、文化意义的保护地

要点：环境敏感区有哪些具体类型？

（二）建设项目环境影响评价文件的编制与报批

1. 建设项目环境影响报告书内容的有关法律规定（《环境影响评价法》第十七条，《建设项目环境保护管理条例》第八条，内容同《环境影响评价法》第十七条，略）

第十七条　建设项目的环境影响报告书应当包括下列内容：

（1）建设项目概况；

（2）建设项目周围环境现状；

(3)建设项目对环境可能造成影响的分析、预测和评估；

(4)建设项目环境保护措施及其技术、经济论证；

(5)建设项目对环境影响的经济损益分析；

(6)对建设项目实施环境监测的建议；

(7)环境影响评价的结论。

涉及水土保持的建设项目，还必须有经水行政主管部门审查同意的水土保持方案。

要点：建设项目的环境影响报告书应包括七个方面内容，对于涉及水土保持的建设项目，必须有水土保持方案。

2. 环境影响报告表和环境影响登记表的内容和填报要求[《关于公布〈建设项目环境影响报告表〉(试行)和〈建设项目环境影响登记表〉(试行)内容及格式的通知》(环发[1999]178号)]

环境影响报告表的主要内容：

(1)建设项目基本情况；

(2)建设项目所在地自然环境、社会环境简况及环境质量状况；

(3)评价适用标准；

(4)建设项目工程分析及项目主要污染物产生及预计排放情况；

(5)环境影响分析；

(6)建设项目的防治措施及预期治理效果；

(7)结论与建议。

附件包括："立项批准文件"及"其他与环评有关的行政管理文件"；附图包括：项目地理位置图(应反映行政区划、水系、标明纳污口位置和地形地貌等)。

如果报告表不能说明项目产生的污染及对环境造成的影响，应进行专项评价。根据项目特点和环境特征，应选择1~2项进行专项评价。专项评价包括：①大气环境、②水环境(包括地表水和地下水)、③生态环境、④声环境、⑤土壤、⑥固体废弃物影响专项评价。

环境影响登记表只需建设单位简单填报建设项目的基本情况。其内容包括：①项目内容及规模、②原辅材料、③水及能源消耗、④废水排放量及排放去向、⑤周围环境简况、⑥生产工艺流程简述、⑦拟采取的防止污染措施，以及登记表的审批意见。

要点：环境影响报告表、登记表均包括七个方面的内容，但具体内容不同，注意比较两者的不同。环境影响报告表的附件附图有具体要求。环境影响报告表的专项评价有六种类型。

3. 建设项目环境影响评价公众参与的有关规定(《环境影响评价法》第二十一条，《建设项目环境保护管理条例》第十五条)

第二十一条　除国家规定需要保密的情形外，对环境可能造成重大影响、应当编制环境影响报告书的建设项目，建设单位应当在报批建设项目环境影响报告书前，举行论证会、听证会，或者采取其他形式，征求有关单位、专家和公众的意见。建设单位报批的环境影响报告书应当附具对有关单位、专家和公众的意见采纳或者不采纳的说明。

第十五条　建设单位编制环境影响报告书，应当依照有关法律规定，征求建设项目所在地有关单位和居民的意见。

要点：建设单位应当在报批建设项目环境影响报告书前，举行论证会、听证会，或者采取其他形式，征求有关单位、专家和公众的意见。环境影响报告书应当附具对有关单位、专家和公众的意见采纳或者不采纳的说明。

4. 建设项目环境影响评价文件报批的有关规定及审批时限(《建设项目环境保护管理条例》第九、十条，《环境影响评价法》第二十二条)

第九条　建设单位应当在建设项目可行性研究阶段报批建设项目环评文件；但是，铁路、交通等建设项目，经有审批权的环境保护行政主管部门同意，可以在初步设计完成前报批环评文件。

不需要进行可行性研究的建设项目，建设单位应当在建设项目开工前报批环评文件；其中，需要办理营业执照的，建设单位应当在办理营业执照前报批建设项目环评文件。

第十条　建设项目环评文件由建设单位报有审批权的环境保护行政主管部门审批；建设项目有行业主管部门的，其环评文件应当经行业主管部门预审后，报有审批权的环境保护行政主管部门审批。

海岸工程建设项目环评文件经海洋行政主管部门审核并签署意见后，报环境保护行政主管部门审批。

环境保护行政主管部门应当自收到建设项目环境影响报告书之日起 60 日内、收到环境影响报告表之日起 30 日内、收到环境影响登记表之日起 15 日内，分别作出审批决定并书面通知建设单位。

第二十二条　建设项目的环境影响评价文件，由建设单位按照国务院的规定报有审批权的环境保护行政主管部门审批；建设项目有行业主管部门的，其环境影响报告书或者环境影响报告表应当经行业主管部门预审后，报有审批权的环境保护行政主管部门审批。

海洋工程建设项目的海洋环境影响报告书的审批，依照《中华人民共和国海洋环境保护法》的规定办理。

审批部门应当自收到环境影响报告书之日起 60 日内，收到环境影响报告表之日起 30 日内，收到环境影响登记表之日起 15 日内，分别作出审批决定并书面通知建设单位。

预审、审核、审批建设项目环境影响评价文件，不得收取任何费用。

要点：环评文件审批时限为环保行政主管部门收到环评文件后，报告书 60 日内，报告表 30 日内，登记表 15 日内，分别作出审批决定并书面通知建设单位。环评文件报批规定：一般项目在可研阶段报批环评文件，铁路、公路项目经有审批权的环境保护行政部门同意，可以在初步设计完成前报批，不需可研项目在开工前报批，需办营业执照项目在办理营业执照前报批。环评文件审批部门：有行业主管部门的，先报行业主管部门预审，无行业主管部门的，报环保行政主管部门审批。

5. 建设项目环境影响评价文件重新报批和重新审核的规定(《环境影响评价法》第二十四条，《建设项目环境保护管理条例》第十二条)

第二十四条　建设项目的环境影响评价文件经批准后，建设项目的性质、规模、地点、采用的生产工艺或者防治污染、防止生态破坏的措施发生重大变动的，建设单位应当重新报批建设项目的环境影响评价文件。

建设项目的环境影响评价文件自批准之日起超过五年，方决定该项目开工建设的，其环境影响评价文件应当报原审批部门重新审核；原审批部门应当自收到建设项目环境影响评价文件之日起十日内，将审核意见书面通知建设单位。

第十二条　原审批机关应当自收到建设项目环评文件起 10 日内，将审核意见书面通知建设单位；逾期未通知的，视为审核同意。

要点：环评文件批准后 5 年，方开工建设，环评文件需重新审核。环评文件批准后，性质、工艺、规模、地点发生重大变化的，重新报批环评文件。重新报批的审批时限：收到环评文件之日起 10 日内。

6. 建设项目环境影响评价应当避免与规划环境影响评价相重复的有关规定(《环境影响

评价法》第十八条)

第十八条　建设项目的环境影响评价，应当避免与规划的环境影响评价相重复。

作为一项整体建设项目的规划，按照建设项目进行环境影响评价，不进行规划的环境影响评价。

已经进行了环境影响评价的规划所包含的具体建设项目，其环境影响评价内容建设单位可以简化。

(三)建设项目环境影响评价分级审批

1. 国务院环境保护行政主管部门负责审批的环境影响评价文件的范围(《环境影响评价法》第二十三条，《建设项目环境保护管理条例》第十一条，同略，《建设项目环境影响评价文件分级审批规定》(国家环境保护总局15号令)第二~四条)

第二十三条　国务院环境保护行政主管部门负责审批下列建设项目的环境影响评价文件：

(1)核设施、绝密工程等特殊性质的建设项目；

(2)跨省、自治区、直辖市行政区域的建设项目；

(3)由国务院审批的或者由国务院授权有关部门审批的建设项目。

第二条　对中央政府财政性投资项目，其环境影响评价文件按照下列规定进行分级审批：

列于表1－12的项目由国家环境保护部负责审批其环境影响文件。

第四条　对非政府财政性投资项目，其环境影响评价文件按照下列规定进行分级审批：

列于本规定表1－13的项目，由国家环境保护总局负责审批其环境影响评价文件；

中央财政性投资建设项目环境影响评价文件国家环境保护总局审批目录(试行)见表1－12。

表1－12　中央财政性投资建设项目环境影响评价文件国家环境保护总局审批目录(试行)

项目类别		项目投资规模或建设规模
一、预算内投资项目		总投资2亿元及以上
二、专项建设基金项目	1. 水利基金	总投资2亿元及以上
	2. 铁路建设基金	总投资2亿元及以上的铁路新建项目；总投资10亿元及以上的铁路扩建项目
		设计年吞吐量100万吨及以上的煤炭、矿石、油气专用泊位、集装箱专用泊位；万吨级及以上泊位深水岸线使用
	3. 港口建设基金	跨省(区、市)的内河航运工程
		国家干线公路，新建高速公路；长度50公里及以上穿越环境敏感区的一级公路；长度100公里及以上一、二级公路；长度2000米及以上的独立公路桥梁、隧道
	4. 内河建设基金	总投资2亿元及以上民用机场扩建项目；2亿元及以上的空管和飞机维修项目、军民合用机场扩建
	5. 公路建设基金	全部
	6. 民航建设基金	总投资2亿元及以上
三、核工程、绝密工程		
四、军工项目		

非政府财政性投资重大项目环境影响评价文件国家环境保护总局审批目录（试行）见表1－13。

表1－13　非政府财政性投资重大项目环境影响评价文件国家环境保护总局审批目录（试行）

项目类别	项目投资规模或建设规模
一、农林水利	
水利工程	总投资10亿元及以上
林业	总投资5亿元及以上
农业	总投资5亿元及以上
二、能源	
电力	水电站：本期装机10万千瓦及以上
	火电站：本期装机20万千瓦及以上
	热电站：本期装机5万千瓦及以上
	输变电工程：总投资2亿元及以上的330千伏及以上工程
煤炭	煤矿：年产150万吨及以上
	总投资2亿元及以上的煤炭液化、地下气化和煤层气开发项目
	总投资5亿元及以上的其他项目
石油	原油：年产20万吨及以上
	天然气：年产5亿立方米及以上
	跨省区输油（气）管道干线
	液化石油气存贮设施，年周转50万吨及以上
	石油贮存设施年周转20万吨及以上
	中外合作开发油气田项目
三、交通	
铁道	新建铁路：总投资2亿元及以上
	扩建铁路：总投资10亿元及以上
	其他工程：总投资2亿元及以上
公路	国家干线公路，新建高速公路50公里及以上，穿越环境敏感区的长度100公里及以上公路；长度2000米及以上的独立公路桥梁、隧道
水运	设计年吞吐能力500万吨及以上的煤炭、矿石、油气等专用泊位
	所有石化和危险品码头
	万吨级及以上泊位的岸线使用
	跨省（区、市）的内河航运工程
民航	新建机场：全部项目
	扩建民用机场：总投资2亿元及以上
	扩建军民合用机场：总投资2亿元及以上
四、信息产业	总投资5亿元及以上
电子信息产品制造	国务院特殊规定的移动通信系统及终端等项目

续表

项目类别	项目投资规模或建设规模
电信工程	总投资5亿元及以上
	总投资2亿元及以上
邮政工程	
五、原材料	炼铁：年产50万吨及以上
钢铁	电炉炼钢：年产30万吨及以上
	转炉炼钢：年产80万吨及以上
	普通钢材：年产50万吨及以上
	特殊钢材：年产35万吨及以上
	总投资2亿元及以上的其他工程
有色	露天矿：总投资2亿元及以上
铜、锌、铅	地下矿：总投资2亿元及以上
	冶炼：年产5万吨及以上
铝	加工：年产10万吨以上
稀土	氧化铝：年产30万吨及以上
	电解铝：全部项目
其他	总投资1亿元及以上
黄金	总投资1亿元及以上
建材	
水泥	日产熟料2000吨及以上
其他	总投资2亿元及以上
石化	
炼油	总投资2亿元及以上
乙烯	总投资2亿元及以上
PTA	总投资2亿元及以上
其他	总投资2亿元及以上
化工	
氮肥	合成氨年产30万吨及以上；尿素年产52万吨及以上
磷肥	以五氧化二磷计：年产24万吨及以上
钾肥	氯化钾：年产50万吨及以上
	硫酸钾或硝酸钾：年产10万吨及以上
其他	总投资2亿元以及上
六、机械	所有新建发动机项目
汽车	新车型及发动机技术引进项目
	原有汽车生产企业新增非同类型产品总投资5亿元及以上
其他	总投资5亿元及以上
七、轻工纺织烟草	
轻工	

续表

项目类别	项目投资规模或建设规模
木浆	年产 10 万吨及以上
脱墨浆(木浆)	年产 10 万吨及以上
非木浆	年产 5 万吨及以上
造纸	年产 10 万吨及以上
纺织	总投资 2 亿元及以上
化纤	
烟草	
醋片	年产 2.5 万吨及以上
烟用醋纤	年产 2.5 万吨及以上
八、城建和环保	所有项目
城市快速轨道	涉及流域、湖域、海域污染治理的日处理污水 10 万吨及以上污水处理工程
城市污水处理	跨越大江、大河、主要海湾的桥梁及隧道工程
市政工程	垃圾焚烧项目 2 亿元及以上
九、高技术产业	涉及产业技术发展方向，总投资 2 亿元及以上
十、房地产项目	
十一、社会产业	
十二、核工程(设施)及绝密工程	全部
十三、军工项目	总投资 2 亿元及以上
十四、其他	1. 涉及新物种引进的项目和总投资 1 亿元生产转基因产品的项目
	2. 总投资 2 亿元及以上和医药类中，抗菌素(原料药)合成，酶制剂生产
	3. 总投资 2 亿元及以上黄磷生产及以黄磷为原料的磷化工生产
	4. 氰化物生产项目
	5. 中方境外投资项目，中方投资 3000 万美元及以上

注：建设项目的生产及投资规模划分均适用于技改、扩建项目。

要点：国家环保行政主管部门负责审批环评文件的建设项目类型有三类。

2. 省级环境保护行政主管部门提出建设项目环境影响评价分级审批建议的原则[《建设项目环境影响评价文件分级审批规定》(国家环境保护总局 15 号令)第五条]

第五条　省、自治区、直辖市环境保护行政主管部门，按照下列原则提出建设项目环境影响评价文件的分级审批建议或调整建议：

(1)以建设项目对环境影响程度、建设项目投资性质、立项主体、建设规模、工程特点等因素为依据，分政府财政性投资项目和非政府财政性投资项目两类规定审批级别；

(2)对化工、印染、农药、电镀、酿造、化学制浆以及其他严重污染环境的建设项目，其环境影响评价文件应由市(地)级以上环境保护行政主管部门审批；

(3)符合法律、法规、规章关于环境影响评价文件审批管理的其他有关规定。

(四)建设项目环境影响评价的实施

1. 建设项目实施环境保护对策措施的有关规定(《环境影响评价法》第二十六条,《建设项目环境保护管理条例》第十六~十九条)

第二十六条　建设项目建设过程中,建设单位应当同时实施环评文件以及环评文件审批部门审批意见中提出的环境保护对策措施。

第十六条　建设项目需要配套建设的环境保护设施,必须与主体工程同时设计、同时施工、同时投产使用。

第十七条　建设项目的初步设计,应当按照环境保护设计规范的要求,编制环境保护篇章,并依据经批准的建设项目环评文件在环境保护篇章中落实防治环境污染和生态破坏的措施以及环境保护设施投资概算。

第十八条　建设项目的主体工程完工后,需要进行试生产的,其配套建设的环境保护设施必须与主体工程同时投入试运行。

第十九条　建设项目试生产期间,建设单位应当对环境保护设施运行情况和建设项目对环境的影响进行监测。

要点:建设项目实施环境保护对策措施应符合"三同时"规定。

2. 建设项目环境影响后评价制度的有关规定(《环境影响评价法》第二十七条)

第二十七条　在项目建设、运行过程中产生不符合经审批的环评文件的情形的,建设单位应当组织环境影响的后评价,采取改进措施,并报原环评文件审批部门和建设项目审批部门备案;原环评文件审批部门也可以责成建设单位进行环境影响的后评价,采取改进措施。

3. 建设单位未依法执行环境影响评价制度擅自开工建设应承担的法律责任(《环境影响评价法》第三十一条,《建设项目环境保护管理条例》第二十四、二十五条)

要点:建设单位未依法执行环境影响评价制度擅自开工建设应承担的法律责任类型见表1-14。

表1-14　建设单位未依法执行环境影响评价制度擅自开工建设应承担的法律责任类型

法律法规	违法行为	法律责任类型
《环境影响评价法》第三十一条	未重新报批或者报请重新审核环境影响评价文件,擅自开工建设的	责令停止建设,限期补办手续;逾期不补办手续的,可以处万元以上二十万元以下的罚款,对建设单位直接负责的主管人员和其他直接责任人员,依法给予行政处分
	未经批准或者未经原审批部门重新审核同意,建设单位擅自开工建设的	责令停止建设,可以处五万元以上二十万元以下的罚款,对建设单位直接负责的主管人员和其他直接责任人员,依法给予行政处分
《建设项目环境保护管理条例》第二十四条	(一)未报批建设项目环境影响报告书、环境影响报告表或者环境影响登记表的; (二)建设项目的性质、规模、地点或者采用的生产工艺发生重大变化,未重新报批建设项目环评文件的; (三)建设项目环评文件自批准之日起满5年,建设项目方开工建设,其环评文件未报原审批机关重新审核的。	责令限期补办手续;逾期不补办手续,擅自开工建设的,责令停止建设,可以处10万元以下的罚款

续表

法律法规	违法行为	法律责任类型
《建设项目环境保护管理条例》第二十五条	未经批准或者未经原审批机关重新审核同意，擅自开工建设的	责令停止建设，限期恢复原状，可以处10万元以下的罚款

(五)建设项目环境影响评价机构资质管理

1. 建设项目环境影响评价机构资质管理的有关法律规定(《环境影响评价法》第十九、二十条,《建设项目环境保护管理条例》第六条、第十三条)

第十九条　接受委托为建设项目环境影响评价提供技术服务的机构，应当经国务院环境保护行政主管部门考核审查合格后，颁发资质证书，按照资质证书规定的等级和评价范围，从事环境影响评价服务，并对评价结论负责。

国务院环境保护行政主管部门对已取得资质证书的为建设项目环境影响评价提供技术服务的机构的名单，应当予以公布。

第二十条　环境影响评价文件中的环境影响报告书或者环境影响报告表，应当由具有相应环境影响评价资质的机构编制。

任何单位和个人不得为建设单位指定对其建设项目进行环境影响评价的机构。

第六条　国家实行建设项目环境影响评价制度。

建设项目的环境影响评价工作，由取得相应资格证书的单位承担。

第十三条　国家对从事建设项目环境影响评价工作的单位实行资格审查制度。

从事建设项目环境影响评价工作的单位，必须取得国务院环境保护行政主管部门颁发的资格证书，按照资格证书规定的等级和范围，从事建设项目环境影响评价工作，并对评价结论负责。

国务院环境保护行政主管部门对已经颁发资格证书的从事建设项目环境影响评价工作的单位名单，应当定期予以公布。具体办法由国务院环境保护行政主管部门制定。

从事建设项目环境影响评价工作的单位，必须严格执行国家规定的收费标准。

要点：国家实行建设项目环境影响评价制度。国家对从事建设项目环境影响评价工作的单位实行资格审查制度。

2. 建设项目环境影响评价资质等级和评价范围划分的有关规定(《建设项目环境影响评价资质管理办法(国家环境保护总局26号令)》第三、四、五、六条)

第三条　评价证书分甲级、乙级两个等级。国家环境保护总局在确定评价资质等级的同时，根据评价机构专业特长和工作能力，确定相应的评价范围。评价范围分为环境影响报告书的11个小类和环境影响报告表的2个小类，见表1-15。

第四条　取得甲级评价资质的评价机构，可以在资质证书规定的评价范围之内，承担各级环境保护部门负责审批的建设项目环境影响报告书和环境影响报告表的编制工作。

取得乙级评价资质的评价机构，可以在资质证书规定的评价范围之内，承担省级以下环境保护部门负责审批的建设项目环境影响报告书或环境影响报告表的编制工作。

第五条　国家对甲级评价机构数量实行总量控制。

国家环境保护总局根据建设项目环境影响评价业务的需求等情况确定不同时期的限制数量，并对符合本法规定条件的申请机构，按照其提交完整申请材料的先后顺序作出是否准予评价资质的决定。

第六条　资格证书包括正本和副本，由国家环境保护总局统一印制并颁发。资质证书在全国范围内使用，有效期为4年。

表1－15　建设项目环境影响评价资质中的评价范围类别划分及新旧对照表

类别		所对应的具体业务领域	原行业类别[1]
环境影响报告书	轻工纺织化纤	－各种化学纤维、棉、毛、丝、绢等制造以及服装、鞋帽、皮革、毛皮、羽绒及其制品的生产、加工等项目； －食品、饮料、酒类、烟草、纸及纸制品、印刷业、人造板、家具、记录媒介的制造及加工等项目。	轻工、纺织、化纤
	化工石化医药	－基本化学原料、化肥、农药、有机化学品、合成材料、感光材料、日用化学品及专用化学品的生产加工与制造等项目； －原油、人造原油、石油制品、焦碳（含煤气）的加工制造等项目： －各种化学药品原药、化学药品制剂、中药材及中成药、动物药品、生物制品的制造及加工等项目； －转基因技术推广应用、物种引进等高新技术项目。	化工、石化及医药
	冶金机电	－普通机械、金属加工机械、通用设备、轴承和阀门、通用零部件、铸锻件、机电、石化、轻纺等专用设备、农林牧渔水利机械、医疗机械、交通运输设备、航空航天器、武器弹药、电气机械及器材、电子及通信设备、仪器仪表及文化办公用机械、家用电器及金属制品的制造、加工及修理等项目； －拆船、电器拆解、电镀、金属制品表面处理等项目； －电子加工等项目； －黑色金属、有色金属、贵金属、稀有金属的冶炼及压延加工等项目。	金属冶炼及压延加工；机械、电子
	建材火电	－水泥、玻璃、陶瓷、石灰、砖瓦、石棉等各种工业及民用建筑材料制造与加工等项目； －各种火电、脱硫工程、蒸汽、热水生产、垃圾发电等项目。	建筑材料；火电（输变电工程除外）
	农林水利	－农、林、牧、渔业的资源开发、养殖及其服务等项目； －防沙治沙工程项目； －水库、灌溉、引水、堤坝、水电、潮汐发电等项目。	农、林、牧、渔业；水利、水电
	采掘	－地质勘查、露天开采、石油及天然气开采、煤炭采选、金属和非金属矿采选等项目。	采掘
	交通运输	－铁路、公路、地铁、城市交通、桥梁、隧道、港口、码头、航道、水运枢纽等项目； －管线、管道、光纤光缆、仓储建设及相关工程等项目； －各种民用、军用机场及其相关工程等项目。	交通运输；机场及相关工程

续表

类别		所对应的具体业务领域	原行业类别[1]
环境影响报告书	社会区域	–房地产、停车场、污水处理厂、城市固体废物处理(处置)、进口废物拆解、自来水生产和供应、园林、绿化等城市建设项目及综合整治项目； –卫生、体育、文化、教育、旅游、娱乐、商业、餐饮、社会福利、社会服务设施、展览馆、博物馆、游乐场等项目； –流域开发、海岸带开发、围海造地、围垦造地、防波堤坝、开发区建设、城市新区建设和旧区改建的区域性开发等项目。	社会服务；区域开发；建筑、市政公用工程；海洋及海岸工程中的围海造地、防波堤坝等
	海洋工程	–海底管道、海底缆线铺设、海洋石油勘探开发等项目。	海洋及海岸工程中的海底管道、缆线铺设、资源开采
	输变电及广电通讯	–移动通讯、无线电寻呼等电讯、雷达和电信等项目； –输变电工程及电力供应等项目； –邮电、广播、电视等项目。	电磁辐射；火电中的输变电
	核工业	–核设施项目； –核技术应用项目； –伴生放射性矿物资源开发利用、放射性天然铀、钍伴生矿的开采、加工和利用及废渣的处理和贮存等项目。	核反应堆及核技术应用；铀矿冶及核燃料生产
环境影响报告表	一般项目环境影响报告表	可编制除输变电及广电通讯、核工业类别以外项目的环境影响报告表	环境影响报告表
	特殊项目环境影响报告表	可编制输变电及广电通讯、核工业类别建设项目的环境影响报告表。	

注：[1]原行业类别系指本办法颁布前，环境影响报告书业务范围中的行业类别划分。

要点：评价资质证书分为甲、乙两级，证书有效期限为4年。评价范围分为环境影响报告书的11个小类和环境影响报告表的2个小类。

3. 建设项目环境影响评价机构资质条件的有关规定(《建设项目环境影响评价资质管理办法(国家环境保护总局26号令)》第九、十条)

第九条　甲级评价机构应当具备下列条件：

(一)在中华人民共和国境内登记的各类所有制企业或事业法人，具有固定的工作场所和工作条件，固定资产不少于1000万元，其中企业法人工商注册资金不少于300万元；

(二)能够开展规划、重大流域、跨省级行政区域建设项目的环境影响评价；能够独立编制污染因子复杂或生态环境影响重大的建设项目环境影响报告书；能够独立完成建设项目的工程分析、各环境要素和生态环境的现状调查与预测评价以及环境保护措施的经济技术论证；有能力分析、审核协作单位提供的技术报告和监测数据；

(三)具备20名以上环境影响评价专职技术人员，其中至少有10名登记于该机构的环境影响评价工程师，其他人员应当取得环境影响评价岗位证书。环境影响报告书评价范围包括核工业类的，专职技术人员中还应当至少有3名注册于该机构的核安全工程师；

(四)配备工程分析、水环境、大气环境、声环境、生态、固体废物、环境工程、规划、环境经济、工程概算等方面的专业技术人员；

(五)环境影响报告书评价范围内的每个类别应当配备至少3名登记于该机构的相应类别的环境影响评价工程师，且至少2人主持编制过相应类别省级以上环境保护行政主管部门审批的环境影响报告书。

环境影响报告表评价范围内的特殊项目环境影响报告表类别，应当配备至少1名登记于该机构的相应类别的环境影响评价工程师；

(六)近三年内主持编制过至少5项省级以上环境保护行政主管部门负责审批的环境影响报告书；

(七)具有健全的环境影响评价工作质量保证体系；

(八)配备与评价范围一致的专项仪器设备，具备文件和图档的数字化处理能力，有较完善的计算机网络系统和档案管理系统。

第十条　乙级评价机构应当具备下列条件：

(一)在中华人民共和国境内登记的各类所有制企业或事业法人，具有固定的工作场所和工作条件，固定资产不少于200万元，企业法人工商注册资金不少于50万元。其中，评价范围为环境影响报告表的评价机构，固定资产不少于100万元，企业法人工商注册资金不少于30万元；

(二)能够独立编制建设项目的环境影响报告书或环境影响报告表；能够独立完成建设项目的工程分析、各环境要素和生态环境的现状调查与预测评价以及环境保护措施的经济技术论证；有能力分析、审核协作单位提供的技术报告和监测数据；

(三)具备12名以上环境影响评价专职技术人员，其中至少有6名登记于该机构的环境影响评价工程师，其他人员应当取得环境影响评价岗位证书。环境影响报告书评价范围包括核工业类的，专职技术人员中还应当至少有2名注册于该机构的核安全工程师。

评价范围为环境影响报告表的评价机构，应当具备8名以上环境影响评价专职技术人员，其中至少有2名登记于该机构的环境影响评价工程师，其他人员应当取得环境影响评价岗位证书；

(四)配备工程分析、水环境、大气环境、声环境、生态、固体废物、环境工程等方面的专业技术人员。

评价范围为环境影响报告表的评价机构，需配备工程分析、环境工程、生态等方面的专业技术人员；

(五)环境影响报告书评价范围内的每个类别应当配备至少2名登记于该机构的相应类别的环境影响评价工程师，且至少1人主持编制过相应类别的环境影响报告书。

环境影响报告表评价范围内的特殊项目环境影响报告表类别，应当配备至少1名登记于该机构的相应类别的环境影响评价工程师；

(六)具有健全的环境影响评价工作质量保证体系；

(七)配备与评价范围一致的专项仪器设备，具备文件和图档的数字化处理能力，有较完善的档案管理系统。

4. 建设项目环境影响评价机构的管理、考核与监督的有关规定(《建设项目环境影响评价资质管理办法(国家环境保护总局26号令)》第四章、第五章)

第四章　评价机构的管理

第二十一条　评价机构应当对环境影响评价结论负责。

评价机构所主持编制的环境影响报告书和特殊项目环境影响报告表须由登记于该机构的相应类别的环境影响评价工程师主持；一般项目环境影响报告表须由登记于该机构的环境影

响评价工程师主持。

环境影响报告书的各章节和环境影响报告表的各专题应当由本机构的环境影响评价专职技术人员主持。

第二十二条　环境影响报告书和环境影响报告表中应当附编制人员名单表，列出主持该项目及各章节、各专题的环境影响评价专职技术人员的姓名、环境影响评价工程师登记证或环境影响评价岗位证书编号，并附主持该项目的环境影响评价工程师登记证复印件。编制人员应当在名单表中签字，并承担相应责任。

第二十三条　环境影响评价工程师登记证中的评价机构名称与其环境影响评价岗位证书中的评价机构名称应当一致。

第二十四条　评价机构主持编制的环境影响报告书或环境影响报告表，必须附有按原样边长三分之一缩印的资质证书正本缩印件。缩印件上应当注明所承担项目的名称及环境影响评价文件类型，并加盖评价机构印章和法定代表人名章。

第二十五条　评价机构应当坚持公正、科学、诚信的工作原则，遵守职业道德，讲求专业信誉，对相关社会责任负责，不得违反国家法律、法规、政策及有关管理要求承担环境影响评价工作，不得无任何正当理由拒绝承担环境影响评价工作。

第二十六条　评价机构在环境影响评价工作中，应当执行国家规定的收费标准。

第二十七条　评价机构的经济类型、法定代表人、工作场所和环境影响评价专职技术人员等基本情况发生变化的，应当及时报国家环境保护总局备案。

第二十八条　评价机构在领取新的资质证书时，应当将原资质证书交回国家环境保护总局。

遗失资质证书的，应当在国家环境保护总局指定的公众媒体上声明作废后申请补发。

第二十九条　甲级评价机构在资质证书有效期内应当主持编制完成至少5项省级以上环境保护行政主管部门负责审批的环境影响报告书。

乙级评价机构在资质证书有效期内应当主持编制完成至少5项环境影响报告书或环境影响报告表；其中，评价范围为环境影响报告表的评价机构，在资质证书有效期内应当主持编制完成至少5项环境影响报告表。

第三十条　评价机构每年须填写“建设项目环境影响评价机构年度业绩报告表”，于次年3月底前报国家环境保护总局，同时抄报所在地省级环境保护行政主管部门。

第五章　评价资质的考核与监督

第三十一条　国家环境保护总局负责对评价机构实施统一监督管理，组织或委托省级环境保护行政主管部门组织对评价机构进行抽查，并向社会公布有关情况。

第三十二条　抽查主要对评价机构的资质条件、环境影响评价工作质量和是否有违法违规行为等进行检查。

在抽查中发现评价机构不符合相应资质条件规定的，国家环境保护总局重新核定其评价资质；发现评价机构有本办法第三十五条至第三十八条所列行为的，由国家环境保护总局按照本办法的有关规定予以处罚。

第三十三条　各级环境保护行政主管部门对在本辖区内承担环境影响评价工作的评价机构负有日常监督检查的职责。

各级环境保护行政主管部门应当加强对评价机构的业务指导，并结合环境影响评价文件审批对评价机构的环境影响评价工作质量进行日常考核。

省级环境保护行政主管部门可组织对本辖区内评价机构的资质条件、环境影响评价工作质量和是否有违法违规行为等进行定期考核。

第三十四条　各级环境保护行政主管部门在日常监督检查或考核中发现评价机构不符合相应资质条件或者有本办法第三十五条至第三十八条所列行为的，应当及时向上级环境保护行政主管部门报告有关情况，并提出处罚建议。

要点：国家环境保护总局(现为国家环境保护部)和环评单位在环境影响评价机构的管理、考核与监督中的职责分别有哪些？考核形式有哪些？考核结果有哪些类型？

5. 建设项目环境影响评价机构应承担的法律责任(《环境影响评价法》第三十三条；《建设项目环境管理条例》第二十九条)

表 1－16　建设项目环境影响评价机构应承担的法律责任

法律法规	违法行为	法律责任
(环评法)第三十三条	不负责任或者弄虚作假，致使环境影响评价文件失实的	降低其资质等级或者吊销其资质证书，并处所收费用一倍以上三倍以下的罚款；构成犯罪的依法追究刑事责任
《建设项目环境管理条例》第二十九条	弄虚作假的	吊销资格证书，并处所收费用 1 倍以上 3 倍以下的罚款

要点：处罚方式：降低资质等级或吊销资质证书，并处所收费用 1 倍以上 3 倍以下的罚款；构成犯罪的，依法追究刑事责任。

6. 建设项目环境影响评价机构违反资质管理有关规定应受的处罚(《建设项目环境影响评价资质管理办法》第三十五 ~ 三十九条)

第三十五条　评价机构在环境影响评价工作中不负责任或者弄虚作假，致使环境影响评价文件失实的，国家环境保护总局依据《中华人民共和国环境影响评价法》第三十三条的规定，降低其评价资质等级或者吊销其资质证书，并处所收费用一倍以上三倍以下的罚款，同时依据有关规定对主持该环境影响评价文件的环境影响评价工程师注销登记。

第三十六条　评价机构有下列行为之一的，国家环境保护总局取消其评价资质：

(1)以欺骗、贿赂等不正当手段取得评价资质的；

(2)涂改、倒卖、出租、出借资质证书的；

(3)超越评价资质等级、评价范围提供环境影响评价技术服务的；

(4)达不到评价资质条件或本办法第二十九条规定的业绩要求的。

申请评价资质的机构隐瞒有关情况或者提供虚假资料申请评价资质的，国家环境保护总局不予受理或者不予评价资质，并给予警告，申请机构一年内不得再次申请评价资质。

评价机构以欺骗、贿赂等不正当手段取得评价资质的，除由国家环境保护总局取消其评价资质外，评价机构在三年内不得再次申请评价资质。

第三十七条　评价机构有下列行为之一的，国家环境保护总局视情节轻重，分别给予警告、通报批评、责令限期整改 3 至 12 个月、缩减评价范围、降低资质等级或者取消评价资质，其中责令限期整改的，评价机构在限期整改期间，不得承担环境影响评价工作：

(1)不按规定接受抽查、考核或在抽查、考核中隐瞒有关情况、提供虚假材料的；

(2)不按规定填报或虚报“建设项目环境影响评价机构年度业绩报告表”的；

(3)未按本办法第二十一条至第二十六条的要求承担环境影响评价工作的；

(4)评价机构的经济类型、法定代表人、工作场所和环境影响评价专职技术人员等基本情况发生变化，未及时报国家环境保护总局备案的。

第三十八条　在审批、抽查或考核中发现评价机构主持完成的环境影响报告书或环境影响报告表质量较差，有下列情形之一的，国家环境保护总局视情节轻重，分别给予警告、通报批评、责令限期整改 3 至 12 个月、缩减评价范围或者降低资质等级，其中责令限期整改的，评价机构在限期整改期间，不得承担环境影响评价工作：

(1)建设项目工程分析出现较大失误的；

(2)环境现状描述不清或环境现状监测数据选用有明显错误的；

(3)环境影响识别和评价因子筛选存在较大疏漏的；

(4)环境标准适用错误的；

(5)环境影响预测与评价方法不正确的；

(6)环境影响评价内容不全面、达不到相关技术要求或不足以支持环境影响评价结论的；

(7)所提出的环境保护措施建议不充分、不合理或不可行的；

(8)环境影响评价结论不明确的。

评价机构在环境影响评价工作中不负责任或者弄虚作假，致使环境影响评价结论错误的，按照本办法第三十五条的规定予以处罚。

第三十九条　国家环境保护总局及时向社会公告依据本办法被吊销资质证书、取消评价资质、降低资质等级和缩减评价范围的评价机构。

(六)建设项目环境影响评价行为准则

承担建设项目环境影响评价工作的机构及其环境影响评价技术人员的行为准则(《建设项目环境影响评价行为准则与廉政规定》第四条)

第四条　承担建设项目环境影响评价工作的机构(以下简称“评价机构”)或者其环境影响评价技术人员，应当遵守下列规定：

(1)评价机构及评价项目负责人应当对环境影响评价结论负责；

(2)建立严格的环境影响评价文件质量审核制度和质量保证体系，明确责任，落实环境影响评价质量保证措施，并接受环境保护行政主管部门的日常监督检查；

(3)不得为违反国家产业政策以及国家明令禁止建设的建设项目进行环境影响评价；

(4)必须依照有关的技术规范要求编制环境影响评价文件；

(5)应当严格执行国家和地方规定的收费标准，不得随意抬高或压低评价费用或者采取其他不正当的竞争手段；

(6)评价机构应当按照相应环境影响评价资质等级、评价范围承担环境影响评价工作，不得无任何正当理由拒绝承担环境影响评价工作。

(7)编制区域性开发建设规划时进行环境影响评价的规定(《建设项目环境保护管理条例》第三十一条)

第三十一条　流域开发、开发区建设、城市新区建设和旧区改建等区域性开发，编制建设规划时，应当进行环境影响评价。具体办法由国务院环境保护行政主管部门会同国务院有关部门另行规定。

要点：区域性开发包括：流域开发、开发区建设、城市新区建设和旧区改建等四种类型。

四、建设项目竣工环境保护验收

1. 建设项目竣工环境保护验收的范围(《建设项目竣工环境保护验收管理办法》第四条)

第四条　建设项目竣工环境保护验收范围包括:

(1)与建设项目有关的各项环境保护设施,包括为防治污染和保护环境所建成或配备的工程、设备、装置和监测手段,各项生态保护设施;

(2)环境影响报告书(表)或者环境影响登记表和有关项目设计文件规定应采取的其他各项环境保护措施。

要点:建设项目竣工环境保护验收范围包括环保设施和环评文件两个方面。

2. 建设单位申请竣工环境保护验收的时限及延期验收的有关规定(《建设项目环境保护管理条例》第二十条第二款,第二十二条;《建设项目竣工环境保护验收管理办法》第七、八条)

第二十条　环境保护设施竣工验收,应当与主体工程竣工验收同时进行。需要进行试生产的建设项目,建设单位应当自建设项目投入试生产之日起3个月内,向审批该建设项目环评文件的环境保护行政主管部门,申请该建设项目需要配套建设的环境保护设施竣工验收。

第二十二条　环境保护行政主管部门应当自收到环境保护设施竣工验收申请之日起30日内,完成验收。

第十条　进行试生产的建设项目,建设单位应当自试生产之日起3个月内,向有审批权的环境保护行政主管部门申请该建设项目竣工环境保护验收。

对试生产3个月却不具备环境保护验收条件的建设项目,建设单位应当在试生产的3个月内,向有审批权的环境环境保护行政主管部门提出该建设项目环境保护延期验收申请,说明延期验收的理由及拟进行验收的时间。经批准后建设单位方可继续进行试生产。试生产的期限最长不超过一年。核设施建设项目试生产的期限最长不超过二年。

第七条　建设项目试生产前,建设单位应向有审批权的环境保护行政主管部门提出试生产申请。

对国务院环境保护行政主管部门审批环境影响报告书(表)或环境影响登记表的非核设施建设项目,由建设项目所在地省、自治区、直辖市人民政府环境保护行政主管部门负责受理其试生产申请,并将其审查决定报送国务院环境保护行政主管部门备案。

核设施建设项目试运行前,建设单位应向国务院环境保护行政主管部门报批首次装料阶段的环境影响报告书,经批准后,方可进行试运行。

第八条　环境保护行政主管部门应自接到试生产申请之日起30日内,组织或委托下一级环境保护行政主管部门对申请试生产的建设项目环境保护设施及其他环境保护措施的落实情况进行现场检查,并做出审查决定。

对环境保护设施已建成及其他环境保护措施已按规定要求落实的,同意试生产申请;对环境保护设施或其他环境保护措施未按规定建成或落实的,不予同意,并说明理由。逾期未做出决定的,视为同意。

试生产申请经环境保护行政主管部门同意后,建设单位方可进行试生产。

要点:需要进行试生产的建设项目,建设单位应当自建设项目投入试生产之日起3个月内，向审批该建设项目环评文件的环境保护行政主管部门，申请该建设项目需要配套建设的环境保护设施竣工验收。

环境保护行政主管部门应当自收到环境保护设施竣工验收申请之日起30日内，完成验收。

试生产3个月却不具备环境保护验收条件的建设项目，建设单位应当在试生产的3个月内，向有审批权的环境环境保护行政主管部门提出该建设项目环境保护延期验收申请，经批准后建设单位方可继续进行试生产。试生产的期限最长不超过一年。核设施建设项目试生产的期限最长不超过二年。

环境保护行政主管部门应自接到试生产申请之日起30日内，组织或委托下一级环境保护行政主管部门对申请试生产的建设项目环境保护设施及其他环境保护措施的落实情况进行现场检查，并做出审查决定。

3. 对建设项目竣工环境保护验收实施分类管理的规定(《建设项目竣工环境保护验收管理办法》第十一条第一款)

第十一条　根据国家建设项目环境保护分类管理的规定，对建设项目竣工环境保护验收实施分类管理。

4. 申请建设项目竣工环境保护验收应提交的材料(《建设项目竣工环境保护验收管理办法》第十一第二款、第十二条)

第十一条　建设单位申请建设项目竣工环境保护验收，应当向有审批权的环境保护行政主管部门提交以下验收材料，见表1－17。

表1－17　申请建设项目竣工环境保护验收应提交的材料

建设项目类型	竣工环境保护验收应提交的材料
编制环境影响报告书的建设项目	竣工环境保护验收申请报告，并附环境保护验收监测报告或调查报告
编制环境影响报告表的建设项目	竣工环境保护验收申请表，并附环境保护验收监测表或调查表
填报环境影响登记表的建设项目	竣工环境保护验收登记卡

第十二条　对因排放污染物对环境产生污染和危害的建设项目，建设单位应提交环境保护验收监测报告(表)。

对主要生态环境产生影响的建设项目，建设单位应提交环境保护验收调查报告(表)。

要点：建设项目竣工环保验收应提交哪些材料?

5. 建设项目竣工环境保护验收的条件(《建设项目竣工环境保护验收管理办法》第十六条)

第十六条　建设项目竣工环境保护验收条件是：

(1)建设前期环境保护审查、审批手续完备，技术资料与环境保护档案资料齐全；

(2)环境保护设施及其他措施等已按批准的环评文件和设计文件的要求建成或者落实，环境保护设施经负荷试车检测合格，其防治污染能力适应主体工程的需要；

(3)环境保护设施安装质量符合国家和有关部门颁发的专业工程验收规范、规程和检验评定标准；

(4)具备环境保护设施正常运转的条件，包括：经培训合格的操作人员、健全的岗位操作规程及相应的规章制度，原料、动力供应落实，符合交付使用的其他要求；

(5)污染物排放符合环境影响报告书(表)或者环境影响登记表和设计文件中提出的标准及核定的污染物排放总量控制指标的要求;

(6)各项生态保护措施按环评文件规定的要求落实,建设项目建设过程中受到破坏并可恢复的环境已按规定采取了恢复措施;

(7)环境监测项目、点位、机构设置及人员配备,符合环境影响报告书(表)和有关规定的要求;

(8)环评文件提出需对环境保护敏感点进行环境影响验证,对清洁生产进行指标考核,对施工期环境保护措施落实情况进行工程环境监理的,已按规定要求完成;

(9)环评文件要求建设单位采取措施削减其他设施污染物排放,或要求建设项目所在地地方政府或者有关部门采取“区域削减”措施满足污染物排放总量控制要求的,其相应措施得到落实。

6. 建设项目试生产环境保护的有关规定(《建设项目环境保护管理条例》第十八、十九条;《建设项目竣工环境保护验收管理办法》第七、八、十条)

第十八条　建设项目的主体工程完工后,需要进行试生产的,其配套建设的环境保护设施必须与主体工程同时投入试运行。

第十九条　建设项目试生产期间,建设单位应当对环境保护设施运行情况和建设项目对环境的影响进行监测。

第七条　建设项目试生产前,建设单位应向有审批权的环境保护行政主管部门提出试生产申请。

对国务院环境保护行政主管部门审批环评文件非核设施建设项目,由建设项目所在地省、自治区、直辖市人民政府环境保护行政主管部门负责受理其试生产申请,并将其审查决定报送国务院环境保护行政主管部门备案。

核设施建设项目试运行前,建设单位应向国务院环境保护行政主管部门报批首次装料阶段的环境影响报告书,经批准后,方可进行试运行。

第八条　环境保护行政主管部门应自接到试生产申请之日起30日内,组织或委托下一级环境保护行政主管部门对申请试生产的建设项目环境保护设施及其他环境保护措施的落实情况进行现场检查,并做出审查决定。

对环境保护设施已建成及其他环境保护措施已按规定要求落实的,同意试生产申请;对环境保护设施或其他环境保护措施未按规定建成或落实的,不予同意,并说明理由。逾期未做出决定的,视为同意。

试生产申请经环境保护行政主管部门同意后,建设单位方可进行试生产。

第十条　进行试生产的建设项目,建设单位应当自试生产之日起3个月内,向有审批权的环境保护行政主管部门申请该建设项目竣工环境保护验收。

对试生产3个月确不具备环境保护验收条件的建设项目,建设单位应当在试生产的3个月内,向有审批权的环境环境保护行政主管部门提出该建设项目环境保护延期验收申请,说明延期验收的理由及拟进行验收的时间。经批准后建设单位方可继续进行试生产。试生产的期限最长不超过1年。核设施建设项目试生产的期限最长不超过2年。

7. 建设单位未按有关规定申请环境保护设施竣工验收应受的处罚(《建设项目竣工环境保护验收管理办法》第二十二条,《建设项目环境保护管理条例》第二十六、二十七条)

表1－18　建设单位未按有关规定申请环境保护设施竣工验收应受的处罚

法律法规	违法行为	应受的处罚
《办法》第二十二条	建设项目投入试生产超过3个月，建设单位未申请建设项目竣工环境保护验收或者延期验收的	责令限期办理环境保护验收手续；逾期未办理的，责令停止试生产，可以处5万元以下罚款
《条例》第二十六条	试生产建设项目配套建设的环境保护设施未与主体工程同时投入试运行的	责令限期改正；逾期不改正的，责令停止试生产，可以处5万元以下的罚款
《条例》第二十七条	建设项目投入试生产超过3个月，建设单位未申请环境保护设施竣工验收的	责令限期办理环境保护设施竣工验收手续期；逾期未办理的，责令停止试生产，可以处5万元以下的罚款

要点：建设单位未按有关规定申请环保设施竣工验收所受处罚：责令限期办理环境保护验收手续；逾期未办理的，责令停止试生产，可以处5万元以下罚款。

8. 建设项目需配套建设的环境保护设施未建成、未经验收或验收不合格，主体工程正式投入生产或者使用的，建设单位应受的处罚(《建设项目竣工环境保护验收管理办法》第二十三条，《建设项目环境保护管理条例》第二十八条)

第二十三条　违反本办法规定，建设项目需要配套建设的环境保护设施未建成，未经建设项目竣工环境保护验收或者验收不合格，主体工程正式投入生产或者使用的，由环境保护行政主管部门依照《中华人民共和国水污染防治法》第七十一条、《中华人民共和国大气污染防治法》第四十七条、《中华人民共和国固体废物污染环境防治法》第六十九条或者《建设项目环境保护管理条例》第二十八条的规定予以处罚。

第二十八条　违反本条例规定，建设项目需要配套建设的环境保护设施未建成、未经验收或者经验收不合格，主体工程正式投入生产或者使用的，由审批该建设项目环境影响报告书、环境影响报告表或者环境影响登记表的环境保护行政主管部门责令停止生产或者使用，可以处10万元以下的罚款。

要点：建设项目需要配套建设的环境保护设施未建成、未经验收或不合格，由审批该建设项目环评文件的环境保护行政主管部门责令停止生产或者使用，可以处10万元以下的罚款。

9、承担建设项目竣工环境保护验收监测或调查工作的单位及其人员的行为准则。(《建设项目竣工环境保护验收管理办法》第十五条)

第十五条　环境保护行政主管部门在进行建设项目竣工环境保护验收时，应组织建设项目所在地的环境保护行政主管部门和行业主管部门等成立验收组(或验收委员会)。(验收组(或验收委员会)应对建设项目的环境保护设施及其他环境保护措施进行现场检查和审议，提出验收意见。

建设项目的建设单位、设计单位、施工单位、环境影响报告书(表)编制单位、环境保护验收监测(调查)报告(表)的编制单位应当参与验收。

五、环境影响评价工程师职业资格制度

(一)环境影响评价工程师登记的基本规定(《环境影响评价工程师职业资格制度暂行规定》第三章)

第三章　登　记

第十二条　环境影响评价工程师职业资格实行定期登记制度。登记有效期为3年，有效期满前，应按有关规定办理再次登记。

第十三条　环保部或其委托机构为环境影响评价工程师职业资格登记管理机构。人事部对环境影响评价工程师职业资格的登记和从事环境影响评价业务情况进行检查、监督。

第十四条　办理登记的人员应具备下列条件：

(1)取得《中华人民共和国环境影响评价工程师职业资格证书》；

(2)职业行为良好，无犯罪记录；

(3)身体健康，能坚持在本专业岗位工作；

(4)所在单位考核合格。

再次登记者，还应提供相应专业类别的继续教育或参加业务培训的证明。

第十五条　环境影响评价工程师职业资格登记管理机构应定期向社会公布经登记人员的情况。

要点：环境影响评价工程师职业资格实行定期登记制度。登记有效期为3年，有效期满前，应再次登记。再次登记者，还应提供相应专业类别的继续教育或参加业务培训的证明。

(二)环境影响评价工程师的职责(《环境影响评价工程师职业资格制度暂行规定》第四章)

第四章　职　责

第十六条　环境影响评价工程师在进行环境影响评价业务活动时，必须遵守国家法律、法规和行业管理的各项规定，坚持科学、客观、公正的原则，恪守职业道德。

第十七条　环境影响评价工程师可主持进行下列工作：

(1)环境影响评价；

(2)环境影响后评价；

(3)环境影响技术评估；

(4)环境保护验收。

第十八条　环境影响评价工程师应在具有环境影响评价资质的单位中，以该单位的名义接受环境影响评价委托业务。

第十九条　环境影响评价工程师在接受环境影响评价委托业务时，应为委托人保守商务秘密。

要点：环评工程师可进行哪四个方面技术工作？

（三）环境影响评价工程师违反有关规定应受的处罚

第二十条　环境影响评价工程师对其主持完成的环境影响评价相关工作的技术文件承担相应责任。

1. 注销登记：共计 13 项。

2. 通报批评或者暂停业务。

环境影响评价工程师有下列情形之一者，登记管理办公室视情节轻重，予以通报批评或暂停业务 3 至 12 个月：

（1）有效期满未申请再次登记的；

（2）私自涂改、出借、出租和转让登记证的；

（3）未按规定办理变更登记手续或变更登记后仍使用原登记证从事环境影响评价及相关业务的；

（4）以个人名义承揽环境影响评价及相关业务的；

（5）接受环境影响评价及相关业务委托后，未为委托人保守商务秘密的；

（6）主持编制的环境影响评价相关技术文件质量较差的；

（7）超出登记类别所对应的业务领域或所在单位资质等级、业务范围从事环境影响评价及相关业务的；

（8）在环境影响评价及相关业务活动中未执行法律、法规及环境影响评价相关管理规定的。

【注】除了第 1 项外，其余均不与注销情况重合。可见，注销、道德和通报之中的交叉很少。

（四）环境影响评价工程师继续教育的有关规定（《环境影响评价工程师继续教育暂行规定》的通知（环发［2007］97 号第二～九条）

第二条　环境影响评价工程师管理实行继续教育制度。凡经登记的环境影响评价工程师，应按本规定要求接受继续教育。环境影响评价工程师接受继续教育情况将作为其申请再次登记的必备条件之一。

第三条　环境影响评价工程师继续教育的主要任务是更新和补充专业知识，不断完善知识结构，拓展和提高业务能力。

第四条　环境影响评价工程师继续教育工作应坚持理论联系实际、讲求实效的原则，以环境影响评价相关领域的最新要求和发展动态为主要内容，可以采取多种形式进行。

第五条　国家环境保护总局统筹规划和统一管理全国环境影响评价工程师继续教育工作，制订和发布相关管理规定。国家环境保护总局环境影响评价工程师职业资格登记管理办公室（以下简称“登记管理办公室”）负责继续教育工作的组织实施和日常管理。

第六条　环境影响评价工程师在其职业资格登记有效期内接受继续教育的时间应累计不少于 48 学时。

第七条　下列形式和学时计算方法作为环境影响评价工程师接受继续教育学时累计的依据：

(1)参加登记管理办公室举办的环境影响评价工程师继续教育培训班，并取得培训合格证明的，接受继续教育学时按实际培训时间计算；

(2)参加登记管理办公室认可的其他培训班，并取得培训合格证明的，接受继续教育学时按实际培训时间计算；

(3)承担第(1)项中环境影响评价工程师继续教育培训授课任务的，接受继续教育学时按实际授课学时的两倍计算；

(4)参加环境影响评价工程师职业资格考试命题或审题工作的，相当于接受继续教育48学时；

(5)在正式出版社出版过有统一书号(ISBN)的环境影响评价相关专业著作，本人独立撰写章节在5万字以上的，相当于接受继续教育48学时；

(6)在有国内统一刊号(CN)的期刊或在有国际统一书号(ISSN)的国外期刊上，作为第一作者发表过环境影响评价相关论文1篇(不少于2000字)的，相当于接受继续教育16学时。

第八条　环境影响评价工程师所在单位应保证环境影响评价工程师接受继续教育的时间、经费和其他必要条件。

第九条　环境影响评价评价工程师申请职业资格再次登记时，应提交在登记期内接受的符合本规定第七条要求的继续教育证明。

环境影响评价工程师接受继续教育时间未达到规定要求的，登记管理办公室不予办理再次登记。

要点：环境影响评价工程师管理实行继续教育制度；环境影响评价工程师在其职业资格登记有效期内接受继续教育的时间应累计不少于48学时。

六、环境影响评价从业人员职业道德规范

环境影响评价从业人员职业道德规范的主要内容(环境保护部公告2010年第50号)

1. 依法遵规

(1)自觉遵守法律法规，拥护党和国家制定的路线方针政策。

(2)遵守环保行政主管部门的相关规章和规范性文件，自觉接受管理部门、社会各界和人民群众的监督。

2. 公正诚信

(1)不弄虚作假，不歪曲事实，不隐瞒真实情况，不编造数据信息，不给出有歧义或误导性的工作结论。积极阻止对其所做工作或由其指导完成工作的歪曲和误用。

(2)如实向建设单位介绍环评相关政策要求。对建设项目存在违反国家产业政策或者环保准入规定等情形的，要及时通告。

(3)不出借、出租个人有关资格证书、岗位证书，不以个人名义私自承接有关业务，不在本人未参与编制的有关技术文件中署名。

(4)为建设单位和所在单位保守技术和商业秘密，不得利用工作中知悉的信息谋取不正当利益。

3. 忠于职守

(1)在维护社会公众合法环境权益的前提下，严格依照有关技术规范和规定开展从业

活动。

(2)具备必要的专业知识与技能，不提供本人不能胜任的服务。从事环评文件编制的专业技术人员必须遵守相应的资质要求。

(3)技术评估、验收监测、验收调查人员、评审专家与建设单位、环评机构或有关人员存在直接利害关系的，应当在相关工作中予以回避。

4. 服务社会

(1)在任何时候都必须把保护自然环境、人类健康安全置于所有地区、企业和个人利益之上，追求环境效益、社会效益、经济效益的和谐统一。

(2)加强学习，积极参加相关专业培训教育和学术活动，不断提高工作水平和业务技能。

(3)秉持勤奋的工作态度，严谨认真，提供高质量、高效率服务。

5. 廉洁自律

(1)不接受项目建设单位赠送的礼品、礼金和有价证券，不向环保行政主管部门管理人员赠送礼品、礼金和有价证券，也不邀请其参加可能影响公正执行公务的旅游、健身、娱乐等活动。

(2)自觉维护所在单位及个人的职业形象，不从事有不良社会影响的活动。

(3)加强同业人员间的交流与合作，形成良性竞争格局，尊重同行，不诋毁、贬低同行业其他单位及其从业人员。

第四章　环境影响评价的相关法律法规

一、《中华人民共和国大气污染防治法》(2000 年 9 月 1 日施行)

(一)大气污染物总量控制区的有关规定

第三条　国家采取措施，有计划地控制或者逐步削减各地方主要大气污染物的排放总量。

地方各级人民政府对本辖区的大气环境质量负责，制定规划，采取措施，使本辖区的大气环境质量达到规定的标准。

第十五条　国务院和省、自治区、直辖市人民政府对尚未达到规定的大气环境质量标准的区域和国务院批准划定的酸雨控制区、二氧化硫污染控制区，可以划定为主要大气污染物排放总量控制区。

大气污染物总量控制区内有关地方人民政府依照国务院规定的条件和程序，按照公开、公平、公正的原则，核定企业事业单位的主要大气污染物排放总量，核发主要大气污染物排放许可证。

有大气污染物总量控制任务的企业事业单位，必须按照核定的主要大气污染物排放总量和许可证规定的排放条件排放污染物。

第十八条　国务院环境保护行政主管部门会同国务院有关部门，根据气象、地形、土壤等自然条件，可以对已经产生、可能产生酸雨的地区或者其他二氧化硫污染严重的地区，经国务院批准后，划定为酸雨控制区或者二氧化硫污染控制区。

要点：掌握大气污染物总量控制区划定的主体机关。

(二)企业应当优先采用清洁生产工艺，减少大气污染物产生的有关规定

第十九条　企业应当优先采用能源利用效率高、污染物排放量少的清洁生产工艺，减少大气污染物的产生。

国家对严重污染大气环境的落后生产工艺和严重污染大气环境的落后设备实行淘汰制度。

国务院经济综合主管部门会同国务院有关部门公布限期禁止采用的严重污染大气环境的工艺名录和限期禁止生产、禁止销售、禁止进口、禁止使用的严重污染大气环境的设备名录。

生产者、销售者、进口者或者使用者必须在国务院经济综合主管部门会同国务院有关部门规定的期限内分别停止生产、销售、进口或者使用列入前款规定的名录中的设备。生产工艺的采用者必须在国务院经济综合主管部门会同国务院有关部门规定的期限内停止采用列入前款规定的名录中的工艺。

依照前两款规定被淘汰的设备，不得转让给他人使用。

要点：国家对严重污染大气环境的落后生产工艺和严重污染大气环境的落后设备实行淘汰制度。被淘汰的设备，不得转让给他人使用。

（三）防治燃煤产生的大气污染的有关规定

第二十四条　国家推行煤炭洗选加工，降低煤的硫分和灰分，限制高硫分、高灰分煤炭的开采。新建的所采煤炭属于高硫分、高灰分的煤矿，必须建设配套的煤炭洗选设施，使煤炭中的含硫分、含灰分达到规定的标准。对已建成的所采煤炭属于高硫分、高灰分的煤矿，应当按照国务院批准的规划，限期建成配套的煤炭洗选设施。禁止开采含放射性和砷等有毒有害物质超过规定标准的煤炭。

第二十五条　国务院有关部门和地方各级人民政府应当采取措施，改进城市能源结构，推广清洁能源的生产和使用。大气污染防治重点城市人民政府可以在本辖区内划定禁止销售和使用国务院环境保护行政主管部门规定的高污染燃料的区域。该区域内的单位和个人应当在当地人民政府规定的期限内停止燃用高污染燃料，改用天然气、液化石油气、电或者其他清洁能源。

第二十六条　国家采取有利于煤炭清洁利用的经济、技术政策和措施，鼓励和支持使用低硫份、低灰份的优质煤炭，鼓励和支持洁净煤技术的开发和推广。

第二十七条　国务院有关主管部门应当根据国家规定的锅炉大气污染物排放标准，在锅炉产品质量标准中规定相应的要求；达不到规定要求的锅炉，不得制造、销售或者进口。

第二十八条　城市建设应当统筹规划，在燃煤供热地区，统一解决热源，发展集中供热。在集中供热管网覆盖的地区，不得新建燃煤供热锅炉。

第二十九条　大、中城市人民政府应当制定规划，对饮食服务企业限期使用天然气、液化石油气、电或者其他清洁能源。对未划定为禁止使用高污染燃料区域的大、中城市市区内的其他民用炉灶，限期改用固硫型煤或者使用其他清洁能源。

第三十条　新建、扩建排放二氧化硫的火电厂和其他大中型企业，超过规定的污染物排放标准或者总量控制指标的，必须建设配套脱硫、除尘装置或者采取其他控制二氧化硫排放、除尘的措施。

在酸雨控制区和二氧化硫污染控制区内，属于已建企业超过规定的污染物排放标准排放大气污染物的，依照本法第四十八条的规定限期治理。

国家鼓励企业采用先进的脱硫、除尘技术。企业应当对燃料燃烧过程中产生的氮氧化物采取控制措施。

第三十一条　在人口集中地区存放煤炭、煤矸石、煤渣、煤灰、砂石、灰土等物料，必须采取防燃、防尘措施，防止污染大气。

要点：国家推行煤炭洗选加工，限制高硫份、高灰份煤炭的开采。新建的高硫份、高灰份煤矿，必须建设配套的煤炭洗选设施，使煤炭中的硫份、灰份达到规定的标准。

城市建设应当统筹规划，在燃煤供热地区，统一解决热源，发展集中供热。在集中供热管网覆盖的地区，不得新建燃煤供热锅炉。

新建、扩建排放二氧化硫的火电厂和其他大中型企业，超过规定的污染物排放标准或者总量控制指标的，必须建设配套脱硫、除尘装置或者采取其他控制二氧化硫排放、除尘的措施。

在酸雨控制区和二氧化硫污染控制区内，属于已建企业超过规定的污染物排放标准排放大气污染物的，依照本法第四十八条的规定限期治理。

(四)不得制造、销售或者进口污染物排放超过规定排放标准的机动车船的有关规定

第三十二条　机动车船向大气排放污染物不得超过规定的排放标准。任何单位和个人不得制造、销售或者进口污染物排放超过规定排放标准的机动车船。

第三十三条　在用机动车不符合制造当时的在用机动车污染物排放标准的，不得上路行驶。

省、自治区、直辖市人民政府规定对在用机动车实行新的污染物排放标准并对其进行改造的，须报经国务院批准。

机动车维修单位，应当按照防治大气污染的要求和国家有关技术规范进行维修，使在用机动车达到规定的污染物排放标准。

第三十四条　国家鼓励生产和消费使用清洁能源的机动车船。国家鼓励和支持生产、使用优质燃料油，采取措施减少燃料油中有害物质对大气环境的污染。单位和个人应当按照国务院规定的期限，停止生产、进口、销售含铅汽油。

第三十五条　省、自治区、直辖市人民政府环境保护行政主管部门可以委托已取得公安机关资质认定的承担机动车年检的单位，按照规范对机动车排气污染进行年度检测。

交通、渔政等有监督管理权的部门可以委托已取得有关主管部门资质认定的承担机动船舶年检的单位，按照规范对机动船舶排气污染进行年度检测。县级以上地方人民政府环境保护行政主管部门可以在机动车停放地对在用机动车的污染物排放状况进行监督抽测。

要点：机动车船向大气排放污染物不得超过规定的排放标准。

国家鼓励生产和消费使用清洁能源的机动车船。国家鼓励和支持生产、使用优质燃料油，采取措施减少燃料油中有害物质对大气环境的污染。单位和个人应当按照国务院规定的期限，停止生产、进口、销售含铅汽油。

(五)防治废气、粉尘和恶臭污染的有关规定

第三十六条　向大气排放粉尘的排污单位，必须采取除尘措施。严格限制向大气排放含有毒物质的废气和粉尘；确需排放的，必须经过净化处理，不超过规定的排放标准。

第三十七条　工业生产中产生的可燃性气体应当回收利用，不具备回收利用条件而向大气排放的，应当进行防治污染处理。向大气排放转炉气、电石气、电炉法黄磷尾气、有机烃类尾气的，须报经当地环境保护行政主管部门批准。可燃性气体回收利用装置不能正常作业的，应当及时修复或者更新。在回收利用装置不能正常作业期间确需排放可燃性气体的，应当将排放的可燃性气体充分燃烧或者采取其他减轻大气污染的措施。

第三十八条　炼制石油、生产合成氨、煤气和燃煤焦化、有色金属冶炼过程中排放含有硫化物气体的，应当配备脱硫装置或者采取其他脱硫措施。

第三十九条　向大气排放含放射性物质的气体和气溶胶，必须符合国家有关放射性防护的规定，不得超过规定的排放标准。

第四十条　向大气排放恶臭气体的排污单位，必须采取措施防止周围居民区受到污染。

第四十一条　在人口集中地区和其他依法需要特殊保护的区域内，禁止焚烧沥青、油毡、橡胶、塑料、皮革、垃圾以及其他产生有毒有害烟尘和恶臭气体的物质。禁止在人口集

中地区、机场周围、交通干线附近以及当地人民政府划定的区域露天焚烧秸秆、落叶等产生烟尘污染的物质。

第四十二条　运输、装卸、贮存能够散发有毒有害气体或者粉尘物质的，必须采取密闭措施或者其他防护措施。

第四十三条　城市人民政府应当采取绿化责任制、加强建设施工管理、扩大地面铺装面积、控制渣土堆放和清洁运输等措施，提高人均占有绿地面积，减少市区裸露地面和地面尘土，防治城市扬尘污染。

在城市市区进行建设施工或者从事其他产生扬尘污染活动的单位，必须按照当地环境保护的规定，采取防治扬尘污染的措施。

国务院有关行政主管部门应当将城市扬尘污染的控制状况作为城市环境综合整治考核的依据之一。

第四十四条　城市饮食服务业的经营者，必须采取措施，防治油烟对附近居民的居住环境造成污染。

第四十五条　国家鼓励、支持消耗臭氧层物质替代品的生产和使用，逐步减少消耗臭氧层物质的产量，直至停止消耗臭氧层物质的生产和使用。在国家规定的期限内，生产、进口消耗臭氧层物质的单位必须按照国务院有关行政主管部门核定的配额进行生产、进口。

要点：可燃性气体应当回收利用，不具备回收利用条件而向大气排放的，应当进行防治污染处理，但没有要求排放报批。企事业单位产生的含放射性物质的气体和气溶胶的排放原则。

(六)大气环境质量公报的有关规定

第二十三条　大、中城市人民政府环境保护行政主管部门应当定期发布大气环境质量状况公报，并逐步开展大气环境质量预报工作。大气环境质量状况公报应当包括城市大气环境污染特征、主要污染物的种类及污染危害程度等内容。

要点：大气环境质量状况公报应当定期发布，内容包括城市大气环境污染特征、主要污染物的种类及污染危害程度。

(七)国家对落后生产工艺和设备实行淘汰制度的规定

第十九条　企业应当优先采用能源利用效率高、污染物排放量少的清洁生产工艺，减少大气污染物的产生。国家对严重污染大气环境的落后生产工艺和严重污染大气环境的落后设备实行淘汰制度。

国务院经济综合主管部门会同国务院有关部门公布限期禁止采用的严重污染大气环境的工艺名录和限期禁止生产、禁止销售、禁止进口、禁止使用的严重污染大气环境的设备名录。

生产者、销售者、进口者或者使用者必须在国务院经济综合主管部门会同国务院有关部门规定的期限内分别停止生产、销售、进口或者使用列入前款规定的名录中的设备。生产工艺的采用者必须在国务院经济综合主管部门会同国务院有关部门规定的期限内停止采用列入前款规定的名录中的工艺。

依照前两款规定被淘汰的设备，不得转让给他人使用。

要点：国家对严重污染大气环境的落后生产工艺和严重污染大气环境的落后设备实行淘

汰制度。国务院经济综合主管部门会同国务院有关部门公布限期禁止采用的严重污染大气环境的工艺名录和限期禁止生产、禁止销售、禁止进口、禁止使用的严重污染大气环境的设备名录。

二、《中华人民共和国水污染防治法》(1984年5月11日通过，1996年5月15日修正，2008年2月28日修订，2008年6月1日实施)、《中华人民共和国水污染防治法实施细则》(2000年3月30日)

(一)法律的适用范围

第二条　本法适用于中华人民共和国领域内的江河、湖泊、运河、渠道、水库等地表水体以及地下水体的污染防治。海洋污染防治另有法律规定，不适用本法。

要点：注意本法适用的水体，海洋污染防治不适用。

(二)水污染防治原则的有关规定

第三条　水污染防治应当坚持预防为主、防治结合、综合治理的原则，优先保护饮用水水源，严格控制工业污染、城镇生活污染，防治农业面源污染，积极推进生态治理工程建设，预防、控制和减少水环境污染和生态破坏。

要点：水污染防治的原则：预防为主、防治结合、综合治理。

(三)排放水污染物不得超过国家或者地方规定的水污染物排放标准和水污染物排放总量控制指标的规定防治原则的有关规定

第九条　排放水污染物，不得超过国家或者地方规定的水污染物排放标准和重点水污染物排放总量控制指标。

要点：排放水污染物不得超过国家或者地方规定的水污染物排放标准和总量控制指标。

(四)新建、扩建、改建直接或间接向水体排放污染物的建设项目和其他水上设施环境影响评价的有关规定

第十七条　新建、改建、扩建直接或者间接向水体排放污染物的建设项目和其他水上设施，应当依法进行环境影响评价。

建设单位在江河和湖泊新建、改建、扩建排污口的，应当取得水行政主管部门或者流域管理机构的同意；涉及通航、渔业水域的，环境保护主管部门在审批环境影响评价文件时，应当征求交通、渔业主管部门的意见。

建设项目的水污染防治设施，应当与主体工程同时设计、同时施工、同时投入使用。水污染防治设施应当经过环境保护主管部门验收，验收不合格的，该建设项目不得投入生产或者使用。

要点：新扩改的建设项目和其他水上设施直接或者间接向水体排放污染物，应当进行环境影响评价。

在江河、湖泊新扩改排污口的，应取得水行政主管部门或者流域管理机构同意；涉及通航、渔业水域的，环境保护主管部门在审批环境影响评价文件时，应当征求交通、渔业主管部门的意见。

建设项目的水污染防治设施应执行“三同时”规定。

(五)国家对重点水污染物排放实施总量控制制度的有关规定

第十八条　国家对重点水污染物排放实施总量控制制度。

省、自治区、直辖市人民政府应当按照国务院的规定削减和控制本行政区域的重点水污染物排放总量，并将重点水污染物排放总量控制指标分解落实到市、县人民政府。市、县人民政府根据本行政区域重点水污染物排放总量控制指标的要求，将重点水污染物排放总量控制指标分解落实到排污单位。

省、自治区、直辖市人民政府可以根据本行政区域水环境质量状况和水污染防治工作的需要，确定本行政区域实施总量削减和控制的重点水污染物。

对超过重点水污染物排放总量控制指标的地区，有关人民政府环境保护主管部门应当暂停审批新增重点水污染物排放总量的建设项目的环境影响评价文件。

要点：国家对重点水污染物排放实施总量控制制度。对超过重点水污染物排放总量控制指标的地区，有关人民政府环境保护主管部门应当暂停审批新增重点水污染物排放总量的建设项目环评文件。

(六)禁止私设暗管或者采取其他规避监管的方式排放水污染物的有关规定

第二十条　向水体排放污染物的企业事业单位和个体工商户，应当按照法律、行政法规和国务院环境保护主管部门的规定设置排污口；在江河、湖泊设置排污口的，还应当遵守国务院水行政主管部门的规定。禁止私设暗管或者采取其他规避监管的方式排放水污染物。

要点：禁止私设暗管或者采取其他规避监管的方式排放水污染物。

(七)水污染防治措施的有关规定

第二十九条　禁止向水体排放油类、酸液、碱液或者剧毒废液。禁止在水体清洗装贮过油类或者有毒污染物的车辆和容器。

第三十条　禁止向水体排放、倾倒放射性固体废物或者含有高放射性和中放射性物质的废水。向水体排放含低放射性物质的废水，应当符合国家有关放射性污染防治的规定和标准。

第三十一条　向水体排放含热废水，应当采取措施，保证水体的水温符合水环境质量标准。

第三十二条　含病原体的污水应当经过消毒处理；符合国家有关标准后，方可排放。

第三十三条　禁止向水体排放、倾倒工业废渣、城镇垃圾和其他废弃物。禁止将含有汞、镉、砷、铬、铅、氰化物、黄磷等的可溶性剧毒废渣向水体排放、倾倒或者直接埋入地下。存放可溶性剧毒废渣的场所，应当采取防水、防渗漏、防流失的措施。

第三十四条　禁止在江河、湖泊、运河、渠道、水库最高水位线以下的滩地和岸坡堆放、存贮固体废弃物和其他污染物。

第三十五条　禁止利用渗井、渗坑、裂隙和溶洞排放、倾倒含有毒污染物的废水、含病原体的污水和其他废弃物。

第三十六条　禁止利用无防渗漏措施的沟渠、坑塘等输送或者存贮含有毒污染物的废水、含病原体的污水和其他废弃物。

第三十七条　多层地下水的含水层水质差异大的，应当分层开采；对已受污染的潜水和承压水，不得混合开采。

第三十八条　兴建地下工程设施或者进行地下勘探、采矿等活动，应当采取防护性措施，防止地下水污染。

第三十九条　人工回灌补给地下水，不得恶化地下水质。

要点：禁止向水体排放油类、酸液、碱液、剧毒废液；在水体清洗装贮过油类或者有毒污染物的车辆和容器；向水体排放、倾倒放射性固体废物或者含有高放射性和中放射性物质的废水；向水体排放、倾倒工业废渣、城镇垃圾和其他废弃物；含有汞、镉、砷、铬、铅、氰化物、黄磷等的可溶性剧毒废渣向水体排放、倾倒或者直接埋入地下；在江河、湖泊、运河、渠道、水库最高水位线以下的滩地和岸坡堆放、存贮固体废弃物和其他污染物；利用渗井、渗坑、裂隙和溶洞排放、倾倒含有毒污染物的废水、含病原体的污水和其他废弃物；利用无防渗漏措施的沟渠、坑塘等输送或者存贮含有毒污染物的废水、含病原体的污水和其他废弃物。

向水体排放含低放射性物质的废水，应当符合国家有关放射性污染防治的规定和标准；向水体排放含热废水，应当采取措施，保证水体的水温符合水环境质量标准；含病原体的污水应当经过消毒处理；符合国家有关标准后，方可排放。

存放可溶性剧毒废渣的场所，应当采取防水、防渗漏、防流失的措施。

多层地下水的含水层水质差异大的，应当分层开采；对已受污染的潜水和承压水，不得混合开采。

人工回灌补给地下水，不得恶化地下水质。

(八)饮用水源和其他特殊水体保护的有关规定

第五十七条　在饮用水水源保护区内，禁止设置排污口。

第五十八条　禁止在饮用水水源一级保护区内新建、改建、扩建与供水设施和保护水源无关的建设项目；已建成的与供水设施和保护水源无关的建设项目，由县级以上人民政府责令拆除或者关闭。禁止在饮用水水源一级保护区内从事网箱养殖、旅游、游泳、垂钓或者其他可能污染饮用水水体的活动。

第五十九条　禁止在饮用水水源二级保护区内新建、改建、扩建排放污染物的建设项目；已建成的排放污染物的建设项目，由县级以上人民政府责令拆除或者关闭。在饮用水水源二级保护区内从事网箱养殖、旅游等活动的，应当按照规定采取措施，防止污染饮用水水体。

第六十条　禁止在饮用水水源准保护区内新建、扩建对水体污染严重的建设项目；改建建设项目，不得增加排污量。

第六十一条　县级以上地方人民政府应当根据保护饮用水水源的实际需要，在准保护区内采取工程措施或者建造湿地、水源涵养林等生态保护措施，防止水污染物直接排入饮用水水体，确保饮用水安全。

第六十二条　饮用水水源受到污染可能威胁供水安全的，环境保护主管部门应当责令有关企业事业单位采取停止或者减少排放水污染物等措施。

第六十三条　国务院和省、自治区、直辖市人民政府根据水环境保护的需要，可以规定在饮用水水源保护区内，采取禁止或者限制使用含磷洗涤剂、化肥、农药以及限制种植养殖等措施。

第六十四条　县级以上人民政府可以对风景名胜区水体、重要渔业水体和其他具有特殊经济文化价值的水体划定保护区，并采取措施，保证保护区的水质符合规定用途的水环境质量标准。

第六十五条　在风景名胜区水体、重要渔业水体和其他具有特殊经济文化价值的水体的保护区内，不得新建排污口。在保护区附近新建排污口，应当保证保护区水体不受污染。

要点：国家建立饮用水水源保护区制度。饮用水水源保护区分为一级保护区和二级保护区；必要时，可以在饮用水水源保护区外围划定一定的区域作为准保护区。

禁止在饮用水水源保护区内设置排污口，在饮用水水源一级保护区内从事网箱养殖、旅游、游泳、垂钓或者其他可能污染饮用水水体的活动，在饮用水水源二级保护区内新建、改建、扩建排放污染物的建设项目；已建成的排放污染物的建设项目，由县级以上人民政府责令拆除或者关闭。禁止在饮用水水源准保护区内新建、扩建对水体污染严重的建设项目；改建建设项目，不得增加排污量。

在饮用水水源一级保护区内新建、改建、扩建与供水设施和保护水源无关的建设项目；已建成的与供水设施和保护水源无关的建设项目，由县级以上人民政府责令拆除或者关闭。

在饮用水水源二级保护区内从事网箱养殖、旅游等活动的，应当按照规定采取措施，防止污染饮用水水体。

在风景名胜区水体、重要渔业水体和其他具有特殊经济文化价值的水体的保护区内，不得新建排污口。在保护区附近新建排污口，应当保证保护区水体不受污染。

（九）生产、储存危险化学品的企业事业单位应当采取措施，防止在处理安全生产事故过程中产生的可能严重污染水体的消防废水、废液直接排入水体的规定

第六十七条　可能发生水污染事故的企业事业单位，应当制定有关水污染事故的应急方案，做好应急准备，并定期进行演练。生产、储存危险化学品的企业事业单位，应当采取措施，防止在处理安全生产事故过程中产生的可能严重污染水体的消防废水、废液直接排入水体。

（十）建设项目环境影响评价及防治水污染设施“三同时”的有关规定

第十三条　新建、扩建、改建直接或者间接向水体排放污染物的建设项目和其他水上设施，必须遵守国家有关建设项目环境保护管理的规定。

建设项目的环境影响报告书，必须对建设项目可能产生的水污染和对生态环境的影响作出评价，规定防治的措施，按照规定的程序报经有关部门审查批准。在运河、渠道、水库等水利工程内设置排污口，应当经过有关水利工程管理部门同意。

建设项目中防治水污染的设施，必须与主体工程同时设计，同时施工，同时投产使用。防治水污染的设施必须经过环境保护部门检验，达不到规定要求的，该建设项目不准投入生产或者使用。

环境影响报告书中，应当有该建设项目所在地单位和居民的意见。

要点：建设项目中防治水污染的设施，必须与主体工程同时设计，同时施工，同时投产使用。防治水污染的设施必须经过环境保护部门检验，达不到规定要求的，该建设项目不准投入生产或者使用。

（十一）生活饮用水地表水源保护区的划分及生活饮用水地表水源保护区内禁止的行为

第二十条　省级以上人民政府可以依法划定生活饮用水地表水源保护区。生活饮用水地表水源保护区分为一级保护区和其他等级保护区。在生活饮用水地表水源取水口附近可以划定一定的水域和陆域为一级保护区。在生活饮用水地表水源一级保护区外，可以划定一定的水域和陆域为其他等级保护区。各级保护区应当有明确的地理界线。

禁止向生活饮用水地表水源一级保护区的水体排放污水。从事旅游、游泳和其他可能污染生活饮用水水体的活动。新建、扩建与供水设施和保护水源无关的建设项目。在生活饮用水地表水源一级保护区内已设置的排污口，由县级以上人民政府按照国务院规定的权限责令限期拆除或者限期治理。

对生活饮用水地下水源应当加强保护。

第二十三条　禁止在生活饮用水地表水源二级保护区内新建、扩建向水体排放污染物的建设项目。在生活饮用水地表水源二级保护区内改建项目，必须削减污染物排放量。禁止在生活饮用水地表水源二级保护区内超过国家规定的或者地方规定的污染物排放标准排放污染物。禁止设立装卸垃圾、油类及其他有毒有害物品的码头。

要点：掌握地表水源保护区划分的主体是省级以上人民政府；生活饮用水地表水源保护区分级：一级和其他等级；保护区取水口周围划定一定陆域和水域为一级保护区；熟悉禁止在生活饮用水源保护区一级和二级区内发生的行为。

三、《中华人民共和国水污染防治法实施细则》（2000年3月20日起施行）

生活饮用水地表水源保护区适用标准的有关规定

生活饮用水地表水源一级保护区内的水质，适用国家《地面水环境质量标准》Ⅱ类标准；二级保护区内的水质，适用国家《地面水环境质量标准》Ⅲ类标准。

要点：生活饮用水地表水源一级保护区内水质适用《地面水环境质量标准》Ⅱ类标准；二级保护区内水质适用《地面水环境质量标准》Ⅲ类标准。

四、《中华人民共和国环境噪声污染防治法》（1997年3月1日起施行）

（一）环境噪声、环境噪声污染、噪声排放、噪声敏感建筑物和噪声敏感建筑物集中区域的含义

第二条　本法所称环境噪声，是指在工业生产、建筑施工、交通运输和社会生活中所产

生的干扰周围生活环境的声音。本法所称环境噪声污染，是指所产生的环境噪声超过国家规定的环境噪声排放标准，并干扰他人正常生活、工作和学习的现象。

第六十三条　本法中下列用语的含义是：

(1)“噪声排放”是指噪声源向周围生活环境辐射噪声；

(2)“噪声敏感建筑物”是指医院、学校、机关、科研单位、住宅等需要保持安静的建筑物；

(3)“噪声敏感建筑物集中区域”是指医疗区、文教科研区和以机关或者居民住宅为主的区域；

(4)“夜间”是指晚二十二点至晨六点之间的期间；

(5)“机动车辆”是指汽车和摩托车；

要点：掌握以上概念的具体范畴。

(二)地方各级人民政府在制定城乡建设规划时，防止或减轻环境噪声污染的有关规定

第五条　地方各级人民政府在制定城乡建设规划时，应当充分考虑建设项目和区域开发、改造所产生的噪声对周围生活环境的影响，统筹规划，合理安排功能区和建设布局，防治或者减轻环境噪声污染。

(三)城市规划部门在确定建设布局时，合理划定建筑物与交通干线的防噪声距离的有关规定

第十二条　城市规划部门在确定建设布局时，应当依据国家声环境质量标准和民用建筑隔声设计规范，合理划定建筑物与交通干线的防噪声距离，并提出相应的规划设计要求。

(四)在噪声敏感建筑物集中区域内，造成严重环境噪声污染的企业事业单位应该遵守的有关规定

第十七条　对于在噪声敏感建筑物集中区域内造成严重环境噪声污染的企业事业单位，限期治理。被限期治理的单位必须按期完成治理任务。限期治理由县级以上人民政府按照国务院规定的权限决定。对小型企业事业单位的限期治理，可以由县级以上人民政府在国务院规定的权限内授权其环境保护行政主管部门决定。

要点：对于在噪声敏感建筑物集中区域内造成严重环境噪声污染的企业事业单位，限期治理。注意限期处理机关的级别。

(五)在城市范围内向周围生活环境排放工业噪声，应当符合国家规定的工业企业厂界噪声排放标准的规定；

第二十二条　本法所称工业噪声，是指在工业生产活动中使用固定的设备时产生的干扰周围生活环境的声音。

第二十三条　在城市范围内向周围生活环境排放工业噪声，应当符合国家规定的工业企业厂界噪声排放标准。

要点：在城市范围内向周围生活环境排放工业噪声，应当符合国家规定的工业企业厂界噪声排放标准。

(六)产生环境噪声污染的工业企业，应当采取有效措施减轻对周围生活环境影响的规定

第二十五条　产生环境噪声污染的工业企业，应当采取有效措施，减轻噪声对周围生活环境的影响。

(七)在城市市区范围内向周围生活环境排放建筑施工噪声，应当符合国家规定的建筑施工场界环境噪声排放标准的规定

第二十八条　在城市市区范围内向周围生活环境排放建筑施工噪声的，应当符合国家规定的建筑施工场界环境噪声排放标准。

要点：在城市市区范围内向周围生活环境排放建筑施工噪声的，应当符合国家规定的建筑施工场界环境噪声排放标准。

(八)在城市市区噪声敏感建筑物集中区域内，禁止夜间进行产生环境噪声污染的建筑施工作业的有关规定

第三十条　在城市市区噪声敏感建筑物集中区域内，禁止夜间进行产生环境噪声污染的建筑施工作业，但抢修、抢险作业和因生产工艺上要求或者特殊需要必须连续作业的除外。因特殊需要必须连续作业的，必须有县级以上人民政府或者其有关主管部门的证明。前款规定的夜间作业，必须公告附近居民。

要点：因特殊需要必须连续作业的，必须有县级以上人民政府或者其有关主管部门的证明。

(九)交通运输噪声污染防治的有关规定

第三十一条　本法所称交通运输噪声，是指机动车辆、铁路机车、机动船舶、航空器等交通运输工具在运行时所产生的干扰周围生活环境的声音。

第三十二条　禁止制造、销售或者进口超过规定的噪声限值的汽车。

第三十三条　在城市市区范围内行使的机动车辆的消声器和喇叭必须符合国家规定的要求。机动车辆必须加强维修和保养，保持技术性能良好，防治环境噪声污染。

第三十四条　机动车辆在城市市区范围内行驶，机动船舶在城市市区的内河航道航行，铁路机车驶经或者进入城市市区、疗养区时，必须按照规定使用声响装置。

警车、消防车、工程抢险车、救护车等机动车辆安装、使用警报器，必须符合国务院公安部门的规定；在执行非紧急任务时，禁止使用警报器。

第三十五条　城市人民政府公安机关可以根据本地城市市区区域声环境保护的需要，划定禁止机动车辆行驶和禁止其使用声响装置的路段和时间，并向社会公告。

第三十六条　建设经过已有的噪声敏感建筑物集中区域的高速公路和城市高架、轻轨道路，有可能造成环境噪声污染的，应当设置声屏障或者采取其他有效的控制环境噪声污染的措施。

第三十七条　在已有的城市交通干线的两侧建设噪声敏感建筑物的，建设单位应当按照国家规定间隔一定距离，并采取减轻、避免交通噪声影响的措施。

第三十八条　在车站、铁路编组站、港口、码头、航空港等地指挥作业时使用广播喇叭的，应当控制音量，减轻噪声对周围生活环境的影响。

第三十九条　穿越城市居民区、文教区的铁路，因铁路机车运行造成环境噪声污染的，

当地城市人民政府应当组织铁路部门和其他有关部门，制定减轻环境噪声污染的规划。铁路部门和其他有关部门应当按照规划的要求，采取有效措施，减轻环境噪声污染。

第四十条　除起飞、降落或者依法规定的情形以外，民用航空器不得飞越城市市区上空。城市人民政府应当在航空器起飞、降落的净空周围划定限制建设噪声敏感建筑物的区域；在该区域内建设噪声敏感建筑物的，建设单位应当采取减轻、避免航空器运行时产生的噪声影响的措施。民航部门应当采取有效措施，减轻环境噪声污染。

要点：建设经过已有的噪声敏感建筑物集中区域的高速公路和城市高架、轻轨道路，有可能造成环境噪声污染的，应当设置声屏障或者采取其他有效的控制环境噪声污染的措施。

在已有的城市交通干线的两侧建设噪声敏感建筑物的，建设单位应当按照国家规定间隔一定距离，并采取减轻、避免交通噪声影响的措施。

除起飞、降落或者依法规定的情形以外，民用航空器不得飞越城市市区上空。

(十)社会生活噪声污染防治的有关规定

第四十一条　本法所称社会生活噪声，是指人为活动所产生的除工业噪声、建筑施工噪声和交通运输噪声之外的干扰周围生活环境的声音。

第四十二条　在城市市区噪声敏感建筑物集中区域内，因商业经营活动中使用固定设备造成环境噪声污染的商业企业，必须按照国务院环境保护行政主管部门的规定，向所在地的县级以上地方人民政府环境保护行政主管部门申报拥有的造成环境噪声污染的设备的状况和防治环境噪声污染的设施的情况。

第四十三条　新建营业性文化娱乐场所的边界噪声必须符合国家规定的环境噪声排放标准；不符合国家规定的环境噪声排放标准的，文化行政主管部门不得核发文化经营许可证，工商行政管理部门不得核发营业执照。

经营中的文化娱乐场所，其经营管理者必须采取有效措施，使其边界噪声不超过国家规定的环境噪声排放标准。

第四十四条　禁止在商业经营活动中使用高音广播喇叭或者采用其他发出高噪声的方法招揽顾客。

在商业经营活动中使用空调器、冷却塔等可能产生环境噪声污染的设备、设施的，其经营管理者应当采取措施，使其边界噪声不超过国家规定的环境噪声排放标准。

第四十五条　禁止任何单位、个人在城市市区噪声敏感建设物集中区域内使用高音广播喇叭。

在城市市区街道、广场、公园等公共场所组织娱乐、集会等活动，使用音响器材可能产生干扰周围生活环境的过大音量的，必须遵守当地公安机关的规定。

第四十六条　使用家用电器、乐器或者进行其他家庭室内娱乐活动时，应当控制音量或者采取其他有效措施，避免对周围居民造成环境噪声污染。

第四十七条　在已竣工交付使用的住宅楼进行室内装修活动，应当限制作业时间，并采取其他有效措施，以减轻、避免对周围居民造成环境噪声污染。

(十一)可能产生环境噪声污染的建设项目环境影响评价及环境噪声污染防治设施的有关规定

第十三条　新建、改建、扩建的建设项目，必须遵守国家有关建设项目环境保护管理的规定。

建设项目可能产生环境噪声污染的，建设单位必须提出环境影响报告书，规定环境噪声污染的防治措施，并按照国家规定的程序报环境保护行政主管部门批准。

第十四条　建设项目的环境噪声污染防治设施必须与主体工程同时设计、同时施工、同时投产使用。

建设项目在投入生产或者使用之前，其环境噪声污染防治设施必须经原审批环境影响报告书的环境保护行政主管部门验收；达不到国家规定要求的，该建设项目不得投入生产或者使用。

要点：建设项目可能产生环境噪声污染的，建设单位必须提出环境影响报告书，规定环境噪声污染的防治措施，并按照国家规定的程序报环境保护行政主管部门批准。

建设项目的环境噪声污染防治设施必须与主体工程同时设计、同时施工、同时投产使用。

(十二) 新建营业性文化娱乐场所边界噪声，必须符合国家规定的环境噪声排放标准的规定

第四十三条　新建营业性文化娱乐场所的边界噪声必须符合国家规定的环境噪声排放标准；不符合国家规定的环境噪声排放标准的，文化行政主管部门不得核发文化经营许可证，工商行政管理部门不得核发营业执照。经营中的文化娱乐场所，其经营管理者必须采取有效措施，使其边界噪声不超过国家规定的环境噪声排放标准。

要点：新建营业性文化娱乐场所的边界噪声必须符合国家规定的环境噪声排放标准；不符合国家规定的环境噪声排放标准的，文化行政主管部门不得核发文化经营许可证，工商行政管理部门不得核发营业执照。

五、《中华人民共和国固体废物污染环境防治法》(1995 年通过，2004 年修订，2005 年 4 月 1 日起施行)

(一) 固体废物、工业固体废物、生活垃圾、危险废物、贮存、处置、利用的含义

第八十八条　本法下列用语的含义见表 1－19。

表 1－19　术语含义

术　语	含　义
固体废物	在生产、生活和其他活动中产生的丧失原有利用价值或者虽未丧失利用价值但被抛弃或者放弃的固态、半固态和置于容器中的气态的物品、物质以及法律、行政法规规定纳入固体废物管理的物品、物质
工业固体废物	在工业生产活动中产生的固体废物
生活垃圾	在日常生活中或者为日常生活提供服务的活动中产生的固体废物以及法律、行政法规规定视为生活垃圾的固体废物
危险废物	列入国家危险废物名录或者根据国家规定的危险废物鉴别标准和鉴别方法认定的具有危险特性的固体废物

续表

术 语	含 义
贮 存	将固体废物临时置于特定设施或者场所中的活动
处 置	将固体废物焚烧和用其他改变固体废物的物理、化学、生物特性的方法，达到减少已产生的固体废物数量、缩小固体废物体积、减少或者消除其危险成份的活动，或者将固体废物最终置于符合环境保护规定要求的填埋场的活动
利 用	从固体废物中提取物质作为原材料或者燃料的活动

要点：固体废物是指丧失原有利用价值或者虽未丧失利用价值但被抛弃或者放弃的固态、半固态和置于容器中的气态的物品、物质以及法律、行政法规规定纳入固体废物管理的物品、物质。

危险废物是指列入国家危险废物名录或者根据国家规定的危险废物鉴别标准和鉴别方法认定的具有危险特性的固体废物。

(二)本法的适用范围

第二条 本法适用中华人民共和国境内固体废物污染环境的防治。固体废物污染海洋环境的防治和放射性固体废物污染环境的防治不适用本法。

第八十九条 液态废物的污染防治，适用本法；但是，排入水体的废水的污染防治适用有关法律，不适用本法。

要点：注意固体废物污染海洋环境的、排入水体的废水的不适用本法。

(三)固体废物污染防治原则

第三条 国家对固体废物污染环境的防治，实行减少固体废物的产生量和危害性、充分合理利用固体废物和无害化处置固体废物的原则，促进清洁生产和循环经济发展。

要点：固体废物污染防治原则："减量化、资源化、无害化"原则。

(四)固体废物贮存、处置设施、场所的有关规定

第二十一条 对收集、贮存、运输、处置固体废物的设施、设备和场所，应当加强管理和维护，保证其正常运行和使用。

第二十二条 在国务院和国务院有关主管部门及省、自治区、直辖市人民政府划定的自然保护区、风景名胜区、饮用水水源保护区、基本农田保护区和其他需要特别保护的区域内，禁止建设工业固体废物集中贮存、处置的设施、场所和生活垃圾填埋场。

第三十二条 国家实行工业固体废物申报登记制度。

产生工业固体废物的单位必须按照国务院环境保护行政主管部门的规定，向所在地县级以上地方人民政府环境保护行政主管部门提供工业固体废物的种类、产生量、流向、贮存、处置等有关资料。

前款规定的申报事项有重大改变的，应当及时申报。

第三十三条 企业事业单位应当根据经济、技术条件对其产生的工业固体废物加以利用；对暂时不利用或者不能利用的，必须按照国务院环境保护行政主管部门的规定建设贮存设施、场所，安全分类存放，或者采取无害化处置措施。建设工业固体废物贮存、处置的设

施、场所，必须符合国家环境保护标准。

第三十四条　禁止擅自关闭、闲置或者拆除工业固体废物污染环境防治设施、场所；确有必要关闭、闲置或者拆除的，必须经所在地县级以上地方人民政府环境保护行政主管部门核准，并采取措施，防止污染环境。

第三十五条　产生工业固体废物的单位需要终止的，应当事先对工业固体废物的贮存、处置的设施、场所采取污染防治措施，并对未处置的工业固体废物作出妥善处置，防止污染环境。

产生工业固体废物的单位发生变更的，变更后的单位应当按照国家有关环境保护的规定对未处置的工业固体废物及其贮存、处置的设施、场所进行安全处置或者采取措施保证该设施、场所安全运行。变更前当事人对工业固体废物及其贮存、处置的设施、场所的污染防治责任另有约定的，从其约定；但是，不得免除当事人的污染防治义务。

对本法施行前(2005 年 4 月 1 日前)已经终止的单位未处置的工业固体废物及其贮存、处置的设施、场所进行安全处置的费用，由有关人民政府承担；但是，该单位享有的土地使用权依法转让的，应当由土地使用权受让人承担处置费用。当事人另有约定的，从其约定；但是，不得免除当事人的污染防治义务。

第四十四条　建设生活垃圾处置的设施、场所，必须符合国务院环境保护行政主管部门和国务院建设行政主管部门规定的环境保护和环境卫生标准。

禁止擅自关闭、闲置或者拆除生活垃圾处置的设施、场所；确有必要关闭、闲置或者拆除的，必须经所在地县级以上地方人民政府环境卫生行政主管部门和环境保护行政主管部门核准，并采取措施，防止污染环境。

要点：在划定的自然保护区、风景名胜区、饮用水水源保护区、基本农田保护区和其他需要特别保护的区域内，禁止建设工业固体废物集中贮存、处置的设施、场所和生活垃圾填埋场。

国家实行工业固体废物申报登记制度。

建设工业固体废物贮存、处置的设施、场所，必须符合国家环境保护标准。

禁止擅自关闭、闲置或者拆除工业固体废物污染环境防治设施、场所；确有必要关闭、闲置或者拆除的，必须经所在地县级以上地方人民政府环境保护行政主管部门核准，并采取措施，防止污染环境。

建设生活垃圾处置的设施、场所，必须符合国务院环境保护行政主管部门和国务院建设行政主管部门规定的环境保护和环境卫生标准。

禁止擅自关闭、闲置或者拆除生活垃圾处置的设施、场所；确有必要关闭、闲置或者拆除的，必须经所在地县级以上地方人民政府环境卫生行政主管部门和环境保护行政主管部门核准，并采取措施，防止污染环境。

(五)企业事业单位应当对其产生的工业固体废物加以利用、安全分类存放或采取无害化处置措施的有关规定

第三十三条　企业事业单位应当根据经济、技术条件对其产生的工业固体废物加以利用；对暂时不利用或者不能利用的，必须按照国务院环境保护行政主管部门的规定建设贮存设施和场所，安全分类存放，或者采取无害化处置措施。建设工业固体废物贮存、处置的设施和场所，必须符合国家环境保护标准。

要点：建设工业固体废物贮存、处置的设施和场所，必须符合国家环境保护标准。

（六）矿业固体废物贮存设施停止使用后应当按照有关环境保护规定进行封场的有关规定

第三十六条　矿山企业应当采取科学的开采方法和选矿工艺，减少尾矿、矸石、废石等矿业固体废物的产生量和贮存量。尾矿、矸石、废石等矿业固体废物贮存设施停止使用后，矿山企业应当按照国家有关环境保护规定进行封场，防止造成环境污染和生态破坏。

要点：矿山企业应减少尾矿、矸石、废石等固废的产生和贮存，并在固废贮存设施停用后进行封场。

（七）建设、关闭生活垃圾处置设施、场所的有关规定

第四十四条　建设生活垃圾处置的设施、场所，必须符合国务院环境保护行政主管部门和国务院建设行政主管部门规定的环境保护和环境卫生标准。

禁止擅自关闭、闲置或者拆除生活垃圾处置的设施、场所；确有必要关闭、闲置或者拆除的，必须经所在地县级以上地方人民政府环境卫生行政主管部门和环境保护行政主管部门核准，并采取措施，防止污染环境。

要点：禁止擅自关闭、闲置或者拆除生活垃圾处置的设施、场所；确有必要关闭、闲置或者拆除的，必须经所在地县级以上地方人民政府环境卫生行政主管部门和环境保护行政主管部门核准，并采取措施，防止污染环境。

（八）制定危险废物管理计划的有关规定

第五十三条　产生危险废物的单位，必须按照国家有关规定制定危险废物管理计划，并向所在地县级以上地方人民政府环境保护行政主管部门申报危险废物的种类、产生量、流向、贮存、处置等有关资料。

前款所称危险废物管理计划应当包括减少危险废物产生量和危害性的措施以及危险废物贮存、利用、处置措施。危险废物管理计划应当报产生危险废物的单位所在地县级以上地方人民政府环境保护行政主管部门备案。

要点：产生危险废物的单位必须按照国家有关规定制定危险废物管理计划，并向所在地县级以上地方人民政府环境保护行政主管部门申报。

（九）组织编制危险废物集中处置设施、场所建设规划及组织建设危险废物集中处置设施、场所的有关规定

第五十四条　国务院环境保护行政主管部门会同国务院经济综合宏观调控部门组织编制危险废物集中处置设施、场所的建设规划，报国务院批准后实施。县级以上地方人民政府应当依据危险废物集中处置设施、场所的建设规划组织建设危险废物集中处置设施、场所。

要点：国务院环境保护行政主管部门会同国务院经济综合宏观调控部门组织编制危险废物集中处置设施、场所的建设规划，报国务院批准后实施。

（十）产生危险废物的单位必须按照国家规定处置危险废物的有关规定

第四十六条　产生危险废物的单位，必须按照国家有关规定处置；不处置的，由所在地县级以上地方人民政府环境保护行政主管部门责令限期改正；逾期不处置或者处置不符合国

家有关规定的，由所在地县级以上地方人民政府环境保护行政主管部门指定单位按照国家有关规定代为处置，处置费用由产生危险废物的单位承担。

第五十三条　产生危险废物的单位，必须按照国家有关规定制定危险废物管理计划，并向所在地县级以上地方人民政府环境保护行政主管部门申报危险废物的种类、产生量、流向、贮存、处置等有关资料。

前款所称危险废物管理计划应当包括减少危险废物产生量和危害性的措施以及危险废物贮存、利用、处置措施。危险废物管理计划应当报产生危险废物的单位所在地县级以上地方人民政府环境保护行政主管部门备案。

第五十五条　产生、收集、贮存、运输、利用、处置危险废物的单位，应当制定在发生意外事故时采取的应急措施和防范措施，并向所在地县级以上地方人民政府环境保护行政主管部门报告；环境保护行政主管部门应当进行检查。

要点：产生危险废物的单位必须按照国家有关规定处置；不处置的，由所在地县级以上地方人民政府环境保护行政主管部门责令限期改正；逾期不处置或者处置不符合国家有关规定的，由所在地县级以上地方人民政府环境保护行政主管部门指定单位按照国家有关规定代为处置，处置费用由产生危险废物的单位承担。

产生危险废物的单位，必须按照国家有关规定制定危险废物管理计划，并向所在地县级以上地方人民政府环境保护行政主管部门申报危险废物的种类、产生量、流向、贮存、处置等有关资料。

产生、收集、贮存、运输、利用、处置危险废物的单位，应当制定在发生意外事故时采取的应急措施和防范措施，并向所在地县级以上地方人民政府环境保护行政主管部门报告；环境保护行政主管部门应当进行检查。

(十一) 分类收集、贮存危险废物的有关规定

第五十八条　收集、贮存危险废物，必须按照危险废物特性分类进行。禁止混合收集、贮存、运输、处置性质不相容而未经安全性处置的危险废物。

贮存危险废物必须采取符合国家环境保护标准的防护措施，并不得超过一年；确需延长期限的，必须报经原批准经营许可证的环境保护行政主管部门批准；法律、行政法规另有规定的除外。

禁止将危险废物混入非危险废物中贮存。

要点：禁止混合收集、贮存、运输、处置性质不相容而未经安全性处置的危险废物。贮存危险废物必须采取符合国家环境保护标准的防护措施，并不得超过一年。禁止将危险废物混入非危险废物中贮存。

(十二) 禁止过境转移危险废物的有关规定

第六十六条　禁止经中华人民共和国过境转移危险废物。

六、《中华人民共和国海洋环境保护法》(2000 年 4 月 1 日起施行)

(一) 本法的适用范围

第二条　本法适用于中华人民共和国内水、领海、毗连区、专属经济区、大陆架以及中

华人民共和国管辖的其他海域。在中华人民共和国管辖海域内从事航行、勘探、开发、生产、旅游、科学研究及其他活动，或者在沿海陆域内从事影响海洋环境活动的任何单位和个人，都必须遵守本法。

在中华人民共和国管辖海域以外，造成中华人民共和国管辖海域污染的，也适用本法。

要点：注意本法的适用范围。

（二）海洋环境污染损害、内水、滨海湿地、海洋功能区划的含义

第九十五条　本法中下列用语的含义，见表1－20。

表1－20　术语定义

术　语	定　义
海洋环境污染损害	直接或者间接地把物质或者能量引入海洋环境，产生损害海洋生物资源、危害人体健康、妨害渔业和海上其他合法活动、损害海水使用素质和减损环境质量等有害影响
内水	我国领海基线向内陆一侧的所有海域
滨海湿地	低潮时水深浅于六米的水域及其沿岸浸湿地带，包括水深不超过六米的永久性水域、潮间带（或洪泛地带）和沿海低地等
海洋功能区划	是指依据海洋自然属性和社会属性，以及自然资源和环境特定条件，界定海洋利用的主导功能和使用范畴。

要点：理解海洋环境污染损害、内水、滨海湿地、海洋功能区划的含义。

（三）海洋生态保护的有关规定

第二十条　国务院和沿海地方各级人民政府应当采取有效措施，保护红树林、珊瑚礁、滨海湿地、海岛、海湾、入海河口、重要渔业水域等具有典型性、代表性的海洋生态系统，珍稀、濒危海洋生物的天然集中分布区，具有重要经济价值的海洋生物生存区域及有重大科学文化价值的海洋自然历史遗迹和自然景观。对具有重要经济、社会价值的已遭到破坏的海洋生态，应当进行整治和恢复。

第二十一条　国务院有关部门和沿海省级人民政府应当根据保护海洋生态的需要，选划、建立海洋自然保护区。国家级海洋自然保护区的建立，须经国务院批准。

第二十二条　凡具有下列条件之一的，应当建立海洋自然保护区：

（1）典型的海洋自然地理区域、有代表性的自然生态区域，以及遭受破坏但经保护能恢复的海洋自然生态区域；

（2）海洋生物物种高度丰富的区域，或者珍稀、濒危海洋生物物种的天然集中分布区域；

（3）具有特殊保护价值的海域、海岸、岛屿、滨海湿地、入海河口和海湾等；

（4）具有重大科学文化价值的海洋自然遗迹所在区域；

（5）其他需要予以特殊保护的区域。

第二十三条　凡具有特殊地理条件、生态系统、生物与非生物资源及海洋开发利用特殊需要的区域，可以建立海洋特别保护区，采取有效的保护措施和科学的开发方式进行特殊管理。

第二十四条　开发利用海洋资源，应当根据海洋功能区划合理布局，不得造成海洋生态

环境破坏。

第二十五条　引进海洋动植物物种，应当进行科学论证，避免对海洋生态系统造成危害。

第二十六条　开发海岛及周围海域的资源，应当采取严格的生态保护措施，不得造成海岛地形、岸滩、植被以及海岛周围海域生态环境的破坏。

第二十七条　沿海地方各级人民政府应当结合当地自然环境的特点，建设海岸防护设施、沿海防护林、沿海城镇园林和绿地，对海岸侵蚀和海水入侵地区进行综合治理。

禁止毁坏海岸防护设施、沿海防护林、沿海城镇园林和绿地。

第二十八条　国家鼓励发展生态渔业建设，推广多种生态渔业生产方式，改善海洋生态状况。

新建、改建、扩建海水养殖场，应当进行环境影响评价。

海水养殖应当科学确定养殖密度，并应当合理投饵、施肥，正确使用药物，防止造成海洋环境的污染。

要点：保护红树林、珊瑚礁、滨海湿地、海岛、海湾、入海河口、重要渔业水域等具有典型性、代表性的海洋生态系统，珍稀、濒危海洋生物的天然集中分布区，具有重要经济价值的海洋生物生存区域及有重大科学文化价值的海洋自然历史遗迹和自然景观。

对具有重要经济、社会价值的已遭到破坏的海洋生态，应当进行整治和恢复。

建立海洋自然保护区需要哪些条件?

(四)入海排污口设置的有关规定

第三十条　入海排污口位置的选择，应当根据海洋功能区划、海水动力条件和有关规定，经科学论证后，报设区的市级以上人民政府环境保护行政主管部门审查批准。

环境保护行政主管部门在批准设置入海排污口之前，必须征求海洋、海事、渔业行政主管部门和军队环境保护部门的意见。

在海洋自然保护区、重要渔业水域、海滨风景名胜区和其他需要特别保护的区域，不得新建排污口。

在有条件的地区，应当将排污口深海设置，实行离岸排放。设置陆源污染物深海离岸排放排污口，应当根据海洋功能区划、海水动力条件和海底工程设施的有关情况确定，具体办法由国务院规定。

要点：在海洋自然保护区、重要渔业水域、海滨风景名胜区和其他需要特别保护的区域，不得新建排污口。

(五)向海洋排放废水的有关规定

第三十三条　禁止向海域排放油类、酸液、碱液、剧毒废液和高、中水平放射性废水。

严格限制向海域排放低水平放射性废水；确需排放的，必须严格执行国家辐射防护规定。

严格控制向海域排放含有不易降解的有机物和重金属的废水。

要点：禁止向海域排放油类、酸液、碱液、剧毒废液和高、中水平放射性废水。严格控制向海域排放含有不易降解的有机物和重金属的废水。严格限制向海域排放低水平放射性废水；确需排放的，必须严格执行国家辐射防护规定。

（六）须采取有效措施处理并符合国家有关标准后，方能向海域排放污水或废水的规定

第三十四条　含病原体的医疗污水、生活污水和工业废水必须经过处理，符合国家有关排放标准后，方能排入海域。

第三十五条　含有机物和营养物质的工业废水、生活污水，应当严格控制向海湾、半封闭海及其他自净能力较差的海域排放。

第三十六条　向海域排放含热废水，必须采取有效措施，保证邻近渔业水域的水温符合国家海洋环境质量标准，避免热污染对水产资源的危害。

要点：禁止向海洋排放的废水类型有哪些?

（七）防治海岸工程建设项目对海洋环境的污染损害的有关规定

第四十二条　新建、改建、扩建海岸工程建设项目，必须遵守国家有关建设项目环境保护管理的规定，并把防治污染所需资金纳入建设项目投资计划。

在依法划定的海洋自然保护区、海滨风景名胜区、重要渔业水域及其他需要特别保护的区域，不得从事污染环境、破坏景观的海岸工程项目建设或者其他活动。

第四十三条　海岸工程建设项目的单位，必须在建设项目可行性研究阶段，对海洋环境进行科学调查，根据自然条件和社会条件，合理选址，编报环境影响报告书。环境影响报告书经海洋行政主管部门提出审核意见后，报环境保护行政主管部门审查批准。

环境保护行政主管部门在批准环境影响报告书之前，必须征求海事、渔业行政主管部门和军队环境保护部门的意见。

第四十四条　海岸工程建设项目的环境保护设施，必须与主体工程同时设计、同时施工、同时投产使用。环境保护设施未经环境保护行政主管部门检查批准，建设项目不得试运行；环境保护设施未经环境保护行政主管部门验收，或者经验收不合格的，建设项目不得投入生产或者使用。

第四十五条　禁止在沿海陆域内新建不具备有效治理措施的化学制浆造纸、化工、印染、制革、电镀、酿造、炼油、岸边冲滩拆船以及其他严重污染海洋环境的工业生产项目。

第四十六条　兴建海岸工程建设项目，必须采取有效措施，保护国家和地方重点保护的野生动植物及其生存环境和海洋水产资源。

严格限制在海岸采挖砂石。露天开采海滨砂矿和从岸上打井开采海底矿产资源，必须采取有效措施，防止污染海洋环境。

要点：在依法划定的海洋自然保护区、海滨风景名胜区、重要渔业水域及其他需要特别保护的区域，不得从事污染环境、破坏景观的海岸工程项目建设或者其他活动。

海岸工程建设项目的单位，必须在建设项目可行性研究阶段，对海洋环境进行科学调查，根据自然条件和社会条件，合理选址，编报环境影响报告书。

禁止在沿海陆域内新建不具备有效治理措施的化学制浆造纸、化工、印染、制革、电镀、酿造、炼油、岸边冲滩拆船以及其他严重污染海洋环境的工业生产项目。

严格限制在海岸采挖砂石。露天开采海滨砂矿和从岸上打井开采海底矿产资源，必须采取有效措施，防止污染海洋环境。

（八）保护海洋生态系统、珍稀海洋动物天然集中分布区、海洋生物生存区及海洋历史遗迹和自然景观的有关规定

第二十条　国务院和沿海地方各级人民政府应当采取有效措施，保护红树林、珊瑚礁、滨海湿地、海岛、海湾、入海河口、重要渔业水域等具有典型性、代表性的海洋生态系统，珍稀、濒危海洋生物的天然集中分布区，具有重要经济价值的海洋生物生存区域及有重大科学文化价值的海洋自然历史遗迹和自然景观。对具有重要经济、社会价值的已遭到破坏的海洋生态，应当进行整治和恢复。

七、《中华人民共和国放射性污染防治法》（2003 年 10 月 1 日起施行）

（一）本法的适用范围

第二条　本法适用于中华人民共和国领域和管辖的其他海域在核设施选址、建造、运行、退役和核技术、铀（钍）矿、伴生放射性矿开发利用过程中发生的放射性污染的防治活动。

要点：注意本法的适用范围。

（二）核设施选址、建造、运营、退役前进行环境影响评价的有关规定

第十八条　核设施选址，应当进行科学论证，并按照国家有关规定办理审批手续。在办理核设施选址审批手续前，应当编制环境影响报告书，报国务院环境保护行政主管部门审查批准；未经批准，有关部门不得办理核设施选址批准文件。

第二十条　核设施营运单位应当在申请领取核设施建造、运行许可证和办理退役审批手续前编制环境影响报告书，报国务院环境保护行政主管部门审查批准；未经批准，有关部门不得颁发许可证和办理批准文件。

要点：核设施选址，应当进行科学论证，并按照国家有关规定办理审批手续。核设施营运单位应当在申请领取核设施建造、运行许可证和办理退役审批手续前编制环境影响报告书，报国务院环境保护行政主管部门审查批准。

（三）开发利用或关闭铀（钍）矿前进行环境影响评价的有关规定

第三十四条　开发利用或者关闭铀（钍）矿的单位，应当在申请领取采矿许可证或者办理退役审批手续前编制环境影响报告书，报国务院环境保护行政主管部门审查批准。

开发利用伴生放射性矿的单位，应当在申请领取采矿许可证前编制环境影响报告书，报省级以上人民政府环境保护行政主管部门审查批准。

要点：开发利用或者关闭铀（钍）矿的单位、开发利用伴生放射性矿的单位，应当在申请领取采矿许可证或者办理退役审批手续前编制环境影响报告书，分别报国务院环境保护行政主管部门、省级以上人民政府环境保护行政主管部门审查批准。

（四）产生放射性废液的单位排放或处理、贮存放射性废液的有关规定

第四十二条　产生放射性废液的单位，必须按照国家放射性污染防治标准的要求，对不

得向环境排放的放射性废液进行处理或者贮存。

产生放射性废液的单位，向环境排放符合国家放射性污染防治标准的放射性废液，必须采用符合国务院环境保护行政主管部门规定的排放方式。

禁止利用渗井、渗坑、天然裂隙、溶洞或者国家禁止的其他方式排放放射性废液。

要点：产生放射性废液的单位，必须按照国家放射性污染防治标准的要求，对不得向环境排放的放射性废液进行处理或者贮存。禁止利用渗井、渗坑、天然裂隙、溶洞或者国家禁止的其他方式排放放射性废液。

(五)放射性固体废物的处置方式及处置设施选址的有关规定

第四十三条　低、中水平放射性固体废物在符合国家规定的区域实行近地表处置。

高水平放射性固体废物实行集中的深地质处置。α放射性固体废物依照前款规定处置。

禁止在内河水域和海洋上处置放射性固体废物。

第四十四条　国务院核设施主管部门会同国务院环境保护行政主管部门根据地质条件和放射性固体废物处置的需要，在环境影响评价的基础上编制放射性固体废物处置场所选址规划，报国务院批准后实施。

有关地方人民政府应当根据放射性固体废物处置场所选址规划，提供放射性固体废物处置场所的建设用地，并采取有效措施支持放射性固体废物的处置。

要点：高水平放射性固体废物实行集中的深地质处置。低、中水平放射性固体废物在符合国家规定的区域实行近地表处置。禁止在内河水域和海洋上处置放射性固体废物。

(六)产生放射性固体废物的单位处理处置放射性固体废物的有关规定

第四十五条　产生放射性固体废物的单位，应当按照国务院环境保护行政主管部门的规定，对其产生的放射性固体废物进行处理后，送交放射性固体废物处置单位处置，并承担处置费用。

要点：产生放射性固体废物的单位，对其产生的放射性固体废物进行处理后，送交放射性固体废物处置单位处置，并承担处置费用。

八、《中华人民共和国清洁生产促进法》(2003年1月1日起施行)

(一)清洁生产的法律定义

第二条　本法所称清洁生产，是指不断采取改进设计、使用清洁的能源和原料、采用先进的工艺技术与设备、改善管理、综合利用等措施，从源头削减污染，提高资源利用效率，减少或者避免生产、服务和产品使用过程中污染物的产生和排放，以减轻或者消除对人类健康和环境的危害。

(二)国家对浪费资源和严重污染环境的落后生产技术、工艺、设备和产品实行强制淘汰制度的规定(第十二条)

第十二条　国家对浪费资源和严重污染环境的落后生产技术、工艺、设备和产品实行限期淘汰制度。国务院经济贸易行政主管部门会同国务院有关行政主管部门制定并发布限期淘汰的生产技术、工艺、设备以及产品的名录。

要点：国家对浪费资源和严重污染环境的落后生产技术、工艺、设备和产品实行限期淘汰制度。国务院经济贸易行政主管部门会同国务院有关行政主管部门制定并发布限期淘汰的生产技术、工艺、设备以及产品的名录。

（三）企业在进行技术改造时应采取的清洁生产措施

企业在进行技术改造时应采取的清洁生产措施见表1－21。

表1－21　企业在进行技术改造时应采取的清洁生产措施

序号	清洁生产措施
1	采用无毒、无害或者低毒、低害的原料，替代毒性大、危害严重的原料
2	采用资源利用率高、污染物产生量少的工艺和设备，替代资源利用率低、污染物产生量多的工艺和设备
3	对生产过程中产生的废物、废水和余热等进行综合利用或者循环使用
4	采用能够达到国家或者地方规定的污染物排放标准和污染物排放总量控制指标的污染防治技术

要点：企业在进行技术改造时应采取的清洁生产措施体现在原料、工艺和设备、综合利用和循环使用、污染防治技术四个方面。

（四）农业生产者应采取的清洁生产措施

第二十二条　农业生产者应当科学地使用化肥、农药、农用薄膜和饲料添加剂，改进种植和养殖技术，实现农产品的优质、无害和农业生产废物的资源化，防止农业环境污染。

禁止将有毒、有害废物用作肥料或者用于造田。

（五）餐饮、娱乐、宾馆等服务性企业应采取的清洁生产措施

第二十三条　餐饮、娱乐、宾馆等服务性企业，应当采用节能、节水和其他有利于环境保护的技术和设备，减少使用或者不使用浪费资源、污染环境的消费品。

（六）建筑工程应采取的清洁生产措施

第二十四条　建筑工程应当采用节能、节水等有利于环境与资源保护的建筑设计方案、建筑和装修材料、建筑构配件及设备。建筑和装修材料必须符合国家标准。禁止生产、销售和使用有毒、有害物质超过国家标准的建筑和装修材料。

九、《中华人民共和国循环经济促进法》（2009年1月1日起施行）

（一）循环经济、减量化、再利用、资源化的法律定义

第二条　本法所称循环经济，是指在生产、流通和消费等过程中进行的减量化、再利用、资源化活动的总称。

本法所称减量化，是指在生产、流通和消费等过程中减少资源消耗和废物产生。

本法所称再利用，是指将废物直接作为产品或者经修复、翻新、再制造后继续作为产品使用，或者将废物的全部或者部分作为其他产品的部件予以使用。

本法所称资源化，是指将废物直接作为原料进行利用或者对废物进行再生利用。

（二）发展循环经济应遵循的原则

第三条　发展循环经济是国家经济社会发展的一项重大战略，应当遵循统筹规划、合理布局，因地制宜、注重实效，政府推动、市场引导，企业实施、公众参与的方针。

第四条　发展循环经济应当在技术可行、经济合理和有利于节约资源、保护环境的前提下，按照减量化优先的原则实施。在废物再利用和资源化过程中，应当保障生产安全，保证产品质量符合国家规定的标准，并防止产生再次污染。

（三）企业事业单位应采取措施降低资源消耗，减少废物的产生量和排放量，提高废物的再利用和资源化水平的规定

第九条　企业事业单位应当建立健全管理制度，采取措施，降低资源消耗，减少废物的产生量和排放量，提高废物的再利用和资源化水平。

（四）新建、改建、扩建建设项目必须符合本行政区域主要污染物排放、建设用地和用水总量控制指标的要求

第十三条　县级以上地方人民政府应当依据上级人民政府下达的本行政区域主要污染物排放、建设用地和用水总量控制指标，规划和调整本行政区域的产业结构，促进循环经济发展。新建、改建、扩建建设项目，必须符合本行政区域主要污染物排放、建设用地和用水总量控制指标的要求。

（五）减量化、再利用和资源化的有关规定

第十八条　国务院循环经济发展综合管理部门会同国务院环境保护等有关主管部门，定期发布鼓励、限制和淘汰的技术、工艺、设备、材料和产品名录。

禁止生产、进口、销售列入淘汰名录的设备、材料和产品，禁止使用列入淘汰名录的技术、工艺、设备和材料。

第十九条　从事工艺、设备、产品及包装物设计，应当按照减少资源消耗和废物产生的要求，优先选择采用易回收、易拆解、易降解、无毒无害或者低毒低害的材料和设计方案，并应当符合有关国家标准的强制性要求。

对在拆解和处置过程中可能造成环境污染的电器电子等产品，不得设计使用国家禁止使用的有毒有害物质。禁止在电器电子等产品中使用的有毒有害物质名录，由国务院循环经济发展综合管理部门会同国务院环境保护等有关主管部门制定。

设计产品包装物应当执行产品包装标准，防止过度包装造成资源浪费和环境污染。

第二十条　工业企业应当采用先进或者适用的节水技术、工艺和设备，制定并实施节水计划，加强节水管理，对生产用水进行全过程控制。工业企业应当加强用水计量管理，配备和使用合格的用水计量器具，建立水耗统计和用水状况分析制度。

新建、改建、扩建建设项目，应当配套建设节水设施。节水设施应当与主体工程同时设

计、同时施工、同时投产使用。

国家鼓励和支持沿海地区进行海水淡化和海水直接利用，节约淡水资源。

第二十一条　国家鼓励和支持企业使用高效节油产品。

电力、石油加工、化工、钢铁、有色金属和建材等企业，必须在国家规定的范围和期限内，以洁净煤、石油焦、天然气等清洁能源替代燃料油，停止使用不符合国家规定的燃油发电机组和燃油锅炉。

内燃机和机动车制造企业应当按照国家规定的内燃机和机动车燃油经济性标准，采用节油技术，减少石油产品消耗量。

第二十二条　开采矿产资源，应当统筹规划，制定合理的开发利用方案，采用合理的开采顺序、方法和选矿工艺。采矿许可证颁发机关应当对申请人提交的开发利用方案中的开采回采率、采矿贫化率、选矿回收率、矿山水循环利用率和土地复垦率等指标依法进行审查；审查不合格的，不予颁发采矿许可证。采矿许可证颁发机关应当依法加强对开采矿产资源的监督管理。

矿山企业在开采主要矿种的同时，应当对具有工业价值的共生和伴生矿实行综合开采、合理利用；对必须同时采出而暂时不能利用的矿产以及含有有用组分的尾矿，应当采取保护措施，防止资源损失和生态破坏。

第二十三条　建筑设计、建设、施工等单位应当按照国家有关规定和标准，对其设计、建设、施工的建筑物及构筑物采用节能、节水、节地、节材的技术工艺和小型、轻型、再生产品。有条件的地区，应当充分利用太阳能、地热能、风能等可再生能源。

国家鼓励利用无毒无害的固体废物生产建筑材料，鼓励使用散装水泥，推广使用预拌混凝土和预拌砂浆。禁止损毁耕地烧砖。在国务院或者省、自治区、直辖市人民政府规定的期限和区域内，禁止生产、销售和使用粘土砖。

第二十四条　县级以上人民政府及其农业等主管部门应当推进土地集约利用，鼓励和支持农业生产者采用节水、节肥、节药的先进种植、养殖和灌溉技术，推动农业机械节能，优先发展生态农业。

在缺水地区，应当调整种植结构，优先发展节水型农业，推进雨水集蓄利用，建设和管护节水灌溉设施，提高用水效率，减少水的蒸发和漏失。

第二十五条　国家机关及使用财政性资金的其他组织应当厉行节约、杜绝浪费，带头使用节能、节水、节地、节材和有利于保护环境的产品、设备和设施，节约使用办公用品。国务院和县级以上地方人民政府管理机关事务工作的机构会同本级人民政府有关部门制定本级国家机关等机构的用能、用水定额指标，财政部门根据该定额指标制定支出标准。

城市人民政府和建筑物的所有者或者使用者，应当采取措施，加强建筑物维护管理，延长建筑物使用寿命。对符合城市规划和工程建设标准，在合理使用寿命内的建筑物，除为了公共利益的需要外，城市人民政府不得决定拆除。

第二十六条　餐饮、娱乐、宾馆等服务性企业，应当采用节能、节水、节材和有利于保护环境的产品，减少使用或者不使用浪费资源、污染环境的产品。

本法施行后新建的餐饮、娱乐、宾馆等服务性企业，应当采用节能、节水、节材和有利于保护环境的技术、设备和设施。

第二十七条　国家鼓励和支持使用再生水。在有条件使用再生水的地区，限制或者禁止将自来水作为城市道路清扫、城市绿化和景观用水使用。

第二十八条　国家在保障产品安全和卫生的前提下，限制一次性消费品的生产和销售。具体名录由国务院循环经济发展综合管理部门会同国务院财政、环境保护等有关主管部门制定。

对列入前款规定名录中的一次性消费品的生产和销售，由国务院财政、税务和对外贸易等主管部门制定限制性的税收和出口等措施。

第二十九条　县级以上人民政府应当统筹规划区域经济布局，合理调整产业结构，促进企业在资源综合利用等领域进行合作，实现资源的高效利用和循环使用。

各类产业园区应当组织区内企业进行资源综合利用，促进循环经济发展。

国家鼓励各类产业园区的企业进行废物交换利用、能量梯级利用、土地集约利用、水的分类利用和循环使用，共同使用基础设施和其他有关设施。

新建和改造各类产业园区应当依法进行环境影响评价，并采取生态保护和污染控制措施，确保本区域的环境质量达到规定的标准。

第三十条　企业应当按照国家规定，对生产过程中产生的粉煤灰、煤矸石、尾矿、废石、废料、废气等工业废物进行综合利用。

第三十一条　企业应当发展串联用水系统和循环用水系统，提高水的重复利用率。

企业应当采用先进技术、工艺和设备，对生产过程中产生的废水进行再生利用。

第三十二条　企业应当采用先进或者适用的回收技术、工艺和设备，对生产过程中产生的余热、余压等进行综合利用。

建设利用余热、余压、煤层气以及煤矸石、煤泥、垃圾等低热值燃料的并网发电项目，应当依照法律和国务院的规定取得行政许可或者报送备案。电网企业应当按照国家规定，与综合利用资源发电的企业签订并网协议，提供上网服务，并全额收购并网发电项目的上网电量。

第三十三条　建设单位应当对工程施工中产生的建筑废物进行综合利用；不具备综合利用条件的，应当委托具备条件的生产经营者进行综合利用或者无害化处置。

第三十四条　国家鼓励和支持农业生产者和相关企业采用先进或者适用技术，对农作物秸秆、畜禽粪便、农产品加工业副产品、废农用薄膜等进行综合利用，开发利用沼气等生物质能源。

第三十五条　县级以上人民政府及其林业主管部门应当积极发展生态林业，鼓励和支持林业生产者和相关企业采用木材节约和代用技术，开展林业废弃物和次小薪材、沙生灌木等综合利用，提高木材综合利用率。

第三十六条　国家支持生产经营者建立产业废物交换信息系统，促进企业交流产业废物信息。

企业对生产过程中产生的废物不具备综合利用条件的，应当提供给具备条件的生产经营者进行综合利用。

第三十七条　国家鼓励和推进废物回收体系建设。

地方人民政府应当按照城乡规划，合理布局废物回收网点和交易市场，支持废物回收企业和其他组织开展废物的收集、储存、运输及信息交流。废物回收交易市场应当符合国家环境保护、安全和消防等规定。

第三十八条　对废电器电子产品、报废机动车船、废轮胎、废铅酸电池等特定产品进行拆解或者再利用，应当符合有关法律、行政法规的规定。

第三十九条　回收的电器电子产品，经过修复后销售的，必须符合再利用产品标准，并在显著位置标识为再利用产品。回收的电器电子产品，需要拆解和再生利用的，应当交售给具备条件的拆解企业。

第四十条　国家支持企业开展机动车零部件、工程机械、机床等产品的再制造和轮胎翻新。

销售的再制造产品和翻新产品的质量必须符合国家规定的标准，并在显著位置标识为再制造产品或者翻新产品。

第四十一条　县级以上人民政府应当统筹规划建设城乡生活垃圾分类收集和资源化利用设施，建立和完善分类收集和资源化利用体系，提高生活垃圾资源化率。

县级以上人民政府应当支持企业建设污泥资源化利用和处置设施，提高污泥综合利用水平，防止产生再次污染。

要点：禁止生产、进口、销售列入淘汰名录的设备、材料和产品，禁止使用列入淘汰名录的技术、工艺、设备和材料。新建、改建、扩建建设项目，应当配套建设节水设施。节水设施应当与主体工程同时设计、同时施工、同时投产使用。

国家鼓励和支持沿海地区进行海水淡化和海水直接利用，节约淡水资源。

电力、石油加工、化工、钢铁、有色金属和建材等企业，必须在国家规定的范围和期限内，以洁净煤、石油焦、天然气等清洁能源替代燃料油，停止使用不符合国家规定的燃油发电机组和燃油锅炉。

矿山企业在开采主要矿种的同时，应当对具有工业价值的共生和伴生矿实行综合开采、合理利用；对必须同时采出而暂时不能利用的矿产以及含有有用组分的尾矿，应当采取保护措施，防止资源损失和生态破坏。

国家鼓励利用无毒无害的固体废物生产建筑材料，鼓励使用散装水泥，推广使用预拌混凝土和预拌砂浆。禁止损毁耕地烧砖。在国务院或者省、自治区、直辖市人民政府规定的期限和区域内，禁止生产、销售和使用粘土砖。

国家鼓励和支持使用再生水。在有条件使用再生水的地区，限制或者禁止将自来水作为城市道路清扫、城市绿化和景观用水使用。

国家鼓励各类产业园区的企业进行废物交换利用、能量梯级利用、土地集约利用、水的分类利用和循环使用，共同使用基础设施和其他有关设施。

新建和改造各类产业园区应当依法进行环境影响评价，并采取生态保护和污染控制措施，确保本区域的环境质量达到规定的标准。

企业应当按照国家规定，对生产过程中产生的粉煤灰、煤矸石、尾矿、废石、废料、废气等工业废物进行综合利用。企业应当发展串联用水系统和循环用水系统，提高水的重复利用率。企业应当采用先进技术、工艺和设备，对生产过程中产生的废水进行再生利用。企业应当采用先进或者适用的回收技术、工艺和设备，对生产过程中产生的余热、余压等进行综合利用。

建设利用余热、余压、煤层气以及煤矸石、煤泥、垃圾等低热值燃料的并网发电项目，应当依照法律和国务院的规定取得行政许可或者报送备案。

国家鼓励和支持农业生产者和相关企业采用先进或者适用技术，对农作物秸秆、畜禽粪便、农产品加工业副产品、废农用薄膜等进行综合利用，开发利用沼气等生物质能源。

国家鼓励和推进废物回收体系建设。

对废电器电子产品、报废机动车船、废轮胎、废铅酸电池等特定产品进行拆解或者再利用，应当符合有关法律、行政法规的规定。回收的电器电子产品，经过修复后销售的，必须符合再利用产品标准，并在显著位置标识为再利用产品。回收的电器电子产品，需要拆解和再生利用的，应当交售给具备条件的拆解企业。

十、《中华人民共和国水法》(2002年10月1日施行)

(一)水资源开发利用的有关规定

第二十六条　国家鼓励开发、利用水能资源。在水能丰富的河流，应当有计划地进行多目标梯级开发。

建设水力发电站，应当保护生态环境，兼顾防洪、供水、灌溉、航运、竹木流放和渔业等方面的需要。

第二十七条　国家鼓励开发、利用水运资源。在水生生物洄游通道、通航或者竹木流放的河流上修建永久性拦河闸坝，建设单位应当同时修建过鱼、过船、过木设施，或者经国务院授权的部门批准采取其他补救措施，并妥善安排施工和蓄水期间的水生生物保护、航运和竹木流放，所需费用由建设单位承担。

在不通航的河流或者人工水道上修建闸坝后可以通航的，闸坝建设单位应当同时修建过船设施或者预留过船设施位置。

要点：在水能丰富的河流，应当有计划地进行多目标梯级开发。

在水生生物洄游通道、通航或者竹木流放的河流上修建永久性拦河闸坝，建设单位应当同时修建过鱼、过船、过木设施，或者经国务院授权的部门批准采取其他补救措施，并妥善安排施工和蓄水期间的水生生物保护、航运和竹木流放，所需费用由建设单位承担。

(二)建立饮用水水源保护区制度的有关规定

第三十三条　国家建立饮用水水源保护区制度。省、自治区、直辖市人民政府应当划定饮用水水源保护区，并采取措施，防止水源枯竭和水体污染，保证城乡居民饮用水安全。

第三十四条　禁止在饮用水水源保护区内设置排污口。

第六十七条　在饮用水水源保护区内设置排污口的，由县级以上地方人民政府责令限期拆除、恢复原状；逾期不拆除、不恢复原状的，强行拆除、恢复原状，并处五万元以上十万元以下的罚款。

要点：国家建立饮用水水源保护区制度。禁止在饮用水水源保护区内设置排污口。

(三)设置、新建、改建或者扩大排污口的有关规定

第三十四条　在江河、湖泊新建、改建或者扩大排污口，应当经过有管辖权的水行政主管部门或者流域管理机构同意，由环境保护行政主管部门负责对该建设项目的环境影响报告书进行审批。

第五十三条　新建、扩建、改建建设项目，应当制订节水措施方案，配套建设节水设施。节水设施应当与主体工程同时设计、同时施工、同时投产。

第六十七条　未经水行政主管部门或者流域管理机构审查同意，擅自在江河、湖泊新建、改建或者扩大排污口的，由县级以上人民政府水行政主管部门或者流域管理机构依据职权，责令停止违法行为，限期恢复原状，处五万元以上十万元以下的罚款。

要点：在江河、湖泊新建、改建或者扩大排污口，应当经过有管辖权的水行政主管部门或者流域管理机构同意，由环境保护行政主管部门负责对该建设项目的环境影响报告书进行审批。

（四）河道管理范围内禁止行为的有关规定

第三十七条　禁止在江河、湖泊、水库、运河、渠道内弃置、堆放阻碍行洪的物体和种植阻碍行洪的林木及高秆作物。禁止在河道管理范围内建设妨碍行洪的建筑物、构筑物以及从事影响河势稳定、危害河岸堤防安全和其他妨碍河道行洪的活动。

要点：禁止在江河、湖泊、水库、运河、渠道内弃置、堆放阻碍行洪的物体和种植阻碍行洪的林木及高秆作物。

（五）禁止围湖造地、围垦河道的规定

第四十条　禁止围湖造地。已经围垦的，应当按照国家规定的防洪标准有计划地退地还湖。禁止围垦河道。确需围垦的，应当经过科学论证，经省、自治区、直辖市人民政府水行政主管部门或者国务院水行政主管部门同意后，报本级人民政府批准。

第六十六条　有下列行为之一，且防洪法未作规定的，由县级以上人民政府水行政主管部门或者流域管理机构依据职权，责令停止违法行为，限期清除障碍或者采取其他补救措施，处一万元以上五万元以下的罚款：(1)在江河、湖泊、水库、运河、渠道内弃置、堆放阻碍行洪的物体和种植阻碍行洪的林木及高秆作物的；(2)围湖造地或者未经批准围垦河道的。

要点：禁止围湖造地。

（六）工业用水应增加循环用水次数，提高水的重复利用率的规定

第五十一条　工业用水应当采用先进技术、工艺和设备，增加循环用水次数，提高水的重复利用率。国家逐步淘汰落后的、耗水量高的工艺、设备和产品，具体名录由国务院经济综合主管部门会同国务院水行政主管部门和有关部门制定并公布。生产者、销售者或者生产经营中的使用者应当在规定的时间内停止生产、销售或者使用列入名录的工艺、设备和产品。

要点：《中华人民共和国水法规定》工业用水应当采用先进技术、工艺和设备，增加循环用水次数，提高水的重复利用率。

（七）开发、利用水资源应满足或考虑生活用水，农业、工业、生态环境用水及航运等需要的规定

第二十条　开发、利用水资源，应当坚持兴利与除害相结合，兼顾上下游、左右岸和有关地区之间的利益，充分发挥水资源的综合效益，并服从防洪的总体安排。

第二十一条　开发、利用水资源，应当首先满足城乡居民生活用水，并兼顾农业、工业、生态环境用水以及航运等需要。在干旱和半干旱地区开发、利用水资源，应当充分考虑生态环境用水需要。

要点：开发、利用水资源，应当首先满足城乡居民生活用水，并兼顾农业、工业、生态环境用水以及航运等需要。在干旱和半干旱地区开发、利用水资源，应当充分考虑生态环境用水需要。

(八)跨流域调水应统筹兼顾调出和调入流域的用水需要，防止对生态环境造成破坏的规定

第二十二条　跨流域调水，应当进行全面规划和科学论证，统筹兼顾调出和调入流域的用水需要，防止对生态环境造成破坏。

(九)在水资源不足的地区应当对城市规模和建设耗水量大的工业、农业和服务业项目加以限制的规定

第二十三条　地方各级人民政府应当结合本地区水资源的实际情况，按照地表水与地下水统一调度开发、开源与节流相结合、节流优先和污水处理再利用的原则，合理组织开发、综合利用水资源。国民经济和社会发展规划以及城市总体规划的编制、重大建设项目的布局，应当与当地水资源条件和防洪要求相适应，并进行科学论证；在水资源不足的地区，应当对城市规模和建设耗水量大的工业、农业和服务业项目加以限制。

第二十四条　在水资源短缺的地区，国家鼓励对雨水和微咸水的收集、开发、利用和对海水的利用、淡化。

要点：在水资源不足的地区，应当对城市规模和建设耗水量大的工业、农业和服务业项目加以限制。在水资源短缺的地区，国家鼓励对雨水和微咸水的收集、开发、利用和对海水的利用、淡化。

十一、《中华人民共和国节约能源法》(2008年4月1日起施行)

(一)能源和节能的法律定义

第二条　本法所称能源，是指煤炭、石油、天然气、生物质能和电力、热力以及其他直接或者通过加工、转换而取得有用能的各种资源。

第三条　本法所称节约能源(简称节能)，是指加强用能管理，采取技术上可行、经济上合理以及环境和社会可以承受的措施，从能源生产到消费的各个环节，降低消耗、减少损失和污染物排放、制止浪费，有效、合理地利用能源。

要点：本法所称节约能源(简称节能)，是指加强用能管理，采取技术上可行、经济上合理以及环境和社会可以承受的措施，从能源生产到消费的各个环节，降低消耗、减少损失和污染物排放、制止浪费，有效、合理地利用能源。

(二)国家节能政策的有关规定

第二十四条　用能单位应当按照合理用能的原则，加强节能管理，制定并实施节能计划和节能技术措施，降低能源消耗。

第二十五条　用能单位应当建立节能目标责任制，对节能工作取得成绩的集体、个人给予奖励。

第二十六条　用能单位应当定期开展节能教育和岗位节能培训

第二十七条　用能单位应当加强能源计量管理，按照规定配备和使用经依法检定合格的能源计量器具。用能单位应当建立能源消费统计和能源利用状况分析制度，对各类能源的消

费实行分类计量和统计，并确保能源消费统计数据真实、完整。

第二十八条　能源生产经营单位不得向本单位职工无偿提供能源。任何单位不得对能源消费实行包费制。

要点：用能单位应当建立节能目标责任制，定期开展节能教育和岗位节能培训，加强能源计量管理。

（三）国家对落后的耗能过高的用能产品、设备实行淘汰制度的规定

第七条　国家实行有利于节能和环境保护的产业政策，限制发展高耗能、高污染行业，发展节能环保型产业。国务院和省、自治区、直辖市人民政府应当加强节能工作，合理调整产业结构、企业结构、产品结构和能源消费结构，推动企业降低单位产值能耗和单位产品能耗，淘汰落后的生产能力，改进能源的开发、加工、转换、输送、储存和供应，提高能源利用效率。

第十六条　国家对落后的耗能过高的用能产品、设备和生产工艺实行淘汰制度。淘汰的用能产品、设备、生产工艺的目录和实施办法，由国务院管理节能工作的部门会同国务院有关部门制定并公布。生产过程中耗能高的产品的生产单位，应当执行单位产品能耗限额标准。对超过单位产品能耗限额标准用能的生产单位，由管理节能工作的部门按照国务院规定的权限责令限期治理。对高耗能的特种设备，按照国务院的规定实行节能审查和监管。

第七十一条　使用国家明令淘汰的用能设备或者生产工艺的，由管理节能工作的部门责令停止使用，没收国家明令淘汰的用能设备；情节严重的，可以由管理节能工作的部门提出意见，报请本级人民政府按照国务院规定的权限责令停业整顿或者关闭。

要点：国家对落后的耗能过高的用能产品、设备和生产工艺实行淘汰制度。淘汰的用能产品、设备、生产工艺的目录和实施办法，由国务院管理节能工作的部门会同国务院有关部门制定并公布。

使用国家明令淘汰的用能设备或者生产工艺的，由管理节能工作的部门责令停止使用，没收国家明令淘汰的用能设备。

（四）禁止生产、进口、销售及使用国家明令淘汰或者不符合强制性能源效率标准的用能产品、设备、生产工艺的规定

第十七条　禁止生产、进口、销售国家明令淘汰或者不符合强制性能源效率标准的用能产品、设备；禁止使用国家明令淘汰的用能设备、生产工艺。

第六十九条　生产、进口、销售国家明令淘汰的用能产品、设备的，使用伪造的节能产品认证标志或者冒用节能产品认证标志的，依照《中华人民共和国产品质量法》的规定处罚。

要点：禁止生产、进口、销售国家明令淘汰或者不符合强制性能源效率标准的用能产品、设备；禁止使用国家明令淘汰的用能设备和生产工艺。

（五）工业节能的有关规定

第二十九条　国务院和省、自治区、直辖市人民政府推进能源资源优化开发利用和合理配置，推进有利于节能的行业结构调整，优化用能结构和企业布局。

第三十条　国务院管理节能工作的部门会同国务院有关部门制定电力、钢铁、有色金属、建材、石油加工、化工、煤炭等主要耗能行业的节能技术政策，推动企业节能技术

改造。

第三十一条　国家鼓励工业企业采用高效、节能的电动机、锅炉、窑炉、风机、泵类等设备，采用热电联产、余热余压利用、洁净煤以及先进的用能监测和控制等技术。

第三十二条　电网企业应当按照国务院有关部门制定的节能发电调度管理的规定，安排清洁、高效和符合规定的热电联产，利用余热余压发电的机组以及其他符合资源综合利用规定的发电机组与电网并网运行，上网电价执行国家有关规定。

第三十三条　禁止新建不符合国家规定的燃煤发电机组、燃油发电机组和燃煤热电机组。

要点：国家鼓励工业企业采用高效、节能的电动机、锅炉、窑炉、风机、泵类等设备，采用热电联产、余热余压利用、洁净煤以及先进的用能监测和控制等技术。

禁止新建不符合国家规定的燃煤发电机组、燃油发电机组和燃煤热电机组。

(六)国家鼓励发展的节能技术

第三十九条　国家鼓励发展下列通用节能技术：

(1)推广热电联产、集中供热，提高热电机组的利用率，发展热能梯级利用技术，热、电、冷联产技术和热、电、煤气三联供技术，提高热能综合利用率；

(2)逐步实现电动机、风机、泵类设备和系统的经济运行，发展电机调速节电和电力电子节电技术，开发、生产、推广质优、价廉的节能器材，提高电能利用效率；

(3)发展和推广适合国内煤种的流化床燃烧、无烟燃烧和气化、液化等洁净煤技术，提高煤炭利用效率；

(4)发展和推广其他在节能工作中证明技术成熟、效益显著的通用节能技术。

(七)禁止新建技术落后、耗能过高、严重浪费的工业项目

第七条　国家实行有利于节能和环境保护的产业政策，限制发展高耗能、高污染行业，发展节能环保型产业。

第三十三条　禁止新建不符合国家规定的燃煤发电机组、燃油发电机组和燃煤热电机组。

第六十八条　负责审批或者核准固定资产投资项目的机关违反本法规定，对不符合强制性节能标准的项目予以批准或者核准建设的，对直接负责的主管人员和其他直接责任人员依法给予处分。固定资产投资项目建设单位开工建设不符合强制性节能标准的项目或者将该项目投入生产、使用的，由管理节能工作的部门责令停止建设或者停止生产、使用，限期改造；不能改造或者逾期不改造的生产性项目，由管理节能工作的部门报请本级人民政府按照国务院规定的权限责令关闭。

要点：国家实行有利于节能和环境保护的产业政策，限制发展高耗能、高污染行业，发展节能环保型产业。

十二、《中华人民共和国防沙治沙法》(2002年1月1日起施行)

(一)土地沙化的法律定义

第二条　土地沙化是指因气候变化和人类活动所导致的天然沙漠扩张和沙质土壤上植被

破坏、沙土裸露的过程。

本法所称土地沙化，是指主要因人类不合理活动所导致的天然沙漠扩张和沙质土壤上植被及覆盖物被破坏，形成流沙及沙土裸露的过程。

沙化土地包括已经沙化的土地和具有明显沙化趋势的土地。

（二）在沙化土地范围内从事开发建设活动须进行环境影响评价的规定

第二十一条　在沙化土地范围内从事开发建设活动的，必须事先就该项目可能对当地及相关地区生态产生的影响进行环境影响评价，依法提交环境影响报告；环境影响报告应当包括有关防沙治沙的内容。

（三）沙化土地封禁保护区范围内禁止行为的有关规定

第二十二条　在沙化土地封禁保护区范围内，禁止一切破坏植被的活动。

禁止在沙化土地封禁保护区范围内安置移民。对沙化土地封禁保护区范围内的农牧民，县级以上地方人民政府应当有计划地组织迁出，并妥善安置。沙化土地封禁保护区范围内尚未迁出的农牧民的生产生活，由沙化土地封禁保护区主管部门妥善安排。

未经国务院或者国务院指定的部门同意，不得在沙化土地封禁保护区范围内进行修建铁路、公路等建设活动。

要点：在沙化土地封禁保护区范围内，禁止一切破坏植被的活动。禁止在沙化土地封禁保护区范围内安置移民。未经国务院或者国务院指定的部门同意，不得在沙化土地封禁保护区范围内进行修建铁路、公路等建设活动。

（四）已经沙化的土地范围内的铁路、公路、河流、水渠两侧和城镇、村庄、厂矿、水库周围，实行单位治理责任制的有关规定

第二十条　已经沙化的土地范围内的铁路、公路、河流和水渠两侧，城镇、村庄、厂矿和水库周围，实行单位治理责任制，由县级以上地方人民政府下达治理责任书，由责任单位负责组织造林种草或者采取其他治理措施。

十三、《中华人民共和国草原法》（2003 年 3 月 1 日起施行）

（一）编制草原保护、建设、利用规划应当遵循的原则及应当包括的内容

第十八条　编制草原保护、建设、利用规划，应当依据国民经济和社会发展规划并遵循下列原则：

（1）改善生态环境，维护生物多样性，促进草原的可持续利用；

（2）以现有草原为基础，因地制宜，统筹规划，分类指导；

（3）保护为主、加强建设、分批改良、合理利用；

（4）生态效益、经济效益、社会效益相结合。

第十九条　草原保护、建设、利用规划应当包括：草原保护、建设、利用的目标和措施，草原功能分区和各项建设的总体部署，各项专业规划等。

第二十条　草原保护、建设、利用规划应当与土地利用总体规划相衔接，与环境保护规

划、水土保持规划、防沙治沙规划、水资源规划、林业长远规划、城市总体规划、村庄和集镇规划以及其他有关规划相协调。

要点：草原保护、建设、利用规划应当包括：草原保护、建设、利用的目标和措施，草原功能分区和各项建设的总体部署，各项专业规划等。

（二）基本草原保护制度的有关规定

第四十二条　国家实行基本草原保护制度。下列草原应当划为基本草原，实施严格管理：

（1）重要放牧场；

（2）割草地；

（3）用于畜牧业生产的人工草地、退耕还草地以及改良草地、草种基地；

（4）对调节气候、涵养水源、保持水土、防风固沙具有特殊作用的草原；

（5）作为国家重点保护野生动植物生存环境的草原；

（6）草原科研、教学试验基地；

（7）国务院规定应当划为基本草原的其他草原。

基本草原的保护管理办法，由国务院制定。

要点：国家实行基本草原保护制度。基本草原有哪些类型？

（三）禁止开垦草原的有关规定

第四十六条　禁止开垦草原。对水土流失严重、有沙化趋势、需要改善生态环境的已垦草原，应当有计划、有步骤地退耕还草；已造成沙化、盐碱化、石漠化的，应当限期治理。

要点：禁止开垦草原。对水土流失严重、有沙化趋势、需要改善生态环境的已垦草原，应当有计划、有步骤地退耕还草；已造成沙化、盐碱化、石漠化的，应当限期治理。

十四、《中华人民共和国文物保护法》（2007年12月29日起施行）

（一）在文物保护单位的保护范围及建设控制地带内不得进行的活动的有关规定

第十三条　国务院文物行政部门在省级、市、县级文物保护单位中，选择具有重大历史、艺术、科学价值的确定为全国重点文物保护单位，或者直接确定为全国重点文物保护单位，报国务院核定公布。

省级文物保护单位，由省、自治区、直辖市人民政府核定公布，并报国务院备案。

市级和县级文物保护单位，分别由设区的市、自治州和县级人民政府核定公布，并报省、自治区、直辖市人民政府备案。

尚未核定公布为文物保护单位的不可移动文物，由县级人民政府文物行政部门予以登记并公布。

第十七条　文物保护单位的保护范围内不得进行其他建设工程或者爆破、钻探、挖掘等作业。但是，因特殊情况需要在文物保护单位的保护范围内进行其他建设工程或者爆破、钻探、挖掘等作业的，必须保证文物保护单位的安全，并经核定公布该文物保护单位的人民政府批准，在批准前应当征得上一级人民政府文物行政部门同意；在全国重点文物保护单位的保护范围内进行其他建设工程或者爆破、钻探、挖掘等作业的，必须经省、自治区、直辖市人民政府批准，在批准前应当征得国务院文物行政部门同意。

第十八条　根据保护文物的实际需要，经省、自治区、直辖市人民政府批准，可以在文物保护单位的周围划出一定的建设控制地带，并予以公布。

在文物保护单位的建设控制地带内进行建设工程，不得破坏文物保护单位的历史风貌；工程设计方案应当根据文物保护单位的级别，经相应的文物行政部门同意后，报城乡建设规划部门批准。

第十九条　在文物保护单位的保护范围和建设控制地带内，不得建设污染文物保护单位及其环境的设施，不得进行可能影响文物保护单位安全及其环境的活动。对已有的污染文物保护单位及其环境的设施，应当限期治理。

要点：在文物保护单位的保护范围和建设控制地带内，不得建设污染文物保护单位及其环境的设施，不得进行可能影响文物保护单位安全及其环境的活动。对已有的污染文物保护单位及其环境的设施，应当限期治理。在文保单位内可以作业，但是要经相应级别的批准。

（二）建设工程选址中保护不可移动文物的有关规定

第二十条　建设工程选址，应当尽可能避开不可移动文物；因特殊情况不能避开的，对文物保护单位应当尽可能实施原址保护。

实施原址保护的，建设单位应当事先确定保护措施，根据文物保护单位的级别报相应的文物行政部门批准，并将保护措施列入可行性研究报告或者设计任务书。

无法实施原址保护，必须迁移异地保护或者拆除的，应当报省、自治区、直辖市人民政府批准；迁移或者拆除省级文物保护单位的，批准前须征得国务院文物行政部门同意。全国重点文物保护单位不得拆除；需要迁移的，须由省、自治区、直辖市人民政府报国务院批准。

要点：建设工程选址，应当尽可能避开不可移动文物；不能避开的，对文物保护单位应当尽可能实施原址保护。

全国重点文物保护单位不得拆除；需要迁移的，须由省、自治区、直辖市人民政府报国务院批准。

十五、《中华人民共和国森林法》（1985年施行，1998年修正）

（一）森林的分类

第四条　森林分为以下五类，见表1－22。

表1－22　森林的分类

序号	分　类	类　型
1	防护林：以防护为主要目的的森林、林木和灌木丛	水源涵养林，水土保持林，防风固沙林，农田、牧场防护林，护岸林，护路林
2	用材林：以生产木材为主要目的的森林和林木	以生产竹材为主要目的的竹林

续表

序号	分类	类型
3	经济林：以生产果品，食用油料、饮料、调料，工业原料和药材等为主要目的的林木	
4	薪炭林：以生产燃料为主要目的的林木	
5	特种用途林：以国防、环境保护、科学实验等为主要目的的森林和林木	国防林、实验林、母树林、环境保护林、风景林、名胜古迹和革命纪念地的林木，自然保护区的森林

要点：熟悉森林的分类及其防护林的类型。

(二)进行勘查、开采矿藏和各项建设工程占用或者征用林地的有关规定

第十八条　进行勘查、开采矿藏和各项建设工程，应当不占或者少占林地；必须占用或者征用林地的，经县级以上人民政府林业主管部门审核同意后，依照有关土地管理的法律、行政法规办理建设用地审批手续，并由用地单位依照国务院有关规定缴纳森林植被恢复费。森林植被恢复费专款专用，由林业主管部门依照有关规定统一安排植树造林，恢复森林植被，植树造林面积不得少于因占用、征用林地而减少的森林植被面积。上级林业主管部门应当定期督促、检查下级林业主管部门组织植树造林、恢复森林植被的情况。

任何单位和个人不得挪用森林植被恢复费。县级以上人民政府审计机关应当加强对森林植被恢复费使用情况的监督。

要点：进行勘查、开采矿藏和各项建设工程，应当不占或者少占林地；必须占用或者征用林地的，经县级以上人民政府林业主管部门审核同意后，由用地单位依照国务院有关规定缴纳森林植被恢复费。任何单位和个人不得挪用森林植被恢复费。

(三)禁止毁林开垦、开采等行为的有关规定

第二十三条　禁止毁林开垦和毁林采石、采砂、采土以及其他毁林行为。禁止在幼林地和特种用途林内砍柴、放牧。进入森林和森林边缘地区的人员，不得擅自移动或者损坏为林业服务的标志。

要点：禁止毁林开垦和毁林采石、采砂、采土以及其他毁林行为；在幼林地和特种用途林内砍柴、放牧。

(四)采伐森林和林木必须遵守的规定

第三十一条　采伐森林和林木必须遵守下列规定：

(1)成熟的用材林应当根据不同情况，分别采取择伐、皆伐和渐伐方式，皆伐应当严格控制，并在采伐的当年或者次年内完成更新造林；

(2)防护林和特种用途林中的国防林、母树林、环境保护林、风景林，只准进行抚育和更新性质的采伐；

(3)特种用途林中的名胜古迹和革命纪念地的林木、自然保护区的森林，严禁采伐。

要点：成熟的用材林采取择伐、皆伐和渐伐方式；防护林和特种用途林中的国防林、母树林、环境保护林、风景林，只准进行抚育和更新性质的采伐；特种用途林中的名胜古迹和革命纪念地的林木、自然保护区的森林，严禁采伐。

十六、《中华人民共和国渔业法》(1986年通过，2000年10月3日修正)

(一)本法适用范围

第二条　在中华人民共和国的内水、滩涂、领海、专属经济区以及中华人民共和国管辖的一切其他海域从事养殖和捕捞水生动物、水生植物等渔业生产活动，都必须遵守本法。

(二)在鱼、虾、蟹洄游通道建闸、筑坝的有关要求

第三十二条　在鱼、虾、蟹洄游通道建闸、筑坝，对渔业资源有严重影响的，建设单位应当建造过鱼设施或者采取其他补救措施。

十七、《中华人民共和国矿产资源法》(1986年施行，1996年修正)

(一)非经国务院授权的有关主管部门同意，不得开采矿产资源的地区

第二十条　非经国务院授权的有关主管部门同意，不得在下列地区开采矿产资源：

(1)港口、机场、国防工程设施圈定地区以内；

(2)重要工业区、大型水利工程设施、城镇市政工程设施附近一定距离以内；

(3)铁路、重要公路两侧一定距离以内；

(4)重要河流、堤坝两侧一定距离以内；

(5)国家划定的自然保护区、重要风景区，国家重点保护的不能移动的历史文物和名胜古迹所在地；

(6)国家规定不得开采矿产资源的其他地区。

要点：我国对不得开采矿产资源的地区的规定中，有非经国务院授权的主管部门同意的前置条件，同时不同的范围内要求也不同。

(二)关闭矿山的有关规定

第二十一条　关闭矿山，必须提出矿山闭坑报告及有关采掘工程、不安全隐患、土地复垦利用、环境保护的资料，并按照国家规定报请审查批准。

(三)矿产资源开采的有关规定

第三十二条　开采矿产资源，必须遵守有关环境保护的法律规定，防止污染环境。

开采矿产资源，应当节约用地。耕地、草原、林地因采矿受到破坏的，矿山企业应当因地制宜地采取复垦利用、植树种草或者其他利用措施。

开采矿产资源给他人生产、生活造成损失的，应当负责赔偿，并采取必要的补救措施。

十八、《中华人民共和国土地管理法》(1999年1月1日起施行)

(一)土地用途管制制度的有关规定

第四条　国家实行土地用途管制制度。

国家编制土地利用总体规划，规定土地用途，将土地分为农用地、建设用地和未利用地。严格限制农用地转为建设用地，控制建设用地总量，对耕地实行特殊保护。

农用地是指直接用于农业生产的土地，包括耕地、林地、草地、农田水利用地、养殖水面等；建设用地是指建造建筑物、构筑物的土地，包括城乡住宅和公共设施用地、工矿用地、交通水利设施用地、旅游用地、军事设施用地等；未利用地是指农用地和建设用地以外的土地。

使用土地的单位和个人必须严格按照土地利用总体规划确定的用途使用土地。

要点：了解我国土地用途管制的规定。

(二)保护耕地和占用耕地补偿制度的有关规定

第三十一条　国家保护耕地，严格控制耕地转为非耕地。

国家实行占用耕地补偿制度。非农业建设经批准占用耕地的，按照“占多少，垦多少”的原则，由占用耕地的单位负责开垦与所占用耕地的数量和质量相当的耕地；没有条件开垦或者开垦的耕地不符合要求的，应当按照省、自治区、直辖市的规定缴纳耕地开垦费，专款用于开垦新的耕地。

省、自治区、直辖市人民政府应当制定开垦耕地计划，监督占用耕地的单位按照计划开垦耕地或者按照计划组织开垦耕地，并进行验收。

第三十六条　非农业建设必须节约使用土地，可以利用荒地的，不得占用耕地；可以利用劣地的，不得占用好地。

禁止占用耕地建窑、建坟或者擅自在耕地上建房、挖砂、采石、采矿、取土等。

禁止占用基本农田发展林果业和挖塘养鱼。

要点：国家实行占用耕地补偿制度。非农业建设经批准占用耕地的，按照“占多少，垦多少”的原则，由占用耕地的单位负责开垦与所占用耕地的数量和质量相当的耕地；没有条件开垦或者开垦的耕地不符合要求的，应当按照省、自治区、直辖市的规定缴纳耕地开垦费，专款用于开垦新的耕地。

禁止占用耕地建窑、建坟或者擅自在耕地上建房、挖砂、采石、采矿、取土等。

禁止占用基本农田发展林果业和挖塘养鱼。

(三)基本农田保护制度的有关规定

第三十四条　国家实行基本农田保护制度。下列耕地应当根据土地利用总体规划划入基本农田保护区，严格管理：

(1)经国务院有关主管部门或者县级以上地方人民政府批准确定的粮、棉、油生产基地内的耕地；

(2)有良好的水利与水土保持设施的耕地，正在实施改造计划以及可以改造的中、低产田；

(3)蔬菜生产基地；

(4)农业科研、教学试验田；

(5)国务院规定应当划入基本农田保护区的其他耕地。

各省、自治区、直辖市划定的基本农田应当占本行政区域内耕地的百分之八十以上。

基本农田保护区以乡(镇)为单位进行划区定界，由县级人民政府土地行政主管部门会同同级农业行政主管部门组织实施。

要点：国家实行基本农田保护制度。哪些耕地应当根据土地利用总体规划划入基本农田保护区严格管理?

(四)建设占用土地的有关规定

第四十三条　任何单位和个人进行建设，需要使用土地的，必须依法申请使用国有土地；但是，兴办乡镇企业和村民建设住宅经依法批准使用本集体经济组织农民集体所有的土地的，或者乡(镇)村公共设施和公益事业建设经依法批准使用农民集体所有的土地的除外。

前款所称依法申请使用的国有土地包括国家所有的土地和国家征用的原属于农民集体所有的土地。

第四十四条　建设占用土地，涉及农用地转为建设用地的，应当办理农用地转用审批手续。

省、自治区、直辖市人民政府批准的道路、管线工程和大型基础设施建设项目、国务院批准的建设项目占用土地，涉及农用地转为建设用地的，由国务院批准。

在土地利用总体规划确定的城市和村庄、集镇建设用地规模范围内，为实施该规划而将农用地转为建设用地的，按土地利用年度计划分批次由原批准土地利用总体规划的机关批准。在已批准的农用地转用范围内，具体建设项目用地可以由市、县人民政府批准。

本条第二款、第三款规定以外的建设项目占用土地，涉及农用地转为建设用地的，由省、自治区、直辖市人民政府批准。

第四十五条　征用下列土地的，由国务院批准：

(1)基本农田；

(2)基本农田以外的耕地超过三十五公顷的；

(3)其他土地超过七十公顷的。

征用前款规定以外的土地的，由省、自治区、直辖市人民政府批准，并报国务院备案。

征用农用地的，应当依照本法第四十四条的规定先行办理农用地转用审批。其中，经国务院批准农用地转用的，同时办理征地审批手续，不再另行办理征地审批；经省、自治区、直辖市人民政府在征地批准权限内批准农用地转用的，同时办理征地审批手续，不再另行办理征地审批，超过征地批准权限的，应当依照本条第一款的规定另行办理征地审批。

第四十七条　征收土地的，按照被征收土地的原用途给予补偿。

征收耕地的补偿费用包括土地补偿费、安置补助费以及地上附着物和青苗的补偿费。征收耕地的土地补偿费，为该耕地被征收前三年平均年产值的六至十倍。征收耕地的安置补助费，按照需要安置的农业人口数计算。需要安置的农业人口数，按照被征收的耕地数量除以征地前被征收单位平均每人占有耕地的数量计算。每一个需要安置的农业人口的安置补助费标准，为该耕地被征收前三年平均年产值的四至六倍。但是，每公顷被征收耕地的安置补助费，最高不得超过被征收前三年平均年产值的十五倍。

征收其他土地的土地补偿费和安置补助费标准，由省、自治区、直辖市参照征收耕地的土地补偿费和安置补助费的标准规定。

被征收土地上的附着物和青苗的补偿标准，由省、自治区、直辖市规定。

征收城市郊区的菜地，用地单位应当按照国家有关规定缴纳新菜地开发建设基金。

依照本条第二款的规定支付土地补偿费和安置补助费，尚不能使需要安置的农民保持原有生活水平的，经省、自治区、直辖市人民政府批准，可以增加安置补助费。但是，土地补偿费和安置补助费的总和不得超过土地被征收前三年平均年产值的三十倍。

国务院根据社会、经济发展水平，在特殊情况下，可以提高征收耕地的土地补偿费和安置补助费的标准。

要点：建设占用土地，涉及农用地转为建设用地的，应当办理农用地转用审批手续。

省、自治区、直辖市人民政府批准的道路、管线工程和大型基础设施建设项目、国务院批准的建设项目占用土地，涉及农用地转为建设用地的，由国务院批准。

征收土地的，按照被征收土地的原用途给予补偿。征收耕地的补偿费用包括土地补偿费、安置补助费以及地上附着物和青苗的补偿费。

（五）由国务院批准的征用土地的范围

第四十五条　征用下列土地的，由国务院批准：

(1)基本农田；

(2)基本农田以外的耕地超过三十五公顷的；

(3)其他土地超过七十公顷的。

征用前款规定以外的土地的，由省、自治区、直辖市人民政府批准，并报国务院备案。

征用农用地的，应当依照本法第四十四条的规定先行办理农用地转用审批。其中，经国务院批准农用地转用的，同时办理征地审批手续，不再另行办理征地审批；经省、自治区、直辖市人民政府在征地批准权限内批准农用地转用的，同时办理征地审批手续，不再另行办理征地审批，超过征地批准权限的，应当依照本条第一款的规定另行办理征地审批。

要点：征用哪些土地，由国务院批准？

十九、《中华人民共和国水土保持法》(2011年3月1日起施行)

生产建设项目(活动)开办(实施)前、实施过程中和结束后应采取的水土流失预防和治理措施

第二十四条　生产建设项目选址、选线应当避让水土流失重点预防区和重点治理区；无法避让的，应当提高防治标准，优化施工工艺，减少地表扰动和植被损坏范围，有效控制可能造成的水土流失。

第二十五条　在山区、丘陵区、风沙区以及水土保持规划确定的容易发生水土流失的其他区域开办可能造成水土流失的生产建设项目，生产建设单位应当编制水土保持方案，报县级以上人民政府水行政主管部门审批，并按照经批准的水土保持方案，采取水土流失预防和治理措施。没有能力编制水土保持方案的，应当委托具备相应技术条件的机构编制。

水土保持方案应当包括水土流失预防和治理的范围、目标、措施和投资等内容。

水土保持方案经批准后，生产建设项目的地点、规模发生重大变化的，应当补充或者修改水土保持方案并报原审批机关批准。水土保持方案实施过程中，水土保持措施需要作出重大变更的，应当经原审批机关批准。

生产建设项目水土保持方案的编制和审批办法，由国务院水行政主管部门制定。

第二十六条　依法应当编制水土保持方案的生产建设项目，生产建设单位未编制水土保持方案或者水土保持方案未经水行政主管部门批准的，生产建设项目不得开工建设。

第二十七条　依法应当编制水土保持方案的生产建设项目中的水土保持设施，应当与主体工程同时设计、同时施工、同时投产使用；生产建设项目竣工验收，应当验收水土保持设施；水土保持设施未经验收或者验收不合格的，生产建设项目不得投产使用。

第二十八条　依法应当编制水土保持方案的生产建设项目，其生产建设活动中排弃的砂、石、土、矸石、尾矿、废渣等应当综合利用；不能综合利用，确需废弃的，应当堆放在水土保持方案确定的专门存放地，并采取措施保证不产生新的危害。

第二十九条　县级以上人民政府水行政主管部门、流域管理机构，应当对生产建设项目水土保持方案的实施情况进行跟踪检查，发现问题及时处理。

第三十二条　开办生产建设项目或者从事其他生产建设活动造成水土流失的，应当进行治理。

在山区、丘陵区、风沙区以及水土保持规划确定的容易发生水土流失的其他区域开办生产建设项目或者从事其他生产建设活动，损坏水土保持设施、地貌植被，不能恢复原有水土保持功能的，应当缴纳水土保持补偿费，专项用于水土流失预防和治理。专项水土流失预防和治理由水行政主管部门负责组织实施。水土保持补偿费的收取使用管理办法由国务院财政部门、国务院价格主管部门会同国务院水行政主管部门制定。

生产建设项目在建设过程中和生产过程中发生的水土保持费用，按照国家统一的财务会计制度处理。

第三十八条　对生产建设活动所占用土地的地表土应当进行分层剥离、保存和利用，做到土石方挖填平衡，减少地表扰动范围；对废弃的砂、石、土、矸石、尾矿、废渣等存放地，应当采取拦挡、坡面防护、防洪排导等措施。生产建设活动结束后，应当及时在取土场、开挖面和存放地的裸露土地上植树种草、恢复植被，对闭库的尾矿库进行复垦。

在干旱缺水地区从事生产建设活动，应当采取防止风力侵蚀措施，设置降水蓄渗设施，充分利用降水资源。

二十、《中华人民共和国野生动物保护法》(1989 年 3 月 1 日起施行)

(一)本法的适用范围

第二条　在中华人民共和国境内从事野生动物的保护、驯养繁殖、开发利用活动，必须遵守本法。

本法规定保护的野生动物，是指珍贵、濒危的陆生、水生野生动物和有益的或者有重要经济、科学研究价值的陆生野生动物。

本法各条款所提野生动物，均系指前款规定的受保护的野生动物。

珍贵、濒危的水生野生动物以外的其他水生野生动物的保护，适用渔业法的规定。

要点：珍贵、濒危的水生野生动物以外的其他水生野生动物的保护，适用渔业法的规定。

(二)国家保护野生动物的有关规定

1. 国家保护野生动物及其生存环境，禁止任何单位和个人非法猎捕或者破坏。

2. 国家对珍贵、濒危的野生动物实行重点保护。国家重点保护的野生动物分为一级保护野生动物和二级保护野生动物。国家重点保护的野生动物名录及其调整，由国务院野生动物行政主管部门制定，报国务院批准公布。

地方重点保护野生动物，是指国家重点保护野生动物以外，由省、自治区、直辖市重点保护的野生动物，地方重点保护的野生动物名录，由省、自治区、直辖市政府制定并公布，报国务院备案。

3. 国务院野生动物行政主管部门和省、自治区、直辖市政府，应当在国家和地方重点保护野生动物的主要生息繁衍的地区和水域，划定自然保护区，加强对国家和地方重点保护野生动物及其生存环境的保护管理。自然保护区的划定和管理，按照国务院有关规定办理。

4. 各级野生动物行政主管部门应当监视、监测环境对野生动物的影响。由于环境影响对野生动物造成危害时，野生动物行政主管部门应当会同有关部门进行调查处理。

5. 建设项目对国家或者地方重点保护野生动物的生存环境产生不利影响的，建设单位应当提交环境影响报告书；环境保护部门在审批时，应当征求同级野生动物行政主管部门的意见。

6. 国家和地方重点保护野生动物受到自然灾害威胁时，当地政府应当及时采取拯救措施。

7. 因保护国家和地方重点保护野主动物，造成农作物或者其他损失的，由当地政府给予补偿。补偿办法由省、自治区、直辖市政府制定。

要点：国家保护野生动物及其生存环境，禁止任何单位和个人非法猎捕或者破坏。

二十一、《中华人民共和国防洪法》(1998年1月1日起施行)

(一)建设跨河、穿河、穿堤、临河工程设施防洪的有关规定

第二十七条　建设跨河、穿河、穿堤、临河的桥梁、码头、道路、渡口、管道、缆线、取水、排水等工程设施，应当符合防洪标准、岸线规划、航运要求和其他技术要求，不得危害堤防安全，影响河势稳定、妨碍行洪畅通；其可行性研究报告按照国家规定的基本建设程序报请批准前，其中的工程建设方案应当经有关水行政主管部门根据前述防洪要求审查同意。

前款工程设施需要占用河道、湖泊管理范围内土地，跨越河道、湖泊空间或者穿越河床的，建设单位应当经有关水行政主管部门对该工程设施建设的位置和界限审查批准后，方可依法办理开工手续；安排施工时，应当按照水行政主管部门审查批准的位置和界限进行。

要点：建设跨河、穿河、穿堤、临河的桥梁、码头、道路、渡口、管道、缆线、取水、排水等工程设施需要占用河道、湖泊管理范围内土地，跨越河道、湖泊空间或者穿

越河床的，建设单位应当经有关水行政主管部门对该工程设施建设的位置和界限审查批准后，方可依法办理开工手续；安排施工时，应当按照水行政主管部门审查批准的位置和界限进行。

(二)防洪区、洪泛区、蓄滞洪区和防洪保护区的法律定义

第二十九条　防洪区是指洪水泛滥可能淹及的地区，分为洪泛区、蓄滞洪区和防洪保护区。

洪泛区是指尚无工程设施保护的洪水泛滥所及的地区。

蓄滞洪区是指包括分洪口在内的河堤背水面以外临时贮存洪水的低洼地区及湖泊等。

防洪保护区是指在防洪标准内受防洪工程设施保护的地区。

洪泛区、蓄滞洪区和防洪保护区的范围，在防洪规划或者防御洪水方案中划定，并报请省级以上人民政府按照国务院规定的权限批准后予以公告。

要点：洪泛区、蓄滞洪区和防洪保护区的范围，在防洪规划或者防御洪水方案中划定，并报请省级以上人民政府按照国务院规定的权限批准后予以公告。

二十二、《中华人民共和国城市规划法》(2008年1月1日施行)

(一)城乡规划和规划区的法律定义

第二条　本法所称城乡规划，包括城镇体系规划、城市规划、镇规划、乡规划和村庄规划。本法所称规划区，是指城市、镇和村庄的建成区以及因城乡建设和发展需要，必须实行规划控制的区域。

(二)编制省域城镇体系规划、城市总体规划、镇总体规划以及乡规划、村庄规划的有关规定

第十二条　国务院城乡规划主管部门会同国务院有关部门组织编制全国城镇体系规划，用于指导省域城镇体系规划、城市总体规划的编制。

第十三条　省、自治区人民政府组织编制省域城镇体系规划，报国务院审批。

第十四条　城市人民政府组织编制城市总体规划。

第十五条　县人民政府组织编制县人民政府所在地镇的总体规划，报上一级人民政府审批。其他镇的总体规划由镇人民政府组织编制，报上一级人民政府审批。

第二十二条　乡、镇人民政府组织编制乡规划、村庄规划，报上一级人民政府审批。

(三)城市新区开发和旧区改建的有关要求

第三章　城市新区开发和旧区改建

第二十三条　城市新区开发和旧区改建必须坚持统一规划、合理布局、因地制宜、综合开发、配套建设的原则。各项建设工程的选址、定点、不得妨碍城市的发展，危害城市的安全，污染和破坏城市环境，影响城市各项功能的协调。

第二十四条　新建铁路编组站、铁路货运干线、过境公路、机场和重要军事设施等应当避开市区。

港口建设应当兼顾城市岸线的合理分配和利用，保障城市生活岸线用地。

第二十五条　城市新区开发应当具备水资源、能源、交通、防灾等建设条件，并应当避开地下矿藏、地下文物古迹。

第二十六条　城市新区开发应当合理利用城市现有设施。

第二十七条　城市旧区改建应当遵循加强维护、合理利用、调整布局、逐步改善的原则，统一规划、分期实施，并逐步改善居住和交通运输条件，加强基础设施和公共设施建设，提高城市的综合功能。

（四）城乡建设和发展依法保护和合理利用风景名胜资源的有关规定

第三十二条　城乡建设和发展，应当依法保护和合理利用风景名胜资源，统筹安排风景名胜区及周边乡、镇、村庄的建设。风景名胜区的规划、建设和管理，应当遵守有关法律、行政法规和国务院的规定。

（五）禁止擅自改变城乡规划确定用途的用地种类

第三十五条　城乡规划确定的铁路、公路、港口、机场、道路、绿地、输配电设施及输电线路走廊、通信设施、广播电视设施、管道设施、河道、水库、水源地、自然保护区、防汛通道、消防通道、核电站、垃圾填埋场及焚烧厂、污水处理厂和公共服务设施的用地以及其他需要依法保护的用地，禁止擅自改变用途。

（六）城市规划实施过程中有关建设项目的规定

第三十条　城市规划区内的建设工程的选址和布局必须符合城市规划。设计任务书报请批准时，必须附有城市规划行政主管部门的选址意见书。

第三十二条　在城市规划区内新建、扩建和改建建筑物、构筑物、道路、管线和其他工程设施，必须持有关批准文件向城市规划行政主管部门提出申请，由城市规划行政主管部门根据城市规划提出的规划设计要求，核发建设工程规划许可证件。建设单位或者个人在取得建设工程规划许可证件和其他有关批准文件后，方可申请办理开工手续。

第三十三条　在城市规划区内进行临时建设，必须在批准的使用期限内拆除。临时建设和临时用地的具体规划管理办法由省、自治区、直辖市人民政府制定。

禁止在批准临时使用的土地上建设永久性建筑物、构筑物和其他设施。

第三十四条　任何单位和个人必须服从城市人民政府根据城市规划作出的调整用地决定。

第三十五条　任何单位和个人不得占用道路、广场、绿地、高压供电走廊和压占地下管线进行建设。

第三十七条　城市规划行政主管部门有权对城市规划区内的建设工程是否符合规划要求进行检查。被检查者应当如实提供情况和必要的资料，检查者有责任为被检查者保守技术秘密和业务秘密。

第三十八条　城市规划行政主管部门可以参加城市规划区内重要建设工程的竣工验收。城市规划区的建设工程，建设单位应当在竣工验收后六个月内向城市规划行政主管部门报送有关竣工资料。

要点：城市规划区内的建设工程的选址和布局必须符合城市规划。

在城市规划区内新建、扩建和改建建筑物、构筑物、道路、管线和其他工程设施，必须持有关批准文件向城市规划行政主管部门提出申请，由城市规划行政主管部门根据城市规划提出的规划设计要求，核发建设工程规划许可证件。

在城市规划区内进行临时建设，必须在批准的使用期限内拆除。禁止在批准临时使用的土地上建设永久性建筑物、构筑物和其他设施。

任何单位和个人不得占用道路、广场、绿地、高压供电走廊和压占地下管线进行建设。

二十三、《中华人民共和国河道管理条例》(1988 年 6 月 10 日起施行)

(一)本条例的适用范围

第二条　本条例适用于中华人民共和国领域内的河道(包括湖泊、人工水道、行洪区、蓄洪区、滞洪区)。河道内的航道，同时适用《中华人民共和国航道管理条例》。

(二)修建桥梁、码头和其他设施须按照防洪和航运的标准、要求进行的有关规定

第十二条　修建桥梁、码头和其他设施，必须按照国家规定的防洪标准所确定的河宽进行，不得缩窄行洪通道。桥梁和栈桥的梁底必须高于设计洪水位，并按照防洪和航运的要求，留有一定的超高。设计洪水位由河道主管机关根据防洪规划确定。跨越河道的管道、线路的净空高度必须符合防洪和航运的要求。

要点：修建桥梁、码头和其他设施，必须按照国家规定的防洪标准所确定的河宽进行，不得缩窄行洪通道。

(三)城镇建设和发展不得占用河道滩地的规定

第十六条　城镇建设和发展不得占用河道滩地。城镇规划的临河界限，由河道主管机关会同城镇规划等有关部门确定。沿河城镇在编制和审查城镇规划时，应当事先征求河道主管机关的意见。

(四)河道整治与建设的有关规定

第十条　河道的整治与建设，应当服从流域综合规划，符合国家规定的防洪标准、通航标准和其他有关技术要求，维护堤防安全，保持河势稳定和行洪、航运通畅。

第十六条　城镇建设和发展不得占用河道滩地。城镇规划的临河界限，由河道主管机关会同城镇规划等有关部门确定。沿河城镇在编制和审查城镇规划时，应当事先征求河道主管机关的意见。

第十七条　河道岸线的利用和建设，应当服从河道整治规划和航道整治规划。计划部门在审批利用河道岸线的建设项目时，应当事先征求河道主管机关的意见。河道岸线的界限，由河道主管机关会同交通等有关部门报县级以上地方人民政府划定。

要点：城镇建设和发展不得占用河道滩地。河道岸线的利用和建设，应当服从河道整治规划和航道整治规划。

二十四、《中华人民共和国自然保护区条例》（1994年10月9日起施行）

（一）自然保护区的功能区划分及保护要求

第十八条　自然保护区可以分为核心区、缓冲区和实验区。

自然保护区内保存完好的天然状态的生态系统以及珍稀、濒危动植物的集中分布地，应当划为核心区，禁止任何单位和个人进入；除依照本条例第二十七条的规定经批准外，也不允许进入从事科学研究活动。

核心区外围可以划定一定面积的缓冲区，只准进入从事科学研究观测活动。

缓冲区外围划为实验区，可以进入从事科学试验、教学实习、参观考察、旅游以及驯化、繁殖珍稀、濒危野生动植物等活动。

原批准建立自然保护区的人民政府认为必要时，可以在自然保护区的外围划定一定面积的外围保护地带。

要点：自然保护区可以分为核心区、缓冲区和实验区。各部分的功能有哪些？

（二）自然保护区内禁止行为的有关规定

第二十六条　禁止在自然保护区内进行砍伐、放牧、狩猎、捕捞、采药、开垦、烧荒、开矿、采石、挖沙等活动；但是，法律、行政法规另有规定的除外。

第二十七条　禁止任何人进入自然保护区的核心区。因科学研究的需要，必须进入核心区从事科学研究观测、调查活动的，应当事先向自然保护区管理机构提交申请和活动计划，并经省级以上人民政府有关自然保护区行政主管部门批准；其中，进入国家级自然保护区核心区的，必须经国务院有关自然保护区行政主管部门批准。

自然保护区核心区内原有居民确有必要迁出的，由自然保护区所在地的地方人民政府予以妥善安置。

第二十八条　禁止在自然保护区的缓冲区开展旅游和生产经营活动。因教学科研的目的，需要进入自然保护区的缓冲区从事非破坏性的科学研究、教学实习和标本采集活动的，应当事先向自然保护区管理机构提交申请和活动计划，经自然保护区管理机构批准。

从事前款活动的单位和个人，应当将其活动成果的副本提交自然保护区管理机构。

第二十九条　在国家级自然保护区的实验区开展参观、旅游活动的，由自然保护区管理机构提出方案，经省、自治区、直辖市人民政府有关自然保护区行政主管部门审核后，报国务院有关自然保护区行政主管部门批准；在地方级自然保护区的实验开展参观、旅游活动的，由自然保护区管理机构提出方案，经省、自治区、直辖市人民政府有关自然保护区行政主管部门批准。

在自然保护区组织参观、旅游活动的，必须按照批准的方案进行，并加强管理；进入自然保护区参观、旅游的单位和个人，应当服从自然保护区管理机构的管理。

严禁开设与自然保护区保护方向不一致的参观、旅游项目。

第三十二条　在自然保护区的核心区和缓冲区内，不得建设任何生产设施。在自然保护区的实验区内，不得建设污染环境、破坏资源或者景观的生产设施；建设其他项目，其污染物排放不得超过国家和地方规定的污染物排放标准。在自然保护区的实验区内已经建成的设施，其污染物排放超过国家和地方规定的排放标准的，应当限期治理；造成损害的，必须采取补救措施。

在自然保护区的外围保护地带建设的项目，不得损害自然保护区的环境质量；已造成损害的，应当限期治理。

限期治理决定由法律、法规规定的机关作出，被限期治理的企业事业单位必须按期完成治理任务。

要点：禁止任何人进入自然保护区的核心区。禁止在自然保护区的缓冲区开展旅游和生产经营活动。

在自然保护区的核心区和缓冲区内，不得建设任何生产设施。在自然保护区的实验区内，不得建设污染环境、破坏资源或者景观的生产设施；建设其他项目，其污染物排放不得超过国家和地方规定的污染物排放标准。在自然保护区的实验区内已经建成的设施，其污染物排放超过国家和地方规定的排放标准的，应当限期治理；造成损害的，必须采取补救措施。

在自然保护区的外围保护地带建设的项目，不得损害自然保护区的环境质量；已造成损害的，应当限期治理。

（三）自然保护区内部未分区域的自然保护区按照核心区和缓冲区管理的规定

第三十条　自然保护区的内部未分区的，依照本条例有关核心区和缓冲区的规定管理。

要点：自然保护区的内部未分区的，依照本条例有关核心区和缓冲区的规定管理。

二十五、《风景名胜区条例》（2006 年 12 月 1 日起施行）

风景名胜区环境保护的有关规定

第八条　风景名胜区的土地，任何单位和个人都不得侵占。

风景名胜区内的一切景物和自然环境，必须严格保护，不得破坏或随意改变。

在风景名胜区及其外围保护地带内的各项建设，都应当与景观相协调，不得建设破坏景观、污染环境、妨碍游览的设施。

游人集中的游览区内，不得建设宾馆、招待所以及休养、疗养机构。

在珍贵景物周围和重要景点上，除必须的保护和附属设施外，不得增建其他工程设施。

第九条　风景名胜区应当做好封山育林、植树绿化、护林防火和防治病虫害工作，切实保护好林木植被和动、植物种的生长、栖息条件。风景名胜区及其外围保护地带内的林木，不分权属都应当按照规划进行抚育管理，不得砍伐。确需进行更新、抚育性采伐的，须经地方主管部门批准。古树名木，严禁砍伐。在风景名胜区内采集标本、野生药材和其他林副产品，必须经管理机构同意，并应限定数量，在指定的范围内进行。

要点：风景名胜区的土地，任何单位和个人都不得侵占。

二十六、《基本农田保护条例》(1999年1月1日起施行)

(一)基本农田和基本农田保护区的基本含义

第二条　国家实行基本农田保护制度。

基本农田，是指按照一定时期人口和社会经济发展对农产品的需求，依据土地利用总体规划确定的不得占用的耕地。

基本农田保护区，是指为对基本农田实行特殊保护而依据土地利用总体规划和依照法定程序确定的特定保护区域。

(二)基本农田保护区的划定

第十条　下列耕地应当划入基本农田保护区，严格管理：

(1)经国务院有关主管部门或者县级以上地方人民政府批准确定的粮、棉、油生产基地内的耕地；

(2)有良好的水利与水土保持设施的耕地，正在实施改造计划以及可以改造的中、低产田；

(3)蔬菜生产基地；

(4)农业科研、教学试验田。

根据土地利用总体规划，铁路、公路等交通沿线，城市和村庄、集镇建设用地区周边的耕地，应当优先划入基本农田保护区；需要退耕还林、还牧、还湖的耕地，不应当划入基本农田保护区。

第十三条　划入基本农田保护区的耕地分为下列两级：(1)生产条件好、产量高、长期不得占用的耕地，划为一级基本农田；(2)生产条件较好、产量较高、规划期内不得占用的耕地，划为二级基本农田。

要点：哪些耕地应当划入基本农田保护区严格管理？基本农田保护区的分级。

(三)与建设项目有关的基本农田保护措施

第十五条　基本农田保护区经依法划定后，任何单位和个人不得改变或者占用。国家能源、交通、水利、军事设施等重点建设项目选址确实无法避开基本农田保护区，需要占用基本农田，涉及农用地转用或者征用土地的，必须经国务院批准。

第十六条　经国务院批准占用基本农田的，当地人民政府应当按照国务院的批准文件修改土地利用总体规划，并补充划入数量和质量相当的基本农田。占用单位应当按照占多少、垦多少的原则，负责开垦与所占基本农田的数量与质量相当的耕地；没有条件开垦或者开垦的耕地不符合要求的，应当按照省、自治区、直辖市的规定缴纳耕地开垦费，专款用于开垦新的耕地。

占用基本农田的单位应当按照县级以上地方人民政府的要求，将所占用基本农田耕作层的土壤用于新开垦耕地、劣质地或者其他耕地的土壤改良。

第十七条　禁止任何单位和个人在基本农田保护区内建窑、建房、建坟、挖砂、采石、采矿、取土、堆放固体废弃物或者进行其他破坏基本农田的活动。

禁止任何单位和个人占用基本农田发展林果业和挖塘养鱼。

第十八条　禁止任何单位和个人闲置、荒芜基本农田。经国务院批准的重点建设项目占用基本农田的，满 1 年不使用而又可以耕种并收获的，应当由原耕种该幅基本农田的集体或者个人恢复耕种，也可以由用地单位组织耕种；1 年以上未动工建设的，应当按照省、自治区、直辖市的规定缴纳闲置费；连续 2 年未使用的，经国务院批准，由县级以上人民政府无偿收回用地单位的土地使用权；该幅土地原为农民集体所有的，应当交由原农村集体经济组织恢复耕种，重新划入基本农田保护区。

承包经营基本农田的单位或者个人连续 2 年弃耕抛荒的，原发包单位应当终止承包合同，收回发包的基本农田。

第二十条　县级人民政府应当根据当地实际情况制定基本农田地力分等定级办法，由农业行政主管部门会同土地行政主管部门组织实施，对基本农田地力分等定级，并建立档案。

第二十四条　经国务院批准占用基本农田兴建国家重点建设项目的，必须遵守国家有关建设项目环境保护管理的规定。在建设项目环境影响报告书中，应当有基本农田环境保护方案。

要点：禁止任何单位和个人闲置、荒芜基本农田。经国务院批准的重点建设项目占用基本农田的，满 1 年不使用而又可以耕种并收获的，应当由原耕种该幅基本农田的集体或者个人恢复耕种，也可以由用地单位组织耕种；1 年以上未动工建设的，应当按照省、自治区、直辖市的规定缴纳闲置费；连续 2 年未使用的，经国务院批准，由县级以上人民政府无偿收回用地单位的土地使用权；该幅土地原为农民集体所有的，应当交由原农村集体经济组织恢复耕种，重新划入基本农田保护区。

承包经营基本农田的单位或者个人连续 2 年弃耕抛荒的，原发包单位应当终止承包合同，收回发包的基本农田。

二十七、《医疗废物管理条例》（2003 年 6 月 16 日起施行）

医疗废物集中贮存、处置设施的有关规定

第二条　本条例所称医疗废物，是指医疗卫生机构在医疗、预防、保健以及其他相关活动中产生的具有直接或者间接感染性、毒性以及其他危害性的废物。

医疗废物分类目录，由国务院卫生行政主管部门和环境保护行政主管部门共同制定、公布。

第二十四条　医疗废物集中处置单位的贮存、处置设施，应当远离居（村）民居住区、水源保护区和交通干道，与工厂、企业等工作场所有适当的安全防护距离，并符合国务院环境保护行政主管部门的规定。

要点：医疗废物集中处置单位的贮存、处置设施，应当远离居（村）民居住区、水源保护区和交通干道，与工厂、企业等工作场所有适当的安全防护距离

二十八、《危险化学品安全管理条例》（2011 年 12 月 1 日起施行）

危险化学品生产装置和储存设施与有关场所、区域的距离必须符合国家标准或规定的有

关规定

第十条 除运输工具加油站、加气站外，危险化学品的生产装置和储存数量构成重大危险源的储存设施，与下列场所、区域的距离必须符合国家标准或者国家有关规定：

(1)居民区、商业中心、公园等人口密集区域；

(2)学校、医院、影剧院、体育场(馆)等公共设施；

(3)供水水源、水厂及水源保护区；

(4)车站、码头(按照国家规定，经批准，专门从事危险化学品装卸作业的除外)、机场以及公路、铁路、水路交通干线、地铁风亭及出入口；

(5)基本农田保护区、畜牧区、渔业水域和种子、种畜、水产苗种生产基地；

(6)河流、湖泊、风景名胜区和自然保护区；

(7)军事禁区、军事管理区；

(8)法律、行政法规规定予以保护的其他区域。

已建危险化学品的生产装置和储存数量构成重大危险源的储存设施不符合前款规定的，由所在地设区的市级人民政府负责危险化学品安全监督管理综合工作的部门监督其在规定期限内进行整顿；需要转产、停产、搬迁、关闭的，报本级人民政府批准后实施。

重大危险源，是指生产、运输、使用、储存危险化学品或者处置废弃危险化学品，且危险化学品的数量等于或者超过临界量的单元(包括场所和设施)。

要点：危险化学品生产装置和储存设施与哪些场所、区域的距离必须符合国家标准或规定的有关规定?

二十九、《中华人民共和国防止海岸工程建设项目污染损害海洋环境管理条例》(2008年1月1日起施行)

(一)海岸工程建设项目的法律定义及范围

第二条 海岸工程建设项目，是指位于海岸或者与海岸连接，为控制海水或者利用海洋完成部分或者全部功能，并对海洋环境有影响的基本建设项目、技术改造项目和区域开发工程建设项目。

主要包括：港口、码头、造船厂、修船厂、滨海火电站、核电站，岸边油库，滨海矿山、化工、造纸和钢铁企业，固体废弃物处理处置工程，城市废水排海工程和其他向海域排放污染物的建设工程项目，入海河口处的水利、航道工程，潮汐发电工程，围海工程，渔业工程，跨海桥梁及隧道工程，海堤工程，海岸保护工程以及其他一切改变海岸、海涂自然性状的开发工程建设项目。

(二)建设各类海岸工程项目应采取的环境保护措施

第十五条 建设港口、码头，应当设置与其吞吐能力和货物种类相适应的防污设施。港口、油码头、化学危险品码头，应当配备海上重大污染损害事故应急设备和器材。现有港口、码头未达到前两款规定要求的，由环境保护行政主管部门会同港口、码头主管部门责令其限期设置或者配备。

第十六条　建设岸边造船厂、修船厂，应当设置与其性质、规模相适应的残油、废油接收处理设施，含油废水接收处理设施，拦油、收油、消油设施，工业废水接收处理设施，工业和船舶垃圾接收处理设施等。

第十七条　建设滨海核电站和其他核设施，必须严格遵守国家有关核环境保护和放射防护的规定及标准。

第十八条　建设岸边油库，应当设置含油废水接收处理设施，库场地面冲刷废水的集接、处理设施和事故应急设施；输油管线和储油设施必须符合国家关于防渗漏、防腐蚀的规定。

第十九条　建设滨海矿山，在开采、选矿、运输、贮存、冶炼和尾矿处理等过程中，必须按照有关规定采取防止污染损害海洋环境的措施。

第二十条　建设滨海垃圾场或者工业废渣填埋场，应当建造防护堤坝和场底封闭层，设置渗液收集、导出、处理系统和可燃性气体防爆装置。

第二十一条　修筑海堤，在入海河口处兴建水利、航道、潮汐发电或者综合整治工程，必须采取措施，不得损害生态环境及水产资源。

第二十二条　兴建海岸工程建设项目，不得改变、破坏国家和地方重点保护的野生动植物的生存环境。不得兴建可能导致重点保护的野生动植物生存环境污染和破坏的海岸工程建设项目；确需兴建的，应当征得野生动植物行政主管部门同意，并由建设单位负责组织采取易地繁育等措施，保证物种延续。

在鱼、虾、蟹、贝类的洄游通道建闸、筑坝，对渔业资源有严重影响的，建设单位应当建造过鱼设施或者采取其他补救措施。

要点：建设港口、码头，应当设置防污设施。港口、油码头、化学危险品码头，应当配备海上重大污染损害事故应急设备和器材。

建设岸边造船厂、修船厂，应当设置残油、废油接收处理设施，含油废水接收处理设施，拦油、收油、消油设施，工业废水接收处理设施，工业和船舶垃圾接收处理设施等。

建设岸边油库应当设置含油废水接收处理设施，库场地面冲刷废水的集接、处理设施和事故应急设施；输油管线和储油设施必须符合国家关于防渗漏、防腐蚀的规定。

建设滨海垃圾场或者工业废渣填埋场，应当建造防护堤坝和场底封闭层，设置渗液收集、导出、处理系统和可燃性气体防爆装置。

在鱼、虾、蟹、贝类的洄游通道建闸、筑坝，对渔业资源有严重影响的，建设单位应当建造过鱼设施或者采取其他补救措施。

（三）禁止兴建海岸工程建设项目的有关规定

第九条　禁止兴建向中华人民共和国海域及海岸转嫁污染的中外合资经营企业、中外合作经营企业和外资企业；海岸工程建设项目引进技术和设备，必须有相应的防治污染措施，防止转嫁污染。

第十条　在海洋特别保护区、海上自然保护区、海滨风景游览区、盐场保护区、海水浴场、重要渔业水域和其他需要特殊保护的区域内不得建设污染环境、破坏景观的海岸工程建设项目；在其界区外建设海岸工程建设项目，不得损害上述区域环境质量。法律法规另有规定的除外。

第二十四条　禁止在红树林和珊瑚礁生长的地区，建设毁坏红树林和珊瑚礁生态系统的海岸工程建设项目。

要点：在海洋特别保护区、海上自然保护区、海滨风景游览区、盐场保护区、海水浴场、重要渔业水域和其他需要特殊保护的区域内不得建设污染环境、破坏景观的海岸工程建设项目。

禁止在红树林和珊瑚礁生长的地区，建设毁坏红树林和珊瑚礁生态系统的海岸工程建设项目。

三十、《中华人民共和国防止海洋工程建设项目污染损害海洋环境管理条例》(2006年11月1日起施行)

(一)海洋工程建设项目的法律定义及范围

第三条　本条例所称海洋工程，是指以开发、利用、保护、恢复海洋资源为目的，并且工程主体位于海岸线向海一侧的新建、改建、扩建工程。具体包括：

(1)围填海、海上堤坝工程；

(2)人工岛、海上和海底物资储藏设施、跨海桥梁、海底隧道工程；

(3)海底管道、海底电(光)缆工程；

(4)海洋矿产资源勘探开发及其附属工程；

(5)海上潮汐电站、波浪电站、温差电站等海洋能源开发利用工程；

(6)大型海水养殖场、人工鱼礁工程；

(7)盐田、海水淡化等海水综合利用工程；

(8)海上娱乐及运动、景观开发工程；

(9)国家海洋主管部门会同国务院环境保护主管部门规定的其他海洋工程。

要点：海洋工程建设项目有哪些类型?

(二)严格控制围填海工程的有关规定

第二十一条　严格控制围填海工程。禁止在经济生物的自然产卵场、繁殖场、索饵场和鸟类栖息地进行围填海活动。围填海工程使用的填充材料应当符合有关环境保护标准。

要点：禁止在经济生物的自然产卵场、繁殖场、索饵场和鸟类栖息地进行围填海活动。

(三)海洋工程拆除、弃置或者改作他用的环境保护有关规定

第二十九条　海洋工程需要拆除或者改作他用的，应当报原核准该工程环境影响报告书的海洋主管部门批准。拆除或者改变用途后可能产生重大环境影响的，应当进行环境影响评价。海洋工程需要在海上弃置的，应当拆除可能造成海洋环境污染损害或者影响海洋资源开发利用的部分，并按照有关海洋倾倒废弃物管理的规定进行。海洋工程拆除时，施工单位应当编制拆除的环境保护方案，采取必要的措施，防止对海洋环境造成污染和损害。

(四)海洋工程污染物排放管理的有关规定

第三十条　海洋油气矿产资源勘探开发作业中产生的污染物的处置，应当遵守下列

规定：

（1）含油污水不得直接或者经稀释排放入海，应当经处理符合国家有关排放标准后再排放；

（2）塑料制品、残油、废油、油基泥浆、含油垃圾和其他有毒有害残液残渣，不得直接排放或者弃置入海，应当集中储存在专门容器中，运回陆地处理。

要点：含油污水应当经处理符合国家有关排放标准后再排放；塑料制品、残油、废油、油基泥浆、含油垃圾和其他有毒有害残液残渣应当集中储存在专门容器中，运回陆地处理。

第五章　环境政策与产业政策

一、国务院关于落实科学发展观加强环境保护的决定（国发[2005]39号）

（一）用科学发展观统领环境保护工作的基本原则

第六条　基本原则

——协调发展，互惠共赢。

——强化法治，综合治理。

——不欠新账，多还旧账。

——依靠科技，创新机制。

——分类指导，突出重点。

要点：用科学发展观统领环境保护工作的5项基本原则是什么？

（二）经济社会发展必须与环境保护相协调的有关要求

第八条　促进地区经济与环境协调发展。各地区要根据资源禀赋、环境容量、生态状况、人口数量以及国家发展规划和产业政策，明确不同区域的功能定位和发展方向，将区域经济规划和环境保护目标有机结合起来。在环境容量有限、自然资源供给不足而经济相对发达的地区实行优化开发，坚持环境优先，大力发展高新技术，优化产业结构，加快产业和产品的升级换代，同时率先完成排污总量削减任务，做到增产减污。在环境仍有一定容量、资源较为丰富、发展潜力较大的地区实行重点开发，加快基础设施建设，科学合理利用环境承载能力，推进工业化和城镇化，同时严格控制污染物排放总量，做到增产不增污。在生态环境脆弱的地区和重要生态功能保护区实行限制开发，在坚持保护优先的前提下，合理选择发展方向，发展特色优势产业，确保生态功能的恢复与保育，逐步恢复生态平衡。在自然保护区和具有特殊保护价值的地区实行禁止开发，依法实施保护，严禁不符合规定的任何开发活动。要认真做好生态功能区划工作，确定不同地区的主导功能，形成各具特色的发展格局。必须依照国家规定对各类开发建设规划进行环境影响评价。对环境有重大影响的决策，应当进行环境影响论证。

第九条大力发展循环经济。各地区、各部门要把发展循环经济作为编制各项发展规划的重要指导原则，制订和实施循环经济推进计划，加快制定促进发展循环经济的政策、相关标准和评价体系，加强技术开发和创新体系建设。要按照“减量化、再利用、资源化”的原则，根据生态环境的要求，进行产品和工业区的设计与改造，促进循环经济的发展。在生产环节，要严格排放强度准入，鼓励节能降耗，实行清洁生产并依法强制审核；在废物产生环节，要强化污染预防和全过程控制，实行生产者责任延伸，合理延长产业链，强化对各类废物的循环利用；在消费环节，要大力倡导环境友好的消费方式，实行环境标识、环境认证和政府绿色采购制度，完善再生资源回收利用体系。大力推行建筑节能，发展绿色建筑。推进污水再生利用和垃圾处理与资源化回收，建设节水型城市。推动生态省(市、县)、环境保护模范城市、环境友好企业和绿色社区、绿色学校等创建活动。

第十条　积极发展环保产业。要加快环保产业的国产化、标准化、现代化产业体系建设。加强政策扶持和市场监管，按照市场经济规律，打破地方和行业保护，促进公平竞争，鼓励社会资本参与环保产业的发展。重点发展具有自主知识产权的重要环保技术装备和基础装备，在立足自主研发的基础上，通过引进消化吸收，努力掌握环保核心技术和关键技术。大力提高环保装备制造企业的自主创新能力，推进重大环保技术装备的自主制造。培育一批拥有著名品牌、核心技术能力强、市场占有率高、能够提供较多就业机会的优势环保企业。加快发展环保服务业，推进环境咨询市场化，充分发挥行业协会等中介组织的作用。

要点：经济社会发展必须与环境保护相协调的3项要求：促进地区经济与环境协调发展、大力发展循环经济、积极发展环保产业。

(三)需切实解决的突出环境问题

第十一条　以饮水安全和重点流域治理为重点，加强水污染防治。

要科学划定和调整饮用水水源保护区，切实加强饮用水水源保护，建设好城市备用水源，解决好农村饮水安全问题。坚决取缔水源保护区内的直接排污口，严防养殖业污染水源，禁止有毒有害物质进入饮用水水源保护区，强化水污染事故的预防和应急处理，确保群众饮水安全。把淮河、海河、辽河、松花江、三峡水库库区及上游，黄河小浪底水库库区及上游，南水北调水源地及沿线，太湖、滇池、巢湖作为流域水污染治理的重点。把渤海等重点海域和河口地区作为海洋环保工作重点。严禁直接向江河湖海排放超标的工业污水。

第十二条　以强化污染防治为重点，加强城市环境保护。

要加强城市基础设施建设，到2010年，全国设市城市污水处理率不低于70%，生活垃圾无害化处理率不低于60%；着力解决颗粒物、噪声和餐饮业污染，鼓励发展节能环保型汽车。对污染企业搬迁后的原址进行土壤风险评估和修复。城市建设应注重自然和生态条件，尽可能保留天然林草、河湖水系、滩涂湿地、自然地貌及野生动物等自然遗产，努力维护城市生态平衡。

第十三条　以降低二氧化硫排放总量为重点，推进大气污染防治。

加快原煤洗选步伐，降低商品煤含硫量。加强燃煤电厂二氧化硫治理，新(扩)建燃煤电厂除燃用特低硫煤的坑口电厂外，必须同步建设脱硫设施或者采取其他降低二氧化硫排放量的措施。在大中城市及其近郊，严格控制新(扩)建除热电联产外的燃煤电厂，禁止新(扩)建钢铁、冶炼等高耗能企业。2004年年底前投运的二氧化硫排放超标的燃煤电厂，应在2010年底前安装脱硫设施；要根据环境状况，确定不同区域的脱硫目标，制订并实施酸雨和二氧化硫污染防治规划。对投产20年以上或装机容量10万千瓦以下的电厂，限期改造或者关停。制订燃煤电厂氮氧化物治理规划，开展试点示范。加大烟尘、粉尘治理力度。采取节能措施，提高能源利用效率；大力发展风能、太阳能、地热、生物质能等新能源，积极发展核电，有序开发水能，提高清洁能源比重，减少大气污染物排放。

第十四条　以防治土壤污染为重点，加强农村环境保护。

结合社会主义新农村建设，实施农村小康环保行动计划。开展全国土壤污染状况调查和超标耕地综合治理，污染严重且难以修复的耕地应依法调整；合理使用农药、化肥，防治农用薄膜对耕地的污染；积极发展节水农业与生态农业，加大规模化养殖业污染治理力度。推进农村改水、改厕工作，搞好作物秸秆等资源化利用，积极发展农村沼气，妥善处理生活垃圾和污水，解决农村环境“脏、乱、差”问题，创建环境优美乡镇、文明生态村。发展县域经济要选择适合本地区资源优势和环境容量的特色产业，防止污染向农村转移。

第十五条　以促进人与自然和谐为重点，强化生态保护。坚持生态保护与治理并重，重点控制不合理的资源开发活动。优先保护天然植被，坚持因地制宜，重视自然恢复；继续实施天然林保护、天然草原植被恢复、退耕还林、退牧还草、退田还湖、防沙治沙、水土保持和防治石漠化等生态治理工程；严格控制土地退化和草原沙化。经济社会发展要与水资源条件相适应，统筹生活、生产和生态用水，建设节水型社会；发展适应抗灾要求的避灾经济；水资源开发利用活动，要充分考虑生态用水。加强生态功能保护区和自然保护区的建设与管理。加强矿产资源和旅游开发的环境监管。做好红树林、滨海湿地、珊瑚礁、海岛等海洋、海岸带典型生态系统的保护工作。

第十六条　以核设施和放射源监管为重点，确保核与辐射环境安全。

全面加强核安全与辐射环境管理，国家对核设施的环境保护实行统一监管。核电发展的规划和建设要充分考虑核安全、环境安全和废物处理处置等问题；加强在建和在役核设施的安全监管，加快核设施退役和放射性废物处理处置步伐；加强电磁辐射和伴生放射性矿产资源开发的环境监督管理；健全放射源安全监管体系。

第十七条　以实施国家环保工程为重点，推动解决当前突出的环境问题。

国家环保重点工程是解决环境问题的重要举措，从“十一五”开始，要将国家重点环保工程纳入国民经济和社会发展规划及有关专项规划，认真组织落实。国家重点环保工程包括：危险废物处置工程、城市污水处理工程、垃圾无害化处理工程、燃煤电厂脱硫工程、重要生态功能保护区和自然保护区建设工程、农村小康环保行动工程、核与辐射环境安全工程、环境管理能力建设工程。

要点：需切实解决的 7 个突出环境问题：以饮水安全和重点流域治理为重点，加强水污染防治；以强化污染防治为重点，加强城市环境保护；以降低二氧化硫排放总量为重点，推进大气污染防治；以防治土壤污染为重点，加强农村环境保护；以促进人与自然和谐为重点，强化生态保护；以核设施和放射源监管为重点，确保核与辐射环境安全；以实施国家环保工程为重点，推动解决当前突出的环境问题。

（四）加强环境监督制度的有关要求

第二十一条　加强环境监管制度

要实施污染物总量控制制度，将总量控制指标逐级分解到地方各级人民政府并落实到排污单位。推行排污许可证制度，禁止无证或超总量排污。严格执行环境影响评价和“三同时”制度，对超过污染物总量控制指标、生态破坏严重或者尚未完成生态恢复任务的地区，暂停审批新增污染物排放总量和对生态有较大影响的建设项目；建设项目未履行环评审批程序即擅自开工建设或者擅自投产的，责令其停建或者停产，补办环评手续，并追究有关人员的责任。对生态治理工程实行充分论证和后评估。要结合经济结构调整，完善强制淘汰制度，根据国家产业政策，及时制订和调整强制淘汰污染严重的企业和落后的生产能力、工艺、设备与产品目录。强化限期治理制度，对不能稳定达标或超总量的排污单位实行限期治理，治理期间应予限产、限排，并不得建设增加污染物排放总量的项目；逾期未完成治理任务的，责令其停产整治。完善环境监察制度，强化现场执法检查。严格执行突发环境事件应急预案，地方各级人民政府要按照有关规定全面负责突发环境事件应急处置工作，环保总局及国务院相关部门根据情况给予协调支援。建立跨省界河流断面水质考核制度，省级人民政府应当确保出境水质达到考核目标。国家加强跨省界环境执法及污染纠纷的协调，上游省份排污对下游省份造成污染事故的，上游省级人民政府应当承担赔付补偿责任，并依法追究相关单位和人员的责任。赔付补偿的具体办法由环保总局会同有关部门拟定。

要点：需要推行及严格执行的环境监督制度有：污染物总量控制制度、排污许可证制度、环境影响评价制度、三同时制度、强制淘汰制度、限期治理制度、环境监察制度、跨省界河流断面水质考核制度。

二、节能减排综合性工作方案(国发[2011]26号)

(一)国家节能减排的主要目标

第二条　主要目标

到2015年，全国万元国内生产总值能耗下降到0.869吨标准煤(按2005年价格计算)，比2010年的1.034吨标准煤下降16%，比2005年的1.276吨标准煤下降32%；“十二五”期间，实现节约能源6.7亿吨标准煤。2015年，全国化学需氧量和二氧化硫排放总量分别控制在2347.6万吨、2086.4万吨，比2010年的2551.7万吨、2267.8万吨分别下降8%；全国氨氮和氮氧化物排放总量分别控制在238.0万吨、2046.2万吨，比2010年的264.4万吨、2273.6万吨分别下降10%。

要点：2015年国家节能减排的主要目标，万元国内生产总值能耗、全国化学需氧量和二氧化硫排放总量、全国氨氮和氮氧化物排放总量。

(二)控制高能耗、高污染行业过快增长的主要措施

第六条　主要措施

(1)严格控制新建高耗能、高污染项目。严把土地、信贷两个闸门，提高节能环保市场准入门槛。

(2)抓紧建立新开工项目管理的部门联动机制和项目审批问责制，严格执行项目开工建设“六项必要条件”(必须符合产业政策和市场准入标准、项目审批核准或备案程序、用地预审、环境影响评价审批、节能评估审查以及信贷、安全和城市规划等规定和要求)。

(3)实行新开工项目报告和公开制度。

(4)建立高耗能、高污染行业新上项目与地方节能减排指标完成进度挂钩、与淘汰落后产能相结合的机制。

(5)落实限制高耗能、高污染产品出口的各项政策。

(6)继续运用调整出口退税、加征出口关税、削减出口配额、将部分产品列入加工贸易禁止类目录等措施，控制高耗能、高污染产品出口。

(7)加大差别电价实施力度，提高高耗能、高污染产品差别电价标准。组织对高耗能、高污染行业节能减排工作专项检查，清理和纠正各地在电价、地价、税费等方面对高耗能、高污染行业的优惠政策。

要点：控制高能耗、高污染行业过快增长的 7 项主要措施有哪些？

（三）“十一五”时期淘汰落后生产能力的主要行业和内容

加大淘汰电力、钢铁、建材、电解铝、铁合金、电石、焦炭、煤炭、平板玻璃等行业落后产能的力度。“十一五”期间实现节能 1.18 亿吨标准煤，减排二氧化硫 240 万吨；2007 年实现节能 3150 万吨标准煤，减排二氧化硫 40 万吨。加大造纸、酒精、味精、柠檬酸等行业落后生产能力淘汰力度，“十一五”期间实现减排化学需氧量（COD）138 万吨，2007 年实现减排 COD 62 万吨。

（四）加快淘汰落后生产能力。

加大淘汰电力、钢铁、建材、电解铝、铁合金、电石、焦炭、煤炭、平板玻璃等行业落后产能的力度。“十一五”期间实现节能 1.18 亿吨标准煤，减排二氧化硫 240 万吨；今年实现节能 3150 万吨标准煤，减排二氧化硫 40 万吨。加大造纸、酒精、味精、柠檬酸等行业落后生产能力淘汰力度，“十一五”期间实现减排化学需氧量（COD）138 万吨，今年实现减排 COD62 万吨。制订淘汰落后产能分地区、分年度的具体工作方案，并认真组织实施。对不按期淘汰的企业，地方各级人民政府要依法予以关停，有关部门依法吊销生产许可证和排污许可证并予以公布，电力供应企业依法停止供电。对没有完成淘汰落后产能任务的地区，严格控制国家安排投资的项目，实行项目“区域限批”。国务院有关部门每年向社会公告淘汰落后产能的企业名单和各地执行情况。建立落后产能退出机制，有条件的地方要安排资金支持淘汰落后产能，中央财政通过增加转移支付，对经济欠发达地区给予适当补助和奖励。

要点：加大淘汰电力、钢铁、建材、电解铝、铁合金、电石、焦炭、煤炭、平板玻璃等行业落后产能的力度。加大造纸、酒精、味精、柠檬酸等行业落后生产能力淘汰力度。

制订淘汰落后产能分地区、分年度的具体工作方案，并认真组织实施。对不按期淘汰的企业，地方各级人民政府要依法予以关停，有关部门依法吊销生产许可证和排污许可证并予以公布，电力供应企业依法停止供电。对没有完成淘汰落后产能任务的地区，严格控制国家安排投资的项目，实行项目“区域限批”。国务院有关部门每年向社会公告淘汰落后产能的企业名单和各地执行情况。建立落后产能退出机制，有条件的地方要安排资金支持淘汰落后产能，中央财政通过增加转移支付，对经济欠发达地区给予适当补助和奖励。

三、全国生态环境保护纲要（2000 年 11 月 1 日）

（一）重要生态功能区的类型和生态功能保护区的级别

第 7 条　建立生态功能保护区。江河源头区、重要水源涵养区、水土保持的重点预防保护区和重点监督区、江河洪水调蓄区、防风固沙区和重要渔业水域等重要生态功能区，在保持流域、区域生态平衡，减轻自然灾害，确保国家和地区生态环境安全方面具有重要作用。对这些区域的现有植被和自然生态系统应严加保护，通过建立生态功能保护区，实施保护措施，防止生态环境的破坏和生态功能的退化。跨省域和重点流域、重点区域的重要生态功能区，建立国家级生态功能保护区；跨地（市）和县（市）的重要生态功能区，建立省级和地（市）级生态功能保护区。

要点：重要生态功能区有：江河源头区、重要水源涵养区、水土保持的重点预防保护区和重点监督区、江河洪水调蓄区、防风固沙区和重要渔业水域。

（二）对生态功能保护区采取的保护措施

第8条　对生态功能保护区采取以下保护措施：停止一切导致生态功能继续退化的开发活动和其他人为破坏活动；停止一切产生严重环境污染的工程项目建设；严格控制人口增长，区内人口已超出承载能力的应采取必要的移民措施；改变粗放生产经营方式，走生态经济型发展道路，对已经破坏的重要生态系统，要结合生态环境建设措施，认真组织重建与恢复，尽快遏制生态环境恶化趋势。

要点：对生态功能保护区采取的4项保护措施，2个停止、1个严格和1个改变。

（三）各类资源开发利用的生态环境保护要求

第10条　切实加强对水、土地、森林、草原、海洋、矿产等重要自然资源的环境管理，严格资源开发利用中的生态环境保护工作。各类自然资源的开发，必须遵守相关的法律法规，依法履行生态环境影响评价手续；资源开发重点建设项目，应编报水土保持方案，否则一律不得开工建设。

第11条　水资源开发利用的生态环境保护。水资源的开发利用要全流域统筹兼顾，生产、生活和生态用水综合平衡，坚持开源与节流并重，节流优先，治污为本，科学开源，综合利用。建立缺水地区高耗水项目管制制度，逐步调整用水紧缺地区的高耗水产业，停止新上高耗水项目，确保流域生态用水。在发生江河断流、湖泊萎缩、地下水超采的流域和地区，应停止新的加重水平衡失调的蓄水、引水和灌溉工程；合理控制地下水开采，做到采补平衡；在地下水严重超采地区，划定地下水禁采区，抓紧清理不合理的抽水设施，防止出现大面积的地下漏斗和地表塌陷。继续加大二氧化硫和酸雨控制力度，合理开发利用和保护大气水资源；对于擅自围垦的湖泊和填占的河道，要限期退耕还湖还水。通过科学的监测评价和功能区划，规范排污许可证制度和排污口管理制度。严禁向水体倾倒垃圾和建筑、工业废料，进一步加大水污染特别是重点江河湖泊水污染治理力度，加快城市污水处理设施、垃圾集中处理设施建设。加大农业面源污染控制力度，鼓励畜禽粪便资源化，确保养殖废水达标排放，严格控制氮、磷严重超标地区的氮肥、磷肥施用量。

第12条　土地资源开发利用的生态环境保护。依据土地利用总体规划，实施土地用途管制制度，明确土地承包者的生态环境保护责任，加强生态用地保护，冻结征用具有重要生态功能的草地、林地、湿地。建设项目确需占用生态用地的，应严格依法报批和补偿，并实行“占一补一”的制度，确保恢复面积不少于占用面积。加强对交通、能源、水利等重大基础设施建设的生态环境保护监管，建设线路和施工场址要科学选比，尽量减少占用林地、草地和耕地，防止水土流失和土地沙化。加强非牧场草地开发利用的生态监管。大江大河上中游陡坡耕地要按照有关规划，有计划、分步骤地实行退耕还林还草，并加强对退耕地的管理，防止复耕。

第13条　森林、草原资源开发利用的生态环境保护。对具有重要生态功能的林区、草原，应划为禁垦区、禁伐区或禁牧区，严格管护；已经开发利用的，要退耕退牧，育林育草，使其休养生息。实施天然林保护工程，最大限度地保护和发挥好森林的生态效益；要切实保护好各类水源涵养林、水土保持林、防风固沙林、特种用途林等生态公益林；对毁林、毁草开垦的耕地和造成的废弃地，要按照“谁批准谁负责，谁破坏谁恢复”的原则，限期退耕还林还草。加强森林、草原防火和病虫鼠害防治工作，努力减少林草资源灾害性损失；加大火烧迹地、采伐迹地的封山育林育草力度，加速林区、草原生态环境的恢复和生态功能的提高。大力发展风能、太阳能、生物质能等可再生能源技术，减少樵采对林草植被的破坏。

发展牧业要坚持以草定畜，防止超载过牧。严重超载过牧的，应核定载畜量，限期压减牲畜头数。采取保护和利用相结合的方针，严格实行草场禁牧期、禁牧区和轮牧制度，积极开发秸秆饲料，逐步推行舍饲圈养办法，加快退化草场的恢复。在干旱、半干旱地区要因地制宜调整粮畜生产比重，大力实施种草养畜富民工程。在农牧交错区进行农业开发，不得造成新的草场破坏；发展绿洲农业，不得破坏天然植被。对牧区的已垦草场，应限期退耕还草，恢复植被。

第 14 条　生物物种资源开发利用的生态环境保护。生物物种资源的开发应在保护物种多样性和确保生物安全的前提下进行。依法禁止一切形式的捕杀、采集濒危野生动植物的活动。严厉打击濒危野生动植物的非法贸易。严格限制捕杀、采集和销售益虫、益鸟、益兽。鼓励野生动植物的驯养、繁育。加强野生生物资源开发管理，逐步划定准采区，规范采挖方式，严禁乱采滥挖；严格禁止采集和销售发菜，取缔一切发菜贸易，坚决制止在干旱、半干旱草原滥挖具有重要固沙作用的各类野生药用植物。切实搞好重要鱼类的产卵场、索饵场、越冬场、洄游通道和重要水生生物及其生境的保护。加强生物安全管理，建立转基因生物活体及其产品的进出口管理制度和风险评估制度；对引进外来物种必须进行风险评估，加强进口检疫工作，防止国外有害物种进入国内。

第 15 条　海洋和渔业资源开发利用的生态环境保护。海洋和渔业资源开发利用必须按功能区划进行，做到统一规划，合理开发利用。切实加强海岸带的管理，严格围垦造地建港、海岸工程和旅游设施建设的审批，严格保护红树林、珊瑚礁、沿海防护林。加强重点渔场、江河出海口、海湾及其他渔业水域等重要水生资源繁育区的保护，严格渔业资源开发的生态环境保护监管。加大海洋污染防治力度，逐步建立污染物排海总量控制制度，加强对海上油气勘探开发、海洋倾废、船舶排污和港口的环境管理，逐步建立海上重大污染事故应急体系。

第 16 条　矿产资源开发利用的生态环境保护。严禁在生态功能保护区、自然保护区、风景名胜区、森林公园内采矿。严禁在崩塌滑坡危险区、泥石流易发区和易导致自然景观破坏的区域采石、采砂、取土。矿产资源开发利用必须严格规划管理，开发应选取有利于生态环境保护的工期、区域和方式，把开发活动对生态环境的破坏减少到最低限度。矿产资源开发必须防止次生地质灾害的发生。在沿江、沿河、沿湖、沿库、沿海地区开采矿产资源，必须落实生态环境保护措施，尽量避免和减少对生态环境的破坏。已造成破坏的，开发者必须限期恢复。已停止采矿或关闭的矿山、坑口，必须及时做好土地复垦。

第 17 条　旅游资源开发利用的生态环境保护。旅游资源的开发必须明确环境保护的目标与要求，确保旅游设施建设与自然景观相协调。科学确定旅游区的游客容量，合理设计旅游线路，使旅游基础设施建设与生态环境的承载能力相适应。加强自然景观、景点的保护，限制对重要自然遗迹的旅游开发，从严控制重点风景名胜区的旅游开发，严格管制索道等旅游设施的建设规模与数量，对不符合规划要求建设的设施，要限期拆除。旅游区的污水、烟尘和生活垃圾处理，必须实现达标排放和科学处置。

要点：水、土地、森林和草原、海洋和渔业、矿产、生物物种、旅游7项资源开发利用的生态环境保护的要求。

四、国家重点生态功能保护区规划纲要(环发[2007]165号)

(一)重点生态功能保护区规划的指导思想、原则及目标

1. 指导思想

以科学发展观为指导，以保障国家和区域生态安全为出发点，以维护并改善区域重要生态功能为目标，以调整产业结构为主段，统筹人与自然和谐发展，把生态保护和建设与地方社会经济发展、群众生活水平提高有机结合起来，统一规划，优先保护，限制开发，严格监管，促进我国重要生态功能区经济、社会和环境的协调发展。

2. 基本原则

(1)统筹规划，分步实施

生态功能保护区建设是一个长期的系统工程，应统筹规划，分步实施，在明确重点生态功能保护区建设布局的基础上，分期分批开展，逐步推进，积极探索生态功能保护区建设多样化模式，建立符合我国国情的生态功能保护区格局体系。

(2)高度重视，精心组织

各级环保部门要将重点生态功能保护区的规划编制、相关配套政策的制定和研究、管理技术规范研究作为生态环境保护的重要内容。并通过与相关部门的协调和衔接，力争将生态功能保护区的建设纳入当地经济社会发展规划。

(3)保护优先，限制开发

生态功能保护区属于限制开发区，应坚持保护优先、限制开发、点状发展的原则，因地制宜地制定生态功能保护区的财政、产业、投资、人口和绩效考核等社会经济政策，强化生态环境保护执法监督，加强生态功能保护和恢复，引导资源环境可承载的特色产业发展，限制损害主导生态功能的产业扩张，走生态经济型的发展道路。

(4)避免重复，互为补充

生态功能保护区属于限制开发区，自然保护区、世界文化自然遗产、风景名胜区、森林公园等各类特别保护区域属于禁止开发区，生态功能保护区建设要考虑两者之间的协调与补充。在空间范围上，生态功能保护区不包含自然保护区、世界文化自然遗产、风景名胜区、森林公园、地质公园等特别保护区域；在建设内容上，避免重复，互相补充；在管理机制上，各类特别保护区域的隶属关系和管理方式不变。

3. 主要目标

以《中华人民共和国国民经济和社会发展第十一个五年规划纲要》明确的国家限制开发区为重点，合理布局国家重点生态功能保护区，建设一批水源涵养、水土保持、防风固沙、洪水调蓄、生物多样性维护生态功能保护区，形成较完善的生态功能保护区建设体系，建立较完备的生态功能保护区相关政策、法规、标准和技术规范体系，使我国重要生态功能区的生态恶化趋势得到遏制，主要生态功能得到有效恢复和完善，限制开发区有关政策得到有效落实。

要点：重点生态功能保护区规划的指导思想、4项基本原则及主要目标。

（二）重点生态功能保护区规划的主要任务

重点生态功能保护区属于限制开发区，要在保护优先的前提下，合理选择发展方向，发展特色优势产业，加强生态环境保护和修复，加大生态环境监管力度，保护和恢复区域生态功能。

1. 合理引导产业发展

充分利用生态功能保护区的资源优势，合理选择发展方向，调整区域产业结构，发展有益于区域主导生态功能发挥的资源环境可承载的特色产业，限制不符合主导生态功能保护需要的产业发展，鼓励使用清洁能源。

（1）限制损害区域生态功能的产业扩张。根据生态功能保护区的资源禀赋、环境容量，合理确定区域产业发展方向，限制高污染、高能耗、高物耗产业的发展。要依法淘汰严重污染环境、严重破坏区域生态、严重浪费资源能源的产业，要依法关闭破坏资源、污染环境和损害生态系统功能的企业。

（2）发展资源环境可承载的特色产业。依据资源禀赋的差异，积极发展生态农业、生态林业、生态旅游业；在中药材资源丰富的地区，建设药材基地，推动生物资源的开发；在畜牧业为主的区域，建立稳定、优质、高产的人工饲草基地，推行舍饲圈养；在重要防风固沙区，合理发展沙产业；在蓄滞洪区，发展避洪经济；在海洋生态功能保护区，发展海洋生态养殖、生态旅游等海洋生态产业。

（3）推广清洁能源。积极推广沼气、风能、小水电、太阳能、地热能及其他清洁能源，解决农村能源需求，减少对自然生态系统的破坏。

2. 保护和恢复生态功能

遵循先急后缓、突出重点，保护优先、积极治理，因地制宜、因害设防的原则，结合已实施或规划实施的生态治理工程，加大区域自然生态系统的保护和恢复力度，恢复和维护区域生态功能。

（1）提高水源涵养能力。在水源涵养生态功能保护区内，结合已有的生态保护和建设重大工程，加强森林、草地和湿地的管护和恢复，严格监管矿产、水资源开发，严肃查处毁林、毁草、破坏湿地等行为，合理开发水电，提高区域水源涵养生态功能。

（2）恢复水土保持功能。在水土保持生态功能保护区内，实施水土流失的预防监督和水土保持生态修复工程，加强小流域综合治理，营造水土保持林，禁止毁林开荒、烧山开荒和陡坡地开垦，合理开发自然资源，保护和恢复自然生态系统，增强区域水土保持能力。

（3）增强防风固沙功能。在防风固沙生态功能保护区内，积极实施防沙治沙等生态治理工程，严禁过度放牧、樵采、开荒，合理利用水资源，保障生态用水，提高区域生态系统防沙固沙的能力。

（4）提高调洪蓄洪能力。在洪水调蓄生态功能保护区内，严禁围垦湖泊、湿地，积极实施退田还湖还湿工程，禁止在蓄滞洪区建设与行洪泄洪无关的工程设施，巩固平垸行洪、退田还湿的成果，增强区内调洪蓄洪能力。

（5）增强生物多样性维护能力。在生物多样性维护生态功能保护区内，采取严格的保护措施，构建生态走廊，防止人为破坏，促进自然生态系统的恢复。对于生境遭受严重破坏的地区，采用生物措施和工程措施相结合的方式，积极恢复自然生境，建立野生动植物救护中心和繁育基地。禁止滥捕、乱采、乱猎等行为，加强外来入侵物种管理。

（6）保护重要海洋生态功能。在海洋生态功能保护区内，合理开发利用海洋资源，禁止过度捕捞，保护海洋珍稀濒危物种及其栖息地，防治海洋污染，开展海洋生态恢复，维护海洋生态系统的主要生态功能。

3. 强化生态环境监管

通过加强法律法规和监管能力建设，提高环境执法能力，避免边建设、边破坏；通过强化监测和科研，提高区内生态环境监测、预报、预警水平，及时准确掌握区内主导生态功能的动态变化情况，为生态功能保护区的建设和管理提供决策依据；通过强化宣传教育，增强区内广大群众对区域生态功能重要性的认识，自觉维护区域和流域生态安全。

(1)强化监督管理能力。健全完善相关法律法规，加大生态环境监察力度，抓紧制订生态功能保护区法规，建立生态功能保护区监管协调机制，制定不同类型生态功能保护区管理办法，发布禁止、限制发展的产业名录。加强生态功能保护区环境执法能力，组织相关部门开展联合执法检查。

(2)提高监测预警能力。开展生态功能保护区生态环境监测，制定生态环境质量评价与监测技术规范，建立生态功能保护区生态环境状况评价的定期通报制度。充分利用相关部门的生态环境监测资料，实现生态功能保护区生态环境监测信息共享，并建立重点生态功能保护区生态环境监测网络和管理信息系统，为生态功能保护区的管理和决策提供科学依据。

(3)增强宣传教育能力。结合各地已有的生态环境保护宣教基地，在生态功能保护区内建立生态教育警示基地，提高公众参与生态功能保护区建设的积极性。加强生态环境保护法规、知识和技术培训，提高生态功能保护区管理人员和技术人员的专业知识和技术水平。

(4)加强科研支撑能力。开展生态功能保护区建设与管理的理论和应用技术研究，揭示不同区域生态系统结构和生态服务功能作用机理及其演变规律。引导科研机构积极开展生态修复技术、生态监测技术等应用技术的研究。

要点：合理引导产业发展、保护和恢复生态功能、强化生态环境监管的相关要求。

(三)生态功能保护区的划分

生态功能保护区是指在涵养水源、保持水土、调蓄洪水、防风固沙、维系生物多样性等方面具有重要作用的重要生态功能区内，有选择地划定一定面积予以重点保护和限制开发建设的区域。生态功能保护区分为水源涵养、水土保持、防风固沙、洪水调蓄、生物多样性维护、海洋等类型。

(四)对生态功能保护区采取的保护措施

1. 加强部门协调，促进部门合作。生态功能保护区具有涉及面广、政策性强、周期长等特点，需要各级政府各级部门通力合作，加强协调，建立综合决策机制。各级环保部门要主动加强与其他相关部门的协调，充分沟通，推动建立相关部门共同参与的生态功能保护区建设和管理的协调机制，统筹考虑生态功能保护区的建设。各级环保部门应优先将生态保护和建设项目优先安排在生态功能保护区内，并积极与其他相关部门开展联合执法检查，严厉查处生态功能保护区内各种破坏生态环境、损害生态功能的行为。

2. 科学制定重点生态功能保护区实施规划。各重点生态功能保护区的具体实施规划是重点生态功能保护区建设的重要依据。省级环保部门应积极制定重点生态功能保护区的具体实施规划，并报国家相关部门审批后实施。实施规划要在充分考察、论证的基础上，科学划定生态功能保护区的具体范围，明确生态功能保护区的主要建设任务、重点项目和投资需求。主要建设任务应根据区内主导生态功能保护的需要，并结合现有生态建设和保护工程进行确定，重点开展生态功能保护和恢复、产业引导以及监管能力建设等方面的工作。要积极争取将实施规划的主要内容纳入各级政府国民经济和社会发展规划。

3. 建立多渠道的投资体系。要探索建立生态功能保护区建设的多元化投融资机制，充分发挥市场机制作用，吸引社会资金和国际资金的投入。要将生态功能保护区的运行费用纳入地方财政。同时，应综合运用经济、行政和法律手段，研究制定有利于生态功能保护区建设的投融资、税收等优惠政策，拓宽融资渠道，吸引各类社会资金和国际资金参与生态功能保护区建设。要开展生态环境补偿机制的政策研究，在近期建设的重点生态功能保护区内开展生态环境补偿试点，逐步建立和完善生态环境补偿机制。

4. 加强对科学研究和技术创新的支持。生态功能保护区建设是一项复杂的系统工程，要依靠科技进步搞好生态功能保护区建设。要围绕影响主导生态功能发挥的自然、社会和经济因素，深入开展基础理论和应用技术研究。积极筛选并推广适宜不同类型生态功能保护区的保护和治理技术。要重视新技术、新成果的推广，加快现有科技成果的转化，努力减少资源消耗，控制环境污染，促进生态恢复。要加强资源综合利用、生态重建与恢复等方面的科技攻关，为生态功能保护区的建设提供技术支撑。

5. 增强公众参与意识，形成社区共管机制。生态功能保护区建设涉及各行各业，只有得到全社会的关心和支持，尤其是当地居民的广泛参与，才能实现建设目标。要充分利用广播、电视、报刊等媒体，广泛深入地宣传生态功能保护区建设的重要作用和意义，不断提高全民的生态环境保护意识，增强全社会公众参与的积极性。各级政府要通过与农、牧户签订生态管护合同，建设环境优美乡镇、生态村等多种形式，建立良性互动的社区共管机制，提高当地居民参与生态功能保护区建设的积极性，使当地的经济发展与生态功能保护区的建设融为一体。

（五）重要生态功能区的类型和生态功能保护区的级别

重要生态功能保护区：江河源头区、重要水源涵养区、水土保持的重点预防保护区和重点监督区、江河洪水调蓄区、防风固沙区和重要渔业水域等重要生态功能区，在保持流域、区域生态平衡，减轻自然灾害，确保国家和地区生态环境安全方面具有重要作用。对这些区域的现有植被和自然生态系统应严加保护，通过建立生态功能保护区，实施保护措施，防止生态环境的破坏和生态功能的退化。

级别：跨省域和重点流域、重点区域的重要生态功能区，建立国家级生态功能保护区；跨地（市）和县（市）的重要生态功能区，建立省级和地（市）级生态功能保护区。

要点：5 类重要生态功能区，国家级生态功能保护区和省级和地（市）级生态功能保护区的适用区域。

（六）各类资源开发利用的生态环境保护要求

在水源涵养生态功能保护区内，结合已有的生态保护和建设重大工程，加强森林、草地和湿地的管护和恢复，严格监管矿产、水资源开发，严肃查处毁林、毁草、破坏湿地等行为，合理开发水电，提高区域水源涵养生态功能。

在水土保持生态功能保护区内，实施水土流失的预防监督和水土保持生态修复工程，加强小流域综合治理，营造水土保持林，禁止毁林开荒、烧山开荒和陡坡地开垦，合理开发自然资源，保护和恢复自然生态系统，增强区域水土保持能力。

在防风固沙生态功能保护区内，积极实施防沙治沙等生态治理工程，严禁过度放牧、樵采、开荒，合理利用水资源，保障生态用水，提高区域生态系统防沙固沙的能力。

在洪水调蓄生态功能保护区内，严禁围垦湖泊、湿地，积极实施退田还湖还湿工程，禁止在蓄滞洪区建设与行洪泄洪无关的工程设施，巩固平垸行洪、退田还湿的成果，增强区内调洪蓄洪能力。

在生物多样性维护生态功能保护区内，采取严格的保护措施，构建生态走廊，防止人为破坏，促进自然生态系统的恢复。对于生境遭受严重破坏的地区，采用生物措施和工程措施相结合的方式，积极恢复自然生境，建立野生动植物救护中心和繁育基地。禁止滥捕、乱采、乱猎等行为，加强外来入侵物种管理。

在海洋生态功能保护区内，合理开发利用海洋资源，禁止过度捕捞，保护海洋珍稀濒危物种及其栖息地，防治海洋污染，开展海洋生态恢复，维护海洋生态系统的主要生态功能。

五、全国生态脆弱区保护规划纲要（环发[2008]92号）

（一）生态脆弱区保护规划的指导思想、原则及目标（具体见表1－23）

表1－23　生态脆弱区保护规划的指导思想、原则及目标

指导思想	以邓小平理论和“三个代表”主要思想为指导，贯彻落实科学发展观，建设生态文明，以维护生态系统完整性，恢复和改善脆弱生态系统为目标，在坚持优先保护、限制开发、统筹规划、防治结合的前提下，通过适时监测、科学评估和预警服务，及时掌握脆弱区生态环境演变动态，因地制宜，合理选择发展方向，优化产业结构，力争在发展中解决生态环境问题。同时，强化法制监管，倡导生态文明，积极增进群众参与意识，全面恢复脆弱区生态系统
原则	1. 预防为主，保护优先。建立健全脆弱区生态监测与预警体系，以科学监测、合理评估和预警服务为手段，强化“环境准入”，科学指导脆弱区生态保育与产业发展活动，促进脆弱区的生态恢复。 2. 分区推进，分类指导。按照区域生态特点，优化资源配置和生产力空间布局，以科技促保护，以保护促发展，维护生态脆弱区自然生态平衡。 3. 强化监管，适度开发。强化生态环境监管执法力度，坚持基本原则
目标	1. 总体目标 到2020年，在生态脆弱区建立起比较完善的生态保护与建设的政策保障体系、生态监测预警体系和资源开发监管执法体系；生态脆弱区40%以上适宜治理的土地得到不同程度治理，水土流失得到基本控制，退化生态系统基本得到恢复，生态环境质量总体良好；区域可更新资源不断增值，生物多样性保护水平稳步提高；生态产业成为脆弱区的主导产业，生态保护与产业发展有序、协调，区域经济、社会、生态复合系统结构基本合理，系统服务功能呈现持续、稳定态势；生态文明融入社会各个层面，民众参与生态保护的意识明显增强，人与自然基本和谐
	2. 阶段目标 （1）近期（2009～2015年）目标 明确生态脆弱区空间分布、重要生态问题及其成因和压力，初步建立起有利于生态脆弱区保护和建设的政策法规体系、监测预警体系和长效监管机制；研究构建生态脆弱区产业准入机制，全面限制有损生态系统健康发展的产业扩张，防止因人为过度干扰所产生新的生态退化。到2015年，生态脆弱区战略环境影响评价执行率达到100%，新增治理面积达到30%以上；生态产业示范已在生态脆弱区全面开展。 （2）中远期（2016～2020年）目标 生态脆弱区生态退化趋势已得到基本遏止，人地矛盾得到有效缓减，生态系统基本处于健康、稳定发展状态。到2020年，生态脆弱区40%以上适宜治理的土地得到不同程度治理，退化生态系统已得到基本恢复，可更新资源不断增值，生态产业已基本成为区域经济发展的主导产业，并呈现持续、强劲的发展态势，区域生态环境已步入良性循环轨道

要点：生态脆弱区保护规划的指导思想、3项原则以及总体目标和阶段目标。

(二)生态脆弱区保护规划的总体任务和具体任务

生态脆弱区保护规划的总体任务和具体任务见表1－24。

表1－24　生态脆弱区保护规划的总体任务和具体任务

总体任务	以维护区域生态系统完整性、保证生态过程连续性和改善生态系统服务功能为中心，优化产业布局，调整产业结构，全面限制有损于脆弱区生态环境的产业扩张，发展与当地资源环境承载力相适应的特色产业和环境友好产业，从源头控制生态退化；加强生态保育，增强脆弱区生态系统的抗干扰能力；建立健全脆弱区生态环境监测、评估及预警体系；强化资源开发监管和执法力度，促进脆弱区资源环境协调发展
具体任务	1. 调整产业结构，促进脆弱区生态与经济的协调发展 根据生态脆弱区资源禀赋、自然环境特点及容量，调整产业结构，优化产业布局，重点发展与脆弱区资源环境相适宜的特色产业和环境友好产业。同时，按流域或区域编制生态脆弱区环境友好产业发展规划，严格限制有损于脆弱区生态环境的产业扩张，研究并探索有利于生态脆弱区经济发展与生态保育耦合模式，全面推行生态脆弱区产业发展规划战略环境影响评价制度
	2. 加强生态保育，促进生态脆弱区修复进程 在全面分析和研究不同类型生态脆弱区生态环境脆弱性成因、机制、机理及演变规律的基础上，确立适宜的生态保育对策。通过技术集成、技术创新以及新成果、新工艺的应用，提高生态修复效果，保障脆弱区自然生态系统和人工生态系统的健康发展。同时，高度重视环境极度脆弱、生态退化严重、具有重要保护价值的地区如重要江河源头区、重大工程水土保持区、国家生态屏障区和重度水土流失区的生态应急工程建设与技术创新；密切关注具有明显退化趋势的潜在生态脆弱区环境演变动态的监测与评估，因地制宜，科学规划，采取不同保育措施，快速恢复脆弱区植被，增强脆弱区自身防护效果，全面遏制生态退化
	3. 加强生态监测与评估能力建设，构建脆弱区生态安全预警体系 在全国生态脆弱典型区建立长期定位生态监测站，全面构建全国生态脆弱区生态安全预警网络体系；同时，研究制定适宜不同生态脆弱区生态环境质量评估指标体系，科学监测和合理评估脆弱生态系统结构、功能和生态过程动态演变规律，建立脆弱区生态背景数据库资源共享平台，并利用网络视频和模型预测技术，实现脆弱区生态系统健康网络诊断与安全预警服务，为国家环境决策与管理提供技术支撑
	4. 强化资源开发监管执法力度，防止无序开发和过度开发 加强资源开发监管与执法力度，全面开展脆弱区生态环境监查工作，严格禁止超采、过牧、乱垦、滥挖以及非法采矿、无序修路等资源破坏行为发生；以生态脆弱区资源禀赋和生态环境承载力基线为基础，通过科学规划，确立适宜的资源开发模式与强度、可持续利用途径、资源开发监管办法以及资源开发过程中生态保护措施；研究制定生态脆弱区资源开发监管条例，编制适宜不同生态脆弱区资源开发生态恢复与重建技术标准及技术规范，积极推进脆弱区生态保育、系统恢复与重建进程

要点：生态脆弱区保护规划的总体任务和4项具体任务。

六、产业结构调整的相关规定

(一)产业结构调整的方向和重点(产业结构调整的相关规定国发[2005]40号)

第四条　巩固和加强农业基础地位，加快传统农业向现代农业转变。

加快农业科技进步，加强农业设施建设，调整农业生产结构，转变农业增长方式，提高农业综合生产能力。稳定发展粮食生产，加快实施优质粮食产业工程，建设大型商品粮生产基地，确保粮食安全。优化农业生产布局，推进农业产业化经营，加快农业标准化，促进农产品加工转化增值，发展高产、优质、高效、生态、安全农业。大力发展畜牧业，提高规模化、集约化、标准化水平，保护天然草场，建设饲料草场基地。积极发展水产业，保护和合理利用渔业资源，推广绿色渔业养殖方式，发展高效生态养殖业。因地制宜发展原料林、用材林基地，提高木材综合利用率。加强农田水利建设，改造中低产田，搞好土地整理。提高农业机械化水平，健全农业技术推广、农产品市场、农产品质量安全和动植物病虫害防控体系。积极推行节水灌溉，科学使用肥料、农药，促进农业可持续发展。

第五条　加强能源、交通、水利和信息等基础设施建设，增强对经济社会发展的保障能力。

坚持节约优先、立足国内、煤为基础、多元发展，优化能源结构，构筑稳定、经济、清洁的能源供应体系。以大型高效机组为重点优化发展煤电，在生态保护基础上有序开发水电，积极发展核电，加强电网建设，优化电网结构，扩大西电东送规模。建设大型煤炭基地，调整改造中小煤矿，坚决淘汰不具备安全生产条件和浪费破坏资源的小煤矿，加快实施煤矸石、煤层气、矿井水等资源综合利用，鼓励煤电联营。实行油气并举，加大石油、天然气资源勘探和开发利用力度，扩大境外合作开发，加快油气领域基础设施建设。积极扶持和发展新能源和可再生能源产业，鼓励石油替代资源和清洁能源的开发利用，积极推进洁净煤技术产业化，加快发展风能、太阳能、生物质能等。

以扩大网络为重点，形成便捷、通畅、高效、安全的综合交通运输体系。坚持统筹规划、合理布局，实现铁路、公路、水运、民航、管道等运输方式优势互补，相互衔接，发挥组合效率和整体优势。加快发展铁路、城市轨道交通，重点建设客运专线、运煤通道、区域通道和西部地区铁路。完善国道主干线、西部地区公路干线，建设国家高速公路网，大力推进农村公路建设。优先发展城市公共交通。加强集装箱、能源物资、矿石深水码头建设，发展内河航运。扩充大型机场，完善中型机场，增加小型机场，构建布局合理、规模适当、功能完备、协调发展的机场体系。加强管道运输建设。

加强水利建设，优化水资源配置。统筹上下游、地表地下水资源调配、控制地下水开采，积极开展海水淡化。加强防洪抗旱工程建设，以堤防加固和控制性水利枢纽等防洪体系为重点，强化防洪减灾薄弱环节建设，继续加强大江大河干流堤防、行蓄洪区、病险水库除险加固和城市防洪骨干工程建设，建设南水北调工程。加大人畜饮水工程和灌区配套工程建设改造力度。

加强宽带通信网、数字电视网和下一代互联网等信息基础设施建设，推进"三网融合"，健全信息安全保障体系。

第六条　以振兴装备制造业为重点发展先进制造业，发挥其对经济发展的重要支撑作用。

装备制造业要依托重点建设工程，通过自主创新、引进技术、合作开发、联合制造等方式，提高重大技术装备国产化水平，特别是在高效清洁发电和输变电、大型石油化工、先进适用运输装备、高档数控机床、自动化控制、集成电路设备、先进动力装备、节能降耗装备等领域实现突破，提高研发设计、核心元器件配套、加工制造和系统集成的整体水平。

坚持以信息化带动工业化，鼓励运用高技术和先进适用技术改造提升制造业，提高自主知识产权、自主品牌和高端产品比重。根据能源、资源条件和环境容量，着力调整原材料工业的产品结构、企业组织结构和产业布局，提高产品质量和技术含量。支持发展冷轧薄板、冷轧硅钢片、高浓度磷肥、高效低毒低残留农药、乙烯、精细化工、高性能差别化纤维。促进炼油、乙烯、钢铁、水泥、造纸向基地化和大型化发展。加强铁、铜、铝等重要资源的地质勘查，增加资源地质储量，实行合理开采和综合利用。

第七条　加快发展高技术产业，进一步增强高技术产业对经济增长的带动作用。

增强自主创新能力，努力掌握核心技术和关键技术，大力开发对经济社会发展具有重大带动作用的高新技术，支持开发重大产业技术，制定重要技术标准，构建自主创新的技术基础，加快高技术产业从加工装配为主向自主研发制造延伸。按照产业聚集、规模化发展和扩大国际合作的要求，大力发展信息、生物、新材料、新能源、航空航天等产业，培育更多新的经济增长点。优先发展信息产业，大力发展集成电路、软件等核心产业，重点培育数字化音视频、新一代移动通信、高性能计算机及网络设备等信息产业群，加强信息资源开发和共享，推进信息技术的普及和应用。充分发挥我国特有的资源优势和技术优势，重点发展生物农业、生物医药、生物能源和生物化工等生物产业。加快发展民用航空、航天产业，推进民用飞机、航空发动机及机载系统的开发和产业化，进一步发展民用航天技术和卫星技术。积极发展新材料产业，支持开发具有技术特色以及可发挥我国比较优势的光电子材料、高性能结构和新型特种功能材料等产品。

第八条　提高服务业比重，优化服务业结构，促进服务业全面快速发展。坚持市场化、产业化、社会化的方向，加强分类指导和有效监管，进一步创新、完善服务业发展的体制和机制，建立公开、平等、规范的行业准入制度。发展竞争力较强的大型服务企业集团，大城市要把发展服务业放在优先地位，有条件的要逐步形成服务经济为主的产业结构。增加服务品种，提高服务水平，增强就业能力，提升产业素质。大力发展金融、保险、物流、信息和法律服务、会计、知识产权、技术、设计、咨询服务等现代服务业，积极发展文化、旅游、社区服务等需求潜力大的产业，加快教育培训、养老服务、医疗保健等领域的改革和发展。规范和提升商贸、餐饮、住宿等传统服务业，推进连锁经营、特许经营、代理制、多式联运、电子商务等组织形式和服务方式。

第九条　大力发展循环经济，建设资源节约和环境友好型社会，实现经济增长与人口资源环境相协调。坚持开发与节约并重、节约优先的方针，按照减量化、再利用、资源化原则，大力推进节能节水节地节材，加强资源综合利用，全面推行清洁生产，完善再生资源回收利用体系，形成低投入、低消耗、低排放和高效率的节约型增长方式。积极开发推广资源节约、替代和循环利用技术和产品，重点推进钢铁、有色、电力、石化、建筑、煤炭、建材、造纸等行业节能降耗技术改造，发展节能省地型建筑，对消耗高、污染重、危及安全生产、技术落后的工艺和产品实施强制淘汰制度，依法关闭破坏环境和不具备安全生产条件的企业。调整高耗能、高污染产业规模，降低高耗能、高污染产业比重。鼓励生产和使用节约性能好的各类消费品，形成节约资源的消费模式。大力发展环保产业，以控制不合理的资源开发为重点，强化对水资源、土地、森林、草原、海洋等的生态保护。

第十条　优化产业组织结构，调整区域产业布局。提高企业规模经济水平和产业集中度，加快大型企业发展，形成一批拥有自主知识产权、主业突出、核心竞争力强的大公司和企业集团。充分发挥中小企业的作用，推动中小企业与大企业形成分工协作关系，提高生产专业化水平，促进中小企业技术进步和产业升级。充分发挥比较优势，积极推动生产要素合理流动和配置，引导产业集群化发展。西部地区要加强基础设施建设和生态环境保护，健全公共服务，结合本地资源优势发展特色产业，增强自我发展能力。东北地区要加快产业结构调整和国有企业改革改组改造，发展现代农业，着力振兴装备制造业，促进资源枯竭型城市转型。中部地区要抓好粮食主产区建设，发展有比较优势的能源和制造业，加强基础设施建设，加快建立现代市场体系。东部地区要努力提高自主创新能力，加快实现结构优化升级和增长方式转变，提高外向型经济水平，增强国际竞争力和可持续发展能力。从区域发展的总体战略布局出发，根据资源环境承载能力和发展潜力，实行优化开发、重点开发、限制开发和禁止开发等有区别的区域产业布局。

第十一条　实施互利共赢的开放战略，提高对外开放水平，促进国内产业结构升级。加快转变对外贸易增长方式，扩大具有自主知识产权、自主品牌的商品出口，控制高能耗高污染产品的出口，鼓励进口先进技术设备和国内短缺资源。支持有条件的企业"走出去"，在国际市场竞争中发展壮大，带动国内产业发展。提高加工贸易的产业层次，增强国内配套能力。大力发展服务贸易，继续开放服务市场，有序承接国际现代服务业转移。提高利用外资的质量和水平，着重引进先进技术、管理经验和高素质人才，注重引进技术的消化吸收和创新提高。吸引外资能力较强的地区和开发区，要着重提高生产制造层次，并积极向研究开发、现代物流等领域拓展。

要点：农业的转变，能源、交通、水利和信息等基础设施建设，先进制造业、高技术产业、服务业以及循环经济等的发展，产业组织结构的优化和升级。

（二）《促进产业结构调整暂行规定》施行后废止的相关产业目录（产业结构调整的相关规定国发［2005］40号）

第二十条　本规定自发布之日起施行。原国家计委、国家经贸委发布的《当前国家重点鼓励发展的产业、产品和技术目录（2000年修订）》、原国家经贸委发布的《淘汰后生产能力、工艺和产品的目录（第一批、第二批、第三批）》和《工商投资领域制止重复建设目录（第一批）》同时废止。

要点：《促进产业结构调整暂行规定》施行后废止的3个相关产业目录名称。

（三）推进产能过剩行业结构调整的总体要求和原则（《国务院关于加快推进产能过剩行业结构调整的通知》国发［2006］11号）

加快推进产能过剩行业结构调整的总体要求是：坚持以科学发展观为指导，依靠市场，因势利导，控制增能，优化结构，区别对待，扶优汰劣，力争今年迈出实质性步伐，经过几年努力取得明显成效。在具体工作中要注意把握好以下原则：

（1）充分发挥市场配置资源的基础性作用。坚持以市场为导向，利用市场约束和资源约束增强的"倒逼"机制，促进总量平衡和结构优化。调整和理顺资源产品价格关系，更好地发挥价格杠杆的调节作用，推动企业自主创新、主动调整结构。

（2）综合运用经济、法律手段和必要的行政手段。加强产业政策引导、信贷政策支持、财税政策调节，推动行业结构调整。提高并严格执行环保、安全、技术、土地和资源综合利用等市场准入标准，引导市场投资方向。完善并严格执行相关法律法规，规范企业和政府行为。

（3）坚持区别对待，促进扶优汰劣。根据不同行业、不同地区、不同企业的具体情况，分类指导、有保有压。坚持扶优与汰劣结合，升级改造与淘汰落后结合，兼并重组与关闭破产结合。合理利用和消化一些已经形成的生产能力，进一步优化企业结构和布局。

(4)健全持续推进结构调整的制度保障。把解决当前问题和长远问题结合起来，加快推进改革，消除制约结构调整的体制性、机制性障碍，有序推进产能过剩行业的结构调整，促进经济持续快速健康发展。

要点：推进产能过剩行业结构调整的总体要求：坚持以科学发展观为指导，依靠市场，因势利导，控制增能，优化结构，区别对待，扶优汰劣。4 条原则：充分发挥市场配置资源的基础性作用；综合运用经济、法律手段和必要的行政手段；坚持区别对待，促进扶优汰劣；健全持续推进结构调整的制度保障。

(四)推进产能过剩行业结构调整的重点措施(《国务院关于加快推进产能过剩行业结构调整的通知》国发[2006]11 号)

推进产能过剩行业结构调整，关键是要发挥市场配置资源的基础性作用，充分利用市场的力量推动竞争，促进优胜劣汰。各级政府在结构调整中的作用，一方面是通过深化改革，规范市场秩序，为发挥市场机制作用创造条件，另一方面是综合运用经济、法律和必要的行政手段，加强引导，积极推动。2006 年，要通过重组、改造、淘汰等方法，推动产能过剩行业加快结构调整步伐(具体措施见表 1－25)。

表 1－25　推进产能过剩行业结构调整的重点措施

(一)切实防止固定资产投资反弹	这是顺利推进产能过剩行业结构调整的重要前提。一旦投资重新膨胀，落后产能将死灰复燃，总量过剩和结构不合理矛盾不但不能解决，而且会越来越突出。要继续贯彻中央关于宏观调控的政策，严把土地、信贷两个闸门，严格控制固定资产投资规模，为推进产能过剩行业结构调整创造必要的前提条件和良好的环境
(二)严格控制新上项目	根据有关法律法规，制定更加严格的环境、安全、能耗、水耗、资源综合利用和质量、技术、规模等标准，提高准入门槛。对在建和拟建项目区别情况，继续进行清理整顿；对不符合国家有关规划、产业政策、供地政策、环境保护、安全生产等市场准入条件的项目，依法停止建设；对拒不执行的，要采取经济、法律和必要的行政手段，并追究有关人员责任。原则上不批准建设新的钢厂，对个别结合搬迁、淘汰落后生产能力的钢厂项目，要从严审批。提高煤炭开采的井型标准，明确必须达到的回采率和安全生产条件。所有新建汽车整车生产企业和现有企业跨产品类别的生产投资项目，除满足产业政策要求外，还要满足自主品牌、自主开发产品的条件；现有企业异地建厂，还必须满足产销量达到批准产能 80% 以上的要求。提高利用外资质量，禁止技术和安全水平低、能耗物耗高、污染严重的外资项目进入
(三)淘汰落后生产能力	依法关闭一批破坏资源、污染环境和不具备安全生产条件的小企业，分期分批淘汰一批落后生产能力，对淘汰的生产设备进行废毁处理。逐步淘汰立窑等落后的水泥生产能力；关闭淘汰敞开式和生产能力低于 1 万吨的小电石炉；尽快淘汰 5000 千伏安以下铁合金矿热炉(特种铁合金除外)、100 立方米以下铁合金高炉；淘汰 300 立方米以下炼铁高炉和 20 吨以下炼钢转炉、电炉；彻底淘汰土焦和改良焦设施；逐步关停小油机和 5 万千瓦及以下凝汽式燃煤小机组；淘汰达不到产业政策规定规模和安全标准的小煤矿
(四)推进技术改造	支持符合产业政策和技术水平高、对产业升级有重大作用的大型企业技术改造项目。围绕提升技术水平、改善品种、保护环境、保障安全、降低消耗、综合利用等，对传统产业实施改造提高。推进火电机组以大代小、上煤压油等工程。支持汽车生产企业加强研发体系建设，在消化引进技术的基础上，开发具有自主知识产权的技术。支持纺织关键技术、成套设备的研发和产业集群公共创新平台、服装自主品牌的建设。支持大型钢铁集团的重大技改和新产品项目，加快开发取向冷轧硅钢片技术，提升汽车板生产水平，推进大型冷、热连轧机组国产化。支持高产高效煤炭矿井建设和煤矿安全技术改造

续表

（五）促进兼并重组	按照市场原则，鼓励有实力的大型企业集团，以资产、资源、品牌和市场为纽带实施跨地区、跨行业的兼并重组，促进产业的集中化、大型化、基地化。推动优势大型钢铁企业与区域内其他钢铁企业的联合重组，形成若干年产3000万吨以上的钢铁企业集团。鼓励大型水泥企业集团对中小水泥厂实施兼并、重组、联合，增强在区域市场上的影响力。突破现有焦化企业的生产经营格局，实施与钢铁企业、化工企业的兼并联合，向生产与使用一体化、经营规模化、产品多样化、资源利用综合化方向发展。支持大型煤炭企业收购、兼并、重组和改造一批小煤矿，实现资源整合，提高回采率和安全生产水平
（六）加强信贷、土地、建设、环保、安全等政策与产业政策的协调配合	认真贯彻落实《国务院关于发布实施〈促进产业结构调整暂行规定〉的决定》（国发［2005］40号），抓紧细化各项政策措施。对已经出台的钢铁、电解铝、煤炭、汽车等行业发展规划和产业政策，要强化落实，加强检查，在实践中不断完善。对尚未出台的行业发展规划和产业政策，要抓紧制定和完善，尽快出台。金融机构和国土资源、环保、安全监管等部门要严格依据国家宏观调控和产业政策的要求，优化信贷和土地供应结构，支持符合国家产业政策、市场准入条件的项目和企业的土地、信贷供应，同时要防止信贷投放大起大落，积极支持市场前景好、有效益、有助于形成规模经济的兼并重组；对不符合国家产业政策、供地政策、市场准入条件、国家明令淘汰的项目和企业，不得提供贷款和土地，城市规划、建设、环保和安全监管部门不得办理相关手续。坚决制止用压低土地价格、降低环保和安全标准等办法招商引资、盲目上项目。完善限制高耗能、高污染、资源性产品出口的政策措施
（七）深化行政管理和投资体制、价格形成和市场退出机制等方面的改革	按照建设社会主义市场经济体制的要求，继续推进行政管理体制和投资体制改革，切实实行政企分开，完善和严格执行企业投资的核准和备案制度，真正做到投资由企业自主决策、自担风险，银行独立审贷；积极稳妥地推进资源性产品价格改革，健全反映市场供求状况、资源稀缺程度的价格形成机制，建立和完善生态补偿责任机制；建立健全落后企业退出机制，在人员安置、土地使用、资产处置以及保障职工权益等方面，制定出台有利于促进企业兼并重组和退出市场，有利于维护职工合法权益的改革政策；加快建立健全维护市场公平竞争的法律法规体系，打破地区封锁和地方保护
（八）健全行业信息发布制度	有关部门要完善统计、监测制度，做好对产能过剩行业运行动态的跟踪分析。要尽快建立判断产能过剩衡量指标和数据采集系统，并有计划、分步骤建立定期向社会披露相关信息的制度，引导市场投资预期。加强对行业发展的信息引导，发挥行业协会的作用，搞好市场调研，适时发布产品供求、现有产能、在建规模、发展趋势、原材料供应、价格变化等方面的信息。同时，还要密切关注其他行业生产、投资和市场供求形势的发展变化，及时发现和解决带有苗头性、倾向性的问题，防止其他行业出现产能严重过剩
加快推进产能过剩行业结构调整，涉及面广，政策性强，任务艰巨而复杂，各地区、各有关部门要增强全局观念，加强组织领导，密切协调配合，积极有序地做好工作。要正确处理改革发展稳定的关系，从本地区、本单位实际情况出发，完善配套措施，认真解决企业兼并、破产、重组中出现的困难和问题，做好人员安置和资产保全等工作，尽量减少损失，避免社会震动。各地区、各有关部门要及时将贯彻落实本通知的情况上报国务院。国家发展改革委要会同有关部门抓紧制定具体的政策措施，做好组织实施工作	

要点：8项推进产能过剩行业结构调整的重点措施及其所解决的问题。

（五）《产业结构调整指导目录》的分类

《产业结构调整指导目录》由鼓励、限制和淘汰三类目录组成。不属于鼓励类、限制类和淘汰类，且符合国家有关法律、法规和政策规定的，为允许类。允许类不列入《产业结构调整指导目录》。对属于限制类的新建项目，禁止投资。对淘汰类项目，禁止投资。

要点：《产业结构调整指导目录》分为鼓励、限制和淘汰三类，不属于上述三类的为允许类。

七、工业产业调整和振兴规划(《促进产业结构调整暂行规定》国发[2005]40号)

(一)汽车产业、钢铁产业、纺织工业等调整和振兴的规划目标

汽车产业、钢铁产业、纺织工业等调整和振兴的规划目标见表1-26。

表1-26 汽车产业、钢铁产业、纺织工业、装备制造业、船舶工业、电子信息产业、轻工业、石化产业、有色金属产业和物流业调整和振兴的规划目标

汽车产业	1. 汽车产销实现稳定增长。2009年汽车产销量力争超过1000万辆，三年平均增长率达到10%
	2. 汽车消费环境明显改善。建立完整的汽车消费政策法规框架体系、科学合理的汽车税费制度、现代化的汽车服务体系和智能交通管理系统，建立电动汽车基础设施配套体系，为汽车市场稳定发展提供保障
	3. 市场需求结构得到优化。1.5升以下排量乘用车市场份额达到40%以上，其中1.0升以下小排量车市场份额达到15%以上。重型货车占载货车的比例达到25%以上
	4. 兼并重组取得重大进展。通过兼并重组，形成2-3家产销规模超过200万辆的大型汽车企业集团，4-5家产销规模超过100万辆的汽车企业集团，产销规模占市场份额90%以上的汽车企业集团数量由目前的14家减少到10家以内
	5. 自主品牌汽车市场比例扩大。自主品牌乘用车国内市场份额超过40%，其中轿车超过30%。自主品牌汽车出口占产销量的比例接近10%
	6. 电动汽车产销形成规模。改造现有生产能力，形成50万辆纯电动、充电式混合动力和普通型混合动力等新能源汽车产能，新能源汽车销量占乘用车销售总量的5%左右。主要乘用车生产企业应具有通过认证的新能源汽车产品
	7. 整车研发水平大幅提高。自主研发整车产品尤其是小排量轿车的节能、环保和安全指标力争达到国际先进水平。主要轿车产品满足发达国家法规要求，重型货车、大型客车的安全性和舒适性接近国际水平，新能源汽车整体技术达到国际先进水平
	8. 关键零部件技术实现自主化。发动机、变速器、转向系统、制动系统、传动系统、悬挂系统、汽车总线控制系统中的关键零部件技术实现自主化，新能源汽车专用零部件技术达到国际先进水平
钢铁产业	力争在2009年遏制钢铁产业下滑势头，保持总体稳定。到2011年，钢铁产业粗放发展方式得到明显转变，技术水平、创新能力再上新台阶，综合竞争力显著提高，支柱产业地位得到巩固和加强，步入良性发展的轨道
	1. 总量恢复到合理水平。2009年我国粗钢产量4.6亿吨，同比下降8%；表观消费量维持在4.3亿吨左右，同比下降5%。到2011年，粗钢产量5亿吨左右，表观消费量4.5亿吨左右，工业增加值占GDP的比重维持在4%的水平
	2. 淘汰落后产能有新突破。按期淘汰300立方米及以下高炉产能和20吨及以下转炉、电炉产能。提高淘汰落后产能的标准，力争三年内再淘汰落后炼铁能力7200万吨、炼钢能力2500万吨
	3. 联合重组取得重大进展。形成若干个具有较强自主创新能力和国际竞争力的特大型企业，国内排名前5位钢铁企业的产能占全国产能的比例达到45%以上，沿海沿江钢铁企业产能占全国产能的比例达到40%以上，产业布局明显优化，重点中心城市钢铁企业污染明显减少
	4. 技术进步得到较大提升。加强技术改造，加快技术进步，降低生产成本，提高产品质量，优化品种结构。重点大中型钢铁企业60%以上产品实物质量达到国际先进水平，百万千瓦火电及核电用特厚钢板和高压锅炉管、25万千伏安以上变压器用高磁感低铁损取向硅钢等产品生产实现自主化，关键钢材品种自给率达到90%以上，400MPa及以上热轧带肋钢筋使用比例达到60%以上

续表

钢铁产业	5. 自主创新能力进一步增强。通过引进消化吸收和创新，提高技术装备水平，一般装备基本实现本地化、自主化，大型装备本地化率92%以上。力争在关键工艺技术、节能减排技术，以及高端产品研发、生产和应用技术等方面取得新突破
	6. 节能减排取得明显成效。重点大中型企业吨钢综合能耗不超过620千克标准煤，吨钢耗用新水量低于5吨，吨钢烟粉尘排放量低于1.0千克，吨钢二氧化碳排放量低于1.8千克，二次能源基本实现100%回收利用，冶金渣近100%综合利用，污染物排放浓度和排放总量双达标
装备制造业	1. 产业实现平稳增长。保持装备制造业生产经营稳定，增加值占全国工业增加值的比重逐步上升，为扩大内需、转变发展方式、确保国民经济稳定增长提供保
	2. 市场份额逐步扩大。提高国产装备质量水平，扩大国内市场，国产装备国内市场满足率稳定在70%左右，巩固出口产品竞争优势，稳定出口市场
	3. 重大装备研制取得突破。全面提高重大装备技术水平，满足国家重大工程建设和重点产业调整振兴需要，百万千瓦级核电设备、新能源发电设备、高速动车组、高档数控机床与基础制造装备等一批重大装备实现自主化
	4. 基础配套水平提高。基础件制造水平得到提高，通用零部件基本满足国内市场需求，关键自动化测控部件填补国内空白，特种原材料实现重点突破
	5. 组织结构优化升级。形成若干家具有国际竞争力的科工贸一体化大型企业集团，形成一批参与国际分工的“专、精、特”专业化零部件生产企业
	6. 增长方式明显转变。生产组织方式和重要生产工艺得到改进，现代制造服务业得到发展，单位工业增加值能耗、物耗和污染物排放显著降低，劳动生产率显著提高，大型企业集团的现代制造服务收入占销售收入比重达到20%以上
有色金属产业	力争有色金属产业2009年保持稳定运行，到2011年步入良性发展轨道，产业结构进一步优化，增长方式明显转变，技术创新能力显著提高，为实现有色金属产业可持续发展奠定基础
	1. 生产恢复正常水平。2009年，采取综合措施稳定市场需求和生产运行，企业生产经营状况好转，主要财务指标明显改善
	2. 按期淘汰落后产能。2009年，淘汰落后铜冶炼产能30万吨、铅冶炼产能60万吨、锌冶炼产能40万吨。到2010年底，淘汰落后小预焙槽电解铝产能80万吨
	3. 节能减排取得积极成效。重点骨干电解铝厂吨铝直流电耗下降到12500千瓦时以下，粗铅冶炼综合能耗低于每吨380千克标准煤、硫利用率达到97%以上，余热基本100%回收利用，废渣100%无害化处置。每年节能约170万吨标准煤，节电约60亿千瓦时，减少二氧化硫排放约85万吨
	4. 企业重组取得进展。形成3—5个具有较强实力的综合性企业集团，到2011年，国内排名前十位的铜、铝、铅、锌企业的产量占全国总产量的比重分别提高到90%、70%、60%、60%
	5. 创新能力明显增强。力争在关键工艺技术、节能减排技术，以及高端产品研发、生产和应用技术等方面取得突破，推动产业技术进步，提高产品质量，优化品种结构。采用富氧底吹等先进技术的铅冶炼能力达70%，框架材料、无氧铜材、中厚板等高档铜、铝深加工产品基本能够满足国内需求
	6. 资源保障能力进一步提高。2011年，铜、铝、镍原料保障能力分别提高到40%、56%、38%；加强煤铝共生矿资源开发利用，形成100万吨氧化铝生产规模；再生铜、再生铝占铜、铝产量的比例分别提高到35%、25%，比2008年分别提高6个和4个百分点

续表

纺织工业	2009～2011年，纺织工业生产保持平稳增长，产业结构进一步优化，自主创新能力、技术装备水平、品种质量有明显提高，产业布局趋于合理，自主品牌建设取得较大突破，落后产能逐步退出，由纺织大国向纺织强国转变迈出实质性步伐
	1. 总量保持稳定增长。到2011年，规模以上企业实现工业增加值12000亿元，年均增长10%；出口总额2400亿美元，年均增长8%
	2. 产业结构明显优化。纤维加工量过快增长的态势得到明显控制。服装、家用、产业用三大终端产品纤维消耗比例调整至49:32:19；中西部纺织工业产值所占比重提高到20%左右。培育100家左右具有较强影响力的自主知名品牌企业，自主品牌产品出口比重提高到20%
	3. 科技支撑力显著提高。高新技术产品的产业化及应用取得显著进展，具有国际先进水平的纺织技术装备比重提高到50%左右，新产品产值率不断提高，全行业劳动生产率年均提高10%
	4. 节能减排取得明显成效。全行业实现单位增加值能耗年均降低5%、水耗年均降低7%、废水排放量年均降低7%
	5. 淘汰落后取得实质性进展。到2011年，淘汰75亿米高能耗、高水耗、技术水平低的印染能力，淘汰230万吨化纤落后产能，加速淘汰棉纺、毛纺落后产能
物流业	力争在2009年改善物流企业经营困难的状况，保持产业的稳定发展。到2011年，培育一批具有国际竞争力的大型综合物流企业集团，初步建立起布局合理、技术先进、节能环保、便捷高效、安全有序并具有一定国际竞争力的现代物流服务体系，物流服务能力进一步增强；物流的社会化、专业化水平明显提高，第三方物流的比重有所增加，物流业规模进一步扩大，物流业增加值年均递增10%以上；物流整体运行效率显著提高，全社会物流总费用与GDP的比率比目前的水平有所下降
电子信息产业	促增长、保稳定取得显著成效。未来三年，电子信息产业销售收入保持稳定增长，产业发展对GDP增长的贡献不低于0.7个百分点，三年新增就业岗位超过150万个，其中新增吸纳大学生就业近100万人。保持外贸出口稳定。新型电子信息产品和相关服务培育成为消费热点，信息技术应用有效带动传统产业改造，信息化与工业化进一步融合
	调结构、谋转型取得明显进展。骨干企业国际竞争力显著增强，自主品牌市场影响力大幅提高。软件和信息服务收入在电子信息产业中的比重从12%提高到15%。稳步推进电子信息加工贸易转型升级，鼓励加工贸易企业延长产业链，促进国内产业升级。形成一批具有国际影响力、特色鲜明的产业聚集区。产业创新体系进一步完善。核心技术有所突破，新一代移动通信、下一代互联网、数字广播电视等领域的应用创新带动形成一批新的增长点，产业发展模式转型取得明显进展
轻工业	1. 生产保持平稳增长。在稳定出口和扩大内需的带动下，轻工业产销稳定增长，行业效益整体回升，三年累计新增就业岗位300万个左右
	2. 自主创新取得成效。变频空调压缩机、新能源电池、农用新型塑料材料、新型节能环保光源等关键生产技术取得突破。重点行业装备自主化水平稳步提高，中型高速纸机成套装备实现自主化，食品装备自给率提高到60%
	3. 产业结构得到优化。企业重组取得进展，再形成10个年销售收入150亿元以上的大型轻工企业集团。轻工业特色区域和产业集群增加100个，东中西部轻工业协调发展。新增自主品牌100个左右
	4. 污染物排放明显下降。到2011年，主要行业COD排放比2007年减少25.5万吨，降低10%，其中食品行业减少14万吨、造纸行业减少10万吨、皮革行业减少1.5万吨；废水排放比2007年减少19.5亿吨，降低29%，其中食品行业减少10亿吨、造纸行业减少9亿吨、皮革行业减少0.5亿吨

续表

轻工业	5. 淘汰落后取得实效。淘汰落后制浆造纸200万吨以上、低能效冰箱(含冰柜)3000万台、皮革3000万标张、含汞扣式碱锰电池90亿只、白炽灯6亿只、酒精100万吨、味精12万吨、柠檬酸5万吨的产
	6. 安全质量全面提高。完善轻工业标准体系，制订、修订国家和行业标准1000项。生产企业资质合格，内部管理制度完善，规模以上食品生产企业普遍按照GMP(优良制造标准)要求组织生产。质量安全保障机制更加健全，产品质量全部符合法律法规以及相关标准的要求
船舶	1. 船舶生产稳定增长。今后三年船舶工业保持平稳较快增长，力争2011年造船产量达到5000万吨，船用低速柴油机产量达到1200万马力
	2. 市场份额逐步扩大。2011年造船完工量占世界造船完工量的35%以上，高技术高附加值船舶市场占有率达到20%，海洋工程装备市场占有率达到10%
	3. 配套能力明显增强。三大主流船型本土生产的船用配套设备的平均装船率达到65%以上，船用低速柴油机、中速柴油机、甲板机械等配套设备的国内市场满足率达到80%以上
	4. 结构调整取得进展。大型船舶企业集团在高端船舶市场具备较强国际竞争力，若干个专业化海洋工程装备制造基地初具规模，一批船用配套设备生产企业发展壮大，环渤海湾、长江口和珠江口成为世界级造船基地
	5. 研发水平显著提高。三大主流船型研发设计实现系列化、标准化，形成一批具有国际竞争力的品牌船型，高技术高附加值船舶和海洋工程装备开发取得突破
	6. 发展质量明显改善。骨干船舶企业基本建立现代造船模式，三大主流船型平均建造周期缩短到10个月以内，单位工业增加值能耗三年累计降低15%，钢材利用率显著提高
石化产业	2009—2011年，石化产业保持平稳较快增长。2009年力争实现平稳运行，经过三年调整和振兴，到2011年，产业结构趋于合理，发展方式明显转变，综合实力显著提高
	1. 产量保持稳步增长。到2011年，原油加工量达到40500万吨，成品油、乙烯产量分别达到24750万吨、1550万吨
	2. 农资保障能力增强。到2011年，化肥产量达到6250万吨(折纯)，钾肥产量达到400万吨(折纯)，高浓度化肥比重提高到80%；在原料产地生产的化肥比重提高到60%，生产成本大幅下降；化肥储备基本满足市场调控需要。高效低毒低残留农药比重显著提高，县乡农用柴油供应网络不断完善
	3. 产业布局趋于合理。成品油"北油南运"的状况得到改善。长三角、珠三角、环渤海地区产业集聚度进一步提高，建成3-4个2000万吨级炼油、200万吨级乙烯生产基地。煤化工盲目发展的势头得到遏制
	4. 产品结构显著改善。2009年车用汽油全部达到国Ⅲ标准，2010年车用柴油全部达到国Ⅲ标准，2011年轻质油品收率达到75%。高端石化产品自给率明显提高
	5. 技术进步明显加快。丁基橡胶等产业化技术取得突破，千万吨级以上炼油、百万吨级乙烯、大型粉煤制合成氨等成套技术装备实现本地化，煤制油、烯烃、乙二醇等示范工程建成投产
	6. 节能减排取得成效。到2011年，石化产业单位工业增加值能耗下降12%以上，污水、二氧化硫和粉尘等污染物排放量减少6%以上，行业特征污染物排放得到控制。综合能耗普遍降低，大型炼油装置吨原油加工耗标准油低于63千克，大型乙烯装置吨乙烯耗标准油低于640千克，大型煤制合成氨装置吨氨综合能耗低于1.8吨标准煤

要点：对环境影响较大的指标和比例(主要是产业结构调整、节能减排、淘汰落后产能和工艺)；所有"禁止"等管制性的要求；所有与国际标准相关联的用词。

（二）钢铁产业、石化产业、有色金属产业调整和振兴的主要任务

钢铁产业、石化产业、有色金属产业调整和振兴的主要任务见表1－27。

表1－27　钢铁产业、石化产业、有色金属产业调整和振兴的主要任务

<table>
<tr><td rowspan="7">钢铁产业</td><td>1. 保持国内市场稳定，改善出口环境。
积极落实国家扩大内需措施，稳定建筑用钢市场，保障重点工程用钢。通过调整和振兴相关产业，努力稳定和扩大汽车、造船、装备制造等产业需求，以及保障性住房等房地产建设、新农村建设、地震灾后重建和公路、铁路、机场等重大基础设施建设的用钢需求。建筑用钢占国内消费量的比重稳定在50%左右。
改善钢铁产品进出口环境，实施适度灵活的出口税收政策，稳定国际市场份额，鼓励钢材间接出口。组织协会和企业积极应对反倾销、反补贴等贸易摩擦，争取良好的国际贸易环境</td></tr>
<tr><td>2. 严格控制钢铁总量，加快淘汰落后。
严格控制新增产能，不再核准和支持单纯新建、扩建产能的钢铁项目，所有项目必须以淘汰落后为前提。2010年年底前，淘汰300立方米及以下高炉产能5340万吨，20吨及以下转炉、电炉产能320万吨；2011年底前再淘汰400立方米及以下高炉、30吨及以下转炉和电炉，相应淘汰落后炼铁能力7200万吨、炼钢能力2500万吨。实施淘汰落后、建设钢铁大厂的地区和其他有条件的地区，要将淘汰落后产能标准提高到1000立方米以下高炉及相应的炼钢产能</td></tr>
<tr><td>3. 促进企业重组，提高产业集中度。
进一步发挥宝钢、鞍本、武钢等大型企业集团的带动作用，推动鞍本集团、广东钢铁集团、广西钢铁集团、河北钢铁集团和山东钢铁集团完成集团内产供销、人财物统一管理的实质性重组；推进鞍本与攀钢、东北特钢，宝钢与包钢、宁波钢铁等跨地区的重组，推进天津钢管与天铁、天钢、天津冶金公司，太钢与省内钢铁企业等区域内的重组。力争到2011年，全国形成宝钢集团、鞍本集团、武钢集团等几个产能在5000万吨以上、具有较强国际竞争力的特大型钢铁企业；形成若干个产能在1000～3000万吨级的大型钢铁企业</td></tr>
<tr><td>4. 加大技术改造力度，推动技术进步。
实施钢铁产业技术进步与技术改造专项，对符合国家产业政策的大型骨干企业，对实施跨区域、跨所有制、跨行业重组的龙头企业，对实施跨区域、跨所有制、跨行业重组的龙头企业，以及国防军工、航天航空关键材料生产企业，给予重点支持；对发展高速铁路用钢、高磁感取向硅钢、高强度机械用钢等关键钢材品种，推广高强度钢筋使用和节材技术，发展高温高压干熄焦、烧结余热利用、烟气脱硫等循环经济和节能减排工艺技术，以及提升开发利用低品位、难选冶铁矿等技术，给予重点支持</td></tr>
<tr><td>5. 优化钢铁产业布局，统筹协调发展。
在减少或不增加产能的前提下，加快调整钢铁产业布局。一是建设沿海钢铁基地。按期完成首钢搬迁工程，建成曹妃甸钢铁精品基地。结合广州钢铁搬迁，推动宝钢与广东钢铁企业、武钢与广西钢铁企业兼并重组，通过淘汰或减少现有产能，适时建设湛江、防城港沿海钢铁精品基地。按照首钢在曹妃甸减少产能、发展循环经济的模式，结合济钢、莱钢、青钢压缩产能和搬迁，对山东省内钢铁企业实施重组和淘汰落后产能，推动日照钢铁精品基地建设。结合杭钢搬迁、以及宝钢跨地区重组和淘汰落后、压缩产能，论证宁波钢铁续建项目。二是推进城市钢厂搬迁，引导产业有序转移和集聚发展，减少城市环境污染。组织实施好北京、广州、杭州、合肥等城市钢厂搬迁项目，统筹研究推进抚顺、青岛、重庆、石家庄等城市钢厂搬迁。三是抓紧实施《汶川地震灾后重建生产力布局和产业调整专项规划》确定的钢铁项目建设</td></tr>
<tr><td>6. 调整钢材品种结构，提高产品质量。
重点发展高速铁路用钢、高强度轿车用钢、高档电力用钢和工模具钢、特殊大锻材等关键钢材品种，支持有条件的企业、科研单位开展百万千瓦火电及核电用特厚钢板和高压锅炉管、25万千伏安以上变压器用高磁感低铁损取向硅钢等技术进行攻关。提高认证标准，加强政策引导，促进钢材实物质量达到国际先进水平。修改相关设计规范，淘汰强度335MPa及以下热轧带肋钢筋，加快推广使用强度400MPa及以上钢筋，促进建筑钢材的升级换代</td></tr>
<tr><td>7. 保持进口铁矿石资源稳定，整顿市场秩序。
行业协（商）会通过行业协调，加强自律，规范进口铁矿石市场秩序。探索、推行代理制。抓住当前市场全面疲软时机，协调国内用户与铁矿石供应商，建立互惠互利的进口矿定价机制和长期稳定的合作关系。规范钢材销售制度，建立产销风险共担机制，发挥流通环节对稳定钢材市场的调节功能</td></tr>
</table>

钢铁产业	8. 开发国内外两种资源，保障产业安全。 加大国内铁矿资源的勘探力度，合理配置与开发国内铁矿资源，增加资源储备。鼓励大型钢铁企业开展铁矿勘探开发，适度开发利用低品位矿和尾矿，加强对共生矿、伴生矿产资源的研究、开发和综合利用。积极推进河北司家营、山西袁家村等大型铁矿资源开发，提高国产铁矿石自给率；支持邯钢中关、唐钢石人沟、通钢塔东、武钢恩施等现有矿山的深部开采，提高资源综合利用水平；鼓励四川攀西、河北承德地区钒钛资源综合利用；整合开发安徽霍丘地区和山东苍山等地区的铁矿资源。 鼓励有条件的大型企业到国外独资或合资办矿，组织实施好已经开展前期工作的境外矿产资源项目。鼓励沿海钢铁企业充分利用区位和运输优势，尽可能利用国外铁矿石、煤炭等资源
石化产业	1. 保持产业平稳运行。 加快实施国家扩大内需、调整和振兴重点产业、增产千亿斤粮食等各项综合措施，拉动石化产品消费。落实有利于石化产业发展的税收和加工贸易政策，扩大石化产品市场。加强对进口石化产品的监测预警，防止境外产品倾销。打击石化产品走私，维护市场秩序。严格执行油品质量标准，严禁达不到国家规定标准的油品进入市场。扩大油品和化肥储备，减轻企业库存压力。采取积极的信贷措施，缓解企业流动资金困难
	2. 提高农资保障能力。 采用洁净煤气化和能源梯级利用技术，对现有氮肥生产企业进行原料和动力结构调整，实现原料煤多元化，降低成本；在能源产地适当建设大型氮肥生产装置，替代落后产能。优化磷肥资源配置，推广硫和中低品位磷矿综合利用等技术，继续建设好云南、贵州、湖北三大磷肥基地。加大国内外钾矿资源勘探开发，科学规划青海、新疆钾肥基地发展，加强钾矿共生、伴生资源开发利用。调整农药产品结构，发展高效低毒低残留品种，推动原药集中生产。完善化肥储备制度，提高市场调控能力。加强农用柴油供应网络建设，满足季节性集中消费需要
	3. 稳步开展煤化工示范。 坚持控制产能总量、淘汰落后工艺、保护生态环境、发展循环经济以及能源化工结合、全周期能效评价的方针，坚决遏制煤化工盲目发展势头，积极引导煤化工行业健康发展。今后三年停止审批单纯扩大产能的焦炭、电石等煤化工项目，原则上不再安排新的煤化工试点项目，重点抓好现有煤制油、煤制烯烃、煤制二甲醚、煤制甲烷气、煤制乙二醇等五类示范工程，探索煤炭高效清洁转化和石化原料多元化发展的新途径
	4. 抓紧实施重大项目。 抓紧组织实施好"十一五"规划内在建的6套炼油、8套乙烯装置重大项目，力争2011年全部建成投产。在现有基础上，通过实施上述项目，形成20个千万吨级炼油基地、11个百万吨级乙烯基地。炼油和乙烯企业平均规模分别提高到600万吨和60万吨
	5. 统筹重大项目布局。 坚持保护生态环境、发展循环经济、立足现有企业、靠近消费市场、方便资源吞吐、淘汰落后产能的原则，按照一体化、园区化、集约化、产业联合的发展模式，统筹重大项目布局，严格控制炼油乙烯项目新布点。做好新建重大炼油乙烯项目论证和区域环境影响评价等工作。近期重点做好利用境外资源在国内合作加工的炼化项目前期工作，选择2~3个条件好的现有大型炼化企业进行扩建。结合中缅原油管线的进展情况，适时开展西南地区炼化项目的布局研究
	6. 大力推动技术改造。 加快前沿技术自主化、关键技术产业化、工程技术本地化，及时研究制定相关技术和产品标准。推广资源综合利用和废弃物资源化技术，推动园区化发展和清洁生产，实现节能减排。炼油乙烯行业重点推广液化气制高辛烷值汽油、渣油加氢处理、资源梯级使用等技术，提高石油资源利用率。氮肥行业重点推广废水闭路循环等技术，磷肥行业重点推广硫酸生产余热回收等技术。推动企业技术改造，开展炼油企业油品质量升级改扩建，乙烯装置节能降耗改扩建，氮肥企业原料路线和动力结构调整，磷肥企业优化资源配置，农药企业高效低毒低残留产品生产和农药废弃物处置能力建设，高端石化产品产能建设等工作

续表

石化产业	7. 加快淘汰落后产能。 淘汰工艺技术落后、产品质量差、安全隐患大、环境污染严重的落后产能。对炼油行业采取区域等量替代方式，淘汰100万吨及以下低效低质落后炼油装置，积极引导100万～200万吨炼油装置关停并转，防止以沥青、重油加工等名义新建炼油项目。对化肥行业通过上大压小，产能置换，淘汰技术落后、污染严重、资源利用不合理的产能。对农药行业依据行政法规，淘汰一批高毒高风险农药品种。加快淘汰电石、甲醇等产品的落后产能，提高污染防治和产业发展水平
	8. 加强生态环境保护。 石化产业属于资源消耗量大、废弃物排放量高的产业，生态环境保护和安全生产责任重大。要加强产业监管，促进产业发展与国家主体功能区规划相协调。加强环境容量调查和规划，引导石化产业合理布局、清洁发展。行业协会要积极配合职能部门加强产业运行的监测管理。生产企业要严格遵守国家法律法规，切实履行生态环境保护和安全生产责任，进一步增强事故应急处置能力。重点加强江河湖泊和人口密集区等敏感地区产业发展的监督指导。依法关停不符合环保和安全生产要求的企业，现有企业必须达标运行，新建项目原则上应进入合规设立、环保和安全设施齐全的产业园区
	9. 支持企业联合重组。 推动大型石化集团开展战略合作，优化产业布局和上下游资源配置，增强国际竞争力。引导大型能源企业与氮肥企业组成战略联盟，实现优势互补。支持骨干磷肥企业通过兼并重组，提高集中度。支持钾肥龙头企业开展产业整合，促进钾矿资源合理利用。鼓励优势农药企业实施跨地区整合，努力实现原药、制剂生产上下游一体化。支持有实力的企业开展兼并重组，扩大产业规模，做强高端石化产业
	10. 增强资源保障能力。 加大国内石油资源勘探开发力度，稳定石化产业原料的国内供给；开展油钾兼探，推动青海和新疆等地含钾卤水和海相钾矿资源勘查。加强石油天然气、有色金属、煤炭资源开发利用领域硫回收，增强资源保障能力。积极实施“走出去”战略，支持国内有实力的企业开展境外油气、钾矿、硫资源开发与合作
	11. 提高企业管理水平。 石化企业要从自身实际出发，抓住产业调整和振兴的机遇，加强生产要素全球配置能力，深化企业改革，加快现代企业制度建设，完善公司治理结构，不断提高经营管理和科学决策水平，着力增强企业创新能力、风险防范能力及核心竞争力。强化质量管理和节能管理，加强安全生产监督管理，严格安全生产责任。加强环境保护，做好节能降耗和减排工作。加强职工队伍建设，培养高素质企业人才，全面履行社会责任，建设和谐企业
有色金属产业	1. 稳定国内市场，改善出口环境。 积极落实国家扩大内需措施，改善产品结构，增加有效供给，满足电力、交通、建筑、机械、轻工等下游行业对有色金属产品的需求。适应航空航天、国防军工、高新技术等领域的需要，大力开发新产品和新材料，培育新的消费增长点，稳定和扩大国内市场。 在继续严格控制“两高一资”产品出口的同时，实施适度灵活的出口税收政策，支持技术含量和附加值高的深加工产品出口。对符合铜冶炼行业准入条件的大型铜冶炼企业开展加工贸易试点。加快转变出口方式，鼓励出口机械装备、运输工具、电子电器、仪器仪表等终端产品，带动有色金属间接出口。积极应对国外反倾销等贸易摩擦
	2. 严格控制总量，加快淘汰落后产能。 严格执行国家产业政策，今后三年原则上不再核准新建、改扩建电解铝项目。严格执行准入标准和备案制，严格控制铜、铅、锌、钛、镁新增产能。按期完成淘汰反射炉及鼓风炉炼铜产能、烧结锅炼铅产能、落后锌冶炼产能和落后小预焙槽电解铝产能。逐步淘汰能耗高、污染重的落后烧结机铅冶炼产能

续表

有色金属产业	3. 加强技术改造，推动技术进步。 实施技术改造和技术研发专项，重点支持符合国家产业政策并按规定核准或备案建设的骨干企业，以及国防军工、航空航天、电子信息关键材料生产企业。加强对铜铅锌冶炼短流程工艺、共伴生矿高效利用、尾矿和赤泥综合利用，高性能专用铜铝材生产工艺，再生金属保持性能，吨铝直流电耗低于12000千瓦时的电解铝关键工艺等前沿共性技术的研发。支持填补国内空白、满足国民经济重点领域需要的高精尖深加工项目。采用先进适用的冶炼技术改造和淘汰落后产能，提高工艺装备水平
	4. 促进企业重组，调整产业布局。 鼓励有实力的铜、铝、铅锌等企业以多种方式进行重组，实现规模化、集团化，提高产业竞争力。支持大型骨干企业实施跨地区兼并重组、区域内重组和企业集团之间的重组；支持铝企业与煤炭、电力企业进行跨行业的重组；鼓励再生金属企业间重组。 严格控制资源、能源和环境容量不具备条件地区的有色金属产能；在能源丰富的中西部，特别是具有水电优势的地区，推进铝电联营方式；在资源、能源和环境容量好的地区经核准建设的铝工业基地，要延伸产业链，发展高水平深加工，增强竞争力。抓紧实施汶川地震灾区重建生产力布局和产业调整专项规划确定的有色金属项目
	5. 开发境内外资源，增强资源保障能力。 加大国内短缺的有色金属资源地质勘探力度，增加资源储量及矿产地储备。鼓励大型有色金属企业投资矿山勘探与开发，提高资源自给率。 加大境外资源开发力度，支持具备条件的企业到境外独资或合资办矿。引导企业遵守所在国的法律法规，尊重所在国的文化传统和生活习惯，履行必要的社会责任，促进当地就业和经济社会发展，实现互利共赢。组织实施好有关境外投资项目
	6. 发展循环经济，搞好再生利用。 支持采用先进适用工艺技术，开发利用铜、铅锌低品位矿、共伴生矿、难选冶矿、尾矿和熔炼渣等，提高资源综合利用水平；制定煤铝共生资源利用专项规划，抓好高铝粉煤灰利用示范工程；搞好铜、铅、锌冶炼余热利用；推广废渣、赤泥等固体废弃物的应用，实现生产“零排放”。 加快建设覆盖全社会的有色金属再生利用体系，支持具备条件的地区建设有色金属回收交易市场、拆解市场。支持有条件的企业采用高效、低耗、低污染的工艺装备，建设若干年产30万吨以上的再生铜、铝等生产线，促进资源化利用上规模、技术上水平、产品上档次，减少矿产资源消耗
	7. 加强企业管理和安全监管，注重人才培养。 有色金属企业要加快建立现代企业制度，完善公司治理结构，严格执行产业政策；增强对市场的预见和判断能力，增强风险防范意识，增强国际竞争能力；加快推进管理创新，加强质量管理，强化安全生产监管，切实落实安全生产责任制，健全管理制度和安全操作规范；加强节能管理和成本管理；加强企业文化和人才队伍建设，注重培养高素质的经营管理和技术人才，促进企业持续健康发展

要点：钢铁产业的8项主要任务，石化产业的11项主要任务，有色金属产业的7项主要任务。

八、关于抑制部分行业产能过剩和重复建设引导产业健康发展的若干意见(国发[2009]38号)

(一)当前产能过剩、重复建设问题较为突出的产业和行业

当前产能过剩、重复建设问题较为突出的产业和行业见表1-28。

表1-28　当前产能过剩、重复建设问题较为突出的产业和行业

行业	情况
钢铁	2008年我国粗钢产能6.6亿吨，需求仅5亿吨左右，约四分之一的钢铁及制成品依赖国际市场。2009年上半年全行业完成投资1405.5亿元，目前在建项目粗钢产能5800万吨，多数为违规建设，如不及时加以控制，粗钢产能将超过7亿吨，产能过剩矛盾将进一步加剧
水泥	2008年我国水泥产能18.7亿吨，其中新型干法水泥11亿吨，特种水泥与粉磨站产能2.7亿吨，落后产能约5亿吨，当年水泥产量14亿吨。目前在建水泥生产线418条，产能6.2亿吨，另外还有已核准尚未开工的生产线147条，产能2.1亿吨。这些产能全部建成后，水泥产能将达到27亿吨，市场需求仅为16亿吨，产能将严重过剩
平板玻璃	2008年全国平板玻璃产能6.5亿重箱，产量5.74亿重箱，约占全球产量的50%，其中浮法玻璃产量为4.79亿重箱，占平板玻璃总量的80%。2009年上半年新投产13条生产线，新增产能4848万重箱，目前各地还有30余条在建和拟建浮法玻璃生产线，平板玻璃产能将超过8亿重箱，产能明显过剩
煤化工	近年来，一些煤炭资源产地片面追求经济发展速度，不顾生态环境、水资源承载能力和现代煤化工工艺技术仍处于示范阶段的现实，不注重能源转化效率和全生命周期能效评价，盲目发展煤化工。传统煤化工重复建设严重，产能过剩30%，在进口产品的冲击下，2009年上半年甲醇装置开工率只有40%左右。目前煤制油示范工程正处于试生产阶段，煤制烯烃等示范工程尚处于建设或前期工作阶段，但一些地区盲目规划现代煤化工项目，若不及时合理引导，势必出现“逢煤必化、遍地开花”的混乱局面
多晶硅	多晶硅是信息产业和光伏产业的基础材料，属于高耗能和高污染产品。从生产工业硅到太阳能电池全过程综合电耗约220万千瓦时/兆瓦。2008年我国多晶硅产能2万吨，产量4000吨左右，在建产能约8万吨，产能已明显过剩。我国光伏发电市场发展缓慢，国内太阳能电池98%用于出口，相当于大量输出国内紧缺的能源
风电设备	风电是国家鼓励发展的新兴产业。2008年底已安装风电机组11638台，总装机容量1217万千瓦。近年来风电产业快速发展，出现了风电设备投资一哄而上、重复引进和重复建设现象。目前，我国风电机组整机制造企业超过80家，还有许多企业准备进入风电装备制造业，2010年我国风电装备产能将超过2000万千瓦，而每年风电装机规模为1000万千瓦左右，若不及时调控和引导，产能过剩将不可避免

此外，电解铝、造船、大豆压榨等行业产能过剩矛盾也十分突出，一些地区和企业还在规划新上项目。目前，全球范围内电解铝供过于求，我国电解铝产能为1800万吨，占全球42.9%，产能利用率仅为73.2%；我国造船能力为6600万载重吨，占全球的36%，而2008年国内消费量仅为1000万载重吨左右，70%以上产量靠出口；大豆压榨存在着产能过剩的隐忧；化肥行业氮肥和磷肥自给有余，钾肥严重短缺，产业结构亟待进一步优化

要点：钢铁、水泥、平板玻璃、煤化工、多晶硅、风电设备、电解铝、造船、大豆压榨等行业产能过剩、重复建设问题较为突出。

(二)抑制产能过剩和重复建设的政策导向

抑制产能过剩和重复建设的政策导向见表1－29。

表1－29　抵制产能过剩和重复建设的政策导向

<table>
<tr><th>项目</th><th colspan="2">抵制产能过剩和重复建设的政策导向</th></tr>
<tr><td rowspan="4">主要原则</td><td colspan="2">1. 控制增量和优化存量相结合。
严格控制产能过剩行业盲目扩张和重复建设，推进企业兼并重组和联合重组，加快淘汰落后产能；结合实施“走出去”战略，支持有条件的企业转移产能，形成参与国际产业竞争的新格局；依靠技术进步，优化存量，调整产品结构，谋求有效益、有质量、可持续的发展</td></tr>
<tr><td colspan="2">2. 分类指导和有保有压相结合。
对钢铁、水泥等高耗能、高污染产业，要坚决控制总量、抑制产能过剩；鼓励发展高技术、高附加值、低消耗、低排放的新工艺和新产品，延长产业链，形成新的增长点。对多晶硅、风电设备等新兴产业，要集中有效资源，支持企业提高关键环节和关键部件自主创新能力，积极开展产业化示范，防止投资过热和重复建设，引导有序发展</td></tr>
<tr><td colspan="2">3. 培育新兴产业和提升传统产业相结合。
立足于新一轮国际竞争和可持续发展的需要，尽快培育一批科技含量高、发展潜力大、带动作用强的新兴产业，及时制定出台专项产业政策和规划，明确技术装备路线，建立和完善准入标准；抓紧改造提升传统产业，及时修订产业政策，提高准入标准，对结构调整给予明确产业政策引导</td></tr>
<tr><td colspan="2">4. 市场引导和宏观调控相结合。
加强行业产销形势的监测、分析和国内外市场需求的信息发布，发挥市场配置资源的基础性作用；综合运用法律、经济、技术、标准以及必要的行政手段，协调产业、环保、土地和金融政策，形成抑制产能过剩、引导产业健康发展的合力；同时，坚持深化改革，标本兼治，通过体制机制创新解决重复建设的深层次矛盾</td></tr>
<tr><td rowspan="3">产业政策导向</td><td>钢铁</td><td>充分利用当前市场倒逼机制，在减少或不增加产能的前提下，通过淘汰落后、联合重组和城市钢厂搬迁，加快结构调整和技术进步，推动钢铁工业实现由大到强的转变。不再核准和支持单纯新建、扩建产能的钢铁项目。严禁各地借等量淘汰落后产能之名，避开国家环保、土地和投资主管部门的监管、审批，自行建设钢铁项目。重点支持有条件的大型钢铁企业发展百万千瓦火电及核电用特厚板和高压锅炉管、25万千伏安以上变压器用高磁感低铁损取向硅钢、高档工模具钢等关键品种。尽快完善建筑用钢标准及设计规范，加快淘汰强度335兆帕以下热轧带肋钢筋，推广强度400兆帕及以上钢筋，促进建筑钢材升级换代。2011年底前，坚决淘汰400立方米及以下高炉、30吨及以下转炉和电炉，碳钢企业吨钢综合能耗应低于620千克标准煤，吨钢耗用新水量低于5吨，吨钢烟粉尘排放量低于1.0千克，吨钢二氧化硫排放量低于1.8千克，二次能源基本实现100%回收利用</td></tr>
<tr><td>水泥</td><td>严格控制新增水泥产能，执行等量淘汰落后产能的原则，对2009年9月30日前尚未开工水泥项目一律暂停建设并进行一次认真清理，对不符合上述原则的项目严禁开工建设。各省(区、市)必须尽快制定三年内彻底淘汰落后产能时间表。支持企业在现有生产线上进行余热发电、粉磨系统节能改造和处置工业废弃物、城市污泥及垃圾等。新项目水泥熟料烧成热耗要低于105公斤标煤/吨熟料，水泥综合电耗小于90千瓦时/吨水泥；石灰石储量服务年限必须满足30年以上；废气粉尘排放浓度小于50毫克/标准立方米。落后水泥产能比较多的省份，要加大对企业联合重组的支持力度，通过等量置换落后产能建设新线，推动淘汰落后工作</td></tr>
<tr><td>平板玻璃</td><td>严格控制新增平板玻璃产能，遵循调整结构、淘汰落后、市场导向、合理布局的原则，发展高档用途及深加工玻璃。对现有在建项目和未开工项目进行认真清理，对所有拟建的玻璃项目，各地方一律不得备案。各省(区、市)要制定三年内彻底淘汰“平拉法”(含格法)落后平板玻璃产能时间表。新项目能源消耗应低于16.5公斤标煤/重箱；硅质原料的选矿回收率要达到80%以上；严格环保治理措施，二氧化硫排放低于500毫克/标准立方米、氮氧化物排放低于700毫克/标准立方米、颗粒物排放浓度低于50毫克/标准立方米。鼓励企业联合重组，在符合规划的前提下，支持大企业集团发展电子平板显示玻璃、光伏太阳能玻璃、低辐射镀膜等技术含量高的玻璃以及优质浮法玻璃项目</td></tr>
</table>

续表

产业政策导向	煤化工	要严格执行煤化工产业政策，遏制传统煤化工盲目发展，今后三年停止审批单纯扩大产能的焦炭、电石项目。禁止建设不符合《焦化行业准入条件(2008年修订)》和《电石行业准入条件(2007年修订)》的焦化、电石项目。综合运用节能环保等标准提高准入门槛，加强清洁生产审核，实施差别电价等手段，加快淘汰落后产能。对焦炭和电石实施等量替代方式，淘汰不符合准入条件的落后产能。对合成氨和甲醇实施上大压小、产能置换等方式，降低成本、提高竞争力。稳步开展现代煤化工示范工程建设，今后三年原则上不再安排新的现代煤化工试点项目
	多晶硅	研究扩大光伏市场国内消费的政策，支持用国内多晶硅原料生产的太阳能电池以满足国内需求为主，兼顾国际市场。严格控制在能源短缺、电价较高的地区新建多晶硅项目，对缺乏配套综合利用、环保不达标的多晶硅项目不予核准或备案；鼓励多晶硅生产企业与下游太阳能电池生产企业加强联合与合作，延伸产业链。新建多晶硅项目规模必须大于3000吨/年，占地面积小于6公顷/千吨多晶硅，太阳能级多晶硅还原电耗小于60千瓦时/千克，还原尾气中四氯化硅、氯化氢、氢气回收利用率不低于98.5%、99%、99%；引导、支持多晶硅企业以多种方式实现多晶硅—电厂—化工联营，支持节能环保太阳能级多晶硅技术开发，降低生产成本。到2011年前，淘汰综合电耗大于200千瓦时/千克的多晶硅产能
	风电设备	抓住大力发展风电等可再生能源的历史机遇，把我国的风电装备制造业培育成具有自主创新能力和国际竞争力的新兴产业。严格控制风电装备产能盲目扩张，鼓励优势企业做大做强，优化产业结构，维护市场秩序。原则上不再核准或备案建设新的整机制造厂；严禁风电项目招标中设立要求投资者使用本地风电装备、在当地投资建设风电装备制造项目的条款；建立和完善风电装备标准、产品检测和认证体系，禁止落后技术产品和非准入企业产品进入市场。依托优势企业和科研院所，加强风电技术路线和海上风电技术研究，重点支持自主研发2.5兆瓦及以上风电整机和轴承、控制系统等关键零部件及产业化示范，完善质量控制体系。积极推进风电装备产业大型化、国际化，培育具有国际竞争力的风电装备制造业
	电解铝 船坞 船台	此外，严格执行国家产业政策，今后三年原则上不再核准新建、扩建电解铝项目。现有重点骨干电解铝厂吨铝直流电耗要下降到12500千瓦时以下，吨铝外排氟化物量大幅减少，到2010年底淘汰落后小预焙槽电解铝产能80万吨。要严格执行船舶工业调整和振兴规划及船舶工业中长期发展规划，今后三年各级土地、海洋、环保、金融等相关部门不再受理新建船坞、船台项目的申请，暂停审批现有造船企业船坞、船台的扩建项目，要优化存量，引导企业利用现有造船设施发展海洋工程装备

要点：了解抑制产能过剩和重复建设的政策导向。

(三)抑制产能过剩和重复建设的环境监管措施

推进开展区域产业规划的环境影响评价。区域内的钢铁、水泥、平板玻璃、传统煤化工、多晶硅等高耗能、高污染项目环境影响评价文件必须在产业规划环评通过后才能受理和审批。未通过环境评价审批的项目一律不准开工建设。环保部门要切实负起监管责任，定期发布环保不达标的生产企业名单。对使用有毒、有害原料进行生产或者在生产中排放有毒、有害物质的企业限期完成清洁生产审核，对达不到排放标准或超过排污总量指标的生产企业实行限期治理，未完成限期治理任务的，依法予以关闭。对主要污染物排放超总量控制指标的地区，要暂停增加主要污染物排放项目的环评审批。

要点：抑制产能过剩和重复建设的环境监管措施：开展区域产业规划的环境影响评价；环保部门要定期发布环保不达标的生产企业名单；清洁生产审核；限期治理；总量控制。

九、环境保护部关于贯彻落实抑制部分行业产能过剩和重复建设引导产业健康发展的通知（环发［2009］ 127号）

（一）提高环境保护准入门槛，严格建设项目环境影响评价管理的有关要求

提高环境保护准入门槛，严格建设项目环境影响评价管理的有关要求见表1－30。

表1－30　提高环境保护准入门槛，严格建设项目环境影响评价管理的有关要求

序号	提高环境保护准入门槛，严格建设项目环境影响评价管理的有关要求
1	提高环保准入门槛。制订和完善环境保护标准体系，严格执行污染物排放标准、清洁生产标准和其他环境保护标准，严格控制物耗能耗高的项目准入。严格产能过剩、重复建设行业企业的上市环保核查，建立并完善上市企业环保后督察制度，提高总量控制要求。进一步细化产能过剩、重复建设行业的环保政策和环评审批要求
2	加强区域产业规划环评。认真贯彻执行《规划环境影响评价条例》（国务院第559号令），做好本区域的产业规划环评工作，以区域资源承载力、环境容量为基础，以节能减排、淘汰落后产能为目标，从源头上优化产能过剩、重复建设行业建设项目的规模、布局以及结构。未开展区域产业规划环评、规划环评未通过审查的、规划发生重大调整或者修编而未经重新或者补充环境影响评价和审查的，一律不予受理和审批区域内上述行业建设项目环评文件
3	严格建设项目环评审批。严格遵守环评审批中“四个不批，三个严格”的要求。原则上不得受理和审批扩大产能的钢铁、水泥、平板玻璃、多晶硅、煤化工等产能过剩、重复建设项目的环评文件。在国家投资项目核准目录出台之前，确有必要建设的淘汰落后产能、节能减排的项目环评文件，需报我部审批。未完成主要污染物排放总量减排任务的地区，一律不予受理和审批新增排放总量的上述行业建设项目环评文件

要点：四个不批和三个严格。

（二）加强环境监管，严格落实环境保护“三同时”制度的有关要求

加强环境监管，严格落实环境保护“三同时”制度的有关要求见表1－31。

表1－31　加强环境监管，严格落实环境保护“三同时”制度的有关要求

序号	有关要求	具体内容
1	清查突出环境问题并责令整改	2009年年底前，开展“十一五”期间审批的钢铁、水泥、平板玻璃、多晶硅、煤化工、石油化工、有色冶金等行业建设项目环评的清查，重点调查环境影响评价、施工期环境监理、环保“三同时”验收、日常环境监管等方面情况，对突出环境问题责令整改，于2010年1月15日前将整改情况报送我部
2	强化项目建设过程环境监管	加强建设项目施工期日常监管和现场执法，督促建设单位落实环评批复的各项环保措施，开展工程环境监理，确保建设项目环境保护“三同时”制度落到实处
3	加强建设项目竣工环保验收工作	加强对申请试生产项目环保设施和措施落实情况的现场检查。对环境保护“三同时”制度落实不到位的项目，责令限期整改

要点：加强环境监管，严格落实环境保护“三同时”制度的有关要求：清查突出环境问题并责令整改；强化项目建设过程环境监管；加强建设项目竣工环保验收工作。

十、外商投资产业指导目录(发展改革委令第12号)

外商投资产业指导目录的分类

外商投资产业指导目录分为：鼓励类；限制类；禁止类。

要点外商投资产业分为：鼓励类、限制类、禁止类。

十一、废弃危险化学品污染环境防治办法(国家环境保护总局令第27号)

(一)废弃危险化学品的含义

第二条　本办法所称废弃危险化学品，是指未经使用而被所有人抛弃或者放弃的危险化学品，淘汰、伪劣、过期、失效的危险化学品，由公安、海关、质检、工商、农业、安全监管、环保等主管部门在行政管理活动中依法收缴的危险化学品以及接收的公众上交的危险化学品。

要点：废弃危险化学品的含义：①指未经使用而被所有人抛弃或者放弃的危险化学品；②淘汰、伪劣、过期、失效的危险化学品；③由公安、海关、质检、工商、农业、安全监管、环保等主管部门在行政管理活动中依法收缴的危险化学品以及接收的公众上交的危险化学品。

(二)本办法的适用范围

第三条　本办法适用于中华人民共和国境内废弃危险化学品的产生、收集、运输、贮存、利用、处置活动污染环境的防治。

实验室产生的废弃试剂、药品污染环境的防治，也适用本办法。

盛装废弃危险化学品的容器和受废弃危险化学品污染的包装物，按照危险废物进行管理。

本办法未作规定的，适用有关法律、行政法规的规定。

(三)危险化学品的生产、储存、使用单位转产、停产、停业或者解散的环境保护有关规定

第十四条　危险化学品的生产、储存、使用单位转产、停产、停业或者解散的，应当按照《危险化学品安全管理条例》有关规定对危险化学品的生产或者储存设备、库存产品及生产原料进行妥善处置，并按照国家有关环境保护标准和规范，对厂区的土壤和地下水进行检测，编制环境风险评估报告，报县级以上环境保护部门备案。

对场地造成污染的，应当将环境恢复方案报经县级以上环境保护部门同意后，在环境保护部门规定的期限内对污染场地进行环境恢复。对污染场地完成环境恢复后，应当委托环境保护检测机构对恢复后的场地进行检测，并将检测报告报县级以上环境保护部门备案。

要点：按照《危险化学品安全管理条例》有关规定对危险化学品的生产或者储存设备、库存产品及生产原料进行妥善处置，对厂区的土壤和地下水进行检测，编制环境风险评估报

告，报县级以上环境保护部门备案。

（四）总体原则

第四条　废弃危险化学品污染环境的防治，实行减少废弃危险化学品的产生量、安全合理利用废弃危险化学品和无害化处置废弃危险化学品的原则。

要点：废弃危险化学品污染环境的防治的总体原则：减少、安全合理利用和无害化处置。

（五）危险废物的处置方式和要求

第十二条　回收、利用废弃危险化学品的单位，必须保证回收、利用废弃危险化学品的设施、设备和场所符合国家环境保护有关法律法规及标准的要求，防止产生二次污染；对不能利用的废弃危险化学品，应当按照国家有关规定进行无害化处置或者承担处置费用。

第十三条　产生废弃危险化学品的单位委托持有危险废物经营许可证的单位收集、贮存、利用、处置废弃危险化学品的，应当向其提供废弃危险化学品的品名、数量、成分或组成、特性、化学品安全技术说明书等技术资料。

接收单位应当对接收的废弃危险化学品进行核实；未经核实的，不得处置；经核实不符的，应当在确定其品种、成分、特性后再进行处置。

禁止将废弃危险化学品提供或者委托给无危险废物经营许可证的单位从事收集、贮存、利用、处置等经营活动。

要点：对不能利用的废弃危险化学品，应当按照国家有关规定进行无害化处置或者承担处置费用。产生废弃危险化学品的单位委托持有危险废物经营许可证的单位收集、贮存、利用、处置废弃危险化学品。禁止将废弃危险化学品提供或者委托给无危险废物经营许可证的单位从事收集、贮存、利用、处置等经营活动。

（六）特殊危险废物的污染防治要求

危险废物的焚烧处置

危险废物焚烧可实现危险废物的减量化和无害化，并可回收利用其余热。焚烧处置适用于不宜回收利用其有用组分、具有一定热值的危险废物。易爆废物不宜进行焚烧处置。焚烧设施的建设、运营和污染控制管理应遵循《危险废物焚烧污染控制标准》及其他有关规定。

1. 危险废物焚烧处置应满足的要求如表1－32所示。

表1－32　危险废弃物焚烧处置应满足的要求

序号	危险废弃物焚烧处置应满足的要求
1	危险废物焚烧处置前必须进行前处理或特殊处理，达到进炉的要求，危险废物在炉内燃烧均匀、完全
2	焚烧炉温度应达到1100℃以上，烟气停留时间应在2.0秒以上，燃烧效率大于99.9%，焚毁去除率大于99.99%，焚烧残渣的热灼减率小于5%（医院临床废物和含多氯联苯废物除外）
3	焚烧设施必须有前处理系统、尾气净化系统、报警系统和应急处理装置
4	危险废物焚烧产生的残渣、烟气处理过程中产生的飞灰，须按危险废物进行安全填埋处置。

2. 危险废物的焚烧宜采用以旋转窑炉为基础的焚烧技术，可根据危险废物种类和特征选用其他不同炉型，鼓励改造并采用生产水泥的旋转窑炉附烧或专烧危险废物。

3. 鼓励危险废物焚烧余热利用。对规模较大的危险废物焚烧设施，可实施热电联产。

4. 医院临床废物、含多氯联苯废物等一些传染性的、或毒性大、或含持久性有机污染成分的特殊危险废物宜在专门焚烧设施中焚烧。

要点：危险废物焚烧处置应满足哪四条要求？危险废物的焚烧宜采用哪些焚烧技术？

十二、国家危险废物名录(发展改革委令第1号)

(一)列入本名录的危险废物类别

列入本名录的危险废物类别见表1-33。

表1-33　列入本名录的危险废物类别

编号	类别	编号	类别	编号	类别
HW01	医疗废物	HW17	表面处理废物	HW33	无机氰化物废物
HW02	医药废物	HW18	焚烧处置残渣	HW34	废酸
HW03	废药物、药品	HW19	含金属羰基化合物废物	HW35	废碱
HW04	农药废物	HW20	含铍废物	HW36	石棉废物
HW05	木材防腐剂废物	HW21	含铬废物	HW37	有机磷化合物废物
HW06	有机溶剂废物	HW22	含铜废物	HW38	有机氰化物废物
HW07	热处理含氰废物	HW23	含锌废物	HW39	含酚废物
HW08	废矿物油	HW24	含砷废物	HW40	含醚废物
HW09	油/水、烃/水混合物或乳化液	HW25	含硒废物	HW41	废卤化有并二噁英废物
HW10	多氯(溴)联苯类废物	HW26	含镉废物	HW42	废有机溶剂
HW11	精(蒸)馏残渣	HW27	含锑废物	HW43	含多氯苯并呋喃类废物
HW12	染料、涂料废物	HW28	含硫废物	HW44	含多氯苯并一噁英废物
HW13	有机树脂类废物	HW29	含汞废物	HW45	含有机卤化物废物
HW14	新化学药品废物	HW30	含铊废物	HW46	含镍废物
HW15	爆炸性废物	HW31	含铅废物	HW47	含钡废物
HW16	感光材料废物	HW32	无机氟化物废物	HW48	有色金属冶炼废物

要点：列入本名录有48类危险废物。

(二)列入本名录危险废物范围的原则规定

第二条　具有下列情形之一的固体废物和液态废物，列入本名录：

(1)具有腐蚀性、毒性、易燃性、反应性或者感染性等一种或者几种危险特性的；

(2)不排除具有危险特性，可能对环境或者人体健康造成有害影响，需要按照危险废物进行管理的。

第三条　医疗废物属于危险废物。《医疗废物分类目录》根据《医疗废物管理条例》另行制定和公布。

第四条　未列入本名录和《医疗废物分类目录》的固体废物和液态废物，由国务院环境保护行政主管部门组织专家，根据国家危险废物鉴别标准和鉴别方法认定具有危险特性的，属于危险废物，适时增补进本名录。

第五条　危险废物和非危险废物混合物的性质判定，按照国家危险废物鉴别标准执行。

第六条　家庭日常生活中产生的废药品及其包装物、废杀虫剂和消毒剂及其包装物、废油漆和溶剂及其包装物、废矿物油及其包装物、废胶片及废像纸、废荧光灯管、废温度计、废血压计、废镍镉电池和氧化汞电池以及电子类危险废物等，可以不按照危险废物进行管理。

将前款所列废弃物从生活垃圾中分类收集后，其运输、贮存、利用或者处置，按照危险废物进行管理。

要点：列入本名录危险废物范围有5条原则。

十三、两控区环境政策

我国酸雨控制区和二氧化硫污染控制区要求[《国务院关于酸雨控制区和二氧化硫污染控制区有关问题的批复》(国函[1998]　5号)、《两控区酸雨和二氧化硫污染防治“十五”计划》(国函[2002]　82号)]

第十五条　国务院和省、自治区、直辖市人民政府对尚未达到规定的大气环境质量标准的区域和国务院批准划定的酸雨控制区、二氧化硫污染控制区，可以划定为主要大气污染物排放总量控制区。主要大气污染物排放总量控制的具体办法由国务院规定。

大气污染物总量控制区内有关地方人民政府依照国务院规定的条件和程序，按照公开、公平、公正的原则，核定企业事业单位的主要大气污染物排放总量，核发主要大气污染物排放许可证。

有大气污染物总量控制任务的企业事业单位，必须按照核定的主要大气污染物排放总量和许可证规定的排放条件排放污染物。

两控区控制目标为：到2000年，排放二氧化硫的工业污染源达标排放，并实行二氧化硫排放总量控制；有关直辖市、省会城市、经济特区城市、沿海开放城市及重点旅游城市环境空气二氧化硫浓度达到国家环境质量标准，酸雨控制区酸雨恶化的趋势得到缓解。到2010年，二氧化硫排放总量控制在2000年排放水平以内；城市环境空气二氧化硫浓度达到国家环境质量标准，酸雨控制区降水pH值小于4.5的面积比2000年有明显减少。

(一)总体目标

到2005年，“两控区”内二氧化硫排放量比2000年减少20%，控制在1053.2万吨以内，酸雨污染程度有所减轻，硫沉降量有所减少，80%以上的城市空气二氧化硫浓度年均值达到国家环境空气质量二级标准，其他城市环境空气二氧化硫浓度明显降低。

(二)具体目标

1. 二氧化硫排放总量控制目标

到2005年，“两控区”二氧化硫产生量将达到1410万吨，实现二氧化硫排放总量控制在1053.2万吨以内的目标(其中酸雨控制区630.2万吨，二氧化硫污染控制区423.4万吨)，要形成356.8万吨/年的二氧化硫减排能力。

2. 城市空气二氧化硫浓度控制目标

到2005年，2000年环境空气二氧化硫年均浓度已达三级标准的地级以上城市和环境保护重点城市(共计150个)达到国家二级标准，其他城市达到三级标准。

要点：我国两控区的总体目标和具体目标。

十四、燃煤二氧化硫排放污染防治技术政策(环发[2002] 26号)

(一)总体原则

1. 总则

1.5 本技术政策的总原则是：推行节约并合理使用能源、提高煤炭质量、高效低污染燃烧以及末端治理相结合的综合防治措施，根据技术的经济可行性，严格二氧化硫排放污染控制要求，减少二氧化硫排放。

要点：燃煤二氧化硫排放污染防治技术政策的总原则：推行节约并合理使用能源、提高煤炭质量、高效低污染燃烧以及末端治理相结合的综合防治措施。

(二)能源合理利用的有关规定

2. 能源合理利用

2.1 鼓励可再生能源和清洁能源的开发利用，逐步改善和优化能源结构。

2.2 通过产业和产品结构调整，逐步淘汰落后工艺和产品，关闭或改造布局不合理、污染严重的小企业；鼓励工业企业进行节能技术改造，采用先进洁净煤技术，提高能源利用效率。

2.3 逐步提高城市用电、燃气等清洁能源比例，清洁能源应优先供应民用燃烧设施和小型工业燃烧设施。

2.4 城镇应统筹规划，多种方式解决热源，鼓励发展地热、电热膜供暖等采暖方式；城市市区应发展集中供热和以热定电的热电联产，替代热网区内的分散小锅炉；热网区外和未进行集中供热的城市地区，不应新建产热量在2.8MW以下的燃煤锅炉。

2.5 城镇民用炊事炉灶、茶浴炉以及产热量在0.7MW以下采暖炉应禁止燃用原煤，提倡使用电、燃气等清洁能源或固硫型煤等低污染燃料，并应同时配套高效炉具。

2.6 逐步提高煤炭转化为电力的比例，鼓励建设坑口电厂并配套高效脱硫设施，变输煤为输电。

2.7 到2003年，基本关停50MW以下(含50MW)的常规燃煤机组；到2010年，逐步淘汰不能满足环保要求的100MW以下的燃煤发电机组(综合利用电厂除外)，提高火力发电的煤炭使用效率。

要点：鼓励开发的能源，能源合理利用的措施。

(三)电厂锅炉、工业锅炉和窑炉脱硫的有关规定

5. 电厂锅炉

5.1.1 燃用中、高硫煤的电厂锅炉必须配套安装烟气脱硫设施进行脱硫。

5.1.2 电厂锅炉采用烟气脱硫设施的适用范围是：

1)新、扩、改建燃煤电厂，应在建厂同时配套建设烟气脱硫设施，实现达标排放，并满足SO_2排放总量控制要求，烟气脱硫设施应在主机投运同时投入使用。

2)已建的火电机组，若SO_2排放未达排放标准或未达到排放总量许可要求、剩余寿命(按照设计寿命计算)大于10年(包括10年)的，应补建烟气脱硫设施，实现达标排放，并满足SO_2排放总量控制要求。

3)已建的火电机组，若SO_2排放未达排放标准或未达到排放总量许可要求、剩余寿命(按照设计寿命计算)低于10年的，可采取低硫煤替代或其他具有同样SO_2减排效果的措施，实现达标排放，并满足SO_2排放总量控制要求。否则，应提前退役停运。

4)超期服役的火电机组，若SO_2排放未达排放标准或未达到排放总量许可要求，应予以淘汰。

5.1.3　电厂锅炉烟气脱硫的技术路线是：

1)燃用含硫量2%煤的机组、或大容量机组(200MW)的电厂锅炉建设烟气脱硫设施时，宜优先考虑采用湿式石灰石－石膏法工艺，脱硫率应保证在90%以上，投运率应保证在电厂正常发电时间的95%以上。

2)燃用含硫量<2%煤的中小电厂锅炉(<200MW)，或是剩余寿命低于10年的老机组建设烟气脱硫设施时，在保证达标排放，并满足SO_2排放总量控制要求的前提下，宜优先采用半干法、干法或其他费用较低的成熟技术，脱硫率应保证在75%以上，投运率应保证在电厂正常发电时间的95%以上。

5.1.4　火电机组烟气排放应配备二氧化硫和烟尘等污染物在线连续监测装置，并与环保行政主管部门的管理信息系统联网。

5.1.5　在引进国外先进烟气脱硫装备的基础上，应同时掌握其设计、制造和运行技术，各地应积极扶持烟气脱硫的示范工程。

5.1.6　应培育和扶持国内有实力的脱硫工程公司和脱硫服务公司，逐步提高其工程总承包能力，规范脱硫工程建设和脱硫设备的生产和供应。

5.2　工业锅炉和窑炉

5.2.1　中小型燃煤工业锅炉(产热量<14MW)提倡使用工业型煤、低硫煤和洗选煤。对配备湿法除尘的，可优先采用如下的湿式除尘脱硫一体化工艺：

1)燃中低硫煤锅炉，可采用利用锅炉自排碱性废水或企业自排碱性废液的除尘脱硫工艺；

2)燃中高硫煤锅炉，可采用双碱法工艺。

5.2.2　大中型燃煤工业锅炉(产热量14MW)可根据具体条件采用低硫煤替代、循环流化床锅炉改造(加固硫剂)或采用烟气脱硫技术。

5.2.3　应逐步淘汰敞开式炉窑，炉窑可采用改变燃料、低硫煤替代、洗选煤或根据具体条件采用烟气脱硫技术。

5.2.4　大中型燃煤工业锅炉和窑炉应逐步安装二氧化硫和烟尘在线监测装置。

要点：电厂锅炉采用烟气脱硫设施的适用范围、技术路线以及3项特殊规定；各种类型工业锅炉和窑炉烟气脱硫设施的要求。

十五、城市污水处理及污染防治技术政策(建设部、国家环保总局、科技部，建城[2000]年120号)

(一)我国城市污水处理技术原则

2.2　全国设市城市和建制镇均应规划建设城市污水集中处理设施。达标排放的工业废水应纳入城市污水收集系统并与生活污水合并处理。

对排入城市污水收集系统的工业废水应严格控制重金属、有毒有害物质，并在厂内进行预处理，使其达到国家和行业规定的排放标准。

对不能纳入城市污水收集系统的居民区、旅游风景点、度假村、疗养院、机场、铁路车站、经济开发小区等分散的人群聚居地排放的污水和独立工矿区的工业废水，应进行就地处理达标排放。

2.3 设市城市和重点流域及水资源保护区的建制镇，必须建设二级污水处理设施，可分期分批实施。受纳水体为封闭或半封闭水体时，为防治富营养化，城市污水应进行二级强化处理，增强除磷脱氮的效果。非重点流域和非水源保护区的建制镇，根据当地经济条件和水污染控制要求，可先行一级强化处理，分期实现二级处理。

要点：设市城市和建制镇污水集中处理的要求；设市城市和重点流域及水资源保护区的建制镇建设污水处理设施的相关要求。

(二)城市污水收集系统的有关要求

3. 城市污水的收集系统

3.1 在城市排水专业规划中应明确排水体制和退水出路。

3.2 对于新城区，应优先考虑采用完全分流制；对于改造难度很大的旧城区合流制排水系统，可维持合流制排水系统，合理确定截留倍数。在降雨量很少的城市，可根据实际情况采用合流制。

3.3 在经济发达的城市或受纳水体环境要求较高时，可考虑将初期雨水纳入城市污水收集系统。

3.4 实行城市排水许可制度，严格按照有关标准监督检测排入城市污水收集系统的污水水质和水量，确保城市污水处理设施安全有效运行。

要点：在城市排水专业规划中明确排水体制和退水出路；对新城区、旧城区以及特殊区域的不同要求；城市排水许可制度。

(三)污水处理工艺选择的原则和工艺选择的主要技术经济指标

4.1 工艺选择准则

4.1.1 城市污水处理工艺应根据处理规模、水质特性、受纳水体的环境功能及当地的实际情况和要求，经全面技术经济比较后优选确定。

4.1.2 工艺选择的主要技术经济指标包括：处理单位水量投资、削减单位污染物投资、处理单位水量电耗和成本、削减单位污染物电耗和成本、占地面积、运行性能可靠性、管理维护难易程度、总体环境效益等。

4.1.3 应切合实际地确定污水进水水质，优化工艺设计参数。必须对污水的现状水质特性、污染物构成进行详细调查或测定，作出合理的分析预测。在水质构成复杂或特殊时，应进行污水处理工艺的动态试验，必要时应开展中试研究。

4.1.4 积极审慎地采用高效经济的新工艺。对在国内首次应用的新工艺，必须经过中试和生产性试验，提供可靠设计参数后再进行应用。

要点：城市污水处理工艺和工艺参数的确定，工艺选择的主要技术经济指标以及新工艺的选择。

(四)污水处理的工艺技术和污泥处理的有关技术和要求

4.2 处理工艺

4.2.1 一级强化处理工艺

一级强化处理，应根据城市污水处理设施建设的规划要求和建设规模，选用物化强化处理法、AB 法前段工艺、水解好氧法前段工艺、高负荷活性污泥法等技术。

4.2.2 二级处理工艺

日处理能力在 20 万立方米以上(不包括 20 万立方米/日)的污水处理设施，一般采用常规活性污泥法。也可采用其他成熟技术。

日处理能力在(10～20)万立方米的污水处理设施，可选用常规活性污泥法、氧化沟法、SBR 法和 AB 法等成熟工艺。

日处理能力在 10 万立方米以下的污水处理设施，可选用氧化沟法、SBR 法、水解好氧法、AB 法和生物滤池法等技术，也可选用常规活性污泥法。

4.2.3 二级强化处理

二级强化处理工艺是指除有效去除碳源污染物外，且具备较强的除磷脱氮功能的处理工艺。在对氮、磷污染物有控制要求的地区，日处理能力在 10 万立方米以上的污水处理设施，一般选用 A/O 法、A/A/O 法等技术。也可审慎选用其他的同效技术。

日处理能力在 10 万立方米以下的污水处理设施，除采用 A/O 法、A/A/O 法外，也可选用具有除磷脱氮效果的氧化沟法、SBR 法、水解好氧法和生物滤池法等。

必要时也可选用物化方法强化除磷效果。

4.3 自然净化处理工艺

4.3.1 在严格进行环境影响评价、满足国家有关标准要求和水体自净能力要求的条件下，可审慎采用城市污水排入大江或深海的处置方法。

4.3.2 在有条件的地区，可利用荒地、闲地等可利用的条件，采用各种类型的土地处理和稳定塘等自然净化技术。

4.3.3 城市污水二级处理出水不能满足水环境要求时，在条件许可的情况下，可采用土地处理系统和稳定塘等自然净化技术进一步处理。

4.3.4 采用土地处理技术，应严格防止地下水污染。

5. 污泥处理

5.1 城市污水处理产生的污泥，应采用厌氧、好氧和堆肥等方法进行稳定化处理。也可采用卫生填埋方法予以妥善处置。

5.2 日处理能力在 10 万立方米以上的污水二级处理设施产生的污泥，宜采取厌氧消化工艺进行处理，产生的沼气应综合利用。

日处理能力在 10 万立方米以下的污水处理设施产生的污泥，可进行堆肥处理和综合利用。

采用延时曝气的氧化沟法、SBR 法等技术的污水处理设施，污泥需达到稳定化。采用物化一级强化处理的污水处理设施，产生的污泥须进行妥善的处理和处置。

5.3 经过处理后的污泥，达到稳定化和无害化要求的，可农田利用；不能农田利用的污泥，应按有关标准和要求进行卫生填埋处置。

要点：一级强化处理工艺可选用的技术。不同日处理能力的二级处理工艺所选用的技术。二级强化处理的定义以及不同条件下所选用的不同技术。自然净化处理工艺的4种不同选择。污泥处理所采用的技术及对处理后污泥的要求。

十六、城市生活垃圾处理及污染防治技术政策（建设部、国家环保总局、科技部，建城[2000]年124号）

（一）城市生活垃圾处理及污染防治技术政策中城市生活垃圾处理的原则

1.5　应按照减量化、资源化、无害化的原则，加强对垃圾产生的全过程管理，从源头减少垃圾的产生。对已经产生的垃圾，要积极进行无害化处理和回收利用，防止污染环境。

1.6　卫生填埋、焚烧、堆肥、回收利用等垃圾处理技术及设备都有相应的适用条件，在坚持因地制宜、技术可行、设备可靠、适度规模、综合治理和利用的原则下，可以合理选择其中之一或适当组合。在具备卫生填埋场地资源和自然条件适宜的城市，以卫生填埋作为垃圾处理的基本方案在具备经济条件、垃圾热值条件和缺乏卫生填埋场地资源的城市，可发展焚烧处理技术；积极发展适宜的生物处理技术，鼓励采用综合处理方式。禁止垃圾随意倾倒和无控制堆放。

要点：减量化、资源化、无害化的原则。卫生填埋、焚烧、堆肥、回收利用、生物处理技术等垃圾处理技术及设备的选用，积极发展和鼓励采用的处理方式。对垃圾的规定要求。

（二）垃圾处理设施的环境影响评价要求

1.7　垃圾处理设施的建设应严格按照基本建设程序和环境影响评价的要求执行，加强垃圾处理设施的验收和垃圾处理设施运行过程中污染排放的监督。

（三）城市生活垃圾卫生填埋和焚烧处理的有关要求

5. 卫生填埋处理

5.1　卫生填埋是垃圾处理必不可少的最终处理手段，也是现阶段我国垃圾处理的主要方式。

5.2　卫生填埋场的规划、设计、建设、运行和管理应严格按照《城市生活垃圾卫生填埋技术标准》、《生活垃圾填埋污染控制标准》和《生活垃圾填埋场环境监测技术标准》等要求执行。

5.3　科学合理地选择卫生填埋场场址，以利于减少卫生填埋对环境的影响。

5.4　场址的自然条件符合标准要求的，可采用天然防渗方式；不具备天然防渗条件的，应采用人工防渗技术措施。

5.5　场内应实行雨水与污水分流，减少运行过程中的渗沥水（渗滤液）产生量。

5.6　设置渗沥水收集系统，鼓励将经过适当处理的垃圾渗沥水排入城市污水处理系统。不具备上述条件的，应单独建设处理设施，达到排放标准后方可排入水体。渗沥水也可以进行回流处理，以减少处理量降低处理负荷，加快卫生填埋场稳定化。

5.7　应设置填埋气体导排系统，采取工程措施，防止填埋气体侧向迁移引发的安全事故。尽可能对填埋气体进行回收和利用；对难以回收和无利用价值的，可将其导出处理后排放。

5.8　填埋时应实行单元分层作业，做好压实和每日覆盖。

5.9　填埋终止后，要进行封场处理和生态环境恢复，继续引导和处理渗沥水、填埋气体。在卫生填埋场稳定以前，应对地下水、地表水、大气进行定期监测。

5.10　卫生填埋场稳定后，经监测、论证和有关部门审定后，可以对土地进行适宜的开发利用，但不宜用作建筑用地。

6　焚烧处理

6.1　焚烧适用于进炉垃圾平均低位热值高于5000kJ/kg、卫生填埋场地缺乏和经济发达的地区。

6.2　垃圾焚烧目前宜采用以炉排炉为基础的成熟技术，审慎采用其他炉型的焚烧炉。禁止使用不能达到控制标准的焚烧炉。

6.3　垃圾应在焚烧炉内充分燃烧，烟气在后燃室应在不低于850℃的条件下停留不少于2秒。

6.4　垃圾焚烧产生的热能应尽量回收利用，以减少热污染。

6.5　垃圾焚烧应严格按照《生活垃圾焚烧污染控制标准》等有关标准要求，对烟气、污水、炉渣、飞灰、臭气和噪声等进行控制和处理，防止对环境的污染。

6.6　应采用先进和可靠的技术及设备，严格控制垃圾焚烧的烟气排放。烟气处理宜采用半干法加布袋除尘工艺。

6.7　应对垃圾贮坑内的渗沥水和生产过程的废水进行预处理和单独处理，达到排放标准后排放。

6.8　垃圾焚烧产生的炉渣经鉴别不属于危险废物的，可回收利用或直接填埋。属于危险废物的炉渣和飞灰必须作为危险废物处置。

要点：城市生活垃圾卫生填埋处理的10条要求，以及焚烧处理的8条要求。

十七、有关发展热电联产的产业政策（关于印发《关于发展热电联产的规定》的通知中有关热电联产规划的方针、原则以及国家鼓励的热电联产技术等内容。（国家计委、经贸委、建设部、环保总局，计基础[2000]1268号）

（一）发展热电联产有关规定中热电比和热效率要求的原则

发展热电联产有关规定中热电比和热效率要求的原则见表1－34。

表1－34　发展热电联产有关规定中热电比和热效率要求的原则

一、供热式汽轮发电机组的蒸汽流既发电又供热的常规热电联产。应符合下列指标：	
1. 总热效率年平均大于45%。	总热效率＝（供热量＋供电量×3600千焦/千瓦时）/（燃料总消耗量×燃料单位低位热值）×100%
2. 热电联产的热电比：	（1）单机容量在50兆瓦以下的热电机组，其热电比年平均应大于100%；
	（2）单机容量在50兆瓦至200兆瓦以下的热电机组，其热电比年平均应大于50%；
	（3）单机容量200兆瓦及以上抽汽凝汽两用供热机组，采暖期热电比应大于50%
热电比＝供热量/（发电量×3600千焦/千瓦时）×100%	

续表

二、燃气—蒸汽联合循环热电联产系统包括：燃气轮机＋供热余热锅炉、燃气轮机＋余热锅炉＋供热式汽轮机。燃气—蒸汽联合循环热电联产系统应符合下列指标：
1. 总热效率年平均大于55%
2. 各容量等级燃气—蒸汽联合循环热电联产的热电比年平均应大于30%

要点：总热效率的计算。热电比的计算以及各种单机容量的热电机组对热电比的要求。不同的燃气－蒸汽联合循环热电联产系统，以及其对总热效率和热电比的要求。

（二）热电厂、热力网、粉煤灰综合利用项目应用时审批、同步建设、同步验收投入使用的规定

第六条　热电厂、热力网、粉煤灰综合利用项目应同时审批、同步建设、同步验收投入使用。热力网建设资金和粉煤灰综合利用项目不落实的，热电厂项目不予审批。

要点：热电厂、热力网、粉煤灰综合利用项目应同时审批、同步建设、同步验收投入使用。热电厂项目不予审批的条件。

十八、钢铁、电解铝、水泥行业产业政策

（一）国家关于制止钢铁、电解铝、水泥行业盲目投资的有关规定（国务院办公厅转发发展改革委等部门《关于制止钢铁行业盲目投资的若干意见》、《关于制止电解铝行业违规建设盲目投资的若干意见》和《关于防止水泥行业盲目投资加快结构调整的若干意见》国办发[2003]103号）

国家关于制止钢铁、电解铝、水泥行业盲目投资的有关规定见表1－35。

表1－35　国家关于制止钢铁、电解铝、水泥行业盲目投资的有关规定

行业	国家关于制止钢铁、电解铝、水泥行业盲目投资的有关规定
钢铁行业	加强产业政策和规划导向。要鼓励增加板管等高附加值短缺钢材的供给能力，限制发展能力已经过剩、质量低劣、污染严重的长线材等品种，降低资源消耗，实现清洁化生产，严格市场准入管理为保证技术的先进性和满足环境保护的要求，实现钢铁工业可持续发展，必须严格市场准入条件。钢铁投资建设项目的最低条件暂定为：
	1. 烧结机使用面积达到180m^{2}及以上、焦炉炭化室高度达到4.3m及以上，高炉容积达到1000m^{3}及以上、转炉容积达到100吨及以上、电炉达到60吨及以上
	2. 高炉必须同步配套建设煤粉喷吹装置、炉前粉尘捕集装置，大型高炉要配套建设余压发电装置；焦炉必须同步配套建设干熄焦、装煤、推焦除尘装置；转炉必须同步配套建设转炉煤气回收装置；电炉必须配套烟尘回收装置
	3. 新建钢铁联合企业，吨钢综合能耗低于0.7吨标煤，吨钢耗新水低于6吨，符合清洁生产要求，污染物排放指标达到环保标准要求
	4. 矿石、焦炭、供水、交通运输等外部条件要具备并落实

续表

行业	国家关于制止钢铁、电解铝、水泥行业盲目投资的有关规定
钢铁行业	对达不到上述条件的，一律不得批准建设。 国家和各地原则上不再批准新建钢铁联合企业和独立炼铁厂、炼钢厂项目，确有必要的，必须经过国家投资主管部门按照规定的准入条件充分论证和综合平衡后报国务院审批。严禁地方各级人民政府将项目化整为零、越权、违规审批钢铁项目。 强化环境监督和执法 加强用地管理。新建、扩建(改建)钢铁企业用地必须符合土地利用总体规划，纳入土地利用年度计划，用地规模必须符合国家颁布的《工程项目建设用地指标》的规定；涉及占用农用地和征用农民集体土地的，必须严格按照法定程序和权限，履行农用地转用和土地征用审批手续。 加强和改进信贷管理。 银监会要加强监管，督促金融机构控制信贷风险；金融机构要增强风险意识，强化信贷审核。 认真做好项目的清理工作
电解铝行业	1. 加强规划引导，严格项目管理 所有电解铝建设项目，一律按现行审批程序，报国家投资主管部门批准。鼓励电解铝企业与氧化铝企业联合重组。 凡不符合产业政策和发展规划的电解铝、氧化铝项目，国家投资主管部门不得批准，国土资源行政主管部门不得办理建设用地和采矿许可手续，环境保护行政主管部门不得办理审批手续、不准核发排污许可证
	2. 调整经济政策，控制新建项目 限定在2004年底前淘汰尚存的自焙槽生产能力。暂定在2005年底以前，除淘汰自焙槽生产能力置换项目和环保改造项目外，原则上不再审批扩大电解铝生产能力的建设项目
	3. 整顿开采秩序，合理利用资源 今后新建氧化铝企业，必须按照有关法律法规规定，申请铝土矿采矿权，按照批准的开发利用方案配套建设矿山，依法开采铝土矿资源。任何未按国家规定审批和没有落实合法铝土矿来源的氧化铝建设项目，一律不得自行开工建设
	4. 加强监督检查，规范建设行为
水泥行业	1. 完善产业政策 支持加快发展新型干法水泥，重点支持在有资源的地方建设日产4000吨及以上规模新型干法熟料基地项目，鼓励地方和企业以淘汰落后生产能力的方式，发展新型干法水泥。严格禁止新建和扩建机立窑、干法中空窑、立波尔窑、湿法窑水泥项目
	2. 科学规划布局 遵循“控制总量、调整结构、提高质量、保护环境”原则，统筹考虑本地资源、能源、市场需求等情况，认真做好水泥工业规划和布局
	3. 严格市场准入
	4. 强化环境监督 环境保护行政主管部门对新、改、扩建水泥生产项目要严格执行环境影响评价、“三同时”(同时设计、同时施工、同时投产使用)和污染物排放总量控制制度
	5. 加强资源管理 合理开发利用石灰石资源。制定和完善在石灰石矿山开发中的环境保护、土地复垦和生态恢复

要点：钢铁投资建设项目审批的最低条件以及不予审批的各种条件。电解铝行业(4 条)和水泥行业(5 条)所采用的措施。

(二)国家关于从严控制铁合金生产能力切实制止低水平重复建设的有关规定(国务院办公厅转发国家经贸委等五部门关于从严控制铁合金生产能力切实制止低水平重复建设意见的通知国办发[2002]23 号)

为了从严控制铁合金生产能力、切实制止低水平重复建设，现提出以下意见：

1. 目前仍没有淘汰的3200 千伏安及以下的铁合金电炉要立即淘汰，2005 年以前一律不得新建铁合金电炉(炉窑)和高炉。

2. 对 1999 年 7 月以来新建铁合金项目进行分类处理

(1)单个装机容量在3200 千伏安及以下的电炉立即停止生产。拒不执行的，由经济贸易主管部门提请工商行政管理部门吊销企业营业执照。

(2)单个装机容量在3200 千伏安以上、但污染物排放不达标的企业，立即停产整顿，经省级环保部门验收合格后方能恢复生产；整顿后污染物排放仍不能达标的予以关停，并依法到工商行政管理部门办理注销登记，不按规定办理注销登记的，由工商行政管理部门吊销营业执照。

(3)对在建或拟建的铁合金项目立即停止建设。各地人民政府要对新建铁合金项目进行认真清理，对 1999 年 7 月以来违规新建的铁合金项目，要根据具体情况给予通报批评，对项目审批单位责任人和擅自建设项目的责任人应追究责任。

要点：对淘汰、停产整顿和停止建设的铁合金电炉的各项要求。1999 年 7 月以来新建铁合金项目的分类处理。

十九、淘汰落后生产能力、工艺和产品的目录及工商投资领域制止重复建设目录和禁止外商投资产业指导目录

基本内容及用途(淘汰落后生产能力、工艺和产品的目录国家经济贸易委员会令第6 号、第16 号、第32 号)

淘汰落后的生产能力、工艺和产品的目录淘汰的是违反国家法律法规、生产方式落后、产品质量低劣、环境污染严重、原材料和能源消耗高的落后生产能力、工艺和产品，给出了明确具体的内容和淘汰期限。

目录涉及煤炭、轻工、石油、建材、有色金属、电力、机械、化工、钢铁、纺织、医药、农药、消防、黄金、新闻出版、铁道、汽车、卫生等 18 个行业，共计 353 项内容。

工商投资领域制止重复建设目录(第一批)公布的第一批涉及 17 个行业，共 201 项内容。

工商投资领域制止重复建设目录(第一批)禁止投资的是：根据国家有关法律法规明令禁止内容确定的项目；低水平重复建设严重，造成当前生产能力过剩，需总量控制的项目；工艺技术落后，已有先进、成熟工艺和技术替代的项目；污染环境、浪费资源严重的项目。

工商投资领域制止重复建设目录（第一批）涉及的固定资产投资项目，各级政府投资主管部门不予审批；各银行、金融机构不予贷款；土地管理、城市规划、环境保护、消防、海关等部门不得办理有关手续；凡违背本目录进行投融资建设的，要追究有关人员的责任。

外商投资产业指导目录(2011 年修订)（国家发展改革委、商务部 12 月 24 日发布第 12 号令）

新《目录》增加了鼓励类条目，减少了限制类和禁止类条目。同时，取消部分领域对外资的股比限制，有股比要求的条目比原目录减少 11 条。

新《目录》在鼓励类中增加了纺织、化工、机械制造等领域新产品、新技术条目。同时，鼓励外商投资循环经济，鼓励类增加了废旧电器电子产品、机电设备、电池回收处理条目；考虑汽车产业健康发展的要求，将汽车整车制造条目从鼓励类中删除；为抑制部分行业产能过剩和盲目重复建设，将多晶硅、煤化工等条目从鼓励类删除。

鼓励外商投资节能环保、新一代信息技术、生物、高端装备制造、新能源、新材料、新能源汽车等战略性新兴产业。新《目录》在鼓励类增加了新能源汽车关键零部件、基于 IPv6 的下一代互联网系统设备等条目，取消了新能源发电设备条目的股比要求。

鼓励外商投资现代服务业，支持面向民生的服务业扩大利用外资，推进服务业开放进程。新《目录》增加了 9 项服务业鼓励类条目，包括机动车充电站、创业投资企业、知识产权服务、海上石油污染清理技术服务、职业技能培训等，服务业条目在鼓励类中的比重进一步增加。同时，将外商投资医疗机构、金融租赁公司等从限制类调整为允许类。

要点：淘汰落后生产能力、工艺和产品的 18 个行业。工商投资领域制止重复建设目录（第一批）中禁止投资的项目以及各项要求。

二十、资源综合利用目录

目录的基本内容与贯彻落实要求(《资源综合利用目录(2003 年修订)》发改环资[2004] 33 号文)

资源综合利用目录(2003 年修订)见表 1－36。

表 1－36　资源综合利用目录(2003 年修订)

一、在矿产资源开采加工过程中综合利用共生、伴生资源生产的产品	1. 煤系伴生的高岭岩（土）、铝钒土、耐火黏土、膨润土、硅藻土、玄武岩、辉绿岩、大理石、花岗石、硫铁矿、硫精矿、瓦斯气、褐煤蜡、腐植酸及腐质酸盐类、石膏、石墨、天然焦及其加工利用的产品；
	2. 黑色金属矿山和黄金矿山回收的硫铁矿、铜、钴、硫、萤石、磷、钒、锰、氟精矿、稀土精矿、钛精矿；
	3. 有色金属矿山回收的主要金属以外的硫精矿、硫铁矿、铁精矿、萤石精矿及各种精矿和金属，以及利用回收的残矿、难选矿及低品位矿生产的精矿和金属；
	4. 利用黑色、有色金属和非金属及其尾矿回收的铁精矿、铜精矿、铅精矿、锌精矿、钨精矿、铋精矿、锡精矿、锑精矿、砷精矿、钴精矿、绿柱石、长石粉、萤石、硫精矿、稀土精矿、锂云母；

续表

一、在矿产资源开采加工过程中综合利用共生、伴生资源生产的产品		5. 黑色金属冶炼（企业）回收的铜、钴、铅、锌、钒、钛、铌、稀土，有色金属冶炼（企业）回收的主要金属以外的各种金属及硫酸；
		6. 磷、钾、硫等化学矿开采过程中回收的钠、镁、锂等副产品；
		7. 利用采矿和选矿废渣（包括废石、尾矿、碎屑、粉末、粉尘、污泥）生产的金属、非金属产品和建材产品；
		8. 原油、天然气生产过程中回收提取的轻烃、氦气、硫黄及利用伴生卤水生产的精制盐、固盐、液碱、盐酸、氯化石蜡和稀有金属。
二、综合利用"三废"生产的产品	（一）综合利用固体废物生产的产品	9. 利用煤矸石、铝钒石、石煤、粉煤灰（渣）、硼尾矿粉、锅炉炉渣、冶炼废渣、化工废渣及其他固体废弃物、生活垃圾、建筑垃圾以及江河（渠）道淤泥、淤沙生产的建材产品、电瓷产品、肥料、土壤改良剂、净水剂、作物栽培剂，以及利用粉煤灰生产的漂珠、微珠、氧化铝；
		10. 利用煤矸石、石煤、煤泥、共伴生油母页岩、高硫石油焦、煤层气、生活垃圾、工业炉渣、造气炉渣、糠醛废渣生产的电力、热力及肥料，利用煤泥生产的水煤浆，以及利用共伴生油母页岩生产的页岩油；
		11. 利用冶炼废渣回收的废钢铁、铁合金料、精矿粉、稀土、废电极、废有色金属以及利用冶炼废渣生产的烧结料、炼铁料、铁合金冶炼溶剂、建材产品；
		12. 利用化工废渣生产的建材产品、肥料、纯碱、烧碱、硫酸、磷酸、硫黄、复合硫酸铁、铬铁；
		13. 利用制糖废渣、滤泥、废糖蜜生产的电力、造纸原料、建材产品、酒精、饲料、肥料、赖氨酸、柠檬酸、核苷酸、木糖，以及利用造纸污泥生产的肥料及建材产品；
		14. 利用食品、粮油、酿酒、酒精、淀粉废渣生产的饲料、碳化硅、饲料酵母、糠醛、石膏、木糖醇、油酸、脂肪酸、菲丁、肌醇、烷基化糖苷；
		15. 利用炼油、合成氨、合成润滑油、有机合成及其他化工生产过程中的废渣、废催化剂回收的贵重金属、絮凝剂及各类载体生产的再生制品及其他加工产品。
		16. 利用化工、纺织、造纸工业废水（液）生产的银、盐、锌、纤维、碱、羊毛脂、PVA（聚乙烯醇）、硫化钠、亚硫酸钠、硫氰酸钠、硝酸、铁盐、铬盐、木素磺酸盐、乙酸、乙二酸、乙酸钠、盐酸、粘合剂、酒精、香兰素、饲料酵母、肥料、甘油、乙氰；
	（二）综合利用废水（液）生产的产品	17. 利用制盐液（苦卤）及硼酸废液生产的氯化钾、溴素、氯化镁、无水硝、石膏、硫酸镁、硫酸钾、制冷剂、阻燃剂、燃料、肥料；
		18. 利用酿酒、酒精、制糖、制药、味精、柠檬酸、酵母废液生产的饲料、食用醋、酶制剂、肥料、沼气，以及利用糠醛废液生产的醋酸钠；
		19. 利用石油加工、化工生产中产生的废硫酸、废碱液、废氨水以及蒸馏或精馏釜残液生产的硫黄、硫酸、硫铵、氟化铵、氯化钙、芒硝、硫化钠、环烷酸、杂酚、肥料，以及酸、碱、盐等无机化工产品和烃、醇、酚、有机酸等有机化工产品；
		20. 从含有色金属的线路板蚀刻废液、废电镀液、废感光乳剂、废定影液、废矿物油、含砷含锑废渣提取各种金属和盐，以及达到工业纯度的有机溶剂；
		21. 利用工业酸洗废液生产的硫酸、硫酸亚铁、聚合硫酸铁、铁红、铁黄、磁性材料、再生盐酸、三氯化铁、三氯化二铁、铁盐、有色金属等；

二、综合利用“三废”生产的产品	（二）综合利用废水（液）生产的产品	22. 利用工矿废水、城市污水及处理产生的污泥和畜禽养殖污水生产的肥料、建材产品、沼气、电力、热力及燃料；
		23. 利用工矿废水、城市污水处理达到国家有关规定标准，用于工业、农业、市政杂用、景观环境和水源补充的再生水。
	（三）综合利用废气生产的产品	24. 利用炼铁高炉煤气、炼钢转炉煤气、铁合金电炉煤气、火炬气以及炭黑尾气、工业余热、余压生产的电力、热力；
		25. 从煤气制品中净化回收的焦油、焦油渣产品和硫黄及其加工产品；
		26. 利用化工、石油化工废气、冶炼废气生产的化工产品和有色金属；
		27. 利用烟气回收生产的硫酸、磷铵、硫铵、硫酸亚铁、石膏、二氧化硅、建材产品和化学产品；
		28. 利用酿酒、酒精等发酵工业废气生产的二氧化碳、干冰、氢气；
		29. 从炼油及石油化工尾气中回收提取的火炬气、可燃气、轻烃、硫黄。
三、回收、综合利用再生资源生产的产品	30. 回收生产和消费过程中产生的各种废旧金属、废旧轮胎、废旧塑料、废纸、废玻璃、废油、废旧家用电器、废旧电脑及其他废电子产品和办公设备；	
	31. 利用废家用电器、废电脑及其他废电子产品、废旧电子元器件提取的金属（包括稀贵金属）非金属和生产的产品；	
	32. 利用废电池提取的有色（稀贵）金属和生产的产品；	
	33. 利用废旧有色金属、废马口铁、废感光材料、废灯泡（管）加工或提炼的有色（稀贵）金属和生产的产品；	
	34. 利用废棉、废棉布、废棉纱、废毛、废丝、废麻、废化纤、废旧聚酯瓶和纺织厂、服装厂边角料生产的造纸原料、纤微纱及织物、无纺布、毡、黏合剂、再生聚酯产品；	
	35. 利用废轮胎等废橡胶生产的胶粉、再生胶、改性沥青、轮胎、炭黑、钢丝、防水材料、橡胶密封圈，以及代木产品；	
	36. 利用废塑料生产的塑料制品、建材产品、装饰材料、保温隔热材料；	
	37. 利用废玻璃、废玻璃纤维生产的玻璃和玻璃制品以及复合材料；	
	38. 利用废纸、废包装物、废木制品生产的各种纸及纸制品、包装箱、建材产品；	
	39. 利用杂骨、皮边角料、毛发、人尿等生产的骨粉、骨油、骨胶、明胶、胶囊、磷酸钙及蛋白饲料、氨基酸、再生革、生物化学制品；	
	40. 旧轮胎翻新和综合利用产品。	
四、综合利用农林水产废弃物及其他废弃资源生产的产品	41. 利用林区三剩物、次小薪材、竹类剩余物、农作物秸秆及壳皮（包括粮食作物秸秆、农业经济作物秸秆、粮食壳皮、玉米芯）生产的木材纤维板（包括中高密度纤维板）、活性碳、刨花板、胶合板、细木工板、环保餐具、饲料、酵母、肥料、木糖、木糖醇、糠醛、糠醇、呋喃、四氢呋喃、呋喃树脂、聚四氢呋喃、建材产品；	
	42. 利用地热、农林废弃物生产的电力、热力；	
	43. 利用海洋与水产产品加工废弃物生产的饲料、甲壳质、甲壳素、甲壳胺、保健品、海藻精、海藻酸钠、农药、肥料及其副产品；	
	44. 利用刨花、锯末、农作物剩余物、制糖废渣、粉煤灰、冶炼废矿渣、盐化工废液（氯化镁）等原料生产的建材产品；	
	45. 利用海水、苦咸水制备的生产和生活用水；	
	46. 利用废动、植物油，生产生物柴油及特种油料。	

要点：在矿产资源开采加工过程中综合利用共生、伴生资源生产的产品。综合利用“三废”生产的产品。回收、综合利用再生资源生产的产品。综合利用农林水产废弃物及其他废弃资源生产的产品。

二十一、饮食娱乐服务企业环境管理政策(《关于加强饮食娱乐服务企业环境管理的通知》(国家环境保护总局、国家工商行政管理局，1995年2月21日)

在县以上城镇兴办饮食、娱乐、服务企业的环境保护要求

1. 饮食、娱乐、服务企业的选址，必须符合当地城市规划和环境功能要求，配置防治污染的设施，保护周围的生活环境。

2. 为防止环境污染和扰民事件的发生，对县以上城镇兴办饮食、娱乐、服务企业的单位、个人，重申以下环境保护要求：

(1)饮食企业必须设置收集油烟、异味的装置，并通过专门的烟囱排放，禁止利用居民楼内的烟道排放。专用烟囱排放的高度和位置，应以不影响周围的居民生活环境为原则。

(2)燃煤锅炉必须使用型煤或其他清洁燃料，烧煤的炉灶必须配装消烟除尘器，禁止原煤散烧。排放的烟尘，应达到国家和地方规定的排放标准。

(3)在居民楼内，不得兴办产生噪声污染的娱乐场点、机动车修配厂及其他超标准排放噪声的加工厂。在城镇人口集中区内兴办娱乐场点和排放噪声的加工厂，必须采取相应的隔声措施，并限制夜间经营时间，达到规定的噪声标准。

(4)宾馆、饭店和商业等经营场所安装的空调器产生噪声和热污染的，经营单位应采取措施进行防治。对离居民点较近的空调装置，应采取降噪、隔声措施，达到当地环境噪声标准。不得在商业区步行街和主要街道旁直接朝向人行便道或在居民窗户附近设置空调散热装置。

(5)禁止在居民区内兴办产生恶臭、异味的修理业、加工业等服务企业。

(6)严格限制在无排水管网处兴办产生和排放污水的饮食服务企业。污水排入城市排污管网的饮食服务企业，应安装隔油池或采取其他处理措施，达到当地城市排污管网进水标准。其产生的残渣、废物，不得排入下水道。污水直接排入周围水体的，应当经过处理达到国家和地方规定的污水排放标准，并经当地环境保护行政主管部门许可，方可排放。

3. 新建、改建(含翻建)、扩建、转产的饮食、娱乐、服务企业，有涉及污染项目的，应按环境保护法及有关行政法规，向当地环境保护行政主管部门办理环境影响申报登记或审批手续。

4. 有污染的企业，在申请企业设立、变更登记时，国家法律、法规规定需要审批的，应提交有关环境影响报告表(书)。

工商行政管理部门在审核企业登记申请和对企业的监督管理工作中，可以要求企业就污染及防治情况作出说明，发现有可能存在污染或已存在污染的，要及时向环境保护行政主管部门通报情况。

5. 兴办饮食、娱乐、服务企业的建设项目，应执行防治污染及其他公害的设施与主体工程同时设计、同时施工、同时投产使用的“三同时”制度。排放的污染物，必须达到国家和地方规定的污染物排放标准。

6. 排放废水、废气、固体废弃物及产生噪声、振动等污染的饮食、娱乐、服务企业，必须按照国家有关规定缴纳排污费。

要点：饮食、娱乐、服务企业的选址、6 项环境保护要求以及排污费的缴纳。涉及污染项目的企业所进行的相关环保申报。兴办企业的有关环保要求。

二十二、企业投资项目核准暂行办法

项目申报单位在向项目核准机关报送申请报告时须提交环境影响评价文件的有关规定

第八条 项目申报单位在向项目核准机关报送申请报告时，需根据国家法律法规的规定附送以下文件：

(1)城市规划行政主管部门出具的城市规划意见；

(2)国土资源行政主管部门出具的项目用地预审意见；

(3)环境保护行政主管部门出具的环境影响评价文件的审批意见；

(4)根据有关法律法规应提交的其他文件。

要点：城市规划、国土资源和环境保护行政主管部门的意见，以及有关法律法规的规定。

二十三、钢铁产业发展政策(发展改革委令第35号)

(一)国家钢铁产业布局调整的原则要求

第十条 钢铁产业布局调整要综合考虑矿产资源、能源、水资源、交通运输、环境容量、市场分布和利用国外资源等条件。钢铁产业布局调整，原则上不再单独建设新的钢铁联合企业、独立炼铁厂、炼钢厂，不提倡建设独立轧钢厂，必须依托有条件的现有企业，结合兼并、搬迁，在水资源、原料、运输、市场消费等具有比较优势的地区进行改造和扩建。新增生产能力要和淘汰落后生产能力相结合，原则上不再大幅度扩大钢铁生产能力。

重要环境保护区、严重缺水地区、大城市市区，不再扩建钢铁冶炼生产能力，区域内现有企业要结合组织结构、装备结构、产品结构调整，实施压产、搬迁，满足环境保护和资源节约的要求。

要点：钢铁产业布局调整综合考虑哪些条件，以及对重要环境保护区、严重缺水地区、大城市市区钢铁产业布局调整的要求。

(二)钢铁工业装备水平和技术经济指标准入条件

第十二条 为确保钢铁工业产业升级和实现可持续发展，防止低水平重复建设，对钢铁工业装备水平和技术经济指标准入条件规定如下，现有企业要通过技术改造努力达标：

建设烧结机使用面积 180 平方米及以上；焦炉炭化室高度 6 米及以上；高炉有效容积 1000 立方米及以上；转炉公称容量 120 吨及以上；电炉公称容量 70 吨及以上。

沿海深水港地区建设钢铁项目，高炉有效容积要大于 3000 立方米；转炉公称容量大于 200 吨，钢生产规模 800 万吨及以上。钢铁联合企业技术经济指标达到：吨钢综合能耗高炉流程低于 0.7 吨标煤，电炉流程低于 0.4 吨标煤，吨钢耗新水高炉流程低于 6 吨，电炉流程低于 3 吨，水循环利用率 95% 以上。其他钢铁企业工序能耗指标要达到重点大中型钢铁企业平均水平。

钢铁建设项目要节约用地，严格土地管理，有关部门要抓紧完成钢铁厂用地指标和建筑系数标准修订工作。

要点：现有企业装备水平达标的5项要求，沿海深水港地区建设钢铁项目的3项要求。钢铁联合企业技术经济指标需要达到的各项要求以及对钢铁建设项目的总体要求。

二十四、电石、铁合金、焦化行业准入条件(国家发改委2004年76号公告)

(一)电石行业准入条件

电石行业准入条件见表1－37。

表1－37　电石行业准入条件

一、生产企业布局	根据资源、能源状况和市场需求情况，各省(自治区、直辖市)要编制电石行业发展规划，引导本地区电石行业的发展，抑制盲目扩张
	(一)在国务院、国家有关部门和省(自治区、直辖市)人民政府规定的风景名胜区、自然保护区和其他需要特别保护的区域内，城市规划区边界外2公里以内，主要河流两岸、公路干路两侧，居民聚集区和其他严防污染的食品、药品、精密制造产品等企业周边1公里以内，不得新建电石生产装置
	(二)新建或改扩建电石生产装置必须符合本地区电石行业发展规划。鼓励新建电石装置与大型工业企业配套建设，以便做到资源、能源的综合利用。在电石生产能力较大的地区，地方政府要科学规划、合理布局，建设区域性电石等高耗能、高污染工业生产区，做到集中生产，便于三废集中治理
二、工艺与装备	(一)为满足节能环保和资源综合利用的要求，实现合理规模经济。新建电石生产装置单台炉容量≥25000KVA；中西部具有独立运行的小水电及矿产资源优势的国家确定的重点贫困地区，单台炉容量≥12500KVA
	(二)新建电石生产装置必须采用密闭式电石炉或内燃式电石炉，鼓励炉气的综合利用；中西部小水电丰富地区、孤网运行的地区，可以采用内燃式电石炉
	(三)现有生产能力1万吨(单台炉容量5000kVA)以下电石炉和敞开式电石炉必须依法淘汰；环保不达标的电石炉要立即停产改造，鼓励有条件的企业改造为密闭式电石炉；改造为内燃式电石炉的企业，排污必须达到国家环保要求
	(四)新建电石装置要求采用先进成熟技术，保证电石炉的安全、稳定和长期运转。具体要求如下： 1. 采用先进的原料破碎、筛分、烘干设备，确保原料粒度、水分达到工艺要求； 2. 采用自动配料、加料系统； 3. 电极升降、压放、把持系统，必须采用先进的液压自动调节系统，使电极操作平稳，安全稳定可靠； 4. 采用微机等先进的控制系统
三、能源消耗和资源综合利用	(一)新建电石生产装置，吨电石(标准)电炉电耗应≤3250kWh
	(二)现有电石生产装置经改造后，吨电石(标准)电炉电耗应≤3400kWh
	(三)密闭式电石装置的炉气(指CO气体)必须综合利用，正常生产时不允许炉气直排或点火炬
	(四)粉状炉料必须回收利用
四、环境保护	(一)所有电石生产必须达到国家环保要求。电石炉大气污染物排放必须符合《工业炉窑大气污染物排放标准》(国标GB 9078—1996)中“其他炉窑”的排放标准(国家新的环保标准出台后，按新标准执行
	(二)含尘炉气或利用后的再生气必须经除尘处理，达标排放。捕集后的粉尘不能造成二次污染
	(三)原料和产品破碎、储运等过程产生的无组织排放含尘气体，必须集中收集除尘后达标排放

要点：生产企业布局、工艺与装备、能源消耗和资源综合利用以及环境保护4方面的各种要求。

(二)铁合金行业准入条件

铁合金行业准入条件见表1－38。

表1－38　铁合金行业准入条件

一、工艺与装备	(一)铁合金矿热电炉采用矮烟罩半封闭型或全封闭型，容量为25000kVA及以上(中西部具有独立运行的小水电及矿产资源优势的国家确定的重点贫困地区，单台矿热电炉容量≥12500kVA)，变压器选用有载电动多级调压的三相或三个单相节能型设备，实现操作机械化和控制自动化。中低碳锰铁和中低微碳铬铁等精炼电炉，可根据产品特点选择炉型，容量一般不得低于3000kVA。锰铁高炉容积为$300m^3$及以上
	(二)原料处理、熔炼、装卸运输等所有产生粉尘部位，均配备除尘及回收处理装置，并安装省级环保部门认可的烟气和废水等在线监测装置。各类铁合金电炉、高炉配备干法袋式或其他先进适用的烟气净化收尘装置。湿法净化除尘过程产生的污水经处理后进入闭路循环利用或达标后排放。采用低噪音设备和设置隔声屏障等进行噪声治理。所有防治污染设施必须与铁合金建设项目主体工程同时设计、同时施工、同时投产使用
	(三)配备火灾、雷击、设备故障、机械伤害、人体坠落等事故防范设施，以及安全供电、供水装置和消除有毒有害物质设施。所有安全生产和安全检查设施必须与铁合金建设项目主体工程同时设计、同时施工、同时投产使用
二、能源消耗	主要铁合金产品单位冶炼电耗：硅铁($FeSi_{75}$)不高于8500kWh/t、硅钙合金($Ca_{28}Si_{60}$)不高于12000kWh/t、高碳锰铁不高于2600kWh/t、硅锰合金不高于4200kWh/t、中低碳锰铁不高于580kWh/t、高碳铬铁不高于2800kWh/t、硅铬合金不高于4800kWh/t、中低微碳铬铁不高于1800kWh/t，高炉锰铁焦比不高于1600kg/t。对使用低品位粉矿原料，单位电耗上浮不高于15%
三、资源消耗	(一)主元素回收率：硅铁($FeSi_{75}$)Si＞92%，硅钙合金($Ca_{28}Si_{60}$)Si＞50%、Ca≥33%，高碳锰铁Mn≥78%，硅锰合金Mn≥82%，中低碳锰铁Mn≥80%，高炉锰铁Mn≥82%，高碳铬铁Cr＞92%，硅铬合金Cr≥94%，中低微碳铬铁Cr≥80%
	(二)水循环利用率95%以上
	(三)硅铁和硅系铁合金电炉烟气回收利用微硅粉纯度SiO_2＞92%
四、环境保护	(一)铁合金熔炼炉大气污染物排放应符合现行《国家工业炉窑大气污染物排放标准》(GB 9078—1996)(新的国家标准颁布后按新标准执行)。 主要指标为：1997年1月1日以前安装的炉窑，环境一类地区低于$100mg/m^3$，环境二类地区低于$150mg/m^3$，环境三类地区低于$250mg/m^3$；1997年1月1日以后安装的炉窑，环境一类地区禁止排放，环境二类地区低于$100mg/m^3$，环境三类地区低于$200mg/m^3$。无组织排放，有车间厂房的低于$25mg/m^3$，露天(或有顶无围墙)低于$5mg/m^3$。凡是向已有地方排放标准的区域排放大气污染物的，应当执行地方排放标准
	(二)水污染物排放应符合国家《钢铁工业水污染排放标准》(GB 13456—92)(铁合金)(新的国家标准颁布后按新标准执行)。 主要指标为：pH值6～9、悬浮物低于70mg/L、挥发酚低于0.5mg/L、化学需氧量(CODcr)低于100mg/L、油类低于10mg/L、六价铬低于0.5mg/L、氨氮低于15mg/L、锌低于2.0mg/L、氰化物低于0.5mg/L。凡是向已有地方污染物排放标准的水体排放污染物的，应当执行地方污染物排放标准

要点：工艺与装备、能源消耗、资源消耗以及环境保护4方面的各种规定。

(三)焦化行业准入条件

焦化行业准入条件见表1－39。

表1－39　焦化行业准入条件

一、生产企业布局	(一)新建和改扩建焦化生产企业厂址要靠近用户和炼焦煤原料基地；必须符合各省(自治区、直辖市)焦化行业发展规划
	(二)在城市规划区边界外2km(城市居民供气项目除外)以内，主要河流两岸、公路干道两旁，居民聚集区和其他严防污染的食品、药品等企业周边1km以内，国务院、国家有关部门和省(自治区、直辖市)人民政府规定的生态保护区、自然保护区、风景旅游区、文化遗产保护区以及饮用水水源保护区内不得建设焦化生产企业。 已在上述区域内投产运营的焦化生产企业要根据该区域规划，通过"搬迁、转产"等方式逐步退出
二、工艺与装备	(一)为满足节能、环保和资源综合利用要求，实现合理规模经济。新建和改扩建机焦炉炭化室高度必须达到4.3m以上(含4.3m)，年生产能力600kt及以上
	(二)新建煤焦油单套加工装置规模要达到处理无水焦油100kt/a及以上，粗(轻)苯精制单套装置规模要达到50kt/a及以上。已有煤焦油单套加工装置规模要达到50kt/a及以上；粗(轻)苯精制单套装置规模要达到25kt/a及以上
	(三)节能工艺与设施 1. 新建或改扩建焦炉，原则上(缺水地区和钢铁企业)要同步配套建设干熄焦装置。 2. 新建或改扩建焦炉，焦炉煤气必须全部回收利用，不得直排或点火炬。 3. 新建或改扩建焦炉，要采用先进的配煤工艺，合理配比炼焦用煤，尽量减少优质主焦煤用量
	(四)环保工艺与设施 1. 新建或改造焦炉要同步配套建设粉碎、装煤、推焦、筛运焦除尘装置、煤气净化(含脱硫脱氰工艺)回收、废水生化处理设施。严格执行环保设施"三同时"规定，并要在主体设备投产后6个月内达到设计规定标准，连续运行。 2. 废水生化处理工艺与装备及洗选煤设备要先进可靠，与主体生产设备同步竣工投产，连续运行。在设备发生故障或检修时要有足够的废水事故处理备用储槽，做到不达标废水不外排。焦化废水经处理后做到内部循环使用
三、主要产品质量	(一)焦炭 新建或改扩建焦炉生产的冶金焦要达到GB/T 1996—2003规定的二级冶金焦以上标准，铸造焦要达到GB/T 8729—1988规定的二级铸造焦以上标准。 现有焦炉生产的冶金焦要达到GB/T 1996—2003规定的三级冶金焦以上标准，铸造焦要达到GB/T 8729—1988规定的三级铸造焦以上标准。 (二)焦炉煤气 1. 城市民用煤气 焦化企业生产的城市民用煤气要达到炼焦行业清洁生产标准(HJ/T 126—2003)中城市民用煤气产品指标。 2. 工业或其他用煤气 焦化企业生产的工业或其他用煤气中的$H_2S \leqslant 300mg/m^3$ (三)其他焦化或化工产品 按国标或冶标组织生产。 1. 硫铵按GB 535—1995标准(一级品) 2. 粗焦油符合YB/T 5075—1993标准 3. 粗苯符合YB/T 5022—1993标准

续表

四、资源、能源消耗及副产品综合利用	(一)资源能源利用指标 新建和改扩建焦化企业要达到炼焦行业清洁生产标准(HJ/T 126—2003)中资源能源利用指标二级标准。主要指标有: 1. 吨焦耗洗精煤(干煤)≤1.33t(即全焦率≥75%); 2. 炼焦工序能耗≤170kg 标煤/t 焦; 3. 炼焦耗热量:焦炉煤气加热≤2250kJ/kg 煤(7%含水折算);高炉煤气加热≤2550kJ/kg 煤(7%含水折算); 4. 吨焦耗新水≤3.5t; 5. 吨焦耗电量≤35KW·h; 6. 焦炉煤气利用率≥95%; 7. 水循环利用率≥85%。 (二)副产品综合利用 1. 焦化生产企业产生的焦化煤气要有使用用户;若有剩余煤气,必须配套建设煤气综合利用设施,例如:合成甲醇、双氧水,煤气提氢或煤气发电等,转化全部剩余煤气。正常生产时煤气不得直排或点火炬。 2. 煤焦油及苯类化工产品应进行有效回收
五、环保指标和清洁生产	(一)清洁生产标准 新建和改扩建焦化生产企业各种污染物产生指标不得超过炼焦行业清洁生产标准(HJ/T 126—2003)中规定的二级标准。废物回收利用指标要达到炼焦行业清洁生产标准(HJ/T 126—2003)中规定的标准。 (二)污染物排放标准 1. 新建和改扩建焦化生产企业大气污染物排放执行《炼焦炉大气污染物排放标准》(GB 16171—1996) 2. 酚氰废水处理后厂内回用。外排废水应达到《钢铁工业污染物排放标准》(GB 13456—1992)二级标准和《污水综合排放标准》(GB 8978—1996)二级标准或其所在地区规定的要求。 3. 熄焦废水:熄焦水实现闭路循环使用,不得外排。 (三)废渣 焦化企业废渣包括备配煤、推焦、装煤、熄焦及筛焦工段除尘器收回的煤尘、焦油渣(含焦油罐涤清渣)、粗苯再生渣以及剩余污泥等炼焦工艺产生的一切废渣均在厂内完全处理利用,不得对外排放。 (四)焦化生产企业新建或扩建,各种污染物排放不得突破该地区环境允许排放总量

要点:生产企业布局的 2 条规定。生产工艺与装备要达到二级标准要求的主要指标。焦炭、焦炉煤气以及其他焦化或化工产品的质量要求。副产品综合利用。资源能源利用指标要达到二级标准的主要指标。焦化行业要达到的清洁生产和污染物排放标准。

二十五、矿山生态环境保护与污染防治技术政策(环发[2005]109号)

(一)矿产资源开发应遵循的技术原则

1. 矿产资源的开发应贯彻“污染防治与生态环境保护并重,生态环境保护与生态环境建设并举;以及预防为主、防治结合、过程控制、综合治理”的指导方针。

2. 矿产资源的开发应推行循环经济的“污染物减量、资源再利用和循环利用”的技术原则,具体包括:

(1)发展绿色开采技术,实现矿区生态环境无损或受损最小;

(2)发展干法或节水的工艺技术,减少水的使用量;

(3)发展无废或少废的工艺技术,最大限度地减少废弃物的产生;

(4)矿山废物按照先提取有价金属、组分或利用能源,再选择用于建材或其他用途,最后进行无害化处理处置的技术原则。

要点：矿产资源的开发贯彻的指导方针以及4条技术原则。

(二)禁止、限制矿产资源开发的有关规定

禁止、限制矿产资源开发的有关规定见表1-40。

表1-40　禁止、限制矿产资源开发的有关规定

类别	禁止、限制矿产资源开发的有关规定
禁止的矿产资源开发活动	1. 禁止在依法划定的自然保护区(核心区、缓冲区)、风景名胜区、森林公园、饮用水水源保护区、重要湖泊周边、文物古迹所在地、地质遗迹保护区、基本农田保护区等区域内采矿
	2. 禁止在铁路、国道、省道两侧的直观可视范围内进行露天开采
	3. 禁止在地质灾害危险区开采矿产资源
	4. 禁止土法采、选冶金矿和土法冶炼汞、砷、铅、锌、焦、硫、钒等矿产资源开发活动
	5. 禁止新建对生态环境产生不可恢复利用的、产生破坏性影响的矿产资源开发项目
	6. 禁止新建煤层含硫量大于3%的煤矿
限制的矿产资源开发活动	1. 限制在生态功能保护区和自然保护区(过渡区)内开采矿产资源。 生态功能保护区内的开采活动必须符合当地的环境功能区规划，并按规定进行控制性开采，开采活动不得影响本功能区内的主导生态功能
	2. 限制在地质灾害易发区、水土流失严重区域等生态脆弱区内开采矿产资源

要点：矿产资源开发的6个禁止和2个限制。

(三)废弃地复垦的有关要求

1. 矿山开采企业应将废弃地复垦纳入矿山日常生产与管理，提倡采用采(选)矿—排土(尾)—造地—复垦一体化技术。

2. 矿山废弃地复垦应做可垦性试验，采取最合理的方式进行废弃地复垦。

对于存在污染的矿山废弃地，不宜复垦作为农牧业生产用地；对于可开发为农牧业用地的矿山废弃地，应对其进行全面的监测与评估。

3. 矿山生产过程中应采取种植植物和覆盖等复垦措施，对露天坑、废石场、尾矿库、矸石山等永久性坡面进行稳定化处理，防止水土流失和滑坡。

废石场、尾矿库、矸石山等固废堆场服务期满后，应及时封场和复垦，防止水土流失及风蚀扬尘等。

4. 鼓励推广采用覆岩离层注浆，利用尾矿、废石充填采空区等技术，减轻采空区上覆岩层塌陷。

5. 采用生物工程进行废弃地复垦时，宜对土壤重构、地形、景观进行优化设计，对物种选择、配置及种植方式进行优化。

要点：废弃地复垦提倡采用采(选)矿—排土(尾)—造地—复垦一体化技术。

对于存在污染的矿山废弃地，不宜复垦作为农牧业生产用地；对于可开发为农牧业用地的矿山废弃地，应对其进行全面的监测与评估。

矿山生产过程中应采取种植植物和覆盖等复垦措施，对露天坑、废石场、尾矿库、矸石山等永久性坡面进行稳定化处理，防止水土流失和滑坡。

废石场、尾矿库、矸石山等固废堆场服务期满后，应及时封场和复垦，防止水土流失及风蚀扬尘等。

鼓励推广采用覆岩离层注浆，利用尾矿、废石充填采空区等技术，减轻采空区上覆岩层塌陷。

二十六、水泥工业产业发展政策（国家发改委50号令，2006年10月17日起施行）

（一）水泥工业产业政策目标

第一条　推动企业跨部门、跨区域的重组联合，向集团化方向发展，逐步实现集约化经营和资源的合理配置，提高水泥企业的生产集中度和竞争能力。到2010年，新型干法水泥比重达到70%以上。日产4000吨以上大型新型干法水泥生产线，技术经济指标达到吨水泥综合电耗小于95KW·h，熟料热耗小于740千卡/千克。到2020年，企业数量由目前5000家减少到2000家，生产规模3000万吨以上的达到10家，500万吨以上的达到40家。基本实现水泥工业现代化，技术经济指标和环保达到同期国际先进水平。

第二条　2008年底前，各地要淘汰各种规格的干法中空窑、湿法窑等落后工艺技术装备，进一步消减机立窑生产能力，有条件的地区要淘汰全部机立窑。地方各级人民政府要依法关停并转规模小于20万吨环保或水泥质量不达标的企业。

第三条　加快技术进步，鼓励采用先进的工艺和装备提升技术水平，缩小与世界先进水平的差距。污染物排放要符合国家和地方排放标准，满足国家或地方污染物排放总量控制要求。

要点：对水泥工业2010年和2020年的要求。淘汰各种落后的工艺技术装备，鼓励采用先进的工艺和装备。

（二）水泥工业产业发展重点

第四条　国家鼓励地方和企业以淘汰落后生产能力方式发展新型干法水泥，重点支持在有资源的地区建设日产4000吨及以上规模新型干法水泥项目，建设大型熟料基地；在靠近市场的地区建设大型水泥粉磨站。

要点：水泥工业发展重点为日产4000吨及以上规模新型干法水泥项目、大型熟料基地、大型水泥粉磨站。

二十七、煤炭产业政策（中华人民共和国国家发展和改革委员会公告2007年第80号）

（一）煤炭产业布局的原则

第九条　根据国民经济和社会发展规划总体部署，按照煤炭工业发展规划、矿产资源规划、煤炭生产开发规划、煤矿安全生产规划、矿区总体规划，合理、有序开发和利用煤炭资源。

要点：煤炭产业布局涉及煤炭工业发展规划、矿产资源规划、煤炭生产开发规划、煤矿安全生产规划、矿区总体规划。

(二)煤炭产业准入条件

第十四条　开办煤矿或者从事煤炭和煤层气资源勘查，从事煤矿建设项目设计、施工、监理、安全评价等，应当具备相应资质，并符合法律、法规规定的其他条件。煤矿资源回收率必须达到国家规定标准，安全、生产装备及环境保护措施必须符合法律法规的规定。

要点：煤矿开办者和从事者应具备的条件。煤矿资源回收率、安全、生产装备及环境保护措施必须符合规定。

(三)煤炭产业节约利用与环境保护的有关要求

第三十四条　实施节约优先的发展战略，加快资源综合利用，减少煤炭加工利用过程中的能源消耗，提高煤炭资源回采率和利用效率。

第三十五条　加强节能和能效管理，建立和完善煤炭行业节能管理、评价考核、节能减排和清洁生产奖惩制度。鼓励煤炭企业开发先进适用节能技术，煤炭企业新建、改扩建项目必须按照节能设计规范和用能标准建设，必须淘汰落后耗能工艺、设备和产品，推广使用符合国家能效标准、经过认证的节能产品。

第三十六条　按照减量化、再利用、资源化的原则，综合开发利用与煤共伴生资源和煤矿废弃物。鼓励企业利用煤矸石、低热值煤发电、供热，利用煤矸石生产建材产品、井下充填、复垦造田和筑路等，综合利用矿井水，发展循环经济。支持煤层气(煤矿瓦斯)长输管线建设，鼓励煤层气(煤矿瓦斯)民用、发电、生产化工产品等。

第三十七条　煤炭资源的开发利用必须依法开展环境影响评价，环保设施与主体工程要严格实行项目建设“三同时”制度。按照谁开发、谁保护，谁损坏、谁恢复，谁污染、谁治理，谁治理、谁受益的原则，推进矿区环境综合治理，形成与生产同步的水土保持、矿山土地复垦和矿区生态环境恢复补偿机制。

第三十八条　煤炭采选、贮存、装卸过程中产生的污染物必须达标排放，防止二次污染。加强煤矿瓦斯抽采利用和减少排放。洗煤水应当实现闭路循环。优化巷道布置，减少井下矸石产出量。

第三十九条　建立矿区开发环境承载能力评估制度和评价指标体系。严格执行煤矿环境影响评价、水土保持、土地复垦和排污收费制度。限制在地质灾害高易发区、重要地下水资源补给区和生态环境脆弱区开采煤炭，禁止在自然保护区、重要水源保护区和地质灾害危险区等禁采区内开采煤炭。加强废弃矿井的综合治理。

第四十条　加强对在矿山开发过程中可能诱发灾害的调查、监测及预报预警，及时采取有效的防治措施。建立信息网络系统，制定防灾减灾预案。

要点：节约优先的发展战略，综合利用。节能和能效管理的相关规定。环境保护的3条要求。可能诱发灾害调查、监测及预报预警、防治措施。

二十八、天然气利用政策(发改能源[2007]2155号)

天然气利用领域和顺序

天然气利用领域和顺序见表1－41。

表1－41　天然气利用领域和顺序

类别	内容	
(一)天然气利用领域	天然气利用领域归纳为四大类，即城市燃气、工业燃料、天然气发电和天然气化工	
(二)天然气利用顺序	综合考虑天然气利用的社会效益、环保效益和经济效益等各方面因素，并根据不同用户的用气特点，将天然气利用分为优先类、允许类、限制类和禁止类	
	第一类：优先类	城市燃气： 1. 城镇(尤其是大中城市)居民炊事、生活热水等用气； 2. 公共服务设施(机场、政府机关、职工食堂、幼儿园、学校、宾馆、酒店、餐饮业、商场、写字楼等)用气； 3. 天然气汽车(尤其是双燃料汽车)； 4. 分布式热电联产、热电冷联产用户
	第二类：允许类	城市燃气： 1. 集中式采暖用气(指中心城区的中心地带)； 2. 分户式采暖用气； 3. 中央空调； 工业燃料： 4. 建材、机电、轻纺、石化、冶金等工业领域中以天然气代油、液化石油气项目； 5. 建材、机电、轻纺、石化、冶金等工业领域中环境效益和经济效益较好的以天然气代煤气项目； 6. 建材、机电、轻纺、石化、冶金等工业领域中可中断的用户； 天然气发电： 7. 重要用电负荷中心且天然气供应充足的地区，建设利用天然气调峰发电项目。 天然气化工： 8. 对用气量不大、经济效益较好的天然气制氢项目； 9. 以不宜外输或上述一、二类用户无法消纳的天然气生产氮肥项目
	第三类：限制类	天然气发电： 1. 非重要用电负荷中心建设利用天然气发电项目； 天然气化工： 2. 已建的合成氨厂以天然气为原料的扩建项目、合成氨厂煤改气项目； 3. 以甲烷为原料，一次产品包括乙炔、氯甲烷等的碳一化工项目； 4. 除第二类第9项以外的新建以天然气为原料的合成氨项目
	第四类：禁止类	天然气发电： 1. 陕、蒙、晋、皖等十三个大型煤炭基地所在地区建设基荷燃气发电项目； 天然气化工： 2. 新建或扩建天然气制甲醇项目； 3. 以天然气代煤制甲醇项目

要点：四大类天然气利用领域。优先类、允许类、限制类和禁止类天然气的各项要求。

第二篇　技术导则与标准

2005～2012年环境影响评价工程师职业资格考试大纲总结（环境影响评价技术导则与标准）见表2－1。

表2－1　2005～2012年环境影响评价工程师职业资格考试大纲总结（环境影响评价技术导则与标准）

项目	考试内容	2005年	2006年	2007年	2008年	2009年	2010年	2011年	2012年
一、环境标准体系	（一）环境标准体系的构成								
	1. 熟悉环境标准的分类及各自的特点	√	√	√	√	√	√	√	√
	2. 熟悉我国现行的主要环境影响评价技术导则的种类及其应用范围	√	√	√	√	√	√	√	√
	3. 了解国家颁布的主要环境质量标准和污染物排放标准		√	√	√	√	√	√	√
	（二）环境标准之间的关系								
	1. 了解国家环境标准与地方环境标准之间的关系	√	√	√	√	√	√	√	√
	2. 熟悉环境功能区和环境质量标准之间的关系	√	√	√	√	√	√	√	√
	3. 了解环境质量标准和污染物排放标准之间的关系	√	√	√	√	√	√	√	√
	4. 了解综合性污染物排放标准与行业污染物排放标准之间的关系	√	√	√	√	√	√	√	√
二、环境影响评价技术导则	（一）环境影响评价技术导则——总纲								
	1. 工作程序								
	熟悉环境影响评价工作程序		√	√	√	√	√	√	√
	2. 工作等级划分								
	（1）掌握划分环境影响评价工作等级的依据		√	√	√	√	√	√	√
	（2）熟悉不同环境影响评价等级的评价要求		√	√	√	√	√	√	√
	3. 环境影响报告书编制								
	掌握环境影响报告书编制的内容及要求		√	√	√	√	√	√	√
	4. 工程分析								
	（1）熟悉建设项目工程分析应遵循的基本原则		√	√	√	√	√	√	√
	（2）熟悉建设项目实施过程的阶段划分		√	√	√	√	√	√	√
	（3）掌握建设项目工程分析的对象及要求		√	√	√	√	√	√	√
	（4）掌握建设项目工程分析的重点		√	√	√	√	√	√	√
	（5）熟悉建设项目工程分析的方法与特点		√	√	√	√	√	√	√

续表

项目	考试内容	2005年	2006年	2007年	2008年	2009年	2010年	2011年	2012年
二、环境影响评价技术导则	5. 环境现状调查								
	(1)熟悉建设项目所在地区环境现状调查的一般原则		√	√	√	√	√	√	√
	(2)掌握建设项目所在地区环境现状调查的主要内容		√	√	√	√	√	√	√
	(3)掌握主要的环境现状调查方法及特点		√	√	√	√	√	√	√
	6. 环境影响预测与评价								
	(1)熟悉建设项目环境影响预测的原则		√	√	√	√	√	√	√
	(2)掌握常用的建设项目环境影响预测方法与特点		√	√	√	√	√	√	√
	(3)掌握建设项目环境影响时期的划分和预测环境影响时段		√	√	√	√	√	√	√
	(4)掌握建设项目环境影响预测的范围及内容		√	√	√	√	√	√	√
	(5)掌握单项评价方法的含义及其应用原则		√	√	√	√	√	√	√
	7. 环境影响报告书结论的编写								
	掌握环境影响报告书结论编写的原则、要求及内容		√	√	√	√	√	√	√
	(二)环境影响评价技术导则——大气环境								
	1. 评价工作等级与评价范围								
	(1)掌握大气环境影响评价工作等级划分方法	√	√	√	√	√	√	√	√
	(2)掌握大气环境影响评价范围的确定原则	√	√	√	√	√	√	√	√
	2. 大气污染源调查与分析								
	(1)熟悉大气污染源调查与分析对象	√	√	√	√	√	√	√	√
	(2)熟悉各等级评价项目大气污染源调查的内容及要求	√	√	√	√	√	√	√	√
	(3)掌握大气稳定度分级		√	√	√				
	(4)熟悉地面气象资料和高空气象资料调查的主要内容		√	√	√				
	3. 环境空气质量现状调查								
	(1)掌握环境空气质量现状监测因子与监测制度	√	√	√	√	√	√	√	√
	(2)熟悉环境空气质量现状监测布点原则	√	√	√	√	√	√	√	√
	(3)熟悉环境空气质量现状监测结果统计分析内容	√	√	√	√	√	√	√	√

续表

项目	考试内容	2005年	2006年	2007年	2008年	2009年	2010年	2011年	2012年
二、环境影响评价技术导则	4. 气象观测资料调查								
	(1)熟悉气象观测资料调查的基本原则					√	√	√	√
	(2)了解一级评价项目气象观测资料调查要求					√	√	√	√
	(3)掌握二级评价项目气象观测资料调查要求					√	√	√	√
	(4)熟悉地面气象观测资料和常规高空气象探测资料调查的主要内容					√	√	√	√
	(5)了解常规气象资料分析内容					√	√	√	√
	(6)熟悉建设项目所在地附近台站现有常规气象资料的采用原则	√	√	√	√	√	√	√	
	(7)了解建设项目所在地附近台站气象调查的调查期间	√	√	√	√				
	(8)了解地面气象资料和高空气象资料调查的主要内容	√							
	5. 大气环境影响预测与评价								
	(1)掌握大气环境影响预测的一般步骤					√	√	√	√
	(2)熟悉大气环境影响预测因子和预测范围确定的原则					√	√	√	√
	(3)掌握各类污染源计算清单的内容					√	√	√	√
	(4)熟悉大气环境影响预测计算点的分类					√	√	√	√
	(5)熟悉各等级评价项目大气环境影响预测内容及要求	√	√	√	√	√	√	√	√
	(6)掌握常规预测情景组合					√	√	√	√
	(7)熟悉大气环境影响预测分析与评价的主要内容					√	√	√	√
	(8)掌握推荐模式的适用条件	√	√	√	√	√	√	√	√
	(9)熟悉评价大气环境质量影响的基本原则	√	√	√	√				
	(10)掌握评价指数和污染分担率的定义		√	√	√				
	(11)掌握评价大气环境质量影响的要求		√	√	√				
	6. 大气环境防护距离								
	熟悉大气环境防护距离的确定原则与要求					√	√	√	√
	7. 大气环境影响评价结论与建议								

续表

项目	考试内容	2005 年	2006 年	2007 年	2008 年	2009 年	2010 年	2011 年	2012 年
	掌握大气环境影响评价结论与建议的主要内容					√	√	√	√
	8. 附录								
	了解附录中对环境影响报告书附图、附表、附件的要求	√	√	√	√	√	√	√	√
	(三)环境影响评价技术导则——地面水环境								
	1. 评价等级								
	掌握地面水环境影响评价工作级别的划分	√	√	√	√	√	√	√	√
	2. 地面水环境现状调查								
	(1)熟悉地面水环境现状调查范围的确定原则	√	√	√	√	√	√	√	√
	(2)熟悉不同评价等级各类水域的调查时期	√	√	√	√	√	√	√	√
	(3)了解各类水域水文调查与水文测量的原则与内容	√	√	√	√	√	√	√	√
	(4)熟悉点污染源调查的原则及基本内容	√	√	√	√	√	√	√	√
二、环境影响评价技术导则	(5)了解非点污染源调查的原则及基本内容	√	√	√	√	√	√	√	√
	(6)掌握水质调查时水质参数的选择原则	√	√	√	√	√	√	√	√
	(7)熟悉各类水域布设水质取样断面、取样点的原则	√	√	√	√	√	√	√	√
	(8)熟悉地面水环境现状评价的原则				√	√		√	√
	3. 地面水环境影响预测								
	(1)熟悉建设项目地面水环境影响时期及预测地面水环境影响时段的确定原则	√	√	√	√	√	√	√	√
	(2)掌握拟预测水质参数筛选的原则	√	√	√	√	√	√	√	√
	(3)熟悉各类地面水体简化和污染源简化的条件	√	√	√	√	√	√	√	√
	(4)熟悉利用数学模式预测各类地面水体水质时,模式的选用原则		√	√	√	√	√	√	√
	(5)了解在地面水环境影响预测中物理模型法、类比调查法和专业判断法的适用条件		√	√	√	√	√	√	√
	(6)掌握河流、海域水质数学模式的适用条件	√	√	√	√	√	√	√	√
	(7)熟悉湖泊、水库、海湾水质数学模式的适用条件		√	√	√	√	√	√	√
	(8)熟悉预测点布设的原则				√	√	√	√	√

续表

项目	考试内容	2005年	2006年	2007年	2008年	2009年	2010年	2011年	2012年
二、环境影响评价技术导则	(9)了解面源环境影响预测的一般原则				√	√	√	√	√
	4. 评价地面水环境影响								
	(1)熟悉评价地面水环境影响的原则	√	√	√	√	√	√	√	√
	(2)掌握评价地面水环境影响的基本资料要求		√	√	√	√	√	√	√
	(3)掌握单项水质参数评价方法的种类及其适用范围	√	√	√	√	√	√	√	√
	(四)环境影响评价技术导则——声环境								
	1. 总则								
	(1)掌握声环境影响评价类别划分						√	√	√
	(2)掌握声环境质量评价量、声源源强表达量、厂界(场界、边界)噪声评价量及应用条件		√	√	√	√	√	√	√
	(3)了解声环境影响评价的工作程序		√	√	√	√	√	√	√
	(4)掌握声环境影响评价时段						√	√	√
	2. 评价工作等级和评价范围								
	(1)掌握声环境影响评价工作等级的划分	√	√	√	√	√	√	√	√
	(2)熟悉各等级声环境影响评价工作的基本要求和评价范围确定的原则	√	√	√	√	√	√	√	√
	3. 声环境现状调查和评价								
	(1)掌握声环境现状调查的主要内容		√	√	√	√	√	√	√
	(2)熟悉声环境现状调查的基本方法	√	√	√	√	√	√	√	√
	(3)掌握不同条件下声环境现状监测的布点原则	√	√	√	√	√	√	√	√
	(4)了解声环境现状监测应执行的标准						√	√	√
	(5)掌握声环境现状评价的主要内容	√	√	√	√	√	√	√	√
	(6)掌握点声源及线状声源声级衰减计算方法的选用原则	√							
	(7)了解室外声源声波在空气中传播引起声级衰减的主要因素	√							
	4. 声环境影响预测								
	(1)熟悉声环境影响预测范围和预测点的确定原则		√	√	√	√	√	√	√

续表

项目	考试内容	2005 年	2006 年	2007 年	2008 年	2009 年	2010 年	2011 年	2012 年
二、环境影响评价技术导则	(2)掌握声环境影响预测需要的基础资料		√	√	√	√	√	√	√
	(3)了解声源源强数据获得的途径及要求		√	√	√	√	√	√	√
	(4)熟悉简化声源的条件和方法		√	√	√	√	√	√	√
	(5)熟悉引起户外声传播声级衰减的主要因素		√	√	√	√	√	√	√
	(6)了解典型建设项目噪声影响预测内容						√	√	√
	5. 声环境影响评价								
	(1)熟悉声环境影响评价的主要内容	√	√	√	√	√	√	√	√
	(2)熟悉背景值、贡献值、预测值的含义及其应用						√	√	√
	(3)掌握制定噪声防治对策的原则	√	√	√	√	√	√	√	√
	(五)环境影响评价技术导则——生态影响								
	1. 评价工作等级及评价范围								
	(1)掌握生态影响评价工作等级的划分	√	√	√	√	√	√	√	√
	(2)掌握生态影响评价范围的确定原则	√	√	√	√	√	√	√	√
	(3)了解生物量、生态因子、生物群落等基本术语的含义	√							
	2. 工程调查与分析								
	(1)熟悉工程资料收集的要求		√	√	√	√	√	√	√
	(2)熟悉工程分析的要求		√	√	√	√	√	√	√
	(3)掌握对关键问题识别和评价因子筛选的要求		√	√	√	√	√	√	√
	3. 生态环境状况调查与现状评价								
	(1)掌握生态环境状况调查的基本内容及要求	√	√	√	√	√	√	√	√
	(2)熟悉生态现状评价的要求	√	√	√	√	√	√	√	√
	(3)熟悉生态现状评价的主要内容	√	√	√	√	√	√	√	√
	(4)熟悉常用的生态现状评价方法与适用范围		√	√	√	√	√	√	√
	4. 生态影响预测与评价								

续表

项目	考试内容	2005年	2006年	2007年	2008年	2009年	2010年	2011年	2012年
	(1)熟悉生态影响预测的内容	√	√	√	√	√	√	√	√
	(2)了解生态影响经济损益分析的原则	√	√	√	√	√	√	√	√
	5. 生态影响的防护、恢复及替代方案								
	(1)熟悉生态影响的防护与恢复应遵循的原则	√	√	√	√	√	√	√	√
	(2)熟悉生态影响的管理措施		√	√	√	√	√	√	√
	(3)熟悉替代方案的原则要求	√	√	√	√	√	√	√	√
	6. 典型项目的生态影响评价								
	熟悉典型自然资源开发项目中生态影响评价要点	√	√	√	√	√	√	√	
	(六)开发区区域环境影响评价技术导则								
	1. 总则								
	(1)熟悉导则的适用范围	√	√	√	√	√	√	√	√
二、环境影响评价技术导则	(2)掌握开发区区域环境影响评价重点	√	√	√	√	√	√	√	√
	(3)熟悉开发区区域环境影响评价工作程序		√	√					
	2. 环境影响评价实施方案								
	(1)熟悉实施方案的基本内容		√	√	√	√	√	√	√
	(2)熟悉规划方案初步分析的内容及要求		√	√	√	√	√	√	√
	(3)熟悉环境影响识别的要求与方法		√	√					
	(4)熟悉开发区区域环境影响评价的专题设置	√	√	√					
	3. 环境影响报告书的编制要求								
	(1)熟悉区域环境现状调查和评价的内容和要求				√	√	√	√	√
	(2)熟悉规划方案分析的内容和要求				√	√	√	√	√
	(3)熟悉环境容量与污染物总量控制的主要内容	√	√	√	√	√	√	√	√
	(4)熟悉生态环境保护与生态建设的主要内容		√	√	√	√	√	√	√
	(5)熟悉开发区规划综合论证的内容和要求				√	√	√	√	√
	(6)熟悉确定环境保护对策及环境影响减缓措施的原则要求	√	√	√	√	√	√	√	√

续表

项目	考试内容	2005 年	2006 年	2007 年	2008 年	2009 年	2010 年	2011 年	2012 年
二、环境影响评价技术导则	4. 开发区污染源分析								
	(1)了解开发区污染源分析的基本原则及区域污染源分析的主要因子应满足的要求	√	√	√					
	(2)了解开发区污染源估算方法概要	√	√	√					
	5. 环境影响分析与评价								
	(1)了解空气环境影响分析与评价的主要内容	√	√	√					
	(2)了解地表水环境影响分析与评价的主要内容;了解地下水环境影响分析与评价的主要内容	√	√	√					
	(3)了解固体废物处理/处置方式及其影响分析的主要内容;了解噪声影响分析与评价的主要内容	√	√	√					
	(4)了解生态环境保护与生态建设的主要内容	√	√	√					
	(七)规划环境影响评价技术导则								
	1. 总则								
	(1)熟悉导则的适用范围		√	√	√	√	√	√	√
	(2)掌握规划环境影响评价的原则	√	√	√	√	√	√	√	√
	(3)了解规划环境影响评价的工作程序		√	√					
	2. 规划环境影响评价的内容与方法								
	(1)熟悉规划环境影响评价的基本内容	√	√	√	√	√	√	√	√
	(2)了解环境目标和评价指标的含义		√	√	√	√	√	√	√
	(3)了解规划分析的基本内容		√	√	√	√	√	√	√
	(4)熟悉规划环境影响评价中拟定环境保护对策与减缓措施的原则和优先顺序	√	√	√	√	√	√	√	√
	(5)熟悉确定规划环境影响评价范围时应考虑的因素	√							

续表

项目	考试内容	2005 年	2006 年	2007 年	2008 年	2009 年	2010 年	2011 年	2012 年
二、环境影响评价技术导则	(6)了解规划环境影响报告书编制的主要内容	√							
	(7)了解规划环境影响篇章及说明编制的主要内容	√							
	(8)熟悉现状调查、分析与评价的内容及方法		√	√					
	(9)熟悉环境影响识别的内容与方法		√	√					
	(10)熟悉规划的环境影响分析与评价的内容和方法		√	√					
	(八)建设项目环境风险评价技术导则								
	1. 总则								
	(1)掌握导则的适用范围		√	√	√	√	√	√	√
	(2)熟悉环境风险评价的目的和重点		√	√	√	√	√	√	√
	(3)熟悉环境风险评价工作级别的划分		√	√	√	√	√	√	√
	(4)熟悉环境风险评价的工作程序		√	√	√	√	√	√	√
	(5)了解环境风险评价范围的确定		√	√					
	(6)掌握环境风险评价的基本内容		√	√					
	2. 风险识别								
	熟悉风险识别的范围、类型和内容		√	√	√	√	√	√	√
	3. 风险计算和评价								
	(1)熟悉风险值的定义				√	√	√	√	√
	(2)了解风险评价的原则				√	√	√	√	√
	4. 风险管理								
	(1)熟悉风险防范措施		√	√	√	√	√	√	√
	(2)了解应急预案的主要内容		√	√	√	√	√	√	√
	(九)建设项目竣工环境保护验收技术规范——生态影响类								
	1. 适用范围								
	熟悉规范的适用范围				√	√	√	√	√

续表

项目	考试内容	2005 年	2006 年	2007 年	2008 年	2009 年	2010 年	2011 年	2012 年
二、环境影响评价技术导则	2. 总则								
	(1)了解验收调查的工作程序				√	√	√	√	√
	(2)熟悉验收调查时段的划分				√	√	√	√	√
	(3)熟悉验收调查标准的确定原则				√	√	√	√	√
	(4)了解验收调查的运行工况要求				√	√	√	√	√
	(5)掌握验收调查的重点				√	√	√	√	√
	3. 验收调查技术要求								
	(1)掌握环境敏感目标调查的内容及要求				√	√	√	√	√
	(2)熟悉工程调查的内容及要求				√	√	√	√	√
	(3)掌握环境保护措施落实情况调查的内容及要求				√	√	√	√	√
	(4)熟悉生态影响调查的内容、方法及调查结果分析的主要内容				√	√	√	√	√
	(5)熟悉调查结论与建议的编写要求及内容				√	√	√	√	√
三、环境质量标准	(一)环境空气质量标准								
	(1)掌握环境空气质量功能区的分类	√	√	√	√	√	√	√	√
	(2)掌握环境空气质量标准分级	√	√	√	√	√	√	√	√
	(3)了解常规污染物(二氧化硫、总悬浮颗粒物、可吸入颗粒物、二氧化氮、一氧化碳、臭氧)的浓度限值	√	√	√	√	√	√	√	√
	(4)了解常规污染物的监测分析方法	√	√	√	√	√	√	√	√
	(5)掌握常规污染物数据统计的有效性规定	√	√	√	√	√	√	√	√
	(二)地表水环境质量标准								
	(1)了解标准项目划分与适用范围		√	√	√	√	√	√	√
	(2)掌握水域功能和标准的分类	√	√	√	√	√	√	√	√
	(3)掌握水质评价的原则		√	√	√	√	√	√	√
	(4)了解地表水环境质量标准基本项目中常规项目(水温、pH 值、溶解氧、高锰酸盐指数、化学需氧量、五日生化需氧量、氨氮、总氮、总磷)的标准限值	√	√	√	√	√	√	√	√

续表

项目	考试内容	2005年	2006年	2007年	2008年	2009年	2010年	2011年	2012年
三、环境质量标准	(5)了解地表水环境质量标准基本项目中常规项目的监测分析方法	√	√	√	√	√	√	√	√
	(三)地下水质量标准								
	(1)掌握本标准的适用范围	√	√	√	√	√	√	√	√
	(2)掌握地下水质量分类	√	√	√	√	√	√	√	√
	(3)了解地下水水质监测的监测频率和监测项目	√	√	√	√	√	√	√	√
	(4)了解地下水质量单组分评价的方法和原则	√	√	√	√	√	√	√	√
	(5)熟悉地下水质量保护的原则要求		√	√	√	√	√	√	√
	(四)海水水质标准								
	(1)熟悉海水水质的分类	√	√	√	√	√	√	√	√
	(2)熟悉混合区的规定		√	√	√	√	√	√	√
	(五)声环境质量标准								
	(1)掌握本标准的适用范围	√				√	√	√	√
	(2)掌握声环境功能区分类	√				√	√	√	√
	(3)熟悉各类声环境功能区环境噪声限值及相关规定					√	√	√	√
	(4)了解环境噪声监测测点选择条件					√	√	√	√
	(5)了解声环境功能区的划分要求					√	√	√	√
	(6)熟悉城市5类环境噪声标准值	√	√	√	√				
	(7)掌握各类标准的适用区域	√	√	√	√				
	(8)了解夜间突发噪声的限值	√	√	√	√				
	(9)掌握乡村生活区参照执行的标准类别	√	√	√	√				
	(六)城市区域环境振动标准								
	熟悉城市各类区域铅垂向Z振级标准值	√	√	√	√	√	√	√	√
	(七)土壤环境质量标准								
	(1)熟悉土壤环境质量的分类	√	√	√	√	√	√	√	√
	(2)熟悉土壤环境质量标准的分级	√	√	√	√	√	√	√	√

续表

项目	考试内容	2005 年	2006 年	2007 年	2008 年	2009 年	2010 年	2011 年	2012 年
四、污染物排放标准	(一)大气污染物综合排放标准								
	(1)掌握本标准的适用范围	√	√	√	√	√	√	√	√
	(2)熟悉本标准的指标体系	√	√	√	√	√	√	√	√
	(3)掌握排放速率标准分级	√	√	√	√	√	√	√	√
	(4)熟悉排气筒高度及排放速率的有关规定	√	√	√	√	√	√	√	√
	(5)熟悉监测采样时间与频次	√	√	√	√	√	√	√	√
	(6)了解现有污染源大气污染物中常规项目(二氧化硫、氮氧化物、颗粒物)的排放限值	√	√	√	√	√	√	√	√
	(7)了解新污染源大气污染物中常规项目(二氧化硫、氮氧化物、颗粒物)的排放限值	√	√	√	√	√	√	√	√
	(二)污水综合排放标准								
	(1)掌握本标准的适用范围	√	√	√	√	√	√	√	√
	(2)掌握污水综合排放标准的分级	√	√	√	√	√	√	√	√
	(3)掌握污染物按性质及控制方式进行的分类	√	√	√	√	√	√	√	√
	(4)掌握污染物排污口设置的有关要求	√	√	√	√	√	√	√	√
	(5)熟悉监测频率要求	√	√	√	√	√	√	√	√
	(6)熟悉新、改、扩建项目按年限执行不同污染物最高允许排放浓度限值的有关规定	√	√	√	√	√	√	√	√
	(7)了解第一类污染物及最高允许排放浓度	√	√	√	√	√	√	√	√
	(三)工业企业厂界环境噪声排放标准								
	(1)熟悉本标准的适用范围	√	√	√	√	√	√	√	√
	(2)熟悉环境噪声排放限值的有关规定	√	√	√	√	√	√	√	√
	(3)了解噪声测量条件、测点位置、测量时段、背景噪声测量、测量结果修正的有关规定	√	√	√	√	√	√	√	√
	(4)了解噪声测量结果评价的有关规定					√	√	√	√

续表

项目	考试内容	2005年	2006年	2007年	2008年	2009年	2010年	2011年	2012年
	(5)了解各类标准适用范围的划定原则	√	√	√	√				
	(四)建筑施工场界噪声限值								
	(1)熟悉本标准的适用范围	√	√	√	√	√	√	√	√
	(2)掌握各施工阶段的标准限值	√	√	√	√	√	√	√	√
	(五)社会生活环境噪声排放标准								
	(1)熟悉本标准的适用范围					√	√	√	√
	(2)熟悉环境噪声排放限值的有关规定					√	√	√	√
	(3)熟悉噪声测量条件、测点位置、测量时段、背景噪声测量、测量结果修正的有关规定					√	√	√	√
	(4)了解噪声测量结果评价的有关规定					√	√	√	√
	(六)恶臭污染物排放标准								
四、污染物排放标准	(1)熟悉本标准的适用范围	√	√	√	√	√	√	√	√
	(2)熟悉恶臭厂界标准值的分级	√	√	√	√	√	√	√	√
	(3)了解标准实施的有关基本规定	√	√	√	√	√	√	√	√
	(七)工业炉窑大气污染物排放标准								
	(1)熟悉本标准的适用范围	√	√	√	√	√	√	√	√
	(2)熟悉本标准的适用区域及各区域对工业炉窑建设的要求	√	√	√	√	√	√	√	√
	(八)锅炉大气污染物排放标准								
	(1)熟悉本标准的适用范围	√	√	√	√	√	√	√	√
	(2)熟悉本标准的适用区域划分及年限划分	√	√	√	√	√	√	√	√
	(3)熟悉一类区域禁止新建的锅炉类型	√	√	√	√	√	√	√	√
	(4)熟悉新建锅炉房烟囱高度的有关规定	√	√	√	√	√	√	√	√
	(5)了解锅炉安装连续监测装置的有关规定					√	√	√	√
	(九)生活垃圾填埋场污染控制标准								

续表

项目	考试内容	2005 年	2006 年	2007 年	2008 年	2009 年	2010 年	2011 年	2012 年
四、污染物排放标准	(1)熟悉本标准的适用范围	√	√	√	√	√	√	√	√
	(2)熟悉生活垃圾填埋场的选址要求	√	√	√	√				√
	(3)了解生活垃圾填埋场填埋废物的入场要求					√	√	√	√
	(4)了解生活垃圾填埋场污染物排放控制要求	√	√	√	√	√	√	√	√
	(十)危险废物贮存污染控制标准								
	(1)熟悉本标准的适用范围	√	√	√	√	√	√	√	√
	(2)熟悉危险废物贮存设施的选址要求	√	√	√	√	√	√	√	√
	(十一)危险废物填埋污染控制标准								
	(1)熟悉本标准的适用范围	√	√	√	√	√	√	√	√
	(2)熟悉危险废物填埋场场址选择要求	√	√	√	√	√	√	√	√
	(十二)危险废物焚烧污染控制标准								
	(1)熟悉本标准的适用范围	√	√	√	√	√	√	√	√
	(2)熟悉危险废物焚烧厂选址的技术要求	√	√	√	√	√	√	√	√
	(十三)一般工业固体废弃物贮存、处置场污染控制标准								
	(1)熟悉本标准的适用范围	√	√	√	√	√	√	√	√
	(2)了解贮存、处置场的类型	√	√	√	√	√	√	√	√
	(3)熟悉贮存、处置场场址选择要求	√	√	√	√	√	√	√	√
	(4)了解贮存、处置场污染控制项目	√	√	√	√	√	√	√	√

第一章　环境标准体系

一、环境标准体系的构成

(一)环境标准的分类及各自的特点

环境标准分为国家环境标准、地方标准、国家环境保护部标准三类。

1. 国家环境标准

国家环境标准包括国家环境质量标准、国家污染物排放标准、国家环境监测方法标准、国家环境标准样品标准、国家环境基础标准。

(1)国家环境质量标准：为保障人群健康、维护生态环境和保障社会物质财富，并考虑技术经济条件，对环境中有害物质和因素所作的限制性规定。国家环境质量标准是一定时期内衡量环境优劣程度的标准，是环境质量的目标标准。

(2)国家污染物排放标准：根据国家环境质量标准，以及适用的污染控制技术，并考虑经济承受能力，对排入环境的有害物质和产生污染的各种因素所作的限制性规定，是对污染源控制的标准。

(3)国家环境监测方法标准：为检测环境质量和污染物排放，规范采样、分析、测试、数据处理等所作的统一规定。环境监测中最常见的是分析方法、测定方法、采样方法。

(4)国家环境标准样品标准：为保证环境检测数据的准确、可靠，对用于量值传递或质量控制的材料、实物样品，制定的标准物质。

(5)国家环境基础标准：对环境标准工作中，对技术术语、符号、代号、图形、指南、导则、量纲单位及信息编码等作的统一规定。

2. 地方标准

地方标准是对国家环境标准的补充和完善。由省、自治区、直辖市人民政府制定。近年来为控制环境质量的恶化趋势，一些地方已将总量控制指标纳入地方环境标准。

(1)地方环境质量标准：国家环境质量标准未作规定的项目，可以制定地方环境质量标准。

(2)地方污染物排放标准：

①国家污染物排放标准中未作规定的项目可以制定地方污染物排放标准；

②国家污染物排放标准已规定的项目，可以制定严于国家污染物排放标准的地方污染物排放标准；

③省、自治区、直辖市人民政府制定机动车船大气污染物地方排放标准严于国家排放标准的，须报经国务院批准。

3. 国家环境保护部标准

除上述国家环境标准外，在环境保护工作中对还需要统一的技术要求所制定的标准(包括：执行各项环境管理制度、监测技术、环境区划、规划技术要求、规范、导则等)。

要点：环境标准分为国家环境标准、地方标准、国家环境保护部标准三类。

国家环境标准包括国家环境质量标准、国家污染物排放标准、国家环境监测方法标准、国家环境标准样品标准、国家环境基础标准。

（二）我国现行的主要环境影响评价技术导则的种类及其应用范围

我国现行的主要环境影响评价技术导则及其应用范围见表2－2。

表2－2　我国现行的主要环境影响评价技术导则及其应用范围

序号	编号	名称	适用范围
1	HJ/T 2.1—93	《环境影响评价技术导则—总纲》	本标准适用于厂矿企业、事业单位建设项目的环境影响评价工作，其他建设项目的环境影响评价工作也可参照本标准所规定的原则和方法进行
2	HJ 2.2—2008	《环境影响评价技术导则—大气环境》	本标准适用于建设项目的新建或改、扩建工程的大气环境影响评价。区域和规划的大气环境影响评价亦可参照使用
3	HJ/T 2.3—93	《环境影响评价技术导则—地面水环境》	本标准适用于厂矿企业、事业单位建设项目的地面水环境影响评价工作。其他建设项目的地面水环境影响评价也可参照执行
4	HJ 2.4—2009	《环境影响评价技术导则—声环境》	本标准适用于建设项目声环境影响评价及规划环境影响评价中的声环境影响评价
5	HJ 19—2011	《环境影响评价技术导则—生态影响》	本标准适用于建设项目对生态系统及其组成因子所造成的影响评价。区域和规划的生态影响评价可参照使用
6	HJ/T 88—2003	《环境影响评价技术导则—水利水电工程》	本导则适用于水利行业的防洪、水电、灌溉、供水等大中型水利水电工程环境影响评价。其他行业同类工程和小型水利水电工程可参照执行
7	HJ/T 89—2003	《环境影响评价技术导则—石油化工建设项目》	石油化工建设项目是指以石油和石油气（包括天然气和煤厂气）为原料，从事炼油、化工、化纤和化肥生产以及相关的储存、运输、科研等建设项目。本标准适用于石油化工新建、改建、扩建和技术改造项目的环境影响评价
8	HJ/T 130—2003	《规划环境影响评价技术导则》（试行）	本导则适用于国务院有关部门、设区的市级以上地方人民政府及有关部门组织编制的下列规划的环境影响评价： a. 土地利用的有关规划，区域、流域、海域的建设、开发利用规划； b. 工业、农业、畜牧业、林业、能源、水利、交通、城市建设、旅游、自然资源开发的有关规划
9	HJ/T 131—2003	《开发区区域环境影响评价技术导则》	本导则适用于经济技术开发区、高新技术产业开发区、保税区、边境经济合作区、旅游度假区等区域开发以及工业园区等类似区域开发的环境影响评价的一般性原则、内容、方法和要求
10	HJ/T 169—2004	《建设项目环境风险评价技术导则》	本导则适用于涉及有毒有害、贮运等的新建、改建、扩建和技术改造项目（不包括核建设项目）的环境风险评价
11	HJ/T 349—2007	《环境影响评价技术导则—陆地石油天然气开发建设项目》	本标准适用于我国境内陆地石油天然气田勘探、开发、地面工业基础设施建设及相关集输、储运、道路以及油气处理加工过程的建设项目。

续表

序号	编号	名称	适用范围
12	HJ 453—2008	《环境影响评价技术导则—城市轨道交通》	本标准适用于地铁、轻轨等轮轨导向系统的城市轨道交通建设项目环境影响评价，单轨、有轨电车、自动导轨、直线电机轨道交通建设项目环境影响评价参照本标准执行。本标准不适用于磁浮轨道交通系统
13	HJ/T 24—1998	《500kV 超高压送变电工程电磁辐射环境影响评价技术规范》	本规范适用于500kV 超高压送变电工程电磁辐射环境影响评价。也可参照本规范适用于100kV、220kV 及330kV 送变电工程电磁辐射环境影响的评价
14	HJ/T 13—1996	《火电厂建设项目环境影响报告书编制规范》	本规范适用于全国火电厂建设项目，主要针对燃煤电厂，其他类型火电厂可以参照执行。利用国际金融组织和国外政府贷款的火电厂建设项目，除满足本规范要求外，还执行我国已颁布的有关规定
15	HJ 619 - 2011	《环境影响评价技术导则—煤炭采选工程》	本标准适用于在中华人民共和国境内进行煤炭采选工程的建设项目环境影响评价工作。煤炭采选工程环境影响后评价与煤炭资源勘探活动环境影响评价可参照本标准执行
16	HJ 616 - 2011	《建设项目环境影响技术评估导则》	本标准适用于各级环境影响评估机构对建设项目环境影响评价文件进行技术评估。本标准不适用于核设施及其他可能产生放射性污染、输变电工程及其他产生电磁环境影响的建设项目环境影响评价文件的技术评估。

国家颁布的主要环境质量标准和污染物排放标准见表2 -3。

表2 -3　国家颁布的主要环境质量标准和污染物排放标准

序号	标准类别	
1	大气环境标准	《环境空气质量标准》(GB 3095—1996)
		《大气污染物综合排放标准》(GB 16297—1996)
		《恶臭污染物排放标准》(GB 14554—93)
		《工业炉窑大气污染物排放标准》(GB 9078—1996)
		《锅炉大气污染物排放标准》(GB 13271—2001)
		(炼钢工业、轧钢工业、炼铁工业、火电厂、平板玻璃工业、钢铁烧结、球团工业、水泥工业等)大气污染物排放标准，(煤炭工业、电镀、硫酸工业、铝工业、镍、钴工业、橡胶制品等)污染物排放标准
2	水环境标准	《地表水环境质量标准》(GB 3838—2002)
		《地下水质量标准》(GB/T 14848—93)
		《海水水质标准》(GB 3097—1997)
		《污水综合排放标准》(GB 8978—1996)
		(钢铁工业、制浆造纸工业、磷肥、汽车维修业、淀粉工业、杂环类农药工业、化学合成类制药工业、提取类制药工业、生物工程类制药工业、制糖工业、医疗机构、兵器工业、城镇污水处理厂、合成氨工业、纺织染整工业、肉类加工工业等)水污染物排放标准，(铁矿采选、铁合金、炼焦化学、稀土、橡胶制品、铝、铅，锌、铜，镍，钴、硫酸、电镀污染物、合成革与人造革、煤炭、啤酒、味精、船舶等)工业污染物排放标准

续表

序号		标准类别
3	声环境标准	《声环境质量标准》(GB 3096—2008)
		《机场周围飞机噪声环境标准》(GB 9660—88)
		《城市区域环境噪声标准》(GB 3096—93)
		《城市区域环境振动标准》(GB 10070—88)
		《工业企业厂界环境噪声排放标准》(GB 12348—2008)
		《建筑施工场界环境噪声排放标准》(GB 12523—2011)
		《社会生活环境噪声排放标准》(GB 22337—2008)
4	土壤环境标准	《土壤环境质量标准》(GB 15618—1995)
5	固体废物污染控制标准	《生活垃圾填埋场污染控制标准》(GB 16889—2008)
		《危险废物贮存污染控制标准》(GB 18597—2001)
		《危险废物填埋污染控制标准》(GB 18598—2001)
		《危险废物焚烧污染控制标准》(GB 18484—2001)
		《一般工业固体废物贮存、处置场污染控制标准》(GB 18599—2001)

二、环境标准之间的关系

(一)国家环境标准与地方环境标准之间的关系

国家环境标准是由国家颁布，适用于全国或特定区域。地方环境标准是由省、直辖市、自治区和特别行政区颁布，适用于指定地区。它们之间关系是国家制订全国的环境质量标准、污染物排放标准、环境基础标准和环境方法标准，在全国各地和特定区域执行。

当地方执行国家质量标准和污染物排放标准不适于地方环境特点时，省、自治区、直辖市环保部门有权组织制订地方环境质量标准和地方污染物排放标准，经中央有关部门审议后，由省、市、区审批颁布。在颁布了地方环境标准的地区，国家标准和地方标准并存，在这种情况下，要执行地方环境标准。地方标准中未含有国家标准中的项目，仍照国家标准执行。未制订地方标准的地区，要执行国家标准。

地方环境标准严于国家环境标准；地方环境标准优先于国家环境标准执行。

要点：国家环境标准与地方环境标准之间的关系体现在：适用区域，颁布部门，执行顺序不同。地方环境标准严于国家环境标准；地方环境标准优先于国家环境标准执行。

(二)环境功能区和环境质量标准之间的关系

环境质量分等级，与环境功能区类别相对应。高功能区环境质量要求严格，低功能区环境质量要求宽松一些。以下是3个例子，见表2－4。

表 2-4 环境空气质量、地表水环境质量和声环境功能区的分类和标准分级

序号	类别	功能区的分类和标准分级
1	环境空气质量	一类区 为自然保护区、风景名胜区和其他需要特殊保护的区域，执行一级标准
		二类区 为居住区、商业交通居民混合区、文化区、工业区和农村地区，执行二级标准
2	地表水环境质量	Ⅰ类区 主要适用于源头水、国家自然保护区，执行一级标准
		Ⅱ类区 主要适用于集中式生活饮用水水源地一级保护区、珍稀水生生物栖息地、鱼虾类产卵场、仔稚幼鱼的索饵场等，执行二级标准
		Ⅲ类区 主要适用于集中式生活饮用水水源地二级保护区、鱼虾类越冬场、洄游通道、水产养殖区等渔业水域及游泳区，执行三级标准
		Ⅳ类区 主要适用于一般工业用水区及人体非直接接触的娱乐用水区，执行四级标准
		Ⅴ类区 主要适用于农业用水区及一般景观要求水域，执行五级标准
3	声环境	0 类区 指康复疗养区等特别需要安静的区域
		1 类区 指以居民住宅、医疗卫生、文化教育、科研设计、行政办公为主要功能，需要保持安静的区域
		2 类区 指以商业金融、集市贸易为主要功能，或者居住、商业、工业混杂，需要维护住宅安静的区域
		3 类区 指以工业生产、仓储物流为主要功能，需要防止工业噪声对周围环境产生严重影响的区域
		4 类区 指交通干线两侧一定距离之内，需要防止交通噪声对周围环境产生严重影响的区域，包括 4a 类和 4b 类两种类型。4a 类为高速公路、一级公路、二级公路、城市快速路、城市主干路、城市次干路、城市轨道交通(地面段)、内河航道两侧区域；4b 类为铁路干线两侧区域
		对应区域噪声的五类功能区，将区域环境噪声值分为五类，不同功能类别分别执行相应类别的标准值。噪声类别高的区域(如居住区)，执行标准值严于噪声功能类别低的区域(如工业区)

要点：环境质量分等级，与环境功能区类别相对应。高功能区环境质量要求严格，低功能区环境质量要求宽松一些。

(三)环境质量标准和污染物排放标准之间的关系

环境质量分等级，与环境功能区类别相对应。高功能区环境质量要求严格，低功能区环境质量要求宽松一些。

对于染物排放标准要服从环境质量标准的要求。根据不同环境功能区相应环境质量标准级别的要求，执行不同污染物排放限值。

要点：根据不同环境功能区对相应环境质量标准级别的要求，执行不同污染物排放限值。

(四)综合性污染物排放标准与行业污染物排放标准之间的关系

国家污染物排放标准分为跨行业综合性排放标准，如《污水综合排放标准》、《大气污染

物综合排放标准》等。行业性排放标准，如《火电厂大气污染物排放标准》、《合成氨工业水污染物排放标准》等。

综合性排放标准与行业性排放标准不交叉执行。即有行业性排放标准的执行行业性排放标准，没有行业性排放标准的执行综合性排放标准。

要点：有行业排放标准的执行行业排放标准，没有行业排放标准的执行综合排放标准。

第二章　环境影响评价技术导则

一、环境影响评价技术导则——总纲

（一）工作程序

环境影响评价工作一般分为三个阶段，即前期准备、调研和工作方案阶段，分析论证和预测评价阶段，环境影响评价文件编制阶段。具体流程见图2－1。

要点：环境影响评价工作一般分为三个阶段，即前期准备、调研和工作方案阶段，分析论证和预测评价阶段，环境影响评价文件编制阶段。

（二）工作等级划分

1. 划分环境影响评价工作等级的依据

各环境要素专项评价工作等级按建设项目特点、所在地区的环境特征、相关法律法规、标准及规划、环境功能区划等因素进行划分。其他专项评价工作等级划分可参照各环境要素评价工作等级划分依据。

2. 不同环境影响评价等级的评价要求

一级评价对环境影响进行全面、详细、深入评价，二级评价对环境影响进行较为详细、深入评价，三级评价只进行环境影响分析。

要点：划分环境影响评价工作等级的依据：建设项目特点、所在地区的环境特征、相关法律法规、标准及规划、环境功能区划等因素。

一级评价对环境影响进行全面、详细、深入评价，三级评价只进行环境影响分析。

（三）环境影响报告书编制的内容及要求

1. 专项设置内容

根据工程特点、环境特征、评价级别、国家和地方的环境保护要求，选择下列但不限于下列全部或部分专项评价。

污染影响为主的建设项目一般应包括工程分析，周围地区的环境现状调查与评价，环境影响预测与评价，清洁生产分析，环境风险评价，环境保护措施及其经济、技术论证，污染物排放总量控制，环境影响经济损益分析，环境管理与监测计划，公众参与，评价结论和建议等专题。生态影响为主的建设项目还应设置施工期、环境敏感区、珍稀动植物、社会影响等专题。

2. 编制内容

编制内容见表2－5。

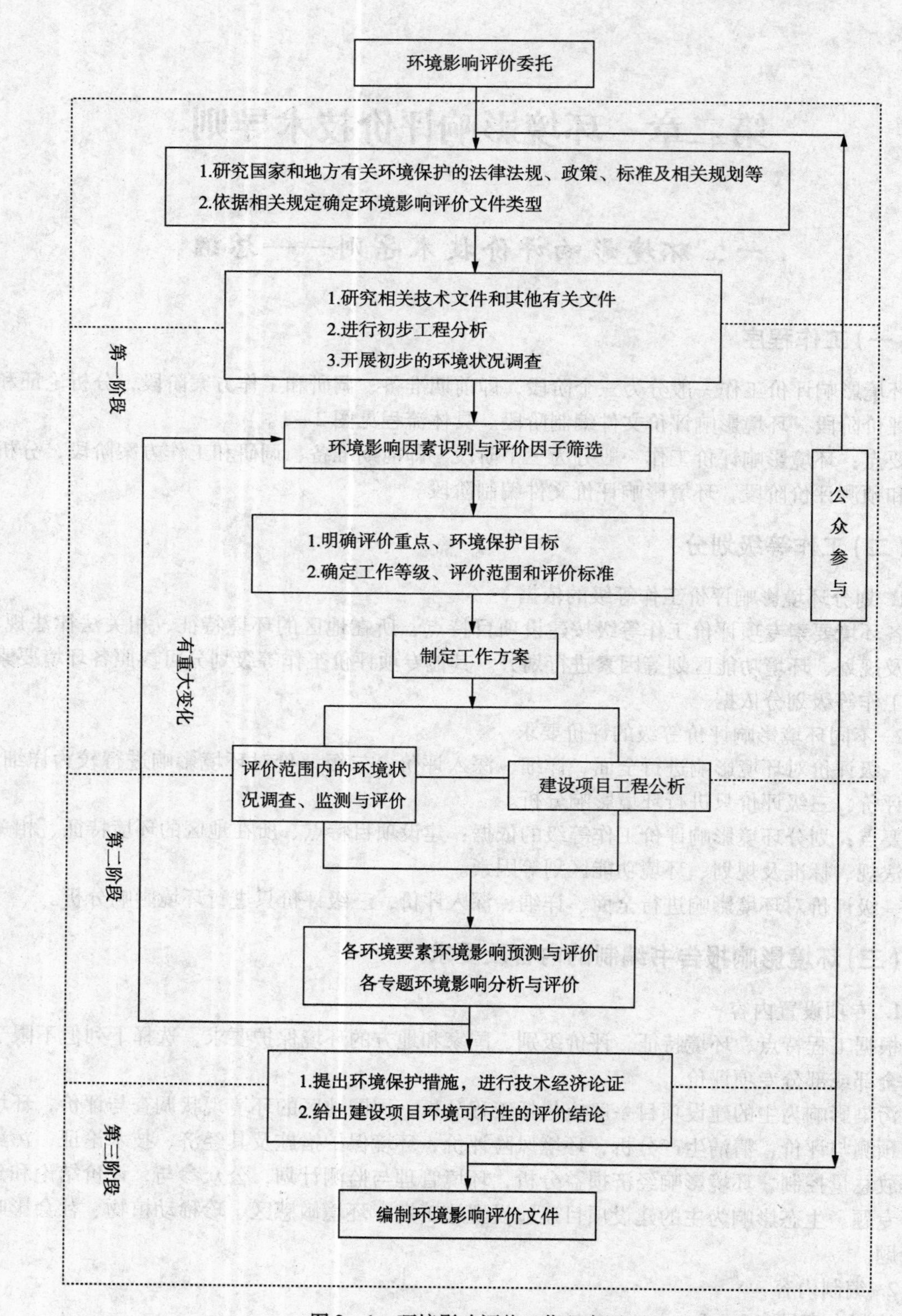

图2－1　环境影响评价工作程序图

表 2-5 环境影响报告书的编制内容

序号	项目		编制内容
1	前言		简要说明建设项目的特点、环境影响评价的工作过程、关注的主要环境问题及环境影响报告书的主要结论
2	总则	编制依据	须包括建设项目应执行的相关法律法规、相关政策及规划、相关导则及技术规范、有关技术文件和工作文件，以及环境影响报告书编制中引用的资料等
		评价因子与评价标准	分列现状评价因子和预测评价因子，给出各评价因子所执行的环境质量标准、排放标准、其他有关标准及具体限值
		评价工作等级和评价重点	说明各专项评价工作等级，明确重点评价内容
		评价范围及环境敏感区	以图、表形式说明评价范围和各环境要素的环境功能类别或级别，各环境要素环境敏感区和功能及其与建设项目的相对位置关系等
		相关规划及环境功能区划	附图列表说明建设项目所在城镇、区域或流域发展总体规划、环境保护规划、生态保护规划、环境功能区划或保护区规划等
3	建设项目概况与工程分析		采用图表及文字结合方式，概要说明建设项目的基本情况、组成、主要工艺路线、工程布置及与原有、在建工程的关系。对建设项目的全部组成和施工期、运营期、服务期满后所有时段的全部行为过程的环境影响因素及其影响特征、程度、方式等进行分析与说明，突出重点；并从保护周围环境、景观及环境保护目标要求出发，分析总图及规划布置方案的合理性
4	环境现状调查与评价		根据当地环境特征、建设项目特点和专项评价设置情况，从自然环境、社会环境、环境质量和区域污染源等方面选择相应内容进行现状调查与评价
5	环境影响预测与评价		给出预测时段、预测内容、预测范围、预测方法及预测结果，并根据环境质量标准或评价指标对建设项目的环境影响进行评价
6	社会环境影响评价		明确建设项目可能产生的社会环境影响，定量预测或定性描述社会环境影响评价因子的变化情况，提出降低影响的对策与措施
7	环境风险评价		根据建设项目环境风险识别、分析情况，给出环境风险评估后果、环境风险的可接受程度，从环境风险角度论证建设项目的可行性，提出具体可行的风险防范措施和应急预案
8	环境保护措施及其经济、技术论证		明确建设项目拟采取的具体环境保护措施。结合环境影响评价结果，论证建设项目拟采取环境保护措施的可行性，并按技术先进、适用、有效的原则，进行多方案比选，推荐最佳方案。按工程实施不同时段，分别列出其环境保护投资额，并分析其合理性。给出各项措施及投资估算一览表
9	清洁生产分析和循环经济		量化分析建设项目清洁生产水平，提高资源利用率、优化废物处置途径，提出节能、降耗、提高清洁生产水平的改进措施与建议
10	污染物排放总量控制		根据国家和地方总量控制要求、区域总量控制的实际情况及建设项目主要污染物排放指标分析情况，提出污染物排放总量控制指标建议和满足指标要求的环境保护措施。

续表

序号	项目	编制内容
11	环境影响经济损益分析	根据建设项目环境影响所造成的经济损失与效益分析结果，提出补偿措施与建议
12	环境管理与环境监测	根据建设项目环境影响情况，提出设计、施工期、运营期的环境管理及监测计划要求，包括环境管理制度、机构、人员、监测点位、监测时间、监测频次、监测因子等
13	公众意见调查	给出采取的调查方式、调查对象、建设项目的环境影响信息、拟采取的环境保护措施、公众对环境保护的主要意见、公众意见的采纳情况等
14	方案比选	建设项目的选址、选线和规模，应从是否与规划相协调、是否符合法规要求、是否满足环境功能区要求、是否影响环境敏感区或造成重大资源经济和社会文化损失等方面进行环境合理性论证。如要进行多个厂址或选线方案的优选时，应对各选址或选线方案的环境影响进行全面比较，从环境保护角度，提出选址、选线意见。
15	环境影响评价结论	环境影响评价结论是全部评价工作的结论，应在概括全部评价工作的基础上，简洁、准确、客观地总结建设项目实施过程各阶段的生产和生活活动与当地环境的关系，明确一般情况下和特定情况下的环境影响，规定采取的环境保护措施，从环境保护角度分析，得出建设项目是否可行的结论。 环境影响评价的结论一般应包括建设项目的建设概况、环境现状与主要环境问题、环境影响预测与评价结论、建设项目建设的环境可行性、结论与建议等内容，可有针对性地选择其中的全部或部分内容进行编写。环境可行性结论应从与法规政策及相关规划一致性、清洁生产和污染物排放水平、环境保护措施可靠性和合理性、达标排放稳定性、公众参与接受性等方面分析得出
16	附录和附件	将建设项目依据文件、评价标准和污染物排放总量批复文件、引用文献资料、原燃料品质等必要的有关文件、资料附在环境影响报告书后。

(四)工程分析

1. 建设项目工程分析应遵循的基本原则

基本原则：一是提出的数据资料一定要真实、准确、可信。二是凡可定量表述的内容，应通过分析给出定量的结果。

一般原则：一是要贯彻执行我国环境保护的法律、法规和方针、政策。二是工程分析要突出重点，表征建设项目环境影响的特征。三是工程分析应在对建设项目选址选线、设计建设方案、运行调度方式等进行充分调查的基础上进行。

2. 建设项目实施过程的阶段划分

根据实施过程的不同阶段可将建设项目分为建设过程、生产运行、服务期满后三个阶段进行工程分析。

3. 建设项目工程分析的对象及要求

建设项目工程分析的对象及要求见表 2－6。

表 2-6 建设项目工程分析的对象及要求

序号	分析对象	分析要求
1	工艺过程	通过对工艺过程各环节的分析，了解各类影响的来源，各种污染物的排放情况，各种废物的治理、回收、利用措施及其运行与污染物排放间的关系等
2	资源、能源的储运	通过对建设项目资源、能源、废物等的装卸、搬动、储藏、预处理等环节的分析，掌握与这些环节有关的环境影响来源的各种情况
3	交通运输	分析由于建设项目的建设运行，使当地及附近地区交通运输量增加所带来的环境影响
4	厂地的开发利用	通过了解拟建项目对土地的开发利用，了解土地利用现状和环境间的关系，以分析厂地开发利用带来的环境影响
5	异常工况	对建设项目生产运行阶段的开车、停车、检修、一般性事故和漏泄等情况时的污染物不正常排放进行分析，找出这类排放的来源、发生的可能性及发生的频率等。

4. 建设项目工程分析的重点

工程分析应以工艺过程为重点，并不可忽略污染物的不正常排放(简称不正常排放)。资源、能源的储运、交通运输及厂地开发利用是否分析及分析的深度，应根据工程、环境的特点及评级工作等级决定。

5. 建设项目工程分析的方法与特点

目前采用较多的工程分析方法有：类比分析法、物料平衡计算法、查阅参考资料分析法等。

类比分析法要求时间长，工作量大，所得结果较准确。在评价时间允许，评价工作等级较高，又有可资参考的相同或相似的现有工程时，应采用此方法。如果同类工程已有某种污染物的排放系数时，可以直接利用此系数计算建设项目该种污染物的排放量，不必再进行实测。

物料平衡计算法以理论计算为基础，比较简单。但计算中设备运行均按理想状态考虑，所以计算结果有时偏低。此方法不是所有的建设项目均能采用，具有一定局限性。

查阅参考资料分析法最为简便，但所得数据准确性差。当评价时间短，且评价工作等级较低时，或在无法采用以上两种方法的情况下，可采用此方法，此方法还可以作为以上两种方法的补充。

要点：根据实施过程的不同阶段可将建设项目分为建设过程、生产运行、服务期满后三个阶段进行工程分析。

工程分析应以工艺过程为重点，并不可忽略污染物的不正常排放(简称不正常排放)。

工程分析方法有：类比分析法、物料平衡计算法、查阅参考资料分析法等。

(五)环境现状调查

1. 建设项目所在地区环境现状调查的一般原则

根据建设项目所在地区的环境特点，结合各单项影响评价的工作等级，确定各环境要素的现状调查范围，并筛选出应调查的有关参数。

在进行环境现状调查时，首先应搜集现有的资料，当这些资料不能满足要求时，再进行现场调查和测试。

环境现状调查中，对环境中与评价项目有密切关系的部分（如大气、地面水、地下水等）应全面、详细，对这些部分的环境质量现状应有定量的数据并做出分析或评价。

2. 建设项目所在地区环境现状调查的主要内容

建设项目所在地区环境现状调查的主要内容见表2－7。

表2－7　建设项目所在地区环境现状调查的主要内容

调查的项目	具体内容
自然环境现状调查与评价	包括地理地质概况、地形地貌、气候与气象、水文、土壤、水土流失、生态、水环境、大气环境、声环境等调查内容。根据专项评价的设置情况选择相应内容进行详细调查
社会环境现状调查与评价	包括人口（少数民族）、工业、农业、能源、土地利用、交通运输等现状及相关发展规划、环境保护规划的调查。当建设项目拟排放的污染物毒性较大时，应进行人群健康调查，并根据环境中现有污染物及建设项目将排放污染物的特性选定为调查指标
环境质量和区域污染源调查与评价	根据建设项目特点、可能产生的环境影响和当地环境特征选择环境要素进行调查与评价
	调查评价范围内的环境功能区划和主要的环境敏感区，收集评价范围内各例行监测点、断面或站位的近期环境监测资料或背景值调查资料，以环境功能区为主兼顾均布性和代表性布设现状监测点位
	确定污染源调查的主要对象。选择建设项目排放量较大的污染因子、影响评价区环境质量的主要污染因子和特殊因子以及建设项目的特殊污染因子作为主要污染因子，注意点源与非点源的分类调查
	采用单因子污染指数法或相关标准规定的评价方法对选定的评价因子及各环境要素的质量现状进行评价，并说明环境质量的变化趋势
	根据调查和评价结果，分析存在的环境问题，并提出解决问题的方法或途径
其他环境现状调查	根据当地环境状况及建设项目特点，决定是否进行放射性、光与电磁辐射、振动、地面下沉等环境状况的调查。

要点：环境现状调查的方法有几种？现状调查内容有哪些？

（六）环境影响预测与评价

1. 建设项目环境影响预测的原则

建设项目环境预测的范围、时段、内容及方法均应根据其评价工作等级、工程与环境的特性、当地的环保要求而定。同时应尽量考虑预测范围内，规划的建设项目可能产生的环境影响。

2. 常用的建设项目环境影响预测的方法与特点

目前使用较多的预测方法有数学模式法、物理模型法、类比调查法和专业判断法，见表2－8。

表 2-8　常用的建设项目环境影响预测的方法特点与适用条件

方法	特点	适用条件
数学模式法	能给出定量的预测结果，但需一定的计算条件和输入必要的参数、数据。一般情况下，此方法比较简便，应首先考虑	如实际情况不能很好满足模式的应用条件而又拟采用时，要对模式进行修正并验证
物理模型法	量化程度较高，再现性好，能反映比较复杂的环境特征，但需要有合适的试验条件和必要的基础数据，且制作复杂的环境模型需要较多的人力，物力和时间	在无法利用数学模式法预测而又要求预测结果定量精度较高时，应选用此方法
类比调查法	预测结果属于半定量性质	如由于评价工作时间较短等原因，无法取得足够的参数、数据，不能采用前述两种方法进行预测时，可选用此方法
专业判断法	定性地反映建设项目的环境影响	建设项目的某些环境影响很难定量估测（如对文物与"珍贵"景观的环境影响），或由于评价时间过短等原因无法采用上述三种方法时，可选用此方法

3. 建设项目环境影响时期的划分和预测环境影响时段

（1）建设项目的环境影响，按照此项目实施过程的不同阶段，可以划分为建设阶段的环境影响，生产运行阶段的环境影响和服务期满后的环境影响三种，生产运行阶段可分为运行初期和运行中后期。

（2）所有建设项目均应预测生产运行阶段，正常排放和不正常排放两种情况的环境影响。

（3）大型建设项目，当其建设阶段的噪声、振动、地面水、大气、土壤等的影响程度较重，且影响时间较长时，应进行建设阶段的影响预测。

（4）矿山开发等建设项目应预测服务期满后的环境影响。

（5）在进行环境影响预测时，应考虑环境对影响的衰减能力。一般情况，应该考虑两个时段，即影响的衰减能力最差的时段（对污染来说就是环境净化能力最低的时段）和影响的衰减能力一般的时段。如果评价时间较短，评价工作等级又较低时，可只预测环境对影响衰减能力最差的时段。

4. 建设项目环境影响预测的范围及内容

预测的范围：

（1）一般情况，预测范围等于或略小于现状调查的范围。

（2）预测点的数量与布置，因工程和环境的特点，当地的环保要求及评价工作的等级而不同。

预测的内容：

（1）建设项目的环境影响，按照建设项目实施过程的不同阶段，可以划分为建设阶段的环境影响、生产运行阶段的环境影响和服务期满后的环境影响。还应分析不同选址、选线方案的环境影响。

（2）当建设阶段的噪声、振动、地表水、地下水、大气、土壤等的影响程度较重、影响时间较长时，应进行建设阶段的环境影响预测。

(3)应预测建设项目生产运行阶段，正常排放和非正常排放、事故排放等情况的环境影响。

(4)应进行建设项目服务期满的环境影响评价，并提出环境保护措施。

(5)进行环境影响评价时，应考虑环境对建设项目影响的承载能力。

(6)涉及有毒有害、易燃、易爆物质生产、使用、贮存，存在重大危险源，存在潜在事故并可能对环境造成危害，包括健康、社会及生态风险(如外来生物入侵的生态风险)的建设项目，需进行环境风险评价。

5. 单项评价方法的含义及其应用原则

单项评价方法是以国家、地方的有关法规、标准为依据，评定与估价各评价项目的单个质量参数的环境影响。预测值未包括环境质量现状值(即背景值)时，评价时注意应叠加环境质量现状值。在评价某个环境质量参数时，应对各预测点在不同情况下该参数的预测值均进行评价。

单项评价应有重点，对影响较重的环境质量参数，应尽量评定与估价影响的特性，范围，大小及重要程度。影响较轻的环境质量参数则可较为简略。

要点：预测方法有数学模式法、物理模型法、类比调查法和专业判断法。

预测时段分为建设阶段，生产运行阶段和服务期满后三种。

一般情况，预测范围等于或略小于现状调查的范围。

预测的内容包括：按照建设项目实施过程的不同阶段，可以划分为建设阶段的环境影响、生产运行阶段的环境影响和服务期满后的环境影响。生产运行阶段包括正常排放和非正常排放、事故排放等情况的环境影响。

(七)环境影响报告书结论编写的原则、要求及内容

1. 编写原则

报告书的结论就是全部评价工作结论，编写时要在概括和总结全部评价工作的基础上，客观地总结建设项目实施过程各阶段的生产和生活活动与当地环境的关系。

2. 编写要求

(1)应概括地反映环境影响评价的全部工作，环境现状调查应全面、深入，主要环境问题应阐述清楚，重点应突出，论点应明确，环境保护措施应可行、有效，评价结论应明确。

(2)文字应简洁、准确，文本应规范，计量单位应标准化，数据应可靠，资料应翔实，并尽量采用能反映需求信息的图表和照片。

(3)资料表述应清楚，利于阅读和审查，相关数据、应用模式须编入附录，并说明引用来源；所参考的主要文献应注意时效性，并列出目录。

(4)跨行业建设项目的环境影响评价，或评价内容较多时，其环境影响报告书中各专项评价根据需要可繁可简，必要时，其重点专项评价应另编专项评价分报告，特殊技术问题另编专题技术报告。

3. 报告书结论一般包括下列内容

(1)概括地描述环境现状，同时要说明环境中现已存在的主要环境质量问题，例如某些污染物浓度超过了标准，某些重要的生态破坏现象等。

(2)简要说明建设项目的影响源及污染源状况。

根据评价中工程分析结果，简单明了地说明建设项目的影响源和污染源的位置、数量，污染物的种类、数量和排放浓度与排放量、排放方式等。

(3)概括总结环境影响的预测和评价结果

结论中要明确说明建设项目实施过程各阶段在不同时期对环境的影响及其评价。特别要说明叠加背景值后的影响。

(4)对环保措施的改进建议

报告书中如有专门章节评述环保措施(包括污染防治措施、环境管理措施、环境监测措施等)时，结论中应有该章节的总结。如报告书中没有专门章节时，在结论中应简单评述拟采用的环保措施。同时还应结合环保措施的改进与执行，说明建设项目在实施过程的各个不同阶段，能否满足环境质量要求的具体情况。

要点：编写要求包括概括地反映环境影响评价的全部工作，文字应简洁、准确，资料表述应清楚。报告书结论一般包括下列内容：概括地描述环境现状，同时要说明环境中现已存在的主要环境质量问题；简要说明建设项目的影响源及污染源状况；概括总结环境影响的预测和评价结果；对环保措施的改进建议。

二、环境影响评价技术导则——大气环境

(一)评价工作等级与评价范围

1. 大气环境影响评价工作等级划分方法

结合项目的初步工程分析结果，选择正常排放的主要污染物及排放参数，采用推荐模式中的估算模式计算各污染物的最大影响程度和最远影响范围，然后按评价工作分级判据(见表2-9)进行分级。

根据项目的初步工程分析结果，选择1~3种主要污染物，分别计算每一种污染物的最大地面浓度占标率P_i(第i个污染物)，及第i个污染物的地面浓度达标准限值10%时所对应的最远距离$D_{10\%}$。其中P_i定义为：

$$P_i = \frac{C_i}{C_{0i}} \times 100\% \tag{2-1}$$

式中 P_i——第i个污染物的最大地面浓度占标率,%；

C_i——采用估算模式计算出的第i个污染物的最大地面浓度，mg/m³；

C_{0i}——第i个污染物的环境空气质量标准，mg/m³。

C_{0i}——一般选用GB 3095中1小时平均取样时间的二级标准的浓度限值。

对于没有小时浓度限值的污染物，可取日平均浓度限值的3倍值；

对该标准中未包含的污染物，可参照TJ 36中的居住区大气中有害物质的最高容许浓度的一次浓度限值。

如已有地方标准，应选用地方标准中的相应值。

对某些上述标准中都未包含的污染物，可参照国外有关标准选用，但应作出说明，报环保主管部门批准后执行。

评价工作等级按表2-9的分级判据进行划分。最大地面浓度占标率P_i按公式(2-1)计算，如污染物数i大于1，取P值中最大者(P_{max})，和其对应的$D_{10\%}$。

表 2－9　评价工作等级

评价工作等级	评价工作分级判据
一级	$P_{max} \geq 80\%$，且 $D_{10\%} \geq 5km$
二级	其他
三级	$P_{max} < 10\%$ 或 $D_{10\%}$ < 污染源距厂界最近距离

评价工作等级的确定还应符合以下规定：

(1)同一项目有多个(两个以上，含两个)污染源排放同一种污染物时，则按各污染源分别确定其评价等级，并取评价级别最高者作为项目的评价等级。

(2)对于高耗能行业的多源(两个以上，含两个)项目，评价等级应不低于二级。

(3)对于建成后全厂的主要污染物排放总量都有明显减少的改、扩建项目，评价等级可低于一级。

(4)如果评价范围内包含一类环境空气质量功能区、或者评价范围内主要评价因子的环境质量已接近或超过环境质量标准、或者项目排放的污染物对人体健康或生态环境有严重危害的特殊项目，评价等级一般不低于二级。

(5)对于以城市快速路、主干路等城市道路为主的新建、扩建项目，应考虑交通线源对道路两侧的环境保护目标的影响，评价等级应不低于二级。

(6)对于公路、铁路等项目，应分别按项目沿线主要集中式排放源(如服务区、车站等大气污染源)排放的污染物计算其评价等级。

一、二级评价应选择本导则推荐模式清单中的进一步预测模式进行大气环境影响预测工作。三级评价可不进行大气环境影响预测工作，直接以估算模式的计算结果作为预测与分析依据。

要点：估算模式公式及其参数的确定，评价工作分级判据及评价工作等级的确定。

2. 大气环境影响评价范围的确定原则

(1)根据项目排放污染物的最远影响范围确定项目的大气环境影响评价范围，即以排放源为中心点，以 $D_{10\%}$ 为半径的圆或 $2 \times D_{10\%}$ 为边长的矩形作为大气环境影响评价范围；当最远距离超过 25km 时，确定评价范围为半径 25km 的圆形区域，或边长 50km 矩形区域。

(2)评价范围的直径或边长一般不应小于 5km。

(3)对于以线源为主的城市道路等项目，评价范围可设定为线源中心两侧各 200m 的范围。

要点：点源大气环境影响评价范围的中心点及半径或者边长的确定。线源大气环境影响评价范围的确定。

(二)大气污染源调查与分析

1. 大气污染源调查与分析对象

(1)对于一、二级评价项目，应调查分析项目的所有污染源(对于改、扩建项目应包括新、老污染源)、评价范围内与项目排放污染物有关的其他在建项目、已批复环境影响评价文件的未建项目等污染源。如有区域替代方案，还应调查评价范围内所有的拟替代的污染源。

(2)对于三级评价项目可只调查分析项目污染源。

2. 各等级评价项目大气污染源调查的内容及要求

各等级评价项目大气污染源调查的内容及要求见表 2－10。

表 2－10 各等级评价项目大气污染源调查的内容及要求

<table>
<tr><th>评价等级</th><th>污染调查的内容</th><th>污染调查要求</th></tr>
<tr><td rowspan="26">一级评价项目</td><td rowspan="4">污染排污概况</td><td>在满负荷排放下，按分厂或车间逐一统计各有组织排放源和无组织排放源的主要污染物排放量</td></tr>
<tr><td>对改、扩建项目应给出现有工程排放量、扩建工程排放量，以及现有工程经改造后的污染物预测削减量，并按上述三个量计算最终排放量</td></tr>
<tr><td>对于毒性较大的污染物还应估计其非正常排放量</td></tr>
<tr><td>对于周期性排放的污染源，还应给出周期性排放系数。周期性排放系数取值为 0～1，一般可按季节、月份、星期、日、小时等给出周期性排放系数</td></tr>
<tr><td rowspan="6">点源</td><td>排气筒底部中心坐标，以及排气筒底部的海拔高度(m)</td></tr>
<tr><td>排气筒几何高度(m)及排气筒出口内径(m)</td></tr>
<tr><td>烟气出口速度(m/s)</td></tr>
<tr><td>排气筒出口处烟气温度(K)</td></tr>
<tr><td>各主要污染物正常排放量(g/s)，排放工况，年排放小时数(h)</td></tr>
<tr><td>毒性较大物质的非正常排放量(g/s)，排放工况，年排放小时数(h)</td></tr>
<tr><td rowspan="6">面源</td><td>面源起始点坐标，以及面源所在位置的海拔高度(m)</td></tr>
<tr><td>面源初始排放高度(m)</td></tr>
<tr><td>各主要污染物正常排放量[g/(s·m^2)]，排放工况，年排放小时数(h)</td></tr>
<tr><td>矩形面源：初始点坐标，面源的长度(m)，面源的宽度(m)，与正北方向逆时针的夹角，见图 2－2 矩形面源示意图</td></tr>
<tr><td>多边形面源：多边形面源的顶点数或边数(3～20)以及各顶点坐标，多边形面源示意图见图 2－3</td></tr>
<tr><td>近圆形面源：中心点坐标，近圆形半径(m)，近圆形顶点数或边数，近圆形面源示意图见图 2－4</td></tr>
<tr><td rowspan="5">体源</td><td>体源中心点坐标，以及体源所在位置的海拔高度(m)</td></tr>
<tr><td>体源高度(m)</td></tr>
<tr><td>体源排放速率(g/s)，排放工况，年排放小时数(h)</td></tr>
<tr><td>体源的边长(m)(把体源划分为多个正方形的边长，见图 2－5、图 2－6 中的 W)。</td></tr>
<tr><td>初始横向扩散参数(m)，初始垂直扩散参数(m)，体源初始扩散参数的估算见表 2－3、表 2－4</td></tr>
<tr><td rowspan="3">线源</td><td>线源几何尺寸(分段坐标)，线源距地面高度(m)，道路宽度(m)，街道街谷高度(m)。</td></tr>
<tr><td>各种车型的污染物排放速率[g/(km·s)]。</td></tr>
<tr><td>平均车速(km/h)，各时段车流量(辆/h)、车型比例。</td></tr>
<tr><td rowspan="2">其他</td><td>在考虑由于周围建筑物引起的空气扰动而导致地面局部高浓度的现象时，需调查建筑物下洗参数。建筑物下洗参数应根据所选预测模式的需要，按相应要求内容进行调查。</td></tr>
<tr><td>颗粒物粒径分级(最多不超过 20 级)，颗粒物的分级粒径(μm)、各级颗粒物的质量密度(g/cm^3)、以及各级颗粒物所占的质量比(0～1)。</td></tr>
<tr><td>二级评价项目</td><td colspan="2">二级评价项目污染源调查内容参照一级评价项目执行，可适当从简</td></tr>
<tr><td>三级评价项目</td><td colspan="2">三级评价项目可只调查污染源排污概况，并对估算模式中的污染源参数进行核实。</td></tr>
</table>

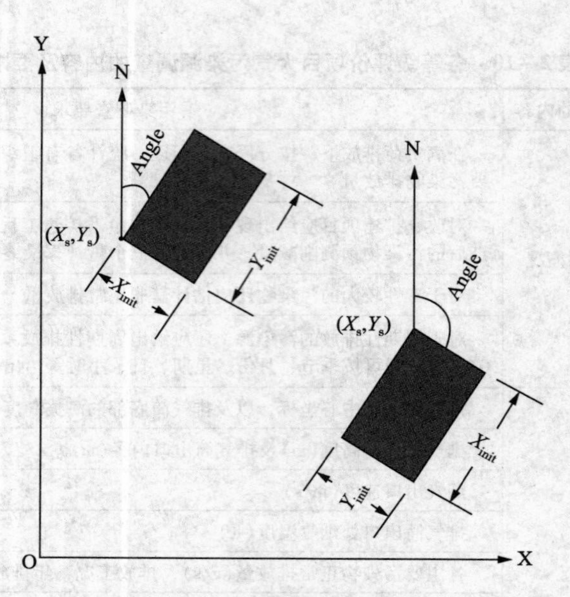

图 2－2　矩形面源示意图

注：(X_s, Y_s)为面源的起始点坐标，Angle 为面源 Y 方向的边长与正北方向的夹角(逆时针方向)，X_{init}为面源 X 方向的边长、Y_{init}为面源 Y 方向的边长。

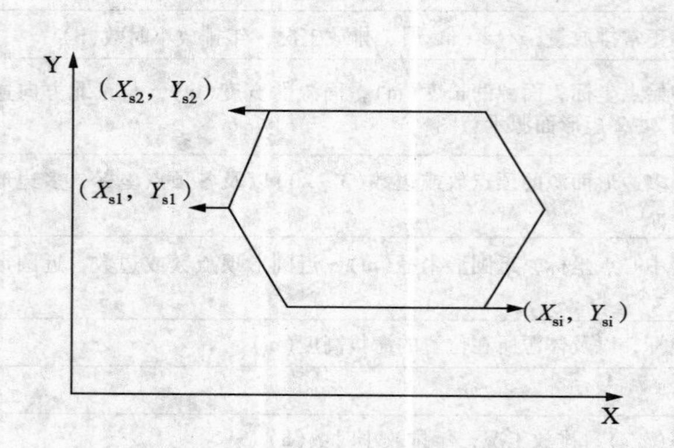

图 2－3　多边形面源示意图

注：(X_{s1}, Y_{s1})、(X_{s2}, Y_{s2})、(X_{si}, Y_{si})为多边形面源顶点坐标。

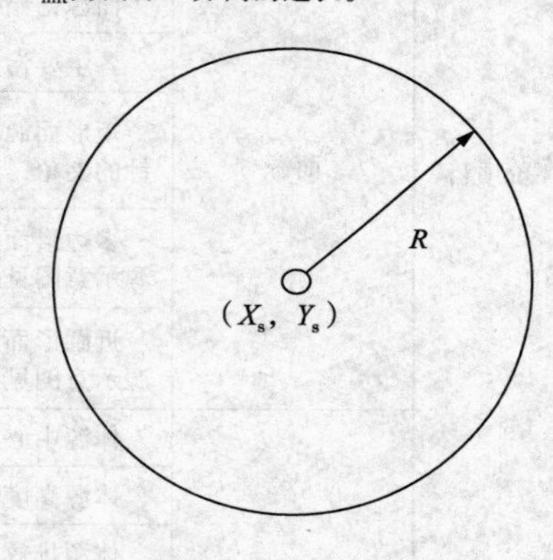

图 2－4　近圆形面源示意图

注：(X_s, Y_s)为圆弧弧心坐标，R 为圆弧半径。

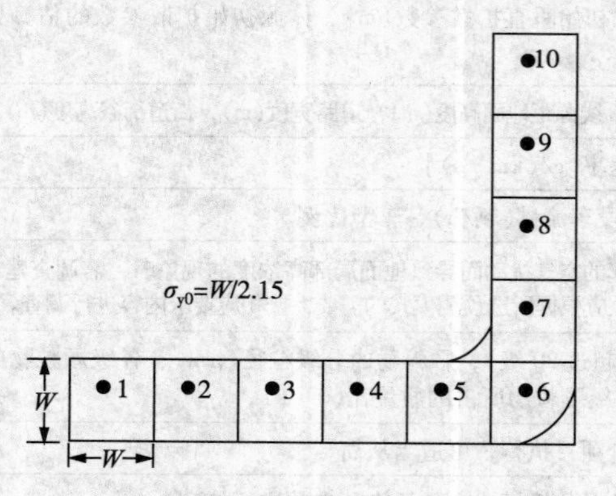

图 2－5　连续划分的体源

注：W 为单个体源的边长，σ_{y0}为初始横向扩散参数。

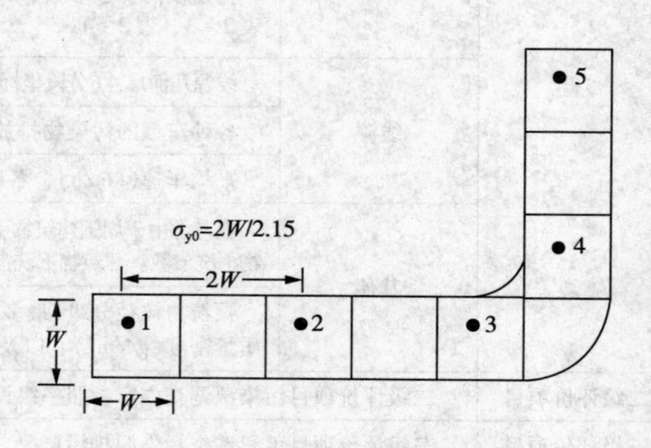

图 2－6　间接划分的体源

注：W 为单个体源的边长。

体源初始横向扩散参数估算见表2－11，体源初始垂直扩散参数估算见表2－12。

表2－11　体源初始横向扩散参数的估算

源类型	初始横向扩散参数
单个源	σ_{y0} = 边长/4.3
连续划分的体源（见图2－5）	σ_{y0} = 边长/2.15
间隔划分的体源（见图2－6）	σ_{y0} = 两个相邻间隔中心点的距离/2.15

表2－12　体源初始垂直扩散参数的估算

源位置		初始垂直扩散参数
源基底处地形高度 $H_0 \approx 0$		σ_{z0} = 源的高度/2.15
源基底处地形高度 $H_0 > 0$	在建筑物上的，或邻近建筑物	σ_{z0} = 建筑物高度/2.15
	不在建筑物上，或不邻近建筑物	σ_{z0} = 源的高度/4.3

（三）环境空气质量现状调查

1. 环境空气质量现状监测因子与监测制度

监测因子：

（1）凡项目排放的污染物属于常规污染物的应筛选为监测因子。

（2）凡项目排放的特征污染物有国家或地方环境质量标准的、或者有TJ36中的居住区大气中有害物质的最高允许浓度的，应筛选为监测因子；对于没有相应环境质量标准的污染物，且属于毒性较大的，应按照实际情况，选取有代表性的污染物作为监测因子，同时应给出参考标准值和出处。

监测制度：

（1）一级评价项目应进行二期（冬季、夏季）监测；二级评价项目可取一期不利季节进行监测，必要时应作二期监测；三级评价项目必要时可作一期监测。

（2）每期监测时间，至少应取得有季节代表性的7天有效数据，对于评价范围内没有排放同种特征污染物的项目，可减少监测天数。

（3）1小时浓度监测值应遵循下列原则：一级评价项目每天监测时段，应至少获取当地时间02，05，08，11，14，17，20，23时8个小时浓度值，二级和三级评价项目每天监测时段，至少获取当地时间02，08，14，20时4个小时浓度值。日平均浓度监测值应符合GB 3095对数据的有效性规定。

（4）对于部分无法进行连续监测的特殊污染物，可监测其一次浓度值，监测时间须满足所用评价标准值的取值时间要求。

要点：环境空气质量现状监测因子如何选择？环境空气质量现状监测制度的基本要求有哪些？

2. 环境空气质量现状监测布点原则

（1）一级评价项目，监测点应包括评价范围内有代表性的环境空气保护目标，点位不少于10个；二级评价项目，监测点应包括评价范围内有代表性的环境空气保护目标，点位不少于6个。三级评价项目，若评价范围内已有例行监测点位，或评价范围内有近3年的监测资料，且其监测数据有效性符合本导则有关规定，并能满足项目评价要求的，可不再进行现状监测，否则，应设置2～4个监测点。若评价范围内没有其他污染源排放同种特征污染物的，可适当减少监测点位。

(2)对于公路、铁路等项目，应分别在各主要集中式排放源(如服务区、车站等大气污染源)评价范围内，选择有代表性的环境空气保护目标设置监测点位。

(3)城市道路项目，可不受上述监测点设置数目限制，根据道路布局和车流量状况，并结合环境空气保护目标的分布情况，选择有代表性的环境空气保护目标设置监测点位。

要点：一级评价项目监测点位不少于10个；二级评价项目监测点位不少于6个。

(四)气象观测资料调查

1. 气象观测资料调查的基本原则

气象观测资料的调查要求与项目的评价等级有关，还与评价范围内地形复杂程度、水平流场是否均匀一致、污染物排放是否连续稳定有关。

常规气象观测资料包括常规地面气象观测资料和常规高空气象探测资料。

对于各级评价项目，均应调查评价范围20年以上的主要气候统计资料。包括年平均风速和风向玫瑰图，最大风速与月平均风速，年平均气温，极端气温与月平均气温，年平均相对湿度，年均降水量，降水量极值，日照等。

对于一、二级评价项目，还应调查逐日、逐次的常规气象观测资料及其他气象观测资料。

2. 一级评价项目气象观测资料调查要求

对于一级评价项目，气象观测资料调查基本要求分两种情况。

(1)评价范围小于50km条件下，须调查地面气象观测资料，并按选取的模式要求，补充调查必需的常规高空气象探测资料。

(2)评价范围大于50km条件下，须调查地面气象观测资料和常规高空气象探测资料。

地面气象观测资料调查要求：

调查距离项目最近的地面气象观测站，近5年内的至少连续3年的常规地面气象观测资料。如果地面气象观测站与项目的距离超过50km，并且地面站与评价范围的地理特征不一致，还需要补充地面气象观测。

常规高空气象探测资料调查要求：

调查距离项目最近的高空气象探测站，近5年内的至少连续3年的常规高空气象探测资料。如果高空气象探测站与项目的距离超过50km，高空气象资料可采用中尺度气象模式模拟的50km内的格点气象资料。

要点：一级评价项目需要调查近5年内的至少连续3年的常规地面气象观测资料、常规高空气象探测资料。

3. 二级评价项目气象观测资料调查要求

对于二级评价项目，气象观测资料调查基本要求同一级评价项目。

地面气象观测资料调查要求：

调查距离项目最近的地面气象观测站，近3年内的至少连续1年的常规地面气象观测资料。如果地面气象观测站与项目的距离超过50km，并且地面站与评价范围的地理特征不一致，还需要按照补充地面气象观测要求的内容进行补充地面气象观测。

常规高空气象探测资料调查要求：

调查距离项目最近的常规高空气象探测站，近3年内的至少连续1年的常规高空气象探测资料。如果高空气象探测站与项目的距离超过50km，高空气象资料可采用中尺度气象模式模拟的50km内的格点气象资料。

要点：二级评价项目需要调查近3年内的至少连续1年的常规地面气象观测资料、常规高空气象探测资料。

4. 地面气象观测资料和常规高空气象探测资料调查的主要内容

(1)地面气象观测资料

观测资料的时次：根据所调查地面气象观测站的类别，遵循先基准站，次基本站，后一般站的原则，收集每日实际逐次观测资料。

观测资料的常规调查项目：时间(年、月、日、时)、风向(以角度或按16个方位表示)、风速、干球温度、低云量、总云量。

可选择调查的观测资料的内容：湿球温度、露点温度、相对湿度、降水量、降水类型、海平面气压、观测站地面气压、云底高度、水平能见度等。

(2)常规高空气象探测资料

观测资料的时次：一般应至少调查每日1次(北京时间08点)的距地面1500m高度以下的高空气象探测资料。

观测资料的常规调查项目：时间(年、月、日、时)、探空数据层数、每层的气压、高度、气温、风速、风向(以角度或按16个方位表示)。

要点：地面气象观测资料的常规调查项目：时间(年、月、日、时)、风向(以角度或按16个方位表示)、风速、干球温度、低云量、总云量。

常规高空气象探测资料的常规调查项目：时间(年、月、日、时)、探空数据层数、每层的气压、高度、气温、风速、风向(以角度或按16个方位表示)。

5. 常规气象资料分析内容

常规气象资料分析内容见表2－13。

表2－13　常规气象资料分析内容

名称	内容	
温度	温度统计量	统计长期地面气象资料中每月平均温度的变化情况，参见表2－14，并绘制年平均温度月变化曲线图
	温廓线	对于一级评价项目，需酌情对污染较严重时的高空气象探测资料作温廓线的分析，分析逆温层出现的频率、平均高度范围和强度
风速	风速统计量	统计月平均风速随月份的变化和季小时平均风速的日变化。即根据长期气象资料统计每月平均风速、各季每小时的平均风速变化情况，分别参见表2－15、表2－16，并绘制平均风速的月变化曲线图和各季每小时平均风速的日变化曲线图
	风廓线	对于一级评价项目，需酌情对污染较严重时的高空气象探测资料作风廓线的分析，分析不同时间段大气边界层内的风速变化规律
风向、风频	风频统计量	统计所收集的长期地面气象资料中，每月、各季及长期平均各风向风频变化情况，分析要求参见表2－17，表2－18
	风向玫瑰图	统计所收集的长期地面气象资料中，各风向出现的频率，静风频率单独统计。在极坐标中按各风向标出其频率的大小，绘制各季及年平均风向玫瑰图。风向玫瑰图应同时附当地气象台站多年(20年以上)气候统计资料的统计结果

续表

名称		内容
风向、风频	主导风向	主导风向指风频最大的风向角的范围。风向角范围一般为22.5度到45度之间的夹角 某区域的主导风向应有明显的优势，其主导风向角风频之和应≥30%，否则可称该区域没有主导风向或主导风向不明显 在没有主导风向的地区，应考虑项目对全方位的环境空气敏感区的影响

表2-14　年平均温度的月变化

月份	1月	2月	3月	4月	5月	6月	7月	8月	9月	10月	11月	12月
温度/℃												

表2-15　年平均风速的月变化

月份	1月	2月	3月	4月	5月	6月	7月	8月	9月	10月	11月	12月
风速/(m/s)												

表2-16　季小时平均风速的日变化

风速/(m/s)＼时间/h	1	2	3	4	5	6	7	8	9	10	11	12
春季												
夏季												
秋季												
冬季												

风速/(m/s)＼时间/h	13	14	15	16	17	18	19	20	21	22	23	24
春季												
夏季												
秋季												
冬季												

表2-17　年均风频的月变化

风频/%＼风向	N	NNE	NE	ENE	E	ESE	SE	SSE	S	SSW	SW	WSW	W	WNW	NW	NNW	C
一月																	
二月																	
三月																	
四月																	
五月																	
六月																	

续表

风向 风频/%	N	NNE	NE	ENE	E	ESE	SE	SSE	S	SSW	SW	WSW	W	WNW	NW	NNW	C
七月																	
八月																	
九月																	
十月																	
十一月																	
十二月																	

表 2－18　年均风频的季变化及年均风频

风向 风频/%	N	NNE	NE	ENE	E	ESE	SE	SSE	S	SSW	SW	WSW	W	WNW	NW	NNW	C
春季																	
夏季																	
秋季																	
冬季																	
年平均																	

要点：常规气象资料分析内容包括温度、风向、风速、风频。风向分为 16 个方位和 1 个静风。

6. 建设项目所在地附近台站现有常规气象资料的采用原则

一、二级评价若气象台站在评价区域内且和该建设项目所在地的地理条件基本一致，则其大气稳定度和可能有的探空资料可直接选用，其他地面气象资料可作为该点的资料使用，否则要进行气象现场观测；三级评价可直接使用距离最近的气象台站资料。

对不可直接使用的资料必须与现场观测资料进行相差分析。

7. 建设项目所在地附近台站气象调查的调查期间

一级评价需最近 3 年的气象资料；二、三级评价至少要有最近 1 年的资料。

要点：一级评价需最近 3 年的气象资料；二、三级评价至少要有最近 1 年的资料。

(五) 大气环境影响预测与评价

1. 大气环境影响预测的一般步骤

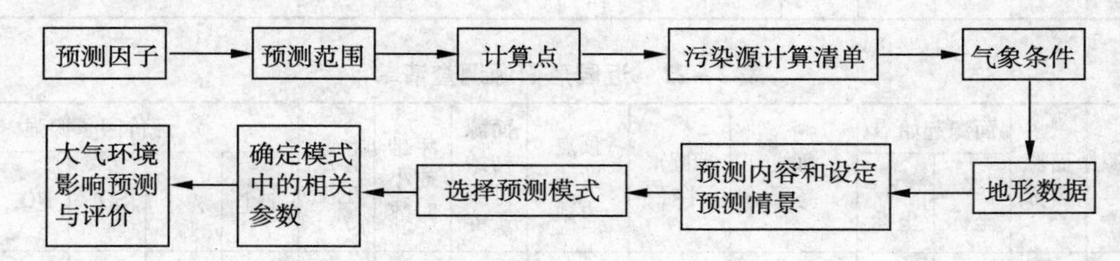

2. 大气环境影响预测因子和预测范围确定的原则

(1) 预测因子

预测因子应根据评价因子而定，选取有环境空气质量标准的评价因子作为预测因子。

（2）预测范围

预测范围应覆盖评价范围，同时还应根据污染源的排放高度、评价范围的主导风向、地形和周围环境敏感区的位置等进行适当调整。

计算污染源对评价范围的影响时，一般取东西向为 X 坐标轴、南北向为 Y 坐标轴，项目位于预测范围的中心区域。

要点：预测因子的选择依据。

3. 各类污染源计算清单的内容

点源、面源、体源和线源源强计算清单表 2－19～表 2－24，颗粒物计算清单见表 2－25。

表 2－19　点源参数调查清单

	点源编号	点源名称	X 坐标	Y 坐标	排气筒底海拔高度	排气筒高度	排气筒内径	烟气出口速度	烟气出口温度	年排放小时数	排放工况	评价因子源强				
												烟尘	粉尘	SO_2	NO_x	其他
符号	Code	Name	P_x	P_y	H_0	H	D	V	T	Hr	Cond	$Q_{烟尘}$	$Q_{粉尘}$	Q_{SO_2}	Q_{NO_x}	…
单位			m	m	m	m	m	m/s	K	h		g/s	g/s	g/s		
数据																

表 2－20　矩形面源参数调查清单

	面源编号	面源名称	面源起始点		海拔高度	面源长度	面源宽度	与正北夹角	面源初始排放	年排放小时数	排放工况	评价因子源强				
			X 坐标	Y 坐标								烟尘	粉尘	SO_2	NO_x	其他
符号	Code	Name	X_s	X_s	H_0	L_1	L_W	A_{RC}	$\bar{H}$	Hr	Cond	$Q_{烟尘}$	$Q_{粉尘}$	Q_{SO_2}	Q_{NO_x}	…
单位			m	m	m	m	m	°	m	h		g/(s·m²)				
数据																

表 2－21　多边形面源参数调查清单

	面源编号	面源名称	顶点 1 坐标		顶点 2 坐标		其他顶点坐标	海拔高度	面源初始排放高度	年排放小时数	排放工况	评价因子源强				
			X 坐标	Y 坐标	X 坐标	Y 坐标						烟尘	粉尘	SO_2	NO_x	其他
符号	Code	Name	X_{s1}	Y_{s1}	X_{s2}	Y_{s2}	…	H_0	$\bar{H}$	Hr	Cond	$Q_{烟尘}$	$Q_{粉尘}$	Q_{SO_2}	Q_{NO_x}	…
单位			m	m	m	m	m	m	m	h		g/(s·m²)				
数据																

表 2－22　近园形面源调查清单

	面源编号	面源名称	面源起始点		海拔高度	近圆形半径	顶点数或边数	面源初始排放高度	年排放小时数	排放工况	评价因子源强				
			X 坐标	Y 坐标							烟尘	粉尘	SO_2	NO_x	其他
符号	Code	Name	X_s	X_s	H_0	R	n	$\bar{H}$	Hr	Cond	$Q_{烟尘}$	$Q_{粉尘}$	Q_{SO_2}	Q_{NO_x}	…
单位			m	m	m	m		m	h		g/(s·m²)				
数据															

表 2－23　体源参数调查清单

	体源编号	体源名称	体源起始点		海拔高度	体源边长	体源高度	年排放小时数	排放工况	初始扩散参数		评价因子源强				
			X坐标	Y坐标						横向	垂直	烟尘	粉尘	SO_2	NO_x	其他
符号	Code	Name	X_s	X_s	H_0	R	n	Hr	Cond	σ_y	σ_y	$Q_{烟尘}$	$Q_{粉尘}$	Q_{SO_2}	Q_{NO_x}	…
单位			m	m	m	m		h				g/s				
数据																

表 2－24　线源参数调查清单

	线源编号	线源名称	分段坐标 1		分段坐标 2		分段坐标 n	道路高度	道路宽度	街道窄谷高度	平均车速	车流量	车型/比例	评价因子源强				
			X坐标	Y坐标	X坐标	Y坐标								NO_x	粉尘	CO	VOC	其他
符号	Code	Name	X_{s1}	Y_{s1}	X_{s2}	Y_{s2}	…	$\overline{H}$	H_w	H_s	U	V_{e1}		Q_{NO_x}	$Q_{粉尘}$	Q_{CO}	Q_{VOC}	…
单位			m	m	m	m	m	m	m	h				g/(km · s)				
数据																		

表 2－25　颗粒物粒径分布调查清单

项目	粒径分级	分级粒径	颗粒物质量密度	所占质量比
符号	Label	Label－D	Density	Percent
单位		μm	g/cm^3	
数据				

4. 大气环境影响预测计算点的分类

计算点可分三类：环境空气敏感区、预测范围内的网格点以及区域最大地面浓度点。

要点：大气环境影响预测计算点分为三类：环境空气敏感区、预测范围内的网格点以及区域最大地面浓度点。

5. 各等级评价项目大气环境影响预测内容及要求

各等级评价项目大气环境影响预测内容及要求见表 2－26。

表 2－26　各等级评价项目大气环境影响预测内容及要求

预测内容	一级评价项目	二级评价项目	三级评价项目
全年逐时或逐次小时气象条件下，环境空气保护目标、网格点处的地面浓度和评价范围内的最大地面小时浓度	√	√	
全年逐日气象条件下，环境空气保护目标、网格点处的地面浓度和评价范围内的最大地面日平均浓度	√	√	
长期气象条件下，环境空气保护目标、网格点处的地面浓度和评价范围内的最大地面年平均浓度	√	√	
非正常排放情况，全年逐时或逐次小时气象条件下，环境空气保护目标的最大地面小时浓度和评价范围内的最大地面小时浓度	√	√	
对于施工期超过一年的项目，并且施工期排放的污染物影响较大，还应预测施工期间的大气环境质量	√		

要点：各等级评价项目大气环境影响预测内容及要求。

6. 常规预测情景组合

常规预测情景组合见表2－27。

表2－27　常规预测情景组合

序号	污染源类别	排放方案	预测因子	计算点	常规预测内容
1	新增污染源（正常排放）	现有方案/推荐方案	所有预测因子	环境空气保护目标网格点 区域最大地面浓度点	小时浓度 日平均浓度 年均浓度
2	新增污染源（正常排放）	现有方案/推荐方案	主要预测因子	环境空气保护目标 区域最大地面浓度点	小时浓度
3	削弱污染源（若有）	现有方案/推荐方案	主要预测因子	环境空气保护目标	日平均浓度 年均浓度
4	被取代污染源（若有）	现有方案/推荐方案	主要预测因子	环境空气保护目标	日平均浓度 年均浓度
5	其他在建、拟建项目相关污染源（若有）		主要预测因子	环境空气保护目标	日平均浓度 年均浓度

要点：新增污染源的常规预测情景组合。

7. 大气环境影响预测分析与评价的主要内容

(1)对环境空气敏感区的环境影响分析，应考虑其预测值和同点位处的现状背景值的最大值的叠加影响；对最大地面浓度点的环境影响分析可考虑预测值和所有现状背景值的平均值的叠加影响。

(2)叠加现状背景值，分析项目建成后最终的区域环境质量状况，即：新增污染源预测值＋现状监测值－削减污染源计算值（如果有）－被取代污染源计算值（如果有）＝项目建成后最终的环境影响。若评价范围内还有其他在建项目、已批复环境影响评价文件的拟建项目，也应考虑其建成后对评价范围的共同影响。

(3)分析典型小时气象条件下，项目对环境空气敏感区和评价范围的最大环境影响，分析是否超标、超标程度、超标位置，分析小时浓度超标概率和最大持续发生时间，并绘制评价范围内出现区域小时平均浓度最大值时所对应的浓度等值线分布图。

(4)分析典型日气象条件下，项目对环境空气敏感区和评价范围的最大环境影响，分析是否超标、超标程度、超标位置，分析日平均浓度超标概率和最大持续发生时间，并绘制评价范围内出现区域日平均浓度最大值时所对应的浓度等值线分布图。

(5)分析长期气象条件下，项目对环境空气敏感区和评价范围的环境影响，分析是否超标、超标程度、超标范围及位置，并绘制预测范围内的浓度等值线分布图。

(6)分析评价不同排放方案对环境的影响，即从项目的选址、污染源的排放强度与排放方式、污染控制措施等方面评价排放方案的优劣，并针对存在的问题（如果有）提出解决方案。

(7)对解决方案进行进一步预测和评价，并给出最终的推荐方案。

8. 推荐模式的适用条件

推荐模式包括：估算模式、进一步预测模式、大气环境防护距离计算模式。

估算模式适用于评价等级及评价范围的确定。

进一步预测模式适用于评价范围小于等于50km的一级、二级评价项目。

大气环境防护距离计算模式用于确定无组织排放源的大气环境防护距离。

要点：估算模式、进一步预测模式、大气环境防护距离计算模式各自的适用条件。

9. 评价大气环境质量影响的基本原则

(1)评价区内各环境功能区是否满足相应的空气质量标准的要求，区域环境空气质量是否有容量；

(2)建设项目的现有、在建、拟建污染源是否满足达标排放的要求；

(3)项目完成后，当地的环境空气质量是否满足环境功能区的要求；

(4)建设项目的大气污染防治措施是否可行；

(5)从大气环境影响角度论证项目选址的可行性。

要点：评价大气环境质量影响的5条基本原则。

10. 评价指数和污染分担率的定义

大气污染指数定义为：就是将常规监测的几种空气污染物浓度简化成为单一的概念性指数值形式，并分级表征空气污染程度和空气质量状况。

$$I_i = [(C_i - C_{i,j})/(C_i,\ C_{j+1} - C_{i,j})] \times (I_{i,j+1} - I_{i,j}) + I_{i,j} \quad (2-2)$$

式中 I_i——第i种污染物的污染分指数；

C_i——第i种污染物的浓度值，mg/m^3；

$I_{i,j}$——第i种污染物$j+1$转折点的污染分项指数值；

$C_{i,j}$——第j转折点上i种污染物的(对应于$I_{i,j+1}$)浓度值，mg/m^3；

$C_{i,j+1}$——第$j+1$转折点上i种污染物(对应于$I_{i,j+1}$)浓度值，mg/m^3。

污染分担率：污染分担率是指某种污染物在污染过程中所占的比率。

11. 评价大气环境质量影响的要求

通过分析污染源评价、分析超标时的气象条件的结果，结合调查中的各项资料，全面分析建设项目最终选择的设计方案(一种或几种)对评价区大气环境质量的影响，并给出这一影响的综合性评估和评价。

(六)大气环境防护距离的确定原则与要求

1. 无组织源的大气环境防护距离，采用推荐模式中的大气环境防护距离模式计算得出。计算出的距离是以污染源中心点为起点的控制距离，再结合厂区平面布置图，确定控制距离范围。

2. 当无组织源排放多种污染物时，分别计算，按计算结果的最大值确定其大气环境防护距离。

3. 同一生产单元(生产区、车间或工段)的无组织排放源，合并作为单一面源计算并确定其大气环境防护距离。

要点：大气环境防护距离确定的3条原则。

(七)大气环境影响评价结论与建议的主要内容

(1)项目选址及总图布置的合理性和可行性。

(2)污染源的排放强度与排放方式。

(3)大气污染控制措施。

(4)大气环境防护距离设置。

(5)污染物排放总量控制指标的落实情况。

(6)大气环境影响评价结论。

要点：大气环境影响评价结论与建议的6条主要内容。

(八)附录中对环境影响报告书附图、附表、附件的要求

(1)基本附图要求

不同评价等级基本附图要求见表2－28。

表2－28　不同评价等级基本附图要求

序号	名称	所属内容	一级评价	二级评价	三级评价
1	污染源点位及环境空气敏感区分布图	污染源调查	√		√
2	基本气象资料分析图	气象观测资料调查	√	√	√
3	常规气象资料分析图	气象观测资料调查	√	√	
4	复杂地形的地形示意图	大气环境影响预测与评价	√		
5	污染物浓度等值线分布图	大气环境影响预测与评价	√	√	

(2)基本附件要求

基本附表要求见表2－29。

表2－29　基本附表要求

序号	名称	所属内容	一级评价	二级评价	三级评价
1	采用估算模式计算结果表	评价工作等级及评价范围确定	√	√	√
2	污染源调查清单	污染源调查	√	√	
3	环境质量现状监测分析结果	环境空气质量现状调查与评价	√	√	
4	常规气象资料分析表	气象观测资料调查	√	√	
5	环境影响预测结果表达分析表	大气环境影响预测与评价	√	√	

(3)基本附件要求

基本附件要求见表2－30。

表2－30　基本附件要求

序号	名称	所属内容	一级评价	二级评价	三级评价
1	环境质量现状检测原始数据文件	环境空气质量现状调查与评价	√	√	√
2	气象观测资料文件	气象观测资料调查	√	√	
3	预测模型所有输入文件及输出文件	大气环境影响预测与评价	√	√	

三、环境影响评价技术导则——地面水环境

(一)地面水环境影响评价工作级别的划分

根据建设项目的污水排放量，污水水质的复杂程度，各种受纳污水的地面水域(以后简称受纳水域)的规模以及对它的水质要求，其分级判据见表2－31。海湾环境影响评价分级判据见表2－32。

表2－31　地面水环境影响评价分级判据

建设项目污水排放量/(m^3/d)	建设项目污水水质复杂程度	一级		二级		三级	
		地面水域规模(大小规模)	地面水水质要求(水质类别)	地面水域规模(大小规模)	地面水水质要求(水质类别)	地面水域规模(大小规模)	地面水水质要求(水质类别)
≥20000	复杂	大	Ⅰ~Ⅲ	大	Ⅳ、Ⅴ		
		中、小	Ⅰ~Ⅳ	中、小	Ⅴ		
	中等	大	Ⅰ~Ⅲ	大	Ⅳ、Ⅴ		
		中、小	Ⅰ~Ⅳ	中、小	Ⅴ		
	简单	大	Ⅰ、Ⅱ	大	Ⅲ~Ⅴ		
		中、小	Ⅰ~Ⅲ	中、小	Ⅳ、Ⅴ		
<20000 ≥10000	复杂	大	Ⅰ~Ⅲ	大	Ⅳ、Ⅴ		
		中、小	Ⅰ~Ⅳ	中、小	Ⅴ		
	中等	大	Ⅰ、Ⅱ	大	Ⅲ、Ⅳ	大	Ⅴ
		中、小	Ⅰ、Ⅱ	中、小	Ⅲ~Ⅴ		
	简单			大	Ⅰ~Ⅲ	大	Ⅳ、Ⅴ
		中、小	Ⅰ	中、小	Ⅱ~Ⅳ	中、小	Ⅴ
<10000 ≥5000	复杂	大、中	Ⅰ、Ⅱ	大、中	Ⅲ、Ⅳ	大、中	Ⅴ
		小	Ⅰ、Ⅱ	小	Ⅲ、Ⅳ	小	Ⅴ
	中等			大、中	Ⅰ~Ⅲ	大、中	Ⅳ、Ⅴ
		小	Ⅰ	小	Ⅱ~Ⅳ	小	Ⅴ
	简单			大、中	Ⅰ、Ⅱ	大、中	Ⅲ~Ⅴ
				小	Ⅰ~Ⅲ	小	Ⅳ、Ⅴ
<5000 ≥1000	复杂			大、中	Ⅰ~Ⅲ	大、中	Ⅳ、Ⅴ
		小	Ⅰ	小	Ⅱ~Ⅳ	小	Ⅴ
	中等			大、中	Ⅰ、Ⅱ	大、中	Ⅲ~Ⅴ
				小	Ⅰ~Ⅲ	小	Ⅳ、Ⅴ
	简单					大、中	Ⅰ~Ⅳ
				小	Ⅰ	小	Ⅱ~Ⅴ
<1000 ≥200	复杂					大、中	Ⅰ~Ⅳ
						小	Ⅰ~Ⅴ
	中等					大、中	Ⅰ~Ⅳ
						小	Ⅰ~Ⅴ
	简单					中、小	Ⅰ~Ⅳ

表 2-32　海湾环境影响评价分级判据

污水排放量/(m^3/d)	污水水质的复杂程度	一级	二级	三级
≥20000	复杂	各类海湾		
	中等	各类海湾		
	简单	小型封闭海湾	其他各类海湾	
<20000 ≥5000	复杂	小型封闭海湾	其他各类海湾	
	中等		小型封闭海湾	其他各类海湾
	简单		小型封闭海湾	其他各类海湾
<5000 ≥1000	复杂		小型封闭海湾	其他各类海湾
	中等或简单			各类海湾
<1000 ≥500	复杂			各类海湾

1. 污水排放量中不包括间接冷却水、循环水以及其他含污染物极少的清净下水的排放量，但包括含热量大的冷却水的排放量。

2. 污水水质的复杂程度按污水中拟预测的污染物类型以及某类污染物中水质参数的多少划分为复杂、中等和简单三类。

(1)根据污染物在水环境中输移、衰减特点以及它们的预测模式，将污染物分为四类。

①持久性污染物(其中还包括在水环境中难降解、毒性大、易长期积累的有毒物质)；

②非持久性污染物；

③酸和碱(以 pH 表征)；

④热污染(以温度表征)。

(2)污水水质的复杂程度

复杂：污染物类型数≥3，或者只含有两类污染物，但需预测其浓度的水质参数数目≥10；

中等：污染物类型数=2，且需预测其浓度的水质参数数目<10；或者只含有一类污染物，但需预测其浓度的水质参数数目≥7；

简单：污染物类型数=1，需预测浓度的水质参数数目<7。

3. 各类地面水域的规模是指地面水体的大小规模。

(1)河流与河口，按建设项目排污口附近河段的多年平均流量或平水期平均流量划分为：

大河：≥150m^3/s；中河：15~150m^3/s；小河：<15m^3/s。

(2)湖泊和水库，按枯水期湖泊或水库的平均水深以及水面面积划分为：

当平均水深≥10m 时：

大湖(库)：≥25km^2；中湖(库)：2.5~25km^2；小湖(库)：<2.5km^2。

当平均水深<10m 时：

大湖(库)：≥50km^2；中湖(库)：5~50km^2；小湖(库)：<5km^2。

具体应用上述划分原则时，可根据我国南、北方以及干旱、湿润地区的特点进行适当调整。

4. 对地面水域的水质要求(即水质类别)以 GB 3838 为依据。该标准将地面水环境质量分为五类。如受纳水域的实际功能与该标准的水质分类不一致时，由当地环保部门对其水质提出具体要求。

在应用表2－31和表2－32时，可根据建设项目及受纳水域的具体情况适当调整评价级别。

要点：地面水环境影响评价工作级别的划分依据：建设项目的污水排放量，污水水质的复杂程度，各种受纳水域的规模以及对受纳水域的水质要求。

根据污染物在水环境中输移、衰减特点以及它们的预测模式，将污染物分为哪四类?

污水水质的复杂程度分为复杂、中等和简单三类。

污水排放量中不包括间接冷却水、循环水以及其他含污染物极少的清净下水的排放量，但包括含热量大的冷却水的排放量。

(二)地面水环境现状调查

1. 地面水环境现状调查范围的确定原则

(1)环境现状的调查范围，应能包括建设项目对周围地面水环境响较显著的区域。

(2)在确定某项具体工程的地面水环境调查范围时，应尽量按照将来污染物排放后可能的达标范围，参考表2－33～表2－35。

表2－33　不同污水排放量时河流环境现状调查范围①参考表

污水排放量/(m^3/d) \ 调查范围/km \ 河流规模	大河	中河	小河
>50000	15～30	20～40	30～50
50000～20000	10～20	15～30	25～40
20000～10000	5～10	10～20	15～30
10000～50000	2～5	5～10	10～25
<5000	<3	<5	5～15

①指排污口下游应调查的河段长度。

表2－34　不同污水排放量时湖泊(水库)环境现状调查范围参考表

污水排放量/(m^3/d)	调查范围	
	调查半径/km	调查面积①/(按半圆计算)km^2
>50000	4～7	25～80
50000～20000	2.5～4	10～25
20000～10000	1.5～2.5	3.5～10
10000～5000	1～1.5	2～3.5
<5000	≤1	≤2

①为以排污口为圆心，以调查半径为半径的半圆形面积。

表 2-35　不同污水排放量时海湾环境现状调查范围参考表

污水排放量/(m^3/d)	调查范围①	
	调查半径/km	调查面积(按半圆计算)/km^2
>50000	5~8	40~1000
50000~20000	3~5	15~40
20000~10000	1.5~3	3.5~15
<5000	≤1.5	≤3.5

①为以排污口为圆心，以调查半径为半径的半圆形面积。

要点：环境现状的调查范围应能包括建设项目对周围地面水环境响较显著的区域。

不同污水排放量时河流环境现状调查范围是指排污口下游应调查的河段长度。

湖泊(水库)和海湾环境现状调查范围是为以排污口为圆心，以调查半径为半径的半圆形面积。

2. 不同评价等级各类水域的调查时期

不同评价等级时各类水域的水质调查时期见表 2-36。

表 2-36　各类水域在不同评价等级时水质的调查时期

项目	一级	二级	三级
河流	一般情况，为一个水文年的丰水期、平水期和枯水期；若评价时间不够，至少应调查平水期和枯水期	条件许可，可调查一个水文年的丰水期、平水期和枯水期；一般情况，可只调查枯水期和平水期；若评价时间不够，可只调查枯水期	一般情况，可只在枯水期限调查
河口	一般情况，为一个潮汐年的丰水期、平水期和枯水期；若评价时间不够，至少应调查平水期和枯水期	一般情况，应调查平水期和枯水期；若评价时间不够，可只调查枯水期	一般情况，可只在枯水期调查
湖泊(水库)	一般情况，为一个水文年的丰水期、平水期和枯水期；若评价时间不够，至少应调查平水期和枯水期	一般情况，应调查平水期限和枯水期；若评价时间不够，可只调查枯水期	一般情况，可只在枯水期调查
海湾	一般情况，应调查评价工作期限间的大潮期和小潮期	一般情况，应调查评价工作期间的大潮期和小潮期	一般情况，应调查评价工作期间的大潮期和小潮期

注：当调查区域面源污染严重，丰水期水质劣于枯水期时，一、二级评价的各类水域应调查丰水期，若时间允许，三级评价也应调查丰水期。

冰封期较长的水域，且作为生活饮用水、食品加工用水的水源或渔业用水时，应调查冰封期的水质、水文情况。

要点：河流和湖泊(水库)一级评价一般情况下调查时间为一个水文年的丰水期、平水期和枯水期；若评价时间不够，至少应调查平水期和枯水期。二级评价可调查一个水文年的丰水期、平水期和枯水期；一般情况，可只调查枯水期和平水期；若评价时间不够，可只调查枯水期；三级评价可只在枯水期调查。

3. 各类水域水文调查与水文测量的原则与内容

(1)水文调查与水文测量的原则

①应尽量向有关的水文测量和水质监测等部门收集现有资料。

②一般情况，水文调查与水文测量在枯水期进行，必要时，其他时期(丰水期、平水

期、冰封期等)可进行补充调查。

③水文测量的内容与拟采用的环境影响预测方法密切相关。在采用数学模式时应根据所选取的预测模式及应输入的参数的需要决定其内容。在采用物理模型时，水文测量主要应取得足够的制作模型及模型试验所需的水文要素。

④与水质调查同时进行的水文测量，原则上只在一个时期内进行(此时的水质资料应尽量采用水团追踪调查法取得)。

(2)河流水文调查与水文测量的内容：丰水期、平水期、枯水期的划分，河流平直及弯曲情况(如平直段长度式弯曲段的弯曲半径等)横断面、纵断面(坡度)水位、水深、河宽、流量、流速及其分布、水温、糙率及泥沙含量等，丰水期限有无分流漫滩，枯水期有无浅滩、沙洲和断流，北方河流还应了解弗冰、封冰、解冻等现象。

(3)感潮河口的水文调查与水文测量的内容：感潮河段的范围，涨潮、落潮及平潮时的水位、水深、流向、流速及其分布、横断面、水面坡度以及潮间隙、潮差和历时等。

(4)湖泊、水库水文调查与水文测量的内容：湖泊水库的面积和形状(附平面图)，丰水期、平水期、枯水期的划分，流入/流出的水量，停留时间，水量的调度和贮量，湖泊、水库的水深，水温分层情况及水流状况(湖流的流向和流速，环流的流向流速成及稳定时间)等。

(5)海湾水文调查与水文测量的内容：海岸形状，海底地形，潮位及水深变化，潮流状况(小潮和大潮循环期间的水流变化、平行于海岸线流动的落潮和涨潮)，流入的河水流量、盐度和温度造成的分层情况，水温波浪的情况以及内海水与外海水的交换周期限等。

(6)需要预测建设项目的面源污染时，应调查历年的降雨资料。

(7)水文测量的点位暂时按照《水文测验手册第一册野外工作篇》(水利电力出版社，1975 年)中规定的原则，在各类水域的取样位置中选取定，执行规范。水文测量的测点一般应等于或少于水质调查的取样位置(或断面)。

(8)水文参数的测量应采用水利电力部颁布的《水文测验规范》(吕利电力出版社，1975 年)和《水文测验手册第一册野外工作篇》(水利电力出版社，1975 年)中规定的方法。

4. 点污染源调查的原则及基本内容

(1)点源调查的原则

以搜集现有资料为主，必要时补充现场调查或测试。在评价改、扩建项目时常需现场调查或测试。

(2)点源调查的内容

根据评价工作的需要选择下述全部或部分内容进行调查，见表 2－37。

表 2－37　点源调查的内容

项　目	内　容
点源的排放	排放口的平面位置(附污染源平面位置图)及排放方向
	排放口在断面上的位置
	排放形式：分散排放还是集中排放
排放数据	根据现有的实测数据、统计报表以及各厂矿的工艺路线等选定的主要水质参数，并调查现有的排放量、排放速度、排放浓度及其变化等数据
用排水状况	主要调查取水量、用水量、循环水量及排水总量等
厂矿企业、事业单位的废、污水处理状况	主要调查废、污水的处理设备、处理效率、处理水量及排放状况等

5. 非点污染源调查的原则及基本内容

(1)非点源调查的原则

非点源调查基本上采用间接搜集资料的方法，一般不进行实测。

(2)非点源调查的内容

非点源调查的内容见表2－38。

表2－38　非点源调查的内容

项　目	内　容
概况	原料、燃料、废弃物的堆放位置(即主要污染源，要求附污染源平面位置图)、堆放面积、堆放形式(几何形状、堆放厚度)、堆放点的地面铺装及其保洁程度、堆放物的遮盖方式等
排放方式、排放去向与处理情况	说明非点源污染物是有组织的汇集还是无组织的漫流；是集中后直接排放还是处理后排放；是单独排放还是与生产废水和生活废水共同排放
排放数据	根据现有实测数据、统计报表以及根据引起非点源污染的原料、燃料、废料、废弃物的物理、化学、生物化学性质选定调查的主要水质参数，调查有关排放季节、排放时期、排放量、排放浓度及其他变化等数据

6. 水质调查时水质参数的选择原则

选择的水质参数包括两类；一类是常规水质参数，能反映水域水质一般状况；另一类是特征水质参数，能代表建设项目将来排放的水质。

(1)常规水质参数

以GB 3838中所提出的pH、溶解氧、高锰酸盐指数、五日生化需氧量、凯氏氮或非离子氨、酚、氰化物、砷、汞、铬(六价)、总磷以及水温为基础。

(2)特征水质参数

根据建设项目特点、水域类别及评价等级选定。表2－39是按行业编制的特征水质参数表，选择时可适当删减。

表2－39　特征水质参数表

序号	建设项目	水质参数
1	生活区及生活娱乐设施	BOD_5、COD、pH悬浮物、氨氮、磷酸盐、表面活性剂、水温、溶解氧
2	城市及城市扩建	BOD_5、COD、溶解氧、pH、悬浮物、氨氮、磷酸盐、表面活性剂、水温、油、重金属
3	黑色金属太山	pH、悬浮物、硫化物、氟化物、挥发性酚、氰化物、石油类、氟化物
4	黑色冶炼、有色金属矿山及冶炼	pH、悬浮物、COD、硫化物、氟化物、挥发性酚、氰化物、石油类、铜、锌、铅、砷、镉、汞
5	火力发电、热电	pH、悬浮物、硫化物、挥发性酚、砷、水温、铅、镉、铜、石油类、氟化物
6	焦化及煤制气	COD、BOD_5、水温、悬浮物、硫化物、挥发性酚、氰化物、石油类、氨氮、苯类、多环芳烃、砷、溶解氧、BaP
7	煤矿	pH、COD、BOD_5、溶液解氧、水温、砷、悬浮物、硫化物
8	石油开发与炼制	pH、COD、BOD_5、溶解氧、悬浮物、硫化物、水温、挥发性酚、氰化物、石油类、苯类、多环芳烃

续表

序号	建设项目		水质参数
9	化学矿开采	硫铁矿	pH、悬浮物、硫化物、铜、铅、锌、镉、汞、砷、六价铬
		磷矿	pH、悬浮物、氟化物、硫化物、砷、铅、磷
		萤石矿	pH、悬浮物、氟化物
		汞矿	pH、悬浮物、氟化物、砷、汞
		雄黄矿	pH、悬浮物、硫化物、砷
10	无机原料	硫酸	pH(或酸度)、悬浮物、硫化物、氟化物、铜、铅、锌、砷
		氯碱	pH(或酸、碱度)、COD、悬浮物、汞
		铬盐	pH(或酸度)、总铬、六价铬
11	化肥、农药		pH、COD、BOD_5、水温、悬浮物、硫化物、氟化物、挥发性酚、氰化物、砷、氨氮、磷酸盐、有机氯、有机磷
12	食品工业		COD、BOD_5、悬浮物、pH、溶解氧、挥发性酚、大肠杆菌数
13	染料、颜料及油漆		pH(或酸、碱度)、COD、BOD_5、悬浮物、挥发性酚、硫化物、氰化物、砷、铅、镉、锌、汞、六价铬、石油类、苯胺类、苯类、硝基苯类、水温
14	制药		pH(或酸、碱度)、COD、BOD_5、悬浮物、石油类、硝基苯类、硝基酚类、水温
15	橡胶、塑料及化纤		pH(或酸、碱度)、COD、BOD_5、水温、石油类、硫化物、氰化物、砷、铜、铅、锌、汞、六价铬、悬浮物、苯类、有机氯、多环芳烃、BaP
16	有机原料、合成脂及酸及其他有机化工		pH(或酸、碱度)COD、BOD_5、悬浮物、挥发性酚、氰化物、苯类、硝基苯类、有机氯、石油类、锰、油脂类、硫化物
17	机械制造及电镀		pH(或酸度)、COD、BOD_5、悬浮物、挥发性酚、石油类、氰化物、六价铬、铅、铁、铜、锌、镍、镉、锡、汞
18	水泥		pH、悬浮物
19	纺织、印染		pH、COD、BOD_5、悬浮物、水温、挥发性酚、硫化物、苯胺类、色度、六价铬
20	造纸		pH(或碱度)、COD、BOD_5、悬浮物、水温、挥发性酚、硫化物、铅、汞、木质素、色度
21	玻璃、玻璃纤维及陶瓷制品		pH、COD、悬浮物、水温、挥发性酚、氰化物、砷、铅、镉
22	电子、仪器、仪表		pH(或酸度)、COD、BOD_5、水温、苯类、氰化物、六价铬、铜、锌、镍、镉、铅、汞
23	人造板、木材加工		pH(或酸、碱度)、COD、BOD_5、悬浮物、水温、挥发性酚、木质素
24	皮革及到革加工		pH、COD、BOD_5、水温、悬浮物、硫化物、氯化物、总铬、六价铬、色度
25	肉食加工、发酵、酿造、味精		pH、BOD_5、COD、悬浮物、水温、氨氮、磷酸盐、大肠杆菌数、含盐量
26	制糖		pH(或碱度)、COD、BOD_5、悬浮物、水温、硫化物、大肠杆菌数
27	合成洗涤剂		pH、COD、BOD_5、油、苯类、表面活性剂、悬浮物、水温、溶解氧

要点：水质参数的选择原则：一类是常规水质参数，能反映水域水质一般状况；另一类是特征水质参数，能代表建设项目将来排放的水质。熟悉典型行业特征水质参数。

7. 各类水域布设水质取样断面、取样点的原则

(1)河流

①取样断面布设原则

在调查范围的两端应布设取样断面，调查范围内重点保护对象附近水域应布设取样断面。水文特征突然化(如支流汇入处等)、水质急剧变化处(如污水排入处等)、重点水工构筑物(如取水口、桥梁涵洞等)附近、水文站附近等应布设取样断面。

在拟建成排污口上游500m处应设置一个取样断面。

②取样断面上取样点的布设

当河流面形状为矩形或相近于矩形时，取样垂线布置要求见表2-40。

表2-40　河流取样断面上取样点的布设

名称	河流类型	取样点布设
取样垂线的确定	小河	在取样断面的主流线上设一条取样垂线
	大、中河	河宽小于50m者，在取样断面上各距岸边三分之一水面宽处，设一条取样垂线(垂线应设在有较明显水流处)，共设两条取样垂线；河宽大于50m者，在取样断面的主流线上及距两岸不少于0.5m，并有明显水流的地方，各设一条取样垂线，即共设三条取样垂线
	特大河(例如长江、黄河、珠江、黑龙江、淮河、松花江、海河等)	取样断面上的取样垂线数应适当增加，而且主流线两侧的垂线数目不必相等，拟设置排污口一侧可以多一些
	断面形状十分不规则	结合主流线的位置，适当调整取样垂线的位置和数目
垂线上取样水深	大于5m时	在水面下0.5m水深处及在距河底0.5m处，各取样一个
	1~5m时	在水面下0.5m处取一个样
	不足1m时	取样距水面不应小于0.3m，距河底也不应小于0.3m
	三级评价的小河	在一条垂线上一个点取一个样，一般情况下取样点应在水面下0.5m处，距河底不应小于0.3m

③水样的对待

三级评价：需要预测混合过程段水质的场合，每次应将该段内各取样断面中每条垂线上的水样混合成一个水样。其他情况每个取样断面每次只取一个混合水样，即在该断面上同各处所取的水样混匀成一个水样。

二级评价：同三级评价。

一级评价：每个取样点的水样均应分析，不取混合样。

(2)河口

①取样断面的布设原则

当排污口拟建于河口感潮段内时，其上游需设置取样断面的数目与位置，应根据感潮段的实际情况决定，其上游同河流。

②取样断面上取样点的布设(同河流部分)。

③水样的对待(同河流部分)。

(3)湖泊、水库

①取样位置的布设原则、方法和数目

在湖泊、水库中布设的取样位置应尽量覆盖整个调查范围，并且能切实反映湖泊、水

库的水质和水文待点（如进水区、出水区、深水区、浅水区、岸边区等）。取样位置可以采用以建设项目的排放口为中心，沿放射状布设的方法。每个取样位置的间隔可参考表2－41。

表2－41　湖泊、水库取样位置的间隔

项目名称	建设项目污水排放量	一级评价	二级评价	三级评价
大、中型湖泊、水库	小于50000m³/d	每1～2.5km² 布设一个取样位置	每1.5～3.5km² 布设一个取样位置	每2～4km² 布设一个取样位置
	大于50000m³/d	每3～6km² 布设一个取样位置	每4～7km² 布设一个取样位置	
小型湖泊、水库	小于50000m³/d	每0.5～1.5km² 布设一个取样位置；	每1～2km² 布设一个取样位置	
	大于50000m³/d	各级评价均为每0.5～1.5km² 布设一个取样位置		

②取样位置上取样点的确定

取样位置上取样点的确定见表2－42。

表2－42　湖泊、水库取样位置上取样点的确定

平均水深	大、中型湖泊、水库	小型湖泊、水库
小于10m	取样点设在水面下0.5m处，但此点距底不应小于0.5m，每个取样位置取一个水样	水面下0.5m，并距底不小于0.5m处设一取样点；各取样位置上不同深度的水样均不混合
大于等于10m	首先要根据现有资料查明此湖泊（水库）有无温度分层现象，如无资料可供调查，则先测水温。在取样位置水面下0.5m处测水温，以下每隔2m水深测一个水温值，如发现两点间温度变化较大时，应在这两点间酌量加测几点的水温，目的是找到斜温层。找到斜温层后，在水面下0.5m及斜温层以下，距底0.5m以上处各取一个水样；一般只取一个混合样，在上下层水质差距较大时，可不进行混合	水面下0.5m处和水深10m，并距底不小于0.5m处各设一取样点；各取样位置上不同深度的水样均不混合

（4）海湾

①取样位置的布设原则、方法和数目

在海湾中布设取样位置时，应尽量覆盖整个调查范围，并且切实反映海湾的水质和水文特点。取样位置可以采用以建设项目的排放口为中心，沿放射线布设的方法或方格网布点的方法，每个取样位置的间隔可参考表2－43。

表2－43　在海湾中布设取样位置时各级评价取样位置的间隔

建设项目污水排放量	一级评价	二级评价	三级评价
小于50000m³/d	每1.5～3.5km布设一个取样位置	每2.～4.5km² 布设一个取样位置	每3～5.5km² 布设一个取样位置
大于50000m³/d	每4～7km² 布设一个取样位置	每5～8km² 布设一个取样位置	

②取样位置上取样点的确定

一般情况，在水深小于等于10m时，只在海面面下0.5m处取一个水样，此点与海底的距离不小于0.5m；在水深大于10m时，在海在下0.5处和水深10m，并距海底不小于0.5m处分别设取样点。

③水样的对待

每个取样位置一般只有一个水样，即在水深大于10m时，将两个水深所取的水样混合成一个水样，但在上下层水质差距较大时，可不进行混合。

要点：河流取样断面布设：在调查范围的两端应布设取样断面，调查范围内重点保护对象附近水域应布设取样断面。水文特征突然化（如支流汇入处等）、水质急剧变化处（如污水排入处等）、重点水工构筑物（如取水口、桥梁涵洞等）附近、水文站附近等应布设样断面。在拟建成排污口上游500m处应设置一个取样断面。

河流取样对水样的对待：一级评价：每个取样点的水样均应分析，不取混合样。二、三级评价：需要预测混合过程段水质的场合，每次应将该段内各取样断面中每条垂线上的水样混合成一个水样。其他情况每个取样断面每次只取一个混合水样，即在该断面上同各处所取的水样混匀成一个水样。

8. 地面水环境现状评价的原则

现状评价是水质调查的继续。评价水质现状主要采用文字分析与描述，并辅之以数学表达式。在文字分析与描述中，有时可采用检出率、超标率等统计值。数学表达式分两种：一种用于单项水质参数评价，另一种用于多项水质参数综合评价。单项水质参数评价简单明了，可以直接了解该水质参数现状与标准的关系，一般均可采用。多项水质参数综合评价只在调查的水质参数较多时可应用。此方法只能了解多个水质参数的综合现状与相应标准的综合情况之间的某种相对关系。

（三）地面水环境影响预测

1. 建设项目地面水环境影响时期及预测地面水环境影响时段的确定原则

（1）建设项目地面水环境影响时期的划分。所有建设项均应预测生产运行阶段对地面水环境的影响。该阶段的地面水环境影响应按正常排放和不正常排放两种情况进行预测。

（2）大型建设项目应根据该项目建设过程阶段的特点和评价等级、受纳水体特点以及当地环保要求决定是否预测该阶段的环境影响。同时具备如下三个特点的大型建设项目应预测建设过程阶段的环境影响。

①地面水水质要求较高，如要求达到Ⅲ类以上；

②可能进入地面水环境的堆积物较多或土方量较大；

③建设阶段时间较长，如超过一年。建设过程对水环境的影响主要来自水土流失和堆积物的流失。

（3）根据建设项目的特点、评价等级、地面水环境特点和当地环保要求，个别建设项目应预测服务期满后对地面水环境的影响。

（4）地面水环境预测应考虑水体自净能力不同的各个时段。通常可将其划分为自净能力最小、一般、最大三个时段。自净能力最小的时段通常在枯水期（结合建设项目设计的要求考虑水量的保证率），个别水域由于面源污染严重也可能在丰水期。自净能力一般的时段通常在平水期。冰封期的自净能力很小，情况特殊，如果冰封期较长可单独考虑。海湾的自净能力与时期的关系不明显，可以不分时段。

评价等级为一、二级时应预测建设项目在水体自净能力最小和一般两个时段的环境影响。冰封期较长的水域，当其水体功能为生活饮用水、食品工业用水水源或渔业用时，还应预测此时段的环境影响。评价等级为三级或评价等级为二级但评价时间较短时，可以只预测自净能力最小时段的环境影响。

2. 拟预测水质参数筛选的原则

拟预测水质参数的数目应既说明问题又不过多。一般应少于环境现状调查水质参数的数目。

建设过程、生产运行(包括正常和不正常排放两种)、服务期满后各阶段均应根据各自的具体情况决定其拟预测水质参数，彼此不一定相同。

3. 各类地面水体简化和污染源简化的条件

(1)地面水环境简化

包括边界几何形状的规则化和水文、水力要素时空分布的简化等。这种简化应根据水文调查与水文测量的结果和评价等级等进行。

(2)河流简化

①河流可以简化为矩形平直河流，矩形弯曲河流和非矩形河流。

河流的断面宽深比≥20 时，可视为矩形河流。

大中河流中，预测河段弯曲较大(如其最大弯曲系数 >1.3)时，可视为弯曲河流，否则可以简化为平直河流。

大中河预测河段的断面形状沿程变化较大时，可以分段考虑。

大中河流断面上水深变化很大且评价等级较高(如一级评价)时，可以视为非矩形河流并应调查其流场，其他情报况均可简化为矩形河流。

小河可以简化为矩形平直河流。

②河流水文特征或水质有急剧变化的河段，可在急剧变化之处分段，各段分别进行环境影响预测。

河网应分段进行环境影响预测。

③评价等级为三级时，江心洲、浅滩等均可按无江心洲、浅滩的情况对待。

江心洲位于充分混合段，评价等级为二级时，可以按无江心洲对待；评价等级为一级且江心洲较大时，可以分段进行环境影响预测，江心洲较小时可不考虑。

江心洲位于混合过程段、可分段进行环境影响预测，评价等级为一级时也可以采用数学模式进行环境影响预测。

④人工控制河流根据水流情况可以视其为水库，也可视其为河流，分段进行环境影响预测。

(3)河口简化

河口包括河流汇合部、河流感潮段、口外滨海段、河流与湖泊、水库汇合部。

河流感潮段是指受潮汐作用影响较明显的河段。可以将落潮时最大断面平均流速与涨潮时最小断面平均流速之差等于 0.5m/s 的断面作为其与河流的界限。除评价等级为一级的情况外，河流感潮段一般可按潮周平均、高潮平均和低潮平均三种情况，简化为稳态进行预测。

河流汇合部可以分为支流、汇合前主流、汇合后主流三段分别进行环境影响预测。小河汇入大河时可以把小河看成点源。

河流与湖泊、水库汇合部可以按照河流和湖泊、水库两部分分别预测其环境影响。

河口断面沿程变化较大时，可以分段进行环境影响预测。

口外滨海段可视为海湾。

(4)湖泊、水库简化

在预测湖泊、水库环境影响时，可以将湖泊、水库简化为大湖(库)、小湖(库)分层湖(库)三种情况进行。

评价等级为一级时，中湖(库)可以按大湖(库)对待，停留时间较短时也可以按小湖(库)对待。评价等级为三级时，中湖(库)对待，停留时间很长时也可以按大湖(库)对待。评价等级为二级时，如何简化可视具体情况而定。

水深>10m且分层期较长(如>30天)的湖泊、水库可视为分层湖(库)。

珍珠串湖泊可以分为若干区，各区分别按上述情况简化。

不存在大面积回流区和死水区且流速较快，停留时间较短的狭长湖泊可简化为河流。其岸边形状和水文要素变化较大时还可以进一步分段。

不规则形状的湖泊、水库可根据流场的分布情况和几何形状分区。

自顶端入口附近排入废水的狭长湖泊或循环利用湖水的小湖，可以分别按各自的特点考虑。

(5)海湾简化

预测海湾水质时一般只考虑潮汐作用，不考虑波浪作用。评价等级为一级且海流(主要指风海流)作用较强时，可以考虑海流对水质的影响。

潮流可以简化为平面二维非恒定流场。当评价等级为三级时，可以只考虑周期的平均情况。

较大的海湾交换周期很长、大河及评价等级为一、二级的中河应考虑其对海湾流场和水质的影响；小河及评价等级为三级的中河可视为点源，忽略其对海湾流场的影响。

(6)污染源简化

①污染源简化包括排放形式的简化和排放规律的简化。根据污染源的具体情况排放形式可简化为点源和面源，排放规律可简化为连续恒定排放和非连续恒定排放。

②排入河流的两排放口的间距较近时，可以简化为一个，其位置假设在两排放口之间，其排放量为两者之和。两排放口间距较远时，可分别单独考虑。

排入小湖(库)的所有排放口可以简化为一个，其排放量为所有排放量之和。排入大湖(库)的两排放口间距较近时，可以简化成一个，其位置假设在两排放口之间，其排放量为两者之和。两排放口间距较远时，可分别单独考虑。

当评价等级为一、二级并且排入海湾的两排放口间距小于沿岸方向差分网格的步长时，可以简化成一个，其排放量为两者之和，如不是这种情况，可分别单独考虑。评价等级为三级时，海湾污染源简化与大湖(库)相同。

③无组织排放可以简化成面源。从多个间距很近的排放口排水时，也可以简化为面源。

在地面水环境影响预测中，通常可以把排放规律简化为连续恒定排放。

4. 利用数学模式预测各类地面水体水质时，模式的选用原则

(1)环境影响评价中经常遇到而其预测模式又不相同的四种污染物，即：持久性污染物、非持久性污染物、酸碱污染和废热。

①持久性污染物是指在地面水中不能或很难由于物理、化学、生物作用而分解、沉淀式挥发的污染物，例如在悬浮物甚少、沉降作用不明显水体中的无机盐类、重金属等。

②非持久性污染物是指在地面水中由于生物作用而逐渐减少的污染物，例如耗氧有机物。

③酸碱污染物有各种废酸、废碱等，表征水质参数是pH值。

④废热主要由排放热废水所引起，表征水质参数是水温。

(2)预测范围内的河段可以分为充分混合段、混合过程段和上游河段。充分混合段是指污染物浓度在断面上均匀分布的河段。当断面上任意一点的浓度与断面平均浓度之差小于平均浓度的5%时，可以认为达到均匀分布。混合过程段是指排放口下游达到充分混合以前的河段。上游河段是排放口上游的河段。

(3)在利用数学模式预测河流水质时，充分混合段采用一维模式或零维模式预测断面平均水质。大、中河流一、二级评价，且排放口下游3~5km以内有集中取水点或其他特别重要的环保目标时，采用二维模式预测混合过程段水质。其他情况可根据工程、环境特点评价工作等级及当地环保要求，决定是否采用二维模式。

(4)本标准所选录的数学模式中，解析模式适用于恒定水域中点源连续恒定排放，其中二维解析模式只适用于矩形河流或水深变化大的湖泊、水库；稳态数值模式适用于非矩形河流、水深变化较大的浅水湖泊、水库形成的恒定水域内的连续恒定排放；动态数值模式适用于各类恒定水域中的非连续恒定排放或非恒定水域中的各类排放。

(5)运用数学模式时的坐标系以排放点为原点，z轴铅直向上，x轴、y轴为水平方向，x方向与主流方向一致，y方向与主流方向垂直。

5. 在地面水环境影响预测中物理模型法、类比调查法和专业判断法的适用条件

(1)物理模型法适用条件

物理模型在地面水环境影响预测中主要指水工模型。水工模型法定量性较高，再现性较好，能反映出比较复杂的地面水环境的水力特征和污染物迁移的物理过程，但需要有合适的试验场所和条件以及必要的基础数据，制作这种模型需要较多的人力、物力和时间。

水工模型法只适用于解决个别特定问题或有现成模型可资利用的情况。

水工模型应根据相似准则设计。

(2)类比调查法适用条件

类比调查法只能做半定量或定性预测。由于评价时间短、无法取得足够的数据，不能利用数学模式法或物理型法预测建设项目的环境影响时可采用此法。建设项目对地面水环境的某些影响，如感官性状、有害物质在底泥中的累积释放等，目前尚无实用的定量预测方法，这种情况可以采用类比调查法。

预测对象与类比调查对象之间应满足下要求：

①两者地面水环境的水力、水文条件和水质状况类似；

②两者的某种环境影响来源应具有相同的性质，其强度应比较接近或成比例关系。

(3)专业判断法适用条件

专业判断法只能做定性预测。建设项目对地面水环境的某些影响(如感官性状，有毒物质在底泥中的累积和释放等)以及某些过程(如pH值的沿程恢复过程)等，目前尚无实用的定量预测方法，可以采用专业判断法。评价等级为三级且建设项目的某些环境影响不大而预测又费时费力时也可以采用此法预测。

6. 河流、海域水质数学模式的适用条件

在利用数学模式预测河流水质时，充分混合段可以采用一维模式或零维模式预测断面平均水质。大、中河流一、二级评价，且排放口下游 3～5km 以内有集中取水点或其他特别重要的环保目标时，均应采用二维模式预测混合过程段水质。其他情况可根据工程、环境特点、评价工作等级及当地环保要求，决定是否采用二维模式。

弗罗洛夫－罗德齐勒列尔模式适用于预测混合过程段以内的断面平均水质。其使用条件为：大、中河流，$B/H \geqslant 20$，预测水质断面至排放口的距离 $x \geqslant 3000$m。

河流水温可以采用一维模式预测断面平均值或其他预测方法。pH 可以只采用零维模式预测。

除评价等级为一级外，感潮河段一般可以按潮周平均、高潮平均和低潮平均三种情况预测水质。感潮河段下游可能出现上溯流动，此时可按上溯流动期间的平均情况预测水质。感潮河段的水文要素和环境水力学参数应采用相应的平均值。

7. 湖泊、水库、海湾水质数学模式的适用条件

小湖(库)可以采用零维数学模式预测其平衡时的平均水质，大湖应预测排放口附近各点的水质。海洋应采用二维数学模式预测平面各点的水质。评价等级为一、二级时，首先应计算流场，然后预侧水质。大型排污口选址和倾废区选址，可以考虑进行标识质点的拉格郎日数值计算和现场追踪。预测海区内有重要环境敏感区且为一级评价时，也可以采用这种方法。

8. 预测点布设的原则

预测点的数量和预测的布设应根据受纳水体和建设项目的特点、评价等级以及当地的环保要求确定。

虽然在预测范围以外，但估计有可能受到影响的重要用水地点，也应设立预测点。

环境现状监测点应作为预测点。水文特征突然变化和水质突然变化处的上、下游，重要水工建筑物附近，水文站附近等应布设预测点。当需要预测河流混合过程段的水质时，应在该段河流中布设若干预测点。

当拟预测溶解氧时，应预测最大亏氧点的位置及该点的浓度，但是分段预测的河段不需要预测最大亏氧点。

排放口附近常有局部超标区，如有必要可在适当水域加密预测点，以便确定超标区的范围。

9. 面源环境影响预测的一般原则

(1)面源主要是指建设项目在各生产阶段由于雨径流或其他原因从一定面积上向地面水环境排放的污染源。建设项目面源主要有水土流失面源、堆积物面源和降尘面源。

(2)矿山开发项目应预测其生产运行阶段和服务期满后的面源环境影响。其影响主要来自水土流失所产生的悬浮物和以各种形式存在于废矿、废渣、废石中的污染物。建设过程阶段是否预测视具体情况而定。

某些建设项目(如冶炼、火力发电、初级建筑材料的生产)露天堆放的原料、燃料、废渣、废弃物(以下统称为堆积物)较多。这种情况应预测其堆积物面源的环境影响，该影响主要来自降雨径流冲刷或淋溶堆积物产生的悬浮物及有毒有害成分。

某些建设项目(如水泥、化工、火力发电)向大气排放的降尘较多。对于距离这些建设项目较近且要求保持Ⅰ、Ⅱ、Ⅲ类水质的湖泊、水库、河流，应预测其降尘面源的环境影响。此影响主要来自大气降尘及其所含的有毒有害成分。

需要进行建设过程阶段地面水环境影响预测的建设项目应预测该阶段的面源影响。

(3)水土流失面源和堆积面源主要考虑一定时期内全部降雨所产生的影响，也可以考虑一次降雨所产生的影响。一次降雨应根据当地的气象条件、降雨类型和环保要求选择。所选择的降雨应能反映产生面源的一般情况，通常其降雨频率不宜过小。

(四)评价地面水环境影响

1. 评价地面水环境影响的原则

原则上可以采用单项水质参数评价方法或多项水质参数综合评价方法。

单项评价方法是以国家、地方的有关法规、标准为依据，评定与估价各评价项目的单个质量参数的环境影响。预测值未包括环境质量现状值(即背景值)时，评价时注意应叠加环境质量现状值。

地面水环境影响的评价范围与其影响预测范围相同。确定其评价范围的原则与环境调查时相同。

所有预测点和所有预测的水质参数均应进行各生产阶段不同情况的环境影响评价，但应该有重点，空间方面要关注水文要素和水质急剧变化处、水域功能改变处、取水口附近等；水质方面要关注影响较重的水质参数。

多项水质参数综合评价的评价方法和评价的水质参数应与环境现状综合评价相同。

2. 评价地面水环境影响的基本资料要求

(1)水域功能资料。

(2)评价建设项目的地面水环境影响所采用的水质标准应与环境现状评价相同。河道断流应由环保部门规定功能，并据以选择标准，进行评价。

(3)规划中几个建设项目在一定时期内兴建并向同一地面水环境排污时，应由政府有关部门规定各建设项目的排污总量或允许利用体自净能力的比例。

向已超标的水体排污时，应结合环境规划酌情处理或由环保部门事先规定排污要求。

3. 单项水质参数评价方法的种类及其适用范围

规划中几个建设项目在一定时期内兴建并且向同一地面水环境排污的情况可以采用自净利用指数进行单项评价。

(1)自净利用指数法

位于地面水环境中 j 点的污染物 i 来说，它的自净利用指数 $P_{i,j}$ 如下式。自净能力允许利用率 λ 应根据当地水环境自净能力的大小、现在和将来的排污状况以及建设项目的重要性等因素决定，并应征得有关单位同意。

$$P_{i,j}=\frac{c_{i,j}-c_{hi,j}}{\lambda(c_{si}-c_{hi,j})} \quad (2-3)$$

(2)DO 的自净利用指数为

$$P_{DO,j}=\frac{DO_{hj}-DO_{j}}{\lambda(DO_{hj}-DO_{s})} \quad (2-4)$$

(3)pH 的自净利用指数为

$$P_{\mathrm{pH},j}=\frac{pH_{hj}-pH_{j}}{\lambda(pH_{hj}-pH_{sd})}，\text{排入酸性物质时} \quad (2-5)$$

$$P_{\mathrm{pH},j}=\frac{pH_{j}-pH_{hj}}{\lambda(pH_{su}-pH_{hj})}，\text{排入碱性物质时} \quad (2-6)$$

当 $P_{i,j}\leqslant 1$ 时说明污染物 i 在 j 点利用的自净能力没有超过允许的比例；否则说明超过允许利用的比例，这时 $P_{i,j}$ 的值即为允许利用的倍数。

要点：掌握 DO 的自净利用指数、pH 的自净利用指数的计算公式。

四、环境影响评价技术导则——声环境

（一）总则

1. 声环境影响评价类别划分

（1）按评价对象划分，可分为建设项目声源对外环境的环境影响评价和外环境声源对需要安静建设项目的环境影响评价。

（2）按声源种类划分，可分为固定声源和流动声源的环境影响评价。

固定声源的环境影响评价：主要指工业（工矿企业和事业单位）和交通运输（包括航空、铁路、城市轨道交通、公路、水运等）固定声源的环境影响评价。

流动声源的环境影响评价：主要指在城市道路、公路、铁路、城市轨道交通上行驶的车辆以及从事航空和水运等运输工具，在行驶过程中产生的噪声环境影响评价。

（3）停车场、调车场、施工期施工设备、运行期物料运输、装卸设备等，可分别划分为固定声源或流动声源。

（4）建设项目既拥有固定声源，又拥有流动声源时，应分别进行噪声环境影响评价；同一敏感点既受到固定声源影响，又受到流动声源影响时，应进行叠加环境影响评价。

2. 声环境质量评价量、声源源强表达量、厂界（场界、边界）噪声评价量及应用条件

（1）声环境质量评价量

根据 GB3096，声环境功能区声环境质量评价量为昼间等效声级（L_d）、夜间等效声级（L_n），突发噪声的评价量为最大 A 声级（L_{max}）。

根据 GB9660，机场周围区域飞机通过时声环境影响评价量为计权等效连续感觉噪声级（L_{WECPN}）。

（2）声源源强表达量

A 声功率级（L_{Aw}）或中心频率为 63Hz ~8kHz 8 个倍频带的声功率级（L_w）；距离声源 r 处的 A 声级[$L_A(r)$]或中心频率为 63Hz ~8kHz 8 个倍频带的声压级[$L_P(r)$]；等效感觉噪声级（L_{EPN}）。

（3）厂界、场界、边界噪声评价量

根据 GB12348、GB12523，工业企业厂界、建筑施工场界噪声评价量为昼间等效声级（L_d）、夜间等效声级（L_n）、室内噪声倍频带声压级，频发、偶发噪声的评价量为最大 A 声级（L_{max}）。

根据 GB12525、GB14227，铁路边界、城市轨道交通车站站台噪声评价量为昼间等效声级（L_d）、夜间等效声级（L_n）。

根据 GB22337，社会生活噪声源边界噪声评价量为昼间等效声级（L_d）、夜间等效声级（L_n），室内噪声倍频带声压级、非稳态噪声的评价量为最大 A 声级（L_{max}）。

要点：注意声环境功能区声环境质量评价量、工业企业厂界、建筑施工场界噪声评价量、铁路边界、城市轨道交通车站站台噪声评价量、社会生活噪声源边界噪声评价量、机场周围区域飞机通过时声环境影响评价量分别是什么？

3. 声环境影响评价的工作程序

声环境影响评价的工作程序见图 2 -7。

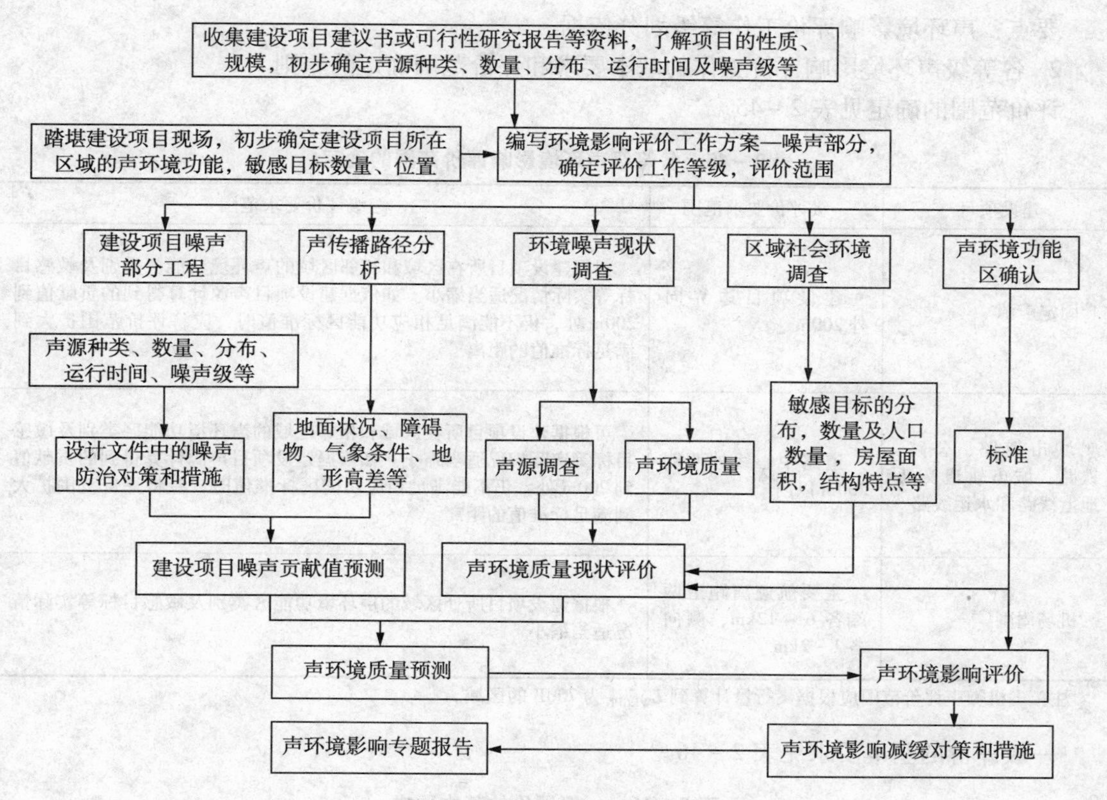

图 2－7　声环境影响评价的工作程序图

4. 声环境影响评价时段

根据建设项目实施过程中噪声的不同特点，可按施工期和运行期分别开展声环境影响评价。运行期声源为固定声源时，固定声源投产运行后作为环境影响评价时段；运行期声源为流动声源时，一般分为运行近期、中期、远期分别预测。

(二)评价工作等级和评价范围

1. 声环境影响评价工作等级

声环境影响评价工作等级见表 2－44。

表 2－44　声环境影响评价工作等级

等级	名称	划分依据
一级	详细评价	评价范围内有适用于 GB 3096 规定的 0 类声环境功能区域，以及对噪声有特别限制要求的保护区等敏感目标，或建设项目建设前后评价范围内敏感目标噪声级增高量达 5dB(A) 以上(不含 5dB(A))，或受影响人口数量显著增多时，按一级评价
二级	一般性评价	建设项目所处的声环境功能区为 GB 3096 规定的 1 类、2 类地区，或建设项目建设前后评价范围内敏感目标噪声级增高量达 3dB(A)～5dB(A)［含 5dB(A)］，或受噪声影响人口数量增加较多时，按二级评价
三级	简要评价	建设项目所处的声环境功能区为 GB 3096 规定的 3 类、4 类地区，或建设项目建设前后评价范围内敏感目标噪声级增高量在 3dB(A) 以下［不含 3dB(A)］，且受影响人口数量变化不大时，按三级评价

注：在确定评价工作等级时，如建筑项目符合两个以上级别的划分原则，按较高级别的评价等级评价。

要点：声环境影响评价工作等级划分依据。

2. 各等级声环境影响评价工作的基本要求和评价范围确定的原则

评价范围的确定见表2－45。

表2－45　各等级声环境影响评价范围的确定

建设项目	一级评价要求范围	二、三级评价要求范围
固定声源	建设项目边界向外200m	根据建设项目所在区域和相邻区域的声环境功能区类别及敏感目标等实际情况适当缩小。如依据建设项目声源计算得到的贡献值到200m处，仍不能满足相应功能区标准值时，应将评价范围扩大到满足标准值的距离
城市道路、公路、铁路、城市轨道交通地上线路和水运线路	道路中心线外两侧200m以内	可根据建设项目所在区域和相邻区域的声环境功能区类别及敏感目标等实际情况适当缩小。如依据建设项目声源计算得到的贡献值到200m处，仍不能满足相应功能区标准值时，应将评价范围扩大到满足标准值的距离
机场周围	主要航迹离跑道两端各6～12km、侧向各1～2km	根据建设项目所处区域的声环境功能区类别及敏感目标等实际情况适当缩小

注：飞机噪声评价范围应根据飞行量计算到 L_{WECPN} 为70dB的区域。

一级评价的基本要求见表2－46。

表2－46　一级评价的基本要求

序号	项目	要求
1	声源	给出主要声源的数量、位置和声源源强，并在标有比例尺的图中标识固定声源的具体位置或流动声源的路线、跑道等位置。在缺少声源源强的相关资料时，应通过类比测量取得，并给出类比测量的条件
2	敏感目标	评价范围内具有代表性的敏感目标的声环境质量现状需要实测。对实测结果进行评价，并分析现状声源的构成及其对敏感目标的影响
3	噪声预测	噪声预测应覆盖全部敏感目标，给出各敏感目标的预测值及厂界(或场界、边界)噪声值。固定声源评价、机场周围飞机噪声评价、流动声源经过城镇建成区和规划区路段的评价应绘制等声级线图，当敏感目标高于(含)三层建筑时，还应绘制垂直方向的等声级线图。给出建设项目建成后不同类别的声环境功能区内受影响的人口分布、噪声超标的范围和程度
4	预测时段	当工程预测的不同代表性时段噪声级可能发生变化的建设项目，应分别预测其不同时段的噪声级
5	比选	对工程可行性研究和评价中提出的不同选址(选线)和建设布局方案，应根据不同方案噪声影响人口的数量和噪声影响的程度进行比选，并从声环境保护角度提出最终的推荐方案
6	噪声防治措施	针对建设项目的工程特点和所在区域的环境特征提出噪声防治措施，并进行经济、技术可行性论证，明确防治措施的最终降噪效果和达标分析

二级评价的基本要求见表2－47。

表 2－47　二级评价的基本要求

序号	项目	要求
1	声源	在工程分析中，给出建设项目对环境有影响的主要声源的数量、位置和声源源强，并在标有比例尺的图中标识固定声源的具体位置或流动声源的路线、跑道等位置。在缺少声源源强的相关资料时，应通过类比测量取得，并给出类比测量的条件
2	敏感目标	评价范围内具有代表性的敏感目标的声环境质量现状以实测为主，可适当利用评价范围内已有的声环境质量监测资料，并对声环境质量现状进行评价
3	噪声预测	噪声预测应覆盖全部敏感目标，给出各敏感目标的预测值及厂界（或场界、边界）噪声值，根据评价需要绘制等声级线图。给出建设项目建成后不同类别的声环境功能区内受影响的人口分布、噪声超标的范围和程度
4	预测时段	当工程预测的不同代表性时段噪声级可能发生变化的建设项目，应分别预测其不同时段的噪声级
5	比选	从声环境保护角度对工程可行性研究和评价中提出的不同选址（选线）和建设布局方案的环境合理性进行分析
6	噪声防治措施	针对建设项目的工程特点和所在区域的环境特征提出噪声防治措施，并进行经济、技术可行性论证，给出防治措施的最终降噪效果和达标分析

三级评价的基本要求见表 2－48。

表 2－48　三级评价的基本要求

序号	项目	要求
1	声源	在工程分析中，给出建设项目对环境有影响的主要声源的数量、位置和声源源强，并在标有比例尺的图中标识固定声源的具体位置或流动声源的路线、跑道等位置。在缺少声源源强的相关资料时，应通过类比测量取得，并给出类比测量的条件
2	敏感目标	重点调查评价范围内主要敏感目标的声环境质量现状，可利用评价范围内已有的声环境质量监测资料，若无现状监测资料时应进行实测，并对声环境质量现状进行评价
3	噪声预测	噪声预测应给出建设项目建成后各敏感目标的预测值及厂界（或场界、边界）噪声值，分析敏感目标受影响的范围和程度
4	噪声防治措施	针对建设项目的工程特点和所在区域的环境特征提出噪声防治措施，并进行达标分析

要点：固定声源、城市道路、公路、铁路、城市轨道交通地上线路和水运线路、机场周围声环境影响一级评价范围。声环境影响评价一级评价在声源、敏感目标、噪声预测、预测时段、比选和噪声防治措施方面的要求。

（三）声环境现状调查和评价

1. 声环境现状调查的主要内容

声环境现状调查的主要内容见表 2－49。

表 2－49　声环境现状调查的主要内容

序号	名称	内容
1	环境要素	调查建设项目所在区域的主要气象特征：年平均风速和主导风向，年平均气温，年平均相对湿度等。收集评价范围内 1:（2000～50000）地理地形图，说明评价范围内声源和敏感目标之间的地貌特征、地形高差及影响声波传播的环境要素
2	声环境功能区划	调查评价范围内不同区域的声环境功能区划情况，调查各声环境功能区的声环境质量现状
3	敏感目标	调查评价范围内的敏感目标的名称、规模、人口的分布等情况，并以图、表相结合的方式说明敏感目标与建设项目的关系（如方位、距离、高差等）
4	现状声源	建设项目所在区域的声环境功能区的声环境质量现状超过相应标准要求或噪声值相对较高时，需对区域内的主要声源的名称、数量、位置、影响的噪声级等相关情况进行调查。有厂界（或场界、边界）噪声的改、扩建项目，应说明现有建设项目厂界（或场界、边界）噪声的超标、达标情况及超标原因

要点：声环境现状调查包括环境要素、声环境功能区划、敏感目标和现状声源四个方面。

2. 声环境现状调查的基本方法

（1）收集资料法；（2）现场调查法；（3）现场测量法。评价时，应根据评价工作等级的要求确定需采用的具体方法。

3. 不同条件下声环境现状监测的布点原则

不同条件下声环境现状监测的布点原则见表 2－50。

表 2－50　不同条件下声环境现状监测的布点原则

项目	布点原则
布点范围	覆盖整个评价范围，包括厂界（或场界、边界）和敏感目标。当敏感目标高于（含）三层建筑时，还应选取有代表性的不同楼层设置测点
无明显声源	选择有代表性的区域布设测点
有明显声源	当声源为固定声源时，现状测点应重点布设在可能既受到现有声源影响，又受到建设项目声源影响的敏感目标处，以及有代表性的敏感目标处；为满足预测需要，也可在距离现有声源不同距离处设衰减测点
	当声源为流动声源，且呈现线声源特点时，现状测点位置选取应兼顾敏感目标的分布状况、工程特点及线声源噪声影响随距离衰减的特点，布设在具有代表性的敏感目标处。为满足预测需要，也可选取若干线声源的垂线，在垂线上距声源不同距离处布设监测点。其余敏感目标的现状声级可通过具有代表性的敏感目标噪声的验证和计算求得
	对于改、扩建机场工程，测点一般布设在主要敏感目标处，测点数量可根据机场飞行量及周围敏感目标情况确定，现有单条跑道、二条跑道或三条跑道的机场可分别布设 3～9，9～14 或 12～18 个飞机噪声测点，跑道增多可进一步增加测点。其余敏感目标的现状飞机噪声声级可通过测点飞机噪声声级的验证和计算求得

4. 声环境现状监测应执行的标准

声环境现状监测应执行的标准见表 2－51。

表 2－51　声环境现状监测应执行的标准

序号	标准名称	标准号
1	声环境质量标准	GB 3096—2008
2	机场周围飞机噪声	GB 9661—1988
3	工业企业厂界环境噪声	GB 12348—2008
4	社会生活环境噪声	GB 22337—2008
5	建筑施工场界噪声	GB 12524—1990
6	铁路边界噪声	GB 12525—1990
7	城市轨道交通车站站台噪声	GB 14227—2006

要点：不同声源分别有各自的环境标准。

5. 声环境现状评价的主要内容

(1)以图、表结合的方式给出评价范围内的声环境功能区及其划分情况，以及现有敏感目标的分布情况。

(2)分析评价范围内现有主要声源种类、数量及相应的噪声级、噪声特性等，明确主要声源分布。

(3)分别评价不同类别的声环境功能区内各敏感目标的超、达标情况，说明其受到现有主要声源的影响状况。

(4)给出不同类别的声环境功能区噪声超标范围内的人口数及分布情况。

要点：声环境现状评价的主要内容包括评价范围内的声环境功能区情况以及现有敏感目标的分布情况；现有主要声源种类、数量及相应的噪声级、噪声特性等，明确主要声源分布；各敏感目标的超、达标情况，说明其受到现有主要声源的影响状况；超标范围内的人口数及分布情况。

6. 点声源及线状声源声级衰减计算方法的选用原则

环境影响评价中，经常把声源简化成三类声源，即点声源、线声源和面声源。

(1)点声源：当声波波长比声源尺寸大得多或是预测点离开声源的距离比声源本身尺寸大得多时，声源可作点声源处理，等效点声源位置在声源本身的中心。各种机械设备、单辆汽车、单架飞机等均可简化为点声源。

(2)线声源：当许多点声源连续分布在一条直线上时，可认为该声源是线状声源。公路上的汽车流、铁路列车均可作为线状声源处理。

(3)面声源状况的考虑：当声源体积较大(由长度有高度)，声源声级较强时，在声源附近一定距离内的会出现距离变化而声级基本不变或变化微小时，可认为该环境处于面声源影响范围；当城市市区主干道周边高层楼房建筑某一层附近出现垂直声场最大值时，可以认为该层声环境受到主干道多条车道线声源叠加影响。

7. 室外声源声波在空气中传播引起声级衰减的主要因素

几何发散引起的衰减、地面效应引起的衰减、声屏障(遮挡物)引起的衰减和大气引起的衰减。

(四)声环境影响预测

1. 声环境影响预测范围和预测点的确定原则

预测范围应与评价范围相同。

预测点的确定原则：建设项目厂界(或场界、边界)、评价范围内的敏感目标应作为预测点。

要点：预测范围及预测点的选择。

2. 声环境影响预测需要的基础资料

声环境影响预测需要的基础资料见表 2 – 52。

表 2 – 52　声环境影响预测需要的基础资料

项目	内　容
声源资料	声源种类、数量、空间位置、噪声级、频率特性、发声持续时间和对敏感目标的作用时间段
影响参量	建设项目所处区域的年平均风速和主导风向，年平均气温，年平均相对湿度
	声源和预测点间的地形、高差
	声源和预测点间障碍物(如建筑物、围墙等；若声源位于室内，还包括门、窗等)的位置及长、宽、高等数据
	声源和预测点间树林、灌木等的分布情况，地面覆盖情况(如草地、水面、水泥地面、土质地面等)

3. 声源源强数据获得的途径及要求

噪声源声级数据包括：声压级(包括倍频带声压级)、A 声级(包括最大 A 声级)、A 声功率级、倍频带声功率级以及有效连续感觉噪声级。

获得噪声源数据有两个途径：类比测量法；引用已有的数据。

引用已有的数据要注意：

①引用类似的噪声源噪声级数据，必须是公开发表的、经过专家鉴定并且是按有关标准测量得到的数据；

②报告书应当指明被引用数据的来源。

4. 简化声源的条件和方法

在预测前需根据声源与预测点之间空间分布形式对声源简化成三类声源：即点声源、线声源和面声源。

(1)点声源确定原则：当声波波长比声源尺寸大得多或是预测点离开声源的距离 d 比声源本身尺寸大得多($d>2$ 倍声源最大尺寸)时，声源可作点声源处理，等效点声源位置在声源本身的中心。如各种机械设备、单辆汽车、单架飞机等可简化为点声源。

(2)线声源确定原则：当许多点声源连续分布在一条直线上时，可认为该声源是线状声源。如公路上的汽车流、铁路列车均可作为线状声源处理。对于一长度为 L_0 的有限长线声源，在线声源垂直平分线上距线声源的距离为 r，如 $r>L_0$，该有限长线声源可近似为点声源；如 $r<L_0/3$，该有限长线声源可近似为无限长线声源。

(3)面声源状况的考虑：对于一长方形的有限大面声源(长度为 b，高度为 a，并 $a<b$)，在该声源中心轴线上距声源中心距离为 r：如 $r<a/\pi$ 时，该声源可近似为面声源；当 $a/\pi<r<b/\pi$，该声源可近似为线声源；当 $r>b/\pi$ 时，该声源可近似为点声源。

5. 引起户外声传播声级衰减的主要因素

①几何发散引起的衰减(包括反射体引起的修正)；

②屏障引起的衰减；

③地面效应引起的衰减；

④空气吸收引起的衰减；

⑤绿化林带以及气象条件引起的附加衰减等。

6. 典型建设项目噪声影响预测内容

典型建设项目噪声影响预测内容见表2-53。

表2-53 典型建设项目噪声影响预测内容

典型建设项目	预测内容
工业噪声	厂界（或场界、边界）噪声预测预测厂界噪声，给出厂界噪声的最大值及位置
	预测敏感目标的贡献值、预测值、预测值与现状噪声值的差值，敏感目标所处声环境功能区的声环境质量变化，敏感目标所受噪声影响的程度，确定噪声影响的范围，并说明受影响人口分布情况。当敏感目标高于（含）三层建筑时，还应预测有代表性的不同楼层所受的噪声影响
	绘制等声级线图，说明噪声超标的范围和程度
	根据厂界（场界、边界）和敏感目标受影响的状况，明确影响厂界（场界、边界）和周围声环境功能区声环境质量的主要声源，分析厂界和敏感目标的超标原因
公路、城市道路交通运输噪声	预测各预测点的贡献值、预测值、预测值与现状噪声值的差值，预测高层建筑有代表性的不同楼层所受的噪声影响。按贡献值绘制代表性路段的等声级线图，分析敏感目标所受噪声影响的程度，确定噪声影响的范围，并说明受影响人口分布情况。给出满足相应声环境功能区标准要求的距离。依据评价工作等级要求，给出相应的预测结果
铁路、城市轨道交通噪声	预测内容要求与公路、城市道路交通运输噪声预测内容相同
机场飞机噪声	在1:50000或1:10000地形图上给出计权等效连续感觉噪声级（L_{WECPN}）为70dB、75dB、80dB、85dB、90dB的等声级线图。同时给出评价范围内敏感目标的计权等效连续感觉噪声级（L_{WECPN}）。给出不同声级范围内的面积、户数、人口。依据评价工作等级要求，给出相应的预测结果
施工场地、调车场、停车场等噪声	根据建设项目工程特点，分别预测固定声源和流动声源对场界（或边界）、敏感目标的噪声贡献值，进行叠加后作为最终的噪声贡献值
	根据评价工作等级要求，给出相应的预测结果
敏感建筑建设项目	敏感建筑建设项目声环境影响预测应包括建设项目声源对项目及外环境的影响预测和外环境（如周边公路、铁路、机场、工厂等）对敏感建筑建设项目的环境影响预测两部分内容
	分别计算建设项目主要声源对属于建设项目的敏感建筑和建设项目周边的敏感目标的噪声影响，同时计算外环境声源对属于建设项目的敏感建筑的噪声影响，属于建设项目的敏感建筑所受的噪声影响是建设项目主要声源和外环境声源影响的叠加
	根据评价工作等级要求，给出相应的预测结果

要点：工业噪声、公路和城市道路交通运输噪声、铁路和城市轨道交通噪声、机场飞机噪声、施工场地、调（停）车场等噪声、敏感建设建设项目噪声的预测内容分别是什么？

（五）声环境影响评价

1. 声环境影响评价的主要内容见表2-54。

表2-54　声环境影响评价的主要内容

序号	项目	主要内容
1	现状监测与评价	根据噪声预测结果和环境噪声评价标准，评价建设项目在施工、运行期噪声的影响程度、影响范围，给出边界(厂界、场界)及敏感目标的达标分析
		进行边界噪声评价时，新建建设项目以工程噪声贡献值作为评价量；改扩建建设项目以工程噪声贡献值与受到现有工程影响的边界噪声值叠加后的预测值作为评价量
		进行敏感目标噪声环境影响评价时，以敏感目标所受的噪声贡献值与背景噪声值叠加后的预测值作为评价量。对于改扩建的公路、铁路等建设项目，如预测噪声贡献值时已包括了现有声源的影响，则以预测的噪声贡献值作为评价量
2	影响范围、影响程度	给出评价范围内不同声级范围覆盖下的面积，主要建筑物类型、名称、数量及位置，影响的户数、人口数
3	噪声超标原因	分析建设项目边界(厂界、场界)及敏感目标噪声超标的原因，明确引起超标的主要声源；对于通过城镇建成区和规划区的路段，还应分析建设项目与敏感目标间的距离是否符合城市规划部门提出的防噪声距离
4	对策建议	分析建设项目的选址(选线)、规划布局和设备选型等的合理性，评价噪声防治对策的适用性和防治效果，提出需要增加的噪声防治对策、噪声污染管理、噪声监测及跟踪评价等方面的建议，并进行技术、经济可行性论证

要点：声环境影响评价的主要内容包括现状监测与评价、声环境影响范围和影响程度、噪声超标范围和对策建议。

2. 背景值、贡献值、预测值的含义及其应用

背景值：不含建设项目自身声源影响的环境声级。

贡献值：由建设项目自身声源在预测点产生的声级。

预测值：预测点的贡献值和背景值按能量叠加方法计算得到的声级。

要点：区分背景值、贡献值和预测值。

3. 制定噪声防治对策的原则

(1)工业(工矿企业和事业单位)建设项目噪声防治措施应针对建设项目投产后噪声影响的最大预测值制订，以满足厂界(或场界、边界)和厂界外敏感目标(或声环境功能区)的达标要求。

(2)交通运输类建设项目(如公路、铁路、城市轨道交通、机场项目等)的噪声防治措施应针对建设项目不同代表性时段的噪声影响预测值分期制定，以满足声环境功能区及敏感目标功能要求。其中，铁路建设项目的噪声防治措施还应同时满足铁路边界噪声排放标准要求。

五、环境影响评价技术导则——生态影响

(一)评价工作等级及评价范围

1. 生态影响评价工作等级的划分

（1）依据影响区域生态敏感性和评价项目的工程占地（含水域）范围，包括永久占地和临时占地，将生态影响评价工作等级划分为一级、二级和三级，如表2－55所示。位于原厂界（或永久用地）范围内的工业类改扩建项目，可做生态影响分析。

表2－55　生态影响评价工作等级划分表

影响区域生态敏感性	工程占地（水域）范围		
	面积≥20km²或长度≥100km	面积2～20km²或长度50～100km	面积≤2km²或长度≤50km
特殊生态敏感区	一级	一级	一级
重要生态敏感区	一级	二级	三级
一般区域	二级	三级	三级

（2）当工程占地（含水域）范围的面积和长度分别属于两个不同评价工作等级时，原则上应按其中较高的评价工作等级进行评价。改扩建工程的工程占地范围以新增占地（含水域）面积或长度计算。

（3）在矿山开采可能导致矿区土地利用类型明显改变，或拦河闸坝建设可能明显改变水文情势等情况下，评价工作等级应上调一级。

要点：生态影响评价工作等级的划分依据：影响区域生态敏感性和评价项目的工程占地（含水域）范围，包括永久占地和临时占地。生态影响评价工作等级划分为一级、二级和三级。

2. 生态影响评价范围的确定原则

生态影响评价应能够充分体现生态完整性，涵盖评价项目全部活动的直接影响区域和间接影响区域。评价工作范围应依据评价项目对生态因子的影响方式、影响程度和生态因子之间的相互影响和相互依存关系确定。可综合考虑评价项目与项目区的气候过程、水文过程、生物过程等生物地球化学循环过程的相互作用关系，以评价项目影响区域所涉及的完整气候单元、水文单元、生态单元、地理单元界限为参照边界。

3. 生物量、生态因子、生物群落等基本术语的含义

（1）生物量又称“现存量”，指单位面积或体积内生物体的重量。生物量是用来表示“量”的概念，是衡量环境质量变化的主要标志。

（2）生态因子是生物或生态系统的周围环境因素。生态因子可以归纳为两大类：非生物因子（如光照、温度、水分、土壤和大气等）和生物因子（动物、植物、微生物等）。

（3）生物群落是在一定区域或一定生境中各个生物种群相互松散结合的一种结构单元。任何一个群落都由一定的生物种和伴生种组成，每个生物种均要求一定的生态条件，并在群落中处于不同的地位和起着不同的生态作用。研究生物群落的种类组成、数量及特征十分重要。

（二）工程调查与分析

1. 工程资料收集的要求

（1）工程设计资料，包括工程规划资料、工程可行性研究报告及与工程相关的设计规范等。

（2）工程图件，包括公路铁路的工程布线图（含站场布点）；工程平面图，如水利水电工

程施工布局图、矿山工程平面布置图、水利枢纽布置图等；工程相关的规划图，如河流梯级开发规划图、公路铁路路网规划图、灌区规划图等。

(3)与工程相关的资料，包括区域或城市规划及其图件、土地利用规划及其图件等。

2. 工程分析的要求

(1)工程分析内容

工程分析内容包括：项目所处的地理位置、工程的规划依据和规划环评依据、工程类型、项目组成、占地规模、总平面及现场布置、施工方式、施工时序、运行方式、替代方案、工程总投资与环保投资、设计方案中的生态保护措施等。工程分析时段应涵盖勘察期、施工期、运营期和退役期，以施工期和运营期为调查分析的重点。

(2)工程分析重点

根据评价项目自身特点、区域的生态特点以及评价项目与影响区域生态系统的相互关系，确定工程分析的重点，分析生态影响的源及其强度。主要内容包括：可能产生重大生态影响的工程行为；与特殊生态敏感区和重要生态敏感区有关的工程行为；可能产生间接、累积生态影响的工程行为；可能造成重大资源占用和配置的工程行为。

3. 对关键问题识别和评价因子筛选的要求

①列出可能影响环境与生态的所有工程活动，选择其重要者(规模大、源强大或涉及环境敏感区等)列为识别影响的作用因子。

②根据上述影响作用因子，分析研究其影响对象，包括影响对象的生态系统类型、主要受影响的生态因子，受到影响的环境敏感目标，将此列为受影响的对象。

③一一对应研究影响作用因子与受影响对象的关系，研究其可能发生的影响效果的范围、强度、性质和影响特征等。在初步判定生态影响的性质、可能的变化过程和后果的基础上，确定需进一步深入调查的问题，即评价重点。对需深入调查研究的生态系统，根据主要受影响的因子和评价的目的，确定需深入进行调查与评价的生态因子。

(三)生态环境状况调查与现状评价

1. 生态环境状况调查的基本内容

生态环境状况调查的基本内容见表2－56。

表2－56 生态环境状况调查的基本内容

调查项目	基本内容
生态背景调查	调查影响区域内涉及的生态系统类型、结构、功能和过程，以及相关的非生物因子特征，重点调查受保护的珍惜濒危物种、关键种、土著种、建群种和特有种，天然的重要经济物种等
主要生态问题调查	调查影响区域内已经存在的制约本区域可持续发展的主要生态问题，如水土流失、沙漠化、石漠化、盐渍化、自然灾害、生物入侵和污染危害，指出其类型、成因、空间分布、发生特点等

生态环境调查的内容和指标应能反映评价工作范围内的生态背景特征和现存的主要生态问题。在有敏感生态保护目标或其他特别保护要求对象时，应做专题调查。生态状况调查应在收集资料基础上开展现场工作，生态状况调查的范围应不小于评价工作的范围。一级评价

应给出采样地样方实测、遥感等方法测定的生物量、物种多样性等数据，给出主要生物物种名录、受保护的野生动植物物种等调查资料；二级评价的生物量和物种多样性调查可依据已有资料推断，或实测一定数量的、具有代表性的样方予以验证；三级评价可充分借鉴已有资料进行说明。

要点：生态环境调查内容包括生态背景调查主要生态问题调查两个方面。

生态状况调查的范围应不小于评价工作的范围。一级评价应给出采样地样方实测、遥感等方法测定的生物量、物种多样性等数据，给出主要生物物种名录、受保护的野生动植物物种等调查资料；二级评价的生物量和物种多样性调查可依据已有资料推断，或实测一定数量的、具有代表性的样方予以验证；三级评价可充分借鉴已有资料进行说明。

2. 生态现状评价的要求

在区域生态基本特征现状调查的基础上，对评价区的生态现状进行定量或定性的分析评价，评价应采用文字和图件相结合的表现形式。

3. 生态现状评价的主要内容

(1)在阐明生态系统现状的基础上，分析影响区域内生态系统状况的主要原因。评价生态系统的结构与功能状况(如水源涵养、防风固沙、生物多样性保护等主导生态功能)、生态系统面临的压力和存在的问题、生态系统的总体变化趋势等。

(2)分析和评价受影响区域内动、植物等生态因子的现状组成、分布；当评价区域涉及受保护的敏感物种时，应重点分析该敏感物种的生态学特征；当评价区域涉及特殊生态敏感区或重要生态敏感区时，应分析其生态现状、保护现状和存在的问题等。

4. 常用的生态现状评价方法与适用范围

常用的方法有图形叠置法、系统分析法、生态机理分析法、质量指标法、景观生态学法、数学评价、类比法、列表清单法与生产力评价方法等。

(1)图形叠置法：目前该方法被用于公路或铁路选线、滩涂开发、水库建设、土地利用等方面评价，也可将污染影响程度和植被或动物分布叠置成污染物对生物的影响分布图。

(2)系统分析法：因其能妥善解决一些多目标动态性的问题，目前已广泛用于各行各业，尤其在进行区域规划或解决优化方案选择问题时，系统分析法显示出其他方法所不能达到的效果。

(3)生态机理分析法：评价过程中有时要根据实际情况进行相应的生物模拟试验，如环境条件、生物习性模拟试验、生物毒理学试验、实地种植或放养试验等，或进行数学模拟，如种群增长模型的应用。

(4)质量指标法(综合指标法)：该方法的核心是建立环境因子的评价函数曲线，通常是先确定环境因子的质量标准，再根据不同标准规定的数值确定曲线的上、下限。对于已被国家标准或地方标准确定的环境因子，如水、大气等，可以直接用标准值确定的曲线上、下限；对于一些无明确标准的因子，需要对其进行大量工作，选择其相对的质量标准，再用以确定曲线的上、下限。权值的确定大多采用专家咨询法。

(5)景观生态学方法：既可用于生态环境现状也可用于生境变化预测，目前是国内外生态影响评价学术领域中较先进的方法。

(6)数学评价方法：生态环境最重要的特征之一，具有区域性，用数学的方法，以数学模型模拟(或拟合)生态数据的空间分布及其区域性变化趋势的方法，称为趋势面分析，也是生态评价的方法之一。

(7)类比法：可分成整体类比和单项类比。整体类比是根据已建成的项目对植物、动物或生态系统产生的影响来预测拟建项目的影响。该方法需要被选中的类比项目，在工程特性、地理地质环境、气候因素、动物和植物背景等方面都与拟建项目相似，并且项目建成已达到一定年限，其影响已趋于稳定。由于自然条件千差万别，在生态环境影响评价很难找到完全相似的两个项目，故单项类比或部分类比更实用一些。

(8)列表清单法：基本做法是将实施的开发活动和可能受影响的环境因子分别列于同一张表格的列与行，在表格中用不同的符号判定每项开发活动与对应的环境因子的相对影响大小。该方法使用方便，但不能对影响程度进行定量评价。

(9)生产力评价法：绿色植物的生产力是生态系统物流和能流的基础，是生物与环境之间相互联系最本质的标志。

要点：生态环境现状评价方法有哪些类型？什么情况下适用？

(四)生态影响预测与评价

1. 生态影响预测的内容

生态影响预测与评价内容应与现状评价内容相对应，依据区域生态保护的需要和受影响生态系统的主导生态功能选择评价预测指标。

(1)评价工作范围内涉及的生态系统及其主要生态因子的影响评价，通过分析影响作用的方式、范围、强度和持续时间来判别生态系统受影响的范围、强度和持续时间；预测生态系统组成和服务功能的变化趋势，重点关注其中的不利影响、不可逆影响和累积生态影响。

(2)敏感生态保护目标的影响评价应在明确保护目标的性质、特点、法律地位和保护要求的情况下，分析评价项目的影响途径、影响方式和影响程度，预测潜在的后果。

(3)预测评价项目对区域现存主要生态问题的影响趋势。

要点：生态影响预测与评价内容应与现状评价内容相对应，依据区域生态保护的需要和受影响生态系统的主导生态功能选择评价预测指标。预测内容包括评价工作范围内涉及的生态系统及其主要生态因子的影响评价，预测生态系统组成和服务功能的变化趋势，敏感生态保护目标的影响评价。

2. 生态影响经济损益分析的原则

(1)把生态质量作为生产力要素的原则，后者是可以观察和测定的。

(2)突出重点、兼顾一般的原则，要抓住重大影响因素进行分析，对相关密切的一般影响因素可适当加以综合。

(3)终极影响原则，只考虑那些人类经济活动或生态环境直接相关的最终影响后果。

(4)一次性估价原则，按有关规定依经济寿命年限折现，使估价具有可比性。

要点：生态影响经济损益分析的原则为生产力要素原则，突出重点、兼顾一般的原则；终极影响原则；一次性估价原则。

(五)生态影响的防护、恢复及替代方案

1. 生态影响的防护与恢复应遵循的原则

(1)按照避让、减缓、补偿和重建的次序提出生态影响防护与恢复的措施；所采取措施

的效果应有利修复和增强区域生态功能。

(2)凡涉及不可替代、极具价值、极敏感、被破坏后很难恢复的敏感生态保护目标(如特殊生态敏感区、珍稀濒危物种)时，必须提出可靠的避让措施或生境替代方案。

(3)涉及采取措施后可恢复或修复的生态目标时，应尽可能提出避让措施；否则，应制定恢复、修复和补偿措施。各项生态保护措施应按项目实施阶段分别提出，并提出实施时限和估算经费。

2. 生态影响的管理措施

(1)在强调执行国家和地方有关自然资源保护法规和条例的前提下，制定并落实生态影响防护与恢复的监督管理措施。

(2)生态影响管理人员编制，建议纳入项目的环境管理机构，并落实生态管理人员的职能。

(3)制定并实施对项目进行的生态监测(监视)计划，发现问题，特别是重大问题时要呈报上级主管部门和环境保护部门及时处理。

(4)对自然资源产生破坏作用的项目，要依据破坏的范围和程度，制定生态补偿措施，补偿措施的效应要进行评估论证，择优确定，落实经费和时限。

3. 替代方案的原则要求

替代方案主要指项目的选址、选线替代方案，项目的组成和内容替代方案，工艺和生产技术的替代方案，施工和运营方案的替代方案，生态保护措施的替代方案。评价应对替代方案进行生态可行性论证，优先选择生态影响最小的替代方案，最终选定的方案至少应该是生态保护可行的方案。

(六)典型自然资源开发项目中生态影响评价要点

1. 交通运输类开发项目中生态影响评价要点

交通运输类开发项目中生态影响评价要点见表2-57。

表2-57 交通运输类开发项目中生态影响评价要点

项目	陆上线路类	水上线路类	场站类
评价范围	按路线中轴线各向外延伸300~500m	江河类包括所经汇合段的全河段及其沿江陆地；海上类主航线向两侧延伸500m	机场周际外延5km，码头区周际外延3~5km
评价重点	包括线路施工和建成后使区域土地利用格局和地表土壤使用现状的改变，及其因此而引发的生态环境问题；线路对动、植物物种迁移和阻断影响及其由此而引发的生物多样性保护问题	项目建成后由于航船行驶对水生生物生存环境的影响，对沿江陆地野生动物栖息环境的影响以及在处理水土流失、滑坡、塌方、泥石流、崩塌、地面沉降等不良地质段时对周边生态环境的影响等	由于土地利用格局的变化而引发的生态环境问题，由于人工建筑出现及人类活动强度加大对土地生产能力，绿地调节控制能力以及生物种群数量、内部异质化程度等影响

2. 水利工程开发项目中生态影响评价要点

水利工程开发项目中生态影响评价要点见表2-58。

表 2-58 水利工程项目中生态影响评价要点

项目	水库和水坝建设	跨流域调水
评价范围	2、3 级项目以库区为主，兼顾上游集水区域和下游水文变化区域的水体和陆地；1 级项目要对库区、集水区域、水文变化区域、(甚至含河口和河口附近海域)进行评价。此外，要对施工期的辅助场地进行评价	跨流域或跨省份调水一般均属于 1 级项目。要分别对调出区、调入区和连接区三个部分中，凡是由于水文条件改变而引发的生态影响进行评价
评价期限	分别对施工期、运行期进行评价，1 级项目要做后评价	分为施工期、运行期评价，并进行生态影响后评价
评价重点	(1)施工期。对由于施工、人员进驻和水文改变而引发的珍稀濒危动、植物资源迁移或灭绝；对由于区域环境中绿地数量和空间分布的改变而改变了绿地调控环境质量的能力；对由于人员和设备的活动改变了土地的生产能力；对由于施工影响了自然和人文遗迹地及人群健康等内容进行重点评价。 (2)运行期。对项目运行而引发的生物多样性问题，景观生态环境质量问题，移民带来的生态环境问题、水文长期改变而引发的上下游生物种群生存问题及中下游发生的河道断流，水文变化以及上下游盐渍化、潜育化、湿地化、两岸地形地貌变化引起的生态环境问题进行重点评价	除与水库和水坝建设施工期、运行期评价重点相同外，增加三项内容。 (1)对国内外同类项目进行类比调查并写出评价报告； (2)预测由于人员设备进驻和水文条件的改变，调出区、调入区、连接区区域生态环境的变化，以及随着宏观环境的变化给动、植物和人类生活带来的影响； (3)对受益区调入水长期的生态影响进行评价

要点：交通运输类、水利工程开发项目的生态影响评价要点。

六、开发区区域环境影响评价技术导则

(一)总则

1. 导则的适用范围

《开发区区域环境影响评价技术导则》适用于经济技术开发区、高新技术产业开发区、保税区、边境经济合作区、旅游度假区等区域开发以及工业园区等类似区域开发的环境影响评价的一般性原则、内容、方法和要求。

要点：导则的适用范围：经济技术开发区、高新技术产业开发区、保税区、边境经济合作区、旅游度假区等区域开发以及工业园区等类似区域开发的环境影响评价。

2. 开发区区域环境影响评价重点

(1)识别开发区的区域开发活动可能带来的主要环境问题及可能制约开发区发展的环境因素。

(2)分析确定开发区主要相关环境要素的环境容量(如大气、水等)，并提出合理的污染物排放总量控制方案。

(3)从环境保护角度论证开发区环境保护方案，如污染物集中治理方案(包括治理设施的规模、工艺和布置的合理性等)；生态建设方案(包括生态恢复、补偿、绿化等)；水土保持方案等。

(4)对拟议的开发区各规划方案(包括开发区选址、功能区划、产业结构与布局、发展规模、基础设施建设、环保设施等)进行环境影响分析和综合论证，提出修改和完善开发区规划的建议和对策。

要点：开发区区域环境影响评价重点：主要环境问题及可能制约开发区发展的环境因素；环境要素的环境容量和污染物排放总量控制方案；论证开发区环境保护方案；分析和综合论证各规划方案，提出修改和完善开发区规划的建议和对策。

3. 开发区区域环境影响评价工作程序

开发区区域环境影响评价工作程序如图 2－8 所示。

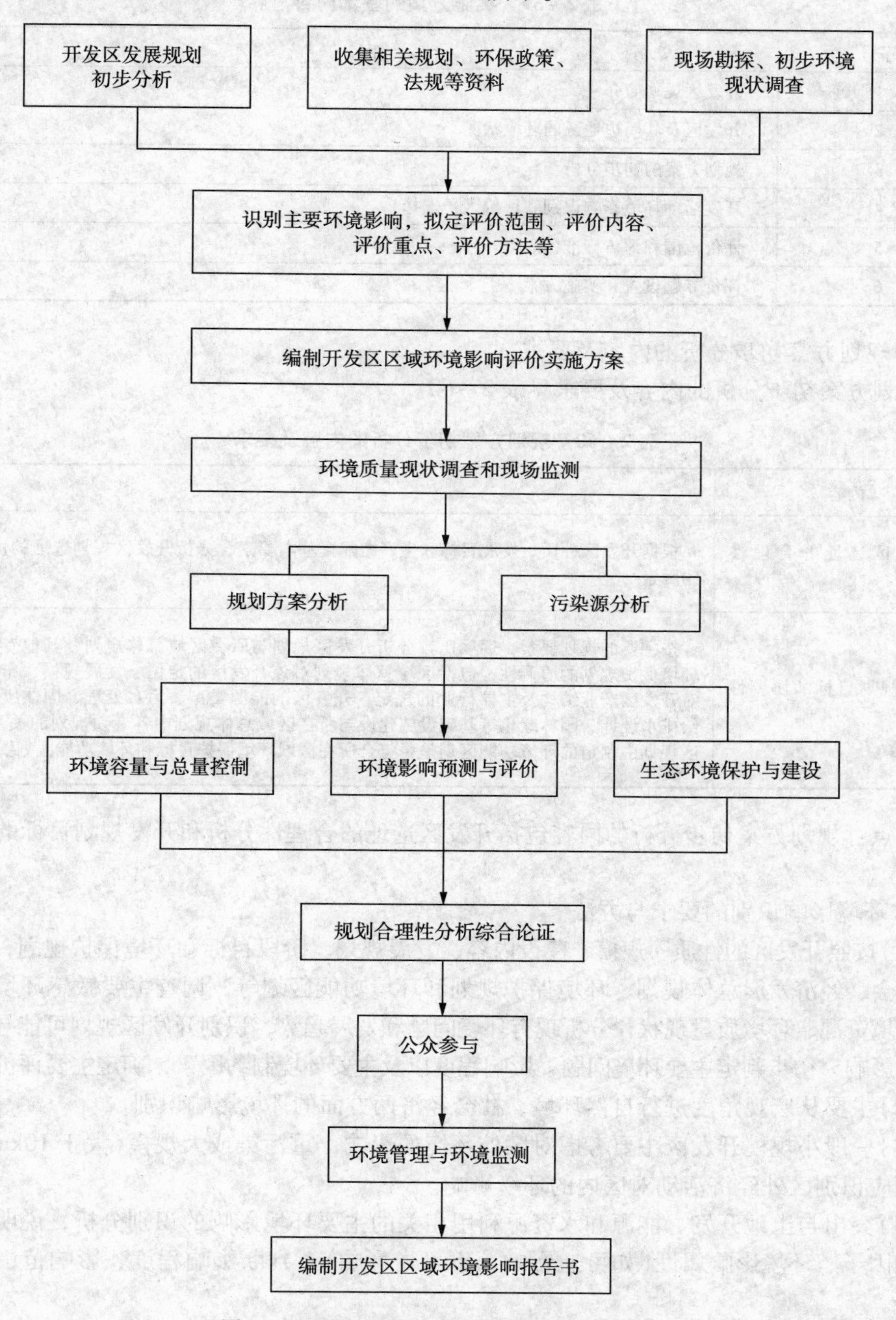

图 2－8　开发区区域环境影响评价工作程序

(二)环境影响评价实施方案

1. 实施方案的基本内容

实施方案的基本内容见表2－59。

表2－59 实施方案的基本内容

序号	内 容
1	开发区规划简介
2	开发区及其周边地区的环境状况
3	规划方案的初步分析
4	开发活动环境影响识别和评价因子选择
5	评价范围和评价标准(指标)
6	评价专题设置和实施方案

2. 规划方案初步分析的内容及要求

规划方案初步分析的内容及要求见表2－60。

表2－60 规划方案初步分析的内容及要求

内容	要 求
开发区选址的合理性分析	根据开发区性质、发展目标和生产力配置基本要素，分析开发区规划选址的优势和制约因素
开发规划目标的协调性分析	按主要的规划要素，逐项比较分析开发区规划与所在区域总体规划、其他专项规划、环境保护规划的协调性，包括区域总体规划对该开发区的定位、发展规模、布局要求，对开发区产业结构及主导行业的规定，开发区的能源类型、污水处理、固体废物处置、给排水设计、园林绿化等基础设施建设与所在区域总体规划中各专项规划的关系，开发区规划中制定的环境功能区划是否符合所在区域环境保护目标和环境功能区划要求等

要点：规划方案初步分析的内容包括开发区选址的合理性分析和开发规划目标的协调性分析。

3. 环境影响识别的要求与方法

(1)按照开发区的性质、规模、建设内容、发展规划、阶段目标和环境保护规划，结合当地的社会、经济发展总体规划、环境保护规划和环境功能区划等，调查主要敏感环境保护目标、环境资源、环境质量现状，分析现有环境问题和发展趋势，识别开发区规划可能导致的主要环境影响，初步判定主要环境问题、影响程度以及主要环境制约因素，确定主要评价因子。

(2)主要从宏观角度进行自然环境、社会经济两方面的环境影响识别。

(3)一般小规模开发区主要考虑对区外环境的影响，重污染或大规模(大于$10km^2$)的开发区还应识别区外经济活动对区内的环境影响。

(4)突出与土地开发、能源和水资源利用相关的主要环境影响的识别分析，说明各类环境影响因子、环境影响属性(如可逆影响、不可逆影响)，判断影响程度、影响范围和影响时间等。

(5)影响识别方法一般有矩阵法、网络法、GIS支持下的叠加图法等。

4. 开发区区域环境影响评价的专题设置

①环境现状调查与评价；②规划方案分析与污染源分析；③环境空气影响分析与评价；④水环境影响分析与评价；⑤固体废物管理与处置；⑥环境容量与污染物总量控制；⑦生态环境保护与生态建设；⑧开发区总体规划的综合论证与环境保护措施；⑨公众参与；⑩环境监测和管理计划。

区域开发可能影响地下水时，需设置地下水环境影响评价专题，主要评价工作内容包括调查水文地质基本状况和地下水的开采利用状况、识别影响途径和选择预防对策和措施。

涉及大量征用土地和移民搬迁，或可能导致原址居民生活方式、工作性质发生大的变化的开发区规划，需设置社会影响分析专题。

(三)环境影响报告书的编制要求

1. 区域环境现状调查和评价的内容和要求

区域环境现状调查和评价的内容和要求见表2－61。

表2－61　区域环境现状调查和评价的内容和要求

内　容	要　求
区域环境概况	简述开发区的地理位置、自然环境概况、社会经济发展概况等主要特征，说明区域内重要自然资源及开采状况、环境敏感区和各类保护区及保护现状、历史文化遗产及保护现状
区域环境质量状况	空气环境质量现状，二氧化硫和氮氧化物等污染物排放和控制现状
	地表水(河流、湖泊、水库)和地下水环境质量现状(包括河口、近海水域水环境质量现状)、废水处理基础设施、水量供需平衡状况、生活和工业用水现状、地下水开采现状等
	土地利用类型和分布情况，各类土地面积及土壤环境质量现状
	区域声环境现状、受超标噪声影响的人口比例以及超标噪声区的分布情况
	固体废物的产生量，废物处理处置以及回收和综合利用现状
	环境敏感区分布和保护现状
区域社会经济	概述开发区所在区域社会经济发展现状、近期社会经济发展规划和远期发展目标
环境保护目标与主要环境问题	概述区域环境保护规划和主要环境保护目标和指标，分析区域存在的主要环境问题，并以表格形式列出可能对区域发展目标、开发区规划目标形成制约的关键环境因素或条件

要点：区域环境现状调查和评价的内容包括区域环境概况、区域环境质量状况、区域社会经济、环境保护目标与主要环境问题四个方面。

2. 规划方案分析的内容和要求

规划方案分析的内容与要求见表2－62。

表 2-62　规划方案分析的内容和要求

序号	内　容	要　求
1	基本要求	将开发区规划方案放在区域发展的层次上进行合理性分析，突出开发区总体发展目标，布局和环境功能区划的合理性
2	总体布局及功能分区的合理性分析	分析开发区规划确定的区内各功能组团(如工业区、商业区、绿化景观区、物流仓储区、文教区、行政中心等)的性质及其与相邻功能组团的边界和联系
		根据开发区选址合理性分析确定的基本要素，分析开发区内各功能组团的发展目标和各组团间的优势与限制因子，分析各组团间的功能配合以及现有的基础设施及周边组团设施对该组团功能的支持。可采用列表的方式说明开发区规划发展目标和各功能组团间的相容性
3	协调性分析	将开发区所在区域的总体规划、布局规划、环境功能区划与开发区规划作详细对比，分析开发区规划是否与所在区域的总体规划具有相容性
4	生态适宜度分析	生态适宜度评价采用三级指标体系，选择对所确定的土地利用目标影响最大的一组因素作为生态适宜度的评价指标
		根据不同指标对同一土地利用方式的影响作用大小，进行指标加权
		进行单项指标(三级指标)分级评分，单项指标评分可分为 4 级：很适宜、适宜、基本适宜、不适宜
		在各单项指标评分的基础上，进行各种土地利用方式的综合评价
5	环境功能区划的合理性分析	对比开发区规划和开发区所在区域总体规划中对开发区内各分区或地块的环境功能要求
		分析开发区环境功能区划和开发区所在区域总体环境功能区划的异同点。根据分析结果，对开发区规划中不合理的环境功能分区提出改进建议
6	根据综合论证的结果，提出减缓环境影响的调整方案和污染控制措施与对策	

要点：规划方案分析的内容包括总体布局及功能分区的合理性分析、协调性分析、生态适宜度分析、环境功能区划的合理性分析。

3. 环境容量与污染物总量控制的主要内容

环境容量与污染物总量的控制的主要内容见表 2-63。

表 2-63　环境容量与污染物总量控制的主要内容

环境污染物	主要内容
大气环境容量与污染物总量控制	选择总量控制指标因子：SO_2
	对开发区进行大气环境功能区划，确定各功能区环境空气质量目标
	根据环境质量现状，分析不同功能区环境质量达标情况
	结合当地地形和气象条件，选择适当方法，确定开发区大气环境容量(即满足环境质量目标的前提下污染物的允许排放总量)
	结合开发区规划分析和污染控制措施，提出区域环境容量利用方案和近期(按五年计划)污染物排放总量控制指标

续表

环境污染物	主要内容
水环境容量与废水排放总量控制	选择总量控制指标因子：化学需氧量（COD）、氨氮、TN（水温T条件下的非离子氨）、TP（水温T条件下的总磷）等因子以及受纳水体最为敏感的特征因子
	分析基于环境容量约束的允许排放总量和基于技术经济条件约束的允许排放总量
	水环境容量：对于拟接纳开发区污水的水体，如常年径流的河流、湖泊、近海水域，应根据环境功能区划所规定的水质标准要求，选用适当的水质模型分析确定水环境容量（或最小初始稀释度）；对季节性河流，原则上不要求确定水环境容量
	水污染物排放总量：对于现状水污染物排放虽然已实现达标排放，但水体已无足够的环境容量可资利用的情形，应在指定基于水环境功能的区域水污染控制计划的基础上确定开发区水污染物排放总量。如预测的各项总量值均低于上述基于技术水平约束下的总量控制和基于水环境容量的总量控制指标，可选择最小的指标提出总量控制方案；如预测总量大于上述二类指标中的某一类指标，则需调整规划，降低污染物总量
固体废物管理与处置	分析固体废物类型和发生量，分析固体废物减量化、资源化、无害化处理处置措施及方案
	分类确定开发区可能产生的固体废物总量
	开发区的固体废物处理处置应纳入所在区域的固体废物总量控制计划之中，对固体废物的处理处置要符合区域所制定的资源回收、固体废物利用的目标与指标要求
	按固体废物分类处置的原则，测算需采取不同处置方式的最终处置总量，并确定可供利用的不同处置设施及能力

4. 生态环境保护与生态建设的主要内容

生态环境保护与生态建设的主要内容见表2－64。

表2－64　生态环境保护与生态建设的主要内容

序号	项　目	主要内容
1	生态环境现状和历史演变过程、生态保护区或生态敏感区的情况	生物量及生物多样性、特殊生境及特有物种，自然保护区、湿地，自然生态退化状况（包括植被破坏、土壤污染与土地退化等）
2	开发区规划实施对生态环境的影响	生物多样性、生态环境功能及生态景观影响
3	土地利用类型改变	对自然植被、特殊生境及特有物种栖息地、自然保护区、水域生态与湿地、开阔地、园林绿化等的影响
4	自然资源、旅游资源、水资源及其他资源开发利用	对自然生态与景观方面产生的影响
5	区域内各种污染物排放量的增加、污染源空间结构等变化	自然生态与景观方面产生的影响
6	区域开发造成影响及恢复途径	对生态结构与功能的影响、影响性质与程度、生态功能补偿的可能性与预期的可恢复程度、对保护目标的影响程度及保护的可行途径
7	可能产生的显著不利影响	从保护、恢复、补偿、建设等方面提出和论证实施生态环境保护措施的基本框架

5. 开发区规划综合论证的内容和要求

根据环境容量和环境影响评价结果，结合地区的环境状况，从开发区的选址、发展规模、产业结构、行业构成、布局、功能区划、开发速度和强度以及环保基础设施建设(污水集中处理、固体废物集中处理处置、集中供热、集中供气等)等方面对开发区规划的环境可行性进行综合论证。

规划论证内容：①开发区总体发展目标的合理性；②开发区总体布局的合理性；③开发区环境功能区划的合理性和环境保护目标的可达性；④开发区土地利用的生态适宜度分析。

要点：规划论证内容包括①开发区总体发展目标的合理性；②开发区总体布局的合理性；③开发区环境功能区划的合理性和环境保护目标的可达性；④开发区土地利用的生态适宜度分析。

6. 确定环境保护对策及环境影响减缓措施的原则要求

确定环境保护对策及环境影响减缓措施的原则要求见表2-65。

表2-65 确定环境保护对策及环境影响减缓措施的原则要求

类型	对策及要求
环境保护对策的调整方案	当开发区土地利用的生态适宜度较低，或区域环境敏感性较高时，应考虑选址的大规模、大范围调整
	当选址邻近生态保护区、水源保护地、重要和敏感的居住地，或周围环境中有重大污染源并对区域选址产生不利影响以及某类环境指标严重超标且难以短时期改善时，要建议提出调整；一般情况下，开发区边界应与外部较敏感地域保持一定的空间防护距离
	开发区内各功能区除满足相互间的影响最小，并留有充足的空间防护距离以外，还应从基础设施建设、各产业间的合理连接，以及适应建立循环经济和生态园区的布局条件来考虑开发区布局的调整
	规模调整包括经济规模和土地开发规模的调整，在拟定规模的调整建议时应考虑开发区的最终规模和阶段性发展目标
	当开发区发展目标受外部环境影响时(如受区外重大污染源影响较大)，再不能进行选址调整时，要提出对区外环境污染控制进行调整的计划方案，并建议将此计划纳入到开发区总体规划之中
环境影响减缓措施	大气环境影响减缓措施应从改变能流系统及能源转换技术方面进行分析。重点是煤的集中转换以及煤的集中转换技术的多方案比较
	水环境影响减缓措施应重点考虑污水集中处理、深度处理与回用系统，以及废水排放的优化布局和排放方式的选择
	对典型工业行业，可根据清洁生产、循环经济原理从原料输入、工艺流程、产品使用等进行分析，提出替代方案和减缓措施
	固体废物影响的减缓措施重点是固体废物的集中收集、减量化、资源化和无害化处理处置措施
	可能导致对生态环境功能显著影响的开发区规划，应根据生态影响特征制定可行的生态建设方案

(四)开发区污染源分析

1. 开发区污染源分析的基本原则及区域污染源分析的主要因子应满足的要求

(1)开发区污染源分析的基本原则：①根据规划的发展目标、规模、规划阶段、产业结构、行业构成等，分析预测开发区污染物来源、种类和数量。特别应注意考虑入区项目类型与布局存在较大不确定性、阶段性的特点。②根据开发区不同发展阶段，分析确定近、中、远期区域主要污染源。鉴于规划实施的时间跨度较长并存在一定的不确定因素，污染源分析预测以近期为主。

(2)区域污染源分析的主要因子应满足：①国家和地方政府规定的重点控制污染物。②开发区规划中确定的主导行业或重点行业的特征污染物。③当地环境介质最为敏感的污染因子。

要点：区域污染源分析的主要因子应满足：①国家和地方政府规定的重点控制污染物。②开发区规划中确定的主导行业或重点行业的特征污染物。③当地环境介质最为敏感的污染因子。

2. 开发区污染源估算方法概要

(1)类比分析法。例如选择与开发区规划性质、发展目标相近的国内外已建开发区作类比分析，采用计算经济密度的方法(每平方公里的能耗或产值等)，类比污染物排放总量数据。

(2)调查核实法。对已形成主导产业和行业的开发区，按主导产业和行业的类别分别选择区内的典型企业，调查核实其实际的污染因子和现状污染物的排放量，同时考虑科技进步和能源替代等因素，估算开发区污染物排放量。

(3)排放系数法。根据单位产品、单位原材料消耗或单位能耗的排污系数计算排污量。如规划中已明确建设集中供热系统的开发区，废气常规因子的排放量可依据集中供热电厂的能源消耗情况来计算。

(4)对规划中已明确建设集中污水处理系统的开发区，可以根据受纳水体的功能确定排放标准级别和出水水质，依据污水处理厂的处理能力和处理工艺，估算开发区水污染物排放总量。未明确建设集中污水处理系统的开发区，可以根据开发区供水规划，通过分析需水量来估算开发区水污染物排放总量。

(5)生活垃圾产生量预测应主要依据开发区规划的人口规模、人均生活垃圾产生量，并在充分考虑经济发展对生活垃圾增长影响的基础上确定。

要点：开发区污染源估算方法分为类比分析法、调查核实法、排放系数法，通过分析需水量来估算开发区水污染物排放总量、依据开发区规划的人口规模、人均生活垃圾产生量预测生活垃圾产生量。

(五)环境影响分析与评价

1. 空气环境影响分析与评价的主要内容

(1)开发区能源结构及其环境空气影响分析。

(2)集中供热(汽)厂的位置、规模、污染物排放情况及其对环境质量的影响预测与分析。

(3)工艺尾气排放方式、污染物种类、排放量、控制措施及其环境影响分析。

(4)区内污染物排放对区内、外环境敏感地区的环境影响分析。

(5)区外主要污染源对区内环境空气质量的影响分析。

2. 地表水与地下水环境影响分析与评价的主要内容

地表水与地下水环境影响分析与评价的主要内容，见表2-66。

表2-66　地表水与地下水环境影响分析与评价主要内容

类型	项目	内　容
地表水	分析与评价内容	开发区水资源利用、污水收集与集中处理、尾水回用以及尾水排放对受纳水体的影响
	水质预测的情景设计	不同的排水规模、不同的处理深度、不同的排污口位置和排放方式
	预测分析	针对受纳水体的特点，选择简易(快速)水质评价模型进行预测分析
地下水	评价内容	根据当地水文地质调查资料，识别地下水的径流、补给、排泄条件以及地下水和地表水之间的水力联通，评价包气带的防护特性
	防护措施	根据地下水水源保护条例，核查开发规划内容是否符合有关规定，分析建设活动影响地下水水质的途径，提出限制性(防护)措施

3. 固体废物处理/处置方式及其影响分析的主要内容

固体废物处理/处置方式及其影响分析、噪声影响分析与评价的主要内容，具体见表2－67。

表2－67　固体废物处理/处置方式及其影响分析和噪声影响分析与评价的主要内容

项目	主要内容
固体废物处理/处置方式及其影响分析	预测可能的固体废物的类型，确定相应分类处理方式
	开发区固体废物处理/处置纳入所在区域的固体废物管理/处置体系的，应确保可利用的固体废物处理处置设施符合环境保护要求（如符合垃圾卫生填埋标准、符合有害工业固体废物处置标准等），并核实现有固体废物处理设施可能提供的接纳能力和服务年限。否则，应提出固体废物处理/处置建设方案，并确认其选址符合环境保护要求
	对于拟议的固体废物处理/处置方案，应从环境保护角度分析选址的合理性及可行性
噪声影响分析与评价	根据开发区规划布局方案，按有关声环境功能区划分原则和方法，拟定开发区声环境功能区划方案。
	对于开发区规划布局可能影响区域噪声功能达标的，应考虑调整规划布局、设置噪声隔离带等措施。

4. 生态环境保护与生态建设的主要内容

（1）调查生态环境现状和历史演变过程、生态保护区或生态敏感区的情况，包括生物量及生物多样性、特殊生境及特有物种、自然保护区、湿地，自然生态退化状况包括植被破坏、土壤污染与土地退化等。

（2）分析评价开发区规划实施对生态环境的影响，主要包括生物多样性、生态环境功能及景观影响。

①分析由于土地利用类型改变导致的对自然植被、特殊生境及特有物种栖息地、自然保护区、水域生态与湿地、开阔地、园林绿化等的影响。

②分析由于自然资源、旅游资源、水资源及其他资源开发利用变化而导致的对自然生态和景观方面的影响。

③分析评价区域内各种污染物排放量的增加、污染源空间结构等变化对自然生态与景观方面产生影响。

（3）着重阐明区域开发造成的包括对生态结构与功能的影响、影响性质与程度、生态功能补偿的可能性与预期的可恢复程度、对保护目标的影响程度及保护的可行途径等。

（4）对于预计的可能产生的显著不利影响，从保护、恢复、补偿、建设等方面提出和论证实施生态环境保护措施的基本框架。

七、规划环境影响评价技术导则

（一）总则

1. 导则的适用范围

本导则适用于国务院有关部门、设区的市级以上地方人民政府及其有关部门组织编制的下列规划的环境影响评价：

（1）土地利用的有关规划，区域、流域、海域的建设、开发利用规划。

（2）工业、农业、畜牧业、林业、能源、水利、交通、城市建设、旅游、自然资源开发的有关专项规划。

(3)(1)和(2)条款中所列规划的详细范围依照国务院“关于进行环境影响评价的规划的具体范围的规定”执行。

要点：一地三域、10 项专业规划需要编制规划环境影响评价。

2. 规划环境影响评价的原则

(1)科学、客观、公正原则：规划环境影响评价必须科学、客观、公正，综合考虑规划实施后对各种环境要素及其所构成的生态系统可能造成的影响，为决策提供科学依据。

(2)早期介入原则：规划环境影响评价应尽可能在规划编制的初期介入，并将对环境的考虑充分融入到规划中。

(3)整体性原则：一项规划的环境影响评价应当把与该规划相关的政策、规划、计划以及相应的项目联系起来，做整体性考虑。

(4)公众参与原则：在规划环境影响评价过程中鼓励和支持公众参与，充分考虑社会各方面利益和主张。

(5)一致性原则：规划环境影响评价的工作深度应当与规划的层次、详尽程度相一致。

(6)可操作性原则：应当尽可能选择简单、实用、经过实践检验可行的评价方法，评价结论应具有可操作性。

要点：规划环境影响评价的六个原则包括科学、客观、公正原则；早期介入原则；整体性原则；公众参与原则；一致性原则；可操作性原则。

3. 规划环境影响评价的工作程序

规划环境影响评价的工作程序见图 2－9。

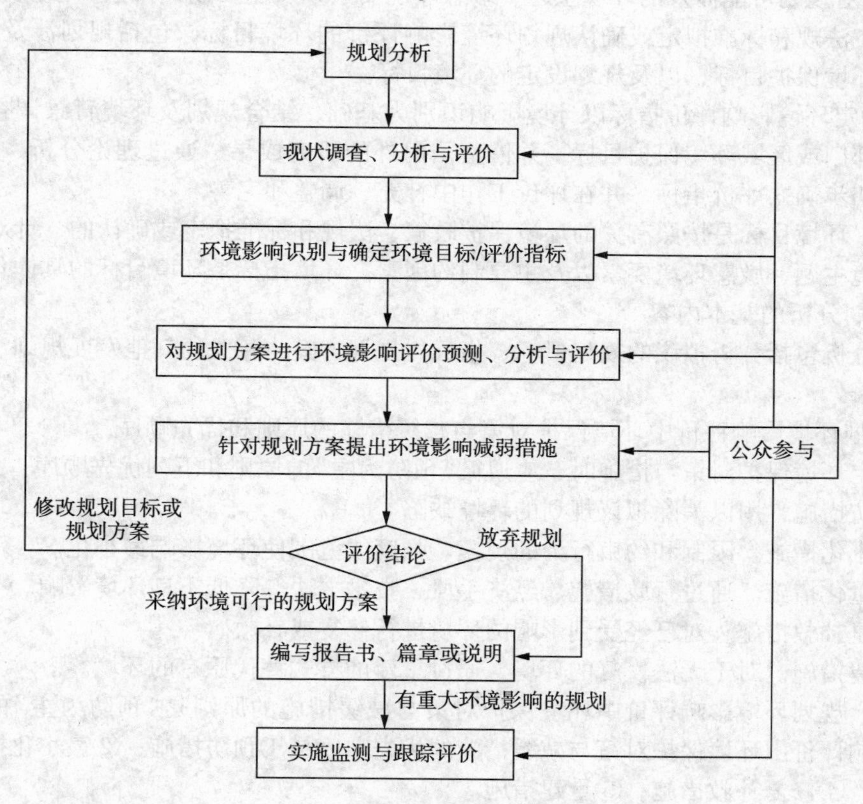

图 2－9　规划环境影响评价工作程序图

(二)规划环境影响评价的内容与方法

1. 规划环境影响评价的基本内容

(1)规划分析，包括分析拟议的规划目标、指标、规划方案与相关的其他发展规划、环境保护规划的关系。

(2)环境现状与分析，包括调查、分析环境现状和历史演变，识别敏感的环境问题以及制约拟议规划的主要因素。

(3)环境影响识别与确定环境目标和评价指标，包括识别规划目标、指标、方案(包括替代方案)的主要环境问题和环境影响，按照有关的环境保护政策、法规和标准拟定或确认环境目标，选择量化和非量化的评价指标。

(4)环境影响分析与评价，包括预测和评价不同规划方案(包括替代方案)对环境保护目标、环境质量和可持续性的影响。

(5)针对各规划方案(包括替代方案)，拟定环境保护对策和措施，确定环境可行的推荐规划方案。

(6)开展公众参与。

(7)拟定监测、跟踪评价计划。

(8)编写规划环境影响评价文件(报告书、篇章或说明)。

2. 环境目标和评价指标的含义

(1)针对规划可能涉及的环境主题、敏感环境要素以及主要制约因素，按照有关的环境保护政策、法规和标准拟定或确认规划环境影响评价的环境目标，包括规划涉及的区域和/或行业的环境保护目标，以及规划设定的环境目标。

(2)确定环境影响评价指标以环境影响识别为基础，结合规划及环境背景调查情况，规划所涉及部门或区域环境保护目标，并借鉴国内外的研究成果，通过理论分析、专家咨询、公众参与初步确立评价指标，并在评价工作中补充、调整和完善。

要点：环境目标是按照有关的环境保护政策、法规和标准拟定或确认的，针对规划可能涉及的环境主题、敏感环境要素以及主要制约因素。环境指标是环境目标的具体化。

3. 规划分析的基本内容

规划分析包括分析拟议的规划目标、指标、规划方案与相关的其他发展规划、环境保护规划的关系。

4. 规划环境影响评价中环境保护对策与减缓措施的原则和优先顺序

在拟定环境保护对策与措施时，应遵循“预防为主”的原则和下列优先顺序：

①预防措施，用以消除拟议规划的环境缺陷。

②最小化措施。限制和约束行为的规模、强度或范围使环境影响最小化。

③减量化措施。通过行政措施、经济手段、技术方法等降低不良环境影响。

④修复补救措施。对已经受到影响的环境进行修复或补救。

⑤重建措施。对于无法恢复的环境，通过重建的方式替代原有的环境。

要点：规划环境影响评价中环境保护对策与减缓措施的原则是“预防为主”的原则；规划环境影响评价中环境保护对策与减缓措施的优先顺序是①预防措施；②最小化措施；③减量化措施；④修复补救措施；⑤重建措施。

5. 确定规划环境影响评价范围时应考虑的因素

确定评价范围时不仅要考虑地域因素，还要考虑法律、行政权限、减缓或补偿要求，公众和相关团体意见等限制因素。

6. 规划环境影响报告书编制的主要内容

规划环境影响报告书至少包括 9 个方面的内容：总则、拟议规划的概述、环境现状描述、环境影响分析与评价、推荐方案与减缓措施、专家咨询与公众参与、监测与跟踪评价、困难和不确定性、执行总结。

7. 规划环境影响篇章及说明编制的主要内容

(1)规划环境影响篇章应文字简洁、图文并茂，数据详实、论点明确、论据充分，结论清晰准确。

(2)规划环境影响篇章至少包括 4 个方面的内容：前言、环境现状分析、环境影响分析与评价、环境影响减缓措施，见表 2－68。

表 2－68　规划环境影响篇章

序号	名称	内　容
1	前言	与规划有关的环境保护政策、环境保护目标和标准
		评价范围与环境目标和评价指标
		与规划层次相适宜的影响预测和评价所采用的方法
2	环境现状分析	概述规划涉及的区域/行业领域存在主要环境问题，及其历史演变
		列出可能对规划发展目标形成制约的关键因素或条件
3	环境影响分析与评价	简要说明规划与上、下层次规划(或建设项目)的关系，以及与其他规划目标、环保规划目标的协调性
		对应于不同规划方案或设置的不同情景，分别描述所识别、预测的主要的直接影响、间接影响和累积影响
		对不同规划方案可能导致的环境影响进行比较，包括环境目标、环境质量和/或可持续性的比较
4	环境影响的减缓措施	描述各方案(包括推荐方案、替代方案)的主要环境影响，以及主要环境影响的防护对策、措施和对规划的限制
		关于规划方案的综合评述

要点：规划环境影响篇章至少包括 4 个方面的内容：前言、环境现状描述、环境影响分析与评价、环境影响减缓措施。

8. 现状调查、分析与评价的内容及方法

(1)现状调查

现状调查应针对规划对象的特点，按照全面性、针对性、可行性和效用性的原则，有重点的进行。调查内容应包括环境、社会和经济三个方面。

(2)现状分析与评价

①社会经济背景分析及相关的社会、经济与环境问题分析，确定当前主要环境问题及其产生原因；

②生态敏感区(点)分析，如特殊生态环境及特有物种、自然保护区、湿地、生态退化区、特有人文和自然景观、以及其他自然生态敏感点等，确定评价范围内对被评价规划反应敏感的地域及环境脆弱带；

③环境保护和资源管理分析，确定受到规划影响后明显加重，并且可能达到、接近或超

过地域环境承载力的环境因子。

(3)现状调查与分析方法

现状调查与分析的常用方法有资料收集与分析，现场调查与监测等。

要点：现状调查内容应包括环境、社会和经济三个方面。现状分析与评价关注当前主要环境问题及其产生原因，生态敏感区(点)分析，环境保护和资源管理分析三个方面。现状调查与分析的常用方法有资料收集与分析，现场调查与监测等。

9. 环境影响识别的内容与方法

(1)环境影响识别内容

①在对规划的目标、指标、总体方案进行分析的基础上，识别规划目标、发展指标和规划方案实施可能对自然环境(介质)和社会环境产生的影响。

②环境影响识别的内容包括对规划方案的影响因子识别、影响范围识别、时间跨度识别、影响性质识别。

(2)环境影响识别方法

环境影响识别方法一般有核查表法、矩阵法、网络法、GIS 支持下的叠加图法、系统流图法、层次分析法、情景分析法等。

要点：环境影响识别方法一般有核查表法、矩阵法、网络法、GIS 支持下的叠加图法、系统流图法、层次分析法、情景分析法等。

10. 规划的环境影响分析与评价的内容和方法

(1)对规划方案的主要环境影响进行分析与评价。分析评价的主要内容包括：

①规划对环境保护目标的影响；

②规划对环境质量的影响；

③规划的合理性分析，包括社会、经济、环境变化趋势与生态承载力的相容性分析；

(2)评价方法一般有加权比较法、费用效益分析法、层次分析法、可持续发展能力评估、对比评价法、环境承载力分析等。

要点：规划的环境影响评价方法一般有加权比较法、费用效益分析法、层次分析法、可持续发展能力评估、对比评价法、环境承载力分析等。注意与环境影响识别方法的区别。

八、建设项目环境风险评价技术导则

(一)总则

1. 导则的适用范围

本规范适用于涉及有毒有害和易燃易爆物质的生产、使用、贮运等的新建、改建、扩建和技术改造项目(不包括核建设项目)的环境风险评价。新建、改建、扩建和技术改造项目，主要系指国家环境保护总局颁布的《建设项目环境保护管理名录》中的化学原料及化学品制造、石油和天然气开采与炼制、信息化学品制造、化学纤维制造、有色金属冶炼加工、采掘业、建材等新建、改建、扩建和技术改造等项目。

2. 环境风险评价的目的和重点

(1)环境风险评价的目的是分析和预测建设项目存在的潜在危险、有害因素，建设项目建设和运行期间可能发生的突发性事件或事故(一般不包括人为破坏及自然灾害，引起有毒有害和易燃易爆等物质泄漏，所造成的人身安全与环境影响和损害程度，提出合理可行的防范、应急与减缓措施，以使建设项目事故率、损失和环境影响达到可接受水平。

(2)环境风险评价应把事故引起厂(场)界外人群的伤害、环境质量的恶化及对生态系统影响的预测和防护作为评价工作的重点。

要点：环境风险评价的重点为事故引起厂(场)界外人群的伤害、环境质量的恶化及对生态系统影响的预测和防护。

3. 环境风险评价工作级别的划分

根据评价项目的物质危险性和功能单元重大危险源判定结果，以及环境敏感程度等因素，将环境风险评价工作划分为一、二级。评价工作级别，按表 2－69 划分。

表 2－69　评价工作级别(一、二级)

项目	剧毒危险性物质	一般毒性危险物质	可燃、易燃危险性物质	爆炸危险性物质
重大危险源	一	二	一	一
非重大危险源	二	二	二	二
环境敏感地区	一	一	一	一

经过对建设项目的初步工程分析，选择生产、加工、运输、使用或贮存中涉及的 1～3 个主要化学品，凡符合附录 a1 有毒物质判定标准(序号 1、2 的物质，属于剧毒物质；序号 3 的属于一般毒物)。凡符合附录 a1 易燃物质和爆炸性物质标准的物质，均视为火灾、爆炸危险物质。

敏感区系指《建设项目管理名录》中规定的需特殊保护地区、生态敏感与脆弱区及社会关注区。具体敏感区应根据建设项目和危险物质涉及的环境确定。

根据建设项目初步工程分析，划分功能单元。凡生产、加工、运输、使用或贮存危险性物质，且危险性物质的数量等于或超过临界量的功能单元，定为重大危险源。

一级评价应按本导则对事故影响进行定量预测，说明影响范围和程度，提出防范、减缓和应急措施。二级评价可参照本导则进行风险识别、源项分析和对事故影响进行简要分析，提出防范、减缓和应急措施。

要点：环境风险评价工作级别的划分依据评价项目的物质危险性和功能单元重大危险源判定结果，以及环境敏感程度等因素，将环境风险评价工作划分为一、二级。

敏感区是指《建设项目管理名录》中规定的需特殊保护地区、生态敏感与脆弱区及社会关注区。具体敏感区应根据建设项目和危险物质涉及的环境确定。

4. 环境风险评价的工作程序

环境风险评价的工作程序见图 2－10。

5. 环境风险评价范围的确定

对危险化学品按其伤害阈和 GBZ 2 工业场所有害因素职业接触限值及敏感区位置，确定影响评价范围。大气环境影响一级评价范围，距离源点不低于 5km；二级评价范围，距离源点不低于 3km 范围。地面水和海洋评价范围按《环境影响评价技术导则地面水环境》规定执行。

要点：环境风险评价一级评价范围，距离源点不低于 5km；二级评价范围，距离源点不低于 3km 范围。

6. 环境风险评价的基本内容

(1)风险识别

①风险识别的范围

风险识别范围包括生产设施风险识别和生产过程所涉及的物质风险识别。

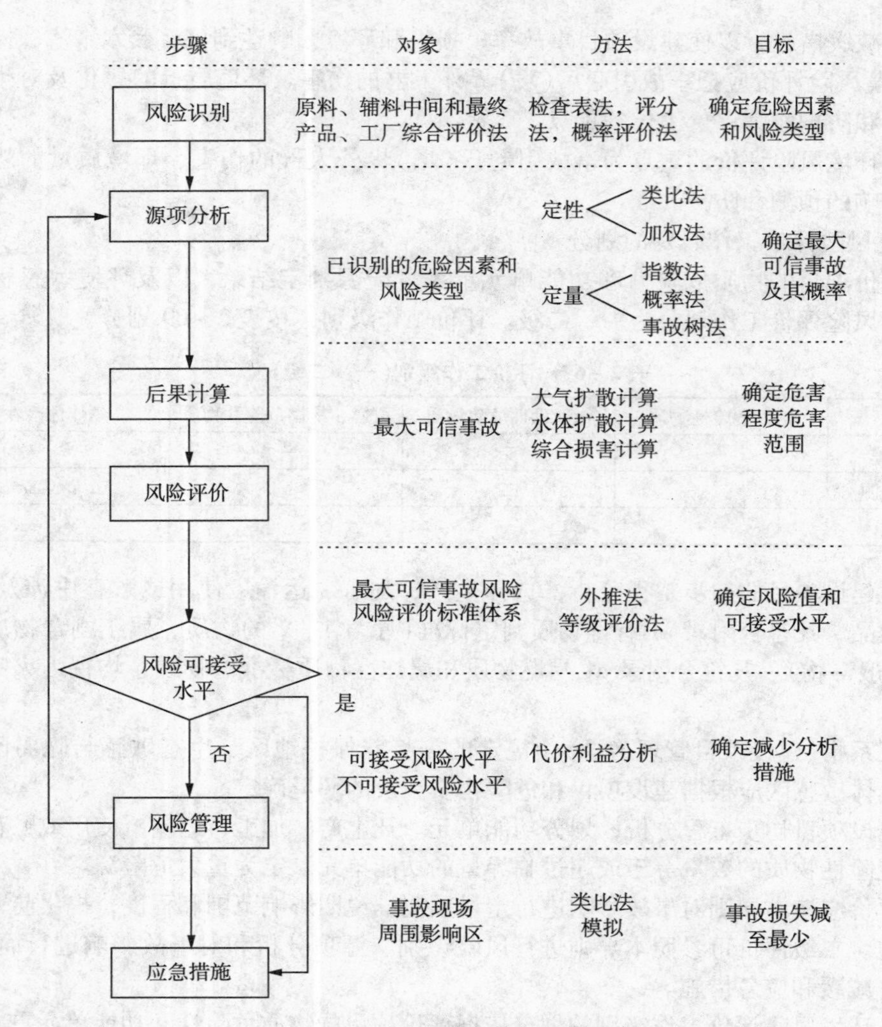

图 2－10　环境风险评价的工作程序

生产设施风险识别范围：主要生产装置、贮运系统、公用工程系统、工程环保设施及辅助生产设施等。

物质风险识别范围：主要原材料及辅助材料、燃料、中间产品、最终产品以及生产过程排放的“三废”污染物等。

②风险识别类型：根据有毒有害物质放散起因，分为火灾、爆炸和泄漏三种类型。

③风险识别内容

资料收集和准备：a. 建设项目工程资料：可行性研究、工程设计资料、建设项目安全评价资料、安全管理体制及事故应急预案资料。b. 环境资料：利用环境影响报告书中有关厂址周边环境和区域环境资料，重点收集人口分布资料。c. 事故资料：国内外同行业事故统计分析及典型事故案例资料。

物质危险性识别：对项目所涉及的有毒有害、易燃易爆物质进行危险性识别和综合评价，筛选环境风险评价因子。

生产过程潜在危险性识别：根据建设项目的生产特征，结合物质危险性识别，对项目功能系统划分功能单元，确定潜在的危险单元及重大危险源。

(2)源项分析

(3)后果计算

(4)风险计算和评价

①风险值的定义

风险值是风险评价表征量，包括事故的发生概率和事故的危害程度。定义为：

$$风险值\left(\frac{后果}{时间}\right)=概率\left(\frac{事故数}{单位时间}\right)\times 危害程度\left(\frac{后果}{每次事故}\right) \quad (2-7)$$

②风险评价的原则

a. 大气环境风险评价，首先计算浓度分布，然后按 GBZ 2《工作场所有害因素职业接触限值》规定的短时间接触容许浓度给出该浓度分布范围及在该范围内的人口分布。

b. 水环境风险评价，以水体中污染物浓度分布，包括面积及污染物质质点轨迹漂移等指标进行分析，浓度分布以对水生生态损害阈做比较。

c. 对以生态系统损害为特征的事故风险评价，按损害的生态资源的价值进行比较分析，给出损害范围和损害值。

d. 鉴于目前毒理学研究资料的局限性，风险值计算对急性死亡、非急性死亡的致伤、致残、致畸、致癌等慢性损害后果目前尚不计入。

(5)风险管理

①风险防范措施

a. 选址、总图布置和建筑安全防范措施

厂址与周围居民区、环境保护目标设置卫生防护距离，厂区周围工矿企业、车站、码头、交通干道等设置安全防护距离和防火间距。厂区总平面布置符合防范事故要求，有应急救援设施及救援通道、应急疏散及避难所。

b. 危险化学品贮运安全防范措施

对贮存危险化学品数量构成危险源的贮存地点、设施和贮存量提出要求，与环境保护目标和生态敏感目标的距离符合国家有关规定。

c. 工艺技术设计安全防范措施

自动监测、报警、紧急切断及紧急停车系统；防火、防爆、防中毒等事故处理系统；应急救援设施及救援通道；应急疏散通道及避难所。

d. 自动控制设计安全防范措施

有可燃气体、有毒气体检测报警系统和在线分析系统设计方案。

e. 电气、电讯安全防范措施

爆炸危险区域、腐蚀区域划分及防爆、防腐方案。

f. 消防及火灾报警系统

g. 紧急救援站或有毒气体防护站设计

②应急预案的主要内容

应急预案的主要内容见表 2-70。

表 2-70　应急预案的主要内容

序号	项目	内容及要求
1	应急计划区	危险目标：装置区、储罐区、环境保护目标
2	应急组织机构、人员	工厂、地区应急组织机构、人员
3	预案分级响应条件	规定预案的级别及分级响应程序
4	应急救援保障	应急设施，设备与器材等
5	报警、通讯联络方式	规定应急状态下的报警通讯方式、通知方式和交通保障、管制
6	应急监测、抢险、救援及控制措施	由专业队伍负责对事故现场进行侦察检测，对事故性质、参数与后果进行评估，为指挥部门提供决策
7	应急检测、防护措施、清除泄露措施和器材	事故现场、邻近区域、控制防火区域，控制和清除污染措施及相应设备
8	人员紧急撤离、疏散，应急剂量控制、撤离组织计划	事故现场、工厂邻近区、受事故影响的区域人员及公众对毒物应急剂量控制规定，撤离组织计划及救护，医疗救护与公众健康
9	事故应急救援关闭程序与恢复措施	规定应急状态终止程序 事故现场善后处理，恢复措施 邻近区域解除事故警戒及善后恢复措施
10	应急培训计划	应急计划制定后，平时安排人员培训与演练
11	公众教育和信息	对工厂邻近地区开展公众教育、培训和发布有关信息

注：二级评价可选择风险识别、最大可信事故及源项、风险管理及减缓风险措施等项，进行评价。

要点：环境风险评价的基本内容包括风险识别(风险识别的范围、类型和内容)、源项分析、后果计算、风险计算和评价、风险管理。风险防范措施有哪些？应急预案的主要内容是什么？

九、建设项目竣工环境保护验收技术规范——生态影响类

(一)规范的适用范围

本标准适用于交通运输(公路，铁路，城市道路和轨道交通，港口和航运，管道运输等)、水利水电、石油和天然气开采、矿山采选、电力生产(风力发电)、农业、林业、牧业、渔业、旅游等行业和海洋、海岸带开发、高压输变电线路等主要对生态造成影响的建设项目，以及区域、流域开发项目竣工环境保护验收调查工作。其他项目涉及生态影响的可参照执行。

(二)总则

1. 验收调查的工作程序

验收调查工作可分为准备、初步调查、编制实施方案、详细调查、编制调查报告五个阶段。

(1)准备阶段：收集、分析工程有关的文件和资料，了解工程概况和项目建设区域的基本生态特征，明确环境影响评价文件和环境影响评价审批文件有关要求，制定初步调查工作

方案。

(2)初步调查阶段：核查工程设计、建设变更情况及环境敏感目标变化情况，初步掌握环境影响评价文件和环境影响评价审批文件要求的环境保护措施落实情况、与主体工程配套的污染防治设施完成及运行情况和生态保护措施执行情况，获取相应的影像资料。

(3)编制实施方案阶段：确定验收调查标准、范围、重点及采用的技术方法，编制验收调查实施方案文本。

(4)详细调查阶段：调查工程建设期和运行期造成的实际环境影响，详细核查环境影响评价文件及初步设计文件提出的环境保护措施落实情况、运行情况、有效性和环境影响评价审批文件有关要求的执行情况。

(5)编制调查报告阶段：对项目建设造成的实际环境影响、环境保护措施的落实情况进行论证分析，针对尚未达到环境保护验收要求的各类环境保护问题，提出整改与补救措施，明确验收调查结论，编制验收调查报告文本。

要点：验收调查工作可分为准备、初步调查、编制实施方案、详细调查、编制调查报告五个阶段。

2. 验收调查时段的划分

根据工程建设过程，验收调查时段一般分为工程前期、施工期、试运行期三个时段。

要点：验收调查时段一般分为工程前期、施工期、试运行期三个时段。

3. 验收调查标准的确定原则

(1)环境影响评价文件和环境影响评价审批文件中有明确规定的按其规定作为验收标准。

(2)环境影响评价文件和环境影响评价审批文件中没有明确规定的，可按法律、法规、部门规章的规定，参考国家、地方或发达国家环境保护标准。

(3)现阶段暂时还没有环境保护标准的，可按实际调查情况给出结果。

4. 验收调查的运行工况要求

(1)对于公路、铁路、轨道交通等线性工程以及港口项目，验收调查应在工况稳定、生产负荷达到近期预测生产能力(或交通量)75%以上的情况下进行；如果短期内生产能力(或交通量)确实无法达到设计能力75%或以上的，验收调查应在主体工程运行稳定、环境保护设施运行正常的条件下进行，注明实际调查工况，并按环境影响评价文件近期的设计能力(或交通量)对主要环境要素进行影响分析。

(2)生产能力达不到设计能力75%时，可以通过调整工况达到设计能力75%以上再进行验收调查。

(3)国家、地方环境保护标准对建设项目运行工况另有规定的按相应标准规定执行。

(4)对于水利水电项目、输变电工程、油气开发工程(含集输管线)、矿山采选可按其行业特征执行，在工程正常运行的情况下即可开展验收调查工作。

(5)对分期建设、分期投入生产的建设项目应分阶段开展验收调查工作，如水利、水电项目分期蓄水、发电等。

要点：验收调查的运行工况要求：对于公路、铁路、轨道交通等线性工程以及港口项目，验收调查应在工况稳定、生产负荷达到近期预测生产能力(或交通量)75%以上的情况下进行。

对于水利水电项目、输变电工程、油气开发工程(含集输管线)、矿山采选可按其行业特征执行，在工程正常运行的情况下即可开展验收调查工作。

验收调查工作程序见图2-11。

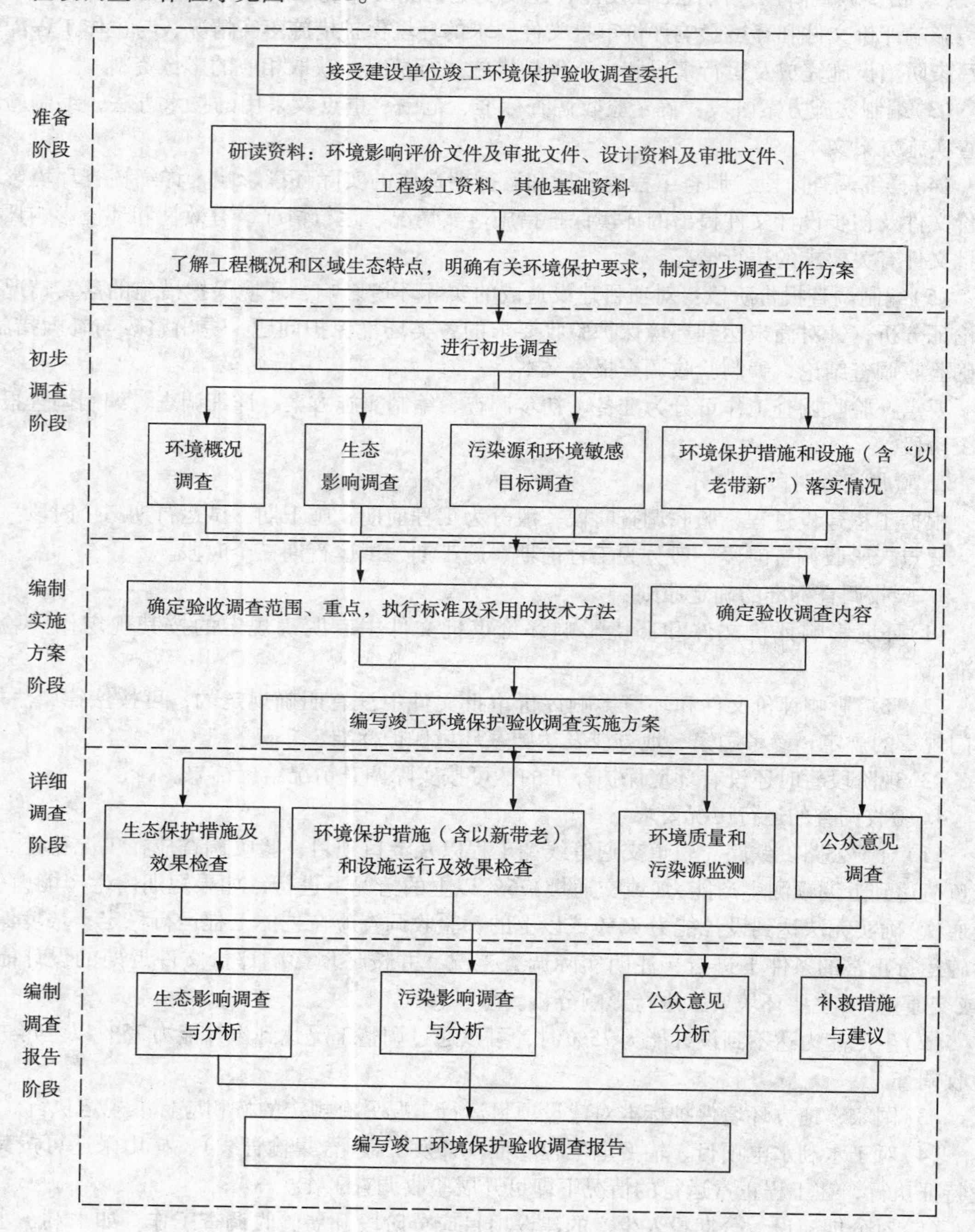

图2-11　验收调查工作程序图

对分期建设、分期投入生产的建设项目应分阶段开展验收调查工作，如水利、水电项目分期蓄水、发电等。

5. 验收调查的重点

(1) 核查实际工程内容及方案设计变更情况。

(2)环境敏感目标基本情况及变更情况。

(3)实际工程内容及方案设计变更造成的环境影响变化情况。

(4)环境影响评价制度及其他环境保护规章制度执行情况。

(5)环境影响评价文件及环境影响评价审批文件中提出的主要环境影响。

(6)环境质量和主要污染因子达标情况。

(7)环境保护设计文件、环境影响评价文件及环境影响评价审批文件中提出的环境保护措施落实情况及其效果、污染物排放总量控制要求落实情况、环境风险防范与应急措施落实情况及有效性。

(8)工程施工期和试运行期实际存在的及公众反映强烈的环境问题。

(9)验证环境影响评价文件对污染因子达标情况的预测结果。

(10)工程环境保护投资情况。

要点：验收调查的重点包括10个方面。

(三)验收调查技术要求

1. 环境敏感目标调查的内容及要求

环境敏感目标包括需特殊保护地区、生态敏感与脆弱区、社会关注区。

环境敏感目标调查，就是调查环境敏感目标的地理位置、规模、与工程的相对位置关系、所处环境功能区及保护内容等，附图、列表予以说明，并注明实际环境敏感目标与环境影响评价文件中的变化情况及变化原因。

要点：环境敏感目标包括需特殊保护地区、生态敏感与脆弱区、社会关注区。

2. 工程调查的内容及要求

(1)工程建设过程：应说明建设项目立项时间和审批部门，初步设计完成及批复时间，环境影响评价文件完成及审批时间，工程开工建设时间，环境保护设施设计单位、施工单位和工程环境监理单位，投入试运行时间等。

(2)工程概况：应明确建设项目所处的地理位置、项目组成、工程规模、工程量、主要经济或技术指标(可列表)、主要生产工艺及流程、工程总投资与环境保护投资(环境保护投资应列表分类详细列出)、工程运行状况等。工程建设过程中发生变更时，应重点说明其具体变更内容及有关情况。

(3)提供适当比例的工程地理位置图和工程平面图(线性工程给出线路走向示意图)，明确比例尺，工程平面布置图(或线路走向示意图)中应标注主要工程设施和环境敏感目标。

要点：工程调查的内容包括工程建设过程、工程概况、工程地理位置图和工程平面图。

3. 环境保护措施落实情况调查的内容及要求

(1)概括描述工程在设计、施工、运行阶段针对生态影响、污染影响和社会影响所采取的环境保护措施，并对环境影响评价文件及环境影响评价审批文件所提各项环境保护措施的落实情况一一予以核实、说明。

(2)给出环境影响评价、设计和实际采取的生态保护和污染防治措施对照、变化情况，并对变化情况予以必要的说明；对无法全面落实的措施，应说明实际情况并提出后续实施、改进的建议。

(3)生态影响的环境保护措施主要是针对生态敏感目标(水生、陆生)的保护措施，包括植被的保护与恢复措施、野生动物保护措施(如野生动物通道)、水环境保护措施、用水泄水建筑物及运行方案、低温水缓解工程措施、鱼类保护设施与措施、水土流失防治措施、土壤质量保护和占地恢复措施、自然保护区、风景名胜区、生态功能保护区等生态敏感目标的保护措施、生态监测措施等。

(4)污染影响的环境保护措施主要是指针对水、气、声、固体废物、电磁、振动等各类污染源所采取的保护措施。

(5)社会影响的环境保护措施主要包括移民安置、文物保护等方面所采取的保护措施。

4. 生态影响调查的内容、方法及调查结果分析的主要内容

(1)生态影响调查内容

生态影响调查内容见表2－71。

表2－71　生态影响调查的内容

序号	名称	调查内容
1	工程沿线生态状况	珍稀动植物和水生生物种类、保护级别和分布状况、鱼类三场分布
2	工程占地情况调查	临时占地、永久占地，列表说明占地位置、用途、类型、面积、取弃土量(取弃土场)及生态恢复情况
3	水土流失现状及实施效果	水土流失现状、成因、类型，采取的水土保持、绿化及措施的实施效果
4	敏感目标	自然保护区、风景名胜区、饮用水源保护区、生态功能保护区、基本农田保护区、水土流失重点防治区、森林公园、地质公园、世界遗产地等生态敏感目标和人文景观的分布状况，明确其与工程影响范围的相对位置关系、保护区级别、保护物种及保护范围等。提供适当比例的保护区位置图，注明工程相对位置、保护区位置和边界
5	绿化情况	植被类型、数量、覆盖率的变化情况
6	防护措施	不良地质地段分布状况及工程采取的防护措施
		水利设施、农业灌溉系统分布状况及工程采取的保护措施
7	水生态调查	建设项目建设及运行改变周围水系情况时，应做水文情势调查，必要时须进行水生生态调查
8	植物样方、水生生态、土壤调查	如需进行植物样方、水生生态、土壤调查，应明确调查范围、位置、因子、频次，并提供调查点位图
9	上述内容可根据实际情况进行适当增减	

(2)生态影响调查方法

①文件资料调查

查阅工程有关协议、合同等文件，了解工程施工期产生的生态影响，调查工程建设占用土地(耕地、林地、自然保护区等)或水利设施等产生的生态影响及采取的相应生态补偿措施。

②现场勘察

a. 通过现场勘察核实文件资料的准确性，了解项目建设区域的生态背景，评估生态影响的范围和程度，核查生态保护与恢复措施的落实情况。

b. 现场勘察范围：全面覆盖项目建设所涉及的区域，勘察区域与勘察对象应基本能覆

盖建设项目所涉及区域的80%以上。对于建设项目涉及的范围较大、无法全部覆盖的，可根据随机性和典型性的原则，选择有代表性的区域与对象进行重点现场勘察。

c. 勘察区域与勘察对象的选择应遵循“5. 验收调查的重点”进行。

d. 为了定量了解项目建设前后对周围生态所产生的影响，必要时需进行植物样方调查或水生生态影响调查。若环境影响评价文件未进行此部分调查而工程的影响又较为突出、需定量时，需设置此部分调查内容；原则上与环境影响评价文件中的调查内容、位置、因子相一致；若工程变更影响位置发生变化时，除在影响范围内选点进行调查外，还应在未影响区选择对照点进行调查。

③公众意见调查

可以定性了解建设项目在不同时期存在的环境影响，发现工程前期和施工期曾经存在的及目前可能遗留的环境问题，有助于明确和分析运行期公众关心的环境问题，为改进已有环境保护措施和提出补救措施提供依据。具体的实施方法如下。

a. 为了了解公众对工程施工期及试运行期环境保护工作的意见，以及工程建设对工程影响范围内的居民工作和生活的影响情况，需开展公众意见调查。

b. 在公众知情的情况下开展，可采用问询、问卷调查、座谈会、媒体公示等方法，较为敏感或者知名度较高的项目也可采取听证会的方式。

c. 调查对象应选择工程影响范围内的人群，从性别、年龄、职业、居住地、受教育程度等方面考虑社会各阶层的意见，民族地区必须有少数民族的代表。

d. 调查样本数量应根据实际受影响人群数量和人群分布特征，在满足代表性的前提下确定。

e. 调查内容一般包括：工程施工期是否发生过环境污染事件或扰民事件；公众对建设项目施工期、试运行期存在的主要环境问题和可能存在的环境影响方式的看法与认识，可按生态、水、气、声、固体废物、振动、电磁等环境要素涉及问题；公众对建设项目施工期、试运行期采取的环境保护措施效果的满意度及其他意见；对涉及环境敏感目标或公众环境利益的建设项目，应针对环境敏感目标或公众环境利益涉及调查问题，了解其是否收到影响；公众最关注的环境问题及希望采取的环境保护措施；公众对建设项目环境保护工作的总体评价。

f. 调查结果分析应符合下列规定：给出公众意见调查逐项分类统计结果及各类意向或意见数量和比例；定量说明公众对建设项目环境保护工作的认可度，调查、分析公众反对建设项目的主要意见和原因；重点分析建设项目各时期对社会和环境的影响、公众对项目建设的主要意见和合理性及有关环境保护措施有效性；结合调查结果，提出热点、难点环境问题的解决方案。

④遥感调查

a. 适用于涉及范围区域较大、人力勘察较为困难或难以到达的建设项目。

b. 遥感调查一般需以下内容：卫星遥感资料、地形图等基础资料，通过卫星遥感技术或GPS定位等技术获取专题数据；数据处理与分析；成果生成。

(3)生态影响调查结果分析的主要内容

①自然生态影响调查结果

根据工程建设前后影响区域内重要野生生物(包括陆生和水生)生存环境及生物量的变化情况，结合工程采取的保护措施，分析工程建设对动植物生存的影响；调查与环境影响评价文件中预测值的符合程度及减免、补偿措施的落实情况。

分析建设项目建设及运营造成的地貌影响及保护措施。

分析工程建设对自然保护区、风景名胜区、人文景观等生态敏感目标的影响，并提供工程与环境敏感目标的相对位置关系图，必要时提供图片辅助说明调查结果。

②农业生态影响调查结果

与环境影响评价文件对比，列表说明工程实际占地和变化情况，包括基本农田和耕地，明确占地性质、占地位置、占地面积、用途、采取的恢复措施和恢复效果，必要时采用图片进行说明。

说明工程影响区域内对水利设施、农业灌溉系统采取的保护措施。

分析采取工程、植物、节约用地、保护和管理措施后，对区域内农业生态的影响。

③水土流失影响调查结果

列表说明工程土石方量调运情况，占地位置、原土地类型、采取的生态恢复措施和恢复效果，采取的护坡、排水、防洪、绿化工程等。

调查工程对影响区域内河流、水利设施的影响，包括与工程的相对位置关系、工程施工方式、采取的保护措施。

调查采取工程、植物和管理措施后，保护水土资源的情况。

根据建设项目建设前水土流失原始状况，对工程施工扰动原地貌、损坏土地和植被、弃渣、损坏水土保持设施和造成水土流失的类型、分布、流失总量及危害的情况进行分析。

若建设项目水土保持验收工作已结束，可适当参考其验收结果。

必要时辅以图表进行说明。

④监测结果

统计监测数据，与原有生态数据或相关标准对比，明确环境变化情况，并分析发生变化的原因。

分析工程建设前后对环境敏感目标的影响程度。

⑤措施有效性分析及补救措施与建议

从自然生态影响、生态敏感目标影响、农业生态影响、水土流失影响等方面分析采取的生态保护措施的有效性。分析指标包括生物量、特殊生境条件、特有物种的增减量、景观效果、水土流失率等；评述生态保护措施对生态结构与功能的保护（保护性质与程度）、生态功能补偿的可达性、预期的可恢复程度等。

根据上述分析结果，对存在的问题分析原因，并从保护、恢复、补偿、建设等方面提出具有操作性的补救措施和建议。

对短期内难以显现的预期生态影响，应提出跟踪监测要求及回顾性评价建议，并制定监测计划。

要点：生态影响调查的内容包括工程沿线生态状况；工程占地情况调查；水土流失现状及实施效果；敏感目标；绿化情况；防护措施；水生态调查；植物样方、水生生态、土壤调查。

生态影响调查方法：①文件资料调查；②现场勘察；③公众意见调查；④遥感调查。

要点：调查结果与分析包括内容有：①自然生态影响调查结果；②农业生态影响调查结果；③水土流失影响调查结果；④监测结果；⑤措施有效性分析及补救措施与建议。

5. 调查结论与建议的编写要求及内容：

(1) 总结建设项目对环境影响评价文件及环境影响评价审批文件要求的落实情况。

(2)概括说明工程建设后产生的主要环境问题及现有环境保护措施的有效性，在此基础上，对环境保护措施提出改进措施和建议。

(3)根据调查和分析的结果，客观、明确地从技术角度论证工程是否符合建设项目竣工环境保护验收条件，主要包括①建议通过竣工环境保护验收。②限期整改后，建议通过竣工环境保护验收。

第三章　环境质量标准

一、环境空气质量标准

(一)环境空气质量功能区的分类

环境空气质量功能区分为两类，见表2－72。功能区的划分是根据不同功能对环境质量的不同要求，实现对不同保护对象进行分区保护而制定的。一类区以保护自然生态及公众福利为主要对象，二类区以保护人体健康为主要对象。

表2－72　环境空气质量功能区

序号	功能区	保护对象
1	一类区	自然保护区、风景名胜区和其他需要特殊保护的区域
2	二类区	居住区、商业交通居民混合区、文化区、工业区和农村地区

要点：环境空气质量功能区分为两类，各功能区的保护对象是什么?

(二)环境空气质量标准分级

环境空气质量标准共分为两级：

一类区执行一级标准；二类区执行二级标准。

(三)常规污染物(二氧化硫、总悬浮颗粒物、可吸入颗粒物、二氧化氮、一氧化碳、臭氧)的浓度限值

二氧化硫、总悬浮颗粒物、可吸入颗粒物、二氧化氮、一氧化碳、臭氧是我国的主要常规污染物，主要来源于燃煤的排放和机动车的排放，其浓度限值见表2－73。

可吸入颗粒物(PM_{10})：指能悬浮在空气中，空气动力学当量直径≤10μm的颗粒物。

年平均：指一个日历年内各日平均浓度的算术平均值。

24小时平均：指一个自然日24小时平均浓度的算术平均值，也称为日平均。

1小时平均：指任何1小时污染物浓度的算术平均值。

环境空气：指人群、植物、动物和建筑物所暴露的室外空气。

标准状态：指温度为273K，压力为101.325kPa时的状态。

要点：二氧化硫、总悬浮颗粒物、颗粒物、二氧化氮、一氧化碳、臭氧的浓度限值。

表 2-73 常规污染物及其浓度限值

浓度限值	序号	污染物项目	平均时间	浓度限值		单位
				一级	二级	
环境空气污染物基本项目浓度限值	1	二氧化硫(SO_2)	年平均	20	60	μg/m³
			24 小时平均	50	150	
			1 小时平均	150	500	
	2	二氧化氮(NO_2)	年平均	40	40	
			24 小时平均	80	80	
			1 小时平均	200	200	
	3	一氧化碳(CO)	24 小时平均	4	4	mg/m³
			1 小时平均	10	10	
	4	臭氧(O_3)	日最大 8 小时平均	100	160	μg/m³
			1 小时平均	160	200	
	5	颗粒物(粒径小于等于 10μm)	年平均	40	70	
			24 小时平均	50	150	
	6	颗粒物(粒径小于等于 2.5μm)	年平均	15	35	
			24 小时平均	35	75	

浓度限值	序号	污染物项目	平均时间	浓度限值		单位
				一级	二级	
环境空气污染物其他项目浓度限值	1	总悬浮颗粒物(TSP)	年平均	80	200	μg/m³
			24 小时平均	120	300	
	2	氮氧化物(NO_x)	年平均	50	50	
			24 小时平均	100	100	
			1 小时平均	250	250	
	3	铅(Pb)	年平均	0.5	0.5	
			季平均	1	1	
	4	苯并芘(BaP)	年平均	0.001	0.001	
			24 小时平均	0.0025	0.0025	

(四)常规污染物的监测分析方法

常规污染物的监测分析方法见表 2-74。

表 2-74 常规污染物监测分析方法

污染物名称	分析方法
二氧化硫	(1)甲醛吸收副玫瑰苯胺分光光度法; (2)四氯汞盐副玫瑰苯胺分光光度法; (3)紫外荧光法①
总悬浮颗粒物	重量法
可吸入颗粒物	重量法

续表

污染物名称	分析方法
二氧化氮	盐酸萘乙二胺分光光度法
臭氧	(1)靛蓝二磺酸钠分光光度法； (2)紫外光度法；
一氧化碳	非分散红外法

①②分别暂用国际标准 ISO/CD 10498、ISO 7996，待国家标准发布后，执行国家标准；

(五)常规污染物数据统计的有效性规定

污染物监测数据是按取值时间内的有效数据进行统计的。取值时间分为年平均、日平均、1 小时平均、季平均，见表 2－75。

表 2－75　常规污染物数据统计的有效性规定

污染物项目	平均时间	数据有效性规定
二氧化硫、二氧化氮、颗粒物、氮氧化物	年平均	每年至少有 324 个日平均浓度值 每月至少有 27 个日平均浓度值(二月至少有 25 个日平均浓度值)
二氧化硫、二氧化氮、一氧化碳、颗粒物、氮氧化物	24 小时平均	每日至少有 20 个小时平均浓度值或采样时间
臭氧	8 小时平均	每 8 小时至少有 6 小时平均浓度值
二氧化硫、二氧化氮、一氧化碳、臭氧、氮氧化物	1 小时平均	每小时至少有 45 分钟的采样时间
总悬浮颗粒物、苯并[α]芘、铅	年平均	每年至少有分布均匀的 60 个日平均浓度值 每月至少有分布均匀的 5 个平均浓度值
铅	季平均	每季至少有分布均匀的 15 个日平均浓度值 每月至少有分布均匀的 5 个平均浓度值
总悬浮颗粒物、苯并[α]芘、铅	24 小时平均	每日应有 24 小时的采样时间

要点：SO_2、NO_2、TSP、PM_{10}数据统计的有效性规定。

二、地表水环境质量标准

(一)标准项目划分与适用范围

本标准将标准项目分为：地表水环境质量标准基本项目、集中式生活饮用水地表水源地补充项目和集中式生活饮用水地表水源地特定项目。

地表水环境质量标准基本项目适用于全国江河、湖泊、运河、渠道、水库等具有使用功能的地表水水域；集中式生活饮用水地表水源地补充项目和特定项目适用于集中式生活饮用水地表水源地一级保护区和二级保护区。集中式生活饮用水地表水源地特定项目由县级以上人民政府环境保护行政主管部门根据本地区地表水水质特点和环境管理的需要进行选择，集中式生活饮用水地表水源地补充项目和选择确定的特定项目作为基本项目的补充指标。

要点：地表水环境质量标准项目分为：地表水环境质量标准基本项目、集中式生活饮用水地表水源地补充项目和集中式生活饮用水地表水源地特定项目。

基本项目适用于全国江河、湖泊、运河、渠道、水库等具有使用功能的地表水水域；集中式生活饮用水地表水源地补充项目和特定项目适用于集中式生活饮用水地表水源地一级保护区和二级保护区。

(二) 水域功能和标准的分类

依据地表水水域环境功能和保护目标，按功能高低依次划分为五类，见表 2－76。

表 2－76　地表水水域环境功能类别

序号	功能区	功能类别
1	Ⅰ类	主要适用于源头水、国家自然保护区
2	Ⅱ类	主要适用于集中式生活饮用水水源地一级保护区、珍稀水生生物栖息地、鱼虾类产卵场、仔稚幼鱼的索饵场等
3	Ⅲ类	主要适用于集中式生活饮用水水源地二级保护区、鱼虾类越冬场、洄游通道、水产养殖区等渔业水域及游泳区
4	Ⅳ类	主要适用于一般工业用水区及人体非直接接触的娱乐用水区
5	Ⅴ类	主要适用于农业用水区及一般景观要求水域

对应地表水的五类水域功能，将地表水环境质量标准基本项目标准值分为五类，不同功能类别分别执行相应类别的标准值。水域功能类别高的标准值严于水域功能类别低的标准值。同一水城兼有多类使用功能的，执行最高功能类别对应的标准值。实现水域功能与达功能类别标准为同一含义。

要点：地表水水域环境功能分为五类，每类适用的区域是什么？

(三) 水质评价的原则

1、地表水环境质量评价应根据应实现的水域功能类别，选取相应类别标准，进行单因子评价，评价结果应说明水质达标情况，超标的应说明超标项目和超标倍数。

2、丰、平、枯水期特征明显的水域，应分水期进行水质评价。

3、集中式生活饮用水地表水源地水质评价的项目应包括地表水环境质量标准基本项目、集中式生活饮用水地表水源地补充项目以及由县级以上人民政府环境保护行政主管部门从集中式生活饮用水地表水源地特定项目中选择确定的特定项目。

(四) 地表水环境质量标准基本项目中常规项目

水温、pH 值、溶解氧、高锰酸盐指数、化学需氧量、五日生化需氧量、氨氮、总氮、总磷等的标准限值，见表 2－77。

表 2－77　地表水环境质量标准基本项目标准限值　mg/L

序号	项目 \ 分类 \ 标准值	Ⅰ类	Ⅱ类	Ⅲ类	Ⅳ类	Ⅴ类
1	水温(℃)	人为造成的环境水温变化应限制在： 周平均最大温升≤1 周平均最大温降≤2				
2	pH 值(无量纲)	6～9				
3	溶解氧≥	饱和率 90% (或 7.5)	6	5	3	2
4	高锰酸盐指数≤	2	4	6	10	15
5	化学需氧量(COD)≤	15	15	20	30	40
6	五日生化需氧量(BOD_5)≤	3	3	4	6	10
7	氨氮(NH_3-N)≤	0.15	0.5	1.0	1.5	2.0
8	总磷(以 P 计)≤	0.02 (湖、库 0.01)	0.1 (湖、库 0.025)	0.2 (湖、库 0.05)	0.3 (湖、库 0.1)	0.4 (湖、库 0.2)
9	总氮(湖、库，以 N 计)≤	0.2	0.5	1.0	1.5	2.0
10	铜≤	0.01	1.0	1.0	1.0	1.0
11	锌≤	0.05	1.0	1.0	2.0	2.0
12	氟化物(以 F^- 计)≤	1.0	1.0	1.0	1.5	1.5
13	硒≤	0.01	0.01	0.01	0.02	0.02
14	砷≤	0.05	0.05	0.05	0.1	0.1
15	汞≤	0.00005	0.00005	0.0001	0.001	0.001
16	镉≤	0.001	0.005	0.005	0.005	0.01
17	铬(六价)≤	0.01	0.05	0.05	0.05	0.1
18	铅≤	0.01	0.01	0.05	0.05	0.1
19	氰化物≤	0.005	0.05	0.2	0.2	0.2
20	挥发酚≤	0.002	0.002	0.005	0.01	0.1
21	石油类≤	0.05	0.05	0.05	0.5	1.0
22	阴离子表面活性剂≤	0.2	0.2	0.2	0.3	0.3
23	硫化物≤	0.05	0.1	0.2	0.5	1.0
24	粪大肠菌数(个/L)≤	200	2000	10000	20000	40000

要点：水温、pH 值、溶解氧、高锰酸盐指数、化学需氧量、五日生化需氧量、氨氮、总氮、总磷)的标准限值。

(五)地表水环境质量标准基本项目中常规项目的监测分析方法

地表水环境质量标准基本项目中常规项目的监测分析方法，见表 2－78。

表 2-78 地表水环境质量标准基本项目分析方法

序号	项目	分析方法	最低检出限/(mg/L)	方法来源
1	水温	温度计法		GB 13195—91
2	pH 值	玻璃电极法		GB 6920—86
3	溶解氧	碘量法	0.2	GB 7489—87
		电化学探头法		GB 11913—89
4	高锰酸盐指数	碱性高锰酸钾氧化法	0.5	GB 11892—89
5	化学需氧量	重铬酸盐法	10	GB 11914—89
6	五日生化需氧量	稀释与接种法	2	GB 7488—87
7	氨氮	纳氏试剂比色法	0.05	GB 7479—87
		水杨酸分光光度法	0.01	GB 7481—87
8	总磷	钼酸铵分光光度法	0.01	GB 11893—89
9	总氮	碱性过硫酸钾消解紫外分光光度法	0.05	GB 11894—89
10	铜	2，9-二甲基-1，10-菲啰啉分光光度法	0.06	GB 7473—87
		二乙基二硫代氨基甲酸钠分光光度法	0.010	GB 7474—87
		原子吸收分光光度法(螯合萃取法)	0.001	GB 7475—87
11	锌	原子吸收分光光度法	0.05	GB 7475—87
12	氟化物	氟试剂分光光度法	0.05	GB 7483—87
		离子选择电极法	0.05	GB 7484—87
		离子色谱法	0.02	HJ/T 84—2001
13	硒	2，3-二氨基萘荧光法	0.00025	GB 11902—89
		石墨炉原子吸收分光光度法	0.003	GB/T 15505—1995
14	砷	二乙基二硫代氨基甲酸银分光光度法	0.007	GB 7485—87
		冷原子荧光法	0.00006	①
15	汞	冷原子吸收分光光度法	0.00005	GB 7468—87
		冷原子荧光法	0.00005	①
16	镉	原子吸收分光光度法(螯合萃取法)	0.001	GB 7475—87
17	铬(六价)	二苯碳酰二肼分光光度法	0.004	GB 7467—87
18	铅	原子吸收分光光度法(螯合萃取法)	0.01	GB 7475—87
19	氰化物	异烟酸-吡唑啉酮比色法	0.004	GB 7487—87
		吡啶-巴比妥酸比色法	0.002	
20	挥发酚	蒸馏后4-氨基替比林分光光度法	0.002	GB 7490—87
21	石油类	红外分光光度法	0.01	GB/T 16488—1996
22	阴离子表面活性剂	亚甲蓝分光光度法	0.05	GB 7494—87
23	硫化物	亚甲基蓝分光光度法	0.005	GB/T 16489—1996
		直接显色分光光度法	0.004	GB/T 17133—1997
24	粪大肠菌群	多管发酵法、滤膜法		①

注：暂采用下列分析方法，待国家方法标准发布后，执行国家标准。

①《水和废水监测分析方法(第三版)》，中国环境科学出版社，1989 年。

三、地下水质量标准

(一)本标准的适用范围

本标准适用于一般地下水，不适用于地下热水、矿水、盐卤水。

要点：地下水质量标准不适用于地下热水、矿水、盐卤水。

(二)地下水质量分类

依据我国地下水水质现状、人体健康基准值及地下水质量保护目标，并参照了生活饮用水、工业用水水质要求，将地下水质量划分为五类，见表2－79。

表2－79　地下水质量分类

序号	功能区	类别
1	Ⅰ类	主要反映地下水化学组分的天然低背景含量。适用于各种用途
2	Ⅱ类	主要反映地下水化学组分的天然背景含量。适用于各种用途
3	Ⅲ类	以人体健康基准值为依据。主要适用于集中式生活饮用水水源及工、农业用水
4	Ⅳ类	以农业和工业用水要求为依据。除适用于农业和部分工业用水外，适当处理后可作生活饮水
5	Ⅴ类	不宜饮用，其他用水可根据使用目的选用

(三)地下水水质监测的监测频率和监测项目

(1)各地地下水监测部门，应在不同质量类别的地下水域设立监测点进行水质监测，监测频率不得少于每年2次(丰、枯水期)。

(2)监测项目为：pH、氨氮、硝酸盐、亚硝酸盐、挥发性酚类、氰化物、砷、汞、铬(六价)、总硬度、铅、氟、镉、铁、锰、溶解性总固体、高锰酸盐指数、硫酸盐、氯化物、大肠菌群，以及反映本地区主要水质问题的其他项目。

要点：地下水常规监测因子有哪些?

(四)地下水质量单组分评价的方法和原则

地下水质量单项组分评价，按本标准所列分类指标，划分为五类，代号与类别代号相同，不同类别标准值相同时，从优不从劣。

例：挥发性酚类Ⅰ、Ⅱ类标准值均为0.001mg/L，若水质分析结果为0.001mg/L时，应定为Ⅰ类，不定为Ⅱ类。

(五)地下水质量保护的原则要求

1、为防止地下水污染和过量开采、人工回灌等引起的地下水质量恶化，保护地下水水源，必须按《中华人民共和国水污染防治法》和《中华人民共和国水法》有关规定执行。

2、利用污水灌溉、污水排放、有害废弃物(城市垃圾、工业废渣、核废料等)的堆放和地下处置，必须经过环境地质可行性论证及环境影响评价，征得环境保护部门批准后方能施行。

四、海水水质标准

(一)海水水质的分类

按照海域的不同使用功能和保护目标，海水水质分为四类，见表2－80。

表2－80　海水水质的分类

序号	功能区	类别
1	第一类	适用于海洋渔业水域，海上自然保护区和珍稀濒危海洋生物保护区
2	第二类	适用于水产养殖区，海水浴场，人体直接接触海水的海上运动或娱乐区，以及与人类食用直接有关的工业用水区
3	第三类	适用于一般工业用水区，滨海风景旅游区
4	第四类	适用于海洋港口水域，海洋开发作业区。

要点：按照海域的不同使用功能和保护目标，海水水质分为四类，每类适用区域是什么？

(二)混合区的规定

污水集中排放形成的混合区，不得影响邻近功能区的水质和鱼类洄游通道。

五、声环境质量标准

(一)本标准的适用范围

本标准规定了五类声环境功能区的环境噪声限值及测量方法。本标准适用于声环境质量评价与管理。机场周围区域受飞机通过(起飞、降落、低空飞越)噪声的影响，不适用于本标准。

(二)声环境功能区分类

按区域的使用功能特点和环境质量要求，声环境功能区分为以下五种类型，见表2－81。

表2－81　声环境功能区的分类

序号	功能区	功能区类别
1	0类功能区	指康复疗养区等特别需要安静的区域
2	1类功能区	指以居民住宅、医疗卫生、文化教育、科研设计、行政办公为主要功能，需要保持安静的区域。
3	2类功能区	指以商业金融、集市贸易为主要功能，或者居住、商业、工业混杂，需要维护住宅安静的区域。
4	3类功能区	指以工业生产、仓储物流为主要功能，需要防止工业噪声对周围环境产生严重影响的区域
5	4类功能区	指交通干线两侧一定距离之内，需要防止交通噪声对周围环境产生严重影响的区域，包括4a类和4b类两种类型。4a类为高速公路、一级公路、二级公路、城市快速路、城市主干路、城市次干路、城市轨道交通(地面段)、内河航道两侧区域；4b类为铁路干线两侧区域。

要点：按区域的使用功能特点和环境质量要求，声环境功能区分为五种类型，每类适用的区域是什么？

(三)各类声环境功能区环境噪声限值及相关规定

各类声环境功能区环境噪声限值及相关规定见表 2－82

表 2－82 环境噪声限值 dB(A)

声环境功能区类别		时段	
		昼间	夜间
0 类		50	40
1 类		55	45
2 类		60	50
3 类		65	55
4 类	4a 类	70	55
	4b 类	70	60

注：表 2－82 中 4b 类声环境功能区环境噪声限值，适用于 2011 年 1 月 1 日起环境影响评价文件通过审批的新建铁路（含新开廊道的增建铁路）干线建设项目两侧区域；

在下列情况下，铁路干线两侧区域不通过列车时的环境背景噪声限值，按昼间 70dB(A)、夜间 55dB(A)执行：

a)穿越城区的既有铁路干线；

b)对穿越城区的既有铁路干线进行改建、扩建的铁路建设项目。

既有铁路是指 2010 年 12 月 31 日前已建成运营的铁路或环境影响评价文件已通过审批的铁路建设项目。

各类声环境功能区夜间突发噪声，其最大声级超过环境噪声限值的幅度不得高于 15dB(A)。

要点：五类声环境功能区环境噪声限值及相关规定。

各类声环境功能区夜间突发噪声，其最大声级超过环境噪声限值的幅度不得高于 15dB(A)。

(四)环境噪声监测测点选择条件

根据监测对象和目的，可选择以下三种测点条件(指传声器所置位置)进行环境噪声的测量，见表 2－83。

表 2－83 环境噪声的测点选择条件

序号	测点位置	测点选择条件
1	一般户外	距离任何反射物(地面除外)至少 3.5m 外测量，距地面高度 1.2m 以上。必要时可置于高层建筑上，以扩大监测受声范围使用监测车辆测量，传声器应固定在车顶部 1.2m 高度处
2	噪声敏感建筑物户外	在噪声敏感建筑物外，距墙壁或窗户 1m 处，距地面高度 1.2m 以上
3	噪声敏感建筑物室内	距离墙面和其他反射面至少 1m，距窗约 1.5m 处，距地面 1.2～1.5m 高。

(五)声环境功能区的划分要求

(1)城市声环境功能区的划分

城市区域应按照 GB/T 15190 的规定划分声环境功能区，分别执行本标准规定的 0、1、

2、3、4类声环境功能区环境噪声限值。

(2)乡村声环境功能的确定

乡村区域一般不划分声环境功能区，根据环境管理的需要，县级以上人民政府环境保护行政主管部门可按以下要求确定乡村区域适用的声环境质量要求，见表2-84。

表2-84　乡村区域适用的声环境质量要求

序号	声环境质量要求
1	位于乡村的康复疗养区执行0类声环境功能区要求
2	村庄原则上执行1类声环境功能区要求，工业活动较多的村庄以及有交通干线经过的村庄(指执行4类声环境功能区要求以外的地区)可局部或全部执行2类声环境功能区要求
3	集镇执行2类声环境功能区要求
4	独立于村庄、集镇之外的工业、仓储集中区执行3类声环境功能区要求
5	位于交通干线两侧一定距离(参考CB/T 15190第8.3条规定)内的噪声敏感建筑物执行4类声环境功能区要求。

(六)城市五类环境噪声标准值

城市五类环境噪声标准值见表2-85。

表2-85　城市5类环境噪声标准值　　等效声级 L_{Aeq}：dB(A)

类别	昼间	夜间
0类	50	40
1类	55	45
2类	60	50
3类	65	55
4类	70	55

(七)各类标准的适用区域

各类标准的适用区域见表2-86。

表2-86　各类标准的适用区域

标准类别	适用区域
0类标准	适用于疗养区、高级别墅区、高级宾馆区等特别需要安静的区域。位于城郊和乡村的这一类区域按严于0类5dB(A)执行
1类标准	适用于以居住、文教机关为主的区域。乡村居住环境可参照执行该类标准
2类标准	适用于居住、商业、工业混杂区
3类标准	适用于工业区
4类标准	适用于城市中的道路交通干线道路两侧区域，穿越城区的内河航道两侧区域。穿越城区的铁路主、次干线两侧区域的背景噪声(指不通过列车时的噪声水平)限值也执行该类标准。

(八)夜间突发噪声的限值

夜间突发的噪声，其最大值不准超过标准值15dB(A)。

(九)乡村生活区参照执行的标准类别

乡村生活区参照执行1类标准。

要点：乡村生活区参照执行1类标准。

六、城市区域环境振动标准

城市各类区域铅垂向Z振级标准值见表2-87。

表2-87 城市各类区域铅垂向Z振级标准值 dB

适用地带范围	昼间	夜间
特殊住宅区	65	65
居民、文教区	70	67
混合区、商业中心区	75	72
工业集中区	75	72
交通干线道路两侧	75	72
铁路干线两侧	80	80

要点：城市特殊住宅区、居民和文教区、混合区和商业中心区、工业集中区、交通干线道路两侧、铁路干线两侧铅垂向Z振级标准值。

七、土壤环境质量标准

(一)土壤环境质量的分类

根据土壤应用功能和保护目标，划分为三类，见表2-88。

表2-88 土壤环境质量的分类

序号	功能区	土壤环境质量类别
1	Ⅰ类	主要适用于国家规定的自然保护区(原有背景重金属含量高的除外)、集中式生活饮用水源地、茶园、牧场和其他保护地区的土壤，土壤质量基本上保持自然背景水平
2	Ⅱ类	主要适用于一般农田、蔬菜地、茶园、果园、牧场等土壤，土壤质量基本上对植物和环境不造成危害和污染
3	Ⅲ类	主要适用于林地土壤及污染物容量较大的高背景值土壤和矿产附近等地的农田土壤(蔬菜地除外)。土壤质量基本上对植物和环境不造成危害和污染。

要点：《土壤环境质量标准》(GB 15618—1995)中根据土壤的应用功能和保护目标，将

土壤环境质量划分为三类。其中主要适用于一般农田、蔬菜地、茶园、果园、牧场等土壤，土壤质量基本上对植物和环境不造成危害和污染属于Ⅱ类。

(二)土壤环境质量标准的分级

一级标准为保护区域自然生态、维持自然背景的土壤质量的限制值。

二级标准为保障农业生产、维护人体健康的土壤限制值。

三级标准为保障农林生产和植物正常生长的土壤临界值。

要点：一级标准：土壤质量的限制值。二级标准：土壤限制值。三级标准：土壤临界值。

第四章　污染物排放标准

一、大气污染物综合排放标准

(一)本标准的适用范围

1. 按照综合性排放标准与行业性排放标准不交叉执行的原则，有专项排放标准的执行相应的专项排放标准，其他大气污染物排放执行本标准。本标准实施后再行发布的行业性国家大气污染物排放标准，按其适用范围规定的污染源不再执行本标准。

2. 本标准适用于现有污染源大气污染物排放管理以及建设项目的环评、设计、环保设施竣工验收及其投产后的大气污染物排放管理。

(二)本标准的指标体系

本标准设置下列三项指标：

(1)通过排气筒排放的污染物最高允许排放浓度。

(2)通过排气筒排放的污染物，按排气筒高度规定的最高允许排放速率。

任何一个排气筒必须同时遵守上述两项指标，超过其中任何一项均为超标排放。

(3)以无组织方式排放的污染物，规定无组织排放的监控点及相应的监控浓度限值。

要点：大气污染物综合排放标准设置最高允许排放浓度、最高允许排放速率和无组织排放的监控点及相应的监控浓度限值三项指标。

(三)排放速率标准分级

本标准规定的最高允许排放速率，现有污染源分为一、二、三级，新污染源分为二、三级。按污染源所在的环境空气质量功能区类别，执行相应级别的排放速率标准，即：

(1)位于一类区的污染源执行一级标准(一类区禁止新、扩建污染源，一类区现有污染源改建时执行现有污染源的一级标准)；

(2)位于二类区的污染源执行二级标准；

(3)位于三类区的污染源执行三级标准。

(四)排气筒高度及排放速率的有关规定

(1)排气筒高度除须遵守表列排放速率标准值外，还应高出周围200m半径范围的建筑5m以上，不能达到该要求的排气筒，应按其高度对应的表列排放速率标准值严格50%执行。

(2)两个排放相同污染物(不论其是否由同一生产工艺过程产生)的排气筒，若其距离小于其几何高度之和，应合并为一根等效排气筒。若有三根以上的近距排气筒，且排放同一种污染物时，应以前两根的等效排气筒，依次与第三、四根排气筒取等效值。等效排气筒的有关参数计算方法如下。

①当排气筒1和排气筒2排放同一种污染物，其距离小于该两个排气筒的高度之和应以一个等效排气筒代表该两个排气筒。

②等效排气筒的有关参数计算方法如下：

等效排气筒污染物排放速率按下式计算：

$$Q = Q_1 + Q_2 \tag{2-8}$$

式中 Q——等效排气筒某污染物排放速率；

Q_1、Q_2——排气筒1和排气筒2的某污染物排放速率。

等效排气筒高度按下式计算：

$$H = \sqrt{\frac{1}{2}(h_1^2 + h_2^2)} \tag{2-9}$$

式中 h——等效排气筒高度；

h_1、h_2——排气筒1和排气筒2的高度。

等效排气筒的位置：等效排气筒的位置，应于排气筒1和排气筒2的连线上，若以排气筒1为原点，则等效排气筒的位置应距原点的距离按下式计算：

$$x = a(Q - Q_1)/Q = aQ_2/Q \tag{2-10}$$

式中 x——等效排气筒距排气筒1距离；

a——排气筒1至排气筒2的距离；

Q_1、Q_2、Q——同式(2-8)。

若某个排气筒的高度处于本标准列出的两个值之间，其执行的最高允许排放速率以内插法计算。当某排气筒的高度大于或小于本标准列出的最大值或最小值时，以外推法计算其最高允许排放速率。

③确定某排气筒最高允许排放速率的内插法

某排气筒高度处于表列两高度之间，用内插法计算其最高允许排放速率，按下式计算：

$$Q = Q_a + (Q_{a+1} - Q_a)(h - h_a)/(h_{a+1} - h_a) \tag{2-11}$$

式中 Q——某排气筒最大允许排放速率；

Q_a——比某气筒低的表列限值中的最大值；

Q_{a+1}——比某排气筒高的表列限值中的最小值；

h——某排气筒的几何高度；

h_a——比某排气筒低的表列高度中的最大值；

h_{a+1}——比某排气筒高的表列高度中的最小值。

④确定某排气筒最高允许排放速率的外推法

某排气筒高度高于本标准表列排气筒高度的最高值，用外推法计算其最高允许排放速率。按下式计算：

$$Q = Q_b(h/h_b)^2 \tag{2-12}$$

式中 Q——某排气筒的最高允许排放速率；

Q_b——表列排气筒最高高度对应的最高允许排放速率；

h——某排气筒的高度；

h_b——表列排气筒的最高高度。

⑤某排气筒高度低于本标准表列排气筒高度的最低值，用外推法计算其最高允许排放速

率，按下式计算：

$$Q = Q_c(h/h_c)^2 \quad (2-13)$$

式中　Q——某排气筒最高允许排放速率；

Q_c——表列排气筒最低高度对应的最高允许排放速率；

h——某排气筒的高度；

h_c——表列排气筒的最低高度。

(3)新污染源的排气筒一般不应低于15m。若新污染源的排气筒必须低于15m时，其排放速率标准值按外推计算结果再严格50%执行。

(4)新污染源的无组织排放应从严控制，一般情况下不应有无组织排放存在，无法避免的无组织排放应达到无组织排放监控浓度限值中规定的标准值。

(5)工业生产尾气确需燃烧排放的，其烟气黑度不得超过林格曼1级。

要点：排气筒高度除须遵守表列排放速率标准值外，还应高出周围200m半径范围的建筑5m以上，不能达到该要求的排气筒，应按其高度对应的表列排放速率标准值严格50%执行。

等效排气筒的有关参数计算方法。

新污染源的排气筒一般不应低于15m。若新污染源的排气筒必须低于15m时，其排放速率标准值按外推计算结果再严格50%执行。

工业生产尾气确需燃烧排放的，其烟气黑度不得超过林格曼1级。

(五)监测采样时间与频次

本标准规定的三项指标，均指任何1h平均值不得超过的限值，故在采样时应做到：

1. 排气筒中废气的采样

以连续1h的采样获取平均值；或在1h内，以等时间间隔采集4个样品，并计平均值。

2. 无组织排放监控点的采样

无组织排放监控点和参照点监测的采样，一般采用连续1h采样计平均值；若浓度偏低，需要时可适当延长采样时间；若分析方法灵敏度高，仅需用短时间采集样品时，应实行等时间间隔采样，采集4个样品计平均值。

3. 特殊情况下的采样时间和频次

若某排气筒的排放为间断性排放，排放时间小于1h，应在排放时段内实行连续采样，或在排放时段内以等时间间隔采集2~4个样品，并计平均值。

若某排气筒的排放为间断性排放，排放时间大于1h，则应在排放时段内按排气筒中废气的采样要求采样，以连续1h的采样获取平均值；或在1h内，以等时间间隔采样，采集4个样品计平均值；

当进行污染事故排放监测时，按需要设置采样时间和采样频次，不受上述要求的限制；

建设项目环境保护设施竣工验收监测的采样时间和频次，按国家环境保护局制定的建设项目环境保护设施竣工验收监测办法执行。

(六)现有污染源大气污染物中常规项目(二氧化硫、氮氧化物、颗粒物)的排放限值

1997年1月1日前设立的现有污染源(包括现有企业)执行现有污染源大气污染物排放限值，见表2-89。

表 2-89　现有污染源大气污染物排放限值

序号	污染物	最高允许排放浓度/（mg/m³）	最高允许排放速率/（kg/h）				无组织排放监控浓度限值	
			排气筒高度（m）	一级	二级	三级	监控点	浓度/（mg/m³）
1	二氧化硫	1200（硫、二氧化硫、硫酸和其他含硫化合物生产）	15	1.6	3.0	4.1	无组织排放源上风向设参照点，下风向设监控点①	0.50（监控点与参照点浓度差值）
			20	2.6	5.1	7.7		
			30	8.8	17	26		
			40	15	30	45		
			50	23	45	69		
		700（硫、二氧化硫、硫酸和其他含硫化合物使用）	60	33	64	98		
			70	47	91	140		
			80	63	120	190		
			90	82	160	240		
			100	100	200	310		
2	氮氧化物	1700（硝酸、氮肥和火炸药生产）	15	0.47	0.91	1.4	无组织排放源上风向设参照点，下风向设监控点	0.15（监控点与参照点浓度差值）
			20	0.77	1.5	2.3		
			30	2.6	5.1	7.7		
			40	4.6	8.9	14		
			50	7.0	14	21		
		420（硝酸使用和其他）	60	9.9	19	29		
			70	14	27	41		
			80	19	37	56		
			90	24	47	72		
			100	31	61	92		
3	颗粒物	22（炭黑尘、染料尘）	15	禁排	0.60	0.87	周界外浓度最高点②	肉眼不可见
			20		1.0	1.5		
			30		4.0	5.9		
			40		6.8	10		
		80③（玻璃棉尘、石英粉尘、矿渣棉尘）	15	禁排	2.2	3.1	无组织排放源上风向设参照点，下风向设监控点	2.0（监控点与参照点浓度差值）
			20		3.7	5.3		
			30		14	21		
			40		25	37		
		150（其他）	15	2.1	4.1	5.9	无组织排放源上风向设参照点，下风向设监控点	5.0（监控点与参照点浓度差值）
			20	3.5	6.9	10		
			30	14	27	40		
			40	24	46	69		
			50	36	70	110		
			60	51	100	150		

①一般应于无组织排放源上风向 2 ~50m 范围内设参考点，排放源下风向 2 ~50m 范围内设监控点，详见本标准附录 C，下同。

②周界外浓度最高点一般应设于排放源下风向的单位周界外 10m 范围内。如预计无组织排放的最大落地浓度点越出 10m 范围，可将监控点移至该预计浓度最高点，详见附录 C，下同。

③均指含游离二氧化硅 10% 以上的各种粉尘。

要点：二氧化硫、氮氧化物、颗粒物的排放限值。

(七)新污染源大气污染物中常规项目(二氧化硫、氮氧化物、颗粒物)的排放限值

1997 年 1 月 1 日起设立的现有污染源(包括新建、扩建、改建)执行新污染源大气污染物排放限值，见表 2 -90。

表 2 -90　新污染源大气污染物排放限值

序号	污染物	最高允许排放浓度/(mg/m^3)	最高允许排放速率/(kg/h)			无组织排放监控浓度限值	
			排气筒高度/m	二级	三级	监控点	浓度/(mg/m^3)
1	二氧化硫	960(硫、二氧化硫、硫酸和其他含硫化合物生产)	15	2.6	3.5	周界外浓度最高点①	0.40
			20	4.3	6.6		
			30	15	22		
			40	25	38		
			50	39	58		
		550(硫、二氧化硫、硫酸和其他含硫化合物使用)	60	55	83		
			70	77	120		
			80	110	160		
			90	130	200		
			100	170	270		
2	氮氧化物	1400(硝酸、氮肥和火炸药生产)	15	0.77	1.2	周界外浓度最高点	0.12
			20	1.3	2.0		
			30	4.4	6.6		
			40	7.5	11		
			50	12	18		
		240(硝酸使用和其他)	60	16	25		
			70	23	35		
			80	31	47		
			90	40	61		
			100	52	78		

续表

序号	污染物	最高允许排放浓度/(mg/m^3)	最高允许排放速率/(kg/h)			无组织排放监控浓度限值	
			排气筒高度/m	二级	三级	监控点	浓度/(mg/m^3)
3	颗粒物	18(炭黑尘、染料尘)	15	0.51	0.74	周界外浓度最高点	肉眼不可见
			20	0.85	1.3		
			30	3.4	5.0		
			40	5.8	8.5		
		60②(玻璃棉尘、石英粉尘、矿渣棉尘)	15	1.9	2.6	周界外浓度最高点	1.0
			20	3.1	4.5		
			30	12	18		
			40	21	31		
		120(其他)	15	3.5	5.0	周界外浓度最高点	1.0
			20	5.9	8.5		
			30	23	34		
			40	39	59		
			50	60	94		
			60	85	130		

①周界外浓度最高点一般应设置于无组织排放源下风向的单位周界外 10m 范围内，如预计无组织排放的最大落地浓度点越出 10m 范围，可将监控点移至该预计浓度最高点，详见附录 C，下同。

②均指含游离二氧化硅 10% 以上的各种粉尘。

要点：二氧化硫、氮氧化物和颗粒物来自不同类型污染源其排放限值也不同。

二、污水综合排放标准

(一)本标准的适用范围

本标准适用于现有单位水污染物的排放管理，以及建设项目的环境影响评价、建设项目环境保护设施设计、竣工验收及其投产后的排放管理。

按照国家综合排放标准与国家行业排放标准不交叉执行的原则，有行业标准的，执行相应的行业标准(表 2－91)，其他的水污染物排放均执行本标准。

表 2－91　不同行业的水污染排放标准

序号	行业	执行标准
1	造纸工业	GB 3544—92《造纸工业水污染物排放标准》
2	船舶	GB 3552—83《船舶污染物排放标准》
3	船舶工业	GB 4286—84《船舶工业污染物排放标准》
4	海洋石油开发工业	GB 4914—85《海洋石油开发工业含油污水排放标准》
5	纺织染整工业	GB 4287—92《纺织染整工业水污染物排放标准》
6	肉类加工工业	GB 13457—92《肉类加工工业水污染物排放标准》

续表

序号	行业	执行标准
7	合成氨工业	GB 13458—92《合成氨工业水污染物排放标准》
8	钢铁工业	GB 13456—92《钢铁工业水污染物排放标准》
9	航天推进剂使用	GB 14374—93《航天推进剂水污染物排放标准》
10	兵器工业	GB 14470.1～14470.3—93 和 GB 4274～4279—84《兵器工业水污染物排放标准》
11	磷肥工业	GB 15580—95《磷肥工业水污染物排放标准》
12	烧碱、聚氯乙烯工业	GB 15581—95《烧碱、聚氯乙烯工业水污染物排放标准》

要点：污水综合排放标准与行业污水排放标准不交叉执行，有行业标准的，执行相应的行业标准，其余水污染物排放均执行污水综合排放标准。

(二)污水综合排放标准的分级

污水综合排放标准的分级见表2－92。

表2－92　污水综合排放标准的分级

序号	污水排放去向	执行标准级别及要求
1	排入 GB 3838 Ⅲ类水域(划定的保护区和游泳区除外)和排入 GB 3097 中二类海域的污水	执行一级标准
2	排入 GB 3838 中Ⅳ、Ⅴ类水域和排入 GB 3097 中三类海域的污水	执行二级标准
3	排入设置二级污水处理厂的城镇排水系统的污水	执行三级标准
4	排入未设置二级污水处理厂的城镇排水系统的污水，必须根据排水系统出水受纳水域的功能要求	分别执行1和2的规定
5	GB 3838 中Ⅰ、Ⅱ类水域和Ⅲ类水域中划定的保护区，GB 3097 中一类海域	禁止新建排污口，现有排污口应按水体功能要求，实行污染物总量控制，以保证受纳水体水质符合规定用途的水质标准

要点：根据污水排放去向，确定执行相应的污水综合排放标准。

(三)污染物按性质及控制方式进行的分类

本标准将排放的污染物按其性质及控制方式分为二类。

(1)第一类污染物：不分行业和污水排放方式，也不分受纳水体的功能类别，一律在车间或车间处理设施排放口采样，其最高允许排放浓度必须达到本标准要求(采矿行业的尾矿坝出水口不得视为车间排放口)。

(2)第二类污染物：在排污单位排放口采样，其最高允许排放浓度必须达到本标准要求。

要点：污水综合排放标准中污染物分为两类：第一类污染物和第二类污染物。第一类污染物一律在车间或者车间处理设施排放口取样；第二类污染物在排污单位排放口取样。

(四)污染物排污口设置的有关要求

在排放口必须设置排放口标志、污水水量计量装置和污水比例采样装置。

(五)监测频率要求

工业污水按生产周期确定监测频率。生产周期在8h以内的，每2h采样一次；生产周期大于8h的，每4h采样一次。其他污水采样，24h不少于2次。最高允许排放浓度按日均值计算。

(六)新、改、扩建项目按年限执行不同污染物最高允许排放浓度限值的有关规定

(1)1997年12月31日之前建设(包括改、扩建)的单位，水污染物的排放必须同时执行第一类污染物最高允许排放浓度、第二类污染物最高允许排放浓度(1997年12月31日之前建设的单位)、部分行业最高允许排水量(1997年12月31日之前建设的单位)的规定。

(2)1998年1月1日起建设(包括改、扩建)的单位，水污染物的排放必须同时执行第一类污染物最高允许排放浓度、第二类污染物最高允许排放浓度(1998年1月1日后建设的单位)、部分行业最高允许排水量的规定(1998年1月1日后建设的单位)。

(3)建设(包括改、扩建)单位的建设时间，以环境影响评价报告书(表)批准日期为准进行划分。

(七)第一类污染物及最高允许排放浓度

第一类污染物最高允许排放浓度见表2-93。

表2-93　第一类污染物最高允许排放浓度　mg/L

序号	污染物	最高允许排放浓度
1	总汞	0.05
2	烷基汞	不得检出
3	总镉	0.1
4	总铬	1.5
5	六价铬	0.5
6	总砷	0.5
7	总铅	1.0
8	总镍	1.0
9	苯并(a)芘	0.00003
10	总铍	0.005
11	总银	0.5
12	总α放射性	1Bq/L
13	总β放射性	10Bq/L

三、工业企业厂界环境噪声排放标准

(一)本标准的适用范围

本标准规定了工业企业和固定设备厂界环境噪声排放限值及其测量方法。

本标准适用于工业企业噪声排放的管理、评价及控制。机关、事业单位、团体等对外环境排放噪声的单位也按本标准执行。

(二)环境噪声排放限值的有关规定

1. 厂界环境噪声排放限值

①工业企业厂界环境噪声不得超过表2－94规定的排放限值。

表2－94　工业企业厂界环境噪声排放限值　　dB(A)

厂界外声环境功能区类别	时段	
	昼间	夜间
0类	50	40
1类	55	45
2类	60	50
3类	65	55
4类	70	55

②夜间频发噪声的最大声级超过限值的幅度不得高于10dB(A)。

③夜间偶发噪声的最大声级超过限值的幅度不得高于15dB(A)。

④工业企业若位于未划分声环境功能区的区域，当厂界外有噪声敏感建筑物时，由当地县级以上人民政府参照GB 3096和GB/T 15190的规定确定厂界外区域的声环境质量要求，并执行相应的厂界环境噪声排放限值。

⑤当厂界与噪声敏感建筑物距离小于1m时，厂界环境噪声应在噪声敏感建筑物的室内测量，并将表2－94中相应的限值减10dB(A)作为评价依据。

2. 结构传播固定设备室内噪声排放限值

当固定设备排放的噪声通过建筑物结构传播至噪声敏感建筑物室内时，噪声敏感建筑物室内等效声级不得超过结构传播固定设备室内噪声排放限值(等效声级和倍频带声压级)。

要点：五类功能区工业企业厂界环境噪声排放限值。

夜间频发噪声、偶发噪声的最大声级超过限值的幅度分别不得高于10dB(A)和15dB(A)。

(三)噪声测量条件、测点位置、测量时段、背景噪声测量、测量结果修正的有关规定

1. 测量条件

噪声测量条件的有关规定见表2－95。

表2－95　测量条件的有关规定

气象条件	测量应在无雨雪、无雷电天气，风速为5m/s以下时进行。不得不在特殊气象条件下测量时，应采取必要措施保证测量准确性，同时注明当时所采取的措施及气象情况
测量工况	测量应在被测声源正常工作时间进行，同时注明当时的工况

2. 测量位置

测量位置的有关规定见表2－96。

表2－96　测量位置的有关规定

测点布设	根据工业企业声源、周围噪声敏感建筑物的布局以及毗邻的区域类别，在工业企业厂界布设多个测点，其中包括距噪声敏感建筑物较近以及受被测声源影响大的位置
测点位置一般规定	一般情况下，测点选在工业企业厂界外1m、高度1.2m以上、距任一反射面距离不小于1m的位置
测点位置其他规定	当厂界有围墙且周围有受影响的噪声敏感建筑物时，测点应选在厂界外1m、高于围墙0.5m以上的位置
	当厂界无法测量到声源的实际排放状况时（如声源位于高空、厂界设有声屏障等），应按测点位置一般规定设置测点，同时在受影响的噪声敏感建筑物户外1m处另设测点
	室内噪声测量时，室内测量点位设在距任一反射面至少0.5m以上、距地面1.2m高度处，在受噪声影响方向的窗户开启状态下测量
	固定设备结构传声至噪声敏感建筑物室内，在噪声敏感建筑物室内测量时，测点应距任一反射面至少0.5m以上、距地面1.2m、距外窗1m以上，窗户关闭状态下测量。被测房间内的其他可能干扰测量的声源（如电视机、空调机、排气扇以及镇流器较响的日光灯、运转时出声的时钟等）应关闭

3. 测量时段

测量时段的有关规定见表2－97。

表2－97　测量时段的有关规定

1	分别在昼间、夜间两个时段测量。夜间有频发、偶发噪声影响时同时测量最大声级
2	被测声源是稳态噪声，采用1min的等效声级
3	被测声源是非稳态噪声，测量被测声源有代表性时段的等效声级，必要时测量被测声源整个正常工作时段的等效声级

4. 背景噪声测量

背景噪声测量的有关规定见表2－98。

表2－98　背景噪声测量的有关规定

测量环境	不受被测声源影响且其他声环境与测量被测声源时保持一致
测量时段	与被测声源测量的时间长度相同

5. 测量结果修正

（1）噪声测量值与背景噪声值相差大于10dB（A）时，噪声测量值不做修正。

（2）噪声测量值与背景噪声值相差在3～10dB（A）之间时，噪声测量值与背景噪声值的差值取整后，按表2－99进行修正。

表2－99　测量结果修正表　dB（A）

差值	3	4～5	6～10
修正值	－3	－2	－1

(3)噪声测量值与背景噪声值相差小于3dB(A)时，应采取措施降低背景噪声后，视情况按(1)或(2)执行；仍无法满足前两款要求的，应按环境噪声监测技术规范的有关规定执行。

要点：噪声测量值与背景噪声值相差大于10dB(A)时，噪声测量值不做修正。

(四)噪声测量结果评价的有关规定

(1)各个测点的测量结果应单独评价。同一测点每天的测量结果按昼间、夜间进行评价。

(2)最大声级 L_{max} 直接评价。

(五)各类标准适用范围的划定原则

各类标准适用范围由地方人民政府划定。地方人民政府将管辖区域根据土地利用类型划分为不同的功能区，不同功能区分别执行相应类别的标准值。

四、建筑施工场界噪声限值

(一)本标准的适用范围

本标准规定了建筑施工厂界环境噪声排放限值及测量方法。

本标准适用于周围有噪声敏感建筑物的建筑施工噪声排放的管理、评价及控制。市政、通信、交通、水利等其他类型的施工噪声排放可参照本标准执行。

本标准不适用于抢修、抢险施工过程中产生噪声的排放监管。

(二)各施工阶段的标准限值

1. 建筑施工过程中场界环境噪声不得超过表2-100规定的排放限值。

表2-100　建筑施工过程场界环境噪声排放限值　　dB(A)

昼间	夜间
70	55

2. 夜间噪声最大声级超过限值的幅度不得高于15dB(A)。

3. 当场界距噪声敏感建筑物较近，其室外不满足测量条件时，可在噪声敏感建筑物室内测量，并将表2-100中相应的限值减10dB(A)作为评价依据。

要点：建筑施工过程中夜间噪声最大声级超过限值的幅度不得高于15dB(A)。

五、社会生活环境噪声排放标准

(一)本标准的适用范围

本标准规定了营业性文化娱乐场所和商业经营活动中可能产生环境噪声污染的设备、设施边界噪声排放限值和测量方法。

本标准适用于对营业性文化娱乐场所、商业经营活动中使用的向环境排放噪声的设备、设施的管理、评价与控制。

(二)环境噪声排放限值的有关规定

1. 边界噪声排放限值

①社会生活噪声排放源边界噪声不得超过表2－101规定的排放限值。

表2－101　社会生活噪声排放源边界噪声排放限值　　dB(A)

边界外声环境功能区类别	时段	
	昼间	夜间
0类	50	40
1类	55	45
2类	60	50
3类	65	55
4类	70	55

②在社会生活噪声排放源边界处无法进行噪声测量或测量的结果不能如实反映其对噪声敏感建筑物的影响程度的情况下，噪声测量应在可能受影响的敏感建筑物窗外1m处进行。

③当社会生活噪声排放源边界与噪声敏感建筑物距离小于1m时，应在噪声敏感建筑物的室内测量，并将表2－97中相应的限值减10dB(A)作为评价依据。

2. 结构传播固定设备室内噪声排放限值

①在社会生活噪声排放源位于噪声敏感建筑物内情况下，噪声通过建筑物结构传播至噪声敏感建筑物室内时，噪声敏感建筑物室内等效声级不得超过结构传播固定设备室内噪声排放限值(等效声级和倍频带声压级)。

②对于在噪声测量期间发生非稳态噪声(如电梯噪声等)的情况，最大声级超过限值的幅度不得高于10dB(A)。

要点：边界外五类声环境功能区的社会生活噪声排放限值。

(三)噪声测量条件、测点位置、测量时段、背景噪声测量、测量结果修正的有关规定

1. 测量条件

噪声测量条件的有关规定见表2－102。

表2－102　测量条件的有关规定

气象条件	测量应在无雨雪、无雷电天气，风速为5m/s以下时进行。不得不在特殊气象条件下测量时，应采取必要措施保证测量准确性，同时注明当时所采取的措施及气象情况
测量工况	测量应在被测声源正常工作时间进行，同时注明当时的工况

2. 测量位置

测量位置的有关规定见表2－103。

表 2－103　测量位置的有关规定

测点布设	根据社会生活噪声排放源、周围噪声敏感建筑物的布局以及毗邻的区域类别，在社会生活噪声排放源边界布设多个测点，其中包括距噪声敏感建筑物较近以及受被测声源影响大的位置
测点位置一般规定	一般情况下，测点选在社会生活噪声排放源边界外 1m、高度 1.2m 以上、距任一反射面距离不小于 1m 的位置
测点位置其他规定	当边界有围墙且周围有受影响的噪声敏感建筑物时，测点应选在厂界外 1m、高于围墙 0.5m 以上的位置
	当边界无法测量到声源的实际排放状况时(如声源位于高空、边界设有声屏障等)，应按测点位置一般规定设置测点，同时在受影响的噪声敏感建筑物户外 1m 处另设测点
	室内噪声测量时，室内测量点位设在距任一反射面至少 0.5m 以上、距地面 1.2m 高度处，在受噪声影响方向的窗户开启状态下测量
	社会生活噪声排放源的固定设备结构传声至噪声敏感建筑物室内，在噪声敏感建筑物室内测量时，测点应距任一反射面至少 0.5m 以上、距地面 1.2m、距外窗 1m 以上，窗户关闭状态下测量。被测房间内的其他可能干扰测量的声源(如电视机、空调机、排气扇以及镇流器较响的日光灯、运转时出声的时钟等)应关闭

3. 测量时段

测量时段的有关规定见表 2－104。

表 2－104　测量时段的有关规定

1	分别在昼间、夜间两个时段测量。夜间有频发、偶发噪声影响时同时测量最大声级
2	被测声源是稳态噪声，采用 1min 的等效声级
3	被测声源是非稳态噪声，测量被测声源有代表性时段的等效声级，必要时测量被测声源整个正常工作时段的等效声级

4. 背景噪声测量

背景噪声测量的有关规定见表 2－105。

表 2－105　背景噪声测量的有关规定

测量环境	不受被测声源影响且其他声环境与测量被测声源时保持一致
测量时段	与被测声源测量的时间长度相同

5. 测量结果修正

(1)噪声测量值与背景噪声值相差大于 10dB(A)时，噪声测量值不做修正。

(2)噪声测量值与背景噪声值相差在 3～10dB(A)之间时，噪声测量值与背景噪声值的差值取整后，按表 2－106 进行修正。

表 2－106　测量结果修正表　dB(A)

差值	3	4～5	6～10
修正值	－3	－2	－1

(3)噪声测量值与背景噪声值相差小于3dB(A)时，应采取措施降低背景噪声后，视情况按(1)或(2)执行；仍无法满足前两款要求的，应按环境噪声监测技术规范的有关规定执行。

(四)噪声测量结果评价的有关规定

(1)各个测点的测量结果应单独评价。同一测点每天的测量结果按昼间、夜间进行评价。

(2)最大声级 L_{max} 直接评价。

六、恶臭污染物排放标准

(一)本标准的适用范围

本标准适用于全国所有向大气排放恶臭气体单位及垃圾堆放场的排放管理以及建设项目的环境影响评价、设计、竣工验收及其建成后的排放管理。

(二)恶臭厂界标准值的分级

本标准恶臭污染物厂界标准值分三级。

排入 GB 3095 中一类区的执行一级标准，一类区中不得建新的排污单位。

排入 GB 3095 中二类区的执行二级标准。

排入 GB 3095 中三类区的执行三级标准。

要点：恶臭污染物厂界标准值分三级。

(三)标准实施的有关基本规定

(1)排污单位排放(包括泄漏和无组织排放)的恶臭污染物，在排污单位边界上规定监测点(无其他干扰因素)的一次最大监测值(包括臭气浓度)都必须低于或等于恶臭污染物厂界标准值。

(2)排污单位经烟、气排气筒(高度在 15 m 以上)排放的恶臭污染物的排放量和臭气浓度都必须低于或等于恶臭污染物排放标准。

(3)排污单位经排水排出并散发的恶臭污染物和臭气浓度必须低于或等于恶臭污染物厂界标准值。

要点：排污单位排放有组织、无组织的恶臭污染物，排污单位边界上一次最大监测值(包括臭气浓度)都必须低于或等于恶臭污染物厂界标准值。

排污单位经排水排出并散发的恶臭污染物和臭气浓度必须低于或等于恶臭污染物厂界标准值。

七、工业炉窑大气污染物排放标准

(一)本标准的适用范围

适用于除炼焦炉、焚烧炉、水泥厂以外使用固体、液体、气体燃料和电加热的工业炉窑的管理，以及工业炉窑建设项目的环境影响评价、设计、竣工验收及其建成后的排放管理。

（二）本标准的适用区域及各区域对工业炉窑建设的要求

本标准分一级、二级、三级标准，分别与 GB 3095 环境空气质量功能区分类相对应：一类区执行一级标准；二类区执行二级标准；三类区执行三级标准。

在一类区内，除市政、建筑施工临时用沥青加热炉外，禁止新建各种工业炉窑，原有炉窑改建时不得增加污染负荷。

烟囱高度的规定：

①各种工业炉窑烟囱（或排气筒）最低允许高度为 15m。

②1997 年 1 月 1 日起新建、改建、扩建的排放烟（粉）尘和有害污染物的工业炉窑，其烟囱（或排气筒）最低允许高度除应执行①③规定外，还应按批准的环境影响报告书的要求确定。

③当烟囱（或排气筒）周围半径 200m 距离内有建筑物时，除应执行①②规定外，烟囱（或排气筒）还应高出建筑物 3m 以上。

④各种工业炉窑烟囱（或排气筒）高度如果达不到以上①②③的任何一项规定时，其烟（粉）尘或有害污染物最高允许排放浓度，应按相应区域放标准值的 50% 执行。

⑤1997 年 1 月 1 日起新建、改建、扩建的工业炉窑烟囱（或排气筒）应设置永久采样、监测孔和采样监测用平台。

要点：在一类区内，除市政、建筑施工临时用沥青加热炉外，禁止新建各种工业炉窑，原有炉窑改建时不得增加污染负荷。

工业炉窑大气污染物排放标准分为三级。

烟囱高度的五条规定。

八、锅炉大气污染物排放标准

（一）本标准的适用范围

本标准分年限规定了锅炉烟气中烟尘、二氧化硫和氮氧化物的最高允许排放浓度和烟气黑度的排放限值。

本标准适用于除煤粉发电锅炉和单台出力大于 45. 5MW（65t/h）发电锅炉以外的各种容量和用途的燃煤、燃油和燃气锅炉排放大气污染物的管理，以及建设项目环境影响评价、设计、竣工验收和建成后的排污管理。

使用甘蔗渣、锯末、稻壳、树皮等燃料的锅炉，参照本标准中燃煤锅炉大气污染物最高允许排放浓度执行。

（二）本标准的适用区域划分及年限划分

（1）适用区域划分类别

本标准中的一、二、三类区系指 GB 3095—1996《环境空气质量标准》中所规定的环境空气质量功能区的分类区域。

本标准中的“两控区”系指《国务院关于酸雨控制区和二氧化硫污染控制区有关问题的批复》中所划定的酸雨控制区和二氧化硫污染控制区的范围。

(2)年限划分

本标准按锅炉建成使用年限分为两个阶段，执行不同的大气污染物排放标准。

Ⅰ时段：2000年12月31日前建成使用的锅炉；

Ⅱ时段：2001年1月1日起建成使用的锅炉(含在Ⅰ时段立项未建成或未运行使用的锅炉和建成使用锅炉中需要扩建、改造的锅炉)。

要点：锅炉大气污染物排放标准按锅炉建成使用年限分为Ⅰ时段和Ⅱ时段，执行不同的大气污染物排放标准。

(三)一类区域禁止新建的锅炉类型

一类区禁止新建以重油、渣油为燃料的锅炉。

根据综合性排放标准与行业性排放标准不交叉执行的原则，该标准中适用的锅炉不执行《大气污染物综合排放标准》中禁止在一类功能区内新、扩建污染源的规定。

要点：一类区禁止新建以重油、渣油为燃料的锅炉。

(四)新建锅炉房烟囱高度的有关规定

1. 燃煤、燃油(燃轻柴油、煤油除外)锅炉房烟囱高度的规定

①每个新建锅炉房只能设一根烟囱，烟囱高度应根据锅炉房装机总容量，按表2－107规定执行。

表2－107　燃煤、燃油(燃轻柴油、煤油除外)锅炉房烟囱最低允许高度

锅炉房装机容量	MW	<0.7	0.7～<1.4	1.4～<2.8	2.8～<7	7～<14	14～<28
	t/h	<1	1～<2	2～<4	4～<10	10～<20	20～≤40
烟囱最低允许高度	m	20	25	30	35	40	45

②锅炉房装机总容量大于28MW(40t/h)时，其烟囱高度应按批准的环境影响报告书(表)要求确定，但不得低于45m。新建锅炉房烟囱周围半径200m距离内有建筑物时，其烟囱应高出最高建筑物3m以上。

要点：每个新建锅炉房只能设一根烟囱，烟囱高度应根据锅炉房装机总容量来确定。

锅炉房装机总容量大于28MW(40t/h)时，其烟囱高度应按批准的环境影响报告书(表)要求确定，但不得低于45m。新建锅炉房烟囱周围半径200m距离内有建筑物时，其烟囱应高出最高建筑物3m以上。

2. 燃气、燃轻柴油、煤油锅炉烟囱高度的规定

燃气、燃轻柴油、煤油锅炉烟囱高度应按批准的环境影响报告书(表)要求确定，但不得低于8m。

要点：燃气、燃轻柴油、煤油锅炉烟囱高度不得低于8m。

3. 各种锅炉烟囱高度如果达不到以上任何一项规定时，其烟尘、SO_2、NO_x最高允许排放浓度，应按相应区域和时段排放标准值的50%执行。

要点：各种锅炉烟囱高度如果达不到以上任何一项规定时，其烟尘、SO_2、NO_x最高允许排放浓度，应按相应区域和时段排放标准值的50%执行。

(五)锅炉安装连续监测装置的有关规定

≥0.7MW(1t/h)各种锅炉烟囱应按GB 5468—91和GB/T 16157—1996的规定设置便于永久采样监测孔及其相关设施，自本标准实施之日起，新建成使用(含扩建、改造)单台容量≥14MW(20t/h)的锅炉，必须安装固定的连续监测烟气中烟尘、SO_2排放浓度的仪器。

要点：新建成使用(含扩建、改造)单台容量≥14MW(20t/h)的锅炉，必须安装固定的连续监测烟气中烟尘、SO_2排放浓度的仪器。

九、生活垃圾填埋场污染控制标准

(一)本标准的适用范围

本标准规定了生活垃圾填埋场选址、设计与施工、填埋废物的入场条件、运行、封场、后期维护与管理的污染控制和监测等方面的要求。

本标准适用于生活垃圾填埋场建设、运行和封场后的维护与管理过程中的污染控制和监督管理。本标准的部分规定也适用于与生活垃圾填埋场配套建设的生活垃圾转运站的建设、运行。

本标准只适用于法律允许的污染物排放行为；新设立污染源的选址和特殊保护区域内现有污染源的管理，按照《中华人民共和国大气污染防治法》、《中华人民共和国水污染防治法》、《中华人民共和国海洋环境保护法》、《中华人民共和国固体废物污染环境防治法》、《中华人民共和国放射性污染防治法》、《中华人民共和国环境影响评价法》等法律的相关规定执行。

(二)生活垃圾填埋场的选址要求

1. 生活垃圾填埋场的选址应符合区域性环境规划、环境卫生设施建设规划和当地的城市规划。

2. 生活垃圾填埋场场址不应选在城市工农业发展规划区、农业保护区、自然保护区、风景名胜区、文物(考古)保护区、生活饮用水水源保护区、供水远景规划区、矿产资源储备区、军事要地、国家保密地区和其他需要特别保护的区域内。

3. 生活垃圾填埋场选址的标高应位于重现期不小于50年一遇的洪水位之上，并建设在长远规划中的水库等人工蓄水设施的淹没区和保护区之外。

拟建有可靠防洪设施的山谷型填埋场，并经过环境影响评价证明洪水对生活垃圾填埋场的环境风险在可接受范围内，前款规定的选址标准可以适当降低。

4. 生活垃圾填埋场场址的选择应避开下列区域：破坏性地震及活动构造区；活动中的坍塌、滑坡和隆起地带；活动中的断裂带；石灰岩溶洞发育带；废弃矿区的活动塌陷区；活动沙丘区；海啸及涌浪影响区；湿地；尚未稳定的冲积扇及冲沟地区；泥炭以及其他可能危及填埋场安全的区域。

5. 生活垃圾填埋场场址的位置及与周围人群的距离应依据环境影响评价结论确定，并经地方环境保护行政主管部门批准。

在对生活垃圾填埋场场址进行环境影响评价时，应考虑生活垃圾填埋场产生的渗滤液、大气污染物(含恶臭物质)、滋养动物(蚊、蝇、鸟类等)等因素，根据其所在地区的环境功能区类别，综合评价其对周围环境、居住人群的身体健康、日常生活和生产活动的影响，确定生活垃圾填埋场与常住居民居住场所、地表水域、高速公路、交通主干道(国道或省道)、铁路、飞机场、军事基地等敏感对象之间合理的位置关系以及合理的防护距离。环境影响评价的结论可作为规划控制的依据。

要点：生活垃圾填埋场选址的五条要求。

(三)生活垃圾填埋场填埋废物的入场要求

1. 下列废物可以直接进入生活垃圾填埋场填埋处置：

①由环境卫生机构收集或者自行收集的混合生活垃圾，以及企事业单位产生的办公废物；

②生活垃圾焚烧炉渣(不包括焚烧飞灰)；

③生活垃圾堆肥处理产生的固态残余物；

④服装加工、食品加工以及其他城市生活服务行业产生的性质与生活垃圾相近的一般工业固体废物。

要点：由环境卫生机构收集或者自行收集的混合生活垃圾、生活垃圾焚烧炉渣(不包括焚烧飞灰)、生活垃圾堆肥处理产生的固态残余物和服装加工、食品加工以及其他城市生活服务行业产生的性质与生活垃圾相近的一般工业固体废物可以直接进入生活垃圾填埋场填埋处置。

2.《医疗废物分类目录》中的感染性废物经过下列方式处理后，可以进入生活垃圾填埋场填埋处置。

①按照 HJ/T 228 要求进行破碎毁形和化学消毒处理，并满足消毒效果检验指标；

②按照 HJ/T 229 要求进行破碎毁形和微波消毒处理，并满足消毒效果检验指标；

③按照 HJ/T 276 要求进行破碎毁形和高温蒸汽处理，并满足处理效果检验指标；

④医疗废物焚烧处置后的残渣的入场标准按照生活垃圾焚烧飞灰和医疗废物焚烧残渣执行。

要点：《医疗废物分类目录》中的感染性废物经过破碎毁形和化学消毒处理、破碎毁形和微波消毒处理、破碎毁形和高温蒸汽处理后，可以进入生活垃圾填埋场填埋处置。

3. 生活垃圾焚烧飞灰和医疗废物焚烧残渣(包括飞灰、底渣)经处理后满足下列条件，可以进入生活垃圾填埋场填埋处置：

①含水率小于 30%；

②二噁英含量(或等效毒性量)低于 3μg/kg；

③按照 HJ/T 300 制备的浸出液中危害成分质量浓度低于表 2－108 规定的限值。

表 2－108　浸出液污染物质量浓度限值

序号	污染物项目	质量浓度限值/(mg/L)
1	汞	0.05
2	铜	40
3	锌	100
4	铅	0.25

续表

序号	污染物项目	质量浓度限值/(mg/L)
5	镉	0.15
6	铍	0.02
7	钡	25
8	镍	0.5
9	砷	0.3
10	总铬	4.5
11	六价铬	1.5
12	硒	0.1

4. 一般工业固体废物经处理后，按照 HJ/T 300 制备的浸出液中危害成分质量浓度低于表 2－108 规定的限值，可以进入生活垃圾填埋场填埋处置。

5. 经处理后满足生活垃圾焚烧飞灰和医疗废物焚烧残渣要求的生活垃圾焚烧飞灰、医疗废物焚烧残渣(包括飞灰、底渣)和满足上面 4 要求的一般工业固体废物在生活垃圾填埋场中应单独分区填埋。

6. 厌氧产沼等生物处理后的固态残余物、粪便经处理后的固态残余物和生活污水处理厂污泥经处理后含水率小于 60%，可以进入生活垃圾填埋场填埋处置。

7. 处理后分别满足 2、3、4 和 6 要求的废物应由地方环境保护行政主管部门认可的监测部门检测、经地方环境保护行政主管部门批准后，方可进入生活垃圾填埋场。

8. 下列废物不得在生活垃圾填埋场中填埋处置。

①除符合(3)规定的生活垃圾焚烧飞灰以外的危险废物；

②未经处理的餐饮废物；

③未经处理的粪便；

④禽畜养殖废物；

⑤电子废物及其处理处置残余物；

⑥除本填埋场产生的渗滤液之外的任何液态废物和废水。

国家环境保护标准另有规定的除外。

要点：六类固体废物不得在生活垃圾填埋场中填埋处置。

(四)生活垃圾填埋场污染物排放控制要求

1. 水污染物排放控制要求

①生活垃圾填埋场应设置污水处理装置，生活垃圾渗滤液(含调节池废水)等污水经处理并符合本标准规定的污染物排放控制要求后，可直接排放。

②现有和新建生活垃圾填埋场自 2008 年 7 月 1 日起执行现有和新建生活垃圾填埋场水污染物排放质量浓度限值。

③2011 年 7 月 1 日前，现有生活垃圾填埋场无法满足现有和新建生活垃圾填埋场水污染物排放质量浓度限值要求的，满足以下条件时可将生活垃圾渗滤液送往城市二级污水处理厂进行处理：

生活垃圾渗滤液在填埋场经过处理后，总汞、总镉、总铬、六价铬、总砷、总铅等污染物质量浓度达到现有和新建生活垃圾填埋场水污染物排放质量浓度限值；

城市二级污水处理厂每日处理生活垃圾渗滤液总量不超过污水处理量的0.5%，并不超过城市二级污水处理厂额定的污水处理能力；

生活垃圾渗滤液应均匀注入城市二级污水处理厂；不影响城市二级污水处理厂的污水处理效果。

2011年7月1日起，现有全部生活垃圾填埋场应自行处理生活垃圾渗滤液并执行现有和新建生活垃圾填埋场水污染物排放质量浓度限值。

④根据环境保护工作的要求，在国土开发密度已经较高、环境承载能力开始减弱，或环境容量较小、生态环境脆弱，容易发生严重环境污染问题而需要采取特别保护措施的地区，应严格控制生活垃圾填埋场的污染物排放行为，在上述地区的现有和新建生活垃圾填埋场自2008年7月1日起执行现有和新建生活垃圾填埋场水污染物特别排放限值。

要点：生活垃圾填埋场应设置污水处理装置，生活垃圾渗滤液(含调节池废水)等污水经处理并符合本标准规定的污染物排放控制要求后，可直接排放。

现有和新建生活垃圾填埋场自2008年7月1日起执行现有和新建生活垃圾填埋场水污染物排放质量浓度限值。

2. 甲烷排放控制要求

①填埋工作面上2m以下高度范围内甲烷的体积分数应不大于0.1%。

②生活垃圾填埋场应采取甲烷减排措施；当通过导气管道直接排放填埋气体时，导气管排放口的甲烷的体积分数不大于5%。

3. 生活垃圾填埋场在运行中应采取必要的措施防止恶臭物质的扩散在生活垃圾填埋场周围环境敏感点方位的场界的恶臭污染物质量浓度应符合GB 14554的规定。

4. 生活垃圾转运站产生的渗滤液经收集后，可采用密闭运输送到城市污水处理厂处理、排入城市排水管道进入城市污水处理厂处理或者自行处理等方式排入设置城市污水处理厂的排水管网的，应在转运站内对渗滤液进行处理，总汞、总镉、总铬、六价铬、总砷、总铅等污染物质量浓度达到现有和新建生活垃圾填埋场水污染物排放质量浓度限值，其他水污染物排放控制要求由企业与城镇污水处理厂根据其污水处理能力商定或执行相关标准排入环境水体或排入未设置污水处理厂的排水管网的，应在转运站内对渗滤液进行处理并达到现有和新建生活垃圾填埋场水污染物排放质量浓度限值。

要点：生活垃圾转运站产生的渗滤液应在转运站内对渗滤液进行处理，总汞、总镉、总铬、六价铬、总砷、总铅等污染物质量浓度达到现有和新建生活垃圾填埋场水污染物排放质量浓度限值。

十、危险废物贮存污染控制标准

(一)本标准的适用范围

本标准适用于所有危险废物(尾矿除外)贮存的污染控制及监督管理，适用于危险废物的产生者、经营者和管理者。

(二)危险废物贮存设施的选址要求

危险废物贮存设施的选址要求见表2-109。

表 2－109　危险废物贮存设施的选址要求

序号	选址要求
1	地质结构稳定，地震烈度不超过 7 度的区域内
2	设施底部必须高于地下水最高水位
3	场界应位于居民区 800m 以外，地表水域 150m 以外
4	应避免建在溶洞区或易遭受严重自然灾害如洪水、滑坡，泥石流、潮汐等影响的地区
5	应建在易燃、易爆等危险品仓库、高压输电线路防护区域以外
6	应位于居民中心区常年最大风频的下风向
7	集中贮存的废物堆选址除满足以上要求外，还应满足以下要求：基础必须防渗，防渗层为至少 1m 厚黏土层（渗透系数≤10^{-7}cm/s），或 2mm 厚高密度聚乙烯，或至少 2mm 厚的其他人工材料，渗透系数≤10^{-10}cm/s

要点：危险废物贮存设施选址的七条要求。

十一、危险废物填埋污染控制标准

（一）本标准的适用范围

本标准适用于危险废物填埋场的建设、运行及监督管理。
本标准不适用于放射性废物的处置。

（二）危险废物填埋场场址选择要求

危险废物填埋场场址的选择应根据表 2－110 来确定。

表 2－110　危险废物填埋场场址选择要求

序号	选址要求
1	填埋场场址的选择应符合国家及地方城乡建设总体规划要求，场址应处于一个相对稳定的区域，不会因自然或人为的因素而受到破坏
2	填埋场场址的选择应进行环境影响评价，并经环境保护行政主管部门批准
3	填埋场场址不应选在城市工农业发展规划区、农业保护区、自然保护区、风景名胜区、文物（考古）保护区、生活饮用水源保护区、供水远景规划区、矿产资源储备区和其他需要特别保护的区域内
4	填埋场距飞机场、军事基地的距离应在 3000m 以上
5	填埋场场界应位于居民区 800m 以外，并保证在当地气象条件下对附近居民区大气环境不产生影响
6	填埋场场址必须位于百年一遇的洪水标高线以上，并在长远规划中的水库等人工蓄水设施淹没区和保护区之外
7	填埋场场址距地表水域的距离不应小于 150m
8	填埋场场址的地质条件应符合下列要求： ①能充分满足填埋场基础层的要求； ②现场或其附近有充足的粘土资源以满足构筑防渗层的需要； ③位于地下水饮用水水源地主要补给区范围之外，且下游无集中供水井； ④地下水位应在不透水层 3m 以下，否则，必须提高防渗设计标准并进行环境影响评价，取得主管部门同意； ⑤天然地层岩性相对均匀、渗透率低； ⑥地质构结构相对简单、稳定，没有断层

续表

序号	选址要求
9	填埋场场址选择应避开下列区域：破坏性地震及活动构造区；海啸及涌浪影响区；湿地和低洼汇水处；地应力高度集中，地面抬升或沉降速率快的地区；石灰熔洞发育带；废弃矿区或塌陷区；崩塌、岩堆、滑坡区；山洪、泥石流地区；活动沙丘区；尚未稳定的冲积扇及冲沟地区；高压缩性淤泥、泥炭及软土区以及其他可能危及填埋场安全的区域
10	填埋场场址必须有足够大的可使用面积以保证填埋场建成后具有10年或更长的使用期，在使用期内能充分接纳所产生的危险废物
11	填埋场场址应选在交通方便、运输距离较短，建造和运行费用低，能保证填埋场正常运行的地区。

要点：危险废物填埋场场址选择的11个要求。

十二、危险废物焚烧污染控制标准

（一）本标准的适用范围

本标准从危险废物处理过程中环境污染防治的需要出发，规定了危险废物焚烧设施场所的选址原则、焚烧基本技术性能指标、焚烧排放大气污染物的最高允许排放限值、焚烧残余物的处置原则和相应的环境监测等。

本标准适用于除易爆和具有放射性以外的危险废物焚烧设施的设计、环境影响评价、竣工验收以及运行过程中的污染控制管理。

（二）危险废物焚烧厂选址的技术要求

（1）各类焚烧厂不允许建设在GHZB 1中规定的地表水环境质量Ⅰ类、Ⅱ类功能区和GB 3095中规定的环境空气质量一类功能区，即自然保护区、风景名胜区和其他需要特殊保护地区。集中式危险废物焚烧厂不允许建设在人口密集的居住区、商业区和文化区。

（2）各类焚烧厂不允许建设在居民区主导风向的上风向地区。

要点：危险废物焚烧厂选址的技术要求有两个方面。注意危险废物贮存、填埋、选址条件间的区别。

十三、一般工业固体废弃物贮存、处置场污染控制标准

（一）本标准的适用范围

本标准适用于新建、扩建、改建及已经建成投产的一般工业固体废物贮存、处置场的建设、运行和监督管理；不适用于危险废物和生活垃圾填埋场。

（二）贮存、处置场的类型

贮存、处置场划分为Ⅰ和Ⅱ两个类型。

堆放第Ⅰ类一般工业固体废物的贮存、处置场为第一类，简称Ⅰ类场。

堆放第Ⅱ类一般工业固体废物的贮存、处置场为第二类，简称Ⅱ类场。

要点：一般工业固体废物贮存、处置场分为Ⅰ和Ⅱ两个类型。

(三)贮存、处置场场址选择要求

(1) Ⅰ类场和Ⅱ类场的共同选址要求

Ⅰ类场和Ⅱ类场的共同选址要求见表2－111。

表2－111　Ⅰ类场和Ⅱ类场共同选址要求

序号	选址要求
1	所选场址应符合当地城乡建设总体规划要求
2	应选在工业区和居民集中区主导风向下风侧，场界距居民集中区500m以外
3	应选在满足承载力要求的地基上，以避免地基下沉的影响，特别是不均匀或局部下沉的影响
4	应避开断层、断层破碎带、溶洞区，以及天然滑坡或泥石流影响区
5	禁止选在江河、湖泊、水库最高水位线以下的滩地和洪泛区
6	禁止选在自然保护区、风景名胜区和其他需要特别保护的区域

(2) Ⅰ类场的其他要求

应优先选用废弃的采矿坑、塌陷区。

(3) Ⅱ类场的其他要求

①应避开地下水主要补给区和饮用水源含水层。

②应选在防渗性能好的地基上。天然基础层地表距地下水位的距离不得小于1.5m。

要点：Ⅰ类场、Ⅱ类场的选址要求。

(四)贮存、处置场污染控制项目

贮存、处置场污染控制项目见表2－112。

表2－112　贮存、处置场污染控制项目

序号	污染控制项目	
1	渗滤液及其处理后的排放水	应选择一般工业固体废物的特征组分作为控制项目
2	地下水	贮存、处置场投入使用前，以GB/T 14848规定的项目为控制项目；使用过程中和关闭或封场后的控制项目，可选择所贮存、处置的固体废物的特征组分
3	大气	贮存、处置场以颗粒物为控制项目，其中属于自燃性煤矸石的贮存、处置场，以颗粒物和二氧化硫为控制项目

要点：贮存、处置场污染控制项目包括渗滤液及其处理后的排放水、地下水、大气三个方面的项目。

第三篇　环境影响评价技术方法

表 3－1　2005～2012 年环境影响评价工程师职业资格考试大纲总结

项　目	考试内容	2005 年	2006 年	2007 年	2008 年	2009 年	2010 年	2011 年	2012 年
一、工程分析	(一)污染型项目工程分析								
	(1)掌握建设项目工程分析的基本内容和技术要求				√	√	√	√	√
	(2)熟悉工程选址可行性和总图布置合理性分析中需要关注的主要环境问题	√	√	√	√	√	√	√	√
	(3)掌握物料平衡法、类比法及资料复用法的基本原理及计算方法	√	√	√	√	√	√	√	√
	(4)掌握使用工艺流程图分析产污环节	√	√	√	√	√	√	√	√
	(5)掌握污染源源强核算的技术要求及计算方法	√	√	√	√	√	√	√	√
	(6)掌握水平衡图分析及水平衡各指标的计算方法	√	√	√	√	√	√	√	√
	(7)掌握污染物无组织排放的统计内容	√	√	√	√	√	√	√	√
	(8)熟悉环保措施方案分析的内容及技术要求	√	√	√	√	√	√	√	√
	(9)熟悉无组织排放的含义	√	√	√					
	(10)了解事故风险源强识别与源强分析的方法	√	√	√					
	(11)熟悉清洁生产评价指标含义及计算	√	√	√					
	(12)熟悉建设项目清洁生产分析的方法和程序	√	√	√					
	(13)了解环境影响报告书中清洁生产分析的编写要求	√	√	√					
	(14)掌握清洁生产指标的选取原则	√	√	√					
	(二)生态影响型项目工程分析								
	(1)掌握生态影响型项目工程分析的技术要点	√	√	√	√	√	√	√	√
	(2)掌握分析项目组成、布置和工程特点的基本方法		√	√	√	√	√	√	√
	(3)熟悉项目施工期、运行期主要生态影响途径的分析方法		√	√	√	√	√	√	√
二、环境现状调查与评价	(一)自然环境与社会环境调查								
	(1)熟悉自然环境现状调查的基本内容和要求	√	√	√	√	√	√	√	√
	(2)了解社会经济环境状况调查的基本内容和要求	√	√	√	√	√	√	√	√
	(二)大气环境现状调查与评价								
	(1)掌握大气污染源调查与分析方法					√	√	√	√

续表

项　目	考试内容	2005 年	2006 年	2007 年	2008 年	2009 年	2010 年	2011 年	2012 年
二、环境现状调查与评价	(2)掌握环境空气质量现状监测布点方法	√	√	√	√		√	√	√
	(3)掌握大气环境质量现状监测结果统计分析方法	√	√	√	√	√	√	√	√
	(4)了解补充地面气象观测要求						√	√	√
	(5)掌握常规气象资料(温度、风速、风向玫瑰、主导风向)的分析内容与应用		√	√	√	√	√	√	√
	(6)熟悉大气污染源的分类	√	√	√	√				
	(7)掌握现场实测法、物料衡算法、经验估算法等大气污染源调查方法的应用	√							
	(8)熟悉气象台(站)的常规气象资料的统计应用及与现场观测资料相关性分析的方法	√							
	(9)掌握大气污染源调查方法的应用		√	√	√	√			
	(10)熟悉风场的含义及风玫瑰图的使用	√							
	(11)掌握 P－T 大气稳定度判别方法	√							
	(12)熟悉常见的不利气象条件及其特点	√	√	√	√	√			
	(13)熟悉联合频率的含义和应用	√							
	(14)熟悉污染气象调查分析方法	√							
	(15)掌握采用单项质量指数法进行大气环境质量现状评价的方法	√	√	√	√	√			
	(16)熟悉高空气象资料(风廓线、温廓线、混合层高度)的分析方法与应用					√			
	(三)地表水环境现状调查与评价								
	(1)掌握不同类型污染源的调查方法	√	√	√	√	√	√	√	√
	(2)掌握不同水体环境现状调查的基本内容和要求					√	√	√	√
	(3)熟悉河流、湖泊常用环境水文特征及常用参数的调查方法					√	√	√	√
	(4)了解河口、近海水体的基本环境水动力学特征及相应的调查方法	√	√	√	√	√	√	√	√
	(5)了解不利水文条件及其确定方法	√	√	√	√	√	√	√	√
	(6)熟悉单项水质参数法在水质现状评价中的应用	√	√	√	√	√	√	√	√
	(7)熟悉常用环境水文特征值获取的基本方法	√	√	√	√				
	(8)熟悉水污染源按产生及进入环境方式、污染性质进行的分类	√	√	√	√				

续表

项　目	考试内容	2005年	2006年	2007年	2008年	2009年	2010年	2011年	2012年
	(9)掌握河流、湖泊、河口海湾和近海水体水质监测取样断面上取样点的布设方法及取样方法	√	√	√	√				
	(四)地下水环境现状调查与评价								
	(1)熟悉描述地下水水文地质条件的基本内容和常用参数					√	√	√	√
	(2)掌握地下水水质现状调查和评价的方法					√	√	√	√
	(3)了解包气带防护性能评价的基本方法					√	√	√	√
	(五)声环境现状调查和评价								
	(1)掌握声环境质量评价量的含义及应用	√	√	√	√	√	√	√	√
	(2)掌握声环境现状监测的布点要求						√	√	√
	(3)熟悉工矿企业、铁路、公路等建设项目声环境现状调查的方法及要点	√	√	√	√	√	√	√	√
	(4)掌握声环境现状评价的方法	√	√	√	√	√	√	√	√
二、环境现状调查与评价	(5)掌握环境噪声现状测量的要求		√	√	√	√			
	(六)生态现状调查与评价								
	(1)掌握生态现状调查的基本内容	√	√	√	√	√	√	√	√
	(2)熟悉陆生植被、生物量调查和评价的方法	√	√	√	√	√	√	√	√
	(3)掌握调查和确定生态敏感目标的方法	√	√	√	√	√	√	√	√
	(4)熟悉陆生动物调查和评价的方法		√	√	√	√	√	√	√
	(5)了解水生生态调查和评价的基本方法	√	√	√	√	√	√	√	√
	(6)了解"3S"技术在生态现状调查中的应用	√	√	√	√	√	√	√	√
	(7)熟悉植被类型					√	√	√	√
	(8)熟悉土地利用类型					√	√	√	√
	(9)了解生态评价制图的基本要求和方法	√	√	√	√	√	√	√	√
	(10)了解景观生态学方法在环境影响评价中的应用					√	√	√	√
	(11)熟悉生态环境现状评价的技术要求与方法	√							

续表

项　目	考试内容	2005 年	2006 年	2007 年	2008 年	2009 年	2010 年	2011 年	2012 年
二、环境现状调查与评价	(七)区域环境容量分析								
	(1)熟悉大气环境容量计算方法	√	√	√	√				
	(2)熟悉水环境容量计算方法	√	√	√	√				
三、环境影响识别与评价因子的筛选	(1)熟悉环境影响识别的方法	√	√	√	√	√	√	√	
	(2)掌握评价因子筛选的方法	√	√	√	√	√	√	√	
四、环境影响预测与评价	(一)大气环境影响预测与评价								
	(1)掌握使用估算模式计算点源和面源影响所需数据要求和应用					√	√	√	√
	(2)掌握预测计算点的设置					√	√	√	√
	(3)掌握常规预测情景的设计					√	√	√	√
	(4)掌握项目建成后最终的区域环境质量状况分析与应用					√	√	√	√
	(5)熟悉典型气象条件和长期气象条件下建设项目的环境影响分析与应用					√	√	√	√
	(6)了解使用 AERMOD、ADMS 模式系统计算点源影响所需污染源和气象数据要求和应用					√	√	√	√
	(7)了解《环境影响评价技术导则 大气环境》附录中对环境影响报告书附图、附表、附件的要求及其应用					√	√	√	√
	(8)熟悉大气环境影响的预测方法	√	√	√	√				
	(9)掌握按排放特征、地形条件等正确选用相关模式的方法	√	√	√					
	(10)掌握有风点源正态烟羽扩散模式的运用	√	√	√	√				
	(11)掌握抬升高度的计算方法	√	√	√	√				
	(12)掌握地面轴线及最大落地浓度计算	√	√	√	√				
	(13)熟悉小风、静风扩散模式和熏烟模式的运用	√	√	√	√				
	(14)了解颗粒物扩散模式的运用	√	√	√	√				
	(15)熟悉线源和面源扩散模式的运用	√			√				
	(16)熟悉日均浓度计算方法和长期平均浓度计算	√	√	√					

续表

项　目	考试内容	2005 年	2006 年	2007 年	2008 年	2009 年	2010 年	2011 年	2012 年
四、环境影响预测与评价	(17)熟悉卫生防护距离的估算方法	√	√	√	√				
	(18)掌握常用预测模式基础资料的要求		√	√	√				
	(19)熟悉多源叠加大气环境影响预测的基本方法				√				
	(二)地表水环境影响预测与评价								
	(1)熟悉水污染物在地表水体中输移、转化、扩散的主要过程	√	√	√	√	√	√	√	√
	(2)掌握常用河流水环境影响预测稳态模式(一维、二维)要求的基础资料及参数	√	√	√	√	√	√	√	√
	(3)熟悉多源叠加水环境影响预测的基本方法				√	√	√	√	√
	(4)了解湖泊、河口水环境影响预测模式要求的基础资料及参数	√	√	√		√	√	√	√
	(5)掌握河流水质预测模式参数的确定方法				√	√	√	√	√
	(6)熟悉选择水质预测因子的基本方法	√	√	√	√	√	√	√	√
	(7)掌握常用河流水质预测模式的运用	√	√	√	√	√	√	√	√
	(8)了解湖泊、河口、近海水质预测模式的运用				√	√	√	√	√
	(9)熟悉确定环境影响预测条件的方法	√	√	√					
	(10)熟悉河口二维动态混合衰减模式(微分方程)中各项的物理意义		√	√					
	(三)地下水环境影响评价与防护								
	(1)了解污染物进入包气带、含水层的途径及其在含水层中的运移特征				√	√	√	√	√
	(2)熟悉防止污染物进入地下水含水层的主要措施				√	√	√	√	√
	(四)声环境影响预测与评价								
	(1)掌握噪声级相加与相减计算方法	√	√	√	√	√	√	√	√
	(2)熟悉实际声源近似为点声源的条件				√		√	√	√
	(3)掌握点声源几何发散衰减公式、计算和应用	√	√	√	√	√	√	√	√
	(4)熟悉线声源、面声源几何发散衰减公式、计算和应用	√	√	√	√	√	√	√	√
	(5)熟悉噪声从室内向室外传播的计算方法	√	√	√	√	√	√	√	√
	(6)熟悉声环境影响评价的方法	√	√	√	√	√	√	√	√

续表

项　目	考试内容	2005 年	2006 年	2007 年	2008 年	2009 年	2010 年	2011 年	2012 年
	(7)了解户外声传播除几何发散衰减外的其他衰减计算					√	√	√	√
	(8)了解绘制等声级线图的技术要求		√	√	√	√	√	√	√
	(9)掌握声音的三要素	√	√	√					
	(五)生态影响预测与评价								
	(1)熟悉生态影响预测的技术要求与基本方法	√	√	√	√	√	√	√	√
	(2)掌握生态影响评价的技术要点与方法		√	√	√	√	√	√	√
	(3)熟悉生物量变化的评价方法				√	√	√	√	√
	(4)了解土壤侵蚀、水体富营养化的评价方法		√	√	√	√	√	√	√
	(5)了解景观美学评价指标与方法		√	√	√	√	√	√	√
四、环境影响预测与评价	(6)熟悉生态环境影响预测方法中类比法的应用	√							
	(7)了解景观美学影响评价的意义与主要内容	√							
	(六)固体废物环境影响评价								
	(1)熟悉固体废物的分类	√	√	√	√	√	√	√	√
	(2)了解固体废物中污染物进入环境的方式及在环境中的迁移转化	√	√	√	√	√	√	√	√
	(3)掌握采用焚烧、填埋等方式处置固体废物产生的主要环境影响	√	√	√	√	√	√	√	√
	(4)了解垃圾填埋场环境影响评价的主要工作内容	√	√	√					
	(七)区域环境容量分析								
	(1)熟悉大气环境容量计算方法	√	√	√					
	(2)熟悉水环境容量计算的基本方法	√	√	√					
五、环境保护措施	(1)了解环境保护措施技术经济论证的内容和要求	√	√	√	√	√	√	√	√
	(2)熟悉常用的大气污染物控制方法及应用				√	√	√	√	√
	(3)熟悉常用的废水处理工艺及应用				√	√	√	√	√
	(4)熟悉典型建设项目噪声污染防治的基本方法	√	√	√	√	√	√	√	√
	(5)熟悉常用的固体废物控制及处理处置方法	√	√	√	√	√	√	√	√

续表

项　目	考试内容	2005年	2006年	2007年	2008年	2009年	2010年	2011年	2012年
五、环境保护措施	(6)熟悉生态防护与恢复措施及应用	√	√	√	√	√	√	√	√
	(7)熟悉二氧化硫、氮氧化物、烟尘(烟、粉尘)控制的主要方法	√	√	√					
	(8)熟悉主要的污水处理方法及各自的特点	√	√	√					
	(9)了解水土流失预防和治理措施的一般方案	√	√	√					
	(10)了解环境风险的防范、减缓措施与应急预案的制定要求	√	√	√					
	(11)了解绿化方案编制的技术要点	√	√	√					
六、环境容量与污染物排放总量控制	(一)区域环境容量分析								
	(1)熟悉大气环境容量的基本概念、计算方法及在环境影响评价中的运用				√	√	√	√	√
	(2)熟悉水环境容量的基本概念、河流水环境容量的计算方法及在环境影响评价中的运用				√	√	√	√	√
	(二)污染物排放总量控制目标分析								
	(1)熟悉建设项目实现污染物排放总量控制目标的途径				√	√	√	√	√
	(2)了解通过环境影响评价提出污染物排放总量控制建议指标的方法	√	√	√	√	√	√	√	√
	(3)了解国家总量控制指标的分配方法	√							
七、清洁生产	(1)掌握清洁生产指标的选取与计算				√	√	√	√	√
	(2)熟悉建设项目清洁生产分析的内容和方法				√	√	√	√	√
八、环境风险分析	(1)掌握重大危险源的辨识				√	√	√	√	√
	(2)了解风险源项分析的方法				√	√	√	√	√
	(3)了解风险事故后果分析的方法				√	√	√	√	√
	(4)了解环境风险的防范措施要求				√	√	√	√	√
九、环境影响的经济损益分析	了解经济评价方法在环境影响评价中的应用	√	√	√	√	√	√	√	√
十、建设项目竣工环境保护验收监测与调查	(1)熟悉验收重点、范围及验收标准的确定	√	√	√	√	√	√	√	√
	(2)掌握验收监测与调查的主要工作内容和技术要求	√	√	√	√	√	√	√	√
	(3)熟悉验收监测报告与调查报告编制的技术要求	√	√	√					√

第一章　工程分析

一、污染型项目工程分析

（一）建设项目工程分析的基本内容和技术要求

对于环境影响以污染因素为主的建设项目来说，工程分析的工作内容原则上是应根据建设项目的工程特征，包括建设项目的类型、性质、规模、开发建设方式与强度、能源用量、污染物排放特征以及项目所在地的环境条件来确定。其工作内容通常包括三部分，详见表3－2。

表3－2　工程分析基本内容

工程分析项目	工作内容
工作概况	工程一般特征简介 物料与能源消耗定额 项目组成
工艺流程及产污环节分析	工艺流程及污染物产生环节
污染物分析	污染源分布及污染物源强核算 物料平衡与水平衡 无组织排放源强统计及分析 非正常排放源源强统计及分析 污染物排放总量建议指标

工程分析的内容应满足“全过程、全时段、全方位、多角度”的技术要求。“全过程”指对项目的分析应包括施工期、运营期以及服务期满后等；“全时段”指不但要考虑正常生产状态，同时要考虑异常、紧急等非正常状态；“全方位”指不但要考虑主体生产装置，同时应考虑配套、辅助设施；“多角度”指在着重考虑环保设施的情况下，同时应从清洁生产角度、节约能源资源的角度出发，对项目的污染物源强进行深入细致的分析。

要点：工程分析基本内容包括：工作概况、工艺流程及产污环节分析、污染物分析三部分。其中工艺流程及产污环节分析和污染物分析是重点。

（二）工程选址可行性和总图布置合理性分析中需要关注的主要环境问题

1. 工程选址可行性中需要关注的主要环境问题

（1）分析厂区与周围环境保护目标之间卫生防护距离的的保证性、可靠性

（2）工厂、车间布置的合理性

（3）对工程周围环境敏感点处置措施的可行性

2. 总图布置合理性分析中需要关注的主要环境问题

（1）分析厂区与周围的保护目标之间所定的卫生防护距离和安全防护距离的保证性

参考国家的有关防护距离规范，分析厂区与周围的保护目标之间所定防护距离的可靠性，合理布置建设项目的各构筑物及生产设施，给出总图布置方案与外环境关系图。图中应标明：

① 保护目标与建设项目的方位关系；

② 保护目标与建设项目的距离；

③ 保护目标(如学校、医院、集中居住区等)的内容与性质。

(2)根据气象、水文等自然条件分析工厂和车间布置的合理性

在充分掌握项目建设地点的气象、水文和地质资料的条件下，认真考虑这些因素对污染物的污染特性的影响，合理布置工厂和车间，尽可能减少对环境的不利影响。

(3)分析对周围环境敏感点处置措施的可行性

分析项目产生污染物的特点及其污染特征，结合现有的有关资料，确定建设项目对周围环境敏感点的影响程度，在此基础上提出切实可行的处置措施(如搬迁、防护等)。

要点：工程选址可行性主要从分析厂区与周围环境保护目标之间卫生防护距离的的保证性、可靠性，工厂、车间布置的合理性，对工程周围环境敏感点处置措施的可行性。总图布置合理性分析从分析厂区与周围的保护目标之间所定的卫生防护距离和安全防护距离的保证性，根据气象、水文等自然条件分析工厂和车间布置的合理性，分析对周围环境敏感点处置措施的可行性考虑。

(三)物料平衡法、类比法及资料复用法的基本原理及计算方法

1. 物料平衡法

物料平衡法主要用于污染性建设项目的工程分析，是计算污染物排放量的常规和最基本的方法，其原理就是质量守恒定律，即在生产过程中投入系统的物料总量等于产出产品总量与物料流失总量之和。

(1)总物料衡算公式

$$\sum G_{投入} = \sum G_{产品} + \sum G_{流失} \tag{3-1}$$

式中 $\sum G_{投入}$——投入系统的物料总量；

$\sum G_{产品}$——产出产品总量；

$\sum G_{流失}$——物料流失总量；

当投入的物料在生产过程中发生化学反应时，可按总量法公式进行衡算

$$\sum G_{排放} = \sum G_{投入} - \sum G_{回收} - \sum G_{处理} - \sum G_{转化} - \sum G_{产品} \tag{3-2}$$

式中 $\sum G_{投入}$——投入物料中的某污染物总量；

$\sum G_{产品}$——进入产品中的某污染物总量；

$\sum G_{回收}$——进入回收产品中的某污染物总量；

$\sum G_{处理}$——经净化处理掉的某污染物总量；

$\sum G_{转化}$——生产过程中被分解、转化的某污染物总量；

$\sum G_{排放}$——某污染的排放量。

(2)单元工艺过程或单元操作的物料衡算：确定单元工艺过程或单一操作的污染物产生量。

(3)工程分析中常用的物料衡算：总物料衡算；有毒有害物料衡算；有毒有害元素物料衡算三类。

(4)应用条件或前提：建设项目产品方案、工艺路线、生产规模、原材料和能源消耗及治理措施确定。在可研文件提供的基础资料比较翔实或对生产工艺熟悉的条件下，应优先采用物料衡算法计算污染物排放量。

2. 类比法

类比法是用与拟建项目类型相同的现有项目的设计资料或实测数据进行工程分析的常用方法，为提高类比数据的准确性，应充分注意分析对象与类比对象间的相似性和可比性。

(1)工程一般特征的相似性：包括建设项目的性质、建设项目的规模、车间组成、产品结构、工艺路线、生产方法、原料、燃料成分与消耗量、用水量和设备类型等。

(2)污染物排放特征的相似性：包括污染物排放类型、浓度、强度与数量，排放方式与去向以及污染方式与途径等。

(3)环境特征的相似性：包括气象条件、地貌状况、生态特点、环境功能、区域污染情况。

类比法常用单位产品的经验排污系数去计算污染物排放量。但用此法应注意要根据生产规模等工程特征、生产管理及外部因素等实际情况进行修正。

3. 资料复用法

此法是利用同类工程已有的环境影响评价资料或可行性研究报告等资料进行工程分析的方法。虽然此法较为简便，但所得数据的准确性很难保证，所以只能在评价等级较低的建设项目工程分析中使用。

要点：物料平衡法的原理是质量守恒定律；类比法关注分析对象和类比对象之间的三个相似性；资料复用法是利用已有环评资料进行工程分析。

(四)使用工艺流程图分析产污环节

(1)工艺流程应在设计单位或建设单位的可研或设计文件的基础上，根据工艺过程的描述及同类项目生产的实际情况进行绘制。

(2)有别于工程设计工艺流程图，更关心的是工艺过程中产生污染物的具体部位、污染物的种类和数量。

(3)绘制污染工艺流程应包括涉及产生污染物的装置和工艺过程，不产生污染物的过程和装置可以简化，有化学反应发生的工序要列出主要化学反应和副反应式。

(4)在总平面布置图上标出污染源的准确位置，以便为其他专题评价提供可靠的污染源资料。

(五)污染源源强核算的技术要求及计算方法

1. 技术要求

(1)分析核算内容为污染源分布、污染物类型及排放量。

(2)分析核算时期划分为建设过程和运营过程两个时期，某些项目还应包括退役期(如核电项目)。

(3)污染源分布分析：依据绘制的工艺流程图，按排放点标明污染物排放部位，列表逐点统计各种污染物的排放强度、浓度和数量。

(4)达标排放分析与核算：适用于最终排入环境的污染物，以项目最大负荷为基础进行核算。如燃煤锅炉 SO_2、烟尘排放量以锅炉最大产汽量所耗燃煤量为基础进行核算。

(5)废气排放分析与核算：按点源、面源、线源进行核算，说明源强、排放方式和排放高度及存在的有关问题。

(6)废水排放分析与核算：说明污染物种类、成分、浓度、排放方式及去向。

(7)固体废物分析与核算：按《中华人民共和国固体废物污染环境防治法》分类，其中废液说明种类、成分、浓度、是否属于危险废物、处置方式和去向等；废渣说明有害成分、溶出物浓度、是否属于危险废物、排放量、处理处置方式和贮存方法等。

(8)噪声和放射性分析与核算：应列表说明源强、剂量及分布。

2. 计算方法

(1)污染物源强统计：分别列出废水、废气、固体废物的排放表，噪声单列。

(2)新建项目源强统计：要求算清“两本账”，即生产过程中污染设计排放量和实施污染防治措施后污染物消减量，二者之差为污染物最终排放量，产生量 - 消减量 = 排放量。

(3)技改扩建项目源强统计：分别统计技改扩建前污染物排放量、技改扩建项目污染物排放量、技改扩建完成后污染物排放量。技改扩建项目的污染物排放量统计要求算清“三本帐”，即技改扩建前、工程中和完成后污染物排放量，三者代数和作为评价所需的最终排放量。

技改扩建前排放量 -“以新带老”消减量 + 技改扩建项目排放量 = 技改扩建完成后排放量

(4)无组织排放源的确定方法：物料衡算法、类比法、反推法。

要点：污染源核算要分施工期、营运期分别计算，新建项目源强要求算清“两本帐”，技改扩建项目源强要算清“三本帐”，无组织排放源的确定方法有：物料衡算法、类比法、反推法。

(六)水平衡分析及水平衡各指标的计算方法

水平衡：存在于任一用水单元内的水量平衡关系，符合质量守恒定律，可进行质量平衡计算。

$$Q + A = H + P + L \tag{3-3}$$

水平衡各指标的计算方法见表3-3。

表3-3　水平衡各指标的计算方法

指　标	公　式
用水量(Y)	$Y = Q + C$
取水量(Q)	$Q = Q_{产} + Q_{生}$　$Q = Y - C$
排水量(P)	$P = P_{产} + P_{生}$　$P = Q - H$
耗水量(H)	$H = H_{产} + H_{生}$　$H = Q - P$
重复利用水量(C)	$C = Y - Q$　$C = C_{产} + C_{生}$
工业用水重复利用率(R)	$R = C/Y \times 100\%$
冷却水循环率($R_{冷}$)	$R_{冷} = C_{冷}/Y_{冷} \times 100\%$
工艺水回用率($R_{工}$)	$R_{工} = C_{工}/Y_{工} \times 100\%$

$Q_{产}$——生产取水量　$Q_{生}$——生活取水量　$P_{产}$——生产排水量
$P_{生}$——生活排水量　$C_{冷}$——冷却水循环量　$C_{工}$——工艺水回用量
$Y_{工}$——工艺水用水量　$Y_{冷}$——冷却水用水量　$H_{产}$——生产耗水量
$H_{生}$——生活耗水量

要点：水平衡中重复利用水量、工业用水重复利用率、冷却水循环率、工艺水回用率如何计算？

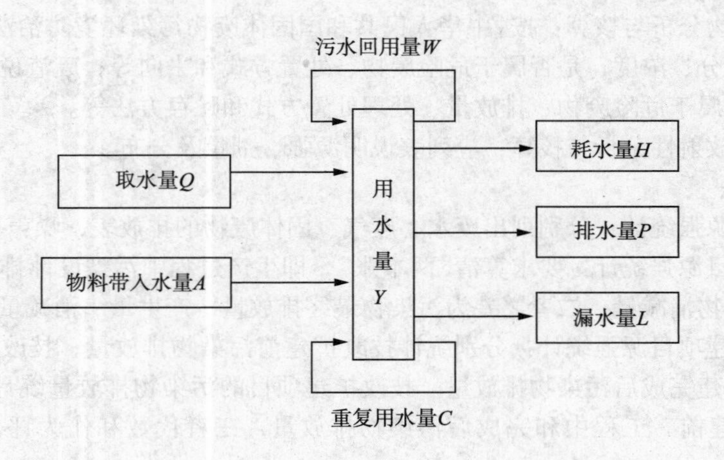

图3－1　水平衡分析

(七)污染物无组织排放的统计内容

(1)统计内容：无组织排放源分布及无组织排放量。

(2)统计方法：物料衡算法(通过全厂物料投入产出分析来核算无组织排放量)；类比法(与工艺相同、使用原料类似的同类工厂类比，在此基础上，核算本厂无组织排放量)；反推法(通过对同类工厂，正常生产时无组织排放监控点进行现场监测，利用模式反推，以此确定工厂无组织排放量。)

(八)环保措施方案分析的内容及技术要求

(1)分析项目可研阶段环保措施方案的技术经济可行性。

(2)分析项目采用污染处理措施后，排放污染物达标的可靠性。

(3)分析环保设施投资构成及其在投资中占的比例。

(4)依托设施的可行性分析：改扩建工程原有环保设施的可依托性、接纳外排水的城市污水处理设施的可依托性。

要点：环保措施方案分析的内容包括项目可研阶段环保措施方案的技术经济可行性；采用污染处理措施后，排放污染物达标的可靠性；环保设施投资构成及其在投资中占的比例；依托设施的可行性分析。

(九)无组织排放的含义

相对于有组织排放而言，主要针对废气排放。

工程分析中的定义为无排气筒或排气筒高度低于15m的排放源。

表现形式有弥散型污染物的无组织排放；设备、管道和关键的跑冒滴漏；在空中的蒸发、逸散三种无组织排放形式。

要点：无组织排放是无排气筒或排气筒高度低于15m的排放源，排放形式有弥散型、跑冒滴漏、蒸发、逸散。

（十）事故风险源强识别与源强分析的方法

1. 风险识别

（1）风险识别的范围和类型

风险识别范围包括生产设施风险识别和生产过程所涉及的物质风险识别。

①生产设施风险识别范围：包括主要生产装置、贮运系统、公用工程系统、工程环保设施及辅助生产设施等；

②物质风险识别范围：包括主要原材料及辅助材料、燃料、中间产品、最终产品以及生产过程排放的“三废”污染物等。

风险类型：根据有毒有害物质放散起因，分为火灾、爆炸和泄漏三种类型。

（2）风险识别内容

①物质危险性识别

按附录《建设项目风险评价导则》附录 A. 1 对项目所涉及的有毒有害、易燃易爆物质进行危险性识别和综合评价，筛选环境风险评价因子。

②生产过程潜在危险性识别

根据建设项目的生产特征，结合物质危险性识别，对项目功能系统划分功能单元，按附录 A. 1 确定潜在的危险单元及重大危险源。

2. 源项分析

（1）分析内容

确定最大可信事故的发生概率、危险化学品的泄漏量。

（2）分析方法

定性分析方法：类比法，加权法和因素图分析法。

定量分析法：概率法和指数法。

（3）最大可信事故概率确定方法

事件树、事故树分析法或类比法。

（4）危险化学品的泄漏量

①确定泄漏时间，估算泄漏速率。

②泄漏量计算包括液体泄漏速率、气体泄漏速率、两相流泄漏、泄漏液体蒸发量计算。

（十一）清洁生产评价指标含义及计算

清洁生产评价指标可分为六大类：生产工艺与装备要求，资源能源利用指标，产品指标、污染物产生指标、废物回收利用指标，环境管理指标。

1. 工艺与装备要求

对项目的工艺技术来源和技术特点进行分析，说明其在同类技术中所占的地位和所选设备的先进性。

2. 能源利用指标

包括物耗指标、能耗指标、新用水量指标三类。

（1）单位产品的能耗

生产单位产品消耗的电、煤、石油、天然气和蒸汽等能源，通常用单位产品综合能耗指标。

(2)单位产品的物耗

生产单位产品消耗的主要原、辅材料，也可用产品收率、转化率等工艺指标反映。

(3)新用水量指标

新用水量指标：单位产品新用水量、单位产品循环用水量、工业用水重复利用率、间接冷却水循环率、工艺水回用率、万元产值取水量。

单位产品用水量的计算公式： $Vut = (Vi + Vr)/Q$ (3-4)

Vut——单位产品用水量，单位为立方米每单位产品；

Vi——在一定的计量时间内，生产过程中取水量总和，m^3；

Vr——在一定的计量时间内生产过程中的重复利用水量总和，m^3；

Q——在一定的计量时间内，产品产量。

循环利用水量(C)公式： $C = Y - Q$；$C = C_{产} + C_{生}$ (3-5)

工业用水重复利用率(R)公式：$R = C/Y \times 100\%$ (3-6)

冷却水循环率($R_{冷}$)公式： $R_{冷} = C_{冷}/Y_{冷} \times 100\%$ (3-7)

工艺水回用率($R_{工}$)公式： $R_{工} = C_{工}/Y_{工} \times 100\%$ (3-8)

$Q_{产}$——生产取水量　　$Q_{生}$——生活取水量

$P_{产}$——生产排水量　　$P_{生}$——生活排水量

$C_{冷}$——冷却水循环量　　$C_{工}$——工艺水回用量

$Y_{工}$——工艺水用水量　　$Y_{冷}$——冷却水用水量

$H_{产}$——生产耗水量　　$H_{生}$——生活耗水量

(4)原辅材料的选取可从毒性、生态影响、可再生性、能源强度以及可回收利用性五个方面建立定性分析指标。

3. 产品指标

对产品的要求是清洁生产的一项重要内容，因为产品的销售、使用过程以及报废后的处理处置均会对环境产生影响，有些影响是长期的，甚至是难以恢复的。

首先，产品应是我国产业政策鼓励发展的产品；其次从清洁生产要求还要考虑产品的包装和使用，如避免过分包装，选择无害的包装材料，运输和销售过程不对环境产生影响，产品使用安全，报废后不对环境产生影响等。

4. 污染物产生指标

除资源(消耗)指标外，另一类能反映生产过程状况的指标便是污染物产生指标，污染物产生指标较高，说明工艺相应地比较落后或管理水平较低。通常情况下，污染物产生指标分三类：即废水产生指标、废气产生指标和固体废物产生指标。

①废水产生指标：可细分为两类，即单位产品废水产生量和单位产品主要水污染物产生量。

②废气产生指标：可细分为单位产品废气产生量和单位产品主要大气污染物产生量。

③固体废物产生指标：可简单地定为单位产品主要固体废物产生量和单位固体废弃物综合利用量。

5. 废物回收利用指标

清洁生产在重视源头削减的同时，也不能忽视污染物产生后的处理。废物回收利用指标为定量指标。例如，在烟草加工生产过程中产生的烟末、烟梗、烟丝、碎烟片等具有可回收利用的特点，锅炉炉渣也可利用，因此可将生产废料的回收率、锅炉渣利用率及处置途径作为考核指标。

6. 环境管理要求

(1)环境法律法规标准：要求企业符合有关法律法规标准的要求。

(2)环境审核：按照行业清洁生产审核指南要求进行审核、按 ISO14001 建立并运行环境管理体系。

(3)废物处理处置：要求一般废物妥善处理、危废无害化处理。

(4)生产过程环境管理：对生产过程中可能产生废物的环节提出要求，如要求原材料质检、消耗定额、对产品合格率有考核等，防止跑冒滴漏等。

(5)相关环境管理：对原料、服务供应方等的行为提出环境要求。

要点：清洁生产评价指标可分为六大类：生产工艺与装备要求；资源能源利用指标；产品指标、污染物产生指标、废物回收利用指标；环境管理指标。

(十二)建设项目清洁生产分析的方法和程序

1. 清洁生产分析的方法

(1)指标对比法：根据我国已颁布的清洁生产标准，或参照国内外同类装置的清洁生产指标，对比分析建设项目的清洁生产水平。

(2)分值评定法：将各项清洁生产指标逐项制定分值标准，再由专家按百分制打分，然后乘以各自权重值得到总分，然后再按清洁生产等级分值对比分析项目清洁生产水平。

2. 指标对比法清洁生产分析的程序

(1)收集相关行业清洁生产标准。如果没有标准可参考，可与国内外同类装置清洁生产指标作比较。

(2)预测环评项目的清洁生产指标值。

(3)将环评项目的预测值与清洁生产标准值对比。

(4)得出清洁生产评价结论。

(5)提出清洁生产改进方案和建议。

要点：建设项目清洁生产分析的方法有指标对比法和分值评定法。

(十三)环境影响报告书中清洁生产分析的编写要求

1. 原则

(1)应从清洁生产的角度对整个环境影响评价过程中有关内容加以补充和完善。

(2)大型工业项目可在环评报告书中单列“清洁生产分析”一章，专门进行叙述；中、小型且污染较轻的项目可在工程分析一章中增列“清洁生产分析”一节。

(3)清洁生产指标的确定要符合指标选取原则，从六类指标考虑并充分考虑行业特点。

(4)清洁生产指标数值的确定要有充分的依据。调查收集同行业多数企业的数据，或同行业中有代表性企业的近年基础数据，作参考依据。

(5)建设项目清洁生产指标的描叙应真实客观。

(6)报告书中必须给出关于清洁生产的结论及所应采取的清洁生产方案建议。

2. 内容

(1)清洁生产分析所采用清洁生产评价指标的介绍。

介绍选取清洁生产指标过程和确定清洁生产指标数值，指标数值确定的参考技术数据，数据来源及可靠性。

(2)建设项目所能达到的清洁生产各个指标的描述。

根据建设项目工程分析的结果，并结合对资源能源利用，生产工艺和装备选择，产品指标，废弃物的回收利用，污染物产生的深入分析，确定环评项目相应各类清洁生产指标数值。

(3)建设项目清洁生产评价结论。通过将预测值与同类行业清洁生产标准值进行对比，给出简要的清洁生产评价结论。

(4)清洁生产方案建议。在对建设项目进行清洁生产分析的基础上，确定存在的主要问题，并提出相应的解决方案和建议。

要点：环境影响报告书中清洁生产分析编写内容包括清洁生产分析所采用清洁生产评价指标的介绍、建设项目所能达到的清洁生产各个指标的描述、建设项目清洁生产评价结论、清洁生产方案建议。

(十四)清洁生产指标的选取原则

1. 从产品生命周期全过程考虑

生命周期分析方法是清洁生产指标选取的一个最重要原则，它是从一个产品的整个寿命周期全过程考察其对环境的影响，如从原材料的采掘，到产品的生产过程，再到产品销售，直至产品报废后的处置。

2. 体现污染预防为主的原则

清洁生产指标必须体现预防为主的原则，要求完全不考虑未端治理，因此污染物产生指标是指污染物离开生产线时的数量和浓度，而不是经过处理后的数量和浓度。清洁生产指标主要应反映出项目实施过程中所使用的资源量及产生的废物量，包括使用能源、水或其他资源的情况，通过对这些指标的评价，反映出项目的资源利用情况和节约的可能性，达到保护自然资源的目的。

3. 容易量化

清洁生产指标要力求定量化，对于难于定量的也应给出文字说明。清洁生产指标涉及面比较广，有些指标难以量化。为了使所确定的清洁生产指标既能够反映项目的主要情况，又简便易行，在设计时要充分考虑到指标体系的可操作性，因此，应尽量选择容易量化的指标，这样可以给清洁生产评价提供有力的依据。

4. 满足政策法规要求和符合行业发展趋势

清洁生产指标应符合产业政策和行业发展趋势要求，并考虑行业特点。

要点：清洁生产指标的选取原则有从产品生命周期全过程考虑、体现污染预防为主的原则、容易量化和满足政策法规要求和符合行业发展趋势。

二、生态影响型项目工程分析

(一)生态影响型项目工程分析的技术要点

(1)工程组成完全：要把所有的工程活动都纳入分析中，如主体工程、配套工程、公用工程、环保工程、辅助工程、大临工程、储运工程等，一般应有完善的项目组成表，明确的占地、施工、技术标准等主要内容。

(2)重点工程明确：主要造成环境影响的工程应作为重点的工程分析对象，应该明确其名称、位置、规模、建设方案、运营方式等。

(3)全过程分析：分选址选线期、设计方案、建设期、运营期、运营后期等。

(4)污染源分析：明确主要污染源、污染类型、源强、排放方式、纳污环境等。污染源应该包括施工建设期和运营期。

(5)其他分析：施工建设方式，运营期方式不同，都会对环境产生不同影响，需要在工程分析时给予考虑。有些发生可能性不大，一旦发生将会产生重大影响者，则可作为风险问题考虑。例如，公路运输农药时，车辆可能在跨越水库或水源地时发生事故性泄漏等。

(二)分析项目组成、布置和工程特点的基本方法

1. 项目组成

主体工程、辅助工程、其他布置：空间布局、施工时限等。

工程的项目组成及施工布置：按工程的特点给出工程的项目组成表，并说明工程的不同时期存在的主要环境问题。结合工程的设计，介绍工程的施工布置，并给出施工布置图。

2. 工程特点

抓住主要矛盾和重要特征。

(三)项目施工期、运行期主要生态影响途径的分析方法

施工期的工程措施对生态影响途径分析，主要包括施工人员施工活动、机械设备使用等使植被、地形地貌改变，使土地和水体生产能力及利用方向发生改变，以及由于生态因子的变化使自然资源受到影响。

运行期工程对生态影响的途径分析，主要包括工程运行改变了区域空间格局、土地和水体的利用状况，以及由此而影响了自然资源状况。

第二章　环境现状调查与评价

一、自然环境与社会环境调查

(一)自然环境现状调查的基本内容和要求

自然环境现状调查：一般包括地理位置、地质、地形地貌、气候气象、地面水环境、地下水环境、土壤与水土流失、动植物与生态等内容。具体内容见表3-4。

表3-4　自然环境现状调查的基本内容和要求

项　目		内　容
地理位置		建设项目所处的经纬度，行政区位置和交通位置，项目所在地与主要城市、车站、码头、港口、机场等的距离和交通条件，并附地理位置图
地质	一般情况	一般情况，只需根据现有资料，选择下述部分或全部内容，概要说明当地的地质状况 即：当地地层概况，地壳构造的基本形式以及与其相应的地貌表现，物理与化学风化情况，当地已探明或已开采的矿产资源情况
		若建设项目规模较小且与地质条件无关时，地质现状可不叙述
	密切相关	评价生态影响类建设项目，如矿山以及其他与地质条件密切相关的建设项目的环境影响时，对与建设项目有直接关系的地质构造，如断层、坍塌、地面沉陷等，要进行较为详细的叙述 一些特别有危害的地质现象，如地震，也应加以说明，必要时，应附图辅助说明，若没有现成的地质资料，应作一定的现场调查。
地形地貌	一般情况	一般情况，只需根据现有资料，简要说明建设项目所在地区海拔高度，地形特征，周围地貌类型以及岩溶地貌、冰川地貌、风成地貌等地貌的情况 崩塌、滑坡、泥石流、冻土等有危害的地貌现象，若不直接或间接危害到建设项目时，可概要说明其发展情况。若无可查资料，需作一些简单的现场调查
	密切相关	除应比较详细地叙述上述全部或部分内容外，还应附建设项目周围的地形图，特别应详细说明可能直接对建设项目有危害或将被项目建设诱发的地貌现象的现状及发展趋势，必要时还应进行一定的现场调查
气候与气象	一般情况	一般情况下，应根据现有资料概要说明大气环境状况，如建设项目所在地厂的主要气候特征，年平均风速和主导风向，年平均气温，极端气温与月平均气温，年平均相对湿度，平均降水量、降水天数，降水量极值，日照，主要的天气特征等
	密切相关	如需进行建设项目大气环境影响评价，除应详细叙述上面全部或部分内容外，还应按《环境影响评价 技术导则—大气环境》中的规定，增加有关内容

续表

项目		内容
地面水环境	一般情况	如果建设项目不进行地面水环境的单项影响评价时，应根据现有资料选择下述部分或全部内容： 概要说明地面水状况，地表水各部分之间及其与海湾、地下水的联系，地表水的水文特征及水质现状，以及地表水的污染来源
		建设项目建在海边，又无需进行海湾的单项影响评价时，应根据现有资料选择性叙述部分或全部内容： 概要说明海湾环境状况，即海洋资源及利用情况，海湾的地理概况，海湾与当地地面水及地下水之间的联系，海湾的水文特征及水质现状，污染来源等
	密切相关	如需进行建设项目的地面水(包括海湾)环境影响评价，除应详细叙述上面的部分或全部内容外，还应增加水文、水质调查、水文测量及水利用状况调查等有关内容。地面水和海湾的环境质量，以确定的地面水环境质量标准或海水水质标准限值为基准，采用单因子指数法对选定的评价因子分别进行评价
地下水环境	一般情况	当建设项目不进行与地下水直接有关的环境影响评价时，只需根据现有资料，全部或部分地简述下列内容：包括当地地下水的开采利用情况、地下水埋深、地下水与地面的联系以及水质状况与污染来源
	密切相关	若需进行地下水环境影响评价，除要比较详细地叙述上述内容外，还应根据需要，选择以下内容进一步调查：水质的物理、化学特性，污染源情况，水的储量与运动状态，水质的演变与趋势，水源地及其保护区的划分，水文地质方面的蓄水层特性，承压水状况等。当资料不全时，应进行现场采样分析
土壤与水土流失	一般情况	当建设项目不进行与土壤直接有关的环境影响评价时，只需根据现有资料全部或部分的简述下列内容：建设项目周围地区的主要土壤类型及其分布，土壤的肥力与使用情况，土壤污染的主要来源及其质量现状，建设项目周围地区的水土流失现状及原因等
	密切相关	当需要进行土壤环境影响评价时，除应详细叙述上面的部分或全部内容外，还应根据需要选择以下内容进一步调查：土壤的物理、化学性质，土壤成分与结构，颗粒度，土壤容重，含水率与持水能力，土壤一次、二次污染状况，水土流失的原因、特点、面积、侵蚀模数元素及流失量等，同时要附土壤分布图
动植物与生态	一般情况	若建设项目不进行生态影响评价，但项目规模较大时，应根据现有资料简述下列部分或全部内容：建设项目周围地区的植被情况，有无国家重点保护的或稀有的、受危害的或作为资源的野生动、植物，当地的主要生态系统类型及现状。若建设项目规模较小，又不进行生态影响评价时，这一部分可不叙述
	密切相关	若需要进行生态影响评价时，除应详细叙述上面的部分或全部内容外，还应根据需要选择以下内容进一步调查：本地区主要的动、植物清单，特别是需要保护的珍稀动植物种类与分布，生态系统的生产力、稳定性状况，生态系统与周围环境的关系以及影响生态系统的主要环境因素调查

(二)社会经济环境状况调查的基本内容和要求

主要根据现有资料结合必要的现场调查，简要叙述评价所在地的社会经济状况和发展趋势，包括：

(1)人口：居民区的分布情况及分布特点、人口数量、人口密度等；

(2)工业与能源：建设项目周围地区现有厂矿企业的分布状况，工业结构，工业总产值及能源的供给与消耗方式等；

(3)农业与土地利用：包括可耕地面积，粮食作物与经济作物构成及产量，农业总产值以及土地利用现状，建设项目环境影响评价应附土地利用图。

(4)交通运输：建设项目所在地区公路、铁路或水路方面的交通运输概况以及与建设项目之间的关系。

二、大气环境现状调查与评价

(一)大气污染源调查与分析方法

大气污染源调查方法一般有三种：现场实测法、物料衡算法、排污系数法，见表3-5。

表3-5　大气污染源调查方法及适用范围

方法	适用范围	公式
现场实测法	一般用于排气筒排放的大气污染物	$Q_i = Q_N C_i \times 10^{-6}$ 式中　Q_i——废气中i类污染物的源强，kg/h； Q_N——废气体积(标准状态)流量，m^3/h； C_i——废气中污染物i的实测浓度值，mg/m^3
物料衡算法	对生产过程中所使用的物料情况进行定量分析的一种方法。一般用于无法实测的污染源	$\sum G_{投入} = \sum G_{产品} + \sum G_{流失}$ 式中　$\sum G_{投入}$——投入物料量总和； $\sum G_{产品}$——所得产品量总和； $\sum G_{流失}$——物料和产品流失量总和
排污系数法	根据《产排污系数手册》提供的实测和类比数据，按规模、污染物、产污系数、末端处理技术以及排污系数来计算污染物的排放量	经验排污系数法公式：$A = AD \times M$ $AD = BD - (aD + bD + cD + dD)$ 式中　A——某污染物的排放总量 AD——单位产品某污染物的排放定额 M——产品总产量 BD——单位产品投入或生成的污染物量 aD——单位产品中某污染物的量 bD——单位产品所生成的副产物、回收品中某污染物的量 cD——单位产品分解转化的污染物量 dD——单位产品被净化处理掉的污染物量

要点：大气污染源调查的方法有现场实测法、物料衡算法和排污系数法。

(二)环境空气质量现状监测布点方法

(1)监测点设置的数量应根据拟建项目的规模和性质、区域大气污染状况和发展趋势、功能布局和敏感受体的分布，结合地形、污染气象等自然因素综合考虑确定。对于一级不少于10个，二级不少于6个，三级如果评价区已有例行监测点，可不再安排监测，否则可布1~3个点。

(2)监测点的位置应具有较好的代表性，设点的测量值能反映一定地区范围的大气污染的水平和规律。

(3)一般情况下，主导风下风向、保护目标要布点，监测布点图一般应附风玫瑰图。

要点：对于一级不少于10个，二级不少于6个，三级如果评价区已有例行监测点，可不再安排监测，否则可布1~3个点。

(三)大气环境质量现状监测结果统计分析方法

1. 监测结果统计分析内容

①分析各监测点大气污染物不同取值时间的浓度变化范围，

②各取值时间最大浓度值占相应标准浓度限值的百分比和超标率，评价其达标情况，

③分析大气污染物浓度的日变化规律，大气污染物浓度与地面风向、风速等气象因素和污染源排放的关系，

④分析重污染时间分布情况及其影响因素。

2. 参加统计计算的监测数据

参加统计计算的监测数据必须是符合要求的监测数据。对于个别极值，应分析出现的原因，判断其是否符合规范的要求，不符合监测技术规范要求的监测数据不参加统计计算，未检出的点位数计入总监测数据个数中。

3. 现状监测数据达标分析

分析最大浓度占标率和监测期间的超标率以及达标情况。

4. 监测数据的变化规律分析

分析各项监测数据的日变化规律，选取典型变化规律，绘制污染物日变化图，参考同步气象资料和周围污染源分布与排放情况分析其变化规律，并分析重污染时间分布情况及其影响因素。

要点：大气环境质量现状监测结果统计分析内容为分析各监测点大气污染物不同取值时间的浓度变化范围；各取值时间最大浓度值占相应标准浓度限值的百分比和超标率，评价其达标情况；分析大气污染物浓度的日变化规律，大气污染物浓度与地面风向、风速等气象因素和污染源排放的关系；分析重污染时间分布情况及其影响因素。

(四)补充地面气象观测要求

如果地面气象观测站与项目的距离超过50 km，并且地面站与评价范围的地理特征不一致，还需要进行补充地面气象观测。在评价范围内设立补充地面气象观测站，站点设置应符合相关地面气象观测规范的要求。

一级评价的补充观测应进行为期一年的连续观测；二级评价的补充观测可选择有代表性的季节进行连续观测，观测期限应在2个月以上。观测内容应符合地面气象观测资料的要求。观测方法应符合相关地面气象观测规范的要求。

补充地面气象观测数据可作为当地长期气象条件参与大气环境影响预测。

(五)常规气象资料(温度、风速、风向玫瑰、主导风向)的分析内容与应用

1. 温度

统计长期地面气象资料中每月平均温度的变化情况，并绘制年平均温度月变化曲线图。

对于一级评价项目，需酌情对污染较严重时的高空气象探测资料作温廓线的分析，分析逆温层出现的频率、平均高度范围和强度。

2. 风速

统计月平均风速随月份的变化和季小时平均风速的日变化，即根据长期气象资料统计每月平均风速、各季每小时的平均风速变化情况，并绘制平均风速的月变化曲线图和季小时平均风速的日变化曲线图。对于一级评价项目，需酌情对污染较严重时的高空气象探测资料作风廓线的分析，分析不同时间段大气边界层内的风速变化规律。

3. 风向、风频

统计所收集的长期地面气象资料中，每月、各季及长期平均各风向风频变化情况。统计所收集的长期地面气象资料中，各风向出现的频率，静风频率单独统计。在极坐标中按各风向标出其频率的大小，绘制各季及年平均风向玫瑰图。风向玫瑰图应同时附当地气象台站多年(20年以上)气候统计资料的统计结果。在模式计算中，若给静风风速赋一固定值，应同时分配静风一个风向，可利用静风前后的观测资料的风向进行插值或在气象资料比较完整，即日观测次数比较多的情况下，利用静风前一次的观测资料中的风向作为当前静风风向。

4. 主导风向

主导风向指风频最大的风向角的范围。风向角范围一般在连续45度左右，对于以十六方位角表示的风向，主导风向范围一般是指连续两到三个风向角的范围。某区域的主导风向应有明显的优势，其主导风向角风频之和应≥30%，否则可称该区域没有主导风向或主导风向不明显。在没有主导风向的地区，应考虑项目对全方位的环境空气敏感区的影响。

要点：主导风向指风频最大的风向角的范围。对于以十六方位角表示的风向，主导风向范围一般是指连续两到三个风向角的范围。某区域的主导风向应有明显的优势，其主导风向角风频之和应≥30%。在没有主导风向的地区，应考虑项目对全方位的环境空气敏感区的影响。

(六)大气污染源的分类

大气污染源分类：大气污染源按预测模式的模拟形式分为点源、面源、线源、体源四种类别。

点源：通过某种装置集中排放的固定点状源，如烟囱、集气筒等。

面源：在一定区域范围内，以低矮密集的方式自地面或近地面的高度排放污染物的源，如工艺过程中的无组织排放、储存场、渣场等排放源。

线源：污染物呈线状排放或者由移动源构成线状排放的源，如城市道路的机动车排放源等。

体源：由源本身或附近建筑物的空气动力学作用使污染物呈一定体积向大气排放的源，如焦炉炉体、屋顶天窗等。

要点：大气污染源分点源、面源、线源、体源四种类别。

(七)现场实测法、物料衡算法、经验估算法等大气污染源调查方法的应用

(1)现场实测法：对于排气筒排放的大气污染物，可根据实测的废气流量和污染物浓度计算大气污染物排放量。

(2)物料衡算法：对一些无法实测的污染源，可采用此法计算污染物的源强。

(3)经验估算法：对于某些特征污染物排放量，可依据一些经验公式或一些经验的单位产品排污系数来计算。

要点：现场实测法、物料衡算法、经验估算法等大气污染源调查方法的适用范围。

(八)气象台(站)的常规气象资料的统计应用及与现场观测资料相关性分析的方法

1. 气象台气象资料的使用价值判据

(1)气象台(站)距项目所在地的距离

(2)气象台(站)与项目所在地在地形、地貌和土地利用等地理环境条件方面的差异

因此，应该根据上述2个条件确定该气象台气象资料的使用价值。

2. 一、二级评价项目，如果气象台在评价区域内，且和该建设项目所在地的地理环境条件基本一致，则其资料可用，如果不符合上述条件，则应进行气象现场观测。三级评价项目，可直接使用项目所在地距离最近的气象台资料。

3. 常规气象资料的调查期

对于一级评价项目，至少应为最近三年；二、三级评价项目，至少应为最近一年。当常规所象资料不能满足评价工作的需要时，应当进行污染气象现场观测。

4. 现场观测资料相关性分析的方法

对于气象台位于评价区外或建设地与气象台地形差异明显，则建设项目所在地附近的气象台资料，必须在与现场观测资料进行相关分析后方可考虑其使用价值。

相关分析方法建议采用分量回归当，即将两地的同一时间风矢量投影在 x 和 y 轴上，然后分别计算其 x、y 方向速度分量的相关。所有资料的样本数不得少于观测周期所获取的数量。对于符合上述条件的资料，可根据求得的线性回归系数 a、b 值，对气象台的长期资料进行订正。一级评价项目，常规气象资料与现场观测资料相关系数 γ 不宜小于0.45，二级评价项目不得小于0.35。当评价区外的气象站有长期观测资料，而评价区内只有短期观测资料时，则评价区内的风场资料可将气象站资料经长期资料订正使用。对于风速，可采用差值法、比值法和回归法进行订正，对于风向通常采用全概率法进行订正。

要点：对于一级评价项目，至少应调查为最近三年的常规气象资料；二、三级评价项目，至少应为应调查最近一年的常规气象资料。一级评价项目，常规气象资料与现场观测资料相关系数 γ 不宜小于0.45，二级评价项目不得小于0.35。

(九)大气污染源调查方法的应用

(1)现场实测法：对于排气筒排放的大气污染物，可根据实测的废气流量和污染物浓度计算大气污染物排放量。

(2)物料衡算法：对一些无法实测的污染源，可采用此法计算污染物的源强。

(3)经验估算法：对于某些特征污染物排放量，可依据一些经验公式或一些经验的单位产品排污系数来计算。

要点：大气污染源调查的方法有现场实测法、物料衡算法和经验估算法。

(十)风场的含义及风玫瑰图的使用

空气的水平运动称为风。风是矢量，具有风向性。

局地风场，系指在局部地区由于地形影响而形成的空间和时间尺度都比较小的地方性风，主要局地风场有海陆风、山谷风、过山气流和城市热导环流等。

风频：表征下风向受污染的几率，风频最大的方向称为主导风向。风频计算公式如下：

污染系数=风频/该风向的平均风速。

表征下风向受污染的程度。

要点：空气的水平运动称为风。风是矢量，具有风向性。局地风场系指海陆风、山谷风、过山气流和城市热导环流等。风频表征下风向受污染的几率，风频最大的方向称为主导风向。

(十一)P-T大气稳定度判别方法

P-T法根据地面风速、日照量和云量把大气稳定度分为六类，即A强不稳定、B不稳定、C弱稳定、D中性、E较稳定和F稳定。用P-T法确定等级时，首先由云量与太阳高度角按表B1查出太阳辐射等级数，再由太阳辐射等级数与地面风速按表B2查找稳定度等级。用太阳高度角、云量(总云量、低云量)和风速来判断大气稳定度。

要点：根据地面风速、日照量和云量把大气稳定度分为六类，即A强不稳定、B不稳定、C弱稳定、D中性、E较稳定和F稳定。用P-T法确定等级，用太阳高度角、云量(总云量、低云量)和风速来判断大气稳定度。

(十二)常见的不利气象条件及其特点

平坦地形，不利气象条件通常包括静风、小风、逆温、熏烟等；复杂地形，由于局部风场形成特殊气象场，应当分其污染特点而给予特别关注，如山谷风、海陆风、过山气流、热岛环流等。

逆温是指气温随高度增加的现象。注意研究逆温的底、顶高度、厚度、频率、强度、生消规律。伴随着日出，辐射逆温自下而上消退到烟流顶时的污染为熏烟型污染，是污染最严重的情况。海岸熏烟通常出现在春、夏的白天，吹海风情况，持续时间较长。

要点：平坦地形不利气象条件通常包括静风、小风、逆温、熏烟等。复杂地形不利气象条件包括山谷风、海陆风、过山气流、热岛环流等。逆温是污染最严重的情况。

(十三)联合频率的含义和应用

联合频率是指由风向、风速、大气稳定度构成的组合频率。通常风向取17个方位，稳定度分为3类，风速分为5类。

要点：通常风向取17个方位，稳定度分为3类，风速分为5类。

(十四)污染气象调查分析方法

(1)气候区划分及其主要气候参数；

(2)地面常规气象资料的统计分析；

(3)大气扩散参数；

(4)大气边界层风场和温度场特征，重点是逆温特征和风速随高度的变化。

对于二、三级评价，至少应当包括风玫瑰和联合频率。

（十五）采用单项质量指数法进行大气环境质量现状评价的方法

单项质量指数法

$$I_i = C_i / C_{0i} \tag{3-9}$$

利用公式，$I_i > 1$，超标，大气环境受到污染；$I_i < 1$，达标，大气环境比较清洁。

式中 C_i——监测值，mg/m^3；

C_{0i}——评价质量标准限值，mg/m^3；

I_i——质量指数。

要点：单因子指数法计算公式及计算结果的含义。

（十六）高空气象资料（风廓线、温廓线、混合层高度）的分析方法与应用

1. 风廓线

风廓线即风速随高度的变化曲线，以研究大气边界层内的风速规律。调查方法：测出距地面1.5km高度以下的风速、风向随高度的变化关系，并按照大气稳定度分类，给出其数学表达式。一般情况下建议采用幂律，即

$$U_2 / U_1 = (Z_2 / Z_1)^p \tag{3-10}$$

式中 U_2——距地面 Z_2 处10min的平均风速，m/s；

U_1——距地面 Z_1 处10min的平均风速，m/s；

p——风速高度指数，是一个与大气稳定度和地形条件有关的参数，由查表获得。

2. 温廓线

温廓线反映温度随高度的变化影响热力湍流扩散的能力。大气环评中需要对探空资料做温廓线分析，分析逆温层出现的时间、频率、平均高度范围和强度。

3. 混合层高度

大气边界层是指对流层内贴近地表面约1～1.5 km厚的一层。大气边界层的上面是自由大气层。大气边界层受地面的影响最大，在它上边缘的风速为地转风速，进入大气边界层之后，风向、风速都发生切变。在地表面由于粘性附着作用，速度梯度最大，直至风速为0；风向的切变是由于空气运动伴随着地球柯氏力引起的。大气边界层的高度（或厚度）和结构与大气边界层内的温度分布或大气稳定度密切相关。中性或不稳定时，由于动力或热力湍流的作用，边界层内上下层之间产生强烈的动量或热量交换。通常把出现这一现象的层称为混合层。混合层向上发展时，常受到位于边界层上边缘的逆温层底部的限制。与此同时也限制了混合层内污染物的再向上扩散。观测表明：这一逆温层底（即混合层顶）上下两侧的污染物浓度可相差5～10倍；混合层厚度越小，这一差值就越大。通常认为：中性和不稳定时的混合层高度和大气边界层高度是一致的。如无实测值，可应用以下方法确定。

（1）当大气稳定度为A、B、C和D时：

$$h = a_s U_{10} / f \tag{3-11}$$

（2）当大气稳定度为E和F时：

$$h = b_s \sqrt{U_{10}} / f \tag{3-12}$$

$$f = 2\Omega \sin\varphi \tag{3-13}$$

式中 h——混合层厚度（E、F时指近地层厚度），m；

U_{10}——10m高度处平均风速，m/s；大于6m/s时取为6m/s；

a_s，b_s——混合层系数，见表3-6；

f——地转以参数；

Ω——地转角速度，取为$7.29 \cdot 10^{-5}$rad/s；

φ——地理纬度，deg。

表3-6　我国各地区的 a_s 和 b_s 值

地区贵州	a_s				b_s	
	A	B	C	D	E	F
新疆 西藏 青海	0.09	0.067	0.041	0.031	1.66	0.7
黑龙江 吉林 辽宁 内蒙古 北京 天津 河北河南 山东 山西 陕西（秦岭以北）宁夏 甘肃(渭河以北)	0.037	0.06	0.041	0.019	1.66	0.7
上海 广东 广西 湖南 湖北 江苏 浙江 安徽 海南 台湾 福建 江西	0.056	0.029	0.02	0.012	1.66	0.7
云南 贵州 四川 甘肃（渭河以南）陕西(秦岭以南)	0.037	0.048	0.031	0.022	1.66	0.7

注：静风区各类稳定度的 a_s 和 b_s 可取表中的最大值。

要点：混合层的具体高度。

三、地表水环境现状调查与评价

(一)不同类型污染源的调查方法

1. 污染源类型：点源和面源(非点源)。污染物类型：持久性污染物、非持久性污染物、pH值和热效应。

2. 污染源调查原则及内容

污染源调查原则及内容见表3-7。

表3-7　污染源调查原则及内容

污染源	调　查　原　则	调查内容
点源	以搜集现有资料为主，只有在十分必要时补充现场测试。调查的繁简程度可根据评价等级及其与建设项目的关系而略有不同。评价等级高而且现有污染源与建设项目距离较近时应该详细调查。	①污染源的排放特点；②污染源排放数据；③用排水情况；④废水、污水处理状况
非点源	一般采用资料收集的方法，不进行实测	工业类及其他非点源污染源

(1)点源调查的基本内容

①排放特点：调查确定排放口的平、断面位置、排放方向、形式(分散或集中)。

②排放数据：根据现有的实测数据、统计报表以及各厂矿的工艺路线等选定的主要水质参数，并调查现有的排放量、排放速度、排放浓度及其变化等。

③用排水状况：主要调查取水量、用水量、循环水量及排水总量等。

④废(污)水的处理状况：主要调查废(污)水的处理设备、处理效率、处理水量及进、出水质状况等。

(2)工业类非点源调查的基本内容

①非点源概况：原料、燃料、废料、废弃物的堆放位置、面积、形式、堆放点的地面铺装及其保洁程度、堆放物的遮盖方式等。

②非点源的排放方式、去向与处理情况：应说明非点源污染物是有组织的汇集还是无组织的漫流；是集中后直接排放还是处理后排放；是单独排放还是与生产废水或生活污水合并排放等。

③非点源的排污数据：根据现有实测数据、统计报表以及根据引起非点源污染的原料、燃料、废料、废弃物的物理、化学、生化性质选定调查的主要水质参数，调查有关排放季节、排放时期、排放量、排放浓度及其变化等数据。

(3)其他非点污染源调查的基本内容

①山地、草原、农地非点污染源，应调查有机肥、化肥、农药的施用量，以及流失率、流失规律、不同季节的流失量等。

②城市非点污染源，应调查雨水径流特点、初期城市暴雨径流的污染物数量。

要点：污染源类型分为点源和面源。污染物类型分为持久性污染物、非持久性污染物、pH 值和热效应。

(二)不同水体环境现状调查的基本内容和要求

1. 确定环境现状的调查范围

调查范围应能包括受建设项目对周围地表水环境影响较显著的区域。在此区域内的调查应能全面说明与地表水环境相联系的环境基本状况，并能满足环境影响预测的需要。

2. 确定环境现状的调查时段

(1)根据当地水文资料确定河流、湖泊、水库的丰水期、平水期、枯水期，同时确定三个时期的季节和月份。

(2)根据评价等级确定调查时期。

对水环境调查时期的要求见表 3－8。

表 3－8　对水环境调查时期的要求

水域	一级	二级	三级
河流	一般情况下调查一个水文年的丰水期、平水期、枯水期；若评价时间不够，至少应调查平水期和枯水期	条件允许，调查一个水文年的丰水期、平水期和枯水期；一般情况可只调查枯水期和平水期；若评价时间不够，可只调查枯水期	一般情况下，可只在枯水期调查
河口	一般情况下调查一个潮汐年的丰水期、平水期、枯水期；若评价时间不够，至少应调查平水期和枯水期	一般情况可只调查枯水期和平水期；若评价时间不够，可只调查枯水期	一般情况下，可只在枯水期调查
湖泊	一般情况下调查一个水文年的丰水期、平水期、枯水期；若评价时间不够，至少应调查平水期和枯水期	一般情况可只调查枯水期和平水期；若评价时间不够，可只调查枯水期	一般情况下，可只在枯水期调查

要点：水体环境现状调查的范围应能包括受建设项目对周围地表水环境影响较显著的区域。一级评价调查丰水期、平水期、枯水期，若评价时间不够，至少应调查平水期和枯水期；二级评价一般情况可只调查枯水期和平水期，若评价时间不够，可只调查枯水期；三级评价可只在枯水期调查。

（三）河流、湖泊常用环境水文特征及常用参数的调查方法

1. 河川径流的表示方法

流量 Q：单位时间通过河流某一断面的水量，单位为 m^3/s。

径流总量 W：在 T 时段内通过河流某一断面的总水量，$W=QT$。

径流深 Y：$Y=QT/1000F$，F 为流域面积，单位 km^2。

径流系数 α：某一时段内径流深与相应降雨深 P 的比值，$\alpha=Y/P$。

径流模数：$M=1000Q/F$

2. 河流的基本环境水文与水力学特征

（1）河道水流形态的基本分类

均匀流与非均匀流：河道断面为棱柱形且底坡均匀时，河道中的恒定流呈均匀流流态，反之为非均匀流。

渐变流与急变流：河道形态变化不剧烈，河道中沿程的水流要素变化缓慢，称为渐变流，反之为急变流。

（2）设计年最枯时段流量

枯水流量的选择一般分为两种情况：

a. 固定时段选样，每年选样的起止时间是一定的；

b. 浮动时段选样，每年选样的时间是不固定的，适用于推求短时段设计枯水流量时。

（3）河流断面流速计算

a. 实测流量资料多，绘制水位－流量，水位－面积，水位－流速关系曲线，由设计流量推求相应的断面平均流速。

b. 实测流量资料较少时，通过水力学公式计算。

c. 用公式计算（目前广泛使用的公式如下）。

有足够实测资料的计算公式：

$$\left.\begin{aligned} v &= \frac{Q}{A} \\ A &= Bh \\ h &= \frac{F}{B} \end{aligned}\right\} \quad (3-14)$$

经验公式：

$$\left.\begin{aligned} v &= \alpha Q^{\beta} \\ h &= rQ^{\delta} \\ B &= \frac{1}{\alpha r} Q^{(1-\beta-\delta)} \end{aligned}\right\} \quad (3-15)$$

式中　v——断面平均流速；

Q——流量；

A——过水断面面积；

B——河宽；

h——平均水深

α、β、γ、δ——经验参数，由实测资料确定。

（4）河流水体混合

混合是流动水体单元相互掺混的过程，包括分子扩散、紊动扩散、剪切离散等分散过程及其联合作用，见表 3－9。

3. 湖泊、水库的环境水文特征

湖泊：内陆低洼地区蓄积着停止流动或慢流动而不与海洋直接联系的天然水体称为湖泊。

水库/人工湖泊：人类为了控制洪水或调节径流，在河流上筑坝，拦蓄河水而形成的水体为水库，也称人工湖泊。

从深度分，湖泊和水库分为深水型和浅水型；从水面形态分，可分为宽阔型和窄条型。

表3－9　水体混合过程(重点)

水体混合过程	定义	公　式
分子扩散	流体中由于随机分子运动引起的质点分散现象（即由于物质分子的热运动而产生的扩散）	$P_{xi} = -D_m \frac{\partial c}{\partial x_i}$ 式中：c 为浓度；P_{xi} 为 x_i 方向上的分子扩散通量；D_m 为分子扩散系数
紊动扩散	流体中由水流的脉动引起的质点分散现象	$P_{xi} = u_{xi}c' = -D_t x_i \frac{\partial \bar{c}}{\partial x_i}$ 式中：P_{xi} 为 x_i 方向上的紊动扩散通量；$\bar{C}$ 为脉动平均浓度；c'，u'_{xi} 为脉动浓度值及各向脉动流速值；D_t 为紊动扩散系数
剪切离散	由于脉动平均流速在空间分布不均匀引起的分散现象	$P_x = <\hat{u}_x \hat{c}> = -D_L \frac{\partial <C'>}{\partial x}$ 式中：P_x 为断面离散通量； ∧表示断面各点值与断面均值之差；D_L 为离散系数；$\hat{u}_x$ 断面各点流速与断面均值之差，$\hat{c}$ 断面各点浓度与断面均值之差
混合	泛指分子扩散、紊动扩散、剪切离散等各类分散过程及其联合产生的过程	$M_y = 0.6(1 \pm 0.5)hu^*$ 式中：M_y 为横向混合系数，m^2/s；h 为平均水深，m；u^* 为摩阻流速，m/s 纵向离散系数的 Fischer 公式：$D_L = 0.011u^2B^2/hu*$ 式中：u 为断面平均流速；B 为河宽

①湖泊、水库的水量平衡关系式

$$W_{入} = W_{出} + W_{损} \pm \Delta W \tag{3-16}$$

式中　$W_{入}$——湖泊、水库的时段来水总量；

$W_{出}$——湖泊、水库的时段内出水量；

$W_{损}$——时段内湖泊、水库的水面蒸发与渗漏等损失总量；

ΔW——时段内湖泊、水库蓄水量的增减值。

②湖泊、水库的动力特征

湖流：湖、库水在水力坡度力、密度梯度力、风力等作用下产生沿一定方向的流动。按成因，可分为风成流、梯度流、惯性流和混合流。

湖流环状流动可分为水平环流、垂直环流和兰米尔环流(在表层形成的螺旋形流动)。

湖水混合：湖、库水混合的方式分为紊动混合(由风力和水力坡度作用产生)和对流混合(由湖水密度差异引起)。

波浪：湖泊中的波浪主要是由风引起的，又称为风浪。

波漾：湖、库中水位有节奏的升降变化，称为波漾或定振波。

③水温

容积和水深较小的湖泊，没有温度垂直分层。

容积和水深较大的湖泊或水库，水温呈垂向分层型。水温垂向分布有三个层次，上层温度较高，下层温度较低，中间称为温跃层。

湖泊水库水温是否分层，区别方法较多，比较简单的而常用的是通过湖泊、水库水替换的次数指标 α 和 β 经验性标准来判别。

α = 年总入流量/湖泊、水库总容积

β = 一次洪水总量/湖泊、水库总容积

当 $\alpha<10$，认为湖泊，水库为稳定分层。另外还有一种最简单的经验判别法，即以湖泊、水库的平均水深 $H>10$m 时，认为下层水常不受上层影响而保持一定的温度，此种为分层型；反之若 $H\leqslant10$m，则湖泊、水库可能是混合型。

常用水文特征值的获取方法主要有：收集资料法、实测法和公式计算法。首先应向有关的水文测量和水质监测等部门收集现有资料，当资料不足时，应进行一定的水文调查和水质调查，特别需进行与水质调查同步的水文测量。一般情况，水文调查与水文测量在枯水期进行，必要时，其他时期可进行补充调查。水文测量的内容与拟采用的环境影响预测方法密切相关。

要点：河流、湖泊常用环境水文特征有哪些?

(四)河口、近海水体的基本环境水动力学特征及相应的调查方法

1. 河口和近海的相关概念

河口：入海河流受到潮汐作用的一段河段，又称感潮河段。与一般河流最显著的区别是常受到潮汐的影响。

海湾：是海洋凸入陆地的那部分水域。海湾根据形状、湾口的大小和深浅以及通过湾口与外海的水交换能力，可以分为闭塞型和开敞型两类。

大陆架水区：位于大陆架上水深200m以下，海底坡度不大的沿岸海域，是大洋与大陆之间的连接部。

2. 河口海湾的基本水流形态

水流的动力条件是污染物在河口海湾中得以输移扩散的决定性因素。

潮流：内外海潮波进入沿岸海域和海湾时的变形而形成的浅海特有的潮波运动形态。

在河口海湾等近海水域，潮流对污染物的输移和扩散起主要作用。

(五)不利水文条件及其确定方法

确定不利水文条件的方法：

(1)根据水文、水质条件，确定不利于建设项目废水排放的水期(不一定是枯水期)

(2)在不利水期内，确定水质预测时段(如水期平均、连续最枯7/30天，最枯月等)；

(3)确定预测时段相应的环境水文特征值(如：平均流量、流速、扩散系数、河宽、平均水深、坡度、弯曲系数等)。

在河流水环境影响评价中，通常都是选择影响河流水环境质量的最不利条件作为计算水中污染物环境影响的计算条件。河流的枯水期(一般为冬季)流量小，自净能力弱，是河流污染最严重的时期。

（六）单项水质参数法在水质现状评价中的应用

单项水质参数评价方法一般采用单因子评价，即取某一评价因子的多次监测的极值或平均值，与该因子的标准值相比较。

在水环境质量评价中，当有一项指标超过相应功能的标准值时，就表示该水体已经不能完全满足该功能的要求，因此单因子评价法可以非常简单明了地了解水域是否满足功能要求，是水环境影响评价中最常用的方法。

1. 一般水质因子（随水质浓度增加而水质变差的水质因子）

$$S_{i,j} = c_{i,j}/c_{s,i} \tag{3-17}$$

式中 $S_{i,j}$——水质评价因子 i 在第 j 点上的标准指数；

$c_{i,j}$——评价因子 i 在第 j 点上的实测统计代表值，mg/L；

$c_{s,i}$——评价因子 i 的评价标准限值，mg/L。

2. 特殊水质因子

①溶解氧（DO）

$$\text{a. } DO_j \geqslant DO_s\text{：} S_{DO,j} = |DO_f - DO_j| / (DO_f - DO_s) \tag{3-18}$$

$$\text{b. } DO_j < DO_s\text{：} S_{DO,j} = 10 - 9DO_j/DO_s \tag{3-19}$$

式中 DO_f——饱和溶解氧的浓度，$DO_f = 468/(31.6 + t)$，mg/L，

t——水温，℃

DO_s——溶解氧的评价标准限值，mg/L；

DO_j——j 点的溶解氧实测统计代表值，mg/L 。

②pH 值（两端有限值，水质影响不同）

$$\text{a. 当 } pH_j \leqslant 7.0\text{：} S_{pHj} = (7.0 - pH_j)/(7.0 - pH_{sd}) \tag{3-20}$$

$$\text{b. 当 } pH_j > 7.0\text{：} S_{pHj} = (pH_j - 7.0)/(pH_{su} - 7.0) \tag{3-21}$$

式中 pH_j——河流上游或湖（库）、海的 pH 值的实测统计代表值；

pH_{sd}、pH_{su}——分别为地面水水质评价标准中规定的 pH 下限值、上限值。

3. 判据

水质因子的标准指数≤1，表明该水质因子在评价水体中的浓度符合水域功能及水环境质量标准要求；否则，则表明该水质参数超过了规定的水质标准，已经不能满足使用要求。

要点：水质因子的标准指数≤1，表明该水质因子在评价水体中的浓度符合水域功能及水环境质量标准要求；否则，则表明该水质参数超过了规定的水质标准，已经不能满足使用要求。

（七）常用环境水文特征值获取的基本方法

（1）水文站资料收集利用法

（2）现场实测法

（3）分析计算法（判图法、水力学公式计算法）

要点：常用环境水文特征值获取的方法有水文站资料收集利用法、现场实测法、分析计算法。

（八）水污染源按产生及进入环境方式、污染性质进行的分类

按产生及进入环境方式分为：点源、面源；

按污染性质分为：持久性污染物、非持久性污染物、水体酸碱度、热效应。

要点：按污染性质分为持久性污染物、非持久性污染物、水体酸碱度、热效应。

(九)河流、湖泊、河口海湾和近海水体水质监测取样断面上取样点的布设方法及取样方法

河流：在调查范围的两端应布设取样断面，调查范围内重点保护对象附近水域应布设取样断面。水文特征突然化(如支流汇入处等)、水质急剧变化处(如污水排入处等)、重点水工构筑物(如取水口、桥梁涵洞等)附近、水文站附近等应布设取样断面，在拟建成排污口上游500m处应设置一个取样断面。

取样断面上取样垂线的布设：当河流面形状为矩形或相近于矩形时，可按下列原则布设：(1)小河：在取样断面的主流线上设一条取样垂线；(2)大、中河：河宽<50m，共设两条取样垂线，在取样断面上各距岸边1/3水面宽处各设一条取样垂线；(3)河宽>50m，共设三条取样垂线，在主流线上及距两岸不少于0.5m，并有明显水流的地方各设一条取样垂线；(4)特大河：由于河流过宽，应适当增加取样垂线数，而且主流线两侧的垂线数目不必相等，拟设置排污口一侧可以多一些。如断面形状十分不规则时，应结合主流线的位置，适当调整取样垂线的位置和数目。

垂线上取样水深的确定：在一条垂线上，水深大于5m时，在水面下0.5m水深处及在距河底0.5m处各取样一个；水深为1~5m时，只在水面下0.5m处取一个样；在水深<1m时，取样点距水面不应小于0.3m，距河底也不应小于0.3m。对于三级评价的小河不论河水深浅，只在一条垂线上一个点取一个样，一般情况下取样点应在水面下0.5m处，距河底不应小于0.3m。

取样方法：一级评价：每个取样点的水样均应分析，不取混合样；二、三级评价：需要预测混合过程段水质的场合，每次应将该段内各取样断面中每条垂线上的水样混合成一个水样。其他情况每个取样断面每次只取一个混合水样。

湖泊、水库取样位置上取样点的布设：(1)大、中型湖泊与水库：平均水深小于10m时，取样点设在水面下0.5m处，但距湖库底不应小于0.5m。平均水深大于等于10m时，首先应找到斜温层。在水面下0.5m及斜温层以下，距湖库底0.5m以上处各取一个水样。(2)小型湖泊与水库：平均水深小于10m时，水面下0.5m，并距湖库底不小于0.5m处设一取样点。平均水深大于等于10m时，水面下0.5m处和水深10m，并距底不小于0.5m处各设一取样点。

取样方法：(1)小型湖泊与水库：如水深小于10m时，每个取样位置取一个水样；如水深大于等于10m时，则一般只取一个混合样，在上下层水质差距较大时，可不进行混合。(2)大、中型湖泊与水库：各取样位置上不同深度的水样均不混合。

河口取样点的布设和取样方法与河流部分相同。

海湾与近海水体取样点布设：水深小于等于10m时，只在水面下0.5m处取一个水样，此点与海底的距离不小于0.5m。水深大于10m时，在水面下0.5m处和水深10m，并距海底不小于0.5m处分别设取样点。

取样方法：每个取样位置一般只有一个水样，即在水深大于10m时，将两个水深所取的水样混合成一个水样，但在上下层水质差距较大时，可以不进行混合。

要点：河流、湖泊水质监测取样断面上取样点的布设方法、取样方法。

四、地下水环境现状调查与评价

（一）描述地下水水文地质条件的基本内容和常用参数

1. 水文地质条件调查的主要内容

(1)气象、水文、土壤和植被状况。

(2)地层岩性、地质构造、地貌特征与矿产资源。

(3)包气带岩性、结构、厚度。

(4)含水层的岩性组成、厚度、渗透系数和富水程度：隔水层的岩性组成、厚度、渗透系数。

(5)地下水类型、地下水补给、径流和排泄条件。

(6)地下水水位、水质、水量、水温。

(7)泉的成因类型，出露位置、形成条件及泉水流量、水质、水温，开发利用情况。

(8)集中供水水源地和水源井的分布情况(包括开采层的成井密度、水井结构、深度以及开采历史)。

(9)地下水现状监测井的深度、结构以及成井历史、使用功能。

(10)地下水背景值(或地下水污染对照值)。

2. 常用的水文地质参数

(1)孔隙度：是指某一体积岩石(包括孔隙在内)中孔隙所占体积比例。也即是多孔体中所有孔隙的体积与总体积之比。

(2)有效孔隙度：由于并非所有孔隙都互相连通，把连通的孔隙体积与总体积之比称为有效孔隙度。

(3)渗透系数：岩石的透水性是指岩石允许水透过的能力。表征岩石透水性的定量指标是渗透系数。一般采用 m/d 或 cm/s 为单位。

渗透系数又称水力传导系数。在各向同性介质中，它定义为单位水力梯度下的单位流量，表示流体通过孔隙骨架的难易程度。在各项异质介质中，渗透系数以张量形式表示。

渗透系数越大，岩石透水性越强。

影响渗透系数大小的因素很多，主要取决于介质颗粒的形状、大小、不均匀系数和水的黏滞性等。在实际的工作中，由于不同地区地下水的黏性差别不大，在研究地下水流动规律时，常常可以忽略地下水的黏性，即认为渗透系数只与含水层介质的性质有关。

渗透系数通常可通过试验方法(包括实验室测定法和现场测定法)或经验估算法来确定。

(4)给水度：若使潜水地面水位下降，则下降范围内饱水岩石及相应的支持毛细水带中的水，将因重力作用而下移并部分地从原先赋存的空隙中释出。我们把地下水位下降一个单位的深度，从地下水位延伸到地表面的单位水平面积岩石柱体，在重力作用下释出的水的体积，称为给水度。

对于均质的松散岩石，给水度的大小与岩性、初始地下水位埋藏深度以及地下水位下降速率有关。

(5)贮水系数：承压含水层的贮水系数(S)是指其测压水位下降(或上升)一个单位的深度，单位水平面积含水层释出(或储存)的水的体积。

（6）水动力弥散系数：是表征在一定流速下，多孔介质对某种污染物弥散能力的参数，它在宏观上反映了多孔介质中地下水流动过程和空隙结构特征对溶质运移过程的影响。

一般地说，水动力弥散系数包括机械弥散系数与分子扩散系数。

（二）地下水水质现状调查和评价的方法

1. 地下水水质现状调查方法

地下水由于其深埋地下，其调查方法要更复杂。

除需要采用一些地表水环境调查方法外，因地下水与地质环境关系密切，还要采用一些地质调查的技术方法。

最基本的调查方法有：地下水环境地面调查（又称水文地质测绘）、钻探、物探、野外试验、室内分析、检测、模式测验及地下水动态均衡研究等。

随着现代科学技术的发展，不断产生新的地下水环境现状调查技术方法，包括航卫片解译技术、地理信息系统（GIS）技术、同位素技术、直接寻找地下水的物探方法及测定水文地质参数的技术方法等，这些都大大提高了地下水环境现状调查的精度和工作效率。

2. 地下水水质现状评价的方法

地下水质量评价以地下水水质调查分析资料或水质监测资料为基础，可采用标准指数法、污染指数法和综合评价方法。

（1）标准指数法

对评价标准为定值的水质参数，其标准指数法公式为：

$$P_i = C_i / S_i \tag{3-22}$$

式中 P_i——标准指数；

C_i——水质参数 i 的监测浓度值；

S_i——水质参数 i 的标准浓度。

对于评价标准为区间值的水质参数其标准指数式为：

$$P_{pH} = (7.0 - pH_i)/(7.0 - pH_{sd}),\ pH_i \leqslant 7 \text{ 时} \tag{3-23}$$

$$P_{pH} = (pH_i - 7.0)/(pH_{sd} - 7.0),\ pH_i > 7 \text{ 时} \tag{3-24}$$

评价时标准指数 >1，表明该水质参数已超过了规定的水质标准，指数值越大，超标越严重。

（2）污染指数法

对于对照值为定值的水参数，其污染指数法公式为：

$$P_i = C_i / S_i \tag{3-25}$$

式中 P_i——污染指数；

C_i——水质参数 i 的监测浓度值；

S_i——水质参数 i 的对照值浓度值。

对于地下水污染对照值为区间值的水质参数，其污染指数式为：

$$P_{pH} = (7.0 - pH_i)/(7.0 - pH_{sd}),\ pH_i \leqslant 7 \text{ 时} \tag{3-26}$$

$$P_{pH} = (pH_i - 7.0)/(pH_{sd} - 7.0),\ pH_i > 7 \text{ 时} \tag{3-27}$$

（3）综合评价方法

地下水质量综合评价在单因子指数法的基础上按照以下几个步骤进行：

对各单项组分进行评价，划分各组分所属质量类别；对各类别按照表 3－10 所列规定各

组分分值 F_i；

表 3-10　所列规定各组分分值 F_i

类别	F_i
Ⅰ	0
Ⅱ	1
Ⅲ	3
Ⅳ	6
Ⅴ	10

(三)包气带防护性能评价的基本方法

按包气带中岩(土)层的分布情况分为强、中、弱三级，包气带的防护性能分为弱、中、强三类，分级原则见表 3-11。

表 3-11　包气带防污性能分级

分级	包气带岩土的渗透性能
强	岩(土)层单层厚度 Mb≥1.0m，渗透系数 $K \leqslant 10^{-7}$cm/s，且分布连续、稳定。
中	岩(土)层单层厚度 0.5m≤Mb<1.0m，渗透系数 $K \leqslant 10^{-7}$cm/s，且分布连续、稳定。 岩(土)层单层厚度 Mb≥1.0m，渗透系数 10^{-7}cm/s $< K \leqslant 10^{-4}$cm/s，且分布连续、稳定。
弱	岩(土)层不满足上述“强”和“中”条件。

注：表中“岩(土)层”系指 CP 场地地下基础之下第一岩(土)层。

五、声环境现状调查和评价

(一)声环境质量评价量的含义及应用

(1)量度声波强度的物理量。

(2)A 声级 LA 和最大 A 声级 LA_{max}。

人耳对声音强弱的感觉，不仅同声压有关，而且同频率有关。例如，人耳听声压级为 67dB、频率为 100Hz 的声音，同听 60dB、1000Hz 的声音主观感觉是一样响。

在 20 世纪 30 年代，人们为了用仪器直接测出反映人对噪声的响度感觉，设计了由电阻、电容等电子器件组成的计权网络，设置在声级计上，使声级计分别具有 A、B、C 计权特性。用声级计的 A、B、C 计权网络分别测出的声级即为 A 声级、B 声级、C 声级。

人们总结具有 A、B、C 计权特性的声级计多年的实际使用经验，发现 A 声级能较好地反映人对噪声的主观感觉，因而在噪声测量中，A 声级被用作噪声评价的主要指标。以 LPA 或 LA 表示，单位为 dB(A)。

倍频带声压级和 A 声级的换算关系为：

$$LA = 10\lg\left[\sum_{i=1}^{n} 10^{0.1(Lp_i - \Delta L_i)}\right] \tag{3-28}$$

设各个倍频带声压级为 Lp_i，那么 A 声级为：第 i 个倍频带的 A 计权网络修正值，dB；n 为总倍频带数。

A 声级一般用来评价噪声源，对特殊噪声源在测量 A 声级的同时还需要测量其频率特性，对突发噪声往往需要测量最大 A 声级 LAmax 及其持续时间，脉冲噪声应同时测量 A 声级和脉冲周期。

(3)等效连续 A 声级

等效连续 A 声级即将某一段时间内连续暴露的不同 A 声级变化，用能量平均的方法以 A 声级表示该段时间内的噪声大小。数学表达式为：

$$L_{eq} = 10\lg\left[\frac{1}{T}\int_0^T 10^{0.1L_A(t)}\,dt\right] \tag{3-29}$$

式中 L_{eq}——在 T 时间段内的等效连续 A 声级，dB(A)；

$L_A(t)$——t 时刻的瞬时 A 声级，dB(A)；

T——连续取样的总时间，min。

由于噪声测量实际上是采取等间隔取样的，所以又可用下式计算：

$$L_{eq} = 10\lg\left(\frac{1}{N}\sum_{i=1}^{N}10^{0.1L_i}\right) \tag{3-30}$$

式中 L_i——第 i 次读取的 A 声级，dB；

N——取样次数。

(二)声环境现状监测的布点要求

布点应覆盖整个评价范围，包括厂界(或场界、边界)和敏感目标。当敏感目标高于(含)三层建筑时，还应选取有代表性的不同楼层设置测点。评价范围内没有明显的声源(如工业噪声、交通运输噪声、建设施工噪声、社会生活噪声等)，且声级较低时，可选择有代表性的区域布设测点。评价范围内有明显的声源，并对敏感目标的声环境质量有影响，或建设项目为改、扩建工程，应根据声源种类采取不同的监测布点原则。

(1)当声源为固定声源时，现状测点应重点布设在可能既受到现有声源影响，又受到建设项目声源影响的敏感目标处，以及有代表性的敏感目标处；为满足预测需要，也可在距离现有声源不同距离处设衰减测点。

(2)当声源为流动声源，且呈现线声源特点时，现状测点位置选取应兼顾敏感目标的分布状况、工程特点及线声源噪声影响随距离衰减的特点，布设在具有代表性的敏感目标处。为满足预测需要，也可选取若干线声源的垂线，在垂线上距声源不同距离处布设监测点。其余敏感目标的现状声级可通过具有代表性的敏感目标噪声的验证和计算求得。

(3)对于改、扩建机场工程，测点一般布设在主要敏感目标处，测点数量可根据机场飞行量及周围敏感目标情况确定，现有单条跑道、二条跑道或三条跑道的机场可分别布设 3～9，9～14 或 12～18 个飞机噪声测点，跑道增多可进一步增加测点。其余敏感目标的现状飞机噪声声级可通过测点飞机噪声声级的验证和计算求得。

(三)工矿企业、铁路、公路等建设项目声环境现状调查的方法及要点

1. 对工矿企业环境噪声现状水平调查

(1)现有车间，重点为处于 85dB 以上的噪声源分布及声级分析。

(2)厂区内一般采用网格法布点测量。间隔 10～50m(大厂间隔 50～100m)划正方网格，每个网格的交点即为测点。

(3)厂界噪声水平测量点布置在厂界外1m处，间隔50~100m。大型项目100~300m。

(4)生活居住区，可以用网格法，或针对敏感目标监测。

2. 公路铁路环境噪声现状水平调查

(1)调查评价范围内有关城镇、学校、医院、居民集中区或农村生活区等敏感目标在沿线的分布情况及相应执行的噪声标准。

(2)敏感目标较多时，分路段测量环境噪声背景值(逐点或选典型代表点布点)。

(3)存在现有噪声源时，应调查其分布状况和对周围敏感目标影响的范围和程度。

3. 飞机场环境噪声现状水平调查

(1)应调查评价范围内声环境功能区划、敏感目标和人口分布，噪声源种类、数量和相应的噪声级。

(2)没有明显噪声源的，可以根据评价等级选择3~6个测点。

(3)改扩建工程，分别选择3~18个测点进行飞机噪声监测。

(4)每种机型测量的起降状态不得少于3次。

(四)声环境现状评价的方法

声环境现状调查的基本方法是：收集资料法，现场调查法，现场测量法。评价时，应根据评价工作等级的要求确定需采用的具体方法。

(五)环境噪声现状测量的要求

1. 测量量

(1)环境噪声测量量为A声级及等效连续A声级；高声级的突发性噪声测量量为最大A声级及噪声持续时间；机场飞机噪声的测量量为计权等效连续感觉噪声级(WECPNL)。

(2)噪声源的测量量有倍频带声压级、总声压级、A声级、线性声级或声功率级、A声功率级等。

(3)脉冲噪声应同时测量A声级及脉冲周期。

2. 测量时段

(1)应在声源正常运转或运行工况的条件下测量。

(2)每一测点，应分别进行昼间和夜间的测量。

(3)对于噪声起伏较大的情况(如道路交通噪声、铁路噪声、飞机机场噪声)，应加大昼间、夜间的测量次数。

3. 采样或读数方式

(1)用积分声级计或其它具有相同功能的仪器测量，仪器动态特性用“快”响应，采样间隔不大于1s，每次测量持续时间应根据有关测量方法标准确定(如铁路噪声每次测量持续时间为1h)。

(2)若用非积分式声级计，仪器动态特性用“慢”响应，读数间隔可为5s，每次测量数据不少于200个。

4. 记录内容

(1)测量仪器。

(2)声级数据。

(3)有关声源运载或运行情况(如设备噪声包括设备名称、型号、运行工况、运转台数，道路交通噪声包括车流量、车种、车速等)。

六、生态现状调查与评价

(一)生态现状调查的基本内容

1. 自然环境状况

地理特征因素，如行政区域，地形地貌、坡向坡度、海拔、经度、纬度等)；地质构造；气象气候因素；水文状况；自然资源状况，如水资源、土壤资源、动植物资源：

此外，调查中还应注意：

项目拟建区域人类开发历史、开发方式和强度；项目拟建区域自然灾害及其对生境的干扰破坏情况；区域生态环境演变的基本特征；基础图件收集与编制，主要收集地形图、土地利用现状图、植被图、土壤侵蚀图等。当已有图件不能满足评价要求时，1 级项目要应用遥感和地面勘察、勘测、采样分析相结合的方法编制各种基础信息图件。

2. 社会经济调查

社会经济状况的调查主要包括：

社会结构情况，如人口密度、人均资源量(人均土地资源、人均水资源)、人口生活水平、科技和文化水平等等；

经济结构与经济增长方式，如产业构成的历史、现状及发展，自然资源的利用方式和强度等；

移民问题，包括迁移规模，迁移方式，预计移民区产业情况，住区情况及潜在的生态问题和敏感因素。

3. 敏感生态问题的调查

仅就生态脆弱区(沙漠化问题)和生物多样性(生态敏感区)作简要说明。

(1)荒漠化。

(2)生物多样性调查。

植物物种多样性调查：一般只限于维管植物，采用单位面积(hm^2)内维管植物种数。

动物多样性调查

(3)项目拟建区关键敏感种的调查

4. 生态完整性调查

(1)生产能力估测：参考权威著作提供的数据；区域蒸散模式；生物量实测(皆伐实测法、平均木法、随机抽样法)

(2)稳定状态的调查：恢复性稳定、阻抗稳定性的调查

5. 环境质量现状调查：大气环境质量、地面水环境质量、声环境质量等。

6. 公众参与：受拟建项目影响的公众或社会团体对项目影响的意见以及相应的解决办法和措施。

(二)陆生植被、生物量调查和评价的方法

陆生植被经常需进行现场的样方调查，样方调查中首先须确定样地大小，一般草本的样地在 $1m^2$ 以上；灌木林样地在 $10m^2$ 以上，乔木林样地在 $100m^2$ 以上，样地大小依据植株大

小和密度确定。其次须确定样地数目，样地的面积须包括群落的大部分物种，一般可用物种与面积的关系曲线确定样地数目。样地的排列有系统排列和随机排列两种方式。样方调查中“压线”植物的计量须合理。在样方调查（主要是进行物种调查、覆盖度调查）的基础上，可依下列方法计算植被中物种的重要值。

①密度＝个体数目/样地面积

$$相对密度 = (一个种的密度/所有种的密度) \times 100\% \tag{3-31}$$

②优势度＝底面积（或覆盖面积总值）/样地面积。

$$相对优势度 = (一个种的优势度/所有种的优势度) \times 100\% \tag{3-32}$$

（三）调查和确定生态敏感目标的方法

1. 法规确定的保护目标

（1）具有代表性的各种类型的自然生态系统区域。

（2）珍稀、濒危的野生动植物自然分布区域。

（3）重要的水源涵养地。

（4）具有重大科学文化价值的地质构造、著名溶洞和化石分布区、冰川、火山、温泉等自然遗迹。

（5）人文遗迹、古树名木。

（6）风景名胜区、自然保护区。

（7）自然景观。

（8）海洋特别保护区、海上自然保护区、滨海风景游览区。

（9）水产资源、水产养殖场、鱼蟹徊游通道。

（10）海涂、海岸防护林、风景林、风景石、红树林、珊瑚礁。

（11）水土资源植被荒地。

（12）崩塌滑坡危险区、泥石流易发区。

（13）耕地、基本农田保护区。

2. 敏感保护目标识别

一般敏感保护目标根据以下指标判别：

①具有生态学意义的保护目标。

②具有美学意义的保护目标。

③具有科学文化意义的保护目标。

④具有经济价值的保护目标。

⑤具有生态功能区和具有社会安全意义的保护目标。

⑥生态脆弱区。

⑦人类建立的各种具有生态环境保护意义的对象。

⑧环境质量急剧退化或环境质量达不到环境功能区划要求的地域、水域。

⑨人类社会特别关注的保护对象。

（四）陆生动物调查和评价的方法

陆生动物生态现状调查应包括：

①工程影响区植物区系、植被类型及分布；

②野生动物区系、种类及分布；

③珍稀动植物种类、种群规模、生态习性、种群结构、生境条件及分布、保护级别与保护状况等；

④受工程影响的自然保护区的类型、级别、范围与功能分区及主要保护对象状况；

⑤进行生态完整性评价时，应调查自然系统生产能力和稳定状况，

陆生动物调查和评价的方法：示踪法、遥测法、野外观测法。

(五)水生生态调查和评价的基本方法

1. 水生生态系统组成

水生生态系统包括海洋生态系统和淡水生态系统，淡水生态系统包括河流生态系统和湖泊生态系统。

2. 水生生态调查

内容水生生态调查内容包括：初级生产量、浮游生物、底栖生物、游泳生物和鱼类资源等，有时还有水生植物调查等，见表3－12。

表3－12　水生生态调查内容

调查项目	指标或方法
初级生产量测定	①氧气测定法②二氧化碳测定法③放射性标记物测定法④叶绿素测定法
浮游生物调查	①种类组成及分布②细胞总量③生物量④主要类群⑤主要优势种及分布⑥鱼卵和仔鱼的数量及种类、分布
底栖生物调查	①总生物量和密度②种类及其生物量、密度③种类、组成、分布④群落与优势种⑤底质
潮间带生物调查	①种类组成与分布②生物量③群落④底质
鱼类调查	①种类组成与分布②渔获密度、组成与分布③渔获生物量、组成与分布④鱼类区系特征⑤经济鱼类和常见鱼类⑥特有鱼类⑦保护鱼类

氧气测定法(黑白瓶法)：用三个玻璃瓶，其中一个用黑胶布包上，再包以铅箔。从待测的水体深度取水，保留一瓶(初始瓶)以测定水中原来溶氧量。白瓶就是透光瓶，里面可进行光合作用；黑瓶就是不透光瓶，里面不能进行光合作用，但有呼吸活动。

根据白瓶中含氧量的变化可以确定净光合作用量，而黑瓶中所测得的数据可以得知正常的呼吸耗氧量，然后就可以计算出总初级生产量。根据初始瓶(IB)、黑瓶(DB)、白瓶(LB)溶氧量，即可求得净初级生产量、呼吸量、总初级生产量：

LB－IB＝净初级生产量

IB－DB＝呼吸量

LB－DB＝总初级生产量

其中初级生产量的测定方法包括：

①氧气测定法。

② CO_2 测定法。

③放射性标记物测定法。

④叶绿素测定法。

要点：初级生产量的测定方法包括氧气测定法；CO_2 测定法；放射性标记物测定法；叶绿素测定法。

(六)“3S”技术在生态现状调查中的应用

3S 技术是指：遥感(RS)、地理信息系统(GIS)、全球定位系统技术(GPS)

(1)遥感(RS)指通过任何不接触被观测物体的手段来获取信息的过程和方法，包括航天遥感、航空遥感、船载遥感、雷达以及照相机摄制的图像。最常用的卫星遥感资源是美国陆地资源卫星 TM 影像，包括 7 个波段，每个波段的信息反映了不同的生态学特点。不同波段信息可以以某种形式组合起来，形成各种类型的植被指数，目前已提出的植被指数有几十个，但是应用最广的是 NDVI 指数(归一化差异植被指数)。遥感的数据记录方式：①以胶片记录，主要用于航空摄影；②以计算机兼容磁带数据格式记录，主要用于航天遥感。遥感为景观生态学研究和应用提供的信息包括：地形、地貌、地面水体植被类型及其分布、土地利用类型及其面积、生物量分布、土壤类型及其水体特征、群落蒸腾量、叶面积指数及叶绿素含量等。

利用计算机进行景观遥感分类，一般分为五个步骤：a. 数据收集和预处理；b. 选择训练样区和 GPS 定位；c. 遥感影像分类；d. 分类结果的后处理；e. 分类精度评价。

(2)地理信息系统(GIS)：在计算机支持下，对空间数据进行采集、储存、检索、运算、显示和分析的管理系统。

①数据结构种类：矢量结构、栅格结构和层次结构。

②常用功能：a. 空间数据的录入；b. 空间数据的查询；c. 空间数据分析；d. 栅格图层的叠加；e. 空间数据的更新显示；f. 空间数据的打印输出；g. 空间数据局部删除、局部截取和分割。

(3)全球定位系统(GPS)包括三部分：GPS 卫星星座、地面监控系统、GPS 信号接收机。GPS 卫星星座由 21 颗工作卫星和 3 颗备用卫星组成。利用 GPS 系统进行定位，需要接收至少 4 颗卫星的信号。

(七)植被类型

按生物群落的特点，植被类型主要包括热带雨林、热带落叶林、热带旱生林、稀树草原、荒漠和半荒漠、温带草原、亚热带常绿林、温带落叶林、北方针叶林、冻原等类型。

(八)土地利用类型

国家实行土地用途管制制度。国家编制土地利用总体规划，规定土地用途将土地分为农用地、建设用地和未利用地。严格控制农用地转为建设用地，控制建设用地总量，对耕地实行特殊保护。

农用地：是指直接用于农业生产的土地，包括耕地、林地、草原、农田水利用地、养殖水面等；

建设用地：是指建造建筑物、构筑物的土地，包括城乡住宅和公用设施用地、工矿用地、交通水利设施用地、旅游用地、军事设施用地等；

未利用地：是指农用地和建设用地以外的土地。

要点：国家实行土地用途管制制度。国家编制土地利用总体规划，规定土地用途将土地分为农用地、建设用地和未利用地。

(九)生态评价制图的基本要求和方法

1. 生态制图简介

生态制图是将生态学的研究成果用图的方式进行的表达方式。生态制图有手工制图和计算机制图两种方法。计算机制图的过程如下：

(1)生态制图数据的获取及预处理

基础图件：地理位置图、工程平面布置图、土地利用图；植被类型分布图、资源分布图等。

专项图件：珍稀动植物分布图、土壤侵蚀分布图、地质灾害及其分布图，生境质量现状图、景观生态质量评价图、主要评价因子(或关键评价因子)评价成果图。

(2)空间数据和图件的录入

利用GIS等新技术在计算机上制图，人工收集的数据和图件可经扫描、数字化仪录入计算机。

(3)图件编辑和配准

图件编辑是指对录入计算机的原始图件进行编辑；配准是指将不同类型的图幅的内容进行配准，以便于进行综合分析。

(4)图件提取

编辑生成的生态图，应是系统的分类型、分层次的图幅。

(5)空间分析

(6)图件输出

2. 生态图件技术要求

(1)生态影响评价的图件需由正规比例的基础图件和评价成果图件组成；

(2)3级项目要完成土地利用现状图和关键评价因子的评价成果图；

(3)2级项目要完成土地利用现状图，植被分布图，资源分布图等基础图件和主要评价因子的评价和预测成果图，上述图件要通过计算机完成并可以在地理信息系统上显示；

(4)1级评价项目除完成上述图件和达到上述要求以外，要用图形、图像显示评价区域全方位的评价和预测成果。

(十)景观生态学方法在环境影响评价中的应用

景观：是指由大小不等和相互作用的镶块(群落或生态系统)以一定形式构成的整体的生态学研究单位。

景观生态学：是研究一定地理单元内、一定时间阶段的生态系统类群的格局、特点、综合资源状况、相互间物与流交换等自然规律，以及人为干预下的演替趋势，提示其总体效应对人类社会的现实与潜在的影响的学科。

景观生态学的研究内容：主要是探讨环境、生物群落与人类社会的整体性，尤其强调人类活动在改变生物与环境方面的作用，注重经济、社会和生态效益的统一，注重区域开发、资源利用和生态保护的结合。因此，景观生态学研究包括了生态合理性、重视尺度性、强调异质性、控制复杂性、提高实效性、高度综合性和人类主导性等特点。

景观生态学研究的基本方法包括遥感、地理信息系统和景观分析等。

景观生态学方法主要在空间结构分析、功能与稳定性分析方面评价生态状况。

要点：景观生态学方法主要在空间结构分析、功能与稳定性分析方面评价生态状况。

(十一)生态环境现状评价的技术要求与方法

在区域生态基本特征现状调查的基础上，对评价区的生态现状进行定量或定性的分析评价，评价应采用文字和图件相结合的表现形式。

(1)在阐明生态系统现状的基础上，分析影响区域内生态系统状况的主要原因。评价生态系统的结构与功能状况(如水源涵养、防风固沙、生物多样性保护等主导生态功能)、生态系统面临的压力和存在的问题、生态系统的总体变化趋势等。

(2)分析和评价受影响区域内动、植物等生态因子的现状组成、分布；当评价区域涉及受保护的敏感物种时，应重点分析该敏感物种的生态学特征；当评价区域涉及特殊生态敏感区或重要生态敏感区时，应分析其生态现状、保护现状和存在的问题等。

第三章　环境影响识别与评价因子的筛选

一、环境影响识别的方法

1. 清单法

(1)简单型清单法；

(2)描述型清单法；

(3)分级型清单法。

环境影响识别常用的是描述型清单法，目前有两种类型的描述型清单：①环境资源分类清单；②传统的问卷式清单。

2. 矩阵法

由清单法发展而来，不仅具有影响识别功能，还有影响综合分析功能。以定性或半定量的方式说明拟建项目的环境影响。

(1)相关矩阵法；

(2)迭代矩阵法。

环境影响识别中，一般采用相关矩阵法。

3. 其他识别方法

(1)叠图法，用于涉及地理空间较大的建设项目。

(2)影响网络法，可识别间接影响和累积影响。

要点：环境影响识别的方法有清单法、矩阵法、叠图法、影响网络法。

二、评价因子筛选的方法

(一)大气环境影响评价因子的筛选方法

根据《环境影响评价技术导则大气环境(HJ 2.2—2008)》和初步工程分析结果，选择1~3种主要污染物，分别计算每一种污染物的最大地面质量浓度占标率 P_i(第 i 个污染物)，及第 i 个污染物的地面质量浓度达标准限值10%时所对应的最远距离 $D_{10\%}$。其中 p_i 定义为：

$$P_i = \frac{C_i}{C_{0i}} \times 100\% \qquad (3-33)$$

式中　P_i——第 i 个污染物的最大地面质量浓度占标率,%；

C_i——采用估算模式计算出的第 i 个污染物的最大地面质量浓度，mg/m^3；

C_{0i}——第 i 个污染物的环境空气质量浓度标准，mg/m^3；一般选用GB3095中1 h平均取样时间的二级标准的质量浓度限值。

对于没有小时浓度限值的污染物，可取日平均浓度限值的三倍值；对该标准中未包含的污染物，可参照TJ36-79中的居住区大气中有害物质的最高容许浓度的一次浓度限值。如已有地方标准，应选用地方标准中的相应值。对某些上述标准中都未包含的污染物，可参照国外有关标准选用，但应作出说明，报环保主管部门批准后执行。

最大地面质量浓度占标率 P_i 按公式计算，如污染物数 i 大于 1，取 P 值中最大者（P_{max}）和其对应的 $D_{10\%}$。根据项目特点，选取主要大气污染物。

（二）水环境影响评价因子的筛选方法

现状评价因子的选择水环境影响评价因子是从所调查的水质参数中选取的。

所选择的水质参数包括现两类：一类是常规水质参数，它能反映水域水质一般状况；另一类是特征水质参数，它能代表建设项目将来排放的水质。在某些情况下，还需要调查一些补充项目。

（1）常规水质参数：以 GB 3838 中所提出的 pH、溶解氧、高锰酸盐指数、化学需氧量、五日生化需氧量、凯氏氮或非离子氨（总氮或氨氮）、酚、氰化物、砷、汞、铬（六价）、总磷以及水温（13 项）为基础，根据水域类别、评价等级、污染源状况适当删减。

（2）特征水质参数：根据建设项目特点、水域类别及评价等级选定。可根据按行业编制的特征水质参数表进行选择，选择时可适当删减。

（3）其他方面参数：当受纳水域的环境保护要求较高（如自然保护区、饮用水源地、珍贵水生生物保护区、经济鱼类养殖区等），且评价等级为一、二级时，应考虑调查水生生物和底质。其调查项目可根据具体工作要求确定，或从下列项目中选择部分内容：水生生物方面：浮游动植物、藻类、底栖无脊椎动物的种类和数量、水生生物群落结构等。

底质方面：主要调查与拟建工程排水水质有关的易积累的污染物。

（4）根据项目废水排放的特点和水质现状调查结果，选择其中主要的污染物、对地表水危害较大的污染物、国家和地方要求控制的污染物作为评价因子。

第四章　环境影响预测与评价

一、大气环境影响预测与评价

(一) 使用估算模式计算点源和面源影响所需数据要求和应用

1. 点源参数

(1) 点源排放速率(g/s);

(2) 排气筒几何高度(m);

(3) 排气筒出口内径(m);

(4) 排气筒出口处烟气排放速度(m/s);

(5) 排气筒出口处的烟气温度(K)。

2. 面源参数

(1) 面源排放速率[g/(s·m²)];

(2) 排放高度(m);

(3) 长度(m)(矩形面源较长的一边),宽度(m)(矩形面源较短的一边)。

(二) 预测计算点的设置

预测计算点可分三类:环境空气敏感区、预测范围内的网格点以及区域最大地面浓度点。

应选择所有的环境空气敏感区中的环境空气保护目标作为计算点。

预测网格点的设置应具有足够的分辨率以尽可能精确预测污染源对评价范围的最大影响,预测网格可以根据具体情况采用直角坐标网格或极坐标网格,并应覆盖整个评价范围。预测网格点设置方法见表 3-13。

表 3-13　预测网格点设置方法

预测网格方法		直角坐标网格	极坐标网格
布点原则		网格等间距或近密远疏法	径向等间距或距源中心近密远疏法
预测网格点	距离源中心≤1000 m	50~100 m	50~100 m
网格距	距离源中心>1000 m	100~500 m	100~500 m

区域最大地面浓度点的预测网格设置,应依据计算出的网格点质量浓度分布而定,在高浓度分布区,计算点间距应不大于 50 m。

对于邻近污染源的高层住宅楼,应适当考虑不同代表高度上的预测受体。

要点:预测计算点分为三类:环境空气敏感区、预测范围内的网格点以及区域最大地面浓度点。

应选择所有的环境空气敏感区中的环境空气保护目标作为计算点。

(三)常规预测情景的设计

常规预测情景组合见表 3 - 14。

表 3 - 14　常规预测情景组合

序号	污染源类别	排放方案	预测因子	计算点	常规预测内容
1	新增污染源 (正常排放)	现有方案/ 推荐方案	所有预测因子	环境空气保护目标 网格点 区域最大地面浓度点	小时平均质量浓度 日平均质量浓度 年平均质量浓度
2	新增污染源 (非正常排放)	现有方案/ 推荐方案	主要预测因子	环境空气保护目标 区域最大地面浓度点	小时平均质量浓度
3	削减污染源(若有)	现有方案/ 推荐方案	主要预测因子	环境空气保护目标	日平均质量浓度 年平均质量浓度
4	被取代污染源(若有)	现有方案/ 推荐方案	主要预测因子	环境空气保护目标	日平均质量浓度 年平均质量浓度
5	其他在建、拟建项目 相关污染源(若有)		主要预测因子	环境空气保护目标	日平均质量浓度 年平均质量浓度

(四)项目建成后最终的区域环境质量状况分析与应用

预测对环境空气敏感区的环境影响分析，应考虑其预测值和同点位处的现状背景值的最大值的叠加影响；对最大地面浓度点的环境影响分析可考虑预测值和所有现状背景值的平均值的叠加影响。

叠加现状背景值，分析项目建成后最终的区域环境质量状况，即：新增污染源预测值 + 现状监测值 - 削减污染源计算值(如果有) - 被取代污染源计算值 = 项目建成后最终的环境影响。

若评价范围内还有其他在建项目、已批复环境影响评价文件的拟建项目，也应考虑其建成后对评价范围的共同影响。

(五)典型气象条件和长期气象条件下建设项目的环境影响分析与应用

分析典型小时气象条件下，项目对环境空气敏感区和评价范围的最大环境影响，分析是否超标、超标程度、超标位置，分析小时质量浓度超标概率和最大持续发生时间，并绘制评价范围内出现区域小时平均质量浓度最大值时所对应的质量浓度等值线分布图。

分析典型日气象条件下，项目对环境空气敏感区和评价范围的最大环境影响，分析是否超标、超标程度、超标位置，分析日平均质量浓度超标概率和最大持续发生时间，并绘制评价范围内出现区域日平均质量浓度最大值时所对应的质量浓度等值线分布图。

分析长期气象条件下，项目对环境空气敏感区和评价范围的环境影响，分析是否超标、超标程度、超标范围及位置，并绘制预测范围内的质量浓度等值线分布图。

（六）使用 AERMOD、ADMS 模式系统计算点源影响所需污染源和气象数据要求和应用

AERMOD 是一个稳态烟羽扩散模式，可基于大气边界层数据特征模拟点源、面源、体源等排放出的污染物在短期（小时平均、日平均）、长期（年平均）的浓度分布，适用于农村或城市地区、简单或复杂地形。AERMOD 考虑了建筑物尾流的影响，即烟羽下洗。模式使用每小时连续预处理气象数据模拟大于等于 1 小时平均时间的浓度分布。

AERMOD 包括两个预处理模式，即 AERMET 气象预处理和 AERMAP 地形预处理模式。

AERMOD 适用于评价范围小于等于 50 km 的一级、二级评价项目。

ADMS 可模拟点源、面源、线源和体源等排放出的污染物在短期（小时平均、日平均）、长期（年平均）的浓度分布，还包括一个街道窄谷模型，适用于农村或城市地区、简单或复杂地形。模式考虑了建筑物下洗、湿沉降、重力沉降和干沉降以及化学反应等功能。化学反应模块包括计算一氧化氮、二氧化氮和臭氧等之间的反应。

ADMS 有气象预处理程序，可以用地面的常规观测资料、地表状况以及太阳辐射等参数模拟基本气象参数的廓线值。在简单地形条件下，使用该模型模拟计算时，可以不调查探空观测资料。

ADMS－EIA 版适用于评价范围小于等于 50 km 的一级、二级评价项目。不同预测模式适用范围见表 3－15。

表 3－15　不同预测模式适用范围

预测模式	EIAA	ADMS－EIA	AERMOD	CALPUFF
评价范围	≤50 km	≤50 km	≤50 km	>50 km
污染源类型	点源、面源、线源、体源（AERMOD 不包括线源）			

要点：AERMOD 适用于评价范围小于等于 50 km 的一级、二级评价项目。ADMS－EIA 版适用于评价范围小于等于 50 km 的一级、二级评价项目。

（七）《环境影响评价技术导则 大气环境》附录中对环境影响报告书附图、附表、附件的要求及其应用

1. 基本附图要求

（1）污染源点位及环境空气敏感区分布图。包括评价范围底图、评价范围、项目污染源、评价范围内与评价项目相关的其他污染源、主要环境空气敏感区（环境空气保护目标）、地面气象台站、探空气象台站、环境监测点等。

（2）基本气象分析图。包括年、季风向玫瑰图等。

（3）常规气象资料分析图。包括年平均温度月变化曲线图、温廓线、平均风速的月变化曲线图和季小时平均风速的日变化曲线图、风廓线图等。

（4）复杂地形的地形示意图。

（5）污染物质量浓度等值线分布图。包括评价范围内出现区域质量浓度最大值（小时平均质量浓度及日平均质量浓度）时所对应的质量浓度等值线分布图，以及长期气象条件下的质量浓度等值线分布图。不同评价等级基本附图要求见表 3－16。

表 3-16　不同评价等级基本附图要求

序号	名称	所属内容	引用章节	一级评价	二级评价	三级评价
1	污染源点位及环境空气敏感区分布图	6. 污染源调查与分析	6.1	√	√	√
2	基本气象分析图	8. 气象观测资料调查	8.1，8.6	√	√	√
3	常规气象资料分析图	8. 气象观测资料调查	8.6	√	√	
4	复杂地形的地形示意图	9. 大气环境影响预测与评价	9.7	√	√	
5	污染物浓度等值线分布图	9. 大气环境影响预测与评价	9.11	√	√	

2. 基本附表要求

(1) 采用估算模式计算结果

采用估算模式计算结果见表 3-17。

表 3-17　估算模式计算结果表(污染物 i)

距源中心下风向距离 D/m	污染源 1		污染源 2		污染源 n
	下风向预测质量浓度 P_{i1}/(mg/m^3)	质量浓度占标率 P_{i1}/%	下风向预测质量浓度 P_{i2}/(mg/m^3)	质量浓度占标率 P_{i2}/%	…
50					
75					
100					
…					
25 000					
下风向最大质量浓度					
质量浓度占标准 10% 距源最远距离 $D_{10\%}$/m					

(2) 污染源调查清单表

污染源调查清单表见表 3-18～表 3-25。

表 3-18　污染源周期性排放系数统计表

季节	春	夏	秋	冬								
排放系数												
月份	1	2	3	4	5	6	7	8	9	10	11	12
排放系数												
星期	日	一	二	三	四	五	六					
排放系数												
小时	1	2	3	4	5	6	7	8	9	10	11	12
排放系数												
小时	13	14	15	16	17	18	19	20	21	22	23	24
排放系数												

表 3－19　点源参数调查清单

	点源编号	点源名称	x 坐标	y 坐标	排气筒底部海拔高度	排气筒高度	排气筒内径	烟气出口速度	烟气出口温度	年排放小时数	排放工况	评价因子源强			
单位			m	m	m	m	m	m/s	K	h		g/s			
数据															

表 3－20　矩形面源参数调查清单

	面源编号	面源名称	面源起始点		海拔高度	面源长度	面源宽度	与正北夹角	面源初始排放高度	年排放小时数	排放工况	评价因子源强			
			x 坐标	y 坐标											
单位			m	m	m	m	m	(°)	m	h		g/(s·m²)			
数据															

表 3－21　多边形面源参数调查清单

	面源编号	面源名称	顶点 1 坐标		顶点 2 坐标		其他顶点坐标	海拔高度	面源初始排放高度	年排放小时数	排放工况	评价因子源强			
			x 坐标	y 坐标	x 坐标	y 坐标									
单位			m	m	m	m		m	m	h		g/(s·m²)			
数据															

表 3－22　近圆形面源调查清单

	面源编号	面源名称	中心坐标		海拔高度	近圆形半径	顶点数或边数	面源初始排放高度	年排放小时数	排放工况	评价因子源强			
			x 坐标	y 坐标										
单位			m	m	m	m		m	h		g/(s·m²)			
数据														

表 3－23　体源参数调查清单

	体源编号	体源名称	体源中心坐标		海拔高度	体源边长	体源高度	年排放小时数	排放工况	初始扩散参数		评价因子源强			
			x 坐标	y 坐标						横向	垂直				
单位			m	m	m	m	m	h		m	m	g/s			
数据															

表 3－24　线源参数调查清单

	线源编号	线源名称	分段坐标 1		分段坐标 2		分段坐标 n	道路高度	道路宽度	街道窄谷高度	平均车速	车流量	车型/比例	各车型污染排放速率			
			x 坐标	y 坐标	x 坐标	y 坐标											
单位			m	m	m	m		m	m	m	km/h	辆/h		g/(km·s)			
数据																	

表 3 - 25　颗粒物粒径分布调查清单

	粒径分级	分级粒径	颗粒物质量密度	所占质量比
单位		μm	g/cm^3	%
数据				

(3) 环境质量现状监测分析结果。

(4) 预测点环境影响预测结果与达标分析。

(5) 不同评价等级基本附表要求

不同评价等级基本附表要求见表 3 - 26。

表 3 - 26　基本附表要求

序号	名称	所属内容	一级评价	二级评价	三级评价
1	采用估算结果模式计算结果表	评价工作等级及评价范围确定	√	√	√
2	污染源调查清单	污染源调查与分析	√	√	√
3	环境质量现状监测分析结果	环境空气质量现状调查与评价	√	√	√
4	常规气象资料分析表	气象观测资料调查	√	√	
5	环境影响预测结果达标分析表	大气环境影响预测与评价	√	√	

3. 基本附件要求

(1) 环境质量现状监测原始数据文件(电子版或文本复印件)。

(2) 气象观测资料文件(电子版)，并注明气象观测数据来源及气象观测站类别。

(3) 预测模型所有输入文件及输出文件(电子版)。应包括气象输入文件、地形输入文件、程序主控文件、预测浓度输出文件等。附件中应说明各文件意义及原始数据来源。

不同评价等级基本附件要求见表 3 - 27。

表 3 - 27　基本附件要求

序号	名称	所属内容	一级评价	二级评价	三级评价
1	环境质量现状监测原始数据文件	环境空气质量现状调查与评价	√	√	√
2	气象观测资料文件	气象观测资料调查	√	√	
3	预测模型所有输入文件及输出文件	大气环境影响预测与评价	√	√	

二、地表水环境影响预测与评价

(一) 水污染物在地表水体中输移、转化、扩散的主要过程

(1) 物理过程：物理过程主要是指污染物在水体中的混合稀释和自然沉淀过程。只改变进入水体污染物的物理性状、空间位置，而不改变其化学性质、不参与生物作用。

水体的混合稀释作用主要由下面三部分作用所致：紊动扩散、移流、离散。

①紊动扩散：由水流的紊动特性引起水中污染物自高浓度向低浓度区转移的扩散。

②移流：由于水流的推动使污染物的迁移随水流输移。

③离散：由于水流方向横断面上流速分布的不均匀(由河岸及河底阻力所致)而引起

分散。

(2)化学过程：污染物在水体中发生化学性质或形态、价态上的转化，使水质发生化学性质的变化。

主要包括酸碱中和、氧化—还原、分解—化合、吸附—解吸、胶溶—凝聚等过程

(3)生物自净过程：是水体中的污染物经生物吸收、降解作用而发生消失或浓度降低的过程。

影响生物自净作用的关键是溶解氧的含量，有机污染物的性质、浓度以及微生物的种类、数量等。

生物自净的快慢与有机污染物的数量和性质有关。其他如水体温度、水流形态、天气、风力等物理和水文条件以及水面有无影响复氧作用的油膜、泡沫等均对生物自净有影响。

要点：水污染物在地表水体中输移、转化、扩散的主要过程有物理过程、化学过程和生物自净过程。

(二)常用河流水环境影响预测稳态模式(一维、二维)要求的基础资料及参数

1. 受纳水体的水质状况

按照评价工作等级要求和建设项目外排污水对受纳水体水质影响的特性，确定相应水期及环境水文条件下的水质状况及水质预测因子的背景浓度。一般采用环评实测水质成果数据或者利用收集到的现有水质监测资料数据。

2. 拟预测的排污状况

一般分废水正常排放(或连续排放)和不正常排放(或瞬时排放、有限时段排放)两种情况进行预测。两种排放情况均需确定污染物排放源强以及排放位置和排放方式。

3. 预测的设计水文条件

在水环境影响预测时应考虑水体自净能力不同的多个阶段。对于内陆水体，自净能力最小的时段一般是枯水期，个别水域由于面源污染严重也可能在丰水期；对于北方河流，冰封期的自净能力最小，情况特殊。

在进行预测时需要确定拟预测时段的设计水文条件，如河流十年一遇连续天枯水流量，河流多年平均枯水期月平均流量等。

4. 水质模型参数和边界条件

在利用水质模型进行水质预测时，需要根据建模、验模的工作程序确定水质模型参数的数值。确定水质模型参数的方法有实验测定法、经验公式估算法、模型实测法、现场实测法等。

对于稳态模型，需要确定预测计算的水动力、水质边界条件；对于动态模型或模拟瞬时排放、有限时段排放等，还需要确定初始条件。

要点：常用河流水环境影响预测稳态模式要求的基础资料及参数为受纳水体的水质状况、拟预测的排污状况、预测的设计水文条件和水质模型参数和边界条件。

(三)多源叠加水环境影响预测的基本方法

当存在多个源对敏感点的影响时，需要考虑多源叠加的问题。

单个源对敏感点的影响值可按照污染源特点，确定相应的边界条件、模型参数及其他参数，采用相关的模式进行计算。多个源对敏感点的影响值可以采用单个源的数学叠加来

预测。

项目建成后最终的环境影响 = 新增污染源预测值 + 现状监测值 - 削减污染源计算值(如果有) - 被取代污染源计算值(如果有)应注意，多个源的叠加、多源与现状监测值的叠加都只有在同一边界条件下、同一点位进行才有意义。

要点：多个源的叠加、多源与现状监测值的叠加都只有在同一边界条件下、同一点位进行才有意义。

(四)湖泊、河口水环境影响预测模式要求的基础资料及参数

同(二)常用河流水环境影响预测稳态模式(一维、二维)要求的基础资料及参数。

(五)河流水质预测模式参数的确定方法

河流水质模型参数的确定方法有：公式计算和经验估值、室内模拟实验测定、现场实测、水质数学模型测定。

1. 单参数测定方法

(1)耗氧系数 K_1 的单独估值方法

①实验室测定法；

②两点法；

③多点法。

(2)复氧系数 K_2 的单独估值方法—经验公式法

①欧康那 - 道宾斯公式；

②欧文斯等人经验式；

③丘吉尔经验式。

(3)K_1、K_2 的温度校正

温度常数取值范围：$K_1 = 1.02 \sim 1.06$，$K_2 = 1.015 \sim 1.047$。

(4)混合系数的经验公式单独估算法

①泰勒法求横向混合系数；

②费希尔法求纵向离散系数；

(5)混合系数的示踪试验测定法

示踪实验法是向水体中投放示踪物质，追踪测定其浓度变化，据此计算所需要的各环境水力参数的方法。示踪物质有无机盐类、萤光染料和放射性同位素等。

示踪物质的选择应满足以下要求：

①在水体中不沉降、不降解，不产生化学反应；

②测定简单准确；

③经济；

④对环境无害。

示踪物质的投放方式有瞬时投放、有限时段投放和连续恒定投放三种。

连续恒定投放时，其投放时间(从投放到开始取样的时间)应大于 $1.5xm/u$(xm 为投放点到最远取样点的距离)。瞬时投放具有示踪物质用量少，作业时间短，投放简单，数据整理容易等优点。

2. 多参数优化法

多参数优化法是根据实测的水文、水质数据，利用优化方法同时确定多个环境水力学参

数的方法。

多参数优化法所需数据如下：

①各测点的位置，各排放口的位置，河流分段的断面位置。

②水文方面：u，Qh，H，B，I，u_{max}。

③水质方面：拟预测水质参数在各测点的浓度以及数学模式中所涉及的参数。

④各测点的取样时间。

⑤各排放口的排放量、排放浓度。

⑥支流的流量及其水质。

3. 沉降系数 K_3 和综合削减系数 K 的估值方法

①利用两点法确定 K_1+K_3 或 K；

②利用多点法确定 K_1+K_3 或 K；

③利用多参数优化法确定 K_3、K。

要点：河流水质模型参数的确定方法有：公式计算和经验估值、室内模拟实验测定、现场实测、水质数学模型测定。耗氧系数 K_1 的单独估值方法有实验室测定法、两点法、多点法。复氧系数 K_2 的单独估值方法—经验公式法，包括欧康那－道宾斯公式、欧文斯等人经验式、丘吉尔经验式。

(六)选择水质预测因子的基本方法

水质影响预测因子的选择依据：①应根据对建设项目的工程分析；②受纳水体的水环境状况；③评价工作等级；④当地环境管理的要求等进行筛选和确定。

水质预测因子选取的数目：应既能说明问题又不过多，一般应少于水环境现状调查的水质因子数目。

筛选出的水质预测因子，应能反映拟建项目废水排放对地表水体的主要影响和纳污水体受到污染影响的特征。建设期、运行期、服务期满后各阶段可以根据具体情况确定各自的水质预测因子。

对于河流水体，可按下式将水质参数排序后从中选取：

$$ISE=\frac{C_{pi}Q_{pi}}{(C_{si}-C_{hi})Q_{hi}} \tag{3-34}$$

式中 C_{pi}——水污染物 i 的排放浓度，mg/L；

Q_{pi}——含水污染物 i 的废水排放量，m^3/s；

C_{si}——水污染物 i 的地表水水质标准，mg/L；

Q_{hi}——评价河段的流量，m^3/s；

C_{hi}——评价河段水污染物 i 的浓度，mg/L。

ISE 值是负值或者越大说明建设项目对河流中该项水质参数的影响越大。

要点：水质影响预测因子的选择依据：①应根据对建设项目的工程分析②受纳水体的水环境状况③评价工作等级④当地环境管理的要求等进行筛选和确定。建设期、运行期、服务期满后各阶段可以根据具体情况确定各自的水质预测因子。

(七)常用河流水质预测模式的运用

1. 河流稀释混合模式

$$C=(C_pQ_p+C_hQ_h)/(Q_p+Q_h) \tag{3-35}$$

式中　C——完全混合的水质浓度，mg/L；

Q_p——上游来水设计水量，m^3/s；

C_p——设计水质浓度，mg/L；

Q_h——污水设计流量，m^3/s；

C_h——设计排放浓度，mg/L。

2. 河流的一维稳态水质模式

对于非持久性或可降解污染物，若给定 $x=0$ 时，$c=c_0$，则

$$c=c_0\exp\left[\frac{u_x x}{2E_x}\left(1-\sqrt{1+\frac{4KE_x}{u_x^2}}\right)\right] \tag{3-36}$$

对于一般条件下的河流，推流形成的污染物迁移作用要比弥散作用大得多，在稳态条件下，弥散作用可以忽略，则有：

$$c=c_0\exp\left(-\frac{K_x}{u_x}\right) \tag{3-37}$$

式中　u_x——河流的平均流速，m/d 或 m/s；

E_x——废水与河水的纵向混合系数，m^2/d 或 m^2/s；

K——污染物的衰减系数，l/d 或 l/s；

x——河水（从排放口）向下游流经的距离，m。

3. Streeter－Phelps 模式

建立 S－P 模型有以下基本假设：①河流中的 BOD 的衰减和溶解氧的复氧都是一级反应；②反应速度是定常的；③河流中的耗氧是由 BOD 衰减引起的，而河流中的溶解氧来源则是大气复氧。

S－P 模型是关于 BOD 和 DO 的耦合模型，其解析解为：

$$c_{BOD}=c_{BOD_0}e^{-K_1t} \tag{3-38}$$

$$c_D=\frac{K_1c_{BOD_0}}{K_2-K_1}[e^{-K_1t}-e^{-K_2t}]+c_{D_0}e^{-K_1t} \tag{3-39}$$

式中　c_{BOD_0}——河流起始点的 BOD 值；

c_{DO_0}——河流起始点的氧亏值。

式(3－40)表示河流的氧亏变化规律。如果以河流的溶解氧来表示，则

$$c_{DO}=c_{DO_s}-c_D=c_{DO_s}-\frac{K_1c_{BOD_0}}{K_2-K_1}[e^{-K_1t}-e^{-K_2t}]-c_{D_0}e^{-K_2t} \tag{3-40}$$

式中　c_{DO}——河流中的溶解氧浓度；

c_{DO_s}——饱和溶解氧浓度。

式(3－41)称为 S－P 氧垂公式，根据式(3－41)绘制的溶解氧沿程变化曲线，又称为氧垂曲线（见图 3－2）。图中假设在排放点断面处污水即与河水完全混合。

一般说，人们最关心的是溶解氧浓度最低点——临界点。在临界点，河水的氧亏值最大，且变化速率为零，则

$$c_{D_c}=\frac{K_1}{K_2}c_{BOD_0}e^{-K_1t_c} \tag{3-41}$$

式中　c_{D_c}——临界点的氧亏值；

t_c——有起始点到达临界点的流行时间。

临界氧亏发生的时间 t_c 可以由下式计算：

$$t_c=\frac{1}{K_2-K_1}\ln\frac{K_2}{K_1}\left[1-\frac{c_{D_0}(K_2-K_1)}{c_{BOD_0}K_1}\right] \tag{3-42}$$

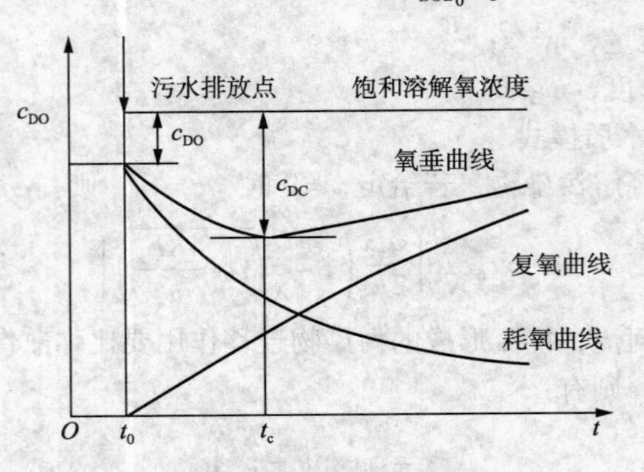

图 3－2　溶解氧沿程变化曲线

4. 河流二维稳态水质模式

岸边排放

$$c(x,\ y)=c_h+\frac{c_pQ_p}{H\sqrt{\pi M_yxu}}\left\{\exp\left(-\frac{uy^2}{4M_yx}\right)+\exp\left[-\frac{u(2B-2a-y)^2}{4M_yx}\right]\right\} \tag{3-43}$$

非岸边排放

$$c(x,\ y)=c_h+\frac{c_pQ_p}{2H\sqrt{\pi M_yxu}}\left\{\exp\left(-\frac{uy^2}{4M_yx}\right)+\exp\left[-\frac{u(2a+y)^2}{4M_yx}\right]+\exp\left[-\frac{u(2B-2a-y)^2}{4M_yx}\right]\right\} \tag{3-44}$$

式中　H——平均水深，m；

B——河流宽度，m；

a——排放口到岸边的距离，m；

M_y——横向混合系数，m^2/s。

5. 常规污染物瞬时点源排放水质预测模式

(1)瞬时点源的河流一维水质模式

设定条件：河流为顺直均匀的一维河流，流量为 Q，横断面面积为 A_c，断面平均流速为 $u=Q/A_c$，纵向离散系数 D_L，瞬时点源源强为 M，水质组分 c 的一阶动力学反应速率为 K。

水质基本方程：

$$\frac{\partial c}{\partial t}+u\frac{\partial c}{\partial x}=D_L\frac{\partial^2 c}{\partial x^2}-Kc \tag{3-45}$$

(2)瞬时点源的河流二维水质模式

瞬时点源河流二维水质一般基本方程为：

$$\frac{\partial c}{\partial t}+\frac{\partial c}{\partial x}=M_x\frac{\partial^2 c}{\partial x^2}+M_y\frac{\partial^2 c}{\partial y^2}-Kc \tag{3-46}$$

设定条件：河流宽度为 B，瞬时点源源强 M，点源离河岸一侧的距离为 y_a，方程的解析解为：

$$c(x,\ y,\ t)\frac{M}{(4\pi t)(M_xM_y)^{1/2}}\exp\left(-\frac{Kx}{u}\right)\exp\left(-\frac{(x-ut)^2}{4M_st}\right) \tag{3-47}$$

$$\sum_{-\infty}^{+\infty}\exp\left(-\frac{(y-2nB\pm y_0)^2}{4M_yt}\right)$$

$$n=0,\ \pm1,\ \pm2,\ \cdots$$

忽视河岸反射作用($n=0$)，方程(3-47)简化为：

$$c(x,\ y,\ t)=\frac{M}{(4\pi t)(M_xM_y)^{t/2}}\exp\left(-\frac{Kx}{u}\right)\exp\left(-\frac{(x-ut)^2}{4M_xt}\right)\left(\exp\left(-\frac{(y+y_o)^2}{4M_yt}\right)+\exp\left(-\frac{(y-y_o)^2}{4M_yt}\right)\right) \tag{3-48}$$

当瞬时点源在岸边时，取 $y_0=0$。

6. 有毒有害污染物(相对密度≤1)瞬时点源排放预测模式

河流水体中溶解态的浓度分布：

$$c(x,\ t)=\frac{M_D}{2A_c(\pi D_\mathrm{L}t)^{\frac{1}{2}}}\exp\left(\frac{-(x-ut)^2}{4D_Lt}-K_\mathrm{e}t\right)+\frac{K'_V}{K'_V+\sum K_i}\cdot\frac{P}{K_H}[1-\exp(-K_\mathrm{e}t)]$$

$$K_\mathrm{e}=\frac{K'_V+\sum K_i}{1+K_\mathrm{P}S}$$

$$M_\mathrm{D}=\frac{M}{1+K_\mathrm{P}S} \tag{3-49}$$

式中 C——溶解态浓度；

M——泄漏的化学品总量；

$K'V=K_V/D$；

K_V——挥发速率；

D——水深；

$\sum K_i$——一级动力学转化速率；

P——水面上大气中有毒污染物的分压；

K_H——亨利常数；

K_P——分配系数。

利用 $\delta(t)$ 函数的特性和拉氏变换，得到方程的解：

$$c(x,\ t)=\frac{M}{2A_c(\pi D_\mathrm{L}t)^{t/2}}\exp\left(-\frac{Kx}{u}\right)\exp\left(-\frac{(x-ut)^2}{4D_\mathrm{L}t}\right) \tag{3-50}$$

在距离瞬时点源下游 x 处的污染物浓度峰值为：

$$c_{\max}(x)=\frac{M}{2A_c(\pi D_\mathrm{L}t)^{t/2}}\exp\left(-\frac{Kx}{u}\right) \tag{3-51}$$

(八)湖泊、河口、近海水质预测模式的运用

1. 湖泊、水库的盒模型

$$V\frac{\mathrm{d}c}{\mathrm{d}t}=Qc_\mathrm{E}-Qc+S_\mathrm{c}+\gamma(c)V \tag{3-52}$$

式中 V——湖泊中水的体积，m^3；

Q——平衡时流入与流出湖泊的流量，m^3/a；

c_E——流入湖泊的水量中水质组分浓度，$\mathrm{g/m}^3$；

c——湖泊中水质组分浓度，$\mathrm{g/m}^3$；

S_c——如非点源一类的外部源或汇，m^3；

$\gamma(c)$——水质组分在湖泊中的反应速率。

2. 湖泊(水库)的富营养化预测方法

(1) Vollenweider(沃伦伟德)负荷模型

$$[P]=\frac{L_p}{q(1+\sqrt{T_R})} \tag{3-53}$$

式中 $[P]$——磷的年平均浓度，mg/m^3；

L_p——年总磷负荷/水面面积，mg/m^2；

q——年入流水量/水面面积，m^3/m^2；

T_R——容积/年出流水量，m^3/m^3。

(2) Dillon(迪龙)负荷模型

$$[P]=\frac{L_p T_R(1-\varphi)}{\bar{\partial}} \tag{3-54}$$

$$\varphi=1-\frac{q_0[P]_o}{\sum_{i=1}^{N} q_i [P]_i} \tag{3-55}$$

式中 $[P]$——春季对流时期磷平均浓度，mg/L；

φ——磷滞留系数；

$\bar{\partial}$——平均深度，m；

q_0——湖泊出流水量，m^3/a；

$[P]_o$——出流磷浓度，mg/L；

N——入流源数目；

q_i——由源 i 的入湖水量，m^3/a；

$[P]_i$——入流 i 的磷浓度，mg/L。

3. 潮汐河流一维水质预测模式

(1) 一维的潮汐河流水质方程

$$\frac{\partial(Ac)}{\partial t}=-\frac{\partial(Qc)}{\partial x}+\frac{\partial}{\partial x}\left(E_x A\frac{\partial c}{\partial x}\right)+A(S_L+S_B)+AS_K \tag{3-56}$$

(2) 一维潮汐平均的水质方程

$$\frac{\partial(\overline{A}\overline{c})}{\partial t}=-\frac{\partial(\overline{AU_f}\,\overline{c})}{\partial x}+\frac{\partial}{\partial x}\left(\overline{AE_x}\frac{\partial \overline{c}}{\partial c}\right)+\overline{A}(\overline{S}_L+\overline{S}_B)+\overline{AS_K} \tag{3-57}$$

4. 潮汐河口二维水质预测模式

描述潮汐河口的二维水质方程为：

$$\frac{\partial c}{\partial t}=-u\frac{\partial c}{\partial x}-v\frac{\partial c}{\partial y}+\frac{\partial}{\partial x}\left(M_x\frac{\partial c}{\partial x}\right)+\frac{\partial}{\partial y}\left(M_y\frac{\partial c}{\partial y}\right)+S_L+S_B+S_K \tag{3-58}$$

式中 c——水质组分的浓度；

u，v——垂向平均的纵向，横向流速；

M_x，M_y——纵向，横向扩散系数；

S_L——直接的点源或非点源强；

S_B——由边界输入的源强；

S_K——动力学 转化率，正为源，负为汇；

x，y——直角坐标系；

t——时间。

三、地下水环境影响评价与防护

（一）污染物进入包气带、含水层的途径及其在含水层中的运移特征

（1）通过渗坑、渗井等排放而直接污染含水层；

（2）由入渗水载带的地面污染物经非饱和带垂直进入潜水含水层；

（3）当地废水排入地面水后，污染的地面水可通过岩层侧向补给进入潜水或少数深层承压水；

（4）通过含水层顶板的水文地质窗（隔水层的缺口）垂直渗入或穿越隔水层（越流）补给深层承压水；

（5）通过岩溶发育的渠道、泄水矿坑以及通过开采地下水的管井而进入潜水或深层承压水；

（6）在含水层疏干时，通过含水层本身的流动而污染潜水或承压水。

（二）防止污染物进入地下水含水层的主要措施

1. 水环境管理措施

我国的《中华人民共和国环境保护法》《中华人民共和国水法》《中华人民共和国水污染防治法》和《饮用水源保护区污染防治管理规定》等有关法律法规明确规定：

①禁止利用渗井、渗坑、裂隙和溶洞排放、倾倒含有毒污染物的废水、含病原体的污水和其他废弃物。

②禁止利用无防渗漏措施的沟渠、坑塘等输送或者存贮含有毒污染物的废水、含病原体的污水和其他废弃物。

③多层地下水含水层水质差异大的，应当分层开采；对已受污染的潜水和承压水，不得混合开采。

④兴建地下工程设施或者进行地下勘探、采矿等活动，应当采取保护性措施；防止地下水污染。

⑤人工回灌补给地下水，不得恶化地下水质。

2. 地下水环境监测措施

建设单位要建立和完善水环境监测制度，对厂区及周边地下水进行监测。

监测点布置应遵循以下原则：

①以建设厂区为重点，兼顾外围：厂区内可能的污染设施，如有毒原料储罐、污水储存池、固废堆放场地附近均需设置监测点。

②以下游监测为重点，兼顾上游和侧面。

③对地下水进行分层监测，重点放在易受污染的浅层潜水和作为饮用水源的含水层，兼顾其他含水层。

④地下水监测每年至少两次，分丰水期和枯水期进行，重点区域和出现异常情况下应增加监测频率。

⑤水质监测项目可参照《生活饮用水水质标准》和《地下水质量标准》，可结合地区情况适当增加和减少监测项目。

3. 合理规划布局和改进生产工艺

结合国家产业政策，调整工农业产业结构，合理进行产业布局。

4. 划定饮用水地下水源保护区

饮用水地下水源保护区是保护地下水不受污染的主要和有效途径之一。

5. 水污染防治的工程措施

(1)地下水分层开采

①开采多层地下水时，各含水层水质差异较大的，应当分层开采；

②在地下水已受污染地区，禁止已污染含水层和未被污染的含水层的混合开采；

③进行勘探等活动时，须采取防护性措施，防止串层，造成地下水污染。

(2)防渗措施

工程防渗是为了防止建设项目产生的废水、污水和固废淋滤液渗入地下水而必须采取的防范措施。

(3)污染物的清除与阻隔措施

对于地表泄漏的污染物，一般采用地面挖去的清除措施。

对于已经进入地下水的污染物，可采取抽水方式抽出污染物，然后再处理。也可采取地下帷幕灌浆等物理屏蔽方式阻隔地下水污染物。

对于可以修复的地下水污染，可采用地下反应墙修复。具体如下：

①屏蔽法；

②抽出处理法；

③地下反应墙。

四、声环境影响预测与评价

(一)噪声级相加与相减计算方法

1. 噪声级的相加

(1)公式法

对数换算：

$$P_1 = P_o 10^{L_1/20},\ P_2 = P_o 10^{L_2/20} \tag{3-59}$$

能量加和：

$$(P_{1+2})^2 = P_o^2 (10^{L_1/10} + 10^{L_2/10}) \tag{3-60}$$

合成声压级：

$$L_{总} = 10\lg(\sum_{i=1}^{n} 10^{\frac{L_合}{10}}) \tag{3-61}$$

合成声压级：

$$L_{1+2} = 10\lg(10^{L_1/10} + 10^{L_2/10}) \tag{3-62}$$

(2)查表法

利用分贝和增值表直接查出不同声级值加和后的增加值，然后计算加和结果。在一般有关工具书或教科书中均附有该表。

2. 噪声级的相减

$$L_1 = 10\lg(10^{0.1L_合} - 10^{0.1L_2}) \tag{3-63}$$

要点：噪声级相加、相减计算。

(二)实际声源近似为点声源的条件

(1)对于单一声源，如声源中心到预测点之间的距离超过声源最大几何尺寸 2 倍时，该声源可近似为点声源。

(2)由众多声源组成的广义噪声源，例如道路、铁路交通或工业区，可通过分区，用位于中心位置的等效点声源近似。将某一分区等效为点声源的条件是：

①分区内声源有大致相同的强度和离地面的高度、到预测点有相同的传播条件；

②等效点声源到预测点的距离；

③应大于声源最大尺寸 2 倍，如距离较小（$d \leqslant 2_{H\max}$），总声源必须进一步划分为更小的区；

④等效点声源的声功率级等于分区内各声源声功率级的能量和。

(三)点声源几何发散衰减公式、计算和应用

1. 已知点声源声功率级时的距离发散衰减

在自由声场条件下，点声源的声波遵循着球面发散规律，按声功率级做为点声源评价量，其衰减公式：

$$\Delta L = 10\lg(1/4\pi r^2) \tag{3-64}$$

式中　ΔL——距离增加产生衰减值，dB；

　　r——点声源至受声点的距离，m。

在距离点声源 r_1 处至 r_2 处的衰减值

$$\Delta L = 20\lg\frac{r_1}{r_2} \tag{3-65}$$

当 $r_2 = 2r_1$ 时，$\Delta L = 6$(dB)，即点声源声传播距离增加一倍，衰减值是 6(dB)。

2. 已知靠近点声源 r_0 处声级时的几何发散衰减

无指向性点源几何发散衰减的基本公式：

$$L(r) = L(r_0) - 20\lg(r/r_0) \tag{3-66}$$

式中　$L(r)$，$L(r_0)$——r，r_0 处的声级。

具有指向性声源几何发散衰减计算式如下：

$$L(r) = L(r_0) - 20\lg(r/r_0) \tag{3-67}$$

$$L_A(r) = L_A(r_0) - 20\lg(r/r_0) \tag{3-68}$$

上式中，$L(r)$ 与 $L(r_0)$，$LA(r)$ 与 $LA(r_0)$ 必须是在同一方向上的声级，如 r，r_0 是距指向性声源不同方向上的距离，则不能用上式直接计算。

要点：点声源几何发散衰减计算。

(四)线声源几何发散衰减公式、计算和应用

1. 无限长线声源的几何发散衰减

按严格要求，当 $r/l < 1/10$ 时，可视为无限长线声源。

① 在自由声场条件下，按声功率级作为线声源评价量，则 r 处的声级 $L(r)$ 可由下式计算：

$$L(r)\ L_W - 10\lg[1/(2\pi r)] \tag{3-69}$$

式中　L_W——单位长度线声源的声功率级，dB；

　　r——线声源至受声点的距离，m。

② 经推算，在距离无限长线声源 r_1 至 r_2 处的衰减值为：

$$\Delta L = 10\lg\frac{r_1}{r_2} \quad (3-70)$$

当 $r_2 = 2r_1$ 时，由上式可算出 $\Delta L = -3\text{dB}$，即线声源声传播距离增加一倍，衰减值是 3dB 。

③ 已知垂直于无限长线声源的距离 r_0 处的声级，则 r 处的声级可由下式计算得到：

$$L_r(r) = L_r(r_0) - 10\lg(r/r_0) \quad (3-71)$$

④ 公式中的第二项表示了无限长线声源的几何发散衰减。

2. 有限长线声源的几何发散衰减

设线声源长度为 l_0，单位长度线声源辐射的倍频带声功率级为 L_W。在线声源垂直平分线上距声源 r 处的声压级为：

$$L_P(r) = L_W + 10\lg\left[\frac{1}{r}\text{arctg}\left(\frac{l_0}{2r}\right)\right] - 8 \quad (3-72)$$

$$L_P(r) - L_W(r_0) + 10\lg\left[\frac{\frac{1}{r}\text{arctg}\left(\frac{l_o}{2r}\right)}{\frac{1}{r_0}\text{arctg}\left(\frac{l_o}{2r_o}\right)}\right] \quad (3-73)$$

① 当 $r > l_0$ 且 $r_o > l_0$ 时，r_o 公式可近似简化为：

$$L_P(r) = L_P(r_0) - 20\lg\left(\frac{r}{r_0}\right) \quad (3-74)$$

即在有限长线声源的远场，有限长线声源可当作点声源处理。

② 当 $r < l_0/3$ 且 $r_o < l_0/3$ 时，公式可近似简化为：

$$L_P(r) = L_P(r_o) - 10\lg\left(\frac{r}{r_0}\right) \quad (3-75)$$

即在近场区，有限长线声源可当作无限长线声源处理。

③ 当 $l_0/3 < r < l_0$，且 $l_0/3 < r_o < l_0$ 时，公式可作近似计算：

$$L_P(r) = L_P(r_0) - 15\lg\left(\frac{r}{r_0}\right) \quad (3-76)$$

要点：线声源几何发散衰减计算。

(五)噪声从室内向室外传播的计算方法

1. 室内和室外声级差的计算

当声源位于室内，设靠近开口处(或窗户)室内和室外的声级分别为 L_1 和 L_2。若声源所在室内声场近似扩散声场，且墙的隔声量远大于窗的隔声量，则室内和室外的声级差为：

$$NR = L_1 - L_2 = TL + 6 \quad (3-77)$$

式中 TL——窗户的隔声量，dB。

NR——室内和室外的声级差，或称插入损失，dB。

TL、NR 均和声波的频率有关。其中 L_1 可以是测量值或计算值，若为计算值时，按下式计算：

$$L_1 = L_{W1} + 10\lg\left(\frac{Q}{4\pi r_1^2} + \frac{4}{R}\right) \quad (3-78)$$

式中　L_{W1}—— 某个室内声源在靠近围护结构处产生的倍频带声功率级；

r_1——某个室内声源与靠近围护结构处的距离；

Q——指向性因子；通常对无指向性声源，① 当声源放在房间中心时，$Q=1$；②当放在一面墙的中心时，$Q=2$；③当放在两面墙夹角处时，$Q=4$；④当放在三面墙夹角处时，$Q=8$；

L_1——靠近围护结构处的倍频带声压级；

R——房间常数；

$$R=S\alpha/(1-\alpha) \tag{3-79}$$

式中　S——房间内表面面积，m^2；

α——平均吸声系数。

2. 等效室外声源的声功率级计算

在计算过程中，首先用式(3－80)计算出某个声源在某个室内围护结构处(如窗户)的倍频带声压级，然后计算出所有室内声源在靠近围护结构处产生的总倍频带声压级(按噪声级叠加计算求和)，再将室外声级 L_2 和透声面积换算成等效室外声源，计算出等效声源的倍频带声功率级：

$$L_{W2}=L_2(T)+10\lg S \tag{3-80}$$

式中　L_{W2}——等效声源的倍频带声功率级；

S——透声面积；m^2；

L_2——室外声级。

(六)声环境影响评价的方法

(1)评价项目建设前环境噪声现状；

(2)根据预测结果和相关标准，评价建设项目在建设期、运行期噪声影响的程度，超标范围及状况；

(3)分析受影响人口的分布状况；

(4)分析建设项目的噪声源分布和引起超标的主要噪声源或主要超标原因；

(5)分析建设项目的选址、设备布置和选型的合理性，分析项目设计中已有的防治措施的适用性和防治效果；

(6)为使环境噪声达标，评价应必须增加或调整适用本工程的噪声防治措施(或对策)，分析其经济、技术的可行性；

(7)提出针对该项目工程有关环境噪声监督管理、环境监测计划和城市规划方案的建议。

(七)户外声传播除几何发散衰减外的其他衰减计算

1. 空气吸收引起的衰减(A_{atm})

空气吸收引起的衰减按公式计算：

$$A_{atm}=\frac{a(r-r_0)}{1000} \tag{3-81}$$

式中　a——温度、湿度和声波频率的函数。

预测计算中一般根据建设项目所处区域常年平均气温和湿度选择相应的空气吸收系数

（见表 3－28）。

表 3－28　倍频带噪声的大气吸收衰减系数

温度/℃	相对湿度/%	大气吸收衰减系数 α/（dB/km）							
		倍频带中心频率/Hz							
		63	125	250	500	1000	2000	4000	8000
10	70	0. 1	0. 4	1. 0	1. 9	3. 7	9. 7	32. 8	117. 0
20	70	0. 1	0. 3	1. 1	2. 8	5. 0	9. 0	22. 9	76. 6
30	70	0. 1	0. 3	1. 0	3. 1	7. 4	12. 7	23. 1	59. 3
15	20	0. 3	0. 6	1. 2	2. 7	8. 2	28. 2	28. 8	202. 0
15	50	0. 1	0. 5	1. 2	2. 2	4. 2	10. 8	36. 2	129. 0
15	80	0. 1	0. 3	1. 1	2. 4	4. 1	8. 3	23. 7	82. 8

2. 地面效应衰减（A_{gr}）

地面类型可分为：

（1）坚实地面，包括铺筑过的路面、水面、冰面以及夯实地面。

（2）疏松地面，包括被草或其他植物覆盖的地面，以及农田等适合于植物生长的地面。

（3）混合地面，由坚实地面和疏松地面组成。

声波越过不同地面时，其衰减量是不一样的。

声波越过疏松地面传播时，或大部分为疏松地面的混合地面，在预测点仅计算 A 声级前提下，地面效应引起的倍频带衰减可用下面公式计算。

$$A_{gr}=4.8-\left(\frac{2h_m}{r}\right)\left[17+\left(\frac{300}{r}\right)\right] \tag{3-82}$$

式中　　r——声源到预测点的距离，m；

　　h_m——传播路径的平均离地高度，m；可按图 3－3 进行计算；

$h_m = F/r$；

　　F——面积，m^2；

若 A_{gr} 计算出负值，则 A_{gr} 可用“0”代替。

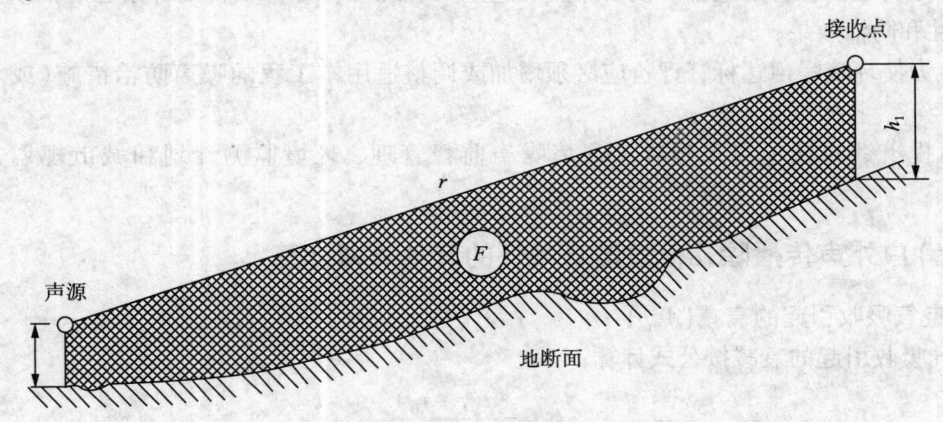

图 3－3　估计平均高度 h_m 的方法

3. 有限长薄屏障在点声源声场中引起的衰减计算(A_{bar})

位于声源和预测点之间的实体障碍物，如围墙、建筑物、土坡或地堑等起声屏障作用，从而引起声量的较大衰减。在环境影响评价中，可将各种形式的屏障简化为具有一定高度的薄障 。

如图3-4所示，S、O、P三点在同一平面内且垂直于地面。定义$\delta = SO + OP - SP$为声程差，$N = 2\delta/\lambda$为菲涅尔数，其中λ为声波波长。

(1)首先计算图3-4所示三个传播途径的声程差δ_1，δ_2，δ_3和相应的菲涅尔数N_1、N_2、N_3。

(2)声屏障引起的衰减按下式计算

$$A_{bar} = -10\lg\left[\frac{1}{3+20N_1}+\frac{1}{3+20N_2}+\frac{1}{3+20N_3}\right] \tag{3-83}$$

当屏障很长(作无限长处理)时，则

$$A_{bar} = -10\lg\left[\frac{1}{3+20N_1}\right] \tag{3-84}$$

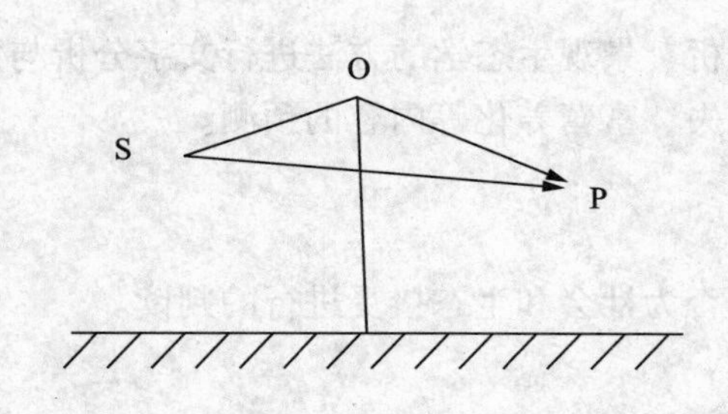

图3-4　无限长声屏障示意图

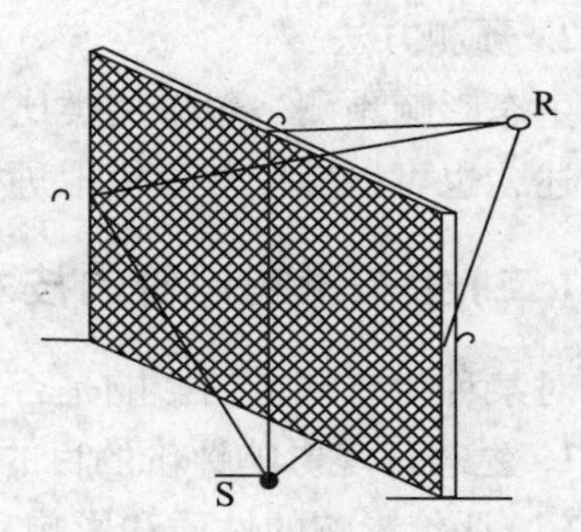

图3-5　在有限长声屏障上不同的传播路径

(八)绘制等声级线图的技术要求

计算出各网格点上的噪声级(如L_{eq}、WECPNL)后，再采用某种数学方法计算并绘制出等声级线。

等声级线的间隔应不大于5dB(一般选5 dB)。

①对于L_{eq}，等声级线最低值应与相应功能夜间标准值一致，最高值可为75dB；

②对于LWECPN，一般应有70 dB、75 dB、80 dB、85 dB、90 dB的等声级线；

等声级线图直观地表明了项目的噪声级分布，为分析功能区噪声超标状况提供了方便，同时为城市规划、城市环境噪声管理提供了依据。

(九)声音的三要素

声源、介质(传播途径)、接收器(受体)。

五、生态影响预测与评价

(一)生态影响预测的技术要求与基本方法

1. 基本技术要求

(1)持生态整体性观念，切忌割裂整体性作“点”或“片段”分析；

(2)持生态系统为开放性系统，切忌把自然保护区当作封闭系统分析影响；

(3)持生态系统为地域差异性系统观，切忌以一般的普遍规律推断特殊地域的特殊性；

(4)持生态系统为动态变化的系统观，切忌用一成不变的观念和过时的资料为依据作主观推断；

(5)做好细致的工程分析，要做到把全部工程活动都纳入分析；

(6)做好敏感保护目标的影响分析，要做到对敏感保护目标逐一进行分析

(7)正确处理依法评价影响和科学评价影响的问题。环评一般分两种，一是贯彻环保法律法规，一为科学预测实际影响。有时，项目能够满足法律法规但是不一定实际影响可以接受；

(8)正确处理一般评价和生态环境影响特殊性问题。一般评价重视直接影响而忽视甚至否认间接影响，重视显著性影响而忽视潜在影响，重视局地影响而忽视区域性影响，重视单因子影响而忽视综合性影响。生态影响分析应充分重视间接、潜在、区域性的和综合性的影响。

2. 预测方法

生态影响预测一般采用类比分析、生态机理分析、景观生态学的方法进行文字分析与定性描述，也可以辅以数学模拟进行预测，如水土流失、富营养化等内容的预测。

(二)生态影响评价的技术要点与方法

对某种生态环境的影响是否显著、严重以及可否为社会和生态接受进行的判读。

1. 生态环境影响评价的目的

(1)评价影响的性质和影响程度、影响的显著性，以决定行止。

(2)评价生态影响的敏感性和主要受影响的保护目标，以决定保护的优先性。

(3)评价资源和社会价值的得失，以决定取舍。

2. 生态环境影响评价的指标

①生态学评估指标与基准：从生态学角度判断所发生的影响可否为生态所接受。在生态学评估中，避免物种濒危和灭绝是一条基本原则。

②可持续发展评估指标和基准：从可持续发展战略来判断所发生的影响是否为战略所接受，或是否影响区域或流域的可持续发展。在可持续发展战略中，谋求经济与社会、环境、生态的协调，谋求社会公平，谋求长期稳定和代际间的利益平衡等，都是基本原则。

③以政策与战略作为评估指标与基准：当代中国的发展战略与政策，可作为基本评估指标与基准。

④以环境保护法规和资源保护法规作为评估基准：依据法律和规划进行评估，需注意法定的保护目标和保护级别，注意法规禁止的行为和活动、法律规定的重要界限等。

⑤以经济价值损益和得失作为评估指标和标准：经济学评估不仅评估价值大小与得失，还有经济重要度评价问题。

⑥社会文化评估基准：以社会文化价值和公众可接受程度为基本依据。

3. 生态环境影响预测与评价方法——类比法

(1)定义：通过既有开发工程及其已显现的环境影响后果的调查结果来近似地分析说明拟建工程可能发生的环境影响。采用类比分析是拟建工程生态环境影响预测与评价的基本方法。

(2)类比分析方法技术要点

①选择合适的类比对象：类比对象的选择(可类比性)应从工程和生态环境两个方面考虑。

a. 工程方面。选择的类比对象应与拟建项目性质相同，工程规模相差不多，其建设方式也与拟建工程相类似。

b. 生态环境方面。类比对象与拟建项目最好同属一个生物地理区，最好具有类似的地貌类型、生态环境背景，如植被、土壤、江河环境和生态功能等。

②选择可重点类比调查的内容。

类比分析一般不会对两项工程进行全方位的比较分析，而是针对某一个或某一类问题进行类比调查分析，因而选择类比对象时还应考虑类比对象对相应类比分析问题的深入性和有效性。

同时，环评中应对类比选择的条件进行必要的阐述，并对类比与拟建对象的差异进行进行必要的分析、说明。

(3)类比调查方法

①资料调查：查阅类比对象环境影响报告书和既有工程竣工环境保护验收调查与监测报告，必要时可参阅既有工程所在地区的环境科研报告和环境监测资料。

②实地监测或调查：按环评一般调查或监测方法，对类比对象进行调查。

③景观生态调查法：利用3S技术，对区域性生态景观进行调查、解析与分析，说明区域性生态整体性变化。

④公众参与调查法：通过访问公众、专家等，对某一项既有工程或生产建设活动产生的影响进行调查、分析，并同时了解公众对这种影响的态度和期望、建议等。

(4)类比调查分析

①统计性分析：针对某一工程或某一指标，通过调查多个类比对象，然后进行统计分析，可以对拟建工程的某一问题或某一指标进行科学的评价。

②单因子类比分析：针对某一问题或某一环境因子，通过对可类比对象的监测或调查分析，可取得有针对性的评价依据，从而对拟建项目某一问题中某一环境因子的影响进行科学评价。

③综合性类比分析：既可指生态系统整体性评价的综合性分析，也可指一项工程的整个影响的综合性分析。生态系统整体性影响评价的综合性分析，可以采用综合评价方法由一组指标进行加和评价，也可选某一因子如植被的动态作为代表进行分析评价。

④替代方案类比分析：从减轻生态环境影响或为克服某种重大的生态影响出发而提出替代方案，是贯彻生态环境保护“预防为主”、“保护优先“政策的重要措施。不经过类比分析论证的替代方案，常常是不充分的，往往缺乏科学性和说服力。

(三)生物量变化的评价方法

(1)皆伐实测法；

(2)平均木法；

(3)将研究地段的林木按其大小分级，在各级内再取平均木，然后换算成单位面积的干重；

(4)随机抽样法。

要点：生物量变化的评价方法有皆伐实测法、平均木法、将研究地段的林木按其大小分级，在各级内再取平均木，然后换算成单位面积的干重、随机抽样法。

（四）土壤侵蚀、水体富营养化的评价方法

1. 土壤侵蚀

（1）定义：水土流失，又称土壤侵蚀，是指在水力、重力、风力等外营力作用下，水土资源和土地生产力的破坏和损失，并且主要指水力侵蚀。

（2）一般有侵蚀模数[侵蚀强度，$t/(km^2 \cdot a)$]、侵蚀面积和侵蚀量几个定量数据，侵蚀面积可通过资料调查或遥感解译而得出，侵蚀量可根据侵蚀面积与侵蚀模数的乘积计算得出，也可根据实测得出。侵蚀模数：侵蚀模数是土壤侵蚀强度单位，是衡量土壤侵蚀程度的一个量化指标。也称为土壤侵蚀率、土壤流失率或土壤损失幅度。指表层土壤在自然营力（水力、风力、重力及冻融等）和人为活动等的综合作用下，单位面积和单位时间内被剥蚀并发生位移的土壤侵蚀量，其单位为($t/km^2 \cdot a$)。

（3）侵蚀模数预测方法

①已有资料调查法

根据各地水土保持试验、水土保持研究站所的实测径流、泥沙资料，经统计分析和计算后作为该类型区土壤侵蚀的基础数据。

②物理模型法

在野外和室内采用人工模拟降雨方法，对不同土壤、植被、坡度、土地利用等情况下的侵蚀量进行试验。

③现场调查法

通过对坡面侵蚀沟和沟道侵蚀量的量测，建立定点定位观测，对沟道水库、塘坝淤积量进行实测，对已产生的水土流失量进行测算，计算侵蚀量。利用小水库、塘坝、淤地坝的淤积量进行量算，经来沙淤积折算，计算出土壤侵蚀量。

④水文手册查算法

根据各地《水文手册》中土壤侵蚀模数、河流输沙模数等资料，推算侵蚀量。

⑤土壤侵蚀及产沙数学模型法

通用水土流失方程式（USLE）。

2. 水土流失评价

根据土壤侵蚀强度分级评价。土壤侵蚀强度以土壤侵蚀模数[$t/(km^2 \cdot a)$]表示。

①土壤侵蚀容许量标准

土壤容许流失量是指在长时期内能保持土壤的肥力和维持土地生产力基本稳定的最大土壤流失量（表3-29）。

根据我国地域辽阔，自然条件千差万别，各地区的成土速度也不相同的实际，该标准规定了我国主要侵蚀类型区的土壤容许流失量。

②水力侵蚀、重力侵蚀的强度分级

微度侵蚀：$<200t/(km^2 \cdot a)$，$500t/(km^2 \cdot a)$，$100\ t/(km^2 \cdot a)$（分别指东北黑土区和北方土石山区，南方红壤丘陵区和西南土石山区，西北黄土高原区）；

轻度侵蚀：$200t/(km^2 \cdot a)$，$500\ t/(km^2 \cdot a)$，$1000 \sim 2500t/(km^2 \cdot a)$（地域界限同“微度侵蚀”）；

中度侵蚀：$2500 \sim 5000t/(km^2 \cdot a)$；

强度侵蚀：5000～8000t/(km^2·a)；

极强度侵蚀：8000～15000t/(km^2·a)；

剧烈侵蚀：>15000t/(km^2·a)。

表3－29　主要侵蚀类型区的土壤容许流失量

侵蚀类型区	土壤容许流失量/[t/(km^2·a)]
西北黄土高原区	1000
东北黑土区	200
北方土石山区	200
南方红壤丘陵区	500
西南土石山区	500

③风蚀强度分级

风力侵蚀的强度分级按植被覆盖度、年风蚀厚度、侵蚀模数三项指标划分(表3－30)。

表3－30　风蚀强度分级

强度分级	植被覆盖度/%	年风蚀厚度/mm	侵蚀模数/[t/(km^2·a)]
微度	>70	<2	<200
轻度	70～50	2～10	200～2 500
中度	50～30	10～25	2 500～5 000
强度	30～10	25～50	5 000～8 000
极强度 、	<10	50～100	8 000～15 000
剧烈	<10	>100	>15 000

3. 水体富营养化

定义：水体富营养化主要是指人为因素引起的湖泊、水库中氮、磷增加对其水生生态系统产生不良的影响。

特点：富营养化是一个动态的复杂过程。

影响因素：一般认为，水体中磷的增加是导致富营养化的原因，但富营养化亦是与氮含量、水温及水体特征(湖泊水面积、水源、形状、流速、水深等)有关。

(1)流域污染源调查

①根据地形图估计流域面积；

②通过水文气象资料了解流域内年降水量和径流量；

③调查流域内地形地貌和景观特征，了解城区、农区、森林和湿地的面积和分布；

④调查污染物点源和面源排放情况。

一般认为春季湖水循环期间总磷浓度在10mg/m^{3}以下时，基本上不会发生藻花和降低水的透明度；而总磷在20 mg/m^{3}时，则常常伴随着数量较大的藻类。因此，可用总磷浓度10 mg/m^3 作为最大可接受的负荷量，大于20 mg/m^3 则是不可接受的。

水中总磷的收支数据可用输出系数法和实际测定法获得。

输出系数法：这种方法是根据湖泊形态和水的输出资料，湖泊周围不同土地利用类型磷输出之和，再加上大气沉降磷的含量，推测湖泊总磷浓度。根据地表径流图、湖泊容积和水面积，估计湖泊水力停留时间和更新率，进而估计湖泊总磷的全年负荷量。要预测湖泊总磷浓度，除需要了解水量收支外，还需要了解污水排入磷的含量(表 3－31)。

表 3－31　不同土地利用类型磷输出系数

来源	磷输出系数/[g/(m^2·a)]	来源	磷输出系数/[g/(m^2·a)]
城市土地	0.10	降水	0.02
农村或农业土地	0.05	干物质沉降	0.08
森林土地	0.01		

实测法：是精确测定所有水源总磷的浓度和输入、输出水量，需历时一年。湖泊水量收支通用式为：

$$输入量 = 输出量 + \Delta 储存量$$

湖水输入量是河流、地下水输入，湖面大气降水、河流以外的其他地表径流量和污水直接排入量的总和；输出量是河道出水、地下渗透、蒸发和工农业用水的总和。其中河流进出水量、大气降水量和蒸发量一般可从水文气象部门监测资料获得，有关各类水中磷浓度需要定期测定。地下水输入与输出较难确定，但不能忽略。

(2)营养物质负荷法预测富营养化

① Vollenweider1969 年提出湖泊营养状况与营养物质特别是与总磷浓度之间有密切关系。

Vollenweider－OECD 模型表明，在一定范围内，总磷负荷增加，藻类生物量增加，鱼类产量也增加。这种关系受到水体平均深度、水面积、水力停留时间等因素的影响。将总磷负荷概化后，建立藻类叶绿素与总磷负荷之间的统计学回归关系。

②Dillon 根据总磷负荷[$L(1-R)/p$]与平均水深(z)之间的线性关系预测湖泊总磷浓度和营养状况。

从关系图就可得出湖泊富营养化等级。a. TP 浓度 <10mg/m^3，为贫营养；b. 10～20 mg/m^3，为中营养；c. >20mg/m^3，为富营养。该方法简单、方便，但依据指标太少，难以准确反映水体富营养化真实状况及其时空变化趋势。

(3)营养状况指数法预测富营养化

湖泊中总磷与叶绿素 a 和透明度之间存在一定的关系。Carlson 根据透明度、总磷和叶绿素三种指标发展了一种简单的营养状况指数(TSI)，用于评价湖泊富营养化的方法。

TSI 用数字表示，范围在 0～100，每增加一个间隔(如 10，20，30，……)表示透明度减少一半，磷浓度增加 1 倍，叶绿素浓度增加近 2 倍。

TSI <40，为贫营养；40～50，为中营养；>50，为富营养。该方法简便，广泛应用于评价湖泊营养状况。但这个标准是否适合于评价我国湖泊营养状况，还需要进一步研究。

在非生物固体悬浮物和水的色度比较低的情况下，叶绿素 a(Chl)和总磷(TP)与透明度(SD)之间高度相关。因此，指数值(TSI)也可根据某一参数计算出来。计算式如下：

透明度参数式：$$TSI = 60 - 14.41\ln SD(m) \quad (3-85)$$

叶绿素 a 参数式：$$TSI = 9.81\ln Chl(mg/m^3) + 30.6 \quad (3-86)$$

总磷参数式：$$TSI = 14.42\ln TP(mg/m^3) + 4.15 \quad (3-87)$$

将 1985～1987 年北京五海 TP 平均浓度分别代入式，得 TSI 值为：西海 66，后海 56，北海 72，中海 74，南海 75。指数值的大小反映了五海营养状况时空变化的实际情况，但按上述 TSI > 50 为富营养的划分标准，五海全部属于富营养湖泊，则与实际情况不完全相符。说明应用该标准评价我国湖泊营养状况可能是偏严了。

(五)景观美学评价指标与方法

1. 程序与目的

建设项目景观影响评价程序：

(1)首先是确定视点，即确定主要景观的位置，如一个居民区、一条街道、一个旅游区景观点或交通线上行进的人群等；

(2)第二步是进行景观敏感性识别，凡敏感度高的景观对象，即为评价的重点；

(3)第三步是对评价重点，即景观敏感度高者，进行景观阈值评价、美学评价(美感度评价)、资源性(资源价值)评价；

(4)第四步作景观美学影响评价；

(5)最后作景观保护措施研究和相应的美学效果与技术经济评价。

2. 景观敏感度评价

景观敏感度是指景观被人注意到的程度。一般有如下判别指标：

(1)视角或相对坡度。景观表面相对于观景者的视角越大，景观被看到或被注意到的可能性也越大。一般视角或视线坡度达 20% ~30%，为中等敏感：达 30% ~45% 为很敏感；>45% 为极敏感。

(2)相对距离。景观与观景者越近，景观的易见性和清晰度就越高，景观敏感度也高。一般将 400m 以内距离作为前景，为极敏感；将 400 ~ 800m 作为中景，为很敏感；800 ~ 1600m 可作为远景，中等敏感； >1600m 可作为背景。但这与景观物体量大小、色彩对比等因素有关。

(3)视见频率。在一定距离或一定时间段内，景观被看到的几率越高或持续的时间越长，景观的敏感度就越高。从对视觉的冲击来看，一般观察或视见时间 >30s 者，可为极敏感；视见延续时间 10 ~30s 者为很敏感；视见延续时间 5 ~10s 者为中等敏感。视见时间延续 0. 3s 以上就可以被看到，但会一瞥而过。

(4)景观醒目程度。景观与环境的对比度，如形体、线条、色彩、质地和动静的对比度越高，景观越敏感。对比度比较强烈的，如森林边缘、岩体边缘、山体天际线、河岸和其他有特定形体或空中格局的景观。

3. 景观阈值评价

景观阈值指景观体对外界干扰的耐受能力、同化能力和恢复能力。

景观阈值与植被关系密切。一般森林的景观阈值较高，灌丛次之，草本再次之，裸岩更低，但当周围环境全为荒漠或裸岩背景时，也形成另一种高的视觉景观冲击能力，阈值可能更高。

对景观阈值低者应注意保护。一般孤立景观阈值低、坡度大和高差大的景观阈值较低，生态系统破碎化严重的景观阈值低。

4. 景观美学评价

自然景观美学评价包括自然景观实体的客观美学评价和评价者的主观观感两部分。

(1)对景观实体的客观评价可按景观实物单体、群体、景点或景区整体等不同层次进行。

①景观实物单体可按形象、色彩、质地等景观构成要素按极美、很美、美、一般或丑进

行评价。

②由很多景观实体组成的群体，则增加空间格局和组合关系的评价，如单纯齐一、对称均衡、调和对比、比例关系、节奏韵律以及多样性统一等。

③由若干景观体组成的景点或景区，则应增加景观资源性评价内容。

所有自然景观的美学价值评价中，其代表性、稀有性、新颖奇特性等，都是其重要评价指标。在现代，生态美是又一个时代主题，凡符合生态规律、自然完整、生物多样性高、生态环境功能重要的景观，都是美的。

(2) 自然景观的主观观感方面，主要是优美和雄壮两大类，可分为不同的级别。

一般景观美学评价中，以客观的美学评价为主，以主观观感评价为辅。

5. 景观影响评价

不同的建设项目对景观有不同的影响。直接破坏植被、挖坏山体、弃渣于敏感景观点，是一类直接影响。因不雅观的建筑物、构筑物或体量过大、色彩过艳而与周围环境不协调是经常发生的景观影响。还有很多影响是非直接的影响，如高大建筑的阻挡，烟囱林立、高压输变电线路造成的空间干扰等。环境污染是另一类景观影响因素，如烟囱冒黑烟、空气不洁，水浑浊、散发不良气味等，都是经常发生的问题。

景观美学影响评价应依据具体的景观特点、环境特点、功能要求并结合具体的建设项目影响的时空特点进行，进行综合评价时不应掩盖主要矛盾。

六、固体废物环境影响评价

(一) 固体废物的分类

按污染特性分为一般废物和危险废物。按来源分为城市固体废物、工业固体废物和农业固体废物。

(二) 固体废物中污染物进入环境的方式及在环境中的迁移转化

释放方式：(1) 对大气环境的影响；(2) 对水环境的影响；(3) 对土壤环境的影响。

迁移途径：进入环境的固体废物是潜在的污染源，在一定条件下会发生化学、物理或生物转化，导致有毒有害物质长期不断释放进入环境：(1) 污染地表水、地下水、大气和土壤；(2) 通过食物链进入人体，危害人体健康。

(三) 采用焚烧、填埋等方式处置固体废物产生的主要环境影响

焚烧处置技术对环境的最大影响是尾气造成的污染，常见的焚烧尾气空气污染物包括：粒状污染物、酸性气体、氮氧化物、重金属、一氧化碳和有机氯化物。为了防止二次污染，工况控制和尾气净化则是污染控制的关键。

垃圾填埋场的主要环境影响：(1) 填埋场渗虑液泄漏或处理不当对地下水及地表水的污染；(2) 填埋场产生气体排放对大气造成污染；(3) 对周围景观的不利影响；(4) 填埋作业及垃圾堆体堆周围地质环境影响，滑坡等；(5) 填埋机械噪声对公众的影响；(6) 填埋场滋生的害虫、昆虫、鸟类等在填埋场觅食的动物可能传播疾病；(7) 填埋场中的塑料袋、纸张可能飘出场外，造成污染；⑻流经填埋场区的地表径流可能受到污染。

第五章　环境保护措施

一、环境保护措施技术经济论证的内容和要求

1. 环保措施技术经济可行性论证

根据建设项目产生的污染物特点，调查同类企业现有环保处理方案的技术经济运行指标，按照技术先进、可靠、可达和经济合理的原则，对建设项目可研阶段所提出的环境保护措施进行多方案比选，推荐最佳方案。若所提措施不能满足环保要求，则需提出切实可行的改进完善建议，包括替代方案。

2. 污染处理工艺达标排放可靠性

对于建设项目的关键性环境保护设施，应调查国内外同类措施实际运行的技术经济指标，结合建设项目排放污染物的基本特点，分析、论证建设项目环保设施运行参数是否合理，有无承受冲击负荷能力，能否稳定运行，确保污染物排放达标的可靠性，并提出进一步改进的意见。

3. 环保投资估算

按工程实施不同时段，分别列出其环保投资额，分析其合理性。计算环保投资占工程总投资的比例，给出各项措施及投资估算一览表。

4. 依托设施的可行性分析

对改扩建项目，原有工程的环保设施有相当一部分是可以利用的，如现有污水处理厂、固废填埋厂、焚烧炉等，原有环保设施是否能满足改扩建后的要求，需要认真核实，分析依托的可靠性。

随着经济的发展，依托公用环保设施已经成为区域环境污染防治的重要组成部分。对于项目依托的公用环保设施，也应分析其工艺合理性、接纳可行性等。

要点：环境保护措施技术经济论证包括哪些内容?

二、常用的大气污染物控制方法及应用

大气污染控制技术是重要的大气环境保护对策措施，大气污染的常规控制技术分为洁净燃烧技术、高烟囱烟气排放技术、烟(粉)尘和气态污染物净化技术等。

洁净燃烧技术是在燃烧过程中减少污染物排放与提高燃料利用效率的加工、燃烧、转化和污染排放控制等所有技术的总称。

(一) 洁净煤燃烧技术

1. 先进的燃煤技术

(1)整体煤气化联合循环发电(IGCC)；

(2)循环流化床燃烧(CFBC)；

(3)煤和生物质及废弃物联合气化或燃烧：

(4)低 NO_x 燃烧技术；
(5)改进燃烧方式；
(6)直接燃烧热机。
2. 燃煤脱硫、脱氮技术
(1)先进的煤炭洗选技术；
(2)型煤固硫技术；
(3)烟气处理技术；
(4)先进的焦炭生产技术等。
3. 煤炭加工成洁净能源技术
(1)洗选；
(2)温和气化；
(3)煤炭直接液化；
(4)煤气化联合燃料电源；
(5)煤的热解等。
4. 提高煤炭及粉煤灰的有效利用率和节能技术

(二)烟气的高烟囱排放

烟气的高烟囱排放就是通过高烟囱把含有污染物的烟气直接排入大气，使污染物向更大的范围和更远的区域扩散、稀释。经过净化达标的烟气通过烟囱排放到大气中，利用大气的作用进一步降低地面空气污染物的浓度

(三) 烟(粉)尘净化技术

又称为除尘技术，它是将颗粒污染物从废气中分离出来并加以回收的操作过程，实现该过程的设备称为除尘器。各类除尘器除尘效率经验值见表 3－32。

(四)气态污染物净化技术

表 3－32　各类除尘器除尘效率经验值

序号	除尘方式	平均除尘效率(％)	平均除尘效率(％)
1	重力沉降式、ZW 型除尘器	40～50	30
2	PW 型除尘器	50～60	40～50
3	双级涡旋式除尘器	60～80	50～60
4	SW、DG 型除尘器	75～85	60～70
5	XZD/G、XZZ 型推荐除尘器	82～92	70～80
6	其他水膜(CCJ)除尘器	80～85	60～70
7	麻石水膜除尘器	85～94	70～80
8	搅拌(混合)式消烟除尘器	90～96	70～80
9	文丘里—麻石水膜除尘器	93～97	70～80
10	GQX 型多多管高效除尘器	93～97	70～85
11	布袋(过滤式)除尘器	95～99	80～90
12	高压静电除尘器	99～99.5	80～85

1. 二氧化硫控制技术

二氧化硫的控制方法有：采用低硫燃料和清洁能源替代、燃料脱硫、燃烧过程中脱硫和末端尾气脱硫。

(1)燃烧前燃料脱硫

在工业实际应用中，型煤固硫是一条控制二氧化硫污染的经济、有效途径。选用不同煤种，以无黏结剂法或沥青等为黏结剂，用廉价的钙系固硫剂，经干馏成型或直接压制成型，制得多种型煤。

将煤炭转化为清洁燃料，如煤炭转化主要有气化和液化，即对煤进行脱碳或加氢改变其原有的碳氢比，把煤转化为清洁的二次燃料。

对于重油脱硫，常用的方法是在钼、钴和镍等金属氧化物催化剂作用下，通过高压加氢反应，切断碳与硫的化合键，以氢置换出碳，同时氢与硫作用形成硫化氢，从重油中分离出来。

(2)燃烧脱硫

目前较为先进的燃烧方式是流化床燃烧脱硫技术。在锅炉流化燃烧过程中向炉内喷入石灰石粉末与二氧化硫发生反应以达到脱硫效果。

(3)燃烧烟气脱硫

干法排烟脱硫(石灰粉吹入法40%～60%、活性炭法、催化氧化法等)：是用固态吸附剂或固体吸收剂去除烟气中二氧化硫的方法；

湿法排烟脱硫(氨法、钙法80%、钠法、镁法90%等)洁净燃烧技术：是用液态吸收剂吸收烟气中二氧化硫的方法。

2. 氮氧化物控制技术

从烟气中去除氮氧化物(NO_x)的过程简称烟气脱氮或氮氧化物控制技术，俗称烟气脱硝。它与烟气脱硫相似，也需要应用液态或固态的吸收剂或吸附剂来吸收吸附NO_x，以达到脱氮目的。目前烟气脱氮技术有20多种，从物质的状态来分，可分为湿法和干法两大类。一般习惯从化工过程来分，大致可分三类：催化还原法、吸收法和固体吸附法等(见表3－33)。

表3－33　NO_x控制技术方法

分类	处理方法	原理	处理效果
催化还原法	非选择性催化还原法	利用还原剂氢、甲烷(天燃气)，在催化剂的存在下，将NO_x还原成N_2，在反应中不仅与NO_x反应，还要与尾气里的O_2反应，而没有选择性	NO_x去除率达90%以上，但处理成本较高
	选择性催化还原法	此法消除NO_x是在催化剂(铂、铜、钒、钴、锰等的氧化物，以铝矾土为载体的催化剂)存在下，用氨、硫化氢、一氧化碳等为还原剂，将NO_x选择性地还原成N_2，而不与氧反应	该法工艺简单，处理效果好，转化率达90%以上，但仅能化有害为无害，尚未能达到变废为宝，综合利用的目的
吸收法	碱液吸收法	氮氧化物是酸性气体，所以可用碱性溶液来中和吸收，如NaOH、KOH、NH_4OH、$Ca(OH)_2$等都可用作吸收剂	此法在消除烟气中NO_x的同时可除去SO_2，又可得到硝酸盐产品，能达到综合利用。变害为利的目的，但投资较大，成本高
	硫酸吸收法	此法原理系以铅室法硫酸的化学过程为基础，基本上与铅室法除硫酸的反应相似	该法生成的亚硝酸基硫酸，可供浓缩稀硝酸用。在消除NO_x的同时，可除去烟气中的SO_2

续表

分类	处理方法	原理	处理效果
固体吸附法	分子筛吸附	分子筛具有筛分大小不同分子能力，如用氢型丝光沸石、13X型等分子筛，在有氧存在时，不仅能吸附NO_x，还能将NO氧化成NO_2，用它处理硝酸尾气，可回收硝酸(HNO_3)或NO_2	用分子筛处理硝酸尾气，氮氧化物的消除率达95%以上，可达到既消除污染又综合利用的目的，但设备庞大、流程长、投资高
	泥煤－碱法	泥煤对氮氧化物的吸附率很高。泥煤加熟石灰制成的吸附剂，既经济又易于制取	泥煤－碱法对氮氧化物的脱除率可达97%～9%，排出口的NO_x的含量＜0.01%～0.02%

三、常用的废水处理工艺及应用

1. MBR污水处理工艺

(1)工艺流程

原水→格栅→调节池→提升泵→生物反应器→循环泵→膜组件→消毒装置→中水贮池→中水用水系统。

(2)MBR工艺特点

膜生物处理技术应用于废水再生利用方面，具有以下几个特点：

①能高效地进行固液分离，将废水中的悬浮物质、胶体物质、生物单元流失的微生物菌群与已净化的水分开。分离工艺简单，占地面积小，出水水质好，一般不须经三级处理即可回用。

②可使生物处理单元内生物量维持在高浓度，使容积负荷大大提高，同时膜分离的高效性，使处理单元水力停留时间大大的缩短，生物反应器的占地面积相应减少。

③由于可防止各种微生物菌群的流失，有利于生长速度缓慢的细菌(硝化细菌等)的生长，从而使系统中各种代谢过程顺利进行。

④使一些大分子难降解有机物的停留时间变长，有利于它们的分解。

⑤膜处理技术与其它的过滤分离技术一样，在长期的运转过程中，膜作为一种过滤介质堵塞，膜的通过水量运转时间而逐渐下降有效的反冲洗和化学清洗可减缓膜通量的下降，维持MBR系统的有效使用寿命。

⑥MBR技术应用在城市污水处理中，由于其工艺简单，操作方便，可以实现全自动运行管理。

2. SBR污水处理工艺

SBR污水处理工艺即序批式活性污泥法，全称为：序列间歇式活性污泥法(sequencing batch reactor activated sludge process)。

(1)工艺流程

一种具有代表性的SBR工艺流程是：通过格栅预处理的废水，进入集水井，由潜污泵提升进入SBR反应池，采用水流曝气机充氧，处理后的水由排水管排出，剩余污泥静压后，由SBR池排入污泥井，污泥作为肥料。

(2)工艺特点

SBR工艺作为一种活性污泥工艺，也有活性污泥工艺的优缺点，如活性污泥工艺优点：

污水适应性强，建设费用较低。

要点：常用的废水处理工艺有哪些？

四、典型建设项目噪声污染防治的基本方法

(一)工业(工矿企业和事业单位)噪声防治措施

(1)从选址、总图布置、声源、声传播途径及敏感目标等方面分别给出噪声防治的具体方案。主要包括：选址的优化方案及其原因分析；总图布置调整的具体内容及其降噪效果(包括边界和敏感目标)；给出各主要声源的降噪措施、效果和投资；

(2)设置声屏障和对敏感建筑物进行噪声防护等的措施方案、降噪效果及投资，并进行经济、技术可行性论证；

(3)在符合《城乡规划法》中规定的可对城乡规划进行修改的前提下，提出厂界(或场界、边界)与敏感建筑物之间的规划调整建议；

(4)提出噪声监测计划等对策建议。

(二)公路、城市道路交通噪声防治措施

(1)通过不同选线方案的声环境影响预测结果，分析敏感目标受影响的程度，提出优化的选线方案建议；

(2)根据工程与环境特征，给出局部线路调整、敏感目标搬迁、临路建筑物使用功能变更、改善道路结构和路面材料、设置声屏障和对敏感建筑物进行噪声防护等具体的措施方案及其降噪效果，并进行经济、技术可行性论证；

(3)在符合《城乡规划法》中规定的可对城乡规划进行修改的前提下，提出城镇规划区段线路与敏感建筑物之间的规划调整建议；

(4)给出车辆行驶规定及噪声监测计划等对策建议。

(三)铁路、城市轨道噪声防治措施

(1)通过不同选线方案声环境影响预测结果，分析敏感目标受影响的程度，提出优化的选线方案建议；

(2)根据工程与环境特征，给出局部线路和站场调整，敏感目标搬迁或功能置换，轨道、列车、路基(桥梁)、道床的优选，列车运行方式、运行速度、鸣笛方式的调整，设置声屏障和对敏感建筑物进行噪声防护等具体的措施方案及其降噪效果，并进行经济、技术可行性论证；

(3)在符合《城乡规划法》中明确的可对城乡规划进行修改的前提下，提出城镇规划区段铁路(或城市轨道交通)与敏感建筑物之间的规划调整建议；

(4)给出车辆行驶规定及噪声监测计划等对策建议。

(四)机场噪声防治措施

(1)通过不同机场位置、跑道方位、飞行程序方案的声环境影响预测结果，分析敏感目标受影响的程度，提出优化的机场位置、跑道方位、飞行程序方案建议；

(2)根据工程与环境特征，给出机型优选，昼间、傍晚、夜间飞行架次比例的调整，对敏感建筑物进行噪声防护或使用功能变更、拆迁等具体的措施方案及其降噪效果，并进行经济、技术可行性论证；

(3)在符合《城乡规划法》中明确的可对城乡规划进行修改的前提下，提出机场噪声影响范围内的规划调整建议；

(4)给出飞机噪声监测计划等对策建议。

五、常用的固体废物控制及处理处置方法

1. 预处理方法

城市固体废物的种类复杂，大小、形状、状态、性质千差万别，一般需要进行预处理。常用的预处理技术有三种：

(1)压实。用物理的手段提高固体废物的聚集程度，减少其容积，以便于运输和后续处理，主要设备为压实机。

(2)破碎。用机械方法破坏固体废物内部的聚合力，减少颗粒尺寸，为后续处理提供合适的固相粒度。

(3)分选。根据固体废物不同的物质性质，在进行最终处理之前，分离出有价值的和有害的成分，实现“废物利用”。

2. 堆肥处理方法

堆肥法是利用自然界广泛分布的细菌、真菌和放线菌等微生物的新陈代谢的作用，在适宜的水分、通气条件下，进行微生物的自身繁殖，从而将可生物降解的有机物向稳定的腐殖质转化。堆肥法的产物称为堆肥，是优质的土壤改良剂和农肥。

3. 卫生填埋方法

区别于传统的填埋法，卫生填埋法采用严格的污染控制措施，使整个填埋过程的污染和危害减少到最低限度，在填埋场的设计、施工、运行时最关键的问题是控制含大量有机酸、氨氮和重金属等污染物的渗滤液随意流出，做到统一收集后集中处理。

4. 一般物化处理方法

工业生产产生的某些含油、含酸、含碱或含重金属的废液，均不宜直接焚烧或填埋，要通过简单的物理化学处理。经处理后水溶液可以再回收利用，有机溶剂可以做焚烧的辅助燃料，浓缩物或沉淀物则可送去填埋或焚烧。因此，物理化学方法也是综合利用或预处理过程。

5. 安全填埋方法

安全填埋是一种把危险废物放置或贮存在环境中，使其与环境隔绝的处置方法，也是对其在经过各种方式的处理之后所采取的最终处置措施。目的是割断废物和环境的联系，使其不再对环境和人体健康造成危害。一个完整的安全填埋场应包括废物接收与贮存系统、分析监测系统、预处理系统、防渗系统、渗滤液集排水系统、雨水及地下水集排水系统、渗滤液处理系统、渗滤液监测系统、管理系统和公用工程等。

6. 焚烧处理方法

焚烧法是一种高温热处理技术，即以一定的过剩空气量与被处理的有机废物在焚烧炉内进行氧化分解反应，废物中的有毒有害物质在高温中氧化、热解而被破坏。焚烧处置的特点

是可以实现无害化、减量化、资源化。焚烧的主要目的是尽可能焚毁废物，使被焚烧的物质变成无害和最大限度地减容，并尽量减少新的污染物质的产生，避免造成二次污染。焚烧不但可以处置城市垃圾和一般工业废物，而且可以用于处置危险废物。

7. 热解法

区别于焚烧，热解技术是在氧分压较低的条件下，利用热能将大分子量的有机物裂解为分子量相对较小的易于处理的化合物或燃料气体、油和炭黑等有机物质。

六、生态防护与恢复措施及应用

（一）生态影响的防护、恢复与补偿原则

按照避让、减缓、补偿和重建的次序提出生态影响防护与恢复的措施；所采取措施的效果应有利修复和增强区域生态功能。

凡涉及不可替代、极具价值、极敏感、被破坏后很难恢复的敏感生态保护目标（如特殊生态敏感区、珍稀濒危物种）时，必须提出可靠的避让措施或生境替代方案。

涉及采取措施后可恢复或修复的生态目标时，也应尽可能提出避让措施；否则，应制定恢复、修复和补偿措施。各项生态保护措施应按项目实施阶段分别提出，并提出实施时限和估算经费。

（二）替代方案

替代方案主要指项目中的选线、选址替代方案，项目的组成和内容替代方案，工艺和生产技术的替代方案，施工和运营方案的替代方案、生态保护措施的替代方案。

评价应对替代方案进行生态可行性论证，优先选择生态影响最小的替代方案，最终选定的方案至少应该是生态保护可行的方案。

（三）生态保护措施

生态保护措施应包括保护对象和目标，内容、规模及工艺，实施空间和时序，保障措施和预期效果分析，绘制生态保护措施平面布置示意图和典型措施设施工艺图，估算或概算环境保护投资。

对可能具有重大、敏感生态影响的建设项目，区域、流域开发项目，应提出长期的生态监测计划、科技支撑方案，明确监测因子、方法、频次等。

明确施工期和运营期管理原则与技术要求。可提出环境保护工程分标与招投标原则，施工期工程环境监理，环境保护阶段验收和总体验收、环境影响后评价等环保管理技术方案。

第六章　环境容量与污染物排放总量控制

一、区域环境容量分析

(一)大气环境容量的基本概念、计算方法及在环境影响评价中的运用

大气环境容量指在一定的环境标准下某一环境单元大气所能承纳的污染物的最大允许量。

大气容量的计算方法(3种)：修正的A－P值法；模拟法；线性优化法。

A－P值法特点：不需要知道污染源的布局、排放量和排放方式，就可粗略估算制定区域的大气环境容量，对决策和提出区域总量控制指标有一定的参考价值，适用于开发区规划阶段的环境条件的分析。该法只适用于大气SO_2环境容量的计算，在计算PM_{10}的环境容量时，可作参考方法。

模拟法：利用环境空气质量模型模拟开发活动所排放的污染物引起的环境质量变化是否会导致环境空气质量超标。适用于规模较大、具有复杂环境功能的新建开发区，或将进行污染治理与技术改造的现有开发区。需要通过调查和类比了解或虚拟开发区大气污染源的布局、排放量和排放方式。其优势在于充分考虑周边发展的影响。

线形优化法：将不同功能区的环境质量保护目标为约束条件，以区域污染物排放量极大化为目标函数，建立基本的线形规划模型。满足功能区空气质量达标对应的区域污染物极大排放量可视为区域的大气环境容量。

要点：大气环境容量计算方法有修正的A－P值法；模拟法；线性优化法。

(二)水环境容量的基本概念、河流水环境容量的计算方法及在环境影响评价中的运用

1. 定义

水环境容量是水体在环境功能不受损害的前提下所能接纳的污染物的最大允许排放量。水体一般分为河流、湖泊和海洋，受纳水体不同，其消纳污染物的能力也不同。

2. 计算方法

(1)对于拟接纳开发区污水的水体，如有常年径流的河流、湖泊、近海水域应估算其环境容量。

(2)污染因子应包括国家和地方规定的重点污染物、开发区可能产生的特征污染物和受纳水体敏感的污染物。

(3)根据水环境功能区划明确受纳水体不同断(界)面的水质标准要求；通过现有资料或现场监测弄清受纳水体的环境质量状况；分析受纳水体水质达标程度。

(4)在对受纳水体动力特性进行深入研究的基础上，利用水质模型建立污染物排放和受纳水体水质之间的输入响应关系。

(5)确定合理的混合区，根据受纳水体水质达标程度，考虑相关区域排污的叠加影响，应用输入响应关系，以受纳水体水质按功能达标为前提，估算相关污染物的环境容量(即最大允许排放量或排放强度)。

二、污染物排放总量控制目标分析

(一)建设项目实现污染物排放总量控制目标的途径

建设项目实现污染物排放总量控制目标的途径主要有三个：预防、减少和控制。

首先应从清洁生产思想和循环经济理念出发，选择清洁的原料、产品、工艺和设备，通过加强管理来预防污染物的产生；

其次，要对已经产生的污染物进行治理，达到削减的目的，如采用大气污染防治措施、水污染防治措施、固体废物污染防治措施等，确保达标排放，以满足总量控制的要求；

在已经考虑了预防和减少的前提下，可以采用控制的手段，如对大气污染物的排气筒高度、位置进行优化布置；

针对水环境保护目标，对水污染物的排放口、排放特征等进行适当调整，来确保总量控制目标的实现。

要点：建设项目实现污染物排放总量控制目标的途径主要有三个：预防、减少和控制。

(二)通过环境影响评价提出污染物排放总量控制建议指标的方法

按国家对污染物排放总量控制指标的要求，在核算污染物排放量的基础上提出工程污染物总量控制建议指标，是建设项目环境影响评价的任务之一，污染物总量控制建议指标应包括国家规定的指标和项目的特征污染物。

国家规定的“十二五”期间污染排放总量控制指标有：

①大气环境污染物：二氧化硫、氮氧化物。

②水环境污染物：化学需氧量、氨氮。

项目的特征污染物：是指国家规定的污染物排放总量控制指标未包括，但又是项目排放的主要污染物，如电解铝、磷化工排放的氟化物，氯碱化工排放的氯气、氯化氢等。这些污染物虽然不属于国家规定的污染物排放总量控制指标，但由于其对环境影响较大，又是项目排放的特有污染物，所以必须作为项目的污染物排放总量控制指标。

评价中提出的项目污染物排放总量控制指标其单位为每年排放多少吨。

在环境影响评价中提出的项目污染物总量控制建议指标必须满足以下要求：

①符合达标排放的要求，排放不达标的污染物不能作为总量控制建议指标。

②符合相关环保要求，比总量控制更严的环境保护要求(如特殊控制的区域与河段)。

③技术上可行，通过技术改造可以实现达标排放。

要点：污染物总量控制建议指标应包括国家规定的指标和项目的特征污染物。国家规定的“十二五”期间污染排放总量控制指标有：大气环境污染物：二氧化硫、氮氧化物。水环境污染物：化学需氧量、氨氮。

在环境影响评价中提出的项目污染物总量控制建议指标必须满足以下要求：

①符合达标排放的要求，排放不达标的污染物不能作为总量控制建议指标。

②符合相关环保要求，比总量控制更严的环境保护要求(如特殊控制的区域与河段)。

③技术上可行，通过技术改造可以实现达标排放。

(三)国家总量控制指标的分配方法

国家对主要指标(如二氧化硫，化学需氧量)实行全国总量控制，根据各省市的具体情况，将指标分解到各省、市，再由省市分解到地(市)州，最终控制指标下达到县。为了更科学地实行污染物总量控制，全国组织对主要河流的水环境容量和主要城市的大气环境容量进行测算，使全国的污染物总量控制指标更加科学合理。

第七章　清洁生产

一、清洁生产指标的选取与计算

清洁生产评价指标可分为六大类：生产工艺与装备要求；资源能源利用指标；产品指标；污染物产生指标；废物回收利用指标；环境管理指标。

1. 生产工艺与装备要求

对项目的工艺技术来源和技术特点进行分析，说明其在同类技术中所占的地位和所选设备的先进性。

2. 资源能源利用指标

包括物耗指标、能耗指标、新用水量指标三类。具体如下：

(1)单位产品的能耗：生产单位产品消耗的电、煤、石油、天然气和蒸汽等能源，通常用单位产品综合能耗指标。

(2)单位产品的物耗：生产单位产品消耗的主要原、辅材料，也可用产品收率、转化率等工艺指标反映。

(3)新用水量指标：新用水量指标：单位产品新用水量、单位产品循环用水量、工业用水重复利用率、间接冷却水循环率、工艺水回用率、万元产值取水量。

(4)原、辅材料的选取(原材料指标)：可从毒性、生态影响、可再生性、能源强度以及可回收利用性这五个方面建立定性分析指标。

3. 产品指标

对产品的要求是清洁生产的一项重要内容，因为产品的销售、使用过程以及报废后的处理处置均会对环境产生影响，有些影响是长期的，甚至是难以恢复的。首先，产品应是我国产业政策鼓励发展的产品；其次从清洁生产要求还要考虑产品的包装和使用，如避免过分包装，选择好无害的包装材料，运输和销售过程不对环境产生影响，产品使用安全，报废后不对环境产生影响等。

4. 污染物产生指标

除资源(消耗)指标外，另一类能反映生产过程状况的指标便是污染物产生指标，污染物产生指标较高，说明工艺相应地比较落后或管理水平较低。通常情况下，污染物产生指标分三类：即废水产生指标、废气产生指标和固体废物产生指标。

(1)废水产生指标：可细分为两类，即单位产品废水产生量指标和单位产品主要水污染物产生量指标。

(2)废气产生指标：可细分为单位产品废气产生量指标和单位产品主要大气污染物产生量指标。

(3)固体废物产生指标：可简单地定为单位产品主要固体废物产生量和单位固体废弃物综合利用量。

5. 废物回收利用指标

6. 环境管理要求

(1)环境法律法规标准：要求企业符合有关法律法规标准的要求

(2)环境审核：按照行业清洁生产审核指南要求进行审核、按 ISO14001 建立并运行环境管理体系。

(3)废物处理处置：要求一般废物妥善处理、危废无害化处理

(4)生产过程环境管理：对生产过程中可能产生废物的环节提出要求，如要求原材料质检、消耗定额、对产品合格率有考核等，防止跑冒滴漏等。

(5)相关环境管理：对原料、服务供应方等的行为提出环境要求

要点：清洁生产评价指标可分为六大类：生产工艺与装备要求；资源能源利用指标；产品指标；污染物产生指标；废物回收利用指标；环境管理指标。

二、建设项目清洁生产分析的内容和方法

清洁生产分析内容包括所采用清洁生产评价指标的介绍、建设项目所能达到的清洁生产各个指标的描述、清洁生产评价结论、清洁生产方案建议。

清洁生产分析的方法有指标对比法和分值评定法。

(1)指标对比法：根据我国已颁布的清洁生产标准，或参照国内外同类装置的清洁生产指标，对比分析建设项目的清洁生产水平。

(2)分值评定法：将各项清洁生产指标逐项制定分值标准，再由专家按百分制打分，然后乘以各自权重值得总分，然后再按清洁生产等级分值对比分析项目清洁生产水平。

第八章　环境风险分析

一、重大危险源的辨识

重大危险源的辨识依据是物质的危险特性及其数量，危险物质名称及其临界量和毒性物质分级见表3－34～表3－36。

表3－34　危险物质名称及其临界量

序号	危险物质名称	临界量/t	序号	危险物质名称	临界量/t
1	氨[液化的，含氨＞50%]	50	40	氯酸钾	20
2	苯，甲苯	50	41	氯酸钠	20
3	苯酚	10	42	氯乙烯	20
4	苯乙烯	50	43	煤气（CO，CO与H_2、CH_4的混合物等）	10
5	丙酮	50	44	汽油（闪点＞－18℃～＜23℃）	500
6	丙酮合氰化氢（丙酮氰醇）	10	45	氢	20
7	丙烯腈[抑制了的]	20	46	氢氟酸	40
8	丙烯醛[抑制了的]	50	47	氢化锑	0.5
9	丙烯亚胺[抑制了的]（甲基氮丙环）	20	48	氰化氢	10
10	二氟化氧	1	49	三甲苯	100
11	二硫化碳	20	50	三硝基苯甲醚	10
12	二氯化硫	1	51	三氧化(二)砷	0.1
13	二氧化硫	20	52	三氧化二砷。三价砷酸和盐类	0.1
14	二异氰酰甲苯	20	53	三氧化硫	30
15	氟	10	54	砷化三氢	0.5
16	氟化氢（无水）	20	55	四氧化二氮[液化的]	20
17	谷硫磷	0.1	56	天然气	50
18	光气	1	57	烷基铅	10
19	过氧化钾	20	58	五硫化(二)磷	10
20	过乙酸（浓度＞60%）	10	59	五氧化二砷，五价砷酸和盐类	0.5
21	环氧丙烷	40	60	戊硼烷	1
22	环氧氯丙烷	10	61	烯丙胺	50
23	环氧溴丙烷	10	62	硝化丙三醇	1
24	环氧乙烷	20	63	硝化纤维素	20
25	甲苯	50	64	硝酸铵[含可燃物≤0.2%]	200
26	甲苯－2，4－二异氰酸酯	50	65	硝酸铵肥料[含可燃物≤0.4%]	500
27	甲醇	100	66	硝酸乙酯	50

续表

序号	危险物质名称	临界量/t	序号	危险物质名称	临界量/t
28	甲基异氰酰	0.2	67	溴	20
29	甲醛	50	68	溴甲烷	20
30	甲烷	20	69	烟火制品(烟花爆竹等)	20
31	可吸入粉尘的镍化合物(一氧化镍、二氧化镍、硫化镍、二硫化三镍、三氧化二镍等)	0.1	70	氧	200
32	联苯胺和/或其盐类	0.1	71	液化石油气	50
33	联氟螨	0.1	72	一甲胺	20
34	磷化氢	0.5	73	一氯化硫	1
35	硫化氢[液化的]	20	74	乙撑亚胺	10
36	六氟化硒	0.5	75	乙炔	20
37	氯化氢[无水]	100	76	异氰酸甲酯	0.5
38	氯甲基甲醚	0.1	77	重铬酸钾	20
39	氯气	10			

表3－35　未在表3－34中列举的危险物质类别及其临界量

物质类别	说明	临界量/t
爆炸性物质	1.1A类爆炸品：有整体爆炸危险的起爆药	10
	1.1类爆炸品：除1.1A类爆炸品以外的，有整体爆炸危险的其他1.1类爆炸品	50
	其他爆炸品：除1.1类爆炸品以外的其他爆炸品	100
压缩和液化气体	易燃气体：主危险性或副危险性为2.1类的压缩和液化气体	50
	氧化性气体：副危险性为5类的压缩和液化气体	100
	有毒气体：主危险性或副危险性为6类的压缩和液化气体	20
易燃物质	(a)极易燃液体：初沸点小于或等于35℃或保持温度一直在其沸点以上的易燃液体	50
	(b)高度易燃液体：闪点小于23℃的易燃液体	200
	(c)易燃液体：闪点大于或等于23℃，且闪点小于61℃的易燃液体	500
	一级易燃固体：危险性类别为4.1，且危险货物品名编号后三位小于500号的易燃物质	50
	二级易燃固体：危险性类别为4.1，且危险货物品名编号后三位大于500号的易燃物质	200
	一级自燃固体：(自燃物品)危险性类别为4.2，且危险货物品名编号后三位小于500号的自燃固体(自燃物品)	50
	二级自燃固体：(自燃物品)危险性类别为4.2，且危险货物品名编号后三位大于500号的自燃固体(自燃物品)	200
	遇湿易燃物品：危险性类别为4.3易燃物质	50

续表

物质类别	说明	临界量/t
氧化性物质	一级危险的氧化剂：危险性类别为5.1，且危险货物品名编号后三位小于500号的氧化性物质	20
	二级危险的氧化剂：危险性类别为5.1，且危险货物品名编号后三位小于500号的氧化性物质	100
	有机过氧化物：危险性类别为5.2的氧化性物质	20
有毒的固体和液体	剧毒物质	10
	有毒物质	50
	有害物质	200

注：此表根据《建设项目环境风险评价技术导则》整理。

表3-36　毒性物质分级

级别	经口半数致死量 LD_{50}/(mg/kg)	经皮接触24h半数致死量 LD_{50}/(mg/kg)	吸入1h半数致死浓度 LC_{50}/(mg/L)
剧毒品	$LD_{50} \leqslant 5$	$LD_{50} \leqslant 40$	$LC_{50} \leqslant 0.5$
有毒品	$5 < LD_{50} \leqslant 50$	$40 < LD_{50} \leqslant 200$	$0.5 < LC_{50} \leqslant 2$
有害品	(固体) $50 < LD_{50} \leqslant 200$ (液体) $50 < LD_{50} \leqslant 2000$	$200 < LD_{50} \leqslant 1000$	$2 < LC_{50} \leqslant 10$

重大危险源辨识：单元内存在危险物质的数量等于或超过标准表3-34、标准表3-35规定的临界量，即被定义为重大危险源。

单元内存在的危险物质为单一品种，则该物质的数量即为单元内危险物质的总量，若等于或超过相应的临界量，则被定义为重大危险源。

单元内存在的危险物质为多品种时，若满足式(3-88)，则定义为重大危险源：

$$\frac{q_1}{Q_1}+\frac{q_2}{Q_2}+\cdots+\frac{q_n}{Q_N}\geqslant 1 \tag{3-88}$$

式中　q_1，q_2，…，q_n——每种危险物质实际存在或者以后将要存在的量，且数量超过各危险物质相对应临界量的2%，t；

Q_1，Q_2，…，Q_N——与标准表3-34和标准表3-35中各危险物质相对应的临界量，t。

要点：如何确定重大危险源？

二、风险源项分析的方法

定性分析方法：类比法，加权法和因素图分析法。

定量分析法：概率法和指数法。

三、风险事故后果分析的方法

《建设项目环境风险评价技术导则》中对环境风险事故的后果分析提出了部分模式，包括有毒有害物质在大气中的扩散、有毒物质在湖泊中的扩散预测、油在海湾、河口的扩散模式、有毒有害物在海洋的扩散模式。根据计算出的数值，再进行后果分析和评价。

风险评价原则如下：

(1)大气环境风险评价：首先计算浓度分布，然后按 GBZ 2《工作场所有害因素职业接触限值》规定的短时间接触容许浓度，给出该浓度分布范围及在该范围内的人口分布。

(2)水环境风险评价：以水体中污染物浓度分布，包括面积及污染物质质点轨迹漂移等指标进行分折，浓度分布与对水生生态损害阈作比较。

(3)对以生态系统损害为特征的事故风险评价，按损害的生态资源的价值进行比较分析，给出损害范围和损害值。

(4)鉴于目前毒理学研究资料的局限性，风险值计算对急性死亡、非急性死亡的致伤、致残、致畸、致癌等慢性损害后果目前尚不计入。

四、环境风险的防范措施要求

1. 选址、总图布置和建筑安全防范措施

厂址及周围居民区、环境保护目标设置卫生防护距离，厂区周围工矿企业、车站、码头、交通干道等设置安全防护距离和防火间距。厂区总平面布置符合防范事故要求，有应急救援设施及救援通道、应急疏散及避难所。

2. 危险化学品贮运安全防范措施

对贮存危险化学品数量构成危险源的贮存地点、设施和贮存量提出要求，与环境保护目标和生态敏感目标的距离符合国家有关规定。

3. 工艺技术设计安全防范措施

自动监测、报警、紧急切断及紧急停车系统；防火、防爆、防中毒等事故处理系统；应急救援设施及救援通道；应急疏散通道及避难所。

4. 自动控制设计安全防范措施

有可燃气体、有毒气体检测报警系统和在线分析系统设计方案。

5. 电气、电讯安全防范措施

爆炸危险区域、腐蚀区域划分及防爆、防腐方案。

6. 消防及火灾报警系统

7. 紧急救援站或有毒气体防护站设计

第九章　环境影响的经济损益分析

一、环境影响的经济损益分析的概念

环境影响的经济损益分析又称为环境影响经济评价，是对环境影响的一种经济分析(即费用效益分析)，对负面的环境影响估算出的是环境成本；对正面的环境影响估算出的是环境效益。

具体包括建设项目环境影响经济评价和环保措施的经济损益评价两部分。

环境保护措施的经济论证不能代替建设项目环境影响的经济损益分析。

二、环境价值

(一)环境价值的概念

环境的总价值：包括环境的使用价值和非使用价值。

环境的使用价值：指的是环境被生产者或消费者使用时所表现出的价值；

环境的非使用价值：指的是人们虽然不使用某一环境物品，但该环境物品仍具有的价值。

(二)环境价值分类

环境价值分类见图3－6。

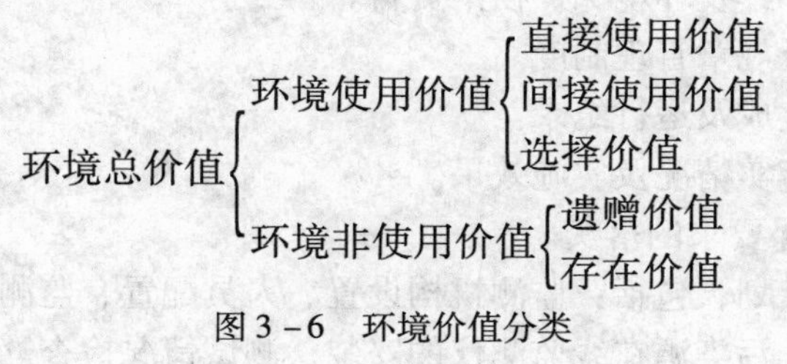

图3－6　环境价值分类

(三)环境价值的度量

环境价值的量度一般有三个：① 最大支付意愿；② 消费者剩余；③ 最低补偿意愿。

其中价值的恰当量度是最大支付意愿；当消费环境服务或环境物品时没有市场价格，其价值等于人们享受这些环境服务时所获得的消费者剩余，有些环境价值评估技术，就是通过测量这一消费者剩余来评估环境的价值的；此外，环境价值也可根据人们对某种特定的环境退化而表示的最低补偿意愿来度量。

价值＝支付意愿＝价格×消费量＋消费者剩余。

市场价格有些情况下可近似地衡量物品的价值，但不能准确度量一个物品的价值。

第十章　建设项目竣工环境保护验收监测与调查

一、验收重点的确定依据

确定验收重点的依据主要有以下几个方面：

(1)项目可研、初步设计文件及批复等确定的项目建设规模、内容、工艺方法及与建设项目有关的各项环境设施和各项生态环境保护设施，包括监测手段。

(2)环境影响评价文件及其批复规定应采取的各项环境保护措施、污染物排放、敏感区域保护、总量控制及生态保护的有关要求。

(3)各级环境保护主管部门针对建设项目提出的具体环境保护要求文件。

(4)国家法律、法规、行政规章及规划确定的敏感区，如饮用水水源保护区、自然保护区、重要生态功能保护区、珍稀动物栖息地或特殊生态系统、重要湿地和天然渔场等。

(5)国家相关的产业政策及清洁生产要求。

二、验收监测与调查的主要工作内容

1. 环境保护管理检查

根据《建设项目环境保护管理条例》、《建设项目竣工环境保护验收管理办法》，检查内容确定为以下几部分：

(1)建设项目从立项到试生产各阶段执行环境保护法律、法规、规章制度的情况。

(2)环境保护审批手续及环境保护档案资料。

(3)环保组织机构及规章管理制度。

(4)环境保护设施建成及运行纪录。

(5)环境保护措施落实情况及实施效果。

(6)“以新带老”环保要求的落实。

(7)环境保护监测计划，包括：监测机构设置、人员配置、监测计划和仪器设备。

(8)排污口规范化、污染源在线监测仪的安装，测试情况检查。

(9)事故风险的环保应急计划，包括人员、物资配备、防范措施、应急处置等。

(10)施工期、试运行期扰民现象的调查。

(11)固体废物种类、产生量、处理处置情况、综合利用情况。

(12)按行业特点确定的检查内容，诸如清洁生产、移民工程、海洋生态保护等特殊内容。

2. 环境保护设施运行效果测试

主要考查原设计或环境影响评价中要求建设的处理设施的整体处理效率。涉及以下领域的环境保护设施或设备均应进行运行效率监测。

(1)各种废水处理设施的处理效率。

(2)各种废气处理设施的处理效率。

(3)工业固(液)体废物处理设施的处理效率。

(4)用于处理其他污染物的处理设施的处理效率。

3. 污染物达标排放监测

以下污染物外排口应进行达标排放监测：

(1)排放到环境中的废水(包括生产污水、清净下水和生活污水)。

(2)排放到环境中的各种废气(包括工艺废气及供暖、食堂等生活设施废气)。

(3)排放到环境中的各种有毒有害工业固(液)体废物及其浸出液。

(4)厂界噪声(必要时测定对噪声源及敏感点的噪声)，公路、铁路及城市轨道交通噪声，码头、航道噪声，机场周围飞机噪声。

(5)建设项目的无组织排放。

(6)国家规定总量控制污染物指标的污染物排放总量。

4. 环境保护敏感点环境质量的监测

主要针对“环境影响评价”及其批复中所涉及的环境敏感保护目标。

监测以建设项目投运后，环境敏感保护目标能否达到相应环境功能区所确定的环境质量标准为主，主要考虑以下几方面：

(1)环境敏感保护目标的地表水、地下水和海水质量。

(2)环境敏感保护目标的环境空气质量。

(3)环境敏感保护目标的声学环境质量。

(4)环境敏感保护目标的土壤环境质量。

技术要求：

(1) 验收监测的工况要求

验收监测应在工况稳定、生产负荷达到设计生产能力的75%以上情况下进行，国家、地方排放标准对生产负荷另有规定的按规定执行。

对于无法整体调整工况达到设计生产能力75%以上负荷的建设项目，调整工况能达到设计生产能力75%以上的部分，验收监测应在满足75%以上负荷或国家及地方标准中所要求的生产负荷的条件下进行；无法调整工况达到设计生产能力75%以上的部分，验收监测应在主体工程稳定、环境保护设施运行正常，并征得负责验收的环境保护行政主管部门同意的情况下进行，同时注明实际监测时的工况。工况应根据建设项目的产品产量、原材料消耗量、主要工程设施的运行负荷以及环境保护处理设施的负荷进行计算。

(2) 质量保证和质量控制

①总体要求：

a. 参加竣工验收监测采样和测试的人员，按国家有关规定持证上岗；

b. 监测仪器在检定有效期内；

c. 监测数据经三级审核。

②水质监测分析过程中的质量保证和质量控制：

水样的采集、运输、保存、实验室分析和数据计算的全过程均按照《环境水质监测质量保证手册》(第四版)的要求进行。即做到：

a. 采样过程中应采集不少于10%的平行样；

b. 实验室分析过程一般应加不少于10%的平行样；

c. 对可以得到标准样品或质量控制样品的项目，应在分析的同时做10%的质控样品分析，对无标准样品或质量控制样品的项目，但可进行加标回收测试的，应在分析的同时做10%加标回收样品分析。

(3)验收监测污染因子的确定原则

①建设项目环境影响评价文件和初步设计环境保护篇中确定的污染因子。

②原辅材料、燃料、产品、中间产物、废物以及其他涉及的特征污染因子和一般性污染因子。

③现行国家或地方污染物排放标准、环境质量标准中规定的有关污染因子。

④国家或地方规定总量控制的有关污染因子。

⑤影响环境质量的污染因子，包括环境影响评价文件及其批复意见中有明确规定或要求考虑的影响环境保护敏感目标环境质量的污染因子；试生产中已造成环境污染的污染因子；地方环境保护行政主管部门根据当前环境保护管理的要求和规定而确定的对环境质量有影响的污染因子。

(4)废气监测技术要求

①有组织排放

a. 监测断面：布设于废气处理设施各处理单元的进出口烟道，废气排放烟道。

监测点位按《固定污染源排气中颗粒物测定与气态污染物采样方法》(GB/T 16157—1996)要求布设。

b. 监测因子：处理设施进出口的监测因子根据设施主要处理的污染物种类确定，废气排放口监测因子的确定参见相应污染物排放标准。但需根据具体情况按验收标准所述原则进行调整，同时测定烟气参数。

c. 监测频次：对有明显生产周期的建设项目，对污染物的采样和测试一般为2~3个生产周期，每个周期3~5次；对连续生产稳定、污染物排放稳定的建设项目，采样和测试的频次一般不少于3次、大型火力发电(热电)厂排气出口颗粒物每点采样时间不少于3min；对非稳定排放源采用加密监测的方法，一般以每日开工时间或24h为周期，采样和测试不少于3个周期，每个周期依据实际排放情况按每2~4h采样和测试一次；标准中如有特殊要求，则按标准中的要求确定监测频次。

②无组织排放

a. 监测点位：二氧化硫、氮氧化物、颗粒物、氟化物的监控点设在无组织排放源的下风向2~50m范围内的浓度最高点，相对应的参照点设在排放源上风向2~50m范围内；其余污染物的监控点设在单位周界外10m范围内浓度最高点。监控点最多可设4个，参照点只设1个。

工业炉窑、炼焦炉、水泥厂等特殊行业的无组织排放监控点执行相应排放标准中的要求。

b. 监测因子：根据具体无组织排放的主要污染物种类确定。

c. 监测频次：监测一般不得少于2d，每天3次，每次连续1h采样或在1h内等时间间隔采样4个；根据污染物浓度及分析方法、灵敏度，可适当延长或缩短采样时间。

d. 对型号、功能相同的多个小型环境保护设施，可采用随机抽样方法进行监测，随机抽测设施比例不小于同样设施总数的50%。

（5）废水监测技术要求

a. 监测点位：污水处理设施各处理单元的进、出口，第一类污染物的车间或车间处理设施的排放口，生产性污水、生活污水、清净下水外排口，雨水排口。

b. 监测因子：处理设施进出口的监测因子根据设施主要处理的污染物种类确定；外排口监测因子的确定参见相关污染物排放标准。

c. 监测频次：

对生产稳定且污染物排放有规律的排放源，以生产周期为采样周期，采样不得少于2个周期，每个采样周期内采样次数一般应为3～5次；对有污水处理设施并正常运转或建有调节池的建设项目，其污水为稳定排放的，可采瞬时样，但不得少于3次；对间断排放水量<20 m^3/d，可采用有水时监测，监测频次不少于2次；对非稳定连续排放源，一般应采用加密的等时间采样和测试方法，一般以每日开工时间或24h为周期，采样不少于3个周期；采用等时间采样方法测试时，每个周期依据实际排放情况，按每2～3h采样和测试一次。

（6）噪声监测技术要求

a. 监测点位：测点一般设在工业企业单位法定厂界外1m、高度1.2m以上，厂界如有围墙，测点应高于围墙。同时设点测背景噪声，必要时设点测源强噪声。

工业企业在法定边界外置有声源时，根据需要也应布设监测点。

对环境影响评价文件中确定的厂界周围噪声敏感区域内的医院、疗养院、学校、机关、科研单位、住宅等建筑物应分别设点监测。

b. 监测因子为等效连续A声级。

（7）振动监测技术要求

①监测点位：按《城市区域环境振动测量方法》（GB 10071—88）确定，测点置于建筑物室外0.5m以内振动敏感处。必要时，测点置于建筑物室内地面中央。

②监测因子：垂直振动级（VLz）。

③监测频次：

稳态振源：每个测点测量一次，取5s内的平均示数为评价量。

冲击振动：取每次冲击过程中的最大示数为评价量。

无规振动：每个测点等间隔地读取瞬时示数，采样间隔不大于5s，连续测量时间不少于1000s，以测量数据的累计百分Z振级VLz10值为评价量。

（8）电磁辐射监测技术要求

①监测点位：针对不同的电磁辐射源确定监测点位。

②监测因子：

射频段（电视与调频广播电视发射塔，中、短波广播与通信发射台，微波通信与移动通信基地站、卫星地球站、导航与雷达站）：综合场强（V/m）；

工频段（高压电力线与高压变电站，工业、科学、医疗高频设备）：电场强度（V/m）、磁场强度（T）。

监测频次：在各种电磁辐射源的正常工作时段，每个监测点位监测一次。

（9）固体废物监测技术要求

固体废物的监测主要分为检查和测试两个方面。

①固体废物的检查：

对于可根据《国家危险废物名录》（环保部、国家发展改革委令2008年第1号）确定其性质，建有相应堆场、处理设施，或委托有关单位按国家要求处理的固体废物，一般以检查为主，检查主要内容包括：

a. 按相关技术规范、标准、技术文件及管理文件的要求，调查项目建设及生产过程中产生的固体废物的来源、判定及鉴别其种类、统计分析产生量、检查处理处置方式。

b. 若项目建设及生产过程中产生的固体废物委托处理，应核查被委托方的资质、委托合同，并核查合同中处理的固体废物的种类、产生量、处理处置方式是否与其资质相符。必要时对固体废物的去向做相应的追踪调查。

c. 核查建设项目生产过程中使用的固体废物是否符合相关控制标准要求。

②鉴别监测：

对于按《国家危险废物名录》(环保部、国家发展改革委令 2008 年第 1 号)无法确定其性质的固体废物，应按照《危险废物鉴别标准》(GB 5085.1～5085.7—2007)鉴别其性质，再按进行检查。

③二次污染的监测：

监测固体废物可能造成的大气环境、地下(地表)水环境、土壤等的二次污染，监测方法分别参见相应的监测技术规范。

a. 监测点位：根据《工业固体废物采样制样技术规定》(HJ/T 20—2008)要求，分别采用简单随机采样法、系统采样法、分层采样法、两段采样法、权威采样法等确定监测点位。

b. 监测因子：污染因子的选择应根据固体废物产生的主要来源、固体废物的性质成分及浸出毒性试验进行确定。

c. 监测频次：随机监测一次，每一类固体废物采样和分析样品数均不应少于 6 个。

(10)污染物排放总量核算技术要求

①排放总量核算项目为国家或地方规定实施污染物总量控制的指标。

②依据实际监测情况，确定某一监测点某一时段内污染物排放总量，根据排污单位年工作的实际天数计算污染物年排放总量。

③某污染物监测结果小于规定监测方法检出下限时，不参与总量核算。

(11)环境质量监测技术要求

①水环境质量测试一般为 1～3d，每天 1～2 次，监测点位等要求按《地表水和污水监测技术规范》(HJ/T 91—2002)及《地下水环境监测技术规范》(HJ/T164—2004)执行。

②环境空气质量测试一般不少于 3d，采样时间按《环境空气质量标准》(GB 3095—2012)数据统计的有效性规定执行。

③环境噪声测试一般不少于 2d，测试频次按《声环境质量标准》(GB 3096—2008)执行。

④城市环境电磁辐射监测，按照《辐射环境保护管理导则电磁辐射监测仪器和方法》(HJ/T 10.2—1996)执行，一般选择 5：00～9：00、11：00～14：00、18：00～23：00 三个高峰期进行测试。若 24h 昼夜测量，其频次不少于 10 次。

⑤城市区域环境振动测量按《城市区域环境振动测量方法》执行，一般监测 2d，每天昼夜各 1 次。

(12)在线自动连续监测仪校比技术要求

由于目前国家没有发布统一的在线监测仪器的监测技术规范，在“三同时”环保验收中可以着重从以下几个方面进行校比考核。

①是否按照环评批复的要求安装了仪器设备；

②是否通过有相应资质的单位的质量检定和校准。

三、验收监测报告与调查报告编制的技术要求

(一)验收监测报告编制技术要求

验收监测报告应充分反映建设项目环境保护设施运行和措施落实的效果：各项污染物达标排放情况；建设项目对周围环境的影响；环境管理的全面检查结果。

验收调查工作程序：一般包括资料收集和现场踏勘、编制验收调查方案、实施现场调查、编制验收调查报告四个过程。

(二)验收调查报告编制技术要求

1. 正确确定验收调查范围

调查范围一般与项目环评文件一致。若项目建设内容发生变动或环评文件未能反映项目的实际生态影响，应根据现场初步调查结果在环评范围基础上调整确定。

2. 明确验收调查重点

根据有关验收原则，并考虑各类项目环境影响的特点，确定验收调查的重点。

3. 选取验收调查因子

原则上根据项目所处的区域环境特征和项目的环境影响性质来确定。

4. 确定适用调查方法

调查方法有文件核实、现场勘察、现场监测、生态监测、公众意见调查、遥感调查等，应针对不同调查对象，采用相应的调查方法。

5. 分析评价方法

一般采取类比分析法、列表清单法、指数法与综合指数法、生态系统综合评价法等。

6. 评价判别标准

主要以环评时确定的标准或环评预测值为标准来判断其是否达到了环评及批复文件的生态环境保护目标，评价判别标准主要包括：国家、行业和地方规定的标准和规范；背景或本底标准；科学研究已判定的生态效应。

第四篇　案例分析

表 4－1　2005 年—2012 年环境影响评价案例分析考试大纲总结

项　目	考试内容	2005 年	2006 年	2007 年	2008 年	2009 年	2010 年	2011 年
一、相关法律法规运用和政策、规划的符合性分析	(1)分析建设项目环境影响评价中运用的法律法规的适用性；				√	√	√	√
	(2)分析建设项目与相关环境保护政策及产业政策的符合性；				√	√	√	√
	(3)分析建设项目与环境保护规划和环境功能区划的符合性；				√	√	√	√
	(4)分析国家法律法规在环境影响评价和建设中的落实情况；	√	√	√				
	(5)分析相关环境保护及产业政策在环境影响评价中的落实情况。	√	√	√				
二、项目分析	(1)分析建设项目生产工艺过程的产污环节、主要污染物、资源和能源消耗等，给出污染源强，非污染生态影响为主的项目还应根据工程特点分析施工期和运营期生态影响的因素和途径；	√	√	√	√	√	√	√
	(2)从生产工艺、资源和能源消耗指标等方面分析建设项目清洁生产水平；	√	√	√	√	√	√	√
	(3)分析计算改扩建工程污染物排放量变化情况；				√	√	√	√
	(4)不同工程方案(选址、规模、工艺等)的分析比选；		√	√	√	√	√	√
	(5)以污染影响为主的大中型建设项目、以生态影响为主的建设项目(大型水利水电建设项目、铁路和公路)工程分析的基本要求和要点；	√	√	√				
	(6)分析规划方案；	√						
	(7)分析建设项目与相关规划的符合性。		√	√				
三、环境现状调查与评价	(1)判定评价范围内环境敏感区与环境保护目标；	√	√	√	√	√	√	√
	(2)制定环境现状调查与监测方案；	√	√	√	√	√	√	√
	(3)评价环境质量现状；	√	√	√	√	√	√	√
	(4)环境容量分析。	√	√	√				
四、环境影响识别、预测与评价	(1)识别环境影响因素与筛选评价因子；	√	√	√	√	√	√	√
	(2)判断建设项目影响环境的主要因素及分析产生的主要环境问题；	√	√	√	√	√	√	√
	(3)选用评价标准；	√	√	√	√	√	√	√
	(4)确定评价工作等级、评价范围及各环境要素的环境保护要求；	√	√	√	√	√	√	√
	(5)确定评价重点；	√	√	√	√	√	√	√

续表

项　　目	考试内容	2005 年	2006 年	2007 年	2008 年	2009 年	2010 年	2011 年
四、环境影响识别、预测与评价	(6)设置评价专题；		√	√	√	√	√	√
	(7)选择、运用预测模式与评价方法；		√	√	√	√	√	√
	(8)预测和评价环境影响(含非正常工况)。		√	√	√	√	√	√
五、环境风险评价	(1)识别重大危险源并描述可能发生的风险事故；				√	√	√	√
	(2)提出减缓和消除事故环境影响的措施。				√	√	√	√
六、环境保护措施分析	(1)分析污染物达标排放情况；	√	√	√	√	√	√	√
	(2)分析污染控制措施及其技术经济可行性；		√	√	√	√	√	√
	(3)分析生态影响防护、恢复与补偿措施及其技术经济可行性；		√	√	√	√	√	√
	(4)分析污染物排放总量情况；	√	√	√	√	√	√	√
	(5)制定环境管理与监测计划；	√	√	√	√	√	√	√
	(6)分析环境保护措施的技术经济可行性和预期效果。	√						
七、环境可行性分析	(1)分析建设项目的环境可行性；				√	√	√	√
	(2)判别环境影响评价结论的正确性；		√	√	√	√	√	√
	(3)建设项目规模、选址、布局、选线的环境合理性分析；		√	√				
	(4)竣工环境保护验收监测与调查结论分析及整改方案建议分析；		√	√				
	(5)正确填报建设项目环境保护审批登记表；		√	√				
	(6)正确填报建设项目保护“三同时”竣工验收登记表。		√	√				
八、建设项目竣工环境保护验收监测与调查	(1)核查建设项目执行环境影响报告书批复及落实环境影响报告书要求的情况；				√	√	√	√
	(2)确定建设项目竣工环境保护验收监测与调查的范围；	√	√	√	√	√	√	√
	(3)选择建设项目竣工环境保护验收监测与调查的标准；	√	√	√	√	√	√	√
	(4)确定建设项目竣工环境保护验收监测点位；	√	√	√	√	√	√	√
	(5)确定建设项目竣工环境保护验收监测与调查的重点与内容；	√	√	√	√	√	√	√
	(6)判别建设项目竣工环境保护验收监测与调查的结论及整改方案建议的正确性。				√	√	√	√

续表

项　目	考试内容	2005 年	2006 年	2007 年	2008 年	2009 年	2010 年	2011 年
九、规划环境影响评价	(1)分析规划的环境协调性；				√	√	√	√
	(2)判断规划实施后影响环境的主要因素及可能产生的主要环境问题；				√	√	√	√
	(3)比选规划的替代方案及分析环境影响减缓措施的合理性；				√	√	√	√
	(4)分析相关法律法规在规划环境影响评价中的执行情况；		√	√				
	(5)规划方案初步筛选；		√	√				
	(6)确定规划环境影响评价内容和评价范围。		√	√				
十、环境影响预测	(1)设置评价专题；	√						
	(2)选择与应用预测模式；	√						
	(3)环境影响预测和评价(含非正常工况)。	√						
十一、结论分析	(1)建设项目规模、选址、布局、选线的优化分析；	√						
	(2)规划方案优化分析；	√						
	(3)环境影响预测、评价结论的正确得出与结论正确性的判别	√						
	(4)竣工环境保护验收结论分析及制定整改方案；	√						
	(5)正确填报建设项目环境保护审批登记表；	√						
	(6)正确填报建设项目环境保护“三同时”竣工验收登记表。	√						

分析7年来案例分析考试大纲可以发现，相关法律法规运用和政策，规划的符合性分析，项目分析，环境现状调查与评价，环境影响识别、预测与评价，环境保护措施，建设项目竣工环境保护验收监测与调查，规划环境影响评价是经常考试的内容。尤其是项目分析，环境现状调查与评价，环境影响识别、预测与评价，环境保护措施分析，建设项目竣工环境保护验收监测与调查部分每年都考，是案例分析考试的重点。

第一章　案例分析大纲考核内容

一、相关法律法规运用和政策、规划的符合性分析

要求：熟悉相关法律法规和环境保护及产业政策。尤其是环境保护法律法规中一些禁止的条款需要注意，比如饮用水源地一级、二级保护区内禁止的行为或活动；自然保护区、风景名胜区内禁止的活动。

关注：各类环境保护法、标准、规范、技术政策、评价导则、规划相容性、产业导向、需要特殊保护地区(水源保护区)、生态敏感与脆弱区、社会关注区。

分析：重点分析建设项目与产业政策、能源政策、资源利用政策、环保技术政策、国家和地方发展规划及行业发展规划等的相符性。

(一)重点掌握不准建设的项目及活动

自然保护区可以分为核心区、缓冲区和实验区。

核心区：禁止任何单位和个人进入；除经批准外，也不允许进入从事科学研究活动。

缓冲区：只准进入从事科学研究观测活动，不准从事旅游。

实验区：可以进入从事科学试验、教学实习、参观考察、旅游以及驯化、繁殖珍稀/濒危野生动植物等活动。

在自然保护区的核心区和缓冲区内，不得建设任何生产设施；在自然保护区的实验区内，不得建设污染环境、破坏资源或者景观的生产设施。

建设其他项目，其污染物排放不得超过国家和地方规定的污染物排放标准。

文物古迹、自然保护区周围、风景名胜区及其周围保护地带不得建设工矿企业、铁路、站场、仓库、医院等影响和破坏生态环境的设施。工程选址应避开不可移动的文物，特殊情况应尽量原址保护。

国道、市道两侧可视范围内不得建设开采矿石或从事选矿等破坏环境的企业。

城市新区建设，应避开地下矿藏、地下文物。

(二)基本农田保护条例

基本农田保护区经依法划定后，任何单位和个人不得改变或者占用。国家能源、交通、水利、军事设施等重点建设项目选址确实无法避开基本农田保护区，需要占用基本农田，涉及农用地转用或者征用土地的，必须经国务院批准。

经国务院批准占用基本农田的，当地人民政府应当按照国务院的批准文件修改土地利用总体规划，并补充划入数量和质量相当的基本农田。占用单位应当按照占多少、垦多少的原则，负责开垦与所占基本农田的数量与质量相当的耕地。

禁止任何单位和个人在基本农田保护区内建窑、建房、建坟、挖砂、采石、采矿、取土、堆放固体废弃物或者进行其他破坏基本农田的活动。禁止任何单位和个人占用基本农田发展林果业和挖塘养鱼。

（三）环境保护规划和环境功能区划的符合性

优先保护饮用水源地水质，禁止一切排污行为和对水源地有不利影响的活动。

以改善重点城市空气质量为目标，减轻酸雨危害；严格控制二氧化硫排放总量；实施国家酸雨中长期控制规划，严格控制新建电厂二氧化硫和氮氧化物排放；新上电厂必须脱硫，现有电厂也要按标准要求逐步建设脱硫设施。

加强资源开发生态环境保护监管，强化资源开发的生态环境管理，遏制新的重大生态破坏。

（四）其他规划的相容性

项目建设与区域流域发展规划的协调性。

项目建设与所在区域流域的环境功能区划和环境保护规划的符合性。

项目建设与法定需要特殊保护区域保护规划的符合性。

项目建设与土地利用规划的协调性。重点评估土地利用性质改变的环境合理性。

（五）环境政策与产业政策

（1）环境政策：《国务院关于环境保护若干问题的决定》、酸雨控制区和二氧化硫控制区、“三河”“三湖”流域及渤海湾的污染防治、全国生态环境保护纲要、关于资源综合利用方面的政策。

（2）产业政策：国家关于加强产业政策和信贷政策协调配合的有关要求、国家工商投资领域和外商投资产业目录、国家关于制止钢铁、电解铝、水泥行业盲目投资及严格控制铁合金生产能力的有关规定、国家关于清理固定资产项目的有关要求、国家关于发展热电联产的有关规定、国家淘汰落后生产能力、工艺和产品的目录、关于加强饮食娱乐服务企业环境管理的通知、企业投资项目核准暂行办法。

（3）污染防治技术政策：燃煤 SO_2 排放污染防治技术政策、城市污水处理及污染防治技术政策、城市生活垃圾处理及污染防治技术政策、危险废物污染防治技术政策。

国家现行的法律法规及相关政策内容很多，主要有大气、水、噪声、固体废物污染防治法、清洁生产促进法、环境影响评价法，以及有关自然保护区、水源保护区、文物保护区、渔业保护区、森林和野生动物保护区、珍稀濒危动植物保护等环境敏感区，海域、矿产资源、水土保持等法律法规。

二、项目分析（工程分析）

要求：抓住行业特征污染要素及污染物。工程分析内容要全面，不能漏项。“三本帐”要清晰、平衡。企业存在的主要环境问题要明确。

关注：项目分析包括两类，一类是污染型项目工程分析；另一类是生态类项目工程分析，注意两者之间的区别及各自的重点。

分析：重点分析建设项目污染工艺流程、污染物排放量及处理措施等。

（一）项目建设内容和主要环境问题

（1）从环境影响源的角度分时段（施工、运营、废弃期）描述项目组成，一般应包括主体工程、辅助工程、公用工程、环保工程、贮运设施等。另外，对于工程投资未包括，但是必须配套建设的项目内容(例如输变电、道路建设等)也应有所描述，并说明是否存在环境保护方面的重要制约因素。项目建设可能造成的主要环境问题清楚；与项目建设直接相关联的工程内容需作说明。

(2)改扩建项目应说明与现有工程的依托关系，并描述现有工程存在的环保问题和拟采取的"以新带老"措施。

(二)工程分析

(1)各产污环节分析、污染物(包括正常工况和非正常工况)源强核算；

(2)包括建设项目实施过程的不同阶段(施工期、运营期及恢复期)；

(3)对各环境要素敏感保护目标的影响及其定量的影响程度(包括该项目的影响值和与现状、在建拟建项目的叠加)，影响程度是否在可接受的范围内。

(三)工程分析主要内容

(1)项目建设内容(主体工程、配套工程、公用工程)。

(2)工程性质(新建、技改扩建等)：新建，选址比较；技改扩建，三本帐计算。

(3)工程方案分析：明确各生产装置之间的关系，物料、中间产品及最终产品的流向是进行物料平衡的依据。

(4)物料平衡、主要污染元素平衡、水平衡等。

(5)产业政策及清洁生产分析。

(6)环保设施及投资合理性分析。

(四)产污环节分析

(1)污染物产污环节分析，目的是分析项目建设和使用过程中污染物产生过程和节点。

(2)用流程图的方式说明生产过程，同时在工艺流程中标明污染物的产生位置和污染物的类型，必要时列出主要化学反应和副反应式。

(五)水平衡图分析

找准各环节用水关系就能平衡，工业用水量和排水量的关系见图4-1。

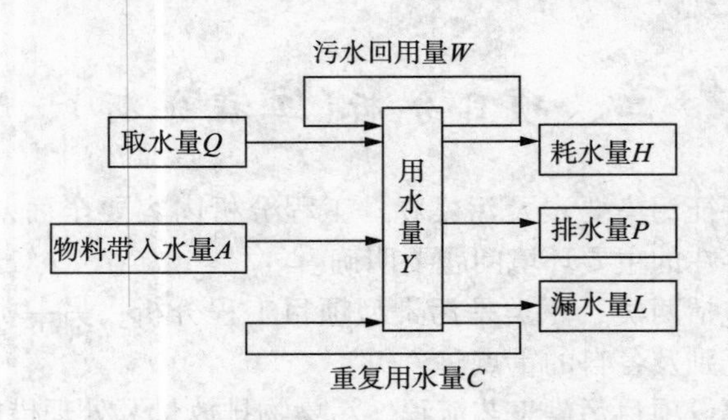

图4-1　工业用水量和排水量的关系

水平衡式见下式：

$$Q + A = H + P + L$$

式中 Q——取水量，包括生产用水和生活用水，生产用水又分间接冷却水、工艺用水和锅炉给水；

工业取水量 = 间接冷却水量 + 工艺用水量 + 锅炉给水量 + 生活用水量

A——物料带入水量；

C——重复用水量，指项目内部循环使用和循序使用的总水量；

H——耗水量，指整个项目消耗掉的新鲜水量总和，即：

$$H = Q_1 + Q_2 + Q_3 + Q_4 + Q_5 + Q_6$$

式中 Q_1——产品含水，即由产品带走的水；

Q_2——间接冷却水系统补充水量；

Q_3——洗涤用水（包括装置、场地冲洗水）、直接冷却水和其他工艺用水量之和；

Q_4——锅炉运转消耗的水量；

Q_5——水处理用水量；

Q_6——生活用水量。

例：某企业年耗新鲜水量为 $300 \times 10^4 m^3$，重复用水量为 $150 \times 10^4 m^3$，其中工艺水回用量为 $80 \times 10^4 m^3$，冷却循环水量为 $20 \times 10^4 m^3$，污水回用量为 $50 \times 10^4 m^3$，间接冷却水补充新鲜水量为 $45 \times 10^4 m^3$；工艺取用新鲜水量为 $120 \times 10^4 m^3$。计算给出该企业的：工业水重复利用率、间接冷却水循环率、工艺水回用率。

计算步骤和方法如下：

(1)工业水重复利用率 = 重复用水量/用水总量 $\times 100\% = 150/(150 + 300) \times 100\% = 33.33\%$。

(2)间接冷却水循环率 = 间接冷却水循环量/(间接冷却水循环量 + 循环系统补充水量) $\times 100\% = 20/(20 + 45) \times 100\% = 30.77\%$。

(3)工艺水回用率 = 工艺水回用量/(工艺水回用量 + 工艺水补充新鲜水量) $\times 100\% = 80/(80 + 120) \times 100\% = 40\%$

在平衡图的绘制过程中应注意以下两点：一是总用水量之间的平衡，体现出 $Q + A = H + P + L$；二是每一节点进出的水量都要平衡。

(六)污染源分析

(1)大气污染源：有组织排放源的分布和排放参数、无组织排放源强的确定、非正常排放的发生条件和持续时间。

(2)水污染源：正常排放的污水回用率、水循环利用率、水重复利用率，非正常排放的发生条件、位置、强度、持续时间。

(3)噪声污染源：主要声源的空间位置、种类、方式、强度，源强估算和确定方法。

(4)固体废物：一般工业固体废物和危险废物的种类、性质、组分、容积、含水率等。

(5)物料平衡、水平衡、能源平衡、热平衡：符合项目特点、准确可信，主要有害物质的平衡分析清楚。

(6)搬迁项目：重点评估项目搬迁后遗留的环境问题(如土壤、地下水污染等)的性质、影响程度。

(7)总图布置：根据项目与外部环境及保护目标的关系，评估总图布置的环境合理性。

（七）生态项目污染源分析

1. 施工方式评估

（1）评估施工期施工工艺和施工时序的合理性。

（2）评估不同工程组成施工工艺的描述的准确性；根据国内外同类工程的情况，结合主要敏感目标的保护需求，评估施工工艺的先进性和环境可行性，评估不同施工内容的施工时序安排的合理性。在前述基础上，判断施工组织优化的可能性。

2. 运行方式评估

运行方式不同，产生的环境影响亦不同，对不同运行方式的分析评估非常重要。以水电项目为例，不同调节方式的电站，流量下泄过程（主要是时间和流量）、下泄水温不同，下游河道的水位和流速等水文情势的变化不同，从而对下游河道中鱼类（产卵场、越冬场、索饵场、洄游通道、繁殖等）的影响也不同。应结合现状调查中下游河道中鱼类生理生态学习性（如对适宜的生存、繁殖流速和水深等的要求），评估电站运行方式的合理性和优化电站调度运行的可行性。

（八）需关注的其他问题

需重视可能引起次生生态影响的污染因素的评估，如面源污染，水土流失，农田退水含有的残留化肥、农药等。

（九）污染源源强分析与核算

污染源分布和污染物类型及排放量是各专题评价的基础资料，必须按建设过程、生产过程和服务期满后（退役期）三个时期，详细核算和统计，力求完善。因此，对于污染源分布应根据已经绘制的污染流程图，并按排放点编号，标明污染物排放部位，然后列表逐点统计各种因子的排放强度、浓度及数量。

对于废气可按点源、面源、线源进行核算，说明源强、排放方式和排放高度及存在的有关问题。废水应说明种类、成分、浓度、排放方式、排放去向。废液应说明种类、成分、浓度、处置方式和去向等有关问题。废渣应说明有害成分、溶出物浓度、数量、处理和处置方式和贮存方法。噪声和放射性应列表说明源强、剂量及分布。

新建项目污染物源强在统计污染物排放量的过程中，对于新建项目要求算清两本账：一本是工程自身的污染物设计排放量；另一本则是按治理规划和评价规定措施实施后能够实现的污染物削减量。两本帐之差才是评价需要的污染物量终排放量。

改扩建项目和技术改造项目污染物源强对于改扩建项目和技术改造项目的污染物排放量统计则要求算清三本帐：第一本帐是改扩建与技术改造前现有的污染物实际排放量；第二本帐是改扩建与技术改造项目按计划实施的自身污染物排放量；第三本帐是实施治理措施和评价规定措施后能够实现的污染削减量。

通过物料平衡计算污染源强依据质量守恒定律，投入的原材料和辅助材料的总量等于产出的产品和副产物以及污染物的总量。通过物料平衡，可以核算产品和副产品的产量，并计算出污染物的源强。在环境影响评价中，必须根据不同行业的具体特点，选择若干有代表性的物料进行物料平衡。其计算通式如下：

$$\sum G_{投入}=\sum G_{产品}+\sum G_{流失} \tag{4-1}$$

式中 $\sum G_{投入}$——投入系统的物料总量；

$\sum G_{产品}$——产出产品总量；

$\sum G_{流失}$——物料流失总量。

总量法公式

$$\sum G_{排放}=\sum G_{投入}-\sum G_{回收}-\sum G_{处理}-\sum G_{转化}-\sum G_{产品} \tag{4-2}$$

式中 $\sum G_{排放}$——某污染物的排放量；

$\sum G_{投入}$——投入物料中的某污染物总量；

$\sum G_{回收}$——进入回收产品中的某污染物总量；

$\sum G_{处理}$——经净化处理掉的某污染物总量；

$\sum G_{转化}$——生产过程中被分解、转化的某污染物总量；

$\sum G_{产品}$——进入产品结构中的某污染物总量。

定额法公式

$$A=\mathrm{AD}\times M \tag{4-3}$$

$$\mathrm{AD}=\mathrm{BD}-(\mathrm{aD}+\mathrm{bD}+\mathrm{cD}+\mathrm{dD})$$

式中 A——某污染物的排放总量；

AD——单位产品某污染物的排放定额；

M——产品总产量；

BD——单位产品投入或生成的某污染物量；

aD——单位产品中某污染物的含量；

bD——单位产品所生成的副产物、回收品中某污染物的含量；

cD——单位产品分解转化掉的污染物量；

dD——单位产品被净化处理掉的污染物量。

水平衡

水平衡是建设项目所用的新鲜水总量加上原料带来的水量等于产品带走的水量、损失水量、排放废水量之和。可以用下式表达：

$$Q_f+Q_r=Q_p+Q_l+Q_w \tag{4-4}$$

式中 Q_f——新鲜水总量；

Q_r——原料带来的水量；

Q_p——产品带走的水量；

Q_l——生产过程损失水量；

Q_w——排放废水量。

工业用水循环利用率

指工业企业循环冷却水的循环利用量与外补新鲜水量和循环水利用量之和比，以百分比计。其计算公式为：

$$水循环利用率(\%)=\frac{循环利用水量}{补充水量+循环利用水量} \tag{4-5}$$

工业用水重复利用率

指工业重复用水量占工业用水总量的比值。工业重复用水量指工业企业生产用水中重复再利用的水量，包括循环使用、一水多用和串级使用的水量（含经处理后回用量），工业用水总量指工业企业厂区内用于生产和生活的水量，等于工业用新鲜水量与工业重复用水量之和。该项指标越高，表明工业用水重复利用程度越高。计算公式为：

$$\text{工业用水重复利用率}(\%) = \frac{\text{工业重复用水量}}{\text{工业用水总量}} \tag{4-6}$$

污水综合水质

$$C_{\text{综合}} = \frac{\sum_{i=1}^{n} C_i Q_i}{\sum_{i=1}^{n} Q_i} \tag{4-7}$$

式中 $C_{\text{综合}}$——综合污水水质，mg/L；

C_i——第 i 股污水的污染物浓度，mg/L；

Q_i——第 i 股污水的流量，m^3/d。

处理效率计算

$$\eta = \frac{C_{\text{进}} - C_{\text{出}}}{C_{\text{进}}} \tag{4-8}$$

$$\eta_{\text{总}} = \eta_1 + (1 - \eta_1)\eta_2$$

式中 η——处理效率,%；

$C_{\text{进}}$——进口污染物浓度；

$C_{\text{出}}$——出口污染物浓度；

η_2——二级处理效率,%；

η_1——一级处理效率,%；

$\eta_{\text{总}}$——总处理效率,%；

三、环境现状调查与评价

要求：掌握环境现状需要调查的内容，如地理位置；地貌、地质和土壤情况；水系分布和水文情况；气候和气象；矿藏、森林、草原、水产和野生动植物、农产品、动物产品等情况；大气、水、土壤等的环境质量情况；环境功能情况(特别注意环境敏感区)及重要的政治文化设施；社会经济情况；人群健康情况及地方病情况；其他环境污染和破坏的现状资料。掌握环境敏感区的位置及与评价项目的距离。熟悉环境现状调查与评价需要的图件。

关注：评价项目对环境敏感区的影响。

分析：环境质量达标情况。环境现状存在的环境问题及其原因。

(一)判定评价范围内环境敏感区与环境保护目标

通常根据项目厂址地区环境特征、所排污染物、确定项目环评的敏感区域、敏感点和保护目标，并列图表说明，表上应说明方位、距离、环境功能。

(二)制定环境现状调查与监测方案

(1)导则的要求；

(2)评价等级、功能区划的要求；

(3)项目排污种类及地区环境因子的敏感性，以此确定各监测点的监测因子；

(4)建厂地区自然条件(污染气象、海潮、河流季节、植物生长)及监测条件。

现状监测方案的基本构成：

①监测要素及监测因子的选择；

②布点：采样点数，布点方法；

大气：极坐标布点法；水：断面布点法；

③样品采集：监测时间和频次要求；

④样品分析：参照国家环境监测分析方法；

⑤数据处理；

⑥质量控制和保证措施及程序。

(三)评价环境质量现状

根据环境现状监测结果，依据评价标准，采用单因子指数法评价环境质量现状。

四、环境影响识别、预测与评价

要求：熟悉环境影响识别的方法，主要行业的环境影响因子和主要污染因子。环境影响预测模式的选择、环境影响评价的方法。

关注：环境现状评价因子和影响评价因子的筛选；建设项目影响环境的主要因素及产生的主要环境问题；评价工作等级、评价范围的确定；各环境要素的环境保护要求。

分析：采用单因子指数法评价项目或规划实施后的环境影响；主要行业环境影响因子预测；分析确定各环境要素的评价工作等级。

(一)识别环境影响因素与筛选评价因子

根据排污种类、结合拟建厂址地区环境要素，识别项目对环境产生污染影响的环境要素，采用矩阵表并按施工期、生产期、服务期满(渣场、垃圾填埋、核设施等)分别进行环境因素(包括自然、社会)的识别，在识别环境影响因素的基础上根据项目特点，将评价因子列出清单，筛选出评价因子(特征因子、关心因子等)。

(二)判断项目影响环境的主要因素及分析带来的主要环境问题

根据工程(如排放量大、特殊因子)结合环境敏感性和环境影响因素与筛选评价因子，判断项目建设影响环境的主要因素及主要环境问题。

(三)选择评价标准

包括质量标准、排放标准、毒性鉴别标准等根据地方功能区划及环保局的批复，结合项目排污，确定采用标准和级别。若未划定功能区划则依据质量状况提出建议标准，待环保局批准后按批准意见执行。

(四)确定评价工作等级、评价范围及各环境要素的环境保护要求

根据排污量，按照导则要求确定工作等级和范围。

(五)确定评价重点

根据排污特征、厂址区域环境现状敏感性，以及环境影响评价所需解决的问题确定评价重点。

(六)设置评价专题

根据排污特征、要素敏感性、结合有关影响评价要求，设置相关的影响预测评价专题。

(七)选择、运用预测模式和评价方法

(八)预测和评价环境影响

主要说明正常、非正常工况下影响的范围和程度。

五、环境风险评价

要求：识别重大危险源并描述可能发生的风险事故；提出减缓和消除事故环境影响的措施。

关注：环境风险评价工作等级与范围的确定；环境风险评价的内容。环境风险评价范围内的环境敏感点。

分析：重大风险源识别；识别风险物质；事故风险源项分析；风险事故的预防措施；风险应急预案的要点。

对于涉及有毒有害和易燃易爆物质的生产、使用、贮运等的新建、改建、扩建和技术改造项目(不包括核建设项目)，应要求进行专门的环境风险评价，其他项目由于环境治理措施失效而引起的污染事故可包含在环境质量预测评价章节内。环境风险评价依据中华人民共和国环境保护行业标准《建设项目环境风险评价技术导则》(HJ/T 169—2004)规范进行编制，主要应包括如下内容：

(一)源项分析

定量、定性分析事故的发生概率及危险化学品的泄漏量。

(二)风险评价

根据事故发生概率及危险化学品的泄漏量，通过模式预测事故的风险值，并与同行业可接受风险水平相比较，评价项目建设的风险性。

(三)风险管理

(1)对危险化学品的生产或贮存地点提出要求，特别是与环境保护目标和生态敏感目标应设置安全防护距离。

(2)对危险化学品的生产规模或贮存量提出要求。

(3)工艺技术设计上提出安全防范措施。

(4)设置应急预案。

六、环境保护措施分析

要求：污染物控制措施及其技术经济分析；分析污染物达标排放情况；分析污染物排放

总量控制情况；生态影响防护、恢复与补偿措施及其技术经济分析；制定环境管理与监测计划。

关注：水、气、声、渣等环境保护措施的适用条件和处理效果。

分析：环保措施有效性分析。

(一)分析污染物达标排放情况

对项目投产后各大气污染物按执行标准进行排放浓度速率双达标。水污染源按执行标准进行排放浓度达标排放分析。超标的要提出修改控制措施。

(二)分析环境保护措施的技术经济可行性和预期效果

针对环保措施分析技术成熟性、运行可靠性、控制效果稳定性，对采用的措施，根据目前国内外通常采用的措施以及先进技术，从技术上、经济上对措施的可行性、合理性、先进性进行分析，并分析其预测效果。

(三)污染物控制措施及其技术经济分析

针对环保措施分析技术成熟性、运行可靠性、控制效果稳定性，对采用的措施，根据目前国内外通常采用的措施以及先进技术，从技术上、经济上对措施的可行性、合理性、先进性进行分析，并分析其预测效果。

(四)分析污染物排放总量控制情况

总量控制指标必须建议在达标排放基础上。新建项目依据地方排污总量调控计划安排总量；现有企业依据现有排放总量指标及地方环保局的要求根据评价核定的污染物排放总量，对比分析投产后总量控制的可达性及效果。

(五)制定环境管理与监测计划

根据项目规模、排污特征、环境特征，提出监测管理计划要求，即：建立管理机构、职责、计划；某些大型项目要求建监测机构，确定职责、仪器配置计划。

七、环境可行性分析

要求：熟悉评价项目环境可行性和环境合理性的方面有哪些？

关注：环境可行性分析从产业政策、规划、选址、土地利用等方面论述。

分析：环境可行性分析包括法规产业政策的符合性分析；清洁生产的先进性分析；环保措施的有效性分析；污染物排放的达标性分析；总量控制指标的可达性分析等。

(一)分析建设项目的环境可行性

(1)建设项目规模合理性：是否符合产业政策、排污量能否满足当地容量。

(2)厂址选择合理性：生活区与生产区的相对位置合理性、厂界外敏感点是否得到合理避让、减轻某些污染物对厂界外敏感点的影响；工艺路线是否顺畅、生产物流能否顺畅节约能耗，降低排污量。

(3)选址选线及布局的环境可行性分析

①是否避开敏感的环境保护目标，同时不对敏感目标造成直接危害；

②是否符合地方环境保护规划和环境功能规划的要求；

③不存在潜在的环境风险；

④从区域或大空间长时间范围看，选址选线不影响区域具有重要科学价值、美学价值、社会文化价值和潜在的地区或目标。

(4)说明规划方案分析，提出优化方案设计的评价结论。

(二)判别环境影响评价结论的正确性

通过各专题分析评价，综合分析预测、评价的正确结论；并通过综合分析确保各条结论的正确性；评价结论不能与报告书中相关内容说明发生矛盾和偏差，以及某些结论的绝对化。

八、竣工环境保护验收监测与调查

要求：核查建设项目执行环境影响报告书批复及落实环境影响报告书要求的情况；确定建设项目竣工环境保护验收监测与调查的范围；选择建设项目竣工环境保护验收监测与调查的标准；确定建设项目竣工环境保护验收监测点位；确定建设项目竣工环境保护验收监测与调查的重点内容；判别建设项目竣工环境保护验收监测与调查的结论及整改方案建设的正确性。

关注：污染物是否达标排放、总量控制落实、设施处理效率、敏感点环境质量、监测手段、设备指标和安装符合规范、工况是否达到设计能力的75%以上、环保措施的运行可靠性，风险防范措施，公众参与等。

分析：验收监测执行标准包括哪些？验收监测因子的确定；污染型项目和生态型项目如何划分？建设项目验收重点的依据有哪些？验收监测与调查的主要内容哪些？达标监测与运行效率监测的内容有哪些？生态调查的内容有哪些？环境敏感是环境质量监测需注意哪些方面？废水、废气、噪声监测频次。大气无组织污染物排放考核什么？废水污染物中哪些属于第一类污染物？其验收要求。

(一)确定竣工环境保护验收监测与调查范围

与建设项目有关的各项环境保护设施，包括为防治污染和保护环境所建成或配备的工程、设备、装置和监测手段，各项生态保护设施。以及环境影响报告书(表)或者环境影响登记表和有关项目设计文件规定应采取的其他各项环境保护。

(二)选择竣工环境保护验收监测与调查标准

(1)国家、地方环境保护行政主管部门对建设项目环境影响评价批复的环境质量标准和排放标准。若环评未作具体要求，应核实污染物排放受纳区域的环境区域类别、环境保护敏感点所处地区的环境功能区划情况，套用相应的执行标准。

(2)地方环境保护行政主管部门有关环境影响评价执行标准的批复以及下达的污染物排放总量控制目标。

(3)建设项目环保初步设计中确定的环保设施的设计指标：处理效率；处理设施；环保设施进、出口处污染物浓度；废气排放筒高度。对既是环保设施又是生产环节的装置，工程设计指标可作为环保设施的设计指标。

(4)环境监测方法标准应选择与环境质量标准、排放标准相配套的方法标准。未作明确规定者，优先选用国家环境监测分析方法标准。

(5)综合性排放标准与行业排放标准不交叉执行，且行业排放标准具有执行优先权。

九、规划环境影响评价

要求：分析规划的环境协调性；规划实施后影响环境的主要因素和主要环境问题；分析环境影响减缓措施的合理性；规划方案初步筛选。注意不同规划类型环评影响评价的侧重点不同。

关注：与评价规划相关的其他规划，及其与本规划的协调性；规划实施后的主要制约因素和主要环境影响。主要经济活动或因素包括哪些？环境保护目标及指标体系。

分析：规划方案筛选分析；规划协调性分析；资源环境承载力分析；污染物排放总量核算。

十、环境影响预测

要求：按环境影响因素和工程阶段，以及正常工况、非正常工况、事故排放的不同情形，进行预测。大气、水、噪声预测范围的确定。

关注：预测模式的选择根据项目情况和导则要求。预测结果的叠加和表达。

分析：预测结果叠加现状后的结果，及其是否达标分析。

十一、结论分析

要求：结论分析包括工程开发内容、环境现状、环境影响预测结果、环保措施、环境可行性。

关注：环境影响预测结果、环保措施、环境可行性。

分析：环境影响评价结果是否符合环保要求，评价项目或规划的实施是否可行。

第二章　案例分析实例

一、污染型项目案例分析实例

(一)2006 年真题(汽车制造)

某城市工业区内一汽车制造厂扩建年加工 5 万辆汽车车身涂漆车间，生产工艺为清洗除油—水清洗—磷化—水清洗—涂漆—水清洗—干燥—喷中漆—烘干—喷面漆—烘干。清洗除油采用 NaOH 和合成洗涤剂，磷化使用磷酸锌、硝酸镍，涂底漆使用不含铅的水溶性涂料，中漆和面漆含甲苯、二甲苯，烘干采用热空气加热方式。生产过程废气污染源主要有喷漆过程产生的废气。喷漆室废气量为 $8.6\times10^4 m^3/h$，漆雾浓度 $680mg/m^3$，漆雾含甲苯 $12mg/m^3$，由 30m 高的排气筒排放，两个烘干室废气量均为 $2.1\times10^4 m^3/h$，含甲苯浓度 $86mg/m^3$，废气采用直接燃烧法处理，净化效率 96.5%，分别由各自 30m 高的排气筒排放，两排气筒相距 50m。

生产过程产生的废水有含油废水、磷化废水和喷漆废水，均入汽车制造厂污水综合处理站处理达标后排入城市污水处理厂，产生的工业固体废物有漆渣、磷化滤渣，污水处理站的污泥，厂址东侧有一乡镇。

问题：

1. 给出喷漆室可采用的漆雾净化方法。

答：活性碳吸附、水膜喷淋吸收、静电净化。

2. 计算各烘干室排气筒甲苯排放速率及两个排气筒的等效高度。

答：$U_{甲苯}=86\times2.1\times10000\times0.035/1000000=0.063kg/h$

$$H=\sqrt{\frac{1}{2}(30^2+30^2)}=30m$$

3. 给出涂漆废水的主要污染因子，列举理由说明本工程污水处理方案是否可行?

答：pH、COD_{Cr}、BOD_5、SS、磷酸盐、总镍、总锌。

污水处理方案不可行，因为总镍为第一类污染物，其排放浓度必须在车间控制，项目采用废水综合处理，所以不可行。

4. 本工程产生的工业固废中哪些属于危险废物?

答：漆渣、污水站污泥(含有镍重金属)。

5. 公司拟自建危废焚烧炉，焚烧炉的环境影响评价必须回答的问题是什么?

答：(1)选址是否可行；(2)是否符合工业区总体规划。(3)废气排放对周围环境的影响情况。

(二)2008 年真题(扩建炼油厂)

某个炼油厂扩建苯罐，苯乙烯罐，液氨罐和碱槽(给定了改扩后贮罐的容积和风险评价导则上的贮存区的临界量)，公用设施建设情况：项目内原有一个污水处理厂靠近西厂界，在污水处理厂东侧新建650 m^3/d 污水处理回用设施，新增500 m^3/d 处理的供水设施，现在西侧空地上建危险废物中转站(距西厂界为100m)，西侧厂界外700m 有一个村庄。废水经1km 的管道排放进入河流，污水排入感潮河流，河水的回水距离为6km，河流上游10km 处有一个取水口 D，取水口设一、二级保护区，二级保护区距取水口6km，二级水源保护区的边界离废水排放口为4km。风向为某方向。准备建一个灰场，周围1km 处有一个村庄。

问题：

1. 公用工程在厂内的合理性分析。

答：西侧新建的危险废物临存设施布局不合理，与厂界西面的村庄间隔不到800m。

2. 大气环境现状调查特征污染因子的选择。

答：苯类、氨气、恶臭等。

3. 重大危险源和环境风险评价重点保护目标的辨识。

答：三个贮罐都是重大危险源，超过贮存场所临界量。

4. 排污口上游河段水质现状监测断面位置选择。

答：上游水质监测点位设置四个：第一，回水6km 处；第二，排污口上游100m；第三，饮用水源地二级保护边界处(即排污口上游4km 处)；第四，饮用水源地取水口。

(三)2009 年真题(热电厂)

西北某市为地形平坦干旱地区，多年平均降水量400mm，主导风向西北风。该市东南工业区 A 热电厂现有 5×75 t/h 循环流化床锅炉和4×12MW 抽凝式机组，供水水源为自备井，SO_2现状排量为1093.6 t/a。拟淘汰 A 热电厂现有锅炉和机组，新建2×670 t/h 煤粉炉和2×200MW 抽凝式发电机组，设计年运行5500h，设计煤种含硫0.90%，配套双室四电场静电除尘器，采用低氧燃烧，石灰石-石膏湿法脱硫，脱硫率90%。建设一座高180m 的烟囱，烟囱出口内径6.5m，烟气量为424.6m^3/s，出口温度45℃，SO_2 排放浓度200mg/Nm^3，NO_x 排放浓度400mg/Nm^3，工程投产后，将同时关闭本市现有部分小锅炉，相应减少 SO_2 排放量362.6t/a。经过估算模式计算，新建工程的 SO_2 最大小时地面浓度为0.1057mg/m^3，出现距离为下风向1098m，NO_x 的 $D_{10}\%$ 为37000m。现有工程停用检修期间，某敏感点 X 处的 SO_2 环境现状监测小时浓度值为0.021~0.031mg/m^3，逐时气象条件下，预测新建工程对 X 处的 SO_2 最大小时浓度贡献值为0.065mg/m^3。城市供水水源包括城市建成区北部的地下水源和位于城市建成区西北部15km 的中型水库。该市城市污水处理厂处理能力8×$10^4 m^3/d$，污水处理后外排。(注：SO_2小时浓度二级标准0.50mg/m^3，NO_2 小时浓度二级标准0.24mg/m^3，排放的 NO_x 全部转化为 NO_2)。

问题：

1. 计算出本项目实施后全厂 SO_2 排放量和区域 SO_2 排放增减量。

答：$200 \times 424.6 \times 5500 \times 3600 \times 10^{-9} = 1681.416$(t/a)

$1681.416 - 1093.6 - 362.6 = 225.216$(t/a)

全厂排放 $SO_2$1681.416 t/a，区域增加排放 $SO_2$225.216 t/a。

2. 给出判定本项目大气评价等级的 Pmax 和 $D_{10}\%$。

答：NO_2 的最大地面浓度：$400 \times 0.1057 \div 200 = 0.2114$($mg/m^3$)

$P_{SO_2}=0.1057/0.5=0.2114=21.14\%$

$P_{NO_2}=0.2115/0.24=0.8815=88.08\%$

$P_{max}(SO_2, NO_2)=88.08\%$

则 $D_{10}\%=37000m$

3. 确定本项目大气评价等级和范围。

答：本项目大气评价为一级，因 $D_{10\%}$ 为 37km，大于 25km，因此评价范围取边长为 50km 的矩形区域。

4. 计算 X 处的 SO_2 最终影响预测结果(不计关闭现有小锅炉贡献值)。

答：对环境空气敏感区的影响分析，应考虑预测值和同点位的现状背景值的最大值的叠加影响；对最大地面浓度，计算最终影响时则用背景值的平均值进行叠加。

$0.031+0.065=0.096(mg/m^3)$

5. 给出本项目供水水源的优先顺序。

答：由于该项目地处西部缺水少雨地区，该项目供水水源优先选用污水厂的中水，将水库的水作为备用水源，禁止开采地下水。

(四)2011 年真题(工业园区屠宰厂)

某公司拟在工业园区内新建屠宰加工厂，年屠宰牲畜 50 万头。工程建设内容主要有检疫检验中心，待宰棚，屠宰车间，加工车间，冷库，配送交易中心，供水及废水收集和排水系统，供电系统，办公设施，建筑面积共 $1.3\times10^4m^2$，以及在园区外城市垃圾处理中心规划用地内配套建设堆肥处置场。工程生产用汽、用水由园区已建集中供热系统及供水系统供给，年生产 300 天，每天 16h。

待宰棚，屠宰车间，加工车间等地面需经常进行冲洗，屠宰车间，加工车间产生的生产废水量约为 900t/d，化学需氧量浓度为 1600mg/L，氨氮浓度为 70mg/L，五日生化需氧量 810mg/L。工程拟采取的防污措施有：生产废水收集到调节池后排至园区污水处理厂进行处理，生活污水排入园区污水处理厂进行处理。牲畜粪尿收集后运至园区外堆肥处置场处置，病死疫牲畜交有关专业部门处理，在屠宰车间设置异味气体的收集排放系统。

工业园区位于 A 市建成区的西南约 3km(主导风向为 NE)，主导产业为机械加工农副产品加工，回用化学品等。园区污水处理厂一期工程已投入运行，设计处理能力 $1.0\times10^5t/d$，处理后达标排至工业园区外的河流，屠宰加工厂位于园区西南角，园区外西侧 2km 处有一个 12 户居民的村庄。

1. 指出该工程的大气环境保护目标。

答：(1)12 户居民的村庄；

(2)工业园区内的企业，特别是农副产品加工业；

(3)A 市建成区。

2. 应从哪些方面分析该项目废水送工业园区污水处理厂处理的可行性。

答：(1)污水处理厂的处理工艺、处理能力；

(2)污水处理厂接受污水水质要求，即接管要求；

(3)本项目污水类型、水量、水质及预处理效果，能否满足园区污水处理厂接管要求；

(4)本项目污水送入污水处理厂的方式。

3. 指出哪些生产场所应采取地下水污染防范措施。

答：(1)待宰棚；

(2)屠宰车间；

(3)加工车间；

(4)污水收集系统或收集池、调节池；

(5)堆肥处置场；

(6)病死疫牲畜处置场。

4. 针对该工程堆肥处置场，应关注主要的环保问题？

答：(1)固体废物的处理与处置问题，特别是猪粪尿及其恶臭污染问题；

(2)病源生物污染与传播问题；

(3)冲洗及屠宰废水污染及其处理处置问题；

(4)地下水污染防治问题；

(5)生产经营中的噪声污染问题。

5. 给出该工程异味气体排放主要来源。

答：待宰棚、屠宰车间异味气体收集排放系统、加工车间、堆肥场、污水收集池及调节池。

(五)2012 年真题(电解铜箔项目)

某公司拟在工业园区建设电解铜箔项目，设计生产能力为 8.0×10^3t/a，电解铜箔生产原料为高纯铜，生产工序包括硫酸溶铜、电解生箔、表面处理、裁剪收卷。其中表面处理工序工艺流程见图4－2，表面处理工序粗化固化工段水平衡见图4－3。工业园区建筑物高约10～20m。

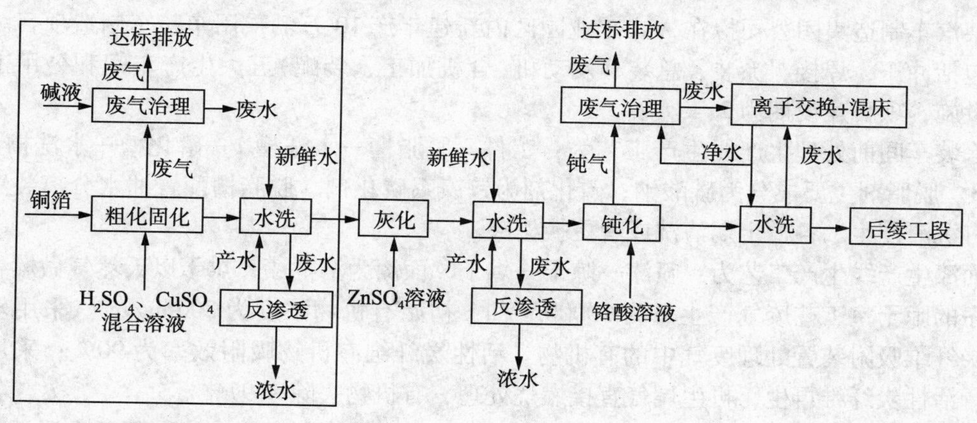

图4－2　表面处理工序工艺流程

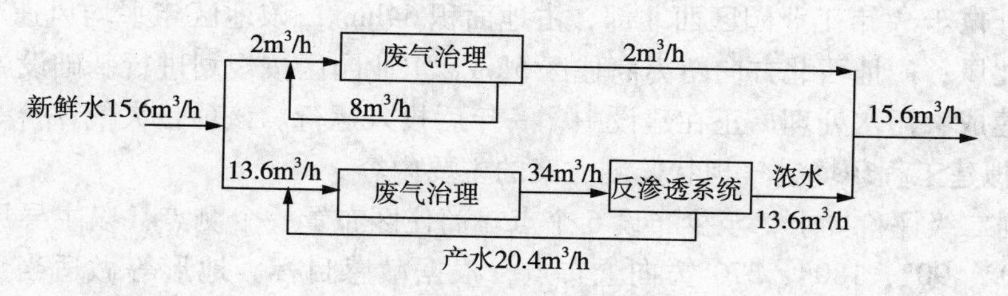

图4－3　表面处理工序粗化固化工段水平衡

粗化固化工段废气经碱液喷淋洗涤后通过位于车间顶部的排气筒排放，排气筒距地面高15m。

拟将表面处理工序产生的反渗透浓水和粗化固化工段废气治理废水，以及离子交换树脂再生产生的废水混合后处理。定期更换的粗化固化槽液、灰化槽液和钝化槽液委外处理。

1. 指出本项目各种废水混合处理存在的问题，提出调整建议。

答：存在的问题：离子交换树脂再生产生的废水中含有铬，为一类污染物，含一类污染物的废水在没达标前不能与其他废水混合。调整建议：采用化学沉淀法先对离子交换树脂再生产生的废水进行前处理，铬达标后，再与其他废水混合后处理。

2. 计算表面处理工序粗化固化工段水的重复利用率。

答：$[(8+20.4)/(8+20.4+15.6)]\times100\%=64.5\%$

3. 评价粗化固化工段废气排放应调查哪些信息？

答：粗化固化工段废气经碱液喷淋洗涤后通过位于车间顶部的排气筒排放，应调查下列信息：废气产生量，处理工艺及排放情况：排气筒名称，坐标，底部海拔高度，排气筒高度，内径，烟气出口流速，温度，年排放小时数，排放工况，各废气排放因子排放量及排放浓度(排放源强)以及200m范围内的建筑物高度。

4. 指出表面处理工序会产生哪些危险废物？

答：废弃离子交换树脂，含铜、锌、铬的各类浓废液、槽渣和污泥。

(六)2012年真题(汽车制造项目)

某汽车制造集团公司拟在A市工业园区内新建年产10万辆乘用车整车制造项目。建设内容包括冲压、焊接、涂装、总装、发动机(含机加工、装配)五大生产车间和公用工程及辅助设施，项目建设期为2年。

涂装车间前处理生产线生产工艺为：工件—脱脂槽—水洗槽1—磷化槽—水洗槽2—水洗槽3。脱脂剂主要成分为碳酸钠；磷化剂为锌镍系磷化剂。脱脂槽配置油水分离装置；磷化槽有沉渣产生。各槽定期清洗或者更换槽液。

面漆生产线生产工艺为：喷漆—晾干—烘干，面漆为溶剂漆，烘干以天然气做燃料；晾干工序的晾干室工艺废气产生量为$20000m^3/h$，初始有机物浓度为$200mg/m^3$。采用轮转式活性炭纤维吸附装置处理废气中的有机物。活性炭纤维有机物吸附效率为90%；采用热空气进行活性炭纤维再生，再生尾气直接燃烧处理，有机物去除率97%。

根据生产废水特性，涂装车间设废水预处理站，各个车间生产废水和厂区生活污水一并送全厂综合废水处理站处理，处理后的废水再经工业园区污水处理厂进行处理达标后排入甲河。

拟建厂址位于A市工业园区西北部，占地面积$64hm^2$；该地区年平均风速1.85m/s，主导风向为西北风；厂址西北方向距离商住区5km。工业园区按规划进行基础设施建设，市政污水管网已建成，污水处理厂正在建设中，一年后投入运行。该项目大气评价等级为二级。

1. 给出拟建工程环境空气现状监测方案的主要内容。

答：根据二级评价要求，至少布设6个点。商住区布置一个测点；以主导风向上风向为0°，分别在0°、90°、180°、270°方向上布点；根据敏感目标、地形等做适当调整。180°方向加密布点，此外还需要确定监测因子、监测期次、监测天数、监测时间。

2. 指出前处理生产线的废水污染源和废水主要污染因子。

答：污染源：脱脂槽、水洗槽1、磷化槽、水洗槽2、水洗槽3。

污染因子：钠、总磷、锌、镍、悬浮物、COD、BOD。

3. 计算面漆生产线晾干室活性炭再生废气焚烧有机物排放量和晾干室有机物去除率。

答：（1）产生量：$20000 \times 200 = 4$(kg/h)

（2）排放量：$4 - 4 \times 90\% \times 97\% = 0.508$(kg/h)

(3)去除率：$(4 - 0.508)/4 \times 100\% = 87.3\%$

4. 判断工业废水是否可送工业园区污水处理厂进行处理，应从哪些方面分析。

答：(1)工业园区污水处理厂的处理工艺、处理能力、处理规模、剩余能力；

(2)本项目污水处理站出水的水质是否符合工业园区污水处理厂的接管水质要求；

(3)废水输送方式是否合理；

(4)本项目工业废水水量是否满足工业园区污水处理厂要求；

(5)园区污水处理厂投入使用在时间上是否与本项目衔接。

(七)2012年真题(铅蓄电池项目)

某铅蓄电池企业拟对现有两条生产能力均为25×10^4kVA·h/a的生产线(生产工艺流程见图4-4)实施改扩建工程。

现有工程生产工艺废水经混凝沉淀处理达标后排入城市污水处理厂，地面冲洗水、职工浴室和洗衣房排水等直接排入城市污水处理厂。采用“旋风+水喷淋”或布袋除尘处理含铅废气，采用碱液喷淋洗涤处理硫酸雾。制板栅工段的铅污染物排放浓度检测结果见表4-2。

表4-2　铅污染物排放浓度

工段	风量/(m^3/h)	初始浓度/(mg/m^3)	排放浓度/(mg/m^3)	排气筒
制板栅	4.0×10^4	4.26	0.34	H = 15m

改扩建方案为：保留一条生产线，拆除另一条生产线中的溶铅、制粉、制铅膏、制板栅、涂板、化成、切片等前段工序，将其配组总装工序生产能力扩大为50×10^4kVA·h/a。

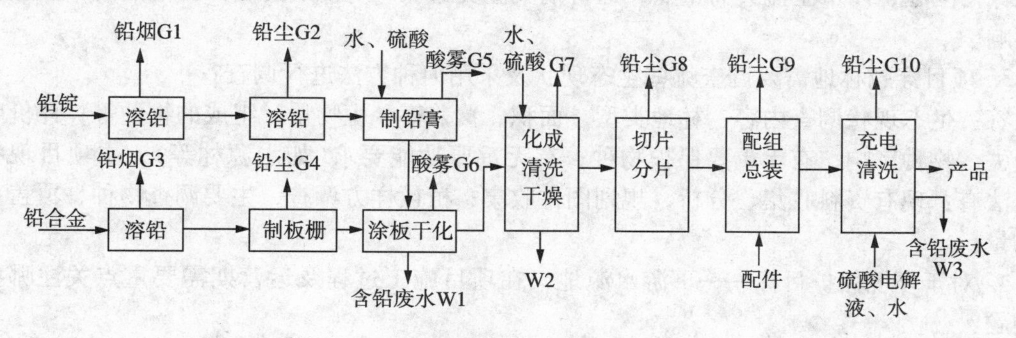

图4-4　生产工艺流程图

注：《大气污染物综合排放标准》(GB 16297—1996)铅排放浓度限值0.70mg/m^3，排气筒高15m排放速率限值0.004kg/h；《工业炉窑大气污染物排放标准》(GB 9078—1996)铅排放浓度限值0.10mg/m^3。

1. 分析现有工程存在的主要环境保护问题。

答：废水：含铅废水应单独处理，达到《污水综合排放标准》中第一类污染物排放标准，再与其他废水合并处理达标后排放；地面冲洗废水和洗衣废水中含有重金属铅，应该单独处理排放。

废气：制板栅废气处理不达标，其废气排放速率大于0.004kg/h。

2. 说明工程分析中应关注的重点。

答：现有工程的主要环境保护问题；现有工程的工艺流程及产污节点分析；现有工程的产污情况；改扩建项目的工艺流程及产污节点分析；改扩建项目的产污情况；三本帐；总图布置合理性分析。

3. 指出生产工艺流程图中W2和G7的主要污染物。

答：W2：铅、硫酸盐、COD、BOD；G7：铅、硫酸雾。

4. 通过计算，评价保留的生产线制板栅工段铅污染物排放达标情况，确定技改后制板栅工段铅尘的最小去除率。

答：初始排放速率 $=4.0\times10^4\mathrm{m^3/h}\times4.26\mathrm{mg/m^3}=0.1704\mathrm{kg/h}$

最小去除率 $=(0.1704-0.004)/0.1704=97.65\%$

二、生态型项目案例分析实例

(一)2005年真题(高速公路)

某条高速公路建设项目，穿越河流、林地及河流下游为二级水源保护区；项目沿线有一村庄和中学，在中学附近有一条道路与高速公路相交，施工道路经过一学校；中学教学楼为高层建筑。

1. 确定噪声评价范围。

答：公路两侧各200m，重点评价范围是100m。

2. 项目评价需要重点关心哪些环保问题?

答：施工期重点是生态影响评价，包括占地、施工对农业生态、植被的影响，取弃土场水土保持问题，以水土流失为重点；运行期关注交通噪声对沿线两侧评价范围内声敏感目标的影响。

3. 项目穿越林地需要调查哪些生态现状及采用何种方法进行调查?

答：生态现状调查内容：林地类型、面积、覆盖率、生物量、组成的物种等；评价生物量损失、物种影响、有无重要保护物种、有无重要功能要求(如水源林等)；本项目现状调查方法有：现有资料收集、分析，规划图件收集；植被样方调查，主要调查物种、覆盖率及生物量。

4. 对于环境保护目标——下游水源地，在项目施工过程及运营期需要重点关注哪些环境问题?

答：大桥施工对水源地水质的影响，营运期公路运输危险品发生泄漏和交通事故对水源地的环境风险影响。

5. 对中学教学楼的噪声预测，需要特别注意哪些问题?

答：(1)项目建设前环境噪声现状；(2)根据预测结果和相关标准，评价建设项目在建设期、运行期噪声影响的程度，超标范围及状况；(3)分析受影响人口的分布状况；(4)分析建设项目的噪声源分布和引起超标的主要噪声源或主要超标原因；(5)分析项目设计中已有的防治措施的适用性和防治效果。

(二)2005 年真题(房地产项目 – 国贸中心二期)

某商业中心利用原化工厂建设三栋高为 200m 的大厦。拟建厂区内有一口地下水井；大厦设置有大型的地下停车场，配备 2 台 7t/h 的锅炉，大厦采用玻璃幕墙，在场地 2km 处有一国家级文物保护单位。

1. 进行该项目评价需要进行哪些现状调查以及监测内容。

答：(1)水环境：污水排放去向，本项目距污水管网的距离，纳入的污水处理厂名称、处理能力、处理效率以及处理后的排放去向；

(2)大气环境：大气环境现状 TSP、SO_2、NO_2 日均值；

(3)声环境：国家级文物保护单位与本项目距离；

(4)地下水环境；

(5)土壤环境现状；

(6)景观。

2. 进行该项目评价需要注意哪些环境问题?

答：施工期关注施工扬尘、噪声、施工生活污水、垃圾、建筑垃圾对环境的影响，特别是对敏感保护目标的影响；运营期关注污水排放对城市污水处理厂的影响，地下车库汽车尾气和锅炉对周边敏感目标的影响，生活垃圾、餐饮油烟的大气环境影响，项目建设对文物景观的影响；外环境对本项目的影响，包括交通干线噪声、汽车尾气对住宅声环境、大气环境的影响。除了上述影响外，应特别注意高层建筑特有的高楼风、光污染、日光遮挡影响。

3. 该中心锅炉房烟囱的设置问题，如果是燃气锅炉需要设置多高?

答：《锅炉大气污染物排放标准》要求烟囱高度应高出周围半径 200m 范围内建筑物 3m 以上，如达不到相关要求，应按相应区域和时段标准值的 50% 严格执行。燃气锅炉烟囱高度不得低于 8m。

(三)2005 年真题(交通运输类 – 天然气输气管道工程)

输气管线建设穿越沙漠、黄土高原、山地、平原等地貌单元。环境敏感点有沙漠生态脆弱区、水土流失和自然灾害易发区，自然保护区、天然林保护区、水源地及文物古迹等。管道长度 860km，设计输量为 $120\times10^8 m^3/a$，工艺站场 9 座，穿越大型河流 18. 4km，中小型河流 15km，干线公路 34 处，铁路 6 处，隧道 1 处，大型黄土冲沟穿越 8 处，新修道路 18km，整修道路 74km，房屋拆迁 6 处。

1. 项目分析的主要内容。

答：工程分析应包括可研和初步设计期、施工期、运营期和退役期。

可研和初步设计期工程分析的重点是管线路由和工艺站场的选择。

施工期工程分析的重点应针对施工作业带清理、施工便道建设和管沟开挖，管道穿越工程和管道铺设以及站场建设等。应明确管道铺设工艺、穿越方式、站场建设工程。

在施工期的工程分析中，还应突出重大工程的分析，明确它们的施工方式和工程量等；对于敏感区的工程，亦应重点分析其施工和运行方式。

运行期工程分析可按正常和非正常工况分析。正常情况下，应重点对压气站、清管站、分输站的燃气机，过滤分离、调压、分输、超压放空和清管器收、发球等的工艺及污染物源强进行分析。

事故状态的工程分析首先要分析事故原因。管道潜在的各种灾害，大体可分为自然因素造成的灾害、人类活动造成的灾害和人为破坏三类，在此基础上分析各种事故状态下的污染源强。

在管道退役时，应当再次进行环境影响评价。

2. 现状调查与评价的主要内容。

答：管道工程的现状调查应当按点段结合，以点为主，突出重点。本工程全长860km，线路经过的主要地貌类型有沙漠、黄土高原、山地和山间盆地、平原，由于这四大类地貌有明显的差异，故现状调查应当分类进行。

沙漠区重点了解风蚀灾害的规律；黄土高原区重点分析水土流失特点；自然保护区重点做好植被和生物多样性的调查，明确保护对象的种类、数量、分布、生理生态学特征。

平原区重点调查占地，特别是占用基本农田问题，农业生态现状等。

通过上述调查，分段评价所经各类区域的环境质量现状，在影响预测中评价工程的实际影响。

3. 环境影响识别、预测及重点需要关注的环境问题。

答：管道工程的环境影响主要发生在施工期，主要环境影响因素为管道施工作业带清理、伴行道路建设、管道开挖，以及工艺站场土地平整等活动中，施工机械、车辆、人员会扰动土壤，破坏植被，占地对土地利用类型、农业、林业产生影响，穿越会影响河流、隧道穿越的弃渣会引起水土流失。施工期还有发电废气、冲洗废水、工业垃圾和生活垃圾等。

管道工程运营期正常工况下主要影响因素为压气站燃气轮机排气、噪声，各站过滤分离系统产生的粉尘和废水，清管作业产生的固体废物、废水和少量天然气排放，以及站场生活污水和垃圾。运营期非正常排放的主要影响因素有：系统超压和站场检修时排放一定量天然气，产生少量废水和废渣。

运营期的主要环境影响问题是事故性天然气泄漏，伤害人群，伴生/次生火灾爆炸事故造成严重污染和生态影响。

4. 需要采取的有针对性的环境保护措施。

答：针对主要环境影响，按照预测结果分时段提出环保措施。在每个时段中，可按环境要素(生态影响、水环境、噪声、环境风险)分别提出环保措施。具体内容有：

施工期：

(1)生态环境影响措施：沙漠区应采取防止沙化和固沙措施，黄土高原区应提出水土保持方案和工程治理的对策措施，自然保护区应减少对植被的破坏和补偿措施。

(2)水环境影响措施：提出减缓穿越敏感河段的措施。

(3)施工期环境保护：制定施工期管理方案和保护措施，编制施工期环境监理方案和监督计划。

运行期：环境风险措施。研究避免灾害和减灾防灾措施；对于人口密集区段，提出事故风险防范和应急措施。

(四)2006 年真题(水电站扩建项目)

某水电站项目于2001年验收。现有3台600MW发电机组。安排移民3万人，水库淹没面积100km^2，由于移民安置不太妥当，造成移民有开垦陡坡、毁林开荒等现象严重。改、扩建工程拟新增一台600MW发电机组，以增加调峰能力，库容、运行场所等工程不变。职工人员不变、新增机组只在用电高峰时使用。在山体上开河，引水进入电站。工程所需的砂石料购买商品料，距项目20km处由汽车运输，路边500m有一村庄。原有工程弃渣堆放在水电站下游200m的滩地上，有防护措施。

1. 项目现有主要环境问题有哪些？确定项目主要环境保护目标及影响因素。

答：项目现有主要环境问题有：

(1)移民造成的开垦陡坡、毁林开荒等；

(2)山体上开河可能造成水土流失；

(3)施工期噪声；

(4)工程弃渣。

项目主要环境保护目标及影响因素：

(1)自然环境。影响因素：移民开垦陡坡、毁林开荒造成的植被减少和山体上开河造成的水土流失。

(2)路边500m的村庄。影响因素：施工期噪声。

(3)河道管理范围。影响因素：工程弃渣。

2. 生态环境调查除一般需调查内容外，重点需注意哪些问题的调查？

答：植物的种类和数量的减少；水土流失。

3. 水电站运行期除一般生态调查项目外，还应该调查什么？

答：移民带来的生态环境问题。

4. 弃渣场位置是否合理，以及拟采取的措施。

答：弃渣场位置不合理，应搬出河滩地外。

(五)2007年真题(煤矿项目)

开发含硫1.5%的煤矿，煤矿会占用部分耕地(已获批准)，矿井水处理后60%回用矿井。配套建设矸石电厂，矸石电厂用水取用地表水。周围环境：黄土高原，耕地，基本农田，一级公路，有村庄72户人，有小河A流经矿区中部，有一明长城遗址。

1. 该建设项目应配套建设哪些工程，为什么？

答：配套建设工程包括瓦斯抽采、利用工程，固废综合利用工程，移民安置工程，矿井水处理、回用工程，煤炭洗选工程。

2. 环境敏感目标有那些？

答：敏感目标：居民，明长城遗址，A小河，一级公路，耕地和基本农田，地表沉陷。

3. 对明长城遗址的保护措施

答：井下设煤柱或划禁采区，挂牌原址保护，划出保护区，保护区内严禁从事与文物保护无关的行为，保护区四周施工时，遵守文物保护的有关规定，完善环境管理办法，防止人为和因本工程实施造成的破坏。

4. 根据本工程说明矸石场的选址合理性。

答：以综合利用为主，不设立永久存放的矸石堆，选址符合矿区发展规划、环保规划，距居民点至少500m，地下无活动断裂带、溶洞等不良地质现象，不占用基本农田耕地，离明长城等生态敏感目标的保护范围，地基满足防渗要求。

5. 说出回注矿井水处理后的回用办法、途径。

答：矿井水回用：井下回用，矸石电厂使用，地面水泵等设施使用，经深度处理后可做洗衣、绿化使用。

（六）2008 年真题（水利建设项目）

一水利建设项目包括修水库 + 水坝 + 取水工程，水库库容 $2.4\times10^9m^3$，坝高为 54m，装机容量为 80MW，拟移民安置当地居民 1870 人，就地后退安置，并且耕地被淹 3000 亩，水坝的回水距离为 27km，河水下游是经鱼类栖息地、土着鱼的索饵场和产卵场。

项目区域面积 $35km^2$，区域内有一省级自然保护区，但不影响该区。邻近 8km 有一二级水源保护区，占有基本农田 15 亩。

1. 大坝上游陆域生态环境现状调查应包括哪些内容？

答：（1）森林调查：阐明植被类型、组成、结构特点、生物多样性等；评价生物损失量、物种影响、有无重点保护物种、有无重要功能要求。

（2）陆生动物：种群、分布、数量及其物种影响、评价生物损失；有无重点保护物种，如有重点保护动物分布范围、栖息地、生活习性、迁徙途径和区域的生态完整性等。

（3）农业生态：占地类型、面积、占用基本农田数量，农业土地生产力、农业土地质量。

（4）水土流失：侵蚀模数、程度、侵蚀量及损失，发展趋势及造成生态问题，工程与水土流失关系。

（5）景观资源：项目涉及自然保护区、风景名胜区等敏感区域，需阐明敏感区与工程的区位关系，各敏感区内保护动植物数量、名录、分布及生活习性。

2. 运行期对下游的鱼类有什么影响？

答：对重点保护和珍稀濒危特有鱼类的种群、数量、繁殖特性、三场分布、洄游通道有影响，以及重要经济鱼类和渔业资源有影响。

3. 移民搬迁应考虑哪些相关环境影响？

答：（1）从安置区土地承载力、环境容量等生态保护角度对农村生产移民安置的土地适宜性进行分析。

（2）新建、迁建城镇对环境的影响，如污水处理厂、垃圾填埋场等生活配套设施造成的影响。

（3）结合产业政策和环保政策，分析迁建工矿企业对环境的影响。

4. 水库应考虑的环境保护措施及管理的建议？

答：环保措施分施工期和运营期，按生态、水、气、声、渣等要素分别采取环保措施。管理建议：水利项目应做后评价；对于重点野生保护动物的后期跟踪观测。

（七）2008 年真题（油田开发项目）

油田开发项目占地 $35km^2$，规模 600kt，注水开采，管道输送，油井 800 口，丛式井。钻井废弃泥浆、钻井岩屑、钻井废水进入混浆池自然干化，就地处理。输油管线长 110km，埋地敷设，距离一个省级天然林自然保护区 500m，施工不在保护区范围内。永久占地 Xm^2，土地类型是林地、草地和耕地。区内有小水塘，小河甲流经区内并在区块外 9km 处汇入中型河流乙，河流乙为 3 类水体，在交汇口下游 8km 处有一县城集中式饮用水源二级保护区，区块中有一级和二级保护区。

1. 确定生态评价范围。

答：本项目涉及自然保护区，为一级评价。矿产类项目（石油、有色金属、非金属矿开采）的评价范围应该是：2、3 级评价范围为矿区及其周边 5km 范围及有关水域为主；1 级评价要从生态完整性角度出发，凡是由于矿产开采直接和间接引发生态影响问题的区域均应进行评价。评价范围是以 35km^2 向外扩展 8 ~ 30km。

2. 确定生态保护目标。

答：小水塘、小河甲、小河乙、饮用水源保护区，以及项目区域范围内各要素的环境质量。

3. 环境风险事故源项分析，判断事故主要环境影响。

答：主要的风险事故为井喷事故、管线破裂导致的泄漏和井壁坍塌。

4. 判断固废处理方式存在的问题，说明理由。

答：固体废物就地处理不合理。固废处理正常情况下岩屑干后产生的粉尘对周围大气环境、景观有影响，非正常状况下对周围保护区及敏感点有影响。

（八）2008 年真题（金矿建设项目）

某金矿建设项目，拟扩大生产能力，井下开采，拟开采面积从 3.6×10^4m^2 扩建到 7.2×10^4m^2，大量抽采井下涌水，已有地表沉陷发生。项目周围区域内有 4 个村庄，尚未影响到地下水。现有旧废石场 A 已接近服务年限，原来的废弃石料快把旧弃石场 A 填满了。现有选矿产生的氰化矿渣全部装入编织袋内，堆置于普通水泥地面的堆棚内，堆棚周围设有渗滤液收集池，定时由有资质的单位进行收集处理。另外，尾矿浆中含有 Cu、Pb 等重金属离子，放在某个坑里，浸提上澄清液全部回用于生产。

扩建后将加大地下采场规模，扩建为 720000t/a。拟新建废石堆场 B 于山谷的冲蚀沟，占地 2hm^2 多，地质稳定，废石为 I 类工业固体废物。选矿的氰化矿渣仍堆放在水泥地面的堆棚里，准备还是原方法处理，运往某化工厂由环保行政部门批准的填埋场处置。尾矿浆置于现有的尾矿库，尾矿废水回用不外排。

1. 除了大气和地面水调查，还需要做其它什么调查？

答：地下水和土壤。

2. 关于含氰废物的处置措施是否合理，请简述理由。

答：不合理。氰化矿渣是危废，按危险废物临存设施进行处理，化工厂的填埋场肯定不行，应该让有资质的单位处置，同时入场危废性质要符合条件，填埋场还要够用；贮存只有渗滤液收集池，还要有渗滤液的处理设施，避免污染地下水和地表水。

3. 扩建工程对评价区域生态环境影响较大的生产活动是什么？

答：（1）采场规模增大，加剧地表沉陷、增加井下涌水，进而危及尚未影响到的地下水；（2）新建废石堆场影响。

4. 关于 A、B 废石堆场，环境影响评价过程中，应该重点关注的问题是什么？

答：A 场重点是退役期，如果封场，需做好生态恢复和水土保持措施；后续的环境管理，如地下水监测，继续收集渗滤液处理等。B 场重点是建设期和运营期，选址合理性、生态防治措施可靠性、水土保持以及管理等。

（九）2009年真题（公路改扩建项目）

拟对某连接A、B两市的二级公路进行改扩建，该二级公路于2002年建成通车，目前公路两侧主要为农业区，沿线分布有多处村庄、学校。公路跨越X河和Y河，跨越X河的桥梁下游3km处为A市的集中式饮用水水源地，Y河为Ⅲ类水体。改扩建工程主线采用高速公路标准建设，线路充分利用现有二级公路进行改扩建，部分路段无法利用将废弃，改建工程仍在原桥处跨越X河和Y河，水中设有桥墩，新建一处服务区和两条三级公路标准的连接线，沿线无自然保护区、风景名胜区。

1. 列出本工程主要环境保护目标。

答：公路两侧的农田、沿途分布的村庄、学校、Y河（Ⅲ类水体）、X河及其下游的饮用水水源地。

2. 现有二级公路环境影响回顾性调查应重点关注哪些内容？

答：（1）回顾原二级公路的建设与环评过程，回顾原环评预测的影响是否发生，提出的预防措施是否有效；

（2）回顾原公路的环保竣工验收情况以及提出的整个建议落实情况及其效果；

（3）通过公众参与和调查，回顾原公路运行存在的主要环境问题，分析产生这些问题的主要原因，分析原措施存在的问题及其效果；

（4）通过以上回顾分析，提出本次扩建需要解决的主要环境问题，提出解决这些问题的措施并分析其效果。

3. 为减少对河流水环境的影响，改扩建工程施工期应采取哪些污染防治措施？

答：（1）加强施工管理，严格执行操作规程；

（2）加强对桥墩打桩大量泥渣的抽吸，尽可能将所产生的泥渣输送到岸上统一处理，防止大量泥渣顺流而下，影响水中生物和下游取水口；

（3）加强水上施工机械的维护，防止油污进入水中；

（4）加强岸上施工和人员管理，对于生产废水和生活污水设置处理设施处理达标后才能外排，严禁将施工人员生活垃圾和施工废渣等就近倾倒水体，必须统一外运处理。

4. 为确保运营期间饮用水水源安全，对跨越X河的桥梁需采取哪些工程措施？

答：（1）提高桥梁建设的安全等级；

（2）限制通过桥梁的车速，并设警示标志和监控设施；

（3）设置桥面径流引导设施，防止污水排入水中，并在安全地带设事故池，将泄露的危化品引排至事故池处置，防止排入水中；

（4）桥面设置防撞装置。

5. 结合本工程特点，提出保护沿线耕地的主要措施。

答：（1）充分利用原有路线，将废弃路段的路基作为扩建路段的填方，减少取土量，对能复垦的路段，复垦为补偿新占用的农田；

（2）尽量避开农田，特别是基本农田，确需占用农田的，必须按照"占补平衡"的原则，开垦数量和质量相当的耕地进行补偿，所占农田的耕作层需先剥离，用于新开垦或改良耕地；

（3）施工中应收缩边坡，减少耕地的占用面积；

(4)取弃土场应尽量避开耕地，确需在耕地内取土的，应保护好耕作层，控制取土深度，并尽快恢复为耕地。

(5)尽量采用低路基或以桥、隧代路基方案，减少土石方量和耕地的占用。

(十)2009年真题(水电枢纽工程)

某水电枢纽工程为西南地区A河梯级开发中的一级，水库具有日调节功能。水库淹没和永久占地15km^2(含耕地263hm^2，其中247hm^{2}为基本农田)，临时占地239hm^2，其中基本农田50hm^2，其余为林地、旱地、灌草地等。临时占地在施工结束后进行生态恢复。工程建设需搬迁安置移民2700人，分五处集中安置点安置，生产安置3960人，拟通过土地开发整理安置。经土地平衡分析，仅可新增高质量耕地160公顷，用于补偿工程所占用基本农田。工程影响区生态环境脆弱，有滑坡、崩塌等不良地质现象，河谷植被主要为灌草丛和灌木丛，水库淹没线以下有36株国家二级保护野生植物，枢纽建设区及周边为粮食高产区。河流坡降大，库区入库河流生态环境良好，鱼类资源丰富，以适应流水生态环境的鱼类为主，其中某一地方有特有的洄游性鱼类，卵苗需长距离顺水漂流孵化，库区内分布有该鱼类集中产卵场。

1. 列出运营期水文情势变化对库区产生的主要生态影响。

答：(1)流速变化的影响。工程营运期库区由原来的河流生态系统变为水库生态系统，库区水体流速变缓，急流性鱼类不适宜在库区生活，被迫向库尾上游移动，而喜欢在缓流或静水中生活的鱼类将增加，鱼类种群结构发生改变；洄游鱼类的卵苗没有顺水卵化的条件，也将使该鱼类减少。

(2)水位变化的影响。水位抬高，淹没大量农田和植被，特别是淹没较多的基本农田和36棵国家二级保护植物，使得该地区植被面积和生物量减少，将造成农田生态及粮食的减少，造成国家保护植物生境的损失。

(3)水质变化的影响。如果库区清理较差，容易造成库区水质下降，甚至恶化，进而影响库区水域生态环境，影响鱼类及饵料生物的生活；

(4)水温变化的影响。库区水体温度也将发生一定的变化，甚至出现水温分层现象，改变了河流原有水体中浮游植物、浮游动物、底栖生物的生活环境；

(5)泥沙含量变化的影响。上游裹携着泥沙的水流不断入库，在造成库区泥沙不断淤积的同时，水体中泥沙含量也将发生变化，进而改变了原来水生生物的环境。

(6)改变了库区本地特有洄游性鱼类的集中产卵场，甚至造成产卵场的破坏；

(7)与原河道相比，库区水量增多、水体面积扩大，库岸受到长期浸泡，容易引发塌方、滑坡地质灾害，进而影响库区生态环境。

2. 说明本工程建设对鱼类的影响。

答：(1)施工期对鱼类的影响，主要是施工作业造成局部河段水文情势改变，特别是施工期库区清理、施工作业造成的水土流失及施工废水、生活污水的排放进入河道，对鱼类生态环境造成不良影响。

(2)营运期对鱼类的影响主要表现在以下几个方面：

①施工过程中，扰动水体，改变鱼类原有生态环境，对其的分布、活动、数量的不利影响；

②大坝建设后，形成库区及减脱水段区，造成库区及减脱水段水文、水温、泥

沙情势改变，进而改变鱼类原有生态环境，对其的分布、种类、数量、生活习性及三场(产卵场、越冬场、索饵场)的影响；

③大坝给洄游性鱼类产卵造成阻隔，改变其生活习性，破坏其产卵场，对其的分布、种类、数量、生活习性有影响；

④大坝建成后，形成减脱水段，使得鱼类生境部分丧失，对其分布、数量、产卵、觅食有影响；

3. 本工程临时占地的生态恢复应注意什么问题？提出国家二级保护野生植物的保护措施。

答：(1)做好表土分层开挖，分层保管，分层填埋，做好表层土恢复工作，并适当施肥，尽快恢复土壤耕作能力，同时恢复农业生产；

(2)对不具备耕作条件的临时占地，采用高产，耐贫瘠，生长快，固氮等高产植被作物进行恢复，尽快恢复表面植被；

(3)如不能全部恢复，对损失的部分，必须由建设单位开垦出质量和数量相当的耕地，如做不到，必须缴纳土地恢复费，由有关部门来开垦。另外，36 株二级保护植物应在生态环境条件相似的地区异地种植。

4. 按照基本农田“占补平衡”的原则，本工程还应采取什么措施？

答：(1)尽量减少工程永久占地、减少占用基本农田；

(2)优化临时占地类型，尽量不占基本农田；

(3)施工结束后，对临时占地及时恢复为耕地；

(4)进行异地生态补偿，在其他区域进行开垦土地，补偿本项目占用的基本农田。

(十一)2009 年真题(铁矿项目)

拟建生产规模为 8×10^6t/a 的露天铁矿位于山区，露天开采界内分布有大量灌木，周边有耕地。露天采场北 800m 处有一村庄，生活用水取用浅层地下水，采矿前需清理地表，剥离大量岩土。生产工艺为采矿—选矿—精矿外运。

露天采场平均地下溢水量为 12500m^3/a，用泵疏干送选矿厂使用，矿厂年排出尾矿 $3.06\times10^4 m^3$，属第I类一般工业固体废物。尾矿库选在距离采场南 1000m 的沟谷内，该沟谷东西走向，纵深较长，汇水面积 15km^2，沟底纵坡较平缓，有少量耕地，沟谷两侧坡较陡，生长较茂密的灌木，有一自北向南的河流从沟口外 1000m 处经过，河流沿岸主要为耕地。沟口附近有一依山傍水的村庄，现有 20 户居民。

尾矿坝设在沟口，初期坝高为 55m 的堆石坝，后期利用尾矿分台阶逐级筑坝，最终坝高 140m，坝址下设置渗水收集池。尾矿坝渗水和澄清水回用于生产，不外排。尾矿库现有符合防洪标准的库内、外排洪设施。为保障尾矿筑坝安全，生产运行时需保持滩长大于 100m 的尾矿干滩。

1. 应从哪些方面分析地表清理、岩石剥离引起的主要生态环境问题？

答：(1)地表清理、岩石剥离会导致植被面积、生物量的减少，尤其可能导致本地物种生物量的减少；

(2)植被的剥离会造成水土流失，可能会引发泥石流和塌方；

(3)地表清理、岩石剥离会占用周围农田，导致农田的减少，同时可能导致土地及农田沙化和异质化；

(4)地表清理、剥离会影响野生动物的生境，并可能阻塞野生动物的通道；

(5)废石堆存对景观影响。

2. 露天采场运营期的主要水环境影响有哪些？

答：(1)运营期间疏干地下溢水会导致地下水水位下降，从而影响居民生活用水的水位和水质，也会影响周围植物的生长，导致周围农田作物的产量降低；

(2)地表剥离、采矿作用会引起水土流失，从而导致下游地表水水质变差；

(3)抽排地下水可能导致地表塌陷，形成“漏斗”；

(4)采选废水排放对地表水水质影响；

(5)地下涌水排放对地表水水质的影响；

(6)尾矿库渗滤液处理不当对地表水、地下水水质的影响。

3. 给出尾矿库区植被现状调查的内容。

答：(1)调查库区及周围植被的生境特征、植被类型及分布、生物多样性情况；

(2)有无国家及地方保护物种、珍稀濒危物种及本地特有物种；

(3)重点调查植物的种类及优势种的生长情况；

(4)设置样方，调查植被及主要植物覆盖率、密度、频度等基本情况，估算其生物量。

4. 简述运营期间尾矿库对环境的主要影响。

答：(1)尾矿库的渗漏可能污染地下水，沟口外的河流及周围的耕地；生活垃圾处置不好可能污染地表水和地下水；

(2)尾矿干滩及筑坝的尾矿可能引发扬尘，污染空气；

(3)尾矿堆存的机械设备运行及人员活动产生的噪声污染；

(4)尾矿堆矿面积的不断扩大，使得植被面积、生物量和耕地减少，动植物生境遭到破坏；占用25km^2 的汇水面积，导致沟口外河流水量减少。

(5)尾矿库影响周围景观的整体性和美观；

(6)尾矿库存在溃坝而危及下游居民、污染周围、地下水及下游河流的环境风险。

5. 尾矿库是否涉及居民搬迁，说明理由。

答：尾矿库涉及居民搬迁。尾矿库谷口有20户居民，在尾矿库的下游，一旦发生溃坝，将对这20户居民的安全造成威胁，因此该处居民必须搬迁。

(十二)2010年真题(公路项目)

某省拟建一条全长210km的双向4车道高速路连接甲乙两个城市，高速公路设计行车速度100km/h，路基宽度26m，平均路基高2.5m，沿线地貌类型低山丘陵、山间盆地、河流阶地等，在山岭重丘区拟开凿一条隧道，隧道长4500m，埋深50～200m，隧道穿越的山体植被为天然次生林，山体主要为石灰岩，山脚下有一条小河，沿河村落的居民以河水为饮水源，高速公路有4km路段伴行一处重要天然湿地，线路距湿地边缘最近距离为50m，公路以一座大桥跨越A河，河中设3处桥墩，桥的下游5km范围内有一县城的饮水源地取水口。有3km路段沿山盆地从张家庄(80户)、李家庄(18户)两个村庄中间穿过，道路红线距张家庄前排住宅110m，距李家庄前排住宅27m，声环境现状达1类声环境功能区要求。高速公路达到设计车流量时，张家庄的预测等效声级昼夜分别为62.6dB(A)、57.6 dB(A)，李家庄的预测等效声级昼夜分别为68.1 dB(A)、63.1 dB(A)。

1. 从环保角度考虑，跨A河大桥桥位选址是否可行？

答：(1)不可行。

(2)从环保角度来看，拟建桥位下游5km范围内有取水口，则桥位处可能是该饮用水源地的一、二级保护区，至少可能是准保护区；根据《中华人民共和国水污染防治法》，在饮用水源保护区内禁止建设与供水无关的设施。该工程也没有进行线位比选，如果建设该大桥，施工期由于需在该河设置桥墩，若措施不当，可能会对下游取水口造成不利影响；营运期存在运输危险品车辆事故的环境风险，则会对水源地水质造成污染，直接影响县城居民饮水。

2. 给出本题目隧道工程生态环境影响评价需要关注的主要内容？

答：(1)隧道工程对洞顶天然次生林的不利影响，特别是由于隧道施工抽排水是否会导致水位下降，隧道影响山体地下水径流与补排而影响次生林的生长；

(2)隧道弃渣的利用、弃渣场选址与占地对土地、植被的破坏及其水土流失的不利影响，特别是山脚下有居民饮用水源小河，弃渣若弃入小河河道，则对居民饮用造成不利影响；

(3)隧道施工可能会造成山体崩塌、滑坡、泥石流等地质灾害，进而加剧生态破坏；

(4)隧道施工过程中的植被破坏和水土流失问题；

(5)隧道工程与周边景观的协调性问题；

(6)隧道施工中的人员活动及机械噪声对周边野生动物的影响。

(7)隧道对山体石灰岩含水层地下水水文特征的影响，包括水位、补排及径流等的影响等，特别是由于隧道工程建设对山脚下小河的影响，造成山体向小河补给量减少，进而影响山脚下以小河作为饮用水源的居民的供水困难。

3. 为保护湿地，本项目施工布置时应采取哪些措施？

答：(1)该湿地为重要的天然湿地，施工时不得在其保护范围内(或靠近湿地径流补给区的区域)设置各类临时用地，包括取土场、弃土场、施工营地、物料堆放场、沥青拌合站等；

(2)施工生产废水和生活废水处理设施不设在湿地范围内；

(3)运输便道尽量远离湿地；

(4)施工所产生的各类固体废物、生活垃圾堆放场及处理站应远离湿地。

4. 分别说明声环环境影响评价时张家庄、李家庄适用的声环境功能区类别？

答：(1)张家庄适用于1类(或2类)声环境功能区。因其在红线45m±5m范围外，且为居民集中区，根据《声环境质量标准》适宜作为1类(或2类)功能区。

(2)李家庄包括前排在内的红线45m±5m范围内居民适用于4a类声环境功能区，红线45m±5m范围外适用于2类功能区。因为李庄村规模较小，且前排位于红线范围内，应视不同情况划分，根据《声环境质量标准》及声功能区划分技术要求，分别适用于4a类和2类。

5. 简要说明对李家庄需采取的噪声防治措施？

答：(1)搬迁，特别是前排距离红线一定范围内受影响的住宅。

(2)安装声屏障或公路声屏障加居民通风隔声窗。

(3)前排房屋功能转换，如住宅转变为商用；后排如超标再安装通风隔声窗。

此外，本段公路还应考虑建设为低噪声路面，与居民区之间的空闲地予以乔、灌、草搭配，密植绿化。

（十三）2010 年真题（水利枢纽工程）

某拟建水利枢纽工程为坝后式开发，工程以防洪为主，兼顾供水和发电，水库具有年调节性能，坝址断面多年平均流量 $88.7m^3/s$。运行期电站至少有一台机组按额定容量的 45% 带基荷运行，可确保连续下泄流量不小于 $5m^3/s$。工程永久占地 $80hm^2$，临时占地 $10hm^2$。占地性质为灌草地。水库淹没和工程占地共需搬迁安置人口 3800 人，拟在库周分 5 个集中安置点进行安置。库区（周）无工业污染源，入库污染源主要为生活污染源和农业面源；坝址下游 10 公里处有某灌渠取水口。本区地带性植被为亚热带常绿阔叶林，水库蓄水将淹没古树名木 8 株。库区河段现为急流河段，有 3 条支流汇入，入库支流总氮、总磷浓度范围分别为 0.8 ~ 1.3mg/L、0.15 ~ 0.25mg/L。库尾河段有某种保护鱼类产卵场 2 处，该鱼类产粘沉性卵，具有海淡洄游习性。

1. 确定本工程大坝下游河流最小需水量时，需要分析哪些方面的环境用水需求？

答：（1）工农业生产及生活需水量，特别是下游 10km 处某灌渠取水口的取水量；

（2）水生生态系统稳定所需水量；

（3）河道水质的最小稀释净化水量；

（4）地下水位动态平衡所需要的补给水量，防止下游区域土地盐碱化；

（5）河口泥沙冲淤平衡和防止咸潮上溯所需水量；

（6）河道外生态需水量，包括河岸植被需水量、相连湿地补给水量等；

（7）景观用水需水量。

2. 评价水环境影响时，需关注的主要问题有哪些？说明理由。

答：（1）库区水体的富营养化问题，入库支流河水总氮、总磷浓度较高，在综合其他因素的作用下（库周水土流失、面源污染、库区清理不当等），容易产生富营养化。

（2）水质污染问题，施工期管理不当，废水排放可能会造成污染外，营运期还存在一定的面源污染影响，特别是库区清理不当影响库区水质，而本工程具有供水功能，需严格保持库区水环境质量。

（3）库区消落带污染问题，本工程具有防洪功能，库区消落带的形成容易导致水环境的污染。

（4）低温水问题，由于本工程为年调节电站，库区低温水下泄将影响下游农业灌溉。

（5）鱼类产卵场受到污染与破坏的问题，由于受库区回水顶托的影响，库尾两处受保护鱼类产卵场的水文情势及水质将可能发生变化，影响鱼类产卵和孵化。

（6）移民安置产生的水环境污染问题，如果移民安置及土地开发不当，容易造成水土流失，也会加剧库区及河道的水环境污染。

3. 本工程带来的哪些改变会对受保护鱼类产生影响？并提出相应的保护措施。

答：（1）大坝建设阻断了该受保护鱼类的洄游通道。

（2）库区大量蓄水，受回水的顶托作用，库尾的产卵场环境也受到影响，影响鱼类产卵和孵化。

（3）库区水文情势变化，特别是水流变缓，不适宜急流性鱼类生活，将导致库区鱼类种群组成的变化，包括受保护鱼类。

(4)库区较大面积的淹没区，蓄水及周边面源污染物的排入，特别是如果移民安置不当，导致水土流失加剧，使库区水质变差，影响鱼类的生存环境。

(5)由于工程建设导致下游出现减水段，影响鱼类的正常生活和洄游。

(6)针对以上问题，库区蓄水前应进行认真的清理，妥善做好移民安置工作(包括合理选择安置区)；采取合理调度工程发电，确保下泄一定的生态流量工作的长效性；采取人工增殖放流、营造适宜的产卵场(如建立人工鱼礁)措施、建立鱼类保护区；加强调查研究，根据实际情况设置过鱼通道、加强渔政管理和生态监测；防治水土流失和面源污染，切实保护流域生态环境。

4. 提出陆生植物保护措施。

答：(1)施工期合理布置作业场所，进一步优化各类临时占地，严格控制占地面积，减少对植物的破坏。

(2)对临时征占的 $10hm^2$ 灌草地，在施工结束后及时恢复植被。

(3)对工程永久征占的 $80hm^2$ 灌草地，在施工建设前，剥离土壤层并保护好，用于工程取土场、弃土弃渣场或其它受破坏区域的土地整治与植被恢复。

(4)对库区蓄水将淹没的 8 株古树名木予以移植，移植后挂牌保护或建立保护区。

(5)进一步优化移民安置区，控制陡坡开垦，尽最大可能减少对植被的破坏。

(6)对受工程影响区域采取切实的水土保持措施。

(7)对容易发生地质灾害的区域，尽量避免人为干扰和植被破坏，必要时采取必要的拦挡等措施，防止地质灾害发生破坏植被。

(十四)2011 年真题(道路改扩建项目)

拟对某一现有省道进行改扩建，其中拓宽路段长 16km，新建路段长 8km，新建、改建中型桥梁各 1 座，改造时全线为二级干线公路，设计车速 80km/h，路基宽 24m，采用沥青路面，改扩建工程需拆迁建筑物 $6200m^2$。

该项目沿线两侧分布有大量农田，还有一定数量的果树和路旁绿化带，改建中型桥梁桥址位于 X 河集中式饮用水源二级保护区外边缘，其下游 4km 处为该集中式饮用水源保护区取水口。新建桥梁跨越的 Y 河为宽浅型河流，水环境功能类别为Ⅱ类，桥梁设计中有 3 个桥墩位于河床，桥址下游 0.5km 处为某鱼类自然保护区的边界。公路沿线分布有村庄、学校等，其中 A 村庄、B 小学和某城镇规划住宅区的概况及公路营运中期的噪声预测结果见表 4－3。

1. 给出 A 村庄的声环境现状监测时段及评价量。

答：(1)声环境现状监测时段为昼间和夜间。

(2)评价量分别为昼间和夜间的等效声级 Ld 和 Ln。

表 4－3 规划住宅区概况

敏感点	距红线距离	敏感点概况	营运中期预测结果	路段
A 村庄	4m	8 户	超标 8dB(A)	拓宽
城镇规划住宅区	12m	约 200 户	超标 5dB(A)	新建
B 小学生教学楼	120m	学生 100 人、教师 100 人。夜间无人住宿	教学楼昼间达标，夜间超标 2dB(A)	拓宽

2. 针对上表中所列敏感点，提出噪声防治措施并说明理由。

答：(1)A 村应搬迁。因为该村超标较高，且处于4a 类区，采取声屏障降噪也不一定能取得很好效果，宜搬迁；

(2)城镇规划的住宅区，可采取以下措施：

①调整线路方案

②设置声屏障、安装隔声窗以及绿化

③优化规划的建筑物布局或改变前排建筑的功能

因为该段为新建路段，可以通过优化线路方案，使线路远离规划的住宅区；也可以设置声屏障并安装隔声窗、建设绿化带的措施达到有效的降噪效果；作为规划住宅区也可以调整或优化规划建筑布局或改变建筑功能。

(3)B 小学。不必采取噪声防治措施。因为营运中期昼间达标，夜间虽然超标，但超标量较小，且夜间学校无人住宿。

3. 为保护饮用水源地水质，应对跨 X 河桥梁采取哪些配套环保措施？

答：建设防撞护栏、桥面径流导排系统及事故池。

4. 列出 Y 河环境现状调查应关注的重点。

答：(1)关注拟建桥位下游是否有饮用水源地及取水口；

(2)关注桥位下游鱼类保护区的级别、功能区划，主要保护鱼类及其保护级别、生态特性、产卵场分布，自然保护区的规划及保护要求等；

(3)调查河流的水文情势，包括不同水期的流量、流速、水位、水温、泥沙含量的变化情况；

(4)调查水环境质量是否满足Ⅱ类水体水质；

(5)调查沿河是否存在工业污染源，是否有排污口入河。

5. 可否通过优化桥墩设置和施工工期安排减缓新建桥梁施工对鱼类自然保护区的影响，说明理由。

答：(1)可以。

(2)减少桥墩数量(甚至可以考虑不设水中墩)，这样就减少了对河道的扰动，降低对水质的污染，可以减缓新建桥梁施工对保护区的影响；施工工期安排时，避开鱼类繁殖或洄游季节施工，避免对水文情势的改变，也可以减缓对保护区鱼类的影响。

(十五)2011 年真题(调水工程)

青城市为解决市供水水源问题，拟建设调水工程，由市域内大清河跨流域调水到碧河水库，年均调水量为 $1.87\times10^7m^3$，设计污水流量为 $0.75m^3/s$，碧河水库现有兴利库容为 $3\times10^7m^3$，主要使用功能拟由防洪，农业灌溉供水，水产养殖调整为防洪，城市供水和农业灌溉洪水，本工程由引水枢纽和输水工程两部分组成，引水枢纽位于大清河上游，由引水低坝，进水闸和冲沙闸组成，坝址处多年平均径流量 $9.12\times10^3m^3$，坝前回水约 3.2km，输水工程全长 42.94 km，由引水隧洞和管道组成。其中引水隧洞长 19.51 km，洞顶埋深 8 ~32m。引水隧洞进口接引水枢纽，出口与 DN1300 的预应力砼输水管相连，输水管道管顶埋深为 1.8 ~2.5m，管线总长为23.43 km，按工程设计方案，坝前回水淹没耕地 $9hm^2$，不涉及居民搬迁，工程施工弃渣总量为 $1.7\times10^5m^3$。工程弃渣方案拟设两个集中弃渣场。

1. 该工程的环境影响范围应包括哪些区域？

答：(1)调出区——大清河，包括坝后回水段，坝下减脱水段及工程引起水文情势变化的区域；

(2)调入区——碧河水库；

(3)调水线路沿线——输水工程沿线，即引水隧道及管道沿线；

(4)各类施工临时场地及弃渣场。

2. 给出引水隧洞工程涉及的主要环境问题？

答：(1)隧道施工排水引起地下水变化问题；

(2)隧洞顶部植被及植物生长受影响问题；

(3)隧道弃渣处理与利用问题；

(4)隧道施工可能导致的塌方、滑坡等地质灾害及其环境影响问题；

(5)隧洞洞口结构、形式与周边景观的协调问题；

(6)隧洞施工引起的噪声与扬尘污染影响，以及生产生活污水排放的污染问题。

3. 指出工程实施对大清河下游的主要影响。

答：(1)造成坝下减脱水，甚至河床裸露，导致坝下区域生态系统类型的改变；如果不能确保下泄一定的生态流量，将影响下游河道及两岸植被的生态用水，甚至影响下游的工农业用水、生活用水等。

(2)改变下游河流的水文情势，如果坝下减脱水段有鱼类的“三场”，将受到破坏。

(3)库区冲淤下泄泥沙容易导致下游河道局部泥沙淤积而水位抬高。

(4)库区不冲淤而下泄清水时又容易导致河道两岸受到清水的冲蚀而造成塌方。

(5)容易导致下游土地的盐碱化。

4. 列出工程实施中需要采取的主要生态保护措施。

答：(1)大清河筑坝应考虑设置过鱼设施；

(2)设置确保下泄生态流量及坝下其他用水需要的设施；

(3)弃渣场及各类临时占地的土地整治与生态恢复措施。

(十六)2011 年真题(城区改造项目)

某市拟结合旧城改造建设占地面积 $1000\times300m^2$ 经济适用房住宅小区项目，总建筑面积 $6.34\times10^5m^2$(含 50 幢 18 层居民楼)。居民楼按后退用地红线 15m 布置。西、北面临街。居民楼通过两层裙楼连接，西、北面临街居民楼的一层、二层及裙楼拟做商业用房和物业管理处。部分裙楼出租做小型餐饮店。市政供水、天然气管道接入小区供居民使用，小区生活污水接入市政污水管网，小区设置生活垃圾收集箱和一座垃圾中转站。

项目用地范围内现有简易平房，小型机械加工厂，小型印刷厂等。有一纳污河由东北向南流经本地块，接纳生活污水和工业废水。小区地块东边界 60m，南边界 100m 外是现有的绕城高速公路，绕城高速公路走向与小区东、南边界基本平行，小区的西边界和北边界外是规划的城市次干道。

小区南边界，东边界与绕城高速公路之间为平坦的空旷地带，小区最南侧的居民楼与绕城高速公路之间设置乔灌结合绿化带。对 1 ~3 层住户降噪 1.0dB(A)，查阅已批复的《绕城高速公路环境影响报告书》评价结论，2 类区夜间受绕城高速公路的噪声超标影响范围为道路红线外 230m。

1. 该小区的小型餐饮店应采取哪些环保措施？

答：(1)对含油污水需采取隔油后进行生化处理；

(2)油烟废气需进行净化处理，达标排放；

(3)垃圾进行分类，能回收的进行回收或由物业管理部门回收处理，不能回收的及时送往垃圾转运站；

(4)控制噪声污染，对于产生噪声的设施或设备采取选择低噪声设备、隔声等措施，并严格控制其为招揽顾客进行户外播放高噪声宣传等。

2. 分析小区最东侧，最南侧居民楼的噪声能否满足2类区标准。

答：(1)不能满足。

(2)根据题意，"绕城高速"环评结论认为2类区夜间影响超标范围为道路红线外230m，而小区最东侧距离公路60m、最南侧距离公路100m，即使居民楼按后退红线15m布置，仍在绕城高速公路夜间超标影响范围内。

3. 对该项目最东侧声环境可能超标的居民楼，提出适宜防治措施。

答：(1)首选对绕城高速在该段设置声屏障；

(2)根据超标情况可以考虑以下综合措施：

①临路居民楼安置隔声窗。

②对公路经过的该路段安装夜间禁鸣标志。

③进一步加强绿化，设置更宽的乔灌草隔声林带。

4. 拟结合城市景观规划对纳污河进行改造，列出对该河环境整治应采取的措施。

答：(1)拆迁并禁止在该区域建设污水排放到该河的小机械加工、小印刷厂等企业；

(2)建设污水处理厂，市政污水管网的水应排入污水处理厂而不应排入该河道中；

(3)对河道进行疏浚，清理底泥污染；

(4)划定滨河绿化带，实施绿化措施；

(5)防止生活垃圾倾入河道。

5. 对于小区垃圾中转站，应考虑哪些污染防治问题？

答：(1)恶臭污染问题；

(2)蚊蝇及其他病源微生物污染防治；

(3)垃圾渗沥液污染防治；

(4)垃圾转运中的遗撒与车辆噪声污染问题。

(十七)2011年真题(金属矿山项目)

某大型金属矿山所在区域为南方丘陵区，多年平均降水量1670mm，属泥石流多发区，矿山上部为褐铁矿床，下部为铜、铅、锌、镉、硫铁矿床。矿床上部露天铁矿采选规模为1.5×10^6t/a，现已接近闭矿。现状排土场位于采矿西侧一盲沟内，接纳剥离表土，采场剥离物，选矿废石，尚有约$8.0\times10^4m^3$可利用库容。排土场未建截排水设施，排土场下游设拦泥坝，拦泥坝出水进入A河，露天铁矿采场涌水直接排放A河，选矿废水处理后回用。

现在拟在露天铁矿开采基础上续建铜硫矿采选工程，设计采选规模为3.0×10^6t/a，采矿生产工艺流程为剥离，凿岩、爆破、铲装、运输，矿山采剥总量2.6×10^7t/a，采矿排土依托现有排场。新建废水处理站处理采场涌水，选矿生产工艺流程为破碎、磨矿、筛分、浮选、精矿脱水，选厂建设尾矿库并配套回用水、排水处理设施，其他公辅设施依托现有工程。尾矿库位于选厂东侧一盲沟内，设计使用年限30年，工程地质条件符合环境保护要求。续建工程采、选矿排水均进入A河。采矿排水进入A河的位置不变，选矿排水口位于现有排放口下游3500m处进入A河。

在A河设有三个水质监测断面，1#断面位于现有工程排水口上游1000m，2#断面位于现有工程排水口下游1000m，3#断面位于现有工程排水口下游5000m，1#、3#断面水质监测因子全部达标。2#断面铅、铜、锌、镉均超标。土壤现状监测结果表明，铁矿采区周边表层土壤中铜、铅、镉超标。采场剥离物，铁矿选矿废石的浸出毒性试验结果表明：浸出液中危险物质浓度低于危险废物鉴别标准。

矿区周边有2个自然村庄，甲村位于A河1#断面上游，乙村位于A河3#断面下游附近。居民以种植水稻、果树、茶叶为主，生产生活用水均为地表水。

1. 列出该工程还需配套的工程和环保措施。

答：(1)续建工程拟利用的原铁矿排土场，需建设截排水设施及拦泥坝出水回用设施；

(2)续建工程的尾矿库需建设截排水设施及坝后渗水池(或消力池)，且尾矿库及渗水池需采取防渗措施；

(3)需配套建设续建工程选厂至尾矿库的输送设施；

(4)露天铁矿闭矿后，需对原铁矿选厂采取改造利用或进行处理；

(5)破碎、磨矿、筛分车间的粉尘治理设施；

(6)泥石流防护工程。

2. 指出生产工艺过程中涉及的含重金属的污染源。

答：(1)产生含重金属的扬尘或粉尘污染源：采矿中的凿岩、爆破、铲装、运输；选矿中的破碎、磨矿、筛分；

(2)排放(特别是非正常排放)的水体中含有重金属的污染源：选厂排水设施；尾矿及排水设施；采场涌水及处理站。

3. 指出该工程对甲、乙村庄居民饮水是否会产生影响？说明理由。

答：(1)对甲村饮水不会产生影响。因甲村位于现有工程排水口上游1000m、1#监测断面的上游，且所处河段的水质不超标。因此，拟建工程选矿排水不会影响甲村。

(2)对乙村饮水将产生影响。因为乙村位于本工程新建排水口下游1500m附近，虽然现状水质不超标，但根据现有采选规模较小的铁矿排水口下游1000m的2#断面重金属超标的情况来看，续建工程营运后排水可能会导致乙村所处河段出现重金属超标。

4. 说明该工程对农业生态影响的主要污染源和污染因子。

答：农业生态影响的主要污染源为：

(1)采场及采矿中的凿岩、爆破、铲装、运输；

(2)选矿厂的破碎车间、磨矿车间和筛分车间；

(3)采场涌水处理站及选矿厂排水设施；

(4)尾矿库及其渗水池。

以上污染源产生的扬尘会污染农田，排水(特别是事故排放)进入农灌水体亦会污染农田，污染因子主要是：粉尘、铜、铅、锌、镉。

（十八）2012 年真题（铜矿项目）

某拟建铜矿主要矿物成分为黄铁矿、黄铜矿。该矿山所在区域为低山丘陵，年平均降雨量为 1800mm，且年内分配不均。矿山所在区域赋存地下水分为第四系松散孔隙水和基岩裂隙水两大类，前者赋存于沟谷两侧的残坡积层和冲洪积层中，地下水水量贫乏，与露天采场矿坑涌水关系不大；后者主要赋存于矿区出露最广的千枚岩地层中，与露天采场矿坑涌水关系密切。

拟定的矿山开采方案如下：

1. 采用露天开采方式，开采规模 5000t/d。

2. 露天采场采坑最终占地面积为 50.3hm^2，坑底标高 －192m，坑口标高 72m。采坑废石和矿石均采用汽车运输方式分别送往废石场和选矿厂。采坑废水通过管道送往废石场废水调节库。

3. 选矿厂设粗碎站、破碎车间、磨浮车间、脱水车间和尾矿输送系统等设施。矿石经破碎、球磨和浮选加工后得铜精矿、硫精矿产品，产生的尾矿以尾矿浆（固体浓度 25%）的形式，通过沿地表铺设的压力管道输送至 3km 外的尾矿库，尾矿输送环节可能发生管道破裂、尾矿浆泄漏事故。

4. 废石场位于露天采场北侧的沟谷，占地面积 125.9 hm^2，总库容 $1400\times10^4m^3$，设拦挡坝、废水调节库（位于拦挡坝下游）和废水处理站等设施。废水处理达标后排入附近地表水体。

5. 尾矿库位于露天采场西北面 1.6km 处的沟谷，占地面积 99hm^2，总库容 $3131\times10^4m^3$，尾矿浆在尾矿库澄清，尾矿库溢流清水优先经回水泵站回用于选矿厂，剩余部分经处理达标后外排。

1. 指出影响采坑废水产生量的主要因素，并提出减少产生量的具体措施。

答：（1）降雨及地表径流水汇入量；开采对千枚岩的破坏程度及基岩裂隙水涌出量，这与矿区开采时序或方式、开采面积、开采深度等有较大的关系。

（2）采区外围设置截（排）水沟或防洪沟；采区“先探后采”，划定禁采区，设置防止突水（或涌水）的维护带。

2. 给出废石场废水的主要污染物和可行的废水处理方法。

答：（1）pH、SS、铜、铁、硫化物以及铅、锌、铬、镉、汞等其他重金属。

（2）工程在废石场设置了废水调节库和废水处理站，均应做好防渗处理，废水可经中和、化学络合沉淀（或絮凝沉淀）处理后，回用于选矿厂，或经监测达标后回用于采场内降尘、绿化，尽量少排或不排入附近地表水体。

3. 针对尾矿输送环节可能的泄漏事故，提出相应的防范措施。

答：（1）选用优质管材；

（2）设置备用输送管道；

（3）设置安全防护隔离带；

（4）避开山丘容易发生地质灾害的区域；

（5）加强巡查，必要时设置远程监控系统；

（6）制定应急预案，加强演练，发生泄漏事故时，及时启动。

4. 给出废石场（含废水调节库）地下水污染监控监测点布设要求。

答：(1)上游设置背景监测井(孔)；

(2)在废石场及废水调节库的下游设置污染观测井(孔)，并设置扩散监控井(孔)。

(十九)2012 年真题(公路改建项目)

某地拟对现有一条三级公路进行改扩建，现有公路全长 82.0km，所在地区为丘陵山区，森林覆盖率 40%，沿线分布有旱地、人工林、灌木林、草地和其他用地，公路沿线两侧 200m 范围内有 A 镇、10 个村庄和 2 所小学(B 小学和 C 小学)。A 镇现有房屋结构为平房，沿公路分布在公路两侧 300m 长度的范围内，房屋距公路红线 10.0~20.0m 不等；B 小学位于公路一侧，有两排 4 栋与公路平行平房教室，临路第一排教室与公路之间无阻挡物，距公路红线 45.0m，受现有公路交通噪声影响，公路沿途有 1 座中型桥和 5 座小型桥，中型桥跨越 X 河，桥址下游 1.0km 处有鱼类自然保护区。

改扩建工程拟将现有公路改扩建为一级公路，基本沿现有公路单侧或双侧拓宽，局部改移路段累计长约 8.2km，改扩建后公路全长 78.0km，路基平均高度 0.5m。考虑到城镇化发展的需要，改扩建公路不再穿行，改为从 A 镇外侧绕行；在途经 B 小学路段，为不占用基本农田，公路向小学一侧拓宽，路基平均高度 0.3m，拟在跨 X 河中型桥原址上游 800m 处新建一座跨越 X 河的中型桥，替代现有跨河桥。

1. B 小学环境现状监测要点。

答：由于小学是平房，且与公路相对高差小，故可不必布置垂线监测点，由于没有围墙及其他遮挡，且与小学距离较近，故因不需设置衰减监测点位，只在教室内监测，具体点位设置在靠窗户 0.5m 离地 1.2m 以上，非上课时间段，且窗户开起。

监测时段和监测因子：昼间、夜间，Ld、Ln。

2. 对 A 镇声环境现状调查内容。

答：从源强(高峰期、平均期车流辆、车型比)、路径(公路路面材料、大气吸收参数、与受体之间的地面参数、是否有隔声屏障、与受点(最近一排)的相对位置关系，相对高程)、受点[声环境功能区划、执行标准、首排建筑是否为三层以上(含三层)]分别进行调查。

3. 植被类型调查。

答：人工林、灌草林、草地。

4. 桥梁环保工程措施。

答：(1)防撞栏、(2)路面径流导排系统、(3)事故池、(4)警示标志(限速和鱼类保护区)、(5)事故应急预警系统、(6)危化品车辆登记和监管制度。

(二十)2012 年真题(水库项目)

某市拟在清水河一级支流 A 河新建水库工程，水库主要功能为城市供水，农业灌溉。主要建设内容包括大坝、城市供水取水工程、灌溉引水渠首工程，配套建设灌溉引水主干渠等。

A 河拟建水库坝址处多年平均径流量为 $0.6\times10^8m^3$，设计水库兴利库容为 $0.9\times10^8m^3$，坝高 40m，回水长度 12km，为年调节水库；水库淹没耕地 $12hm^2$，需移民 170 人。库周及上游地区土地利用类型主要为天然次生林、耕地，分布有自然村落，无城镇和工矿企业。A 河拟建坝址下游 12km 处汇入清水河干流，清水河 A 河汇入口下游断面多年平均径流量为 $1.8\times10^8m^3$。

拟建灌溉引水主干渠长约8km，向B灌区供水。B灌区灌溉面积$0.7 \times 10^4 hm^2$，灌溉回归水经排水渠于坝下6km处汇入A河。

拟建水库的城市供水范围为城市新区生活和工业用水。该新区位于A河拟建坝址下游10km，现有居民2万人，远期规划人口规模10万人，工业以制糖、造纸为主。该新区生活污水和工业废水处理达标排入清水河干流，清水河干流A河汇入口以上河段水质现为V类，A河汇入口以下河段水质为Ⅳ类。（灌溉用水按$500m^3$/亩·a、城市供水按300L/人·d测算。）

1. 给出本工程现状调查应包括的区域范围。

答：(1)A河大坝上游集水区、库区、下游水文变化区域的水域及沿岸陆地；

(2)清水河；

(3)灌溉引水主干渠、灌溉回水排水渠、灌区；

(4)城市新区。

2. 指出本工程对下游河流的主要环境影响，说明理由。

答：(1)影响上下游鱼种交流。因为大坝阻隔。

(2)影响清水河水量。因为水量的减少。

(3)下游河段自净能力降低、水质变差。因为水量的减少。

(4)下游生态系统结构发生变化，由河流生态系统向半水生生态系统、半陆地生态系统转变。因为水量的减少。

(5)影响下游鱼类的生活与繁殖、影响鱼类生境。因为下泄低温水、流速、流量的改变和泥沙的冲蚀。

(6)影响下游工农业生产和生活用水。因为水量减少。

3. 为确定本工程大坝下游最小需水量，需要分析哪些环境用水需求？

答：(1)水生生物生长需水量；

(2)沿岸植被生长需水量；

(3)工农业生产和生活需水量；

(4)地下水补给需水量。

4. 本工程实施后能否满足各方面用水需求？说明理由。

答：农业灌溉用水为$5.25 \times 10^7 m^3/a$，城市远期供水为$3.0 \times 10^7 m^3/a$，合计$0.825 \times 10^8 m^3/a$。而水库设计库容为$0.9 \times 10^8 m^3$。所以满足农业灌溉和城市供水要求。

三、竣工环境保护验收监测与调查案例分析实例

(一)2005年真题(电子芯片生产线项目验收监测)

某电子企业芯片生产线建设项目，1999年完成“环评”，环保局批准建设，2000年7月开工。2002年2月企业向环保局提出在原环评批复的污水排放量基础上，增加1000t/d污水排放量的申请，并获环保局批准。2003年3月建成并投入试生产。各生产工艺污水中含有氟、氨等污染因子。同时部分污水中含有砷和镍等污染因子。污水来源、处理及流向见图4－5。在建设项目竣工环境保护验收监测中，对污水总排放口水质监测结果见表4－4。企业污水排放执行GB 8978—1996的二级标准：COD150mg/L，氨氮25mg/L，总砷0.5mg/L，总镍1.0mg/L，氟化物10mg/L。

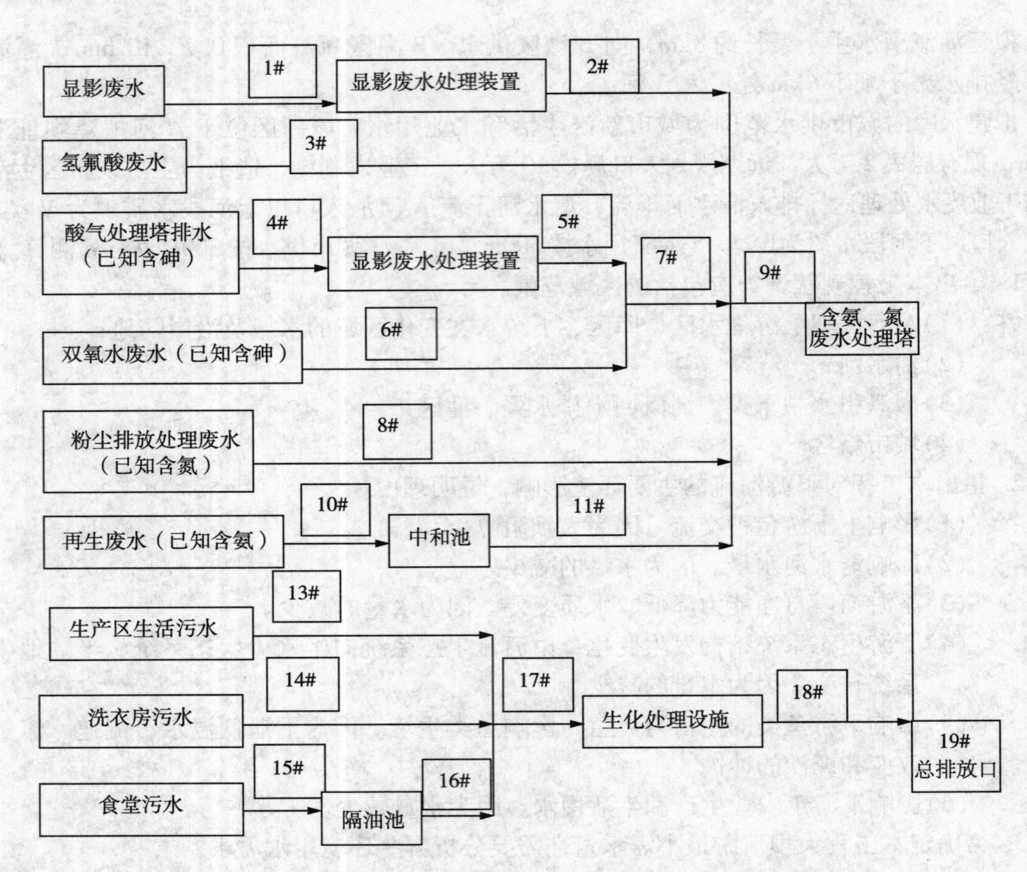

图 4-5　污水来源、处理及流向

表 4-4　污水总排放口水质监测结果

污染物		COD	氨氮	氟化物	总砷	总镍
第一天	1	66	11	15.6	0.02	0.02
	2	55	10.1	14.4	0.01	0.01
	3	45	18	17.1	0.01	0.01
	4	55	11.3	15.3	0.02	0.01
日均值		54	12.6	15.6	0.02	0.01
第二天	1	52	8	10.5	0.01	0.02
	2	45	9	18.3	0.02	0.01
	3	55	9.8	15.2	0.01	0.01
	4	63	1.8	20	0.02	0.01
日均值		54	9.4	16	0.02	0.01

1. 该企业排放的废水中 COD(　　)。
   A. 浓度达标排放
   B. 浓度未达标排放
   C. 排放总量达标
   D. 排放总量未达标

E. 是否浓度达标排放无法判断

2. 该企业排放的废水中氟化物(　　)。

A. 浓度达标排放

B. 浓度未达标排放

C. 排放总量达标

D. 排放总量未达标

E. 是否浓度达标排放无法确定

3. 该企业排放的废水中总砷(　　)。

A. 浓度达标排放

B. 浓度未达标排放

C. 排放总量达标

D. 排放总量未达标

E. 是否浓度达标排放无法确定

4. 该企业排放的废水中总镍(　　)。

A. 浓度达标排放

B. 浓度未达标排放

C. 排放总量达标

D. 排放总量未达标

E. 是否浓度达标排放无法确定

5. 根据表4－4所列监测结果，含氟、氨废水处理设施(　　)。

A. 满足氟达标排放的要求

B. 未满足氟达标排放的要求

C. 需要改进

D. 处理效率在验收监测中无需考虑

E. 对总砷、总镍达标排放也有明显的作用

6. 根据附图和附表所列监测结果，含镍废水(　　)。

A. 已经过单独处理

B. 直接排放

C. 现处理方式符合要求

D. 必须增加处理设施

E. 是否需要增加处理设施，无法确定

7. 含砷废水(　　)。

A. 经过处理后排放

B. 没有经处理排放

C. 处理工艺是否合理，无法判断

D. 处理设施满足达标排放要求

E. 可以与含镍废水一同处理

8. 检查砷处理装置处理效率的监测点位应设示意图4－5中(　　)。

A. 4#和5#

B. 4#和12#

C. 4#和 9#

D. 4#和 19#

E. 4#和 7#

9. 检查氟化物处理设施处理效率的监测点位应在示意图 4－5 中(　　)。

A. 7#和 12#

B. 9#和 12#

C. 3#和 9#

D. 8#和 19#

E. 9#和 19#

10. 还必须通过水质监测确定其是否达标排放的废水有(　　)。

A. 氢氟酸废水

B. 酸气处理塔排水

C. 双氧水废水

D. 粉尘排放处理废水

E. 办公区和生产区生活污水

答案：1. A；2. A；3. E；4. E；5. B；6. E；7. A；8. A；9. B；10. C。

(二)2006 年真题(新建公路竣工环境保护验收)

某段高速公路 2005 年建成通车，建设单位申请竣工环境保护验收。该项目在可行性研究阶段完成环境影响评价的报批手续。在初步设计和实际建设中对线路走向和具体的建设工程内容有少量调整。该段高速公路全长 50km，设计时速 80km/h，设 1104m 特大桥一座，中小桥若干座，特大桥桥面设排水孔；双洞单向隧道 2 座，单洞长 3200m，互通立交 1 处，分离式立交 1 处，服务区 1 处，取土场 8 处，弃渣场 20 处，共征用土地 206hm^2，公路所经地区为山岭重丘区，其中通过水土流失重点监督区的线路长度 6km，通过重点治理区的线路长度 5km，特大桥从 A 城市的集中式饮用水源二级保护区边界跨越。由于线路偏移，声环境敏感点由原来的 12 处变为 6 处，其中 4 处与环评审批时的情况一致，8 个取土场有 2 个分布在水土流失重点监督区，有 1 个在重点治理区，弃渣场均分布在沿线的沟壑，服务区靠近一人口约 2000 人的村庄，设有 1.5t/h 燃煤热水锅炉一座，烟囱高度 20m，服务区废水经化粪池处理后排放到服务区外冲沟，经过 100 米汇入流经该村庄的小河上游，公路沿线部分主要环境敏感点情况见表 4－5。

表 4－5　公路沿线部分主要环境敏感点情况

名称	与路肩距离/m	与路肩高差/m	临路户数/户	临路情况
上湾村	168	8	10	侧向公路，有围墙
青龙坪村	68	3	6	面向公路，主要为二层楼，位于隧道出口处
英雄中学	90	2		面向公路，二层楼房
马兰村	180	6	1	村庄大，周围绿化好，树木高大，枝叶茂密
牟家村	102	0	3	面向公路
楼前村	68	4	5	平房，面向公路

1. 简要给出本项目生态环境影响调查的重点内容。

答：(1)工程占地造成的植被损失情况。通过调查公路沿线的生态环境状况，包括植被类型及分布、生长状况，进行必要的估算或测算；

(2)调查野生动物分布及活动情况，调查是否设置生物通道，并分析生物通道设置的合理性；

(3)调查公路经过水土流失重点监督区、重点治理区段及高填深挖路段所造成的水土流失情况、所采取的水土保持措施及效果；

(4)调查取土场和弃渣场的生态恢复情况，特别是分布在重点监督区的2个取土场和重点治理区的1个取土场的工程措施与生物措施情况，弃在沟壑内的20个弃渣场是否采取工程与生态治理措施；

(5)调查隧道、特大桥、互通式立交等重点工程造成的生态影响及恢复情况；

(6)工程生态补偿及生物通道设置情况。

2. 指出本项目水环境影响调查需要关注的问题?

答：(1)调查工程施工期对饮用水源保护区可能造成的不利影响，调查工程所采取的措施及其有效性；

(2)分析工程运营期可能发生的水环境风险，调查是否有应急预案；

(3)工程特大桥设排水孔不可行。此特大桥跨越A城市集中式饮用水源二级保护区边界，一旦发生运输危险品车辆事故，很容易污染水源，应设置导水设施，将桥面径流导至保护区外处理；

(4)调查流经服务区附近村庄的小河的水环境功能及利用情况，调查服务区废水经化粪池后汇入小河造成的水环境影响。

3. 根据表4-5中信息，指出不需要采取隔声措施的敏感点。

答：上湾村、马兰村。

4. 指出英雄中学噪声监测点布设应注意的问题。

答：应在公路路肩处(噪声源)，英雄中学院墙路一侧的1m、高1.2m处，英雄中学教学楼前1m、高1.2m处布设监测点。并应在英雄中学教学楼室内布设监测点(非上课时)。考虑到学校与路肩的高差达2m，因此应在学校的一层和二层分别监测。

5. 说明本项目运营期存在的环境风险隐患。

答：主要是运输危险品的车辆在行驶到特大桥路段时发生事故，危险品大量泄漏进入集中式饮用水源地，造成水质污染，危及城市供水。

6. 从环保角度考虑，对服务区设施提出改进建议。

答：(1)服务区废水应经化粪池后，再进行必要的生化处理，处理后的水尽可能用于绿化、冲厕等；

(2)燃煤锅炉烟囱高度应增高到25m。

(三)2010年真题(油田竣工环境保护验收)

某油田开发工程环境影响报告书于2006年3月获得批复。目前，该工程已试运行3个月，现对其进行竣工环境保护验收调查。该工程处于半干旱地区，区域以农业生态系统为主，零星分布有湿地，有少量天然草本植物，无受保护的野生动植物，该地区主导风向为西北风。工程开发面积$32km^2$，设计产能$2.0\times10^5t/a$。敷设地下集油管线长度140km，建设联合站3座，全年生产。环境保护行政主管部门批准联合站废水COD的排放总量为11t/a。联合站污水处理装置稳定运行，月均排放废水$1.5\times10^4m^3$。出水COD实测浓度70mg/L，出水排入一天然湿地。湿地与一河流连通，河流为Ⅲ类水体。COD排放浓度限值为100mg/L。经测算，天然湿地水力停留时间约36d，COD的去除率为20%。联合站设2×2.8MW燃油锅炉，1用1备。锅炉房烟囱高35m，实测SO_2排放量为$420mg/Nm^3$。联合站东边有一村庄。两者相距90m。村庄最高建筑物高15m，距离锅炉房烟囱最近距离130m。（注：GB13271—2001《锅炉大气污染物排放标准》规定，燃油锅炉SO_2浓度限值为$900mg/Nm^3$；装机总容量为2.8～7MW的锅炉房烟囱最低允许高度35m）。

1. 锅炉房SO_2排放是否满足环境保护要求？说明理由。

答：(1)满足环保要求。

(2)锅炉实测浓度达标；排气筒高度符合锅炉房总吨位的高度要求；排气筒高度比周边最高建筑物高度大大高出3m之上。

2. 竣工环境保护验收调查时应如何执行《声环境质量标准》和《城市区域环境噪声标准》？

答：(1)竣工验收调查应执行《城市区域环境噪声标准》。

(2)《声环境质量标准》可作为校核标准或验收后的达标考核。

(3)符合旧标准，同时符合新标准要求的，则符合环保要求；符合旧标准，但不符合新标准要求的，则不影响其验收，但应在验收后进行整治，以满足新标准的要求。

3. 评价联合站废水排放达标情况。

答：(1)联合站废水排放COD实测浓度为70mg/L。排放浓度达标。

(2)总量：$1.5\times10^4\times12\times10^3\times70\times10^{-9}=12.6$(t/a)。大于批准的总量11t/a。总量不达标。

(3)天然湿地不能视为企业的污水处理设施，企业不经环境保护或湿地主管部门同意将污水排放天然湿地是不符合环境保护要求的违法行为。

因此，联合站废水排放不达标。

4. 指出评估集油管线生态环境保护措施效果应开展的现场调查工作。

答：通过现场调查，主要核查(实)环境影响评价文件及有关部门审查、批复要求采取的生态保护措施的具体落实情况。主要内容如下：

(1)调查管线沿线是否采取分层回填的方式，特别是穿越农田区的土壤层是否得到有效保护，不影响农作物耕作和生长；调查穿越草地段的植被恢复情况是否采取了适宜的生态恢复方法，包括土壤利用与保护、植物种类是否选择浅根系的当地物种、植物恢复密度、生物量及生长情况等。

(2)调查在穿越湿地段的方式及是否造成湿地分割、破坏，阻隔湿地水力联系，是否造成湿地萎缩，调查采取的措施是否可行。

(3)调查工程建设时各类临时占地的整治与恢复情况，包括当时的施工便道、临时场地的土地与植被的破坏面，或弃土弃渣场。

(4)调查采取的防止漏油等风险措施的可行性，如穿越农田、湿地是否设置了截止阀等。

(5)调查沿线采取的其他水土保持措施的情况。

(6)调查方法采取现场踏查、遥感、样方调查、拍照、走访等方式。

(四)2011 年真题(原油管道验收项目)

某原油管道工程于 2009 年 4 月完成，准备进行竣工环境保护验收。原油管道工程全长 395km，管线穿越区域为丘陵地区，土地利用类型主要为园地、耕地、林地和其他的土地，植被覆盖率为 30%。管道设计压力 10.0MPa，管径 457mm，采用加热密闭输送工艺，设计最大输油量 5.0×10^6t/a，沿线共设站场 6 座，分别为首末站及 4 个加热泵站。

管道以沟埋放置方式为主，管顶最小埋深 1.0m，施工作业带宽度 16m，批准的临时占地 588.4hm^2(其中耕地 84.7 hm^2，林地 21.2 hm^2)，永久占地 49.2 hm^2(其中耕地 7.1 hm^2)，环评批复中要求：穿越林区的 4km 线段占用林地控制在 6.2 hm^2，应加强生态恢复措施；穿越耕地线段的耕作层表土应分层开挖分层回填，工程建设实施工程环境监理。

竣工验收调查单位当年 8 月进行调查，基本情况如下：项目建设过程中实施了工程环境监理，临时占用耕地大部分进行了复垦，其余耕地恢复为灌木林地。对批准永久占用的耕地进行了占补平衡，有关耕地的调查情况见表 4-6。管道穿越林区 4km 线段，占用林地 7.1 hm^2，采用当地物种灌草结合对施工作业段进行了植被恢复，植被覆盖率 20%，有 5km 管道线路段发生了变更，主要占地类型由原来的林地变为园地和其他土地。

表 4-6 项目占地情况统计

占地情况	永久占用的耕地/hm^2	临时占用的耕地/hm^2
批准占用量	7.1	87.7
验收调查占用量	7.8	84.7
实际补偿量	7.1	
实际复垦量		82
恢复为灌木林地量		2.7

1. 说明该工程在耕地复垦和补偿中存在的问题。

答：(1)永久占用增加的 0.7hm^2 耕地类型不明确，是否为基本农田，是否履行审批手续。

(2)复垦和补偿未做到数量相当，质量是否相当不明确：

①永久占用耕地补偿不足，并未达到占补平衡。永久占用耕地比环评时批准的用地增加 0.7 公顷，而补偿却没有按实际占地数量进行补偿。

②临时用地占用耕地数量虽然有所减少，但 2.7hm^2 临时占用的耕地未恢复为耕地而恢复为林地，也未予以异地补偿。

2. 为分析耕地复垦措施的效果，需要调查哪些数据资料。

答：(1)通过资料收集和实际勘测，调查工程建设前后土壤层厚度及肥力、土壤侵蚀模数，说明复垦效果。

(2)通过查施工期环境监理档案等，调查是否按环评批复要求，实施了分层开挖，分层回填措施，包括分层开挖深度，堆存方式，保护土壤层及防治水土流失所采取的水土保持工程数量等。

(3)调查与当地政府或居民签订的有关补偿协议所涉及的面积、金额等补偿及其落实的具体档案记录情况。

(4)通过公众参与等方式调查，调查耕地复垦后农作物的产量，并与工程建设前相同种类农作物产量相比，分析是否会影响农业生产。

3. 指出竣工环境保护验收调查中反映的生态问题。

答：(1)由于工程在实际建设过程中出现了一定的变更，如有5km管道线路发生了变更，使包括生态影响在内的环境影响与环评时相比有所变化或不同。

(2)环评批复要求穿越林地段占地面积控制在6.2hm^2，实际却占用了7.1hm^2。工程占地面积及占地类型存在不确定性，造成对生态的实际影响与环评时相比有所不同，本工程对林地段森林生态系统的影响增大。

(3)根据本工程占地与生态恢复及补偿情况，生态恢复往往不能按环评或批复要求严格进行恢复，存在一定的变数。

(4)本工程人工生态恢复植被覆盖率只有20%，与自然植被的30%的覆盖率相比，人工生态恢复的效果较差。

4. 从土地利用的角度对管道变更线段提出还需补充开展调查的工作内容。

答：(1)管道变更段原来拟占用的是林地，变更后占用的是园地及其他用地，需调查并分析本段管道工程变更的原因，通过与原线段所占用的土地利用情况相比，说明变更的环境合理性，包括占地的合理性。

(2)调查变更工程实际占用的园地和其他土地的位置、面积及地表植物的种类或植被类型、覆盖率及其生产力等情况。

(3)调查该段工程临时占地的类型、面积、分布等。

(4)调查工程占地改变土地利用类型所造成的实际生态影响情况，造成的实际生物量损失等。

(5)调查工程所采取的生态恢复类型及恢复效果，包括本段工程临时工程占地恢复所种植的植物种类、植物种植方式或布局、覆盖率，生长情况，水土保持效果等。

四、污染防治设施案例分析实例

(一)2009年真题(生活垃圾填埋场)

生活垃圾填埋场选址符合相关要求。敞开式调节池，导排气系统，场内渗滤液直接用槽罐车运到城市污水处理厂处理，85 m^3/d密闭罐车，二级污水处理厂处理能力为4.0×10^4 m^3/d，少量生活污水直接排入附近的一条小河。

1. 垃圾填埋场存在的环境问题。

答：(1)敞开式调节池恶臭污染；

(2)场内生活污水不处理直排河流不行，应场内处理达标排放；

(3)场内渗滤液直接用槽罐车运到城市污水处理厂处理，不正确，根据最新的生活垃圾填埋场污染控制标准，凡排入二级城市污水处理厂的渗滤液，必须在场内处理，使其中的重金属离子污染物等达到本标准数值，然后才可外运处理，不可以直接送城市污水处理厂。

2. 列出垃圾焚烧发电厂主要恶臭因子。

答：硫化氢(H_2S)、甲硫醇(CH_4S)、氨(NH_3)、三甲胺(C_3H_9N)、甲硫醚[$(CH_3)_2S$]等。

3. 除垃圾贮存池和垃圾输送设施外，本工程产生恶臭的环节还有哪些？

答：垃圾卸料、分选、焚烧、渗滤液收集池及处理系统，甚至事故池等均可产生恶臭。

4. 给出控制恶臭的措施。

答：(1)对恶臭产生环节，如储存池加盖密闭；

(2)调整场内工序，减少垃圾在储存池中的储存量，缩短储存周期；

(3)采用生物过滤池等处理技术，对恶臭净化。

5. 简要分析焚烧炉渣、焚烧飞灰固化处置措施的可行性。

答：垃圾焚烧产生的炉渣、焚烧飞灰固化均送现有的垃圾填埋场的处理方式并不可行。

(1)焚烧炉渣需根据情况分类处理。生活垃圾焚烧炉渣可以直接进入垃圾填埋场；其他危险废物焚烧后的炉渣须经处理，并经检验满足含水率、二噁英及浸出液毒性指标要求后，方可进入生活垃圾填埋场；

(2)焚烧飞灰属危险废物，须经处理(包括固化)，并经检验满足含水率、二噁英及浸出液毒性指标要求后，方可进行生活垃圾填埋场。

(二)2010年真题(危险废物处置中心项目)

某城市拟建一危险废物处置中心，拟接纳固体危险废物、工业废液、电镀污泥、医疗废物、以及生活垃圾焚烧厂的炉渣和飞灰。填埋处置能力约$4\times10^4m^3/a$，服务年限20年。

主要内容包括：

(1)危险废物收运系统、公用工程系统。

(2)危险废物预处理站。

(3)总容积$46\times10^4m^3$的填埋场，包括边坡工程、拦渣坝、防渗系统，防排洪系统、雨水集排水系统、场区道路、渗滤液收排系统。

(4)污水处理车间、包括渗滤液处理装置，一般生产废水和生活污水处理装置。

建设项目所在区为微山丘陵区，地下水以第四系分水层为主，下伏花岗岩，包气带厚度为1.5~6.5m。区域为年降水量1200mm，降水主要集中在夏季，地表植物覆盖率较高。

经踏勘、调查，提出2个拟选场址备选，备选场址情况见表4-7。

表4-7 备选场址基本情况表

项目	A场址	B场址
地形地貌	丘陵山谷	丘陵山谷
植被	山坡地分布人工马尾松林	山坡地分布灌木林
土地类型	林地	林地
工程地质	符合建场条件	符合建场条件
水文地质	不详	不详
地表水	地表水主要为大气降水，区域灌木面积$2\times10^6m^2$。暴雨径流经河谷流入沟口1.5km处的河流，最终汇入河流下游5km一座水库中。	地表水主要为大气降水，区域汇水面积$2\times10^6m^2$。暴雨径流经河谷流入沟口1.5km处的河流。
运输	场外运输公路路况较好，沿途有3个村庄，经过一座桥梁，需修建进场公路1200m。	场外运输公路路况较好，沿途有2个村庄，需修建进场公路1100m。

续表

项目	A 场址	B 场址
社会环境	厂区周围 3.0km 内有 3 个村庄，其中 1 个村庄在沟口附近与厂区边界距离大约 1.2km，在 4km 内没有军事基地、飞机场。	厂区周围 3.0km 内有 2 个村庄，其中 1 个村庄在沟口附近与厂区边界距离大约 1.0km，在 4km 内没有军事基地、飞机场。
自然景观	场区外方圆 4.0km 范围内“需特殊保护区域”	场区外方圆 4.0km 范围内“需特殊保护区域”
供电、供水	条件具备	条件具备

1. 为判断 A、B 厂址优劣，简要说明上表哪些项目还要做进一步调查？

答：(1) 水文地质。

(2) 地表水，特别是沟口 1.5km 处的河流，以及 A 场址所涉及的水库。

(3) 运输方面，A 场址运输道路所经桥梁的河流，包括其功能与保护目标，运输道路沿线的环境保护目标。

(4) 社会环境，周边 3km 范围各村庄的基本情况，特别是饮用水井。

(5) 自然景观。

2. 简要说明项目运行期是否将对沟口附近村庄居民生活用水产生不利影响。

答：(1) 若村民生活用水为地下水，虽然设置了危险废物渗滤液收排系统和处理系统，但运行期仍不能完全或绝对避免渗滤液在非正常情况下的渗漏，包括防渗层受损、渗滤液收排系统故障、处渗滤液理系统故障等而使渗滤液污染村民生活用水；另外，本地区降水丰沛，雨水集排系统出现故障时，也可以携带危险废物或渗滤液而污染沟口村庄水井。

(2) 若村民生活用水取于沟口 1.5km 处的河流或水库，则地表河流或水库也存在受到来自填埋场非正常情况下雨水裹携了填埋场污染物的径流污染的可能性。

总之，沟口附近村庄居民生活用水将会受到不利影响。

3. 说明本项目是否需要配套其他环保设施。

答：(1) 焚烧设施；

(2) 集排气系统；

(3) 分区隔离设施；

(4) 绿化隔离带、防护栏；

(5) 遮雨设备；

(6) 环境监测系统，特别是地下水监测井。

(7) 人工防渗材料及天然防渗材料，如充足的黏土。

4. 进一步优化本项目拟接纳的危险废物种类。

答：(1) 生活垃圾焚烧厂的炉渣按一般固废处理，不必按危险废物填埋处置；飞灰则应按危险废物处理。

(2) 医疗废物禁止填埋。

(3) 危险固体废物应经浸出试验检测符合要求的可直接入场填埋；不符合的应经预处理后填埋。

(4) 工业废液分类后用容器盛放或固化后填埋。

(5) 电镀污泥需经预处理(包括提取有用金属，降低污染物浓度)后方能入填埋。

五、开发区和规划环评案例分析实例

2006 年真题(开发区项目)

A 市拟在东南 5 公里的 C 河右岸建设一个 5km×5km 的开发区，开发区分为西北、东北、西南、东南四个区块，拟发展电子、生物与绿色食品、机械加工、材料，中央商务。C 河自南向北流经 A 市东部，流量 $15m^3/s$，该河上游距 A 市 15km 处为该市主要水源地。开发区拟集中供热，在开发区的东南角建一个热电站，热电站规模为 2×300WM。热电站的东南南 5km 是 D 镇，东南 21km 是国家级森林公园，东 6km 是一个小学。开发区还要建一个污水集中处理厂。风向 NW。

1. 报告书的开发区总体规划，应包括的主要内容(　　)。

A. 开发区的性质

B. 开发区不同发展阶段的目标、指标

C. 开发区地理位置、边界，主要功能分区及土地利用规划

D. 优先发展项目拟采用的工艺、设备

E. 开发区环保规划及环境功能区划

2. 在开发区规划与城市发展规划协调分析中，应包括主要内容(　　)。

A. 开发区的规划布局方案与城市产业发展规划协调性

B. 开发区环境敏感区与城市环境敏感区的协调性

C. 开发区功能区划与城市功能区划的协调性

D. 开发区规划与城市规划的协调性分析

3. 从环保角度考虑，合理的污水处理厂的位置可选在开发区的(　　)。

A. 东北

B. 东南

C. 西北

D. 西南角

4. 据本区域特点，在开发区选址合理性分析中应包括的主要内容有(　　)。

A. 大气环境质量分析

B. 原辅材料利用率分析

C. 水环境功能区划符合性分析

D. 水资源利用合理性分析

5. 从环保角度，电子产业最适宜布置在开发区(　　)。

A. 东南区

B. 东北区

C. 西南区

D. 西北区

6. 热电站建设环评中大气环境质量监测点位须包括(　　)。

A. 镇

B. 城市

C. 小学

D. 森林公园

7. 该开发区废气常规因子(SO_2、烟气)排放量应采用(　　)进行估算。

A. 经济与密度计算方法，按单位产值的排放量

B. 经济与密度计算方法，按单位面积的能源消耗量

C. 按主导产业类别，审核、估算排放量

D. 集中供热电站的能耗

8. 估算开发区水污染排放总量需要获取(　　)资料。

A. 开发区需水量

B. 污水厂处理能力、出水水质

C. 纳污水体水环境容量

D. 开发区中水回用计划

9. 热电站冷却水可利用的水源有(　　)。

A. 河流水

B. 地下水

C. 开发区污染处理厂中水

D. 城市污水处理厂中水

10. 从总体上判断，该开发区规划的环境可行性论证重要的选项有(　　)。

A. 土地退化

B. 污染物排放总量

C. 水资源保护

D. 与城市总体规划的协调性

答案：1. ABCDE；2. ABC；3. B；4. ACD；5. B；6. ABC；7. C；8. ABD；9. ACD；10. BCD。

六、案例分析关注要点

(一)油田开发项目

1. 油田开发项目周围有自然保护区，确定生态环境评价等级及范围。
2. 确定生态环境保护目标。
3. 油田开发项目的环境风险事故源项分析及其主要环境影响。
4. 油田开发产生的固废类型及其处理方法。

(二)公路建设项目

1. 公路建设项目环保目标如何确定。
2. 公路环评回顾性调查应关注的内容。
3. 施工期减少对水环境影响的污染防治措施。
4. 跨河桥梁施工应采取的工程措施。
5. 公路施工与建设保护沿线耕地的主要措施。
6. 高速公路噪声评价等级确定。
7. 耕地保护措施。
8. 桥梁水环境风险防范措施。
9. 高速公路噪声环境影响评价范围。

10. 高速公路评价施工期和运行期关注的环保问题。
11. 生态环境现状调查内容及调查方法。
12. 噪声预测需要关注哪些问题？

(三)水电枢纽工程

1. 水电枢纽工程对库区水文情势的影响。
2. 水电枢纽工程建设对鱼类的影响。
3. 临时占地的生态恢复应注意的问题。
4. 对国家二级保护野生动物的保护措施。
5. 水电站扩建弃渣场位置的选择。
6. 生态环境调查需要关注的问题。
7. 主要环境影响。
8. 水利建设项目生态环境调查内容。
9. 移民搬迁相关环境影响。
10. 对下游鱼类的影响。
11. 水库环保措施。

(四)煤矿项目

1. 煤矿项目环境敏感目标的确定。
2. 矿井水回用途径。
3. 矸石场选址合理性分析。
4. 对历史遗迹的保护措施。

(五)房地产项目

1. 房地产项目环境影响有哪些方面？
2. 锅炉烟囱高度设置。

(六)天然气输气管道工程

1. 天然气输气管道工程工程分析的主要内容。
2. 天然气输气管道工程工程现状调查与评价的主要内容。
3. 天然气输气管道工程工程环境影响在哪些方面(环境影响识别)？
4. 天然气输气管道工程工程环保措施有哪些？

(七)污染型项目

1. 大气污染物排放速率计算。
2. 漆雾净化方法。
3. 两个排气筒的等效高度。
4. 涂漆废水污染因子。
5. 涂漆废水治理方案。
6. 废水中第一类污染物有哪些？
7. 哪些工业固废属于危险废物？
8. 危废焚烧炉环评关注哪些问题。

9. 污水处理站进水中 COD 浓度和 COD 去除率。

10.《大气污染物综合排放标准》中排气筒没有高出厂房 5m，排放速率按 50% 计算。

11. SO_2 排放量和消减量。

12. 大气环评等级的 P_{max} 和 $D_{10\%}$。

13. 大气环评等级和范围。

14. 缺水少雨地区禁止开采地下水。

15. 优先选用污水厂的中水。

16. 大气环保目标的确定。

17. 大气预测结果是同点位预测结果和现状结果叠加。

18. 屠宰厂地下水污染防治在哪些车间/场所?

19. 堆肥处置场应关注的环保问题。

20. 有色金属采选冶炼重金属污染来源。

21. 饮用水源保护区一级、二级保护区具体范围及其禁止建设与供水无关的设施。

22. 隧道工程生态环境影响评价需关注的内容。

23. 湿地保护措施。

24. 施工期水环境保护措施。

25. 交通干线两侧红线范围内执行 4a 类，二范围外执行 2 类(或 1 类)。

26. 对临近道路一侧村庄采取的噪声防治措施。

27. 水利枢纽工程对受保护鱼类的影响及保护措施。

28. 陆生植物的保护措施。

(八)竣工环保验收

1. 电子芯片生产线项目验收监测

关注重金属污染治理、监测的特殊要求。废水中 COD 达标排放的监测。

2. 新建公路竣工环保验收

关注车辆运输的环境风险；桥梁的环保设施；服务区废水处理设施及排水去向；服务区锅炉房烟囱高度确定；生态环境调查；噪声监测；声环境敏感点及其噪声治理措施有效性；需要涉水桥梁关注水体功能和水质要求。

3. 油田竣工环保验收

关注锅炉房主要污染排放达标与否？联合站废水达标与否？生态环境保护措施有效性验证。生态环境验收调查范围。油田项目竣工环保验收调查的要求。联合站大气污染排放达标监测点位的布设。

4. 原油管道验收

关注耕地复垦和补偿；生态问题验收；占地类型及恢复。

(九)污染防治设施项目

1. 生活垃圾填埋场

关注填埋场渗滤液处理措施及要求；恶臭产生环节及控制措施；选址合理性；环境敏感点；运行期主要环境影响；渗滤液产生量影响因素。

2. 危废处置中心

关注危废选址合理性；渗滤液对地表水、地下水影响；渗滤液对周围居民影响；环保设施包括哪些?